KAIGUAN DIANYUAN SHIYONG JISHU 600WEN

开关电源实用技术600问

沙占友　沙 江　王彦朋
马洪涛　睢丙东 等　著

内 容 提 要

本书以问答的形式，全方位、多角度、深入系统地阐述了设计与制作开关电源经常遇到的600个实用技术问题，并给出翔实的解决方法与实例。全书共九章，内容主要包括开关电源基础知识与基本原理（共127问）；开关电源单元电路及关键元器件、高频变压器和开关电源整机电路的设计与制作（共242问）；LED驱动电源、散热器和保护电路的设计与制作以及开关电源测试技术（共231问）。本书第一、二章为基础知识问答篇，第三～六章为实用技术问答篇，第七～九章为新技术应用问答篇；对重点问题、难点问题、普遍性问题和特殊性问题分门别类地做出了解答和释疑，可兼顾专业技术人员和业余爱好者的需要。

本书融科学性、实用性于一体，题材新颖，内容精炼，通俗易懂，科学严谨，是一本开关电源应用指南，适合从事开关电源行业的工程技术人员和业余爱好者阅读。

图书在版编目(CIP)数据

开关电源实用技术600问/沙占友等著. —北京：中国电力出版社，2016.10（2017.6重印）

ISBN 978-7-5123-9620-3

Ⅰ.①开… Ⅱ.①沙… Ⅲ.①开关电源—问题解答 Ⅳ.①TN86-44

中国版本图书馆CIP数据核字(2016)第182290号

中国电力出版社出版、发行

（北京市东城区北京站西街19号 100005 http://www.cepp.sgcc.com.cn）

汇鑫印务有限公司印刷

各地新华书店经售

*

2016年10月第一版 2017年6月北京第二次印刷

850毫米×1168毫米 32开本 19.5印张 537千字

印数2001—4000册 定价**49.00**元

前　言

设计和制作具有高性价比、高可靠性的开关电源，所涉及的知识面很宽。不仅要掌握开关电源芯片的工作原理与应用电路，了解有关通用及特种半导体器件、模拟电路与数字电路、电磁学、电力电子学、热学、光学（例如用LED驱动电源实现调光）、电磁兼容性、安全规范等方面的知识，还需要不断积累实践经验。许多从事开关电源行业的工程技术人员和业余爱好者，在设计和制作开关电源的过程中往往会遇到一些技术问题，这些问题所涉及的范围很广，既有带普遍性的问题，又有特殊难题。由于从专业技术书中查找既费时费力，又难以迅速找到满意的答案，为便于读者查询和借鉴，作者曾撰写《开关电源实用技术500问》，该书于2012年2月出版后又经过重印，受到广大读者的欢迎。近年来，本书第一作者应工业和信息化部中国电子技术标准化研究所、中国电子企业协会等单位的邀请，先后在北京、上海、苏州、杭州、温州、深圳等地举办的高级研修班讲授了15期“开关电源优化设计”“LED驱动电源优化设计”等课程。作者的英文版专著 *Optimal Design of Switching Power Supply*，2015年6月已由美国Wiley国际出版公司出版，并向全世界发行。为适应新形势、新技术的发展需要，现对原书做了较大幅度的修改，补充了作者多年的教学、科研经验及新获得的发明专利技术后撰成此书，以飨广大的新、老读者。

本书与《开关电源实用技术500问》相比，主要有以下特点：

第一，新增加了100个问答，内容涵盖开关电源设计、应用、制作和测试过程中的技术难点与重点。

第二，对原书的部分内容做了修改与补充。

第三，本书仍遵循先易后难、化整为零、突出重点和难点的原则，按照“基础知识→基本原理→单元电路设计→高频变压器设计与制作→整机电路设计与制作→散热器及保护电路的设计→测试技术”的顺序，通过答疑解惑，帮助读者快速、全面、系统地掌握开关电源设计与制作的方法、要点及注意事项。

第四，本书深入浅出，通俗易懂，图文并茂，实用性强。对重点问题、难点问题、普遍性问题和特殊性问题分门别类地做出了解答和释疑，便于读者随时查询，灵活运用，可兼顾专业技术人员和业余爱好者的需要。

沙占友教授撰写了第一～三章和第六章，并完成了全书的审阅和统稿工作。沙江撰写了第四、五章。河北科技大学王彦朋教授、马洪涛副教授和睢丙东教授合撰了第七～九章。

李学芝、韩振廷、沙莎、张文清、宋怀文、陈庆华、王志刚、刘立新、张启明、刘东明、赵伟刚、宋廉波、刘建民、李志清、郑国辉、李新华同志也参加了本书撰写工作。

由于作者水平有限，书中难免存在缺点和不足之处，欢迎广大读者指正。

作 者

目 录

第一章

开关电源基础知识67问

本章概要 本章为开关电源基本概念问答，通过答疑解惑使读者对开关电源有初步了解。

第一节 开关电源分类特点问题解答

1 什么是电源？

电源（Power Supply）是能向电子设备提供功率输出的装置。常见的有稳压输出（稳压电源）、恒流输出（恒流电源，简称恒流源）、恒功率输出等多种形式。

2 什么是开关电源？

开关电源（Switching Mode Power Supply，SMPS），它是内部功率开关管工作在高频开关状态，可输出直流的稳定电压（或恒定电流）的高效率电源装置。

3 稳压电源与恒流电源有何区别？

稳压电源简称稳压源，当输入电压或负载发生变化时能给负载提供稳定的电压。衡量稳压性能的主要技术指标是电压调整率和负载调整率，它允许输出电流在很宽的范围内变化。

恒流电源简称稳流源，当输入电压、负载或环境温度发生变化时，它能向负载提供恒定的电流。恒流电源主要技术指标是恒流调整特性，它允许输出电压在一定范围内变化。恒流源的应用领域十分广阔。例如，LED照明驱动电源、大功率电真空发射管的灯丝电源、光度计的电源、蓄电池的充电，都需要用恒流源；且工业自动化仪表的电流信号输出，半导体压阻式压力传感器的供电，更离不开恒流源。此外，在电子测量中还经常使用恒流源来校准交/直流电流表、测量半导体器件参数等。

4 稳压电源如何分类？

稳压电源可分为线性稳压电源（简称线性电源，Linear Power Supply，LPS）和开关电源两大类。

目前，线性电源大多采用线性集成稳压器，主要有两种产品：一种是采用NPN调整管的标准线性稳压器，亦称NPN型线性稳压器；另一种是采用PNP调整管的PNP型低压差线性稳压器（LDO）。此外还有准超低压差线性稳压器（QLDO）和超低压差线性稳压器（VLDO）。LDO、VLDO在低压输入时的效率可达80%～95%。

开关电源按工作原理来划分，主要有两种类型：脉冲宽度调制式（简称脉宽调制或PWM），脉冲频率调制式（简称脉频调制或PFM）。按照所用芯片来划分，开关电源主要有以下两种：开关稳压器，单片开关电源。开关稳压器属于直流-直流（DC/DC）式变换器，它将脉宽调制器、功率输出级、保护电路等集成在一个芯片中，稳压器效率可达90%以上。单片开关电源是将开关电源的主要电路（含高压功率开关管MOSFET、所需模拟及数字电路）都集成在芯片中，能实现输出隔离、脉宽调制及多种保护功能，具有高集成度、高性价比、最简外围电路、最佳性能指标等优点。单片开关电源通过输入整流滤波器适配85～265V、47～400Hz的交流电。因此它属于交流-直流（AC/DC）式变换器。

5 线性电源主要有哪些特点？

线性电源因其内部调整管与负载相串联且调整管工作在线性工作区而得名，又称作串联调整式稳压电源。线性电源的优点是稳压性能好，输出纹波电压小，电路简单，成本低廉。主要缺点是调整管的压降较大，功耗高，稳压电源的效率比较低，一般为45%左右，仅LDO、VLDO在低压输入时的效率可达80%～95%。

6 开关电源主要有哪些特点?

开关电源被誉为高效节能电源，它代表着稳压电源的发展方向，现已成为稳压电源的主流产品。开关电源内部的关键元器件工作在高频开关状态，本身消耗的能量很低，电源效率可达70%～90%，比标准线性稳压电源提高近一倍。开关电源的缺点是稳压性能不如线性电源好，其电压调整率、负载调整率、输出噪声及纹波都比较大，容易对其他电子设备产生电磁干扰，必须采取相应的措施加以解决。

7 开关电源与线性电源相比有哪些优势?

与线性电源相比，尽管开关电源的设计比较复杂，某些性能指标还比不上线性电源，且噪声较大，但开关电源的主要优势体现在电源效率、体积和重量等方面。尤其是构成大功率稳压电源时，在相同的输出功率条件下其体积比线性电源大为减小，成本也显著降低。仅以早期的20kHz开关电源为例，它与线性电源的性能比较见表1-1-1。由表可见，开关电源的许多技术指标优于线性电源。目前开关电源的工作频率已提高到100kHz以上，甚至可达1MHz，性能指标又有大幅度提高。

表1-1-1　20kHz开关电源与线性电源的性能比较

参数	开关电源	线性电源
电源效率（%）	70～85	30～40
单位体积下的输出功率（W/cm^3）	0.12	0.03
单位质量下的输出功率（W/kg）	88	22
电压调整率（%）	0.1～1	0.02～0.1
负载调整率（%）	1～5	0.5～2
输出纹波电压（峰-峰值）（mV）	50	5
输出噪声电压（峰-峰值）（mV）	50～200	极小
瞬态响应时间（μs）	100～1000	20
断电后输出电压的保持时间（ms）	20～30	1～2

8 开关功率器件与线性功率器件各有什么特点？

（1）各种功率器件的工作频率、容量的范围及其应用领域。各种功率器件的工作频率、容量的范围及其应用领域如图1-1-1所示。其中，SCR为普通晶闸管，Triac为双向晶闸管，GTO代表可关断晶闸管，Tr MOD表示普通功率管模块，MOSFET表示功率场效应管。IGBT MOD IPM代表IPM系列的IGBT智能功率模块，其中的IGBT（Insulated Gate Bipolar Transistor）为绝缘栅型场效应管-双极型晶体管的英文缩写。由图1-1-1可见，IGBT智能功率模块的工作频率远高于普通功率管模块，而其容量又比功率场效应管提高1～2个数量级。

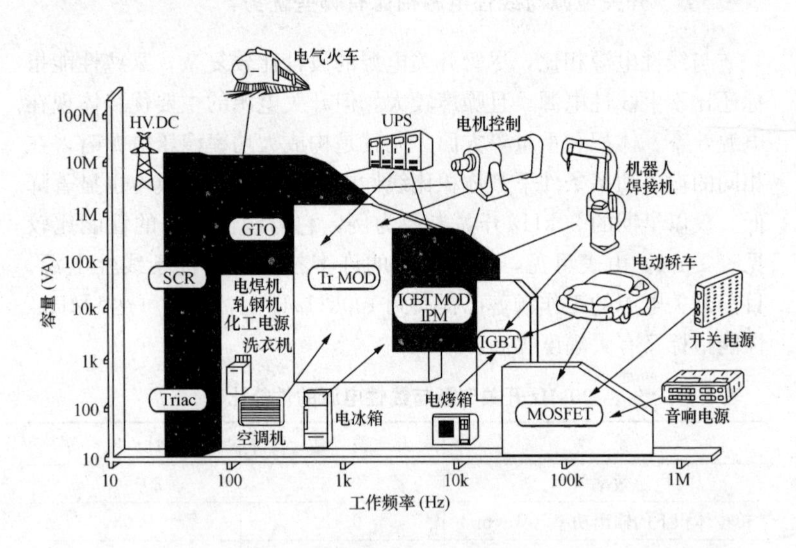

图1-1-1 各种功率器件的性能及应用领域

（2）开关功率器件、线性功率器件的特点。能实现电能转换的开关功率器件与线性功率器件的比较如图1-1-2所示。图1-1-2（a）中用开关S代表开关功率器件，图1-1-2（b）中是用可调电阻器R来代表线性调整器件。

开关功率器件的主要特点：①器件工作在开关方式，转换效率

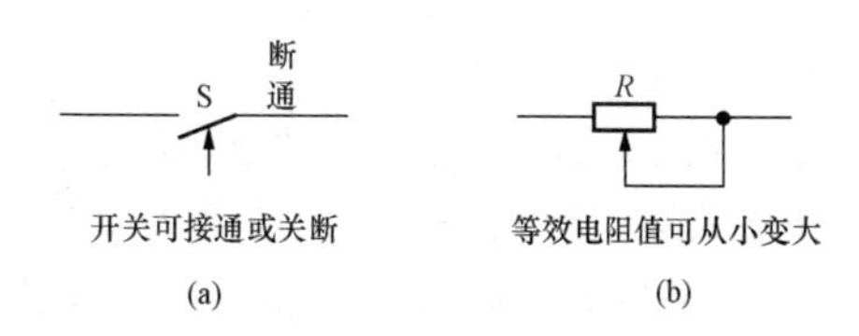

图 1-1-2　能实现功率转换的开关功率器件与线性功率器件的比较
(a) 开关功率器件示意图；(b) 线性功率器件示意图

高；②要求必须有一个储能元件（储能电感或储能电容）；③可对输入电压进行升压、降压或极性反转，获得高压、低压或负压输出；④由于器件工作在开关状态，因此输出的纹波噪声大。

线性器件的主要特点：①器件工作在线性方式，损耗大，转换效率低；②外围电路简单，不需要储能元件；③只能对输入电压进行降压；④输出的纹波噪声小。

9　开关电源有哪些基本类型？

开关电源的4种基本类型分别为交流稳压电源（AC/DC）、直流稳压电源（DC/DC）、交流恒流电源、直流恒流电源。

10　开关电源芯片可划分成几种类型？

开关电源芯片可划分成以下4种类型：脉冲宽度调制器（PWM）、脉冲频率调制器（PFM）、开关式稳压器、单片开关电源。

11　开关电源有几种调制方式？

开关电源有以下4种调制方式：

(1) 脉冲宽度调制（简称PWM，即脉宽调制）式。其特点是开关周期为恒定值，通过调节脉冲宽度来改变占空比，实现稳压目的。其核心是PWM控制器。脉宽调制式开关电源的应用最为普遍，其占空比调节范围大，PWM还可以和主系统的时钟保持同步。

(2) 脉冲频率调制（简称 PFM，即脉频调制）式。其特点是占空比为恒定值，通过调节开关频率来实现稳压目的。其核心是PFM 控制器。脉频调制式开关电源特别适合于便携式设备，它能在低占空比、低频的条件下，降低控制芯片的静态电流。

(3) 脉冲密度调制（简称 PDM，即脉密调制）式。其特点是脉冲宽度为恒定值，通过调节脉冲数实现稳压目的。它采用零电压技术，能显著降低功率开关管的损耗。

(4) 混合调制式。它是 (1)、(2) 两种方式的组合。开关周期和脉冲宽度都不固定，均可调节。它包含了 PWM 控制器和 PFM 控制器。

以上 4 种工作方式统称为“时间比率控制”（简称 TRC）方式，其中以 PWM 控制器应用最广。

需要指出的是，PWM 控制器既可作为一片独立的集成电路使用，亦可被集成在开关稳压器中或单片开关电源中。其中，开关稳压器属于 DC/DC 变换器，开关电源一般为 AC/DC 变换器。

12 什么是 DC/DC 变换器?

DC/DC 变换器是通过开关器件将一种直流电压转换成另一种（或几种）直流电压的装置。

13 什么是开关稳压器?

开关稳压器（Switching Voltage Regulator，简称 Switching Regulator）一般特指低压 DC/DC 变换器。构成开关电源时，需要给开关稳压器配上工频变压器和输入整流滤波器。

14 什么是 AC/DC 变换器?

AC/DC 变换器是通过交流输入电路、整流电路和开关器件将一种交流电压转换成另一种（或几种）直流电压的装置。

15 什么是隔离式（离线式）开关电源?

开关电源分隔离式、非隔离式两种，这里讲的“隔离”“非隔离”都是对电网而言的。隔离式开关电源亦称离线式（off-line）开关电源，它属于AC/DC式变换器，其特点是通过高频变压器和光耦反馈电路来实现输出电压与电网的隔离，使开关电源符合所规定的安全规范。隔离式开关电源的安全性好，但电路较复杂，成本较高；非隔离式的开关电源的电路简单，但安全性差。应根据所设计开关电源的用途及安全规范来选择。例如，根据相关标准，某些白色家电（如家用空调器、洗碗机、电饭煲、电冰箱、家用电加热器等）内部的控制电源，允许采用非隔离式开关电源以降低成本，由于厂家规定禁止用户自行修理，因此可避免发生安全事故。

16 隔离式开关电源主要由几部分构成？

隔离式开关电源主要由7部分构成：EMI滤波器、输入整流滤波器、功率开关管、高频变压器、控制电路（PWM调制器）、输出整流滤波器、反馈电路。

17 什么是复合式稳压电源？

由开关电源（或开关稳压器）与线性稳压器构成的一种复合式稳压电源，它以开关电源作为前级，线性稳压器（含低压差线性稳压器）作为后级，兼有开关电源、线性电源之优点，不仅电源效率较高，而且稳压性能好，输出的纹波噪声很小。

18 什么是数字电源？

目前，数字电源有以下4种定义：

定义一：通过数字接口控制的开关电源（它强调的是数字电源的“通信”功能）。

定义二：具有数字控制功能的开关电源（它强调的是数字电源的“数控”功能）。

定义三：具有数字监测功能的开关电源（它强调的是数字电源对温度等参数的“监测”功能）。

上述三种定义的共同特点是“模拟开关电源→改造升级”，所强调的是“电源控制”，其控制对象主要是开关电源的外特性（如

U_O、I_O）。

定义四：以数字信号处理器（DSP）或微控制器（MCU）为核心，将数字电源驱动器、PWM控制器等作为控制对象，能实现控制、管理和监测功能的电源产品。它是通过设定开关电源的内部参数来改变其外特性，并在“电源控制”的基础上增加了“电源管理”。所谓电源管理是指将电源有效地分配给系统的不同组件，最大限度地降低损耗。数字电源的管理（如电源排序）必须全部采用数字技术。

目前尽管国外对数字电源的定义还有些争议，但随着科技的发展和市场需求的扩大，从模拟电源到数字电源的转型速度会大大加快，数字电源具有良好的发展前景。数字电源适用于控制参数较多、实时响应速度快、复杂的高端电源系统中。例如设计从AC线路到负载的高端电源系统，如移动通信设备、计算机服务器、数据中心电源系统及不间断电源（UPS）等。数字电源的典型产品有美国TI公司生产的数字电源专用芯片UCC9111、UCC9112、UCD9240等。

19 数字电源与模拟电源相比哪个性能更好？

数字电源的性能远优于传统的模拟电源，二者的性能比较见表1-1-2。

表1-1-2　数字电源与模拟电源的性能比较

数字电源	模拟电源
内含DSP或MCU（由DSP控制的开关电源可采用数字滤波器，控制功能更强、响应速度更快、稳压性能更好）	—
现场可编程（用软件编程来实现通信、检测、遥测等功能）	—
具有控制、管理和监测功能，能实现复杂控制	—
能充分发挥数字信号处理器及微控制器的优势，使所设计的数字电源达到高技术指标。例如，其脉宽调制（PWM）分辨力可达150ps（10^{-12}s）的水平，这是传统开关电源所望尘莫及的	性能和可靠性较差

续表

数字电源	模拟电源
能实现多相位控制、非线性控制、模糊控制、负载均流以及故障预测等功能，为研制绿色节能型电源提供便利条件	—
高集成度，便于构成分布式数字电源系统	集成度较低
改变性能指标时不需更换硬件	改变性能指标时需更换硬件
技术复杂，用户需要编程	技术简单，不需要编程
内部结构复杂，但外围电路简单	内部结构简单，但外围电路较复杂
成本偏高	成本低

需要说明两点：①传统意义的数控电源，只是控制电源的启动、关断或调节输出电压，并非真正意义的数字电源；②数字电源和模拟电源只是习惯称谓，二者并无严格界限。因为即使模拟开关电源，其PWM也包含了时钟、门电路等数字电路，而数字电源则包含ADC、基准电压源、功率器件等模拟电路。因此，将数字电源理解成纯数字化并不准确。

20 什么是LED驱动电源？

LED照明亦称半导体照明或“固态照明”（Solid State Lighting，SSL），它是以发光二极管（LED）为光源而制成的照明灯具。LED驱动电源（LED Drive Power Supply）是用来驱动LED照明灯正常发光的电源装置，其核心是LED驱动芯片，亦称LED驱动器IC。早期的LED驱动电源大多采用恒压模式，存在许多弊端。LED属于电流控制型半导体器件，当正向工作电流I_F>10mA时，其亮度L（亮度等于发光强度除以受光面积，其基本单位是cd/

m^2，读作坎［德拉］每平方米）与I_F成正比。有关系式

$$L = KI_F \tag{1-1-1}$$

因此，采用恒压驱动电源会缩短LED的使用寿命。其原因是当LED的结温不断升高而引起伏安特性曲线向左移动时，特性曲线会变得更陡，斜率也同时增大，从而造成“$T_j \uparrow \rightarrow U_F \downarrow \rightarrow I_F \uparrow \rightarrow$热量$Q \uparrow \rightarrow T_j \uparrow$”的恶性循环，使LED的寿命大大缩短。

如果采用恒流电源来驱动LED灯，那么当结温升高时尽管伏安特性曲线左移，但恒流电源的输出电流值始终保持不变，LED的功耗不仅不会增大，还会降低些，这就是推荐采用恒流驱动的根本原因。目前LED驱动电源大多采用恒流输出式，也有的采用恒压/恒流（CV/CC）输出式，其特点是当负载电流较小时它工作在恒压区，负载电流较大时工作在恒流区，能起到过载保护及短路保护的作用。

21 LED驱动电源与LED驱动器有何区别？

LED驱动电源一般指AC/DC变换器，其核心部分是LED驱动器；LED驱动器则属于DC/DC变换器，它既可单独使用，亦可构成LED驱动电源，这是二者的主要区别。二者的相同点都是由LED驱动芯片构成的。

22 什么是基准电压源？

基准电压源是一种用作电压标准的高稳定度电压源。目前，它已被广泛用于各种开关稳压器和开关电源中，它也是人们在电子仪器和精密测量系统中长期追求的一种理想器件。传统的基准电压源是基于稳压管或晶体管的原理而制成的，其电压温漂为mV/℃级，电压温度系数高达10^{-3}/℃～10^{-4}/℃，无法满足现代电子测量之需要。随着带隙基准电压源的问世，才使上述愿望变为现实。

23 什么是带隙基准电压源？

所谓能带间隙是指硅半导体材料在0K温度下的带隙电压，其数值约为1.205V，用U_{g0}表示。带隙基准电压源的基本原理是利

用电阻压降的正温漂去补偿晶体管发射结正向压降的负温漂，从而实现了零温漂。由于未采用工作在反向击穿状态下的稳压管，因此噪声电压极低。目前生产的基准电压源大多为带隙基准电压源。

带隙基准电压源的简化电路如图 1-1-3 所示。基准电压源的表达式为

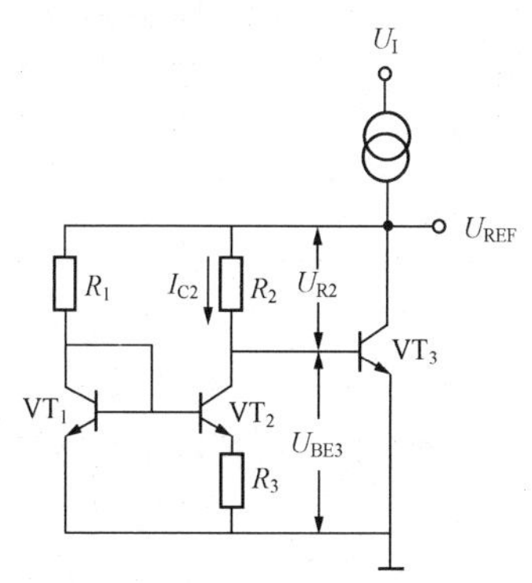

图 1-1-3　带隙基准电压源的简化电路

$$U_{REF} = U_{BE3} + I_{C2}R_2 = U_{BE} + \frac{R_2}{R_3} \cdot \frac{kT}{q} \cdot \ln\frac{R_2}{R_1} \quad (1\text{-}1\text{-}2)$$

式中　k——玻耳兹曼常数；

q——电子电量；

T——热力学温度。其电压温度系数

$$\alpha_T = \frac{dU_{REF}}{dT} = \frac{dU_{BE}}{dT} + \frac{R_2}{R_3} \cdot \frac{k}{q} \cdot \ln\frac{R_2}{R_1} \quad (1\text{-}1\text{-}3)$$

式中，右边的第一项为负数（$dU_{BE}/dT \approx -2.1mV/℃$），第二项为正数。因此只要选择适当的电阻比，使两项之和等于零，即可实现零温漂。其条件是

$$U_{BE0} + \frac{R_2}{R_3} \cdot \frac{kT_0}{q} \cdot \ln\frac{R_2}{R_1} = U_{g0} = 1.205V \quad (1\text{-}1\text{-}4)$$

式中，U_{BE0}是常温 T_0下的 U_{BE}值。这表明从理论上讲，基准电压与温度变化无关。实际上由于受基极电流 I_B等因素的影响，U_{REF}只能接近于零温漂。

带隙基准电压源与普通稳压管的性能比较见表 1-1-3。

表 1-1-3　带隙基准电压源与普通稳压管的性能比较

带隙基准电压源	普通稳压管
高精度，精度可达0.05%	精度低，约为1%
静态工作电流小（从几μA到1mA左右），适合低功耗应用	工作电流较大（1～10mA），适合对功耗要求不高的应用
一般不需要外接电阻	外部需要接限流电阻
输出电压的温度滞后量小	输出电压的温度滞后量大
部分器件不能流入灌电流	只能流入灌电流
长期稳定性好	长期稳定性差
电源电压范围较窄	电源电压范围较宽

24　误差放大器有何作用？

误差放大器的作用是通过比较取样电压（U_Q，亦称反馈电压）与基准电压（U_{REF}）之间的误差值来产生误差电压（U_r），进而调节NPN型晶体管的压降，使输出电压维持不变。在基准电压稳定的前提下，误差放大器是影响开关稳压器性能的关键因素。

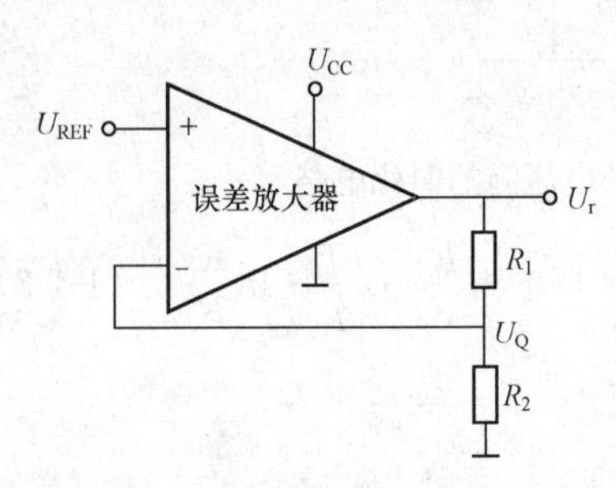

图 1-1-4　差分输入式误差放大器的简化电路

差分输入式误差放大器的简化电路如图1-1-4所示。当电源电压（U_{CC}）和芯片温度保持恒定时，由误差放大器输出的误差电压为

$$U_r = A_{VO}(U_{REF} - U_Q) = A_{VO}(U_{REF} - U_r\beta) \qquad (1\text{-}1\text{-}5)$$

式中　A_{VO}——放大器的开环增益；

β——反馈系数，$\beta = \dfrac{R_2}{R_1 + R_2}(\beta \leqslant 1)$。

从式（1-1-5）中解出

$$U_r = \frac{U_{REF}}{\beta + \dfrac{1}{A_{VO}}} \qquad (1\text{-}1\text{-}6)$$

当A_{VO}接近于无穷大时，式（1-1-6）可简化为

$$U_r = \frac{U_{REF}}{\beta} = U_{REF}\left(1 + \frac{R_1}{R_2}\right) \tag{1-1-7}$$

在U_{REF}和A_{VO}保持不变的情况下，误差电压U_r的温漂通常为±（5.0～15）μV/℃，这会导致U_r成比例的变化。解决方法是使误差放大器的输入晶体管尽可能匹配，并使反馈系数$\beta=1$。此外，当电源电压U_{CC}变化时，U_r也随之改变，利用A_{VO}、电源抑制比（PSRR）和共模抑制比（CMRR）都很高的放大器能减小这种影响。

误差放大器的等效输出阻抗（Z_O）由下式确定

$$Z_O = \frac{\Delta U_O}{\Delta I_O} = \frac{Z_{OL}}{\beta A_{VO}} \tag{1-1-8}$$

式中，Z_{OL}为开环输入阻抗。

为使负载电流对输出电压的影响为最小，应尽可能降低Z_O。减小Z_O的一种简单方法是用射极跟随器（VT）实现阻抗转换，电路如图1-1-5所示。I_O为开关稳压器的输出电流，I_r为误差放大器的输出电流。当I_O变化ΔI_O时，$Z_O = Z_{OL}/$（$\beta A_{VO} h_{FE}$从而降低了整个开关稳压器的输出阻抗。

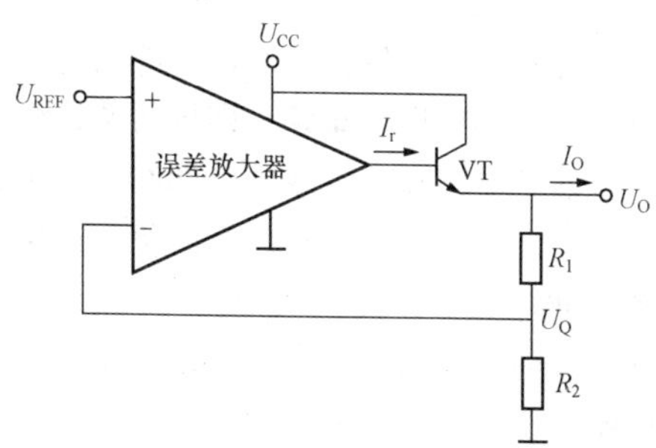

图1-1-5　用射极跟随器实现阻抗转换

25 对误差放大器的基本要求是什么？

对误差放大器的基本要求如下：

（1）具有很高的共模抑制比（K_{CMR}）。误差放大器对共模信号的抑制能力称作共模抑制比，它表示差模电压增益A_{VD}与共模电压

增益A_{VC}之比，有关系式$K_{CMR}=|A_{VD}/A_{VC}|$。

(2) 具有很高的开环增益（A_{VO}）。开环增益表示当误差放大器作开环使用时，输出电压的变化量与差模输入电压的变化量之比。

(3) 具有很低输入失调电压（U_{IO}）。输入失调电压表示当输出电压为零时，加在两个输入端之间的直流补偿电压。由于集成电路的输入晶体管不是完全匹配的，因此在放大器的工作过程中可利用补偿电压实现匹配。

(4) 当电路的反馈系数$\beta=\dfrac{R_2}{R_1+R_2}=1$时，稳压性能为最佳。

(5) 带射极跟随器输出。

(6) 实际的误差放大器电路还需增加RC型相位补偿网络，以提高控制环路的稳定性。

26 什么是分布式电源？

分布式电源通过微控制器（MCU），可实现电源控制、电源管理、电源监测和通信功能。所谓电源管理，是指将电源有效地分配给系统的不同组件，最大限度地降低功率损耗。

分布式电源具有智能化程度高，软硬件相结合的优点。通过软件可实现开关电源的自动排序与跟踪，即按照预先设定的顺序来接通或关断电源，并使各电源在上电或断电期间能互相跟踪，确保各电源有序地工作。它使用灵活，可实现标准化、模块化设计，可根据负载数量对系统进行扩展，便于实现功率因数校正（PFC），并具有完善的欠电压保护、过电压保护、过电流保护、短路保护、过功率保护及过热保护功能。

27 什么是分布式数字电源系统？

分布式数字电源系统是由AC/DC变换器（内含PFC电路和DC/DC变换器）、SCI总线（或SPI总线、CAN总线、I^2C总线）接口和多路数字电源构成的具有电源控制和电源管理功能的系统。

28 什么是特种电源？

特种电源是指具有不同于普通电源的特殊指标（如高压输出、特大电流输出、脉冲输出等）和特殊用途（如蓄电池充电、感应加热、电镀电解、电力试验、空气净化、食品灭菌、医疗设备、环保除尘、电子加速器、雷达导航等）的电源装置。特种集成电源还具有“新、特、奇、广”的显著特点，其电路新颖，功能奇特，性能先进，种类繁多，涉及领域广泛。与普通电源相比，对特种电源的某些要求更加严格。特种电源一般要向厂家定制。

29 什么是 UPS 电源？

UPS（Uninterruptible Power Supply）是不间断电源的简称。当电网突然停电时，它作为后备电源可在一段时间内给设备继续供电，不致因关键设备（如 PC）或关键部件（如随机存取存储器 RAM）断电而造成数据丢失等严重后果。UPS 可为计算机系统提供高质量的电源。

第二节　开关电源常用术语及参数问题解答

30 什么是电压调整率？

电压调整率（Voltage Regulation 或 Line Regulation）亦称线性调整率或线路调整率，一般用 S_V（百分数）表示，但也有的用 mV 来表示。它表示当输入电压在规定范围内变化时，输出电压的变化率。测量电压调整率的方法是给开关电源接上额定负载，首先测出在标称输入电压时的输出电压值 U_O，然后连续调节输入电压，使之从规定的最小值一直变化到最大值，记下输出电压与标称值的最大偏差 ΔU_O（可取绝对值），最后代入下式计算电压调整率

$$S_V = \frac{\Delta U_O}{U_O} \times 100\% \tag{1-2-1}$$

31 什么是负载调整率？

负载调整率（Load Regulation）亦称电流调整率，一般用S_I（百分数）表示，也有的用mV表示。它是衡量开关电源在负载电流发生变化时，使输出电压保持恒定的一种能力。测量负载调整率的方法是将输入电压调至标称值，分别测出开关电源在满载与空载时的输出电压值U_1、U_2，再代入下式计算负载调整率

$$S_I=\frac{U_2-U_1}{U_O}\times 100\% \tag{1-2-2}$$

需要指出，开关电源的负载调整率通常是在I_O从满载的10%变化到100%情况下测得的，此时应将式（1-2-2）中的U_2换成$I_O=10\%I_{OM}$时的输出电压值。

32 什么是输出电压精度？

输出电压精度（Output Voltage Accuracy）亦称准确度，它主要受开关电源的电压调整率、负载调整率、内部基准电压的温度漂移量（以下简称温漂）、误差放大器的温漂、取样电阻的精度及温度系数的影响。输出电压精度的表达式为

$$\gamma=S_V+S_I+\frac{\sqrt{\Delta U_{O(REF)}^2+\Delta U_{O(G)}^2+\Delta U_{O(r)}^2+\Delta U_{O(TC)}^2}}{U_O}\times 100\% \tag{1-2-3}$$

式中 γ——输出电压精度；

S_V——电压调整率（取绝对值）；

S_I——负载调整率（取绝对值）；

$\Delta U_{O(REF)}$——基准电压的精度所引起输出电压的变化量；

$\Delta U_{O(G)}$——增益误差所引起输出电压的变化量；

$\Delta U_{O(r)}$——取样电阻的精度所引起输出电压的变化量；

$\Delta U_{O(TC)}$——当环境温度从最低温度T_{min}变化到最高温度T_{max}时，对输出电压的影响。

举例说明：某开关稳压器的电压调整率S_V=0.5%，负载调整率S_I=1%。基准电压U_{REF}=1.25V，基准电压的精度为1%。输

出电压的表达式为

$$U_O = 1.25 \times \left(1 + \frac{R_2}{R_1}\right) \tag{1-2-4}$$

取样电阻 R_1、R_2 的精度均为 $\pm 0.25\%$。当 $R_1 = R_2 = R$ 时，$U_O = 3.3V$。该开关稳压器在 0～125℃温度范围内的温度系数 $\alpha_T = 100 \times 10^{-6}/℃$。增益误差所引起输出电压的变化量可忽略不计，即 $\Delta U_{O(G)} \approx 0V$。不难算出

$$\Delta U_{O(REF)} = \frac{2R}{R} \cdot \frac{U_O}{2} \times 1\% = 2 \times \frac{3.3}{2} \times 1\% = 33(mV)$$

$$\begin{aligned}\Delta U_{O(r)} &= [(0.25\%/V)U_O + (0.25\%/V)U_O]U_{REF} \\ &= [(0.25\%/V) \times 3.3V + (0.25\%/V) \times 3.3V] \times 1.25V \\ &= 20.6mV\end{aligned}$$

$$\begin{aligned}\Delta U_{O(TC)} &= \alpha_T (T_{max} - T_{min}) U_O \\ &= 100 \times 10^{-6}/℃ \times (125℃ - 0) \times 3.3V = 41.2mV\end{aligned}$$

利用式（1-2-3）计算该开关稳压器输出电压的总精度为

$$\gamma = 0.5\% + 0.1\% + \frac{\sqrt{(33mV)^2 + (20.6mV)^2 + (41.2mV)^2}}{3.3V} \times 100\%$$

$$= 2.3\%$$

测量输出电压精度的方法是给开关稳压器接上标称输入电压和额定负载，用直流电压表测出实际输出电压 U'_O，再与标称输出电压 U_O 进行比较，最后用下式计算输出电压的精度

$$\gamma_V = \frac{U'_O - U_O}{U_O} \times 100\% \tag{1-2-5}$$

33 什么是额定输出功率?

开关电源的额定输出功率 P_O 等于额定输出电压 U_O 与满载输出电流 I_O 的乘积，有公式

$$P_O = U_O I_O \tag{1-2-6}$$

34 什么是功率损耗?

开关电源的功率损耗 P_D 等于总功率 P 与输出功率 P_O 的差值，

有公式

$$P_D = P - P_O \tag{1-2-7}$$

35 什么是电源效率？

电源效率（η）是指开关电源或开关稳压器的转换效率，即输出功率与输入功率的比值，通常用百分数表示，效率愈高，能量损耗愈小。开关电源的转换效率为

$$\eta = \frac{P_O}{P_O + P_D} = \frac{P_O}{P} \times 100\% \tag{1-2-8}$$

36 什么是空载功耗？

空载功耗（No-load Power Consumption）是指电源负载开路且不执行任何功能时所消耗的电能，空载功耗可用 P_N表示。

37 什么是待机功耗？

待机功耗（Standby Power）则是指电源处于待机（备用）状态所消耗的电能，此时电源进入休眠模式，停止给负载供电，仅在特殊情况下允许向小负载（如电视机中的 CPU）提供很少量的电能，待机功耗可用 P_S表示。

38 什么是待机电流？

待机电流（Standby Current）是指开关电源被关断输出时所消耗的电流。此时开关电源处于待机（备用）模式。

39 什么是电源的能效？

开关电源的能效（Energy Efficiency）或称能效比，是最近几年出现的新术语。国外某些芯片厂家将它定义为额定输出功率 P_O与空载功耗 P_N之比

$$K = \frac{P_O}{P_N} \times 100\% \tag{1-2-9}$$

但需注意，开关电源的能效（能效比）与空调的能效比属于两

个不同的概念。

第三节 功率因数校正（PFC）问题解答

40 什么是功率因数？

功率因数的英文缩写为PF（Power Factor），其国标符号为λ。功率因数定义为有功功率与视在功率的比值，有公式

$$\lambda=\frac{P}{S}=\frac{UI\cos\varphi}{UI}=\cos\varphi \tag{1-3-1}$$

式中：U、I均为有效值；φ为电流与电压的相位差。

造成功率因数降低的原因有两个：①交流输入电流波形的相位失真；②交流输入电流波形存在失真。相位失真通常是由电源的负载性质（感性或容性）而引起的，这种情况下对功率因数的分析相对简单，一般可用公式$\cos\varphi=P/(UI)$来计算。但当交流输入电流波形不是正弦波时（例如全波整流后的电流波形），就包含大量的谐波成分，式(1-3-1)不再适用，此时

$$i(t)=\sqrt{2}I_1\cos(\omega t-\varphi_1)+\sum I_\mathrm{n}\cos(\omega t-\varphi_\mathrm{n}) \tag{1-3-2}$$

式中：I_1为基波电流；I_n为n次谐波的电流，$\sum I_\mathrm{n}=\sqrt{I_0^2+I_1^2+I_2^2+\cdots+I_\mathrm{n}^2}$；$I_0$为电流中的直流成分，对于纯交流电源，$I_0=0$。重新定义的功率因数应为

$$\lambda=\frac{I_1}{I_\mathrm{n}}\cos\varphi_1=\frac{I_1}{\sqrt{I_0^2+I_1^2+I_2^2+\cdots+I_\mathrm{n}^2}}\cos\varphi_1 \tag{1-3-3}$$

式中：$\cos\varphi_1$为相移功率因数（Displacement Power Factor，DPF，亦称位移功率因数或基波功率因数）。电流失真成分为$I_\mathrm{dis}=\sqrt{I^2-I_1^2}$。

采用AC/DC变换器的开关电源均通过整流电路与电网相连接。其输入整流滤波器一般由桥式整流器和滤波电容器构成，二者均属于非线性元器件，使开关电源对电网电源表现为非线性阻抗。由于大容量滤波电容器的存在，使得整流二极管的导通角变得很窄，仅

在交流输入电压的峰值附近才能导通，导致交流输入电流产生严重失真，变成尖峰脉冲。这种电流波形中包含了大量的谐波分量，不仅对电网造成污染，还导致无功功率增大，功率因数大幅度降低。

41 什么是功率因数校正?

功率因数校正（器）的英文缩写为PFC（Power Factor Correction，或Power Factor Controller），亦称功率因数补偿（器）或功率因数控制器。习惯上“PFC”既可表示功率因数校正，也可表示功率因数校正器，应视具体情况而定。

PFC的作用是使交流输入电流与交流输入电压保持同相位并滤除电流谐波，使设备的功率因数提高到接近于1的某一预定值。提高功率因数能产生巨大的社会经济效益。举例说明，假定$\lambda=0.6$，这表明有效功率仅达到60%；而$\lambda=0.95$，就表明可获得95%的最大有效功率。因此，提高其功率因数不仅能降低电网中的无功功率，还能减少谐波污染，提高电网的供电质量。IEC1000-3-2国际标准要求，在25W以上电源变换器的桥式整流器与大容量的电解电容滤波器之间必须增加PFC。欧洲规范EN61000-3-2对电气设备的谐波也提出了严格要求，它规定了包括高达39次谐波在内的工频谐波的最大幅度。我国从1994年3月开始执行的GB/T 4549—1993国家标准，对于电能质量以及公用电网的谐波也做出了严格的规定。

42 什么是无源功率因数校正?

无源功率因数校正（Passive PFC，简称PPFC，或无源PFC），亦称被动式PFC。它是利用交流输入电路中的无源元件——电感器进行校正，来减小交流输入的基波电流与电压之间相位差，以提高功率因数的。尽管无源功率因数的电路简单，成本低廉。但存在以下缺点：①需要使用体积笨重的50Hz工频电感器，从而大大限制了它的实际应用；②提高功率因数的效果有限，未采用PFC的开关电源，功率因数仅为0.5～0.6，增加工频电感器后只能将功率因数提高到0.8左右；③为了能在全球范围内通用，必须增加转换开关S，容易因误操作（将开关拨错位置）而给电源及负载带来严重危害。

43 什么是有源功率因数校正?

有源功率因数校正（Active PFC，简称 APFC，或有源 PFC）亦称主动式功率因数校正。它是在输入整流桥与输出滤波电容之间加入一个功率变换电路，将输入电流校正成与输入电压相位相同且不失真的正弦波，使功率因数接近于1。

随着 PFC 技术的应用日益普及，目前国内外通常把“有源 PFC”也简称作 PFC。本书除特别注明是“无源 PFC”或“有源 PFC”之外，其余的“PFC”均表示有源 PFC（即 APFC）。

44 能否给出无源功率因数校正与有源功率因数校正的对比实例?

【例 1-1】 实测一种 250W 开关电源在不带 PFC、带无源 PFC 和带有源 PFC 这 3 种情况下，输入谐波幅度与 EN61000-3-2 国际标准的比较如图 1-3-1 所示。从中不难看出，无 PFC 时的 3～15 次谐波幅度均高于 EN61000-3-2 的限制水平。使用无源或有源 PFC 时，各次谐波幅度均低于 EN61000-3-2 的限制水平，并且采用有源 PFC 时的 3～20 次谐波幅度明显低于无源 PFC。

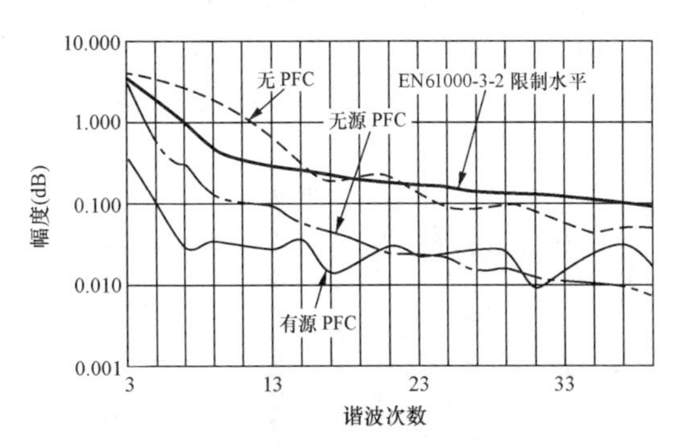

图 1-3-1 一种 250W 开关电源的输入谐波幅度与 EN1000-3-2 国际标准的比较

【例 1-2】 未经过 PFC 的某开关电源，实测其交流输入电压与输入电流的典型波形如图 1-3-2（a）所示。图 1-3-2（b）为对严

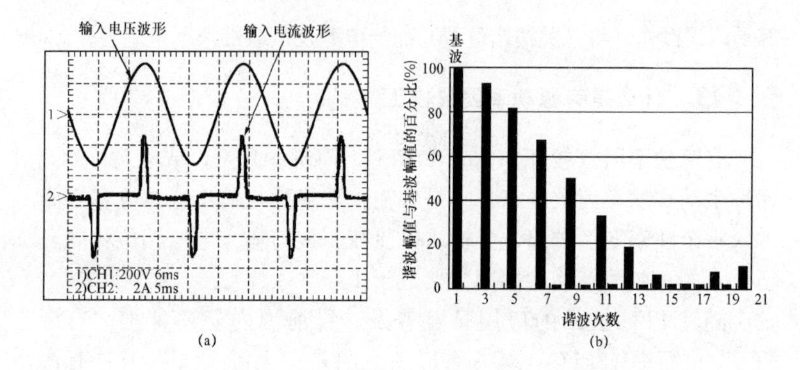

图 1-3-2　未经 PFC 的开关电源交流输入波形

(a) 输入电压与输入电流的典型波形；(b) 谐波分析图

重失真的交流输入电流波形所做的谐波分析，这里将基波幅度定位100%，3、5、…、21 次高次谐波（均为奇次谐波）的幅度则表示为与基波幅度的百分比。由于偶次谐波是对称波形，因此几乎观察不到。未采用功率因数校正电路的开关电源功率因数大约为 0.6。

【例 1-3】　若给某开关电源配上有源 PFC，使之功率因数达到 0.98，则可获得接近完美的交流输入波形，如图 1-3-3（a）所示。图 1-3-3（b）为校正后的谐波分析图。与图 1-3-2 相比，交流输入电流呈比较理想的正弦波，从谐波分析图已观察不到高次谐波分

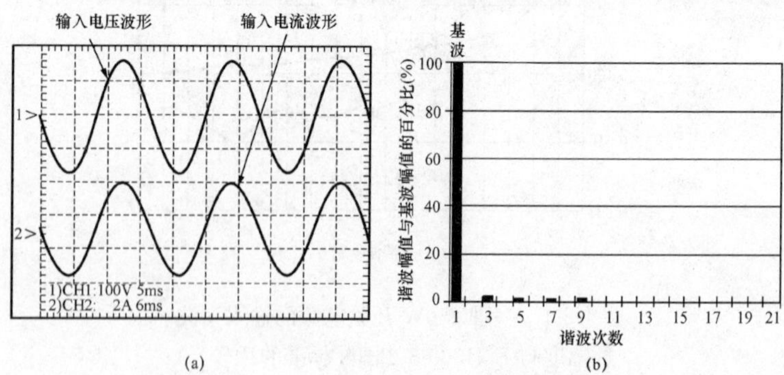

图 1-3-3　经过有源 PFC 的开关电源交流输入波形

(a) 输入电压与输入电流的典型波形；(b) 谐波分析图

量了。

45 什么是总谐波失真？

总谐波失真是指用信号源输入时，输出信号（谐波及其倍频成分）比输入信号多出的谐波成分，一般用百分数表示。功率因数（λ）与总谐波失真（THD）存在下述关系

$$\lambda=\frac{1}{\sqrt{1+(\mathrm{THD})^2}}\cos\varphi$$

或

$$\lambda=\frac{1}{\sqrt{1+(\mathrm{THD})^2}}\cos\varphi_1 \tag{1-3-4}$$

当交流输入电流与电压保持同相位，即 $\cos\varphi=1$ 时，式（1-3-4）可简化为

$$\lambda=\frac{1}{\sqrt{1+(\mathrm{THD})^2}} \tag{1-3-5}$$

46 什么是占空比？

占空比（Duty Cycle）D 表示脉冲宽度（通常为信号高电平持续时间 t）与周期（T）的百分比，计算公式为

$$D=\frac{t}{T}\times 100\% \tag{1-3-6}$$

在测试脉宽调制（PWM）式开关电源及变频调速系统时，经常需要测量脉冲信号的占空比。但也有人习惯用小数值表示占空比。

第四节　开关电源保护功能问题解答

47 什么是过热保护？

过热保护（Overtemperature Protection，OTP）是指当温度超

过芯片的最高允许工作温度时，开关电源立即关断输出，起到保护作用。

48 什么是散热器？

散热器（Radiator或Heat Sink）是用来降低半导体器件工作温度的一种散热装置，可避免因散热不良致使管芯温度超过最高结温，使开关电源进行过热保护。散热途径是从管芯→小散热板（或管壳）→散热器→周围空气。散热器有平板式、印制板（PCB）式、筋片式、叉指式等多种类型。散热器应尽量远离工频变压器、功率开关管等热源。

49 什么是过电压保护？

过电压保护（Over Voltage Protection，OVP）是指当输入电压超过最大值时，开关电源能自动关断输出的功能。

50 什么是欠电压保护？

欠电压保护（Under Voltage Protection，UVP）是指当输入电压低于最小值时，开关电源能自动将电源关断的功能。

51 什么是过电流保护？

过电流保护（Over Current Protection，OCP或限流保护）是指当输出电流超过规定电流极限值时，开关电源能自动限制或关断输出电流的功能。

52 什么是过功率保护？

过功率保护（Over Power Protection，OPP）是指当输出功率超过规定的功率极限值时，开关电源能自动限制或关断输出电流的功能。

53 什么是电池极性反接保护？

电池极性反接保护（Reversed-Battery Protection）是指当输入

电源（电池）的极性接反时，能保护开关电源不受损坏的一种保护功能。通常是在直流输入电路中串联一只二极管，即可实现电池极性反接保护。

54 什么是软启动功能？

所谓软启动功能是指开关电源通电时，利用软启动电容的充电过程使输出电压缓慢地上升到额定值，使开关电源能平滑地启动。软启动时间约为 100ms。有的开关稳压器还利用软启动电路来限制短路后的平均电流值，起到过电流保护作用。

55 什么是缓启动功能？

缓启动是指延时启动，常用于多路稳压电源的排序，即按照预先设定的顺序来接通或断开电源。

第五节　开关电源噪声与干扰问题解答

56 什么是瞬态响应？

瞬态响应（Transient Response）是指在输出阶跃电流的条件下，输出电压的最大允许变化量。瞬态响应与输出滤波电容的容量及等效串联电阻（ESR）、旁路电容、最大允许负载电流等有关。瞬态响应时间越短，说明开关电源对负载变化的调节速度越快，这对于某些瞬变负载（例如高速逻辑电路和射频/微波发射机）至关重要。

用示波器观察某 3A 降压式开关稳压器的瞬态响应波形如图 1-5-1 所示。负载电流 I_O的刻度为 1A/div（div 表示格），输出电压 U_O的刻度为 1V/div。由图 1-5-1 可见，当 I_O从 0.75A 阶跃到 2.25A 时，会引起U_O的突然跌落，大约经过 100μs 即可恢复正常。反之，当 I_O从 2.25A 阶跃到 0.75A 时，会使 U_O突然升高。该开关稳压器的瞬态响应时间约为 100μs。

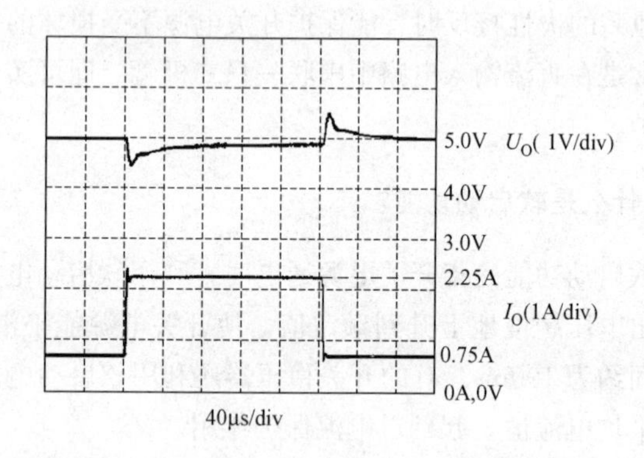

图 1-5-1　某 3A 降压式开关稳压器的瞬态响应波形

57　输出纹波电压与输出噪声电压有何区别？

输出纹波电压与输出噪声电压的区别如下：

（1）输出纹波电压是出现在输出端之间并与电网频率和开关频率保持同步的脉动电压。开关电源的输出纹波电压通常用峰-峰值来表示，而不采用平均值。这是因为它属于高频窄脉冲，当峰-峰值较高时（例如±60mV），而平均值可能仅为几毫伏，所以峰-峰值更具有代表性。

（2）输出噪声电压是指出现在输出端之间随机变化的噪声电压，也用峰-峰值表示。

（3）输出纹波噪声电压则表示在额定输出电压和负载电流下，输出纹波电压与噪声电压的总和，亦称最大纹波电压。测量包含高频分量的纹波电压时，推荐使用 20MHz 带宽的示波器来观察峰-峰值。为避免从示波器探头的地线夹上引入开关电源发出的辐射噪声，建议用屏蔽线或双绞线作中间连线，使示波器尽量远离开关电源。

58　什么是纹波系数？

在额定负载电流下，输出纹波电压的有效值 U_{RMS} 与输出直流电压 U_O 的百分比，计算公式为

$$\gamma = \frac{U_{RMS}}{U_O} \times 100\% \qquad (1\text{-}5\text{-}1)$$

59 什么是电源抑制比?

电源抑制比（Power Supply Rejection Ratio，简称PSRR）亦称纹波抑制比（Ripple Rejection Ratio，简称RRR），它表示输入纹波电压的峰-峰值U_{RI}与输出纹波电压峰-峰值U_{RO}之比（用常用对数表示），计算公式为

$$PSRR = 20\lg(U_{RI}/U_{RO}) \qquad (1\text{-}5\text{-}2)$$

选择大容量、低等效串联电阻的输出滤波电容器，能改善电源抑制比。

60 什么是输出噪声电压?

输出噪声电压（Output Noise Voltage）是指在规定频率范围内输出噪声电压的有效值，一般用电压的峰-峰值来表示。

新型单片开关电源常采用频率抖动技术使开关频率以某一低频速率抖动，由于开关频率是在很窄范围内不断变化的，它与中心频率的高次谐波干扰之间没有相关性，因此利用频率抖动信号能降低开关电源的输出噪声。

61 什么是电磁干扰?

电磁干扰简称EMI（ElectroMagnetic Interference），它代表来自电磁辐射的干扰噪声。

62 电磁干扰可带来哪些危害?

电磁干扰的危害性极大。表1-5-1列出了能够损坏电子元器件的单个脉冲及连续脉冲的能量。此外，电磁辐射能引爆电起爆装置、弹药库，还可对人体造成危害。实验表明，当微波照射功率密度为10mW/cm^{2}时，人的体温大约会上升1℃。若用1200MHz、330mW/cm^{2}的微波来辐射一条狗，则在15min内可将其致死。我国制定的微波辐射对人体的安全限度为（0.025～0.05）mW/cm^2。

此外，若在飞机上使用移动电话，则会干扰导航系统，对飞行安全构成威胁。

表 1-5-1　　能够损坏电子元器件的脉冲能量

元器件名称	单个脉冲能量（μJ）	连续脉冲能量（μJ）
0.25W 电阻器	10^4	10^2
电解电容器	60～1000	0.6～10
继电器	10^3～10^5	10～10^3
二极管（点接触型）	10^{-2}～10	10^{-4}～10^{-1}
小功率晶体管	20～10^3	0.2～10
大功率晶体管	10^3	10

目前，我国已将电磁兼容性作为检查家用电器质量的一项指标。例如，在 GB 4343.2—2009《家用电器：电动工具和类似器具的电磁兼容要求　第 2 部分：抗扰度》中规定的家用电器连续干扰电压允许值见表 1-5-2。

表 1-5-2　　家用电器连续干扰电压允许值

频段（MHz）	0.15～0.20	0.20～0.50	0.50～5.0	5.0～30
允许值（mV）	3	2	1	2

欧洲共同体（下面简称“欧共体”）于 1996 年 1 月 1 日规定电子设备（包括电器、电子仪器设备、带有电器或电子零件的装置）必须进行电磁兼容性试验，即对电子设备的电磁波干扰（CMI）和抗干扰（EMS）性能进行检验。欧共体又于 1997 年 1 月 1 日规定，低压电子设备必须进行安全性能检验。只有经欧共体认可的权威认证机构检验合格的电子设备，能取得 CE 认证并在其产品上加以 CE 标志，才有资格进入欧洲市场销售。

63　什么是电磁兼容性?

电磁兼容性简称 EMC（ElectroMagnetic Compatibility）。国际电工委员会（IEC）为电磁兼容性所下的定义为：“电磁兼容性是电子设备的一种功能，电子设备在电磁环境中能完成其功能，而不产生不能容忍的干扰”。我国颁布的“电磁兼容术语”国家标准中，给电磁兼容性做出如下定义：“设备或系统的在其电磁环境中能正常工作且不对该环境中任何其他事物造成不能承受的电磁骚扰的能力”。这表明，电磁兼容性有三层含义：第一，电子设备应具有抑制外部电磁干扰的能力；第二，该电子设备所产生的电磁干扰应低于规定的限度，不得影响同一电磁环境中其他电子设备的正常工作；第三，任何电子设备的电磁兼容性都是可以测量的。显然，电磁兼容性要比通常讲的“抗干扰能力”，含义更为深远。

电磁兼容性的设计是一项复杂的系统工程。首先要了解有关标准及规范，然后参照实际电磁环境来提出具体的要求，进而制定技术和工艺上的实施方案。设计开关电源时，除了需要增加 EMI 滤波器、漏极钳位保护电路（或 RC 吸收回路）、安全电容、磁珠等，还应视具体情况采取抑制干扰的相应措施。另外，对布线方式、高频变压器的制作工艺也有严格要求。在设计电路时必须考虑隔离、退耦、滤波、接地及屏蔽等许多问题。

64 电磁兼容性主要研究哪些领域?

电磁兼容性的研究领域主要包括电磁干扰的产生与传输、电磁兼容性的设计（含制定标准）、电磁干扰的诊断与抑制、电磁兼容性的测试（含实验）。仅以电磁兼容性为例，所研究的对象如下：

- 电磁干扰源
  - 自然干扰源
    - 大气噪声源（如雷电、沙暴引起的电晕放电）
    - 天电噪声源（如太阳噪声、宇宙噪声）
    - 热噪声（如电阻热噪声）
  - 人为干扰源
    - 电网干扰源（50Hz 工频干扰）
    - 电刷干扰源（由电机引起）
    - 点火系统干扰源（汽车点火装置）
    - 家用电器干扰源（如日光灯干扰）
    - 射频干扰源（如电子游戏机、手机等发出的干扰）
    - 有意制造的干扰源（如电子对抗战、电磁脉冲炸弹）

65 电磁兼容性主要有哪些标准？

目前国外制定的电磁兼容性标准已达上百个。具有代表性的如IEC 50-161《电磁兼容性名词术语》，MIL-STD-463A《电磁干扰和电磁兼容性技术的术语定义和单位制》，MIL-E-6051D《系统电磁兼容性要求》，MIL-STD-462《电磁干扰特性的测量》，国际无线电干扰特别委员会制定的CISRR 16-1-1993《无线电干扰和抗扰度测量设备和测量方法规范》。我国也陆续制定了有关国家标准和国家军用标准，例如GB 4363—1984《无线电干扰名词术语》，GJB 72—1985《电磁干扰和电磁兼容性名词术语》，GB/T 6113—1995《无线电干扰和抗扰度的测量设备规范》，GB 4343—2009《电动工具、家用电器和类似器具无线电干扰特性的测量方法和允许值》，GB/T 4365—1995《电磁兼容术语》。这些标准的颁布与实施，为提高电磁兼容性奠定了基础。

第六节　静电放电问题解答

66 什么是静电放电？

静电放电简称ESD（Electro-Static Discharge），它是指具有不同静电电位的物体相互靠近或直接接触时所引起的电荷转移。当物体之间互相摩擦、碰撞或发生电场感应时，都会引起物体表面的电荷积聚，产生静电。当外界条件适宜时，这种积聚电荷还会产生静电放电，使元器件局部损坏或击穿，甚至造成火灾、爆炸等严重后果。特别是随着高分子材料的广泛使用，更容易产生静电现象，而电子元器件微型化的趋势，使得静电的危害日趋严重。电子元器件在运输、装配过程中都可能因静电放电而损伤，而且这很难凭眼睛识别出来。因此必须采取静电放电保护措施。例如，可采用ESD保护二极管，它是一种新型集成化的静电放电保护器件，典型产品有MAXIM公司生产的DS9502、DS9503。ESD保护二极管应并联在被保护电路的进线端（或出线端）与地之间。

67 什么是人体静电放电模型？

目前国际上对静电放电定义了4种模型：人体静电放电模型（Humanbody Model，HBM）、机器模型（MM）、器件充电模型（CDM）、电场感应模型（FIN）。由于人体与电子元器件及设备的接触机会最多，因此人体静电放电造成的比例也最大，人体静电放电模型是指人体在地上行走、摩擦或受其他因素影响而在身体上积累了静电，静电电压可达几千伏甚至上万伏，当人体接触电子元器件或设备时，人体静电就会通过被接触物体对地放电。此放电过程极短（几百纳秒），所产生的放电电流很大，很容易损坏元器件。

人体静电放电模型可等效于1.5kΩ的人体电阻与100pF的人体电容的串联电路。测试人体静电放电的方法如图1-6-1所示。图中，R_C为充电时的限流电阻，R_D为人体电阻，C_S为人体电容。测试过程是首先闭合S_1，断开S_2，由直流高压源经过R_C对C_S进行充电；然后断开S_1，闭合S_2，C_S经过R_D对被测器件或设备进行放电。考虑到静电电压很高，难于测试，而电流比较容易测试，因此一般采用测试静电放电电流的方法。

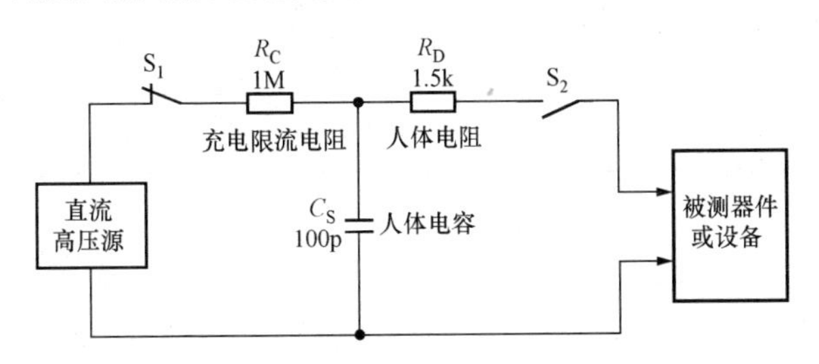

图1-6-1 测试人体静电放电的方法

人体在静电放电时的电流波形如图1-6-2所示，图中的I_P代表峰值放电电流，t_1表示I_P从最大电流的10%上升到90%所需时间，t_2为I_P从90%升至100%所需时间，t_3为I_P从100%降至36.8%所需时间。对应于不同的人体静电电压所产生的放电电流与时间的关系见表1-6-1。

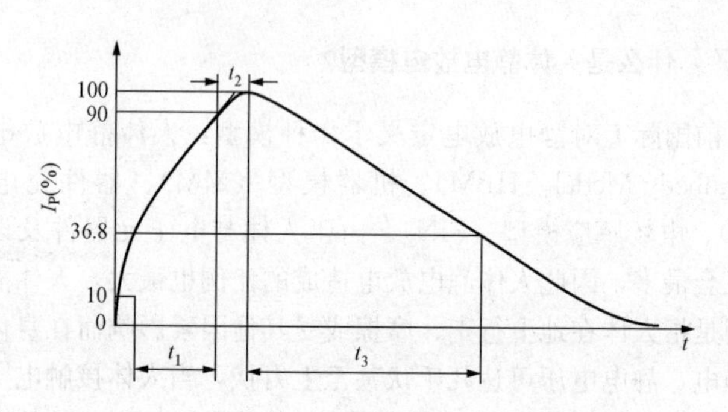

图 1-6-2　人体在静电放电时的电流波形

表 1-6-1　　人体静电放电电流与时间的关系

峰值静电电压（kV）	上升时间 t_1（ns）	下降时间 t_3（ns）	峰值静电电流 I_P（A）	I_P的变化量（%）
0.1	2.0～10	130～170	0.060～0.073	15
0.25			0.15～0.19	
0.5			0.30～0.36	
1			0.60～0.73	
2			1.20～1.46	
4			2.40～2.94	
8			4.80～5.86	

第二章

开关电源基本原理60问

本章概要 本章围绕开关电源的基本原理，对所涉及的常见问题作一完整、清晰地解答。

第一节 开关电源基本原理问题解答

68 脉宽调制式开关电源的基本原理是什么？

脉宽调制式开关电源的基本原理如图2-1-1所示。220V交流电 u 首先经过整流滤波电路变成直流电压 U_I，再由功率开关管VT斩波、高频变压器T降压，得到高频矩形波电压，最后通过整流滤波后获得所需要的直流输出电压 U_O。PWM控制器能产生频率固定而脉冲宽度

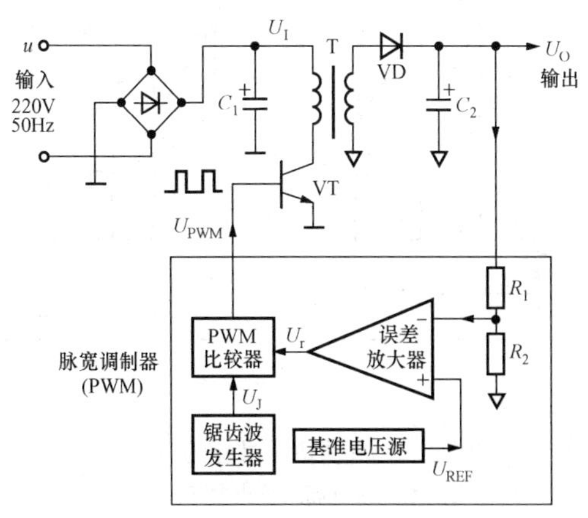

图2-1-1 脉宽调制式开关电源的基本原理

可调的驱动信号，控制功率开关管的通、断状态，进而调节输出电压的高低，达到稳压目的。锯齿波发生器用于提供时钟信号。利用取样电阻、误差放大器和PWM比较器形成闭环调节系统。输出电压U_O经R_1、R_2取样后，送至误差放大器的反相输入端，与加在同相输入端的基准电压U_{REF}进行比较，得到误差电压U_r，再用U_r的幅度去控制PWM比较器输出的脉冲宽度，最后经过功率放大和降压式输出电路使U_O保持不变。U_J为锯齿波发生器的输出信号。

需要指出，取样电压通常是接误差放大器的反相输入端，但也有的接同相输入端，这与误差放大器另一端所输入的锯齿波电压极性有关。一般情况下当输入的锯齿波电压为正极性时，取样电压接反相输入端；输入的锯齿波电压为负极性时，取样电压接同相输入端（下同）。

令直流输入电压为U_I，开关式稳压器的效率为η，占空比为D，则功率开关管的脉冲幅度$U_P=\eta U_I$，可得到公式

$$U_O=\eta D U_I \tag{2-1-1}$$

这表明当η、U_I一定时，只要改变占空比，即可自动调节U_O值。当U_O由于某种原因而升高时，$U_r\downarrow\rightarrow D\downarrow\rightarrow U_O\downarrow$。反之，若$U_O$降低，则$U_r\uparrow\rightarrow D\uparrow\rightarrow U_O\uparrow$。这就是自动稳压的原理。自动稳压过程的波形如图2-1-2（a）、（b）所示。图中，U_J表示锯齿波发

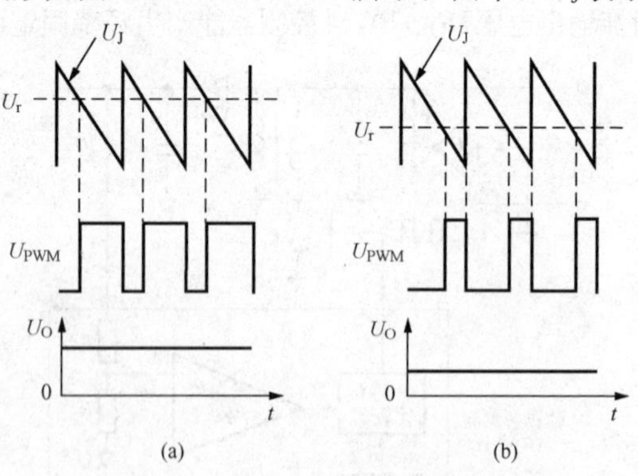

图2-1-2　自动稳压过程的波形图

（a）当误差电压升高时输出电压随之升高；

（b）当误差电压降低时输出电压随之降低

生器的输出电压，U_r是误差电压，U_{PWM}代表 PWM 比较器的输出电压。由图可见，当U_O降低时，$U_r\uparrow\rightarrow D\uparrow\rightarrow U_O\uparrow$；反之，若$U_O$因某种原因而升高，则$U_r\downarrow\rightarrow D\downarrow\rightarrow U_O\downarrow$。

69 什么是单片开关电源?

单片开关电源是将高压电流源、脉宽调制器、功率输出级、保护电路等集成在一个芯片中，适于制作几百瓦以下的 AC/DC 式开关电源，具有高集成度、高性价比、最简外围电路、最佳性能指标的显著优点，已成为设计中、小功率开关电源的优选产品。

70 单片开关电源的基本原理是什么?

单片开关电源的基本原理如图 2-1-3 所示。主要由以下 7 部分构成：①输入整流滤波器，包括整流桥 BR 和输入滤波电容器 C_1；②单片开关电源（TOPSwitch-Ⅱ系列产品），内含功率开关管（MOSFET）和控制器（含振荡器、基准电压源、误差放大器和 PWM 比较器），MOSFET 的漏极、源极和控制端分别为 D、S 和 C；③漏极钳位保护电路（VD_{Z1}、VD_1）；④高频变压器（T）；⑤输出整流滤波器（VD_2、C_2）；⑥光耦反馈电路（稳压管 VD_{Z2}、电阻 R 及光耦合器）；⑦偏置电路（VD_3、C_3），给光耦合器的光敏三极管提供偏压。

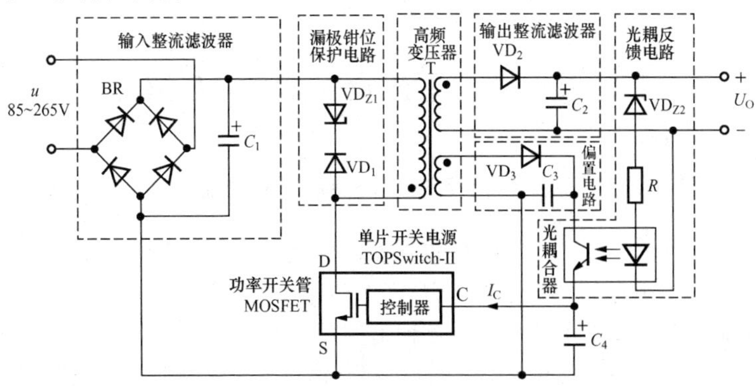

图 2-1-3　单片开关电源的基本原理

85～265V 交流电经过输入整流滤波后获得直流高压，接至高频变压器一次绕组的一端，一次绕组的另一端接 MOSFET 的漏极 D。漏极钳位保护电路由瞬态电压抑制器 VD_{Z1}（TVS）、阻塞二极管 VD_1 组成，当 MOSFET 关断时可将高频变压器漏感产生的尖峰电压限制在安全范围以内，对 MOSFET 的漏极起到保护作用。二次绕组的输出电压经过 VD_2 整流，再经过 C_2 滤波后获得直流输出电压 U_O。为满足高频整流的需要，VD_2 应使用超快恢复二极管或肖特基二极管。该电源采用配稳压管的光耦反馈电路。由 VD_{Z2} 提供参考电压 U_{Z2}，当输出电压 U_O 发生波动时，在光耦合器内部的红外 LED 上可获得误差电压。因此，该电路相当于给 TOPSwitch-Ⅱ增加了一个外部误差放大器，再与内部误差放大器配合使用，即可对 U_O 进行精细地调整。电阻 R 用于设定控制环路的增益。设光耦中 LED 的正向压降为 U_F，R 两端的压降为 U_R，输出电压由下式确定

$$U_O = U_{Z2} + U_F + U_R \tag{2-1-2}$$

现将其稳压原理分析如下：当由于某种原因致使 $U_O\uparrow$，$U_O > U_{Z2} + U_F + U_R$ 时，所产生的误差电压 $U'_r = U_O - (U_Z + U_F + U_R)$ 就令 LED 上的电流 $I_F\uparrow$，经过光耦合器使接收管的发射极电流 $I_E\uparrow$，进而使 TOPSwitch-Ⅱ的控制端电流 $I_C\uparrow$，占空比 $D\downarrow$，导致 $U_O\downarrow$，从而实现了稳压目的。反之，$U_O\downarrow\rightarrow I_F\downarrow\rightarrow I_E\downarrow\rightarrow I_C\downarrow\rightarrow D\uparrow\rightarrow U_O\uparrow$，同样能起到稳压作用。

第二节　开关电源控制类型问题解答

71　单片开关电源的反馈电路有哪 4 种类型？

设计单片开关电源时应根据实际情况来选择合适的反馈电路，才能达到规定的技术指标。以 TOPSwitch 系列单片开关电源为例，开关电源的反馈电路主要有 4 种类型：①基本反馈电路；②改进型基本反馈电路；③配稳压管的光耦反馈电路；④配 TL431 的光耦反馈电路。它们的简化电路分别如图 2-2-1（a）～（d）所示。

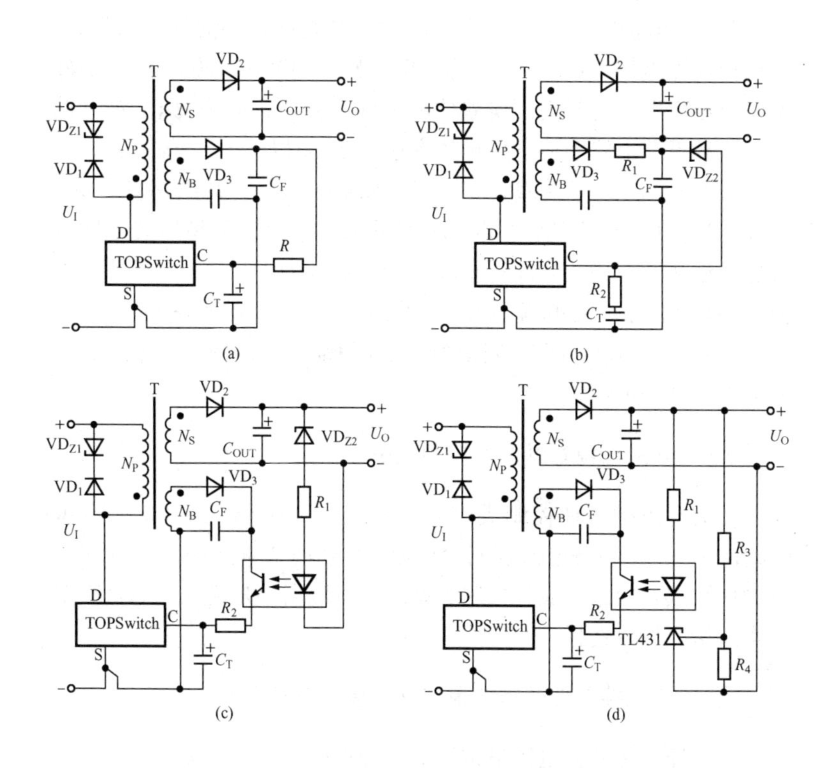

图 2-2-1 反馈电路的 4 种基本类型

(a) 基本反馈电路；(b) 改进型基本反馈电路；(c) 配稳压管的光耦反馈电路；(d) 配 TL431 的光耦反馈电路

图 2-2-1（a）为基本反馈电路，其优点是电路简单，成本低廉，适于制作小型化、经济型开关电源；其缺点是稳压性能较差，电压调整率 $S_V=\pm1.5\%\sim\pm2.5\%$，负载调整率 $S_I\approx\pm5\%$。

图 2-2-1（b）为改进型基本反馈电路，只需增加一只稳压管 VD_{Z2} 和电阻 R_1，即可使负载调整率达到 $\pm2.5\%$。VD_{Z2} 的稳定电压一般为 22V，必须相应增加偏置绕组的匝数，以获得较高的偏置电压 U_B，满足电路的需要。

图 2-2-1（c）是配稳压管的光耦反馈电路。由 VD_{Z2} 提供参考

电压U_Z，当输出电压U_O发生波动时，在光耦内部的红外LED上可获得误差电压。因此，该电路相当于给TOPSwitch增加一个外部误差放大器，再与内部误差放大器配合使用，即可对U_O进行调整。这种反馈电路能使电压调整率达到±1%以下。

图2-2-1（d）是配TL431的光耦反馈电路，其电路较复杂，但稳压性能最佳。这里用TL431型可调式精密并联稳压器来代替普通的稳压管，构成外部误差放大器，进而对U_O作精细调整，可使单路输出式开关电源的电压调整率和负载调整率分别达到±0.2%、±0.5%，能与线性稳压电源相媲美。这种反馈电路适于构成精密开关电源。

72 开关电源有哪两种控制类型？

开关电源有两种控制类型，一种是电压控制（Voltage Mode Control），另一种是电流控制（Current Mode Control）。二者有各自的优缺点，很难讲某种控制类型对所有应用都是最优化的，应根据实际情况加以选择。

73 电压控制型开关电源的基本原理是什么？

电压控制是开关电源最常用的一种控制类型。以降压式开关稳压器（即Buck变换器）为例，电压控制型的基本原理及工作波形分别如图2-2-2（a）、（b）所示。电压控制型的特点是首先通过对输出电压进行取样（必要时还可增加取样电阻分压器），所得到的取样电压U_Q就作为控制环路的输入信号；然后对取样电压U_Q和基准电压U_{REF}进行比较，并将比较结果放大成误差电压U_r，再将U_r送至PWM比较器与锯齿波电压U_J进行比较，获得脉冲宽度与误差电压成正比的调制信号。图中的振荡器有两路输出，一路输出为时钟信号（方波或矩形波），另一路为锯齿波信号，C_T为锯齿波振荡器的定时电容。T为高频变压器，VT为功率开关管。降压式输出电路由整流管VD_1、续流二极管VD_2、储能电感L和滤波电容C_O组成。PWM锁存器的R为复位端，S为置位端，Q为锁存器输出端，输出波形如图2-2-2（b）所示。

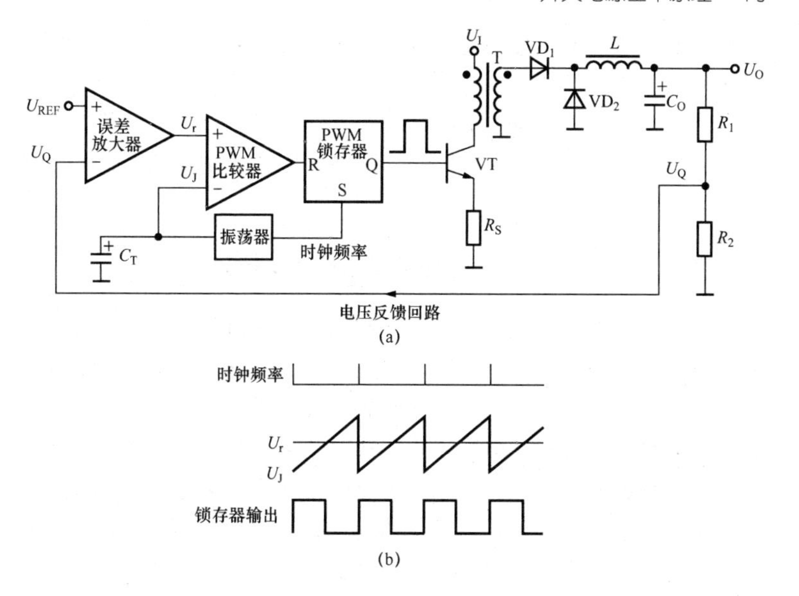

图 2-2-2 电压控制型开关电源的基本原理及工作波形

（a）基本原理；（b）工作波形

74 电压控制型开关电源有哪些优点？

电压控制型开关电源具有以下优点：

（1）它属于闭环控制系统，且只有一个电压反馈回路（即电压控制环），电路设计比较简单。

（2）在调制过程中工作稳定。

（3）输出阻抗低，可采用多路电源给同一个负载供电。

75 电压控制型开关电源有哪些缺点？

电压控制型开关电源的主要缺点如下：

（1）响应速度较慢。虽然在电压控制型电路中使用了电流检测电阻 R_S，但 R_S 并未接入控制环路。因此，当输入电压发生变化时，必须等输出电压发生变化之后，才能对脉冲宽度进行调节。由于滤波电路存在滞后时间，输出电压的变化要经过多个周期后才能表现出来。所以电压控制型的响应时间较长，使输出电压稳定性也受到一定影响。

（2）需另外设计过电流保护电路。

（3）控制回路的相位补偿较复杂，闭环增益随输入电压而变化。

76 电流控制型开关电源的基本原理是什么？

电流控制型开关电源是在电压控制环的基础上又增加了电流控制环，其基本原理及工作波形分别如图 2-2-3（a）、（b）所示。U_S 为电流检测电阻的压降，此时 PWM 比较器兼作电流检测比较器。电流控制型需通过检测电阻来检测功率开关管上的开关电流，并且可逐个周期的限制电流，便于实现过电流保护。固定频率的时钟脉冲将 PWM 锁存器置位，从 Q 端输出的驱动信号为高电平，使功率开关管 VT 导通，高频变压器一次侧的电流线性地增大。当电流

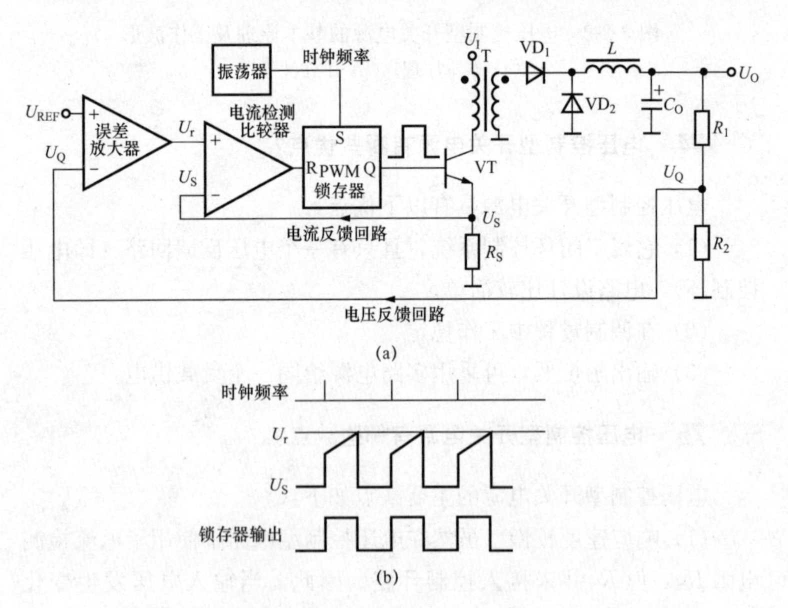

图 2-2-3 电流控制型开关电源的基本原理及工作波形

（a）基本原理；（b）工作波形

检测电阻R_S上的压降U_S达到并超过U_r时电流检测比较器翻转，输出的高电平将锁存器复位，从Q端输出的驱动信号变为低电平，令开关管关断，直到下一个时钟脉冲使PWM锁存器置位。

77 电流控制型开关电源有哪些优点?

电流控制型开关电源具有以下优点：

(1) 它属于双闭环控制系统，外环由电压反馈电路构成，内环由电流反馈电路组成，并且电流反馈电路受电压反馈电路的控制。与电压反馈电路相比，电流反馈电路的增益带宽（Gain Bandwidth）更大。

(2) 对输入电压瞬态变化的响应速度快，当输入电压发生变化时能迅速调整输出电压达到稳定值。这是因为输入电压的变化会导致一次侧电感电流发生变化，进而使U_S改变，无须经过误差放大器，直接通过电流检测比较器就能改变输出脉冲的占空比。

(3) 在电压控制环和电流控制环的共同控制下，可提高电压调整率指标。

(4) 能简化误差放大器补偿网络的设计。

(5) 只要电流脉冲达到设定的阈值，PWM比较器就动作，使功率开关管关断，维持输出电压稳定。

(6) 本身带限电流保护电路，只需改变R_S值，即可精确设定限电流阈值。

78 电流控制型开关电源有哪些缺点?

电流控制型的主要缺点如下：

(1) 由于存在两个控制环路，给电路设计及分析带来困难。

(2) 当占空比超过50%时可能造成控制环路工作不稳定，需增加斜率补偿电路。

(3) 对噪声的抑制能力较差，因一次侧电感工作在连续储能模式，开关电流信号的上升斜率较小，只要在电流信号上叠加较小的噪声，就容易导致PWM控制器误动作，需增加噪声抑制电路。

第三节　开关电源工作模式问题解答

79　开关电源有哪两种工作模式?

开关电源有两种基本工作模式：一种是连续模式 CUM（Continuous Mode)，另一种是不连续模式 DUM（Discontinuous Mode)。

80　连续模式和不连续模式各有什么特点?

连续模式的特点是高频变压器在每个开关周期，都是从非零的能量储存状态开始的。不连续模式的特点是，储存在高频变压器中的能量在每个开关周期内都要完全释放掉。由图 2-3-1 所示开关电流波形上可以看出二者的区别。连续模式的开关电流先从一定幅度开始，沿斜坡上升到峰值，然后又迅速回零。此时，一次绕组的脉动电流（I_R）与峰值电流（I_P）的比例系数 $K_{RP}<1.0$，即 $I_R=K_{RP}I_P<I_P$。

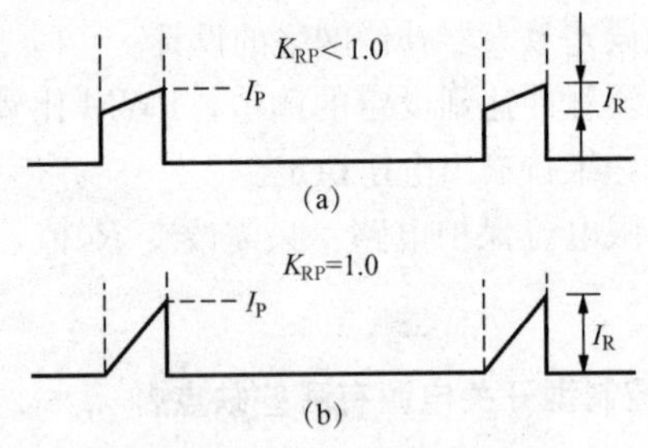

图 2-3-1　开关电流的波形

（a）连续模式；（b）不连续模式

不连续模式的开关电流则是从零开始上升到峰值，再迅速降到零。此时 $K_{RP}=1.0$，即 $I_R=I_P$。

81　如何设定连续模式和不连续模式?

利用 I_R 与 I_P 的比例关系，亦即 K_{RP} 的数值，可以定量地描述开关电源的工作模式。K_{RP}的取值范围是0～1.0。若取$I_R=I_P$，即$K_{RP}=1.0$，就将开关电源设定在不连续模式。当$I_R<I_P$，即$K_{RP}<1.0$时，开关电源就被设定为连续模式。具体讲，这又分两种情况：①当$0<I_R<I_P$，即$0<K_{RP}<1.0$时处于连续模式；②理想情况下，$I_R=0$，$K_{RP}=0$，表示处于绝对连续模式，或称作极端连续模式，此时一次绕组的电感量$L_P\rightarrow\infty$，而一次侧开关电流呈矩形波。

实际上在连续模式与不连续模式之间并无严格界限，而是存在一个过渡过程。对于给定的交流输入范围，K_{RP}值较小，就意味着更为连续的工作模式和相对较大的一次绕组电感量，并且一次侧的I_P和I_{RMS}值较小，此时可选用较小功率的单片开关电源和较大尺寸的高频变压器来实现优化设计。反之，K_{RP}值较大，就表示连续程度较差，一次绕组的电感量较小，而I_P和一次侧有效值电流I_{RMS}较大，此时须采用较大功率的单片开关电源，配尺寸较小的高频变压器。

综上所述，选择K_{RP}值就能设定开关电源的工作模式。设定过程为：$L_P\uparrow\rightarrow(I_R<I_P)\rightarrow(K_{RP}<1.0)\rightarrow$连续模式。

对于100V/115V交流电源，$K_{RP}=0.4\sim1.0$为宜。对于85～265V宽范围输入或230V固定输入的交流电源，$K_{RP}=0.6\sim1.0$比较合适。

82 同一开关电源工作在连续模式、不连续模式时哪种一次侧的损耗较大？

通过分别比较一次绕组的峰值电流I_P、有效值电流I_{RMS}的大小，可对两种工作模式下的开关电源一次侧的损耗加以比较。I_P、I_{RMS}的计算公式分别为

$$I_P=\frac{2P_O}{U_{Imin}D_{max}\eta(2-K_{RP})} \tag{2-3-1}$$

$$I_{RMS}=I_P\sqrt{D_{max}\left(\frac{K_{RP}^2}{3}-K_{RP}+1\right)} \tag{2-3-2}$$

分析可知，选择不连续模式（$K_{RP}=1.0$）时，I_P和I_{RMS}为最

大值；选择连续模式（$K_{RP}<1.0$）时，I_P和I_{RMS}的数值较小。这表明在同样条件下，采用连续模式可比不连续模式降低一次侧的损耗（含功率开关管的导通损耗、高频变压器的损耗）。此外，设计成连续模式时，一次侧电路中的交流成分要比不连续模式低，还能减小高频变压器绕组的集肤效应及磁心损耗。

83 单片机在开关电源中主要有哪些应用?

利用单片机很容易构成数控开关电源。主要应用方式有以下3种：

(1) 利用单片机发出的高、低电平信号，接通（ON）或关断（OFF）开关电源的输出，从而实现遥控（亦称远程通/断控制）功能。

(2) 通过对基准电压进行编程或精密控制反馈电压U_{FB}的大小，来设定输出电压值。

(3) 由单片机输出固定频率、占空比可调的信号，用于实现脉宽调制（PWM）功能。

第四节 开关电源负载特性问题解答

84 什么是开关电源的负载特性?

开关电源的负载特性（Load Characteristics）是指当输入电压为额定值时，输出电压与输出电流的关系曲线。

85 开关电源常见的负载有哪几类?

开关电源常见的负载有两大类，一种是恒定负载（亦称静态负载或固定负载），另一种是动态负载（亦称可变负载）。动态负载的种类很多，如瞬变负载、恒流负载、恒功率负载、峰值功率负载、惯性负载和低噪声负载。对于动态负载，开关电源应具有限流保护或截流保护功能。

86 瞬变负载有哪些特点?

瞬变负载亦称高 di/dt 的动态负载。其特点是负载电流时常发生瞬态变化，并且负载电流的变化率（di/dt）很大。例如，高速逻辑电路和射频/微波发射机的电流变化率可能超过 100A/ps。目前生产的低电压微处理器在不同工作模式之间进行快速切换时，也会对电源产生影响，在几纳秒时间内可使电源电流变化几个数量级。再如，许多计算机的电源电压为＋3.3V，在从数据库中调出数据时要求电源能响应 30A/μs 的负载电流跳变。假定负载电流从零变化到 5A 所用的时间为 1μs。若开关电源的带宽为 25kHz，完成上述变化所需时间为 1/25kHz＝40μs，假定电流是线性上升的，所缺少的电荷量就是(5A/2)×40μs＝100μC。若允许＋3.3V 电压波动 50mV，并且该瞬时能量是由输出滤波电容器提供的，则需要 100μC/50mV＝2000μF 的电容量，才能避免电压跌落到规定值以下。需要注意，不能用一只标称电容器来达到上述目的，而应采用几只小容量的电容器并联成 2200μF。因为总的输出滤波电容器等效串联电阻 R_{ESR}＝50mV/5A＝10mΩ，因此每只小容量电容器的等效串联电阻应为 R'_{ESR}＝10mΩ/n，n 代表并联电容器的数量。当 n＝4 时，R'_{ESR}＝2.5mΩ。这样可大大减小对输出滤波电容器的要求。

87 如何改善开关电源的瞬态响应？

为改善瞬态响应，推荐采用 AVX 钽电容作输出电容器，这种电容器是用金属钽为正极，以稀硫酸等配液为负极，以钽表面生成的氧化膜作介质而制成的。其主要优点是绝缘电阻高，频率响应范围宽，漏电流极小，温度特性好（工作温度范围在－55～＋125℃），体积小，容量大，性能稳定，使用寿命长，可广泛用于军事、计算机、手机、电源控制器等高端技术领域。

第五节　开关电源常用变换器基本原理问题解答

88 什么是拓扑结构？

拓扑（Topology）是将各种物体的位置表示成抽象的关系。它不关心事物的细节，只将该范围内事物之间的关系用图表示出来。同一种拓扑结构的开关电源，可对应于多种应用电路。

89 DC/DC 变换器主要有哪些拓扑结构?

DC/DC 变换器主要有以下 19 种拓扑结构：

（1）降压式变换器（Buck Converter）。

（2）升压式变换器（Boost Converter）。

（3）降压/升压式变换器（Buck—Boost Converter）。

（4）电荷泵式变换器（Charge Pump Converter），亦可列入降压/升压式变换器。

（5）升压/升压串联式变换器（Cuk Converter）。

（6）SEPIC（Single Ended Primary Inductor Converter）变换器，亦称单端一次侧电感式变换器。

（7）Zeta 电源变换器（与单端一次侧电感式变换器相似，但开关、电感器及电容器在电路中所处位置不同）。

（8）反激式（亦称回扫式）变换器（Flyback Converter）。

（9）正激式变换器（Forward Converter）。

（10）双开关正激式变换器（2 Switch Forward Converter）。

（11）主动钳位正激式变换器（Activ Clamp Forward Converter）。

（12）半桥式变换器（Half Bridge Converter）。

（13）全桥式变换器（Full Bridge Converter）。

（14）推挽式变换器（Push-pull Converter）。

（15）相移开关式零电压变换器，简称 Phase Shift Switching ZVT（Phase Shift Switching Zero Voltage Transition）。

（16）零电流变换器，简称 ZCS（Zero Current Switching Converter）。

（17）软开关变换器（Soft Switching Converter）。

（18）半桥 LLC 谐振变换器（Half Bridge LLC Resonant Converter）。

（19）双开关正激式变换器（2 Switch Forward Converter）。

90 降压式变换器的基本原理是什么？

降压式变换器的基本原理如图 2-5-1 所示。变换器可用开关 S 来等效。当 S 闭合时除向负载供电之外，还有一部分电能储存于 L、C 中，L 上的电压为 U_L，其极性是左端为正、右端为负，此时续流二极管 VD 截止。当 S 断开时，L 上产生极性为左端负、右端正的反向电动势，使得 VD 导通，L 中的电能传送给负载，维持输出电压不变，并且 $U_O<U_I$。

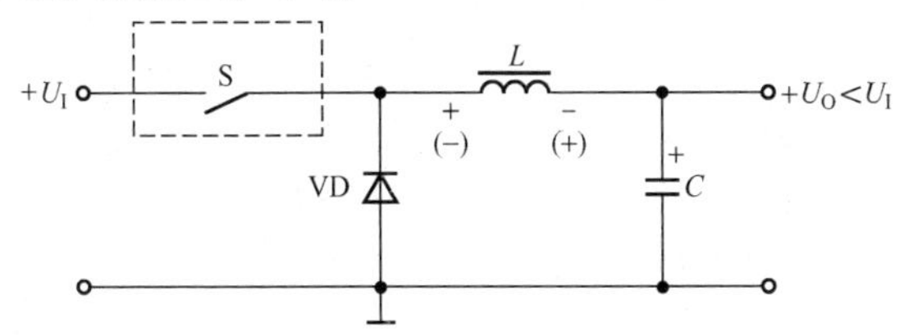

图 2-5-1　降压式变换器的基本原理

91 降压式变换器有哪些特点？

降压式变换器具有以下特点：

（1）U_I先通过开关器件 S，再经过储能电感 L。

（2）$U_I=U_L+U_O$，因 $U_O<U_I$，故称之为降压式，它具有降低电压的作用。

（3）输出电压与输入电压的极性相同。

（4）令 T 为开关周期，t 为 PWM 调制器输出高电平的持续时间，D 为占空比，η 为电源效率。降压式变换器的输出电压计算公式为

$$U_O = \eta \frac{t}{T} \cdot U_I = \eta D U_I \qquad (2\text{-}5\text{-}1)$$

92 升压式变换器的基本原理是什么？

升压式变换器的基本原理如图 2-5-2 所示。U_I为直流输入电压，U_O为直流输出电压，开关 S 代表变换器。当 S 闭合时，电感

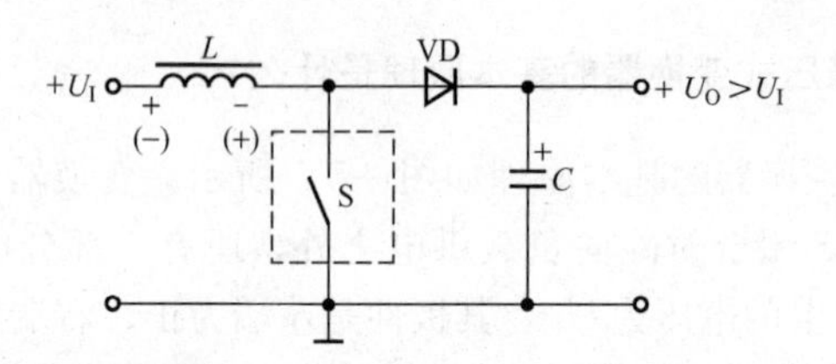

图 2-5-2　升压式变换器的基本原理

L 上有电流通过而储存电能，电压极性是左端为正、右端为负，使整流二极管 VD 截止，此时 C 对负载放电。当 S 断开时，L 上产生的反向电动势极性是左端为负、右端为正，使得 VD 导通。L 上储存的电荷经过由 L 和 VD 构成的回路给负载供电，同时对 C 进行充电。由于开关频率足够高，使输出电压 U_O 能保持恒定。

93　升压式变换器有哪些特点?

升压式变换器具有以下特点：

(1) U_I 先通过电感 L，再经过开关器件 S。

(2) $U_O=U_I+U_L-U_D\approx U_I+U_L>U_I$，故称之为升压式，它具有提升电压的作用，使 $U_O>U_I$。U_L 为电感 L 上压降。U_D 为整流二极管 VD 的压降，通常可忽略不计。

(3) 输出电压与输入电压的极性相同。

(4) 升压式变换器的输出电压表达式为

$$U_O=\frac{D}{1-D}U_I \tag{2-5-2}$$

94　降压/升压式变换器的基本原理是什么?

降压/升压式变换器亦称 Buck/Boost 电源变换器，其简化电路如图 2-5-3 (a) 所示。当开关闭合时，输入电压通过电感 L 直接返回，在 L 上储存电能，此时输出电容 C 放电，给负载提供电流 I_O，如图 2-5-3 (b) 所示。当开关断开时，在 L 上产生反向电动势，使二极管 VD 从截止变为导通，电感电流给负载供电并对输出电容进行充电，维持输出电压不变。

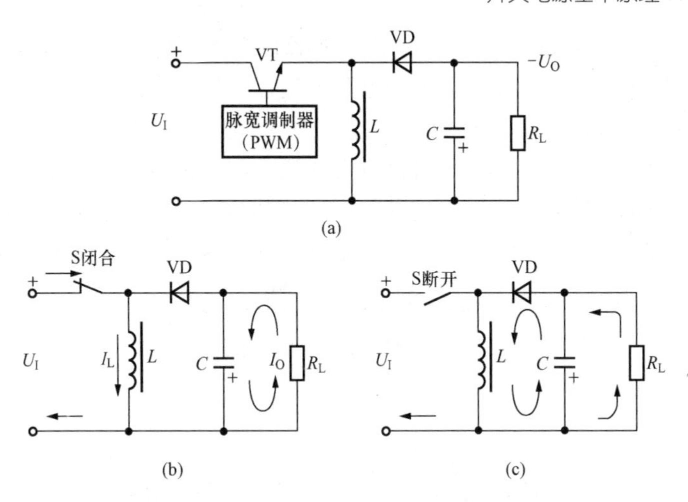

图 2-5-3　降压/升压式变换器的简化电路

(a) 简化电路；(b) 开关闭合时的电流路径；

(c) 开关断开时的电流路径

95　降压/升压式变换器有哪些特点?

降压/升压式变换器主要有以下特点：

(1) 当输入电压高于输出电压时，变换器工作在降压 (Buck) 模式，即 $U_O<U_I$；当输入电压低于输出电压时，变换器工作在升压 (Boost) 模式，即 $U_O>U_I$。

(2) 降压/升压式变换器工作在不连续模式，其输入电流和输出电流都经过了斩波，是不连续的。

(3) 它只有一路输出，且输出与输入不隔离。其中的升压式输出不能低于输入电压，即使关断功率开关管，输出电压也仅等于输入电压 (忽略整流二极管压降)。

(4) 降压/升压式变换器的输出电压表达式与式 (2-5-2) 相同。

(5) 输出电压的极性总是与输入电压的极性相反 (注意电容极性)，但电压幅度可以较大，也可以较小。

96　SEPIC 变换器的基本原理是什么?

SEPIC (Single Ended Primary Inductor Converter) 是单端一次

侧电感式变换器的简称。SEPIC 变换器的简化电路及工作原理如图 2-5-4（a）～（c）所示。典型电路中包含两只电感器 L_1 和 L_2、两只电容器 C_1 和 C_2、整流管 VD 及开关 S（即功率开关管），如图 2-5-4（a）所示。当开关 S 闭合时 VD 截止，L_1 上的电流沿着 U_I→L_1→S 的回路，对 L_1 进行储能；与此同时 C_1 经过 S 对 L_2 进行储能，输出电容 C_2 放电，给负载提供电流 I_O，如图 2-5-4（b）所示。

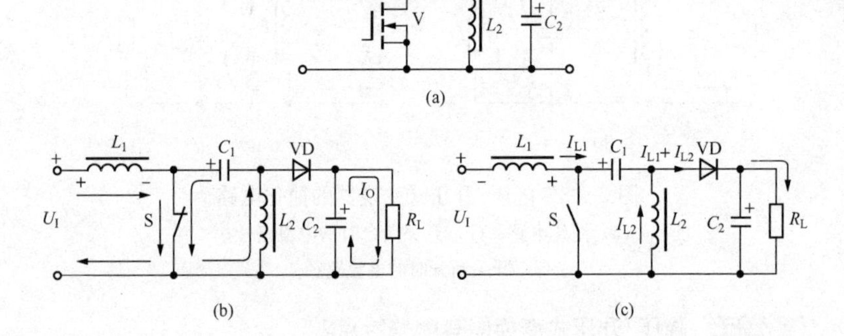

图 2-5-4　SEPIC 变换器的简化电路及工作原理

（a）简化电路；（b）开关闭合时的电流路径；

（c）开关断开时的电流路径

当开关 S 断开时，在 L_2 上产生反向电动势，使二极管 VD 从截止变为导通状态。此时有两条电流途径：一条途径是 L_1 提供的电感电流 I_{L1} 沿着 U_I→L_1→C_1→VD 给负载 R_L 供电；另一条途径是 L_2 提供的电感电流 I_{L2} 沿着 L_2→VD 给 R_L 供电，总电感电流为 $I_{L1}+I_{L2}$，可维持输出电压不变；与此同时还对 C_1 和 C_2 进行充电以补充能量，如图 2-5-4（c）所示。

97　SEPIC 变换器有哪些特点？

SEPIC 变换器主要有以下特点：

（1）输入电流是连续的，而电感电流是不连续的，但可输出连续的平均电流。

（2）多数情况下电路中使用两只电感器 L_1 和 L_2。其中，L_1 和

S起到升压式变换器的作用，而 L_2 和 VD 起到反激式降压/升压式的作用。因此它属于“升压+降压/升压式”变换器，输出电压既可以高于输入电压（即 $U_O>U_I$），也可以低于输入电压（即 $U_O<U_I$），使用非常灵活。

（3）L_2 的作用是将能量传递到输出端，并对隔直电容 C_1 进行复位。为简化电路，降低成本，有些开关电源省去 L_2。

（4）C_1 不仅具有隔直电容的作用，它还等效于一个传递能量的“电荷泵”。当S断开时 C_1 被充电，而当S闭合时 C_1 将能量转移给 L_2。电容器 C_1 与 L_1 串联，可吸收 L_1 的漏感，从而降低对功率开关管MOSFET的要求。

（5）SEPIC变换器的输出电压表达式与式（2-5-2）相同。

（6）适合输入电压变化范围很宽的应用领域（如汽车电子设备的蓄电池电压），亦可用作功率因数校正电路。其缺点是电路比较复杂。

98 电荷泵式变换器的基本原理是什么？

电荷泵式变换器亦称开关电容式变换器，简称为泵电源。电荷泵式极性反转式变换器的电路原理如图2-5-5所示。以模拟开关 S_1 和 S_2 为一组，S_3 和 S_4 为另一组，两组开关交替通、断。正半周时 S_1 与 S_2 闭合，S_3 和 S_4 断开，C_1 被充电到 U_{DD}。负半周时 S_3 和 S_4 闭合，S_1 与 S_2 断开，C_1 的正端接地，负端接 U_O。由于 C_1 与 C_2 并联，使 C_1 上的一部分电荷就转移到 C_2，并在 C_2 上形成负压输出。在模拟开关的作用下，C_1 被不断地充电，使其两端压降维持在 U_{DD} 值。显然，C_1 就相当于一个“充电泵”，故称之为泵电容，由 C_1、C_2 等构成泵电源。该电路属于高效电源变换器，电能损耗极低。

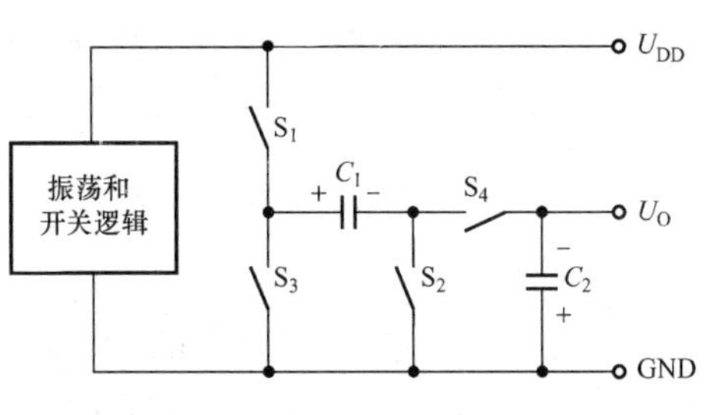

图2-5-5　电荷泵式变换器的电路原理

99 电荷泵式变换器有哪些特点?

电荷泵式变换器具有以下特点:

(1) 在开关频率作用下利用一只电容快速地传递能量,输出负电压的幅度既可高于输入电压,也可低于或等于输入电压。因此亦可将其列入降压/升压式变换器。

(2) 电源效率高(可高达90%)、外围电路简单(仅需两只电容),还可实现倍压或多倍压输出。

(3) 在开关周期内,首先将电荷储存在电容中,然后转移到输出端。C_1的电容量与开关频率和输出负载电流有关。C_1、C_2应采用漏电小、性能稳定的钽电容器。

(4) 芯片中的S_1和S_2可采用功率开关管MOSFET,以提供大电流输出。

100 多拓扑结构的变换器有哪些特点?

单一固定拓扑结构的应用因受到限制、使用不够灵活,难以满足不同用户的需要。多拓扑结构的变换器可采用降压式(Buck)、升压式(Boost)、降压/升压式(Buck-Boost)、SEPIC或反激式(Flyback)等多种拓扑结构,使用非常灵活。

101 反激式变换器的基本原理是什么?

反激式变换器亦称回扫式变换器(Flyback Converter),其基本原理如图2-5-6(a)、(b)所示。U_I为直流输入电压,U_O为直流输出电压,T为高频变压器,N_P为一次绕组的匝数,N_S为二次绕组的匝数。V为功率开关管MOSFET,其栅极接脉宽调制信号,漏极(驱动端)接一次绕组的下端。VD为输出整流二极管,C为输出滤波电容。在脉宽调制信号的正半周时V导通,一次侧有电流I_P通过,将能量储存在一次绕组中。此时二次绕组的输出电压极性是上端为负、下端为正,使VD截止,没有输出,如图2-5-6(a)所示。负半周时V截止,一次侧没有电流通过,根据电磁感应的原理,此时在一次绕组上会产生感应电压U_{OR},使二次绕组产

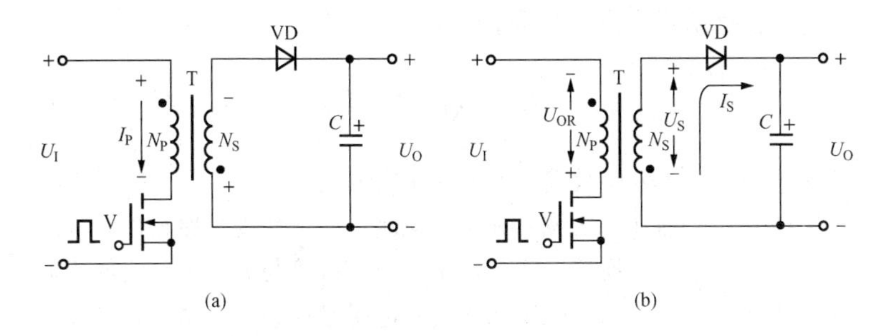

图 2-5-6　反激式变换器的基本原理

（a）功率开关管导通时储存能量；（b）功率开关管关断时传输能量

生电压U_S，其极性是上端为正、下端为负，因此 VD 导通，经过 VD、C 整流滤波后获得输出电压，如图 2-5-6（b）所示。由于开关频率很高，使输出电压（亦即滤波电容两端的电压）基本维持恒定，从而实现了稳压目的。

102　反激式变换器有哪些特点？

反激式变换器有如下特点：

（1）高频变压器一次绕组的同名端与二次绕组的同名端极性相反，并且一次绕组的同名端接U_I的正端，另一端接功率开关管的驱动端。

（2）当功率开关管导通时，将能量储存在高频变压器中；当功率开关管截止时再将能量传输给二次侧。高频变压器就相当于一个储能电感，不断地储存能量和释放能量。

（3）可工作在连续模式（二次绕组电流总大于零）或不连续模式（在每个开关周期结束时二次绕组的电流降至零）。

（4）既可构成交流输入的 AC/DC 变换器，亦可构成直流输入的变换器。

（5）输出电压的极性可正、可负，这取决于绕组极性和输出整流管的具体接法。

（6）输出电压可低于或高于输入电压，这取决于高频变压器的匝数比。

（7）反激式变换器的输出电压表达式为

$$U_{\mathrm{O}} = D\sqrt{\frac{TU_{\mathrm{O}}}{2I_{\mathrm{O}}L_{\mathrm{P}}}}U_{\mathrm{I}} \qquad (2\text{-}5\text{-}3)$$

式中：$U_{\mathrm{O}}/I_{\mathrm{O}}$代表反激式变换器的输出阻抗。

（8）只需增加二次绕组和相关电路，即可获得多路输出。

（9）反激式变换器不能在输出整流二极管与滤波电容之间串联低频滤波电感（小磁珠电感除外，其电感量仅为几个微亨，是专门抑制高频干扰的），否则无法正常工作。

103 正激式变换器的基本原理是什么？

正激式变换器的拓扑结构如图 2-5-7 所示。VD_1为整流二极管，VD_2为续流二极管，L为具有储能作用的滤波电感。其工作原理是当功率开关管导通时，VD_1导通，除向负载供电之外，还有一部分电能储存在L和C中，此时VD_2截止。当功率开关管关断时，VD_1截止，VD_2导通，储存在L中的电能就经过由VD_2构成的回路向负载供电，维持输出电压不变。

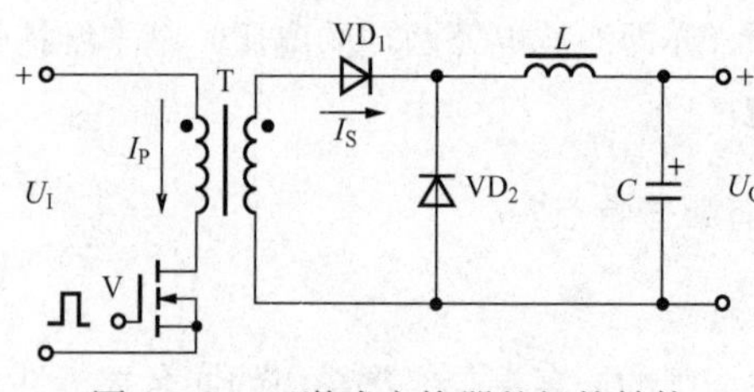

图 2-5-7　正激式变换器的拓扑结构

104 正激式变换器有哪些特点？

正激式变换器主要有以下特点：

（1）一次绕组的同名端与二次绕组的同名端极性相同，并且一次绕组的另一端接功率开关管的驱动端。

（2）当功率开关管导通时高频变压器传输能量，在高频变压器上基本不储存能量。

（3）正激式变换器必须在输出整流二极管与滤波电容之间串联滤波电感，该滤波电感还能起到储能作用，因此亦称储能电感。

（4）正激式变换器的输出电压表达式为

$$U_O = \frac{N_S}{N_P} \cdot \frac{t}{T} U_I = \frac{N_S}{N_P} \cdot DU_I \tag{2-5-4}$$

（5）单管正激式变换器适合构成低压、大电流输出的变换器。双管正激式变换器可用于输入电压较高、输出功率较大的场合。

105 推挽式变换器的基本原理是什么？

推挽式变换器是利用两只交替工作的双极型功率开关管（或 MOSFET 功率开关管）来完成转换的，其基本原理如图 2-5-8 所示。该电路属于正激式变换器，高频变压器的一次绕组和二次绕组均带中心抽头。两路控制信号 U_A、U_B 由 PWM 调制器产生，当 U_A 为高电平、U_B 为低电平时，功率开关管 VT_1 导通，输入电压 U_I 以负极性通过一次绕组的上半部分 N_P，电压极性为下端为正、上端为负，此时 VT_2 截止。经过高频变压器后二次绕组下半部分 N_S 的电压极性为下端为正、上端为负，使 VD_2 导通，二次侧电流经过输出整流管 VD_2 给输出滤波电容和负载供电，此时 VD_1 截止。反之，当 U_B 为高电平、U_A 为低电平时，VD_1 导通，VD_2 截止，二次侧电流就经过 VD_1 给输出滤波电容和负载供电。

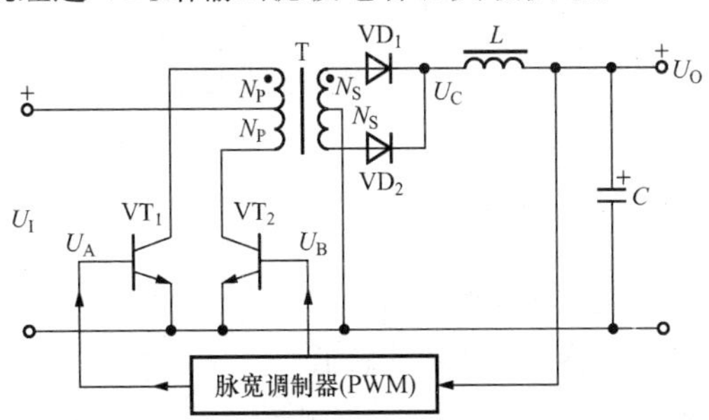

图 2-5-8　推挽式变换器的基本原理

106 推挽式变换器有哪些特点？

推挽式变换器主要有以下特点：

（1）推挽式变换器适用于高效率、大功率开关电源。

（2）推挽式变换器的输出电压表达式为

$$U_O = 2 \times \frac{N_S}{N_P} D U_I \quad (2\text{-}5\text{-}5)$$

（3）采用推挽式变换器时，通过设计更多的二次绕组，能产生多路输出电压（含负压输出），可为由电池供电的系统提供所需的各种电压。

（4）要求功率开关管 VT_1 和 VT_2 的导通时间参数应严格匹配，否则由于二者的开、关时间不一致，容易导致高频变压器的磁心饱和。

107 半桥式变换器的基本原理是什么？

半桥式变换器是在推挽式变换器的基础上构成的，它用两只功率开关管构成半桥。半桥式变换器的基本原理如图 2-5-9 所示。由于两个开关管是轮流交替工作的，其输出功率约等于单端反激式开关电源输出功率的两倍。

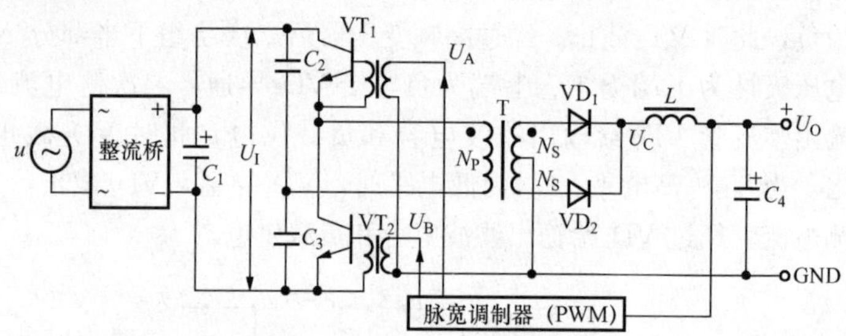

图 2-5-9　半桥式变换器的基本原理

108 半桥式变换器有哪些特点？

半桥式变换器主要有以下特点：

（1）功率开关管的耐压值比较低。两只功率开关管的工作电压仅为直流输入电压 U_I 的一半，适用于输入电压较高的场合，一般电网电压为交流 220V 的大功率开关电源可采用这种拓扑结构。

（2）高频变压器的一次绕组不带中心抽头，可简化高频变压器的设计。

（3）半桥式变换器的输出电压表达式为

$$U_O = \frac{N_S}{N_P} D U_I \quad (2\text{-}5\text{-}6)$$

109 全桥式变换器的基本原理是什么？

全桥式变换器需要使用4只功率开关管构成全桥，其基本原理如图2-5-10所示。在各种变换器中，以全桥式变换器的输出功率最大，它适合构成输出功率为1～3kW的大功率隔离式变换器。4只功率开关管被分成两组：VT_1和VT_4，VT_2和VT_3。当U_B为高电平时驱动VT_1和VT_4同时导通，当U_A为高电平时驱动VT_2和VT_3同时导通。其时序波形与推挽式变换器类似。全桥式变换器也属于正激式变换器。

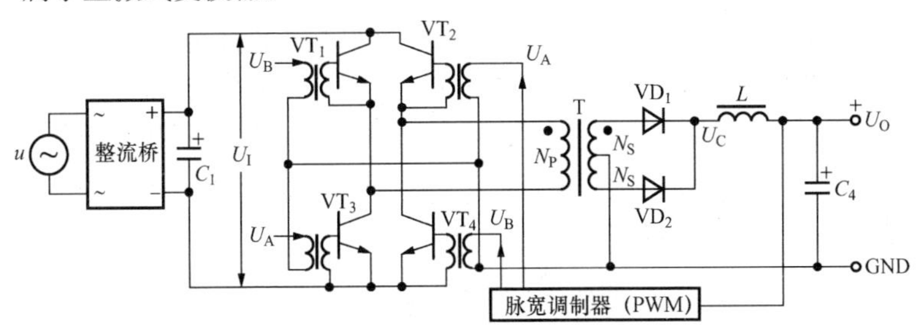

图2-5-10 全桥式变换器的基本原理

110 全桥式变换器有哪些特点？

全桥式变换器主要有以下特点：

（1）全桥式开关电源输出功率大，工作效率高，输出电压的脉动系数很小，仅需使用一只小容量的输出滤波电容。

（2）全桥式变压器的4只开关器件分成两组，工作时每2只开关器件串联使用，对功率开关管的耐压值要求较低，仅为推挽式变换器两个开关器件耐压的一半。

（3）全桥式变换器的一次绕组不带中心抽头，适用于输入电压较高的场合（如交流220V），其输出功率比推挽式变换器大，而电源效率比半桥式变换器高。

111 什么是半桥LLC谐振式变换器？

半桥LLC谐振变换器是由两只电感和一只电容构成的谐振变

换器，具有输出功率大（150～600W）、所需元器件数量少、高性价比、高效率（可达99%）、适配功率因数补偿电路等优点，是制作大功率开关电源的最佳选择。

112 为什么半桥LLC谐振式变换器的电源效率特别高？

由于高频变压器的一次绕组存在漏感（L_{P0}）和功率开关管存在输出电容（C_{OSS}）的缘故，使普通开关电源的效率降低，并且L_{P0}和C_{OSS}还会形成衰减震荡（振铃），造成电磁干扰。半桥LLC谐振变换器巧妙地将L_{P0}和C_{OSS}上储存的电能转换成输出功率，实现了“变废为宝”；加之它采用半桥拓扑结构，因此能将大功率开关电源的效率提高到90%以上。考虑到C_{OSS}存在较大的离散性（容量范围是几百至几千皮法），在构成实际电路时通常用一只几十纳法的固定谐振电容C_S来代替C_{OSS}构成谐振电路。由于$C_S \gg C_{OSS}$，因此$C_S + C_{OSS} = C_S$，可消除C_{OSS}的影响。

113 半桥LLC谐振式变换器的基本原理是什么？

半桥LLC谐振变换器的基本原理分别如图2-5-11（a）、（b）所示。LLC谐振变换器属于正激式变换器，U_I、U_O分别为直流输入电压、输出电压。半桥LLC谐振变换器包含半桥、两只谐振电感和一只谐振电容。图2-5-11（a）中由两只N沟道MOSFET（V_1、V_2）构成的半桥，受LLC控制器驱动。V_1和V_2以50%的占空比交替地通、断，开关频率取决于反馈环路。L_P为并联谐振电感，即高频变压器一次绕组的电感；L_S为串联谐振电感（它可以是一次绕组的漏感L_{P0}，亦可采用一只独立的电感器）；二者的总电感量等于$L_P + L_S$。C_S为谐振电容。T为高频变压器，VD_1和VD_2为输出整流管，C_1、C_2依次为输入端、输出端的滤波电容器。采用单谐振电容方案的优点是布线简单、所需元件少，其缺点是输入电流的纹波和有效值较高，而且流过谐振电容的有效值电流较大，需使用耐600～1500V高压的谐振电容。图2-5-11（b）中使用两只谐振电容，因此$C_S = C_{S1} + C_{S2}$。该方案可降低每只谐振电容的耐压值。

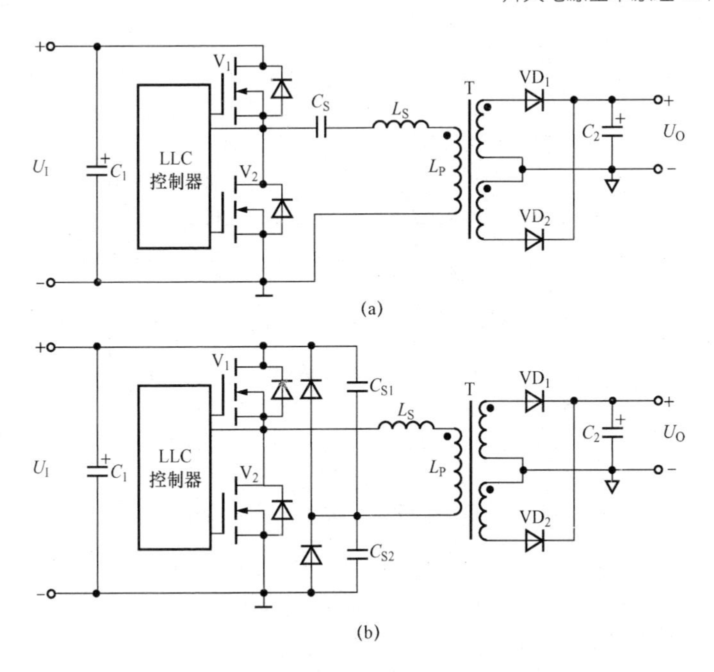

图 2-5-11 半桥 LLC 谐振变换器的基本原理

(a) 单谐振电容；(b) 双谐振电容

半桥 LLC 谐振变换器内部的压控振荡器（VCO），可输出占空比为 50%、相位差是 180°的两路方波信号；再经过驱动电路使 V_1、V_2交替地通、断。压控振荡器能根据变换器的反馈电流来调节工作频率，进而改变半桥 LLC 谐振变换器的电压增益，最终实现稳压目的。这就是半桥 LLC 谐振变换器的基本工作原理。

114 半桥 LLC 谐振式变换器有何特点？

半桥 LLC 谐振变换器的特性曲线如图 2-5-12 所示，图中分别示出了 4 条并联谐振曲线和 4 条串联谐振曲线，并对电压增益 G 取分贝（dB）。例如，当 $G=20\lg(U_O/U_I)=0$ 时，对应于 $U_O/U_I=1$；$G=20$ 时，$U_O/U_I=10$；$G=-20$ 时，$U_O/U_I=-10$。半桥 LLC 谐振变换器有两个谐振频率，一个是串联谐振频率 f_S，另一个是并联谐振频率 f_P，且 $f_S>f_P$，其工作频率必须大于 f_P。

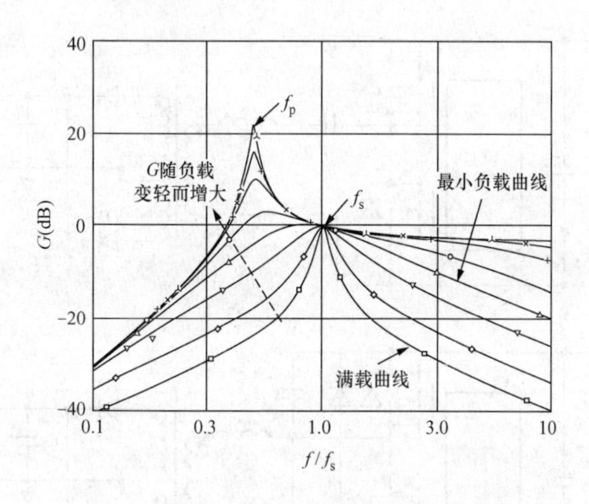

图 2-5-12 半桥 LLC 谐振变换器的电压增益特性曲线（$k=3$）

f/f_S表示实际工作频率与串联谐振频率的比值。

半桥 LLC 变换器具有以下特点：

（1）半桥 LLC 谐振变换器属于一种变频转换器，其稳压原理可概括为：当U_O升高时，$f\downarrow\rightarrow G\downarrow\rightarrow U_O\downarrow$，最终使$U_O$达到稳定。反之，当$U_O$降低时，$f\uparrow\rightarrow G\uparrow\rightarrow U_O\uparrow$，也能使$U_O$趋于稳定。$G$值随负载变轻时而逐渐增大的情况如图 2-5-12 中的虚线箭头所示。

（2）串联谐振频率大于并联谐振频率，即 $f_S>f_P$。

（3）品质因数 Q 是由串联谐振频率 f_S和负载电阻 R_L确定的。Q值越高，变换器的工作频率范围越宽。当 Q 值过低时，上述增益特性曲线不再适用。

（4）尽管从理论上讲半桥 LLC 谐振变换器可工作在以下 4 个区域：①$f<f_P$；②$f_P<f<f_S$；③$f=f_S$；④$f>f_S$，但实际上只能工作在 f_P右边的区域。通常是在额定负载（满载）情况下，将工作频率设计为 $f=f_S$，此时变换器的效率最高。当 $f\neq f_S$时，输出电压随工作频率的升高而降低。需要注意，当 f 接近于 f_P时，由于电压增益会随负载电阻 R_L显著变化，因此应避免工作在这个区域。

（5）半桥 LLC 变换器的工作频率 f 取决于对输出功率 P_O的需

求。当P_O较低时，工作频率可相当高；当P_O较高时，控制环路会自动降低工作频率。

（6）设计半桥LLC变换器时应重点考虑以下参数：输出电压所需工作频率范围、负载稳压范围、谐振回路中传递能量的大小、变换器效率。

115 什么是双开关正激式变换器？

双开关正激式变换器（2 Switch Forward Converter）是由两只功率开关管构成的正激式变换器。其输出功率可达几百瓦，电源效率大于90%。双开关正激式变换器的基本原理如图2-5-13所示。电路中使用两只MOSFET（V_1、V_2）作为开关器件，在PWM信号控制下同时处于通态或断态。VD_3、VD_4分别为V_1、V_2的保护二极管。高频变压器T起到隔离和变压作用，N_P、N_S分别为一次、二次绕组的匝数。VD_1为输出整流管，VD_2为续流二极管，二者均采用超快恢复二极管或肖特基二极管。L为储能电感，C_O为输出端滤波电容。输出电压由下式确定

$$U_O=\frac{N_S}{N_P}\cdot\frac{t}{T}\cdot U_I=\frac{N_S}{N_P}\cdot DU_I \qquad (2\text{-}5\text{-}7)$$

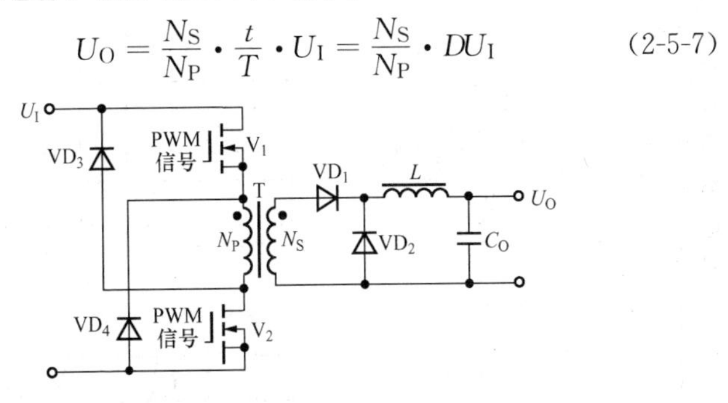

图2-5-13 双开关正激式变换器的基本原理

116 能否对12种常用DC/DC变换器的电路结构及工作波形做一比较？

12种常用DC/DC变换器的电路结构及工作波形见表2-5-1～表2-5-3。其中，图（a）～图（l）给出不同的电路结构，图（m）～图

表 2-5-1 常用 DC/DC 变换器的电路结构及工作波形之一

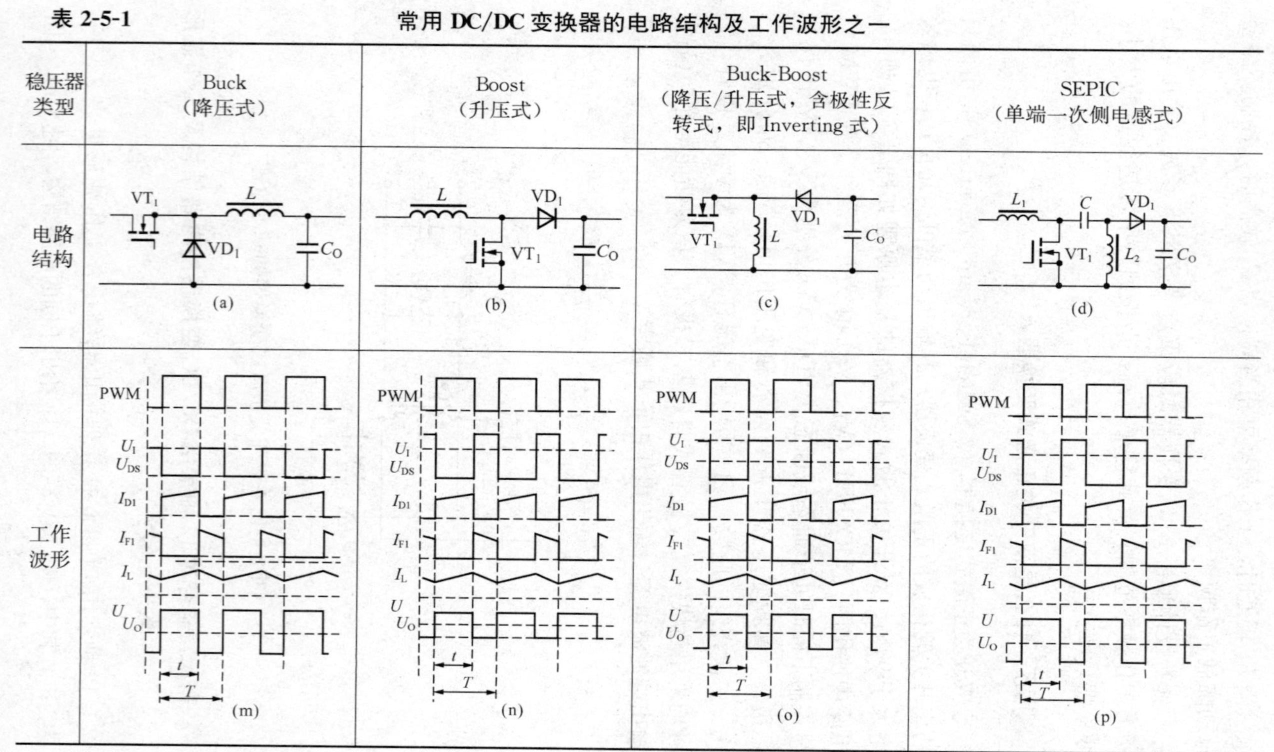

表 2-5-2　　常用 DC/DC 变换器的电路结构及工作波形之二

稳压器类型	Flyback（反激式，亦称回扫式）	Forward（正激式）	2 Switch Forward（双开关正激式）	Activ Clamp Forward（主动钳位正激式）
电路结构	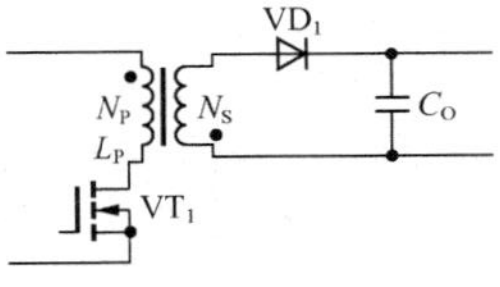 N_P L_P N_S VD_1 C_O VT_1 (e)	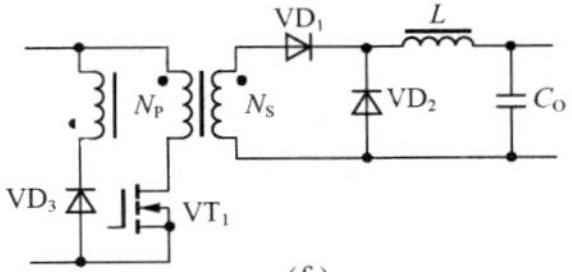 VD_3 N_P N_S VD_1 VD_2 L C_O VT_1 (f)	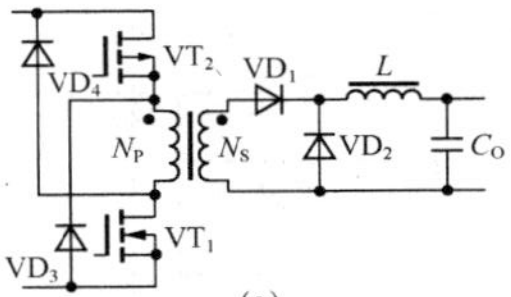 VD_4 VT_2 VD_3 VT_1 N_P N_S VD_1 VD_2 L C_O (g)	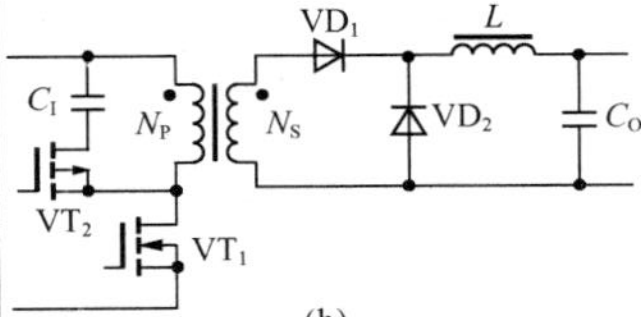 C_I VT_2 VT_1 N_P N_S VD_1 VD_2 L C_O (h)
电压及电流波形	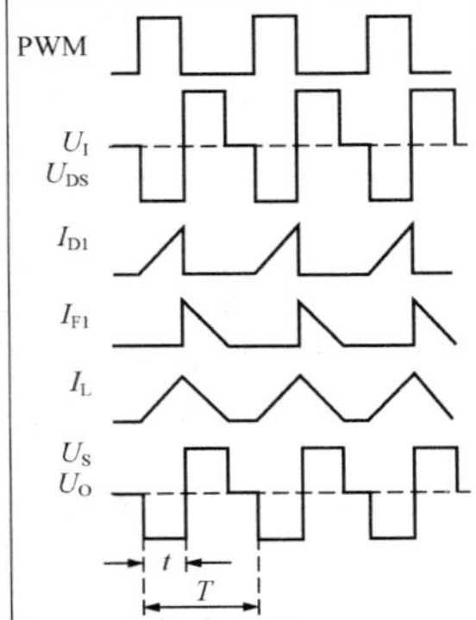 PWM　U_I　U_{DS}　I_{D1}　I_{F1}　I_L　U_S　U_O　t　T (q)	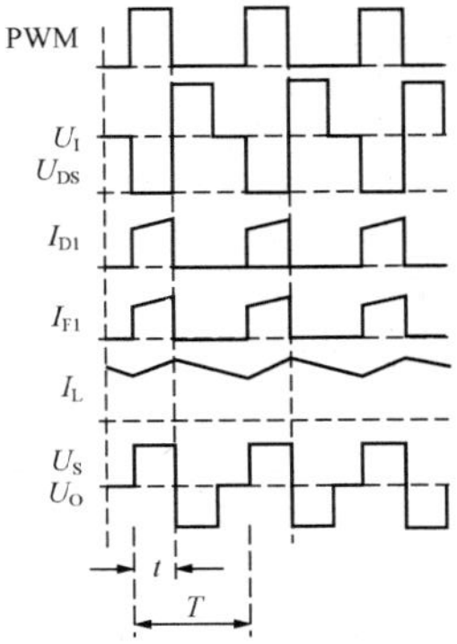 PWM　U_I　U_{DS}　I_{D1}　I_{F1}　I_L　U_S　U_O　t　T (r)	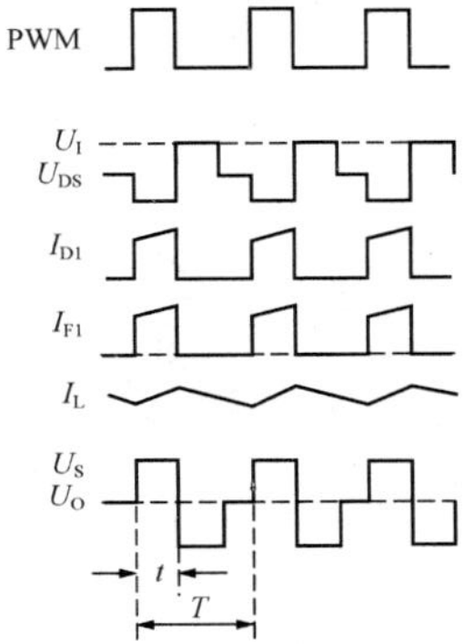 PWM　U_I　U_{DS}　I_{D1}　I_{F1}　I_L　U_S　U_O　t　T (s)	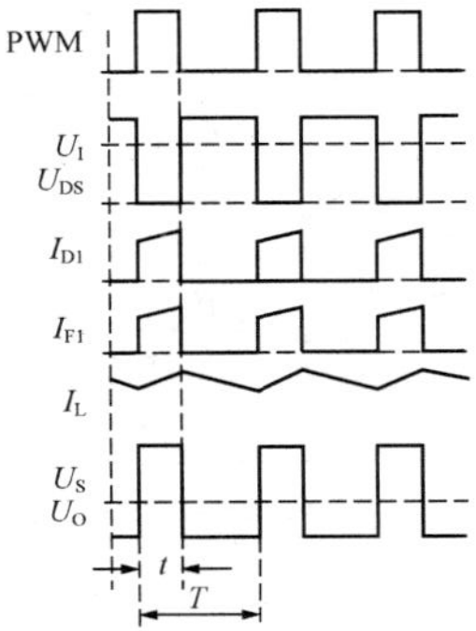 PWM　U_I　U_{DS}　I_{D1}　I_{F1}　I_L　U_S　U_O　t　T (t)

表 2-5-3 常用DC/DC变换器的电路结构及工作波形之三

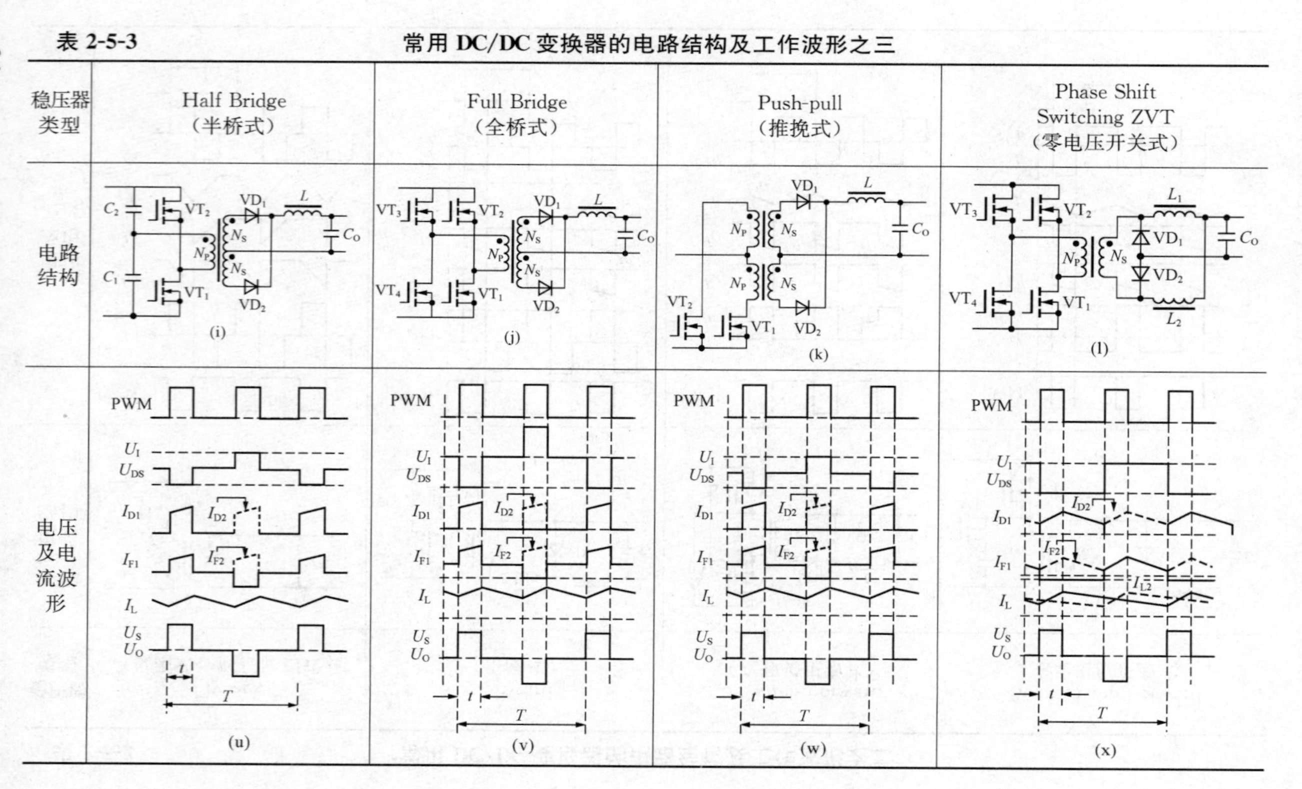

(x) 分别示出电压及电流波形。PWM 表示脉宽调制波形，U_I为输入电压，U_{DS}为功率开关管 VT_1 的漏-源极电压，U 为漏极对地的电压，U_S为二次绕组输出电压，U_O为输出电压。I_{D1}为 VT_1 的漏极电流，I_{F1}为输出整流管 VD_1 的工作电流，I_L为负载电流。T 为周期。t 为U_O呈高电平（或低电平）的时间。D 为占空比。有关系式：$D=t/T$。N_P、N_S分别为一次、二次绕组的匝数。L_P为一次绕组的电感，C_O为输出端滤波电容。

第六节　无源填谷电路问题解答

117　什么是填谷电路?

填谷电路（Valley Fill Circuit）属于一种新型无源 PFC 电路，其特点是利用整流桥后面的填谷电路来大幅度增加整流管的导通时间，通过填平谷点，使输入电流从尖峰脉冲变为接近于正弦波的波形，将功率因数提高到 0.9 左右。与传统的电感式无源 PFC 电路相比，其优点是电路简单，提高功率因数效果显著，并且在输入电路中不需要使用体积笨重的大电感器。

填谷电路的缺点是会增加电源损耗，且总谐波失真较大，容易对其他电子设备形成干扰。这种电路仅适用于 20W 以下的 LED 驱动电源。

118　二阶无源填谷电路的原理是什么?

二阶无源填谷电路（Two Stage Valley Fill Circuit）的原理图如图 2-6-1 所示，电路中使用了两只电容器，亦称二电容填谷电路。该电路是全部采用无源元器件，不用 PFC 电感。由 VD_1～VD_4构成整流桥。无源填谷电路仅需使用 3 只二极管（VD_6～VD_8）、两只填谷电容（电解电容器 C_1、C_2）和一只电阻器（R_1）。VD_6～VD_8采用 1N4007 型硅整流管。C_1与 C_2的容量必须相等，均采用 22μF/200V 的电解电容器。R_1选用 4.7Ω、2W 的电阻器，开机时可限制 C_1、C_2上的冲击电流，还能抑制自激振荡，但 R_1上也

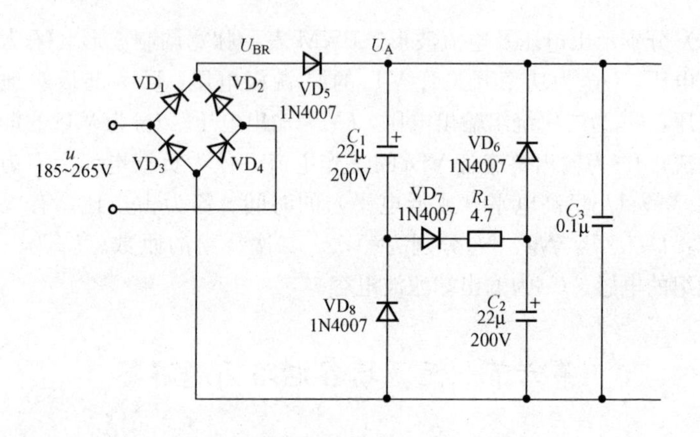

图 2-6-1　二阶无源填谷电路的原理图

会消耗一定的功率。填谷电路的特点是 C_1 和 C_2 以串联方式充电，而以并联方式进行放电，通过有效地延长交流输入电流的持续时间，使整流管的导通时间显著增大。VD_5 为隔离二极管，可将整流桥与填谷电路隔离开。C_3 用于滤除高频干扰。

设交流输入电压的有效值为 u，峰值电压为 U_P，整流桥输出的脉动直流电压为 U_{BR}，VD_5 右端电压为 U_A（此即 C_1 和 C_2 上的总电压）。在交流电正半周的上升阶段，由于 $U_{BR}>U_A$ 时，VD_1、VD_4、VD_5 和 VD_7 均导通，U_{BR} 就沿着 $C_1 \rightarrow VD_7 \rightarrow R_1 \rightarrow C_2$ 的串联电路给 C_1 和 C_2 充电，同时向负载提供电流。其充电时间常数很小，充电速度很快。当 U_A 达到 U_P 时，C_1、C_2 上的总电压 $U_A=U_P$；因 C_1、C_2 的容量相等，故二者的压降均为 $U_P/2$。此时 VD_7 导通，而 VD_6 和 VD_8 被反向偏置而截止。当 U_A 从 U_P 开始下降时，VD_7 截止，立即停止对 C_1 和 C_2 充电。当 U_A 降至 $U_P/2$ 时，VD_5、VD_7 均截止，VD_6、VD_8 被正向偏置而变成导通状态，C_1、C_2 上的电荷分别通过 VD_6、VD_8 构成的并联电路进行放电，维持负载上的电流不变。

119　如何选择填谷电容的容量？

设计二阶无源填谷电路的关键是计算填谷电容 C_1、C_2 的容量。

由于 C_1、C_2 仅在 U_{BR} 低于 $U_P/2$ 时给负载提供能量。C_1、C_2 的容量应根据放电周期的允许压降和输出电流而定。设 C_1、C_2 充电后的总电荷为 Q，由于在放电期间电容放电电流固定为负载电流 I_{LED}，因此当 $C_1=C_2=C$ 时，C 在放电时间 t_d 内的压差为 $\Delta U_C=Q/(C_1 /\!/ C_2)=I_{LED}t_d/2C$，因此

$$C=\frac{I_{LED}t_d}{2\Delta U_C} \tag{2-6-1}$$

这表明每只电容器的压差（ΔU_C）与 C 成反比例关系。C 的容量还与交流电压的有效值和 LED 灯串的总电压 U_{LED} 有关。

考虑到交流电的频率为 50Hz，周期 $T=10$ms，半个周期所对应的相位角是 180°，持续时间为 10ms。在每半个周期的 30°和 150°时刻，交流电压恰好等于 $U_P/2$。从这个周期的 150°开始到 210°为止，就是电容的放电时间。因此 $t_d=T(210°-150°)/180°=T/3=3.33$（ms）。例如，实际取 $\Delta U_C=11$V，与 $I_{LED}=150$mA、$t_d=3.33$ms 一并代入式（2-6-1）中得到，$C=22.7\mu$F，可取标称值 22μF。C 的耐压值应大于 $U_P/2$，即大于 $\sqrt{2}/2\times220\text{V}=155.5$V，此例中 C_1、C_2 均选 200V，总耐压值为 400V。

120 二阶无源填谷电路提高功率因数的效果如何？

利用二阶无源填谷电路能大大延长整流管的导通时间，使之在正半周的导通范围扩展到 30°～150°（30°恰好对应于 $U_A=U_P\sin30°=U_P/2$，150°对应于 $U_A=U_P\sin150°=U_P/2$）。同理，负半周时的导通范围扩展为 210°～330°。这样，波形就从窄脉冲变为比较接近于正弦波。这相当于把尖峰脉冲电流波形中的谷点区域“填平”了很大一部分，使功率因数提高到 0.9 以上，最高可达 0.96。交流输入电压 u、交流输入电流 i 及 U_A 点的时序波形对照如图 2-6-2 所示。

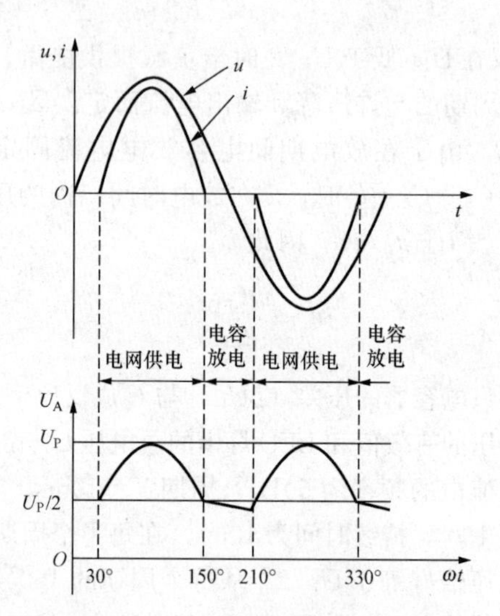

图 2-6-2　交流输入电压 u、交流输入电流 i 及 U_A点的时序波形

121　三阶无源填谷电路的结构原理是什么？

三阶填谷电路（Three Stage Valley Fill Circuit），亦称三电容填谷电路（Three Capacitor Valley Fill Circuit），电路中使用 3 只电容器。三阶填谷电路如图 2-6-3 所示，VD_5 为隔离二极管。其特点是 C_1、C_2 和 C_3 以串联方式充电，充电回路为 $U_{BR}\rightarrow VD_5\rightarrow U_A\rightarrow C_1\rightarrow VD_7\rightarrow C_2\rightarrow VD_{10}\rightarrow R\rightarrow C_3$。由于 $C_1\sim C_3$ 的容量相等，故三者的压降均为 $U_P/3$。3 路并联放电回路分别为 $C_1\rightarrow$填谷电路负载$\rightarrow VD_6$；$C_2\rightarrow VD_8\rightarrow$填谷电路负载$\rightarrow VD_9$；$C_3\rightarrow VD_{11}\rightarrow$填谷电路负载。三阶填谷电路可大大延长整流管的导通时间。

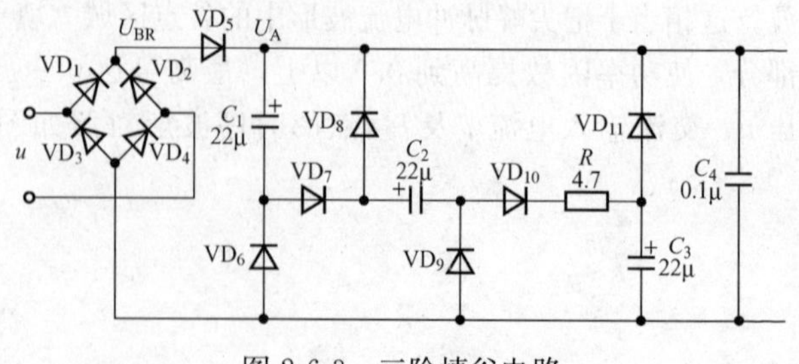

图 2-6-3　三阶填谷电路

122 设计无源填谷电路需注意哪些事项?

设计无源填谷电路时需注意下列事项:

(1) 采用二阶填谷电路需要使用4只二极管(包含隔离二极管,但不包括整流桥中的4只二极管,下同)。若采用三阶填谷电路总共要使用7只二极管。

(2) 尽管填谷电路的阶数越高,改善功率因数的效果越明显,但电路越复杂,使用元件越多。另外,采用三阶填谷电路时并联放电电压会降低到$U_P/3$,该电压必须高于单片开关电源的最低电源电压,否则电路无法正常工作。

(3) 填谷电路能提高线路电流的利用率,却会使负载上的纹波电流增大。但考虑到LED灯的亮度仅取决于平均电流,因此一般可忽略纹波电流的影响。

(4) 填谷电路对提高功率因数确有明显效果,但其总谐波失真仍然较大,无法满足EN6100032国际标准对25W以上照明设备的谐波要求,尽管它所产生的谐波频率远高于150Hz,不会对LED电源造成影响,但容易对其他电子设备形成干扰。

(5) 由于填谷电路会增加电源的损耗,因此仅适用于20W以下低成本的LED驱动电源。

第七节 有源功率因数校正(PFC)问题解答

123 有源PFC为何要采用升压式变换器?

从理论上来讲,采用任何一种拓扑结构的变换器都可用来提高功率因数,但升压式变换器是目前最常用的方式,主要原因有3个:①升压式变换器所需元件最少;②PFC电感位于整流桥与功率开关管(MOSFET)之间,可降低输入电流的上升率di/dt,从而减小了输入电路产生的纹波及噪声,不仅能减少输出滤波电容器的容量,还能简化EMI滤波器的设计;③功率开关管的源极接地,便于驱动。

124 有源 PFC 的基本原理是什么？

有源 PFC 升压式变换器的简化电路和工作原理分别如图 2-7-1 和图 2-7-2 所示。BR 为整流桥，交流正弦波电压 u 经过整流后得到直流脉动电压 $U_I(t)$。控制环由 PFC 电感（亦称升压电感）L、功率开关管 V（MOSFET）、输出整流管 VD、输入电容器 C_I（小

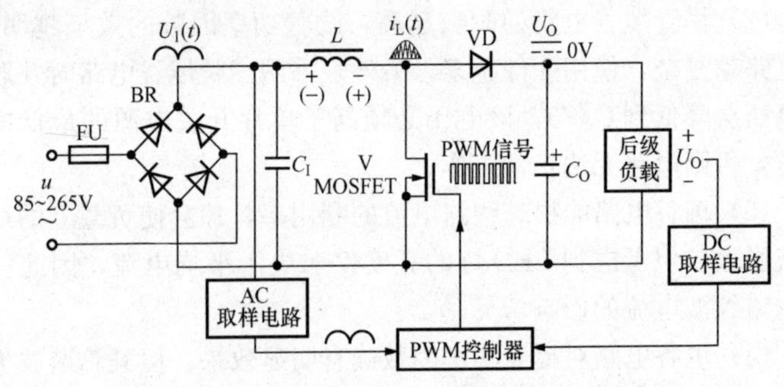

图 2-7-1 有源 PFC 升压式变换器的简化电路

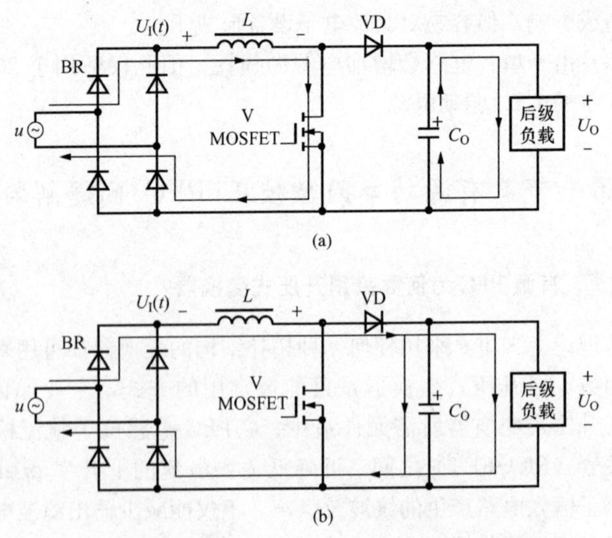

图 2-7-2 有源 PFC 升压式变换器的工作原理

（a）当 V 导通时；（b）当 V 关断时

容量的陶瓷电容器）、输出滤波电容器 C_O（较大容量的电解电容器）、PWM 控制器、DC 取样电路和 AC 取样电路构成。该 PWM 控制器可同时接收 DC 取样电路、AC 取样电路传来的两路信号，输出为导通时间（t_{ON}）固定、而频率可变的 PWM 信号，输出占空比的调节范围可达 0～100%。

其工作原理是在 V 导通期间（t_{ON}），$U_I(t)$通过 L 和 V 返回，并在 L 上储存电能，电压极性是左端为正、右端为负，使 VD 截止。此时电感电流 $i_L(t)$从零开始线性地增加到峰值 $i_{L(PK)}$，C_O对后级负载放电，维持输出电压 U_O不变。在 V 关断期间（t_{OFF}），在 L 上产生反向电动势的极性是左端为负、右端为正，它与 $U_I(t)$ 叠加后即可达到升压目的，使 VD 导通。L 上的电流从 $i_{L(PK)}$ 线性地减小到零，L 上储存的电能通过 VD 之后给负载供电，并对 C_O进行充电。

令交流输入电压 $u(t)=U_I\sin\omega t$，T 为开关周期，f 为开关频率，D 为占空比，电感峰值电流波形的表达式为

$$i_{L(PK)}=\frac{u(t)t_{ON}}{L}=\frac{U_I DT}{L}\sin\omega t=\frac{U_I D}{Lf}\sin\omega t \qquad (2\text{-}7\text{-}1)$$

电感峰值电流的最大值 I_P为

$$I_P=\frac{U_I t_{ON}}{L}\sin\left(\frac{\pi}{2}\right)=\frac{U_I t_{ON}}{L}\sin 90^\circ=\frac{U_I t_{ON}}{L} \qquad (2\text{-}7\text{-}2)$$

由式（2-7-1）和式（2-7-2）可知，在一个开关周期内，只要功率开关管 V 的导通时间保持固定，电感峰值电流的波形就是 $I_P\sin\omega t$ 的包络线，从而使开关电源的输入电流与输入电压为同相位，达到提高功率因数之目的。

有源 PFC 工作时的电流波形如图 2-7-3 所示。由图可见，电感电流 $i_{L(\omega t)}$ 呈三角波，且与 PWM 信号严格保持同步。每个三角波中包括 L 充电过程和放电过程，一般情况下 L 的充、放电时间并不相等。图中还分别示出了电感电流峰值及平均值的包络线，此时整流桥电流的平均值已非常接近于正弦波。

当交流输入电压 u 以正弦规律变化时，控制电路只需以 PWM 方式对 V 的通、断进行控制，即可使电感电流自动跟踪交流正弦

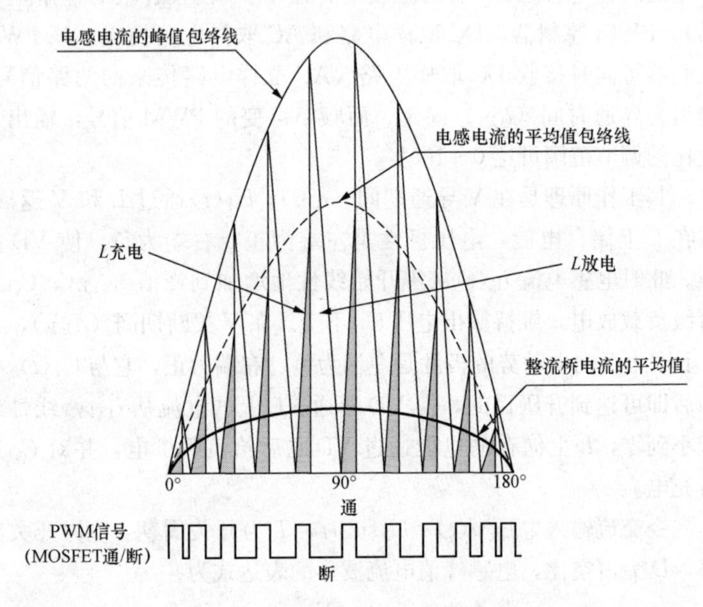

图 2-7-3　有源 PFC 工作时的电流波形

波电压的变化，并与之保持同相位。只要开关频率足够高（几十千赫以上），交流输入电流就非常接近于正弦波。这就是 PFC 升压式变换器的基本原理。该电路可同时完成对输入功率因数进行校正和提升输出电压这两项功能。

125　设计 PFC 升压式变换器需注意哪些事项？

设计 PFC 升压式变换器需注意以下事项：

（1）PFC 升压式变换器主要有以下 3 种类型：①连续导通模式（CCM），它属于固定开关频率、占空比可变的 PWM 方式；②不连续导通模式（DCM），其特点是开关频率可变，但每个开关周期内 MOSFET 的通、断时间相等；③介于二者之间的临界导通模式（CRM），其特点是 MOSFET 的导通时间 t_{ON} 为固定，开关频率随线电压和负载而变化，电感电流在相邻开关周期的临界点时衰减为零，其控制电路简单，成本较低，所需 PWM 信号是由直流斜波电压去调制锯齿波电压而获得的。但无论采用哪种类型，都要求直流输出电压必须高于交流输入电压的峰值。例如 u=85～265V 时，要求 $U_O \geqslant 265 \times \sqrt{2} = 374.8$（V），通常取 U_O 为+380V 或+400V。其缺点是输入与输出端未隔离，线电压上的浪涌电压会影响到输出端。

（2）输入电容器 C_I 是专用于滤除电磁干扰的，其容量很小，对整流桥的导通角不会造成影响；因 VD 有隔离作用，故整流桥的电流波形不受后级较大容量滤波电容器 C_O 的影响。

（3）临界导通模式的有源 PFC 电路简单，功率因数补偿效果显著（功率因数可大于 0.95），输出直流电压的纹波很小，后级不需要使用大容量的滤波电容器。

（4）设计升压式 PFC 变换器时，为防止在建立输出电压的过程中电路产生振荡，可在 PFC 电感 L 和整流管 VD_1 的两端再并联 1 只二极管 VD_2，升压式 PFC 变换器的保护电路如图 2-7-4 所示。刚启动电源时 VD_2 首先导通，将 PFC 电感 L 和 VD_1 短路，同时还给输出电容器 C_2 进行充电，可避免电路发生振荡。VD_2 可采用硅整流管 1N4007（1A/1000V）或 1N5408（3A/1000V）。该电路对输入端的浪涌电压也有一定的防护作用。正常工作时 L 不断地进行充、放电，VD_2 就不再起短路作用。

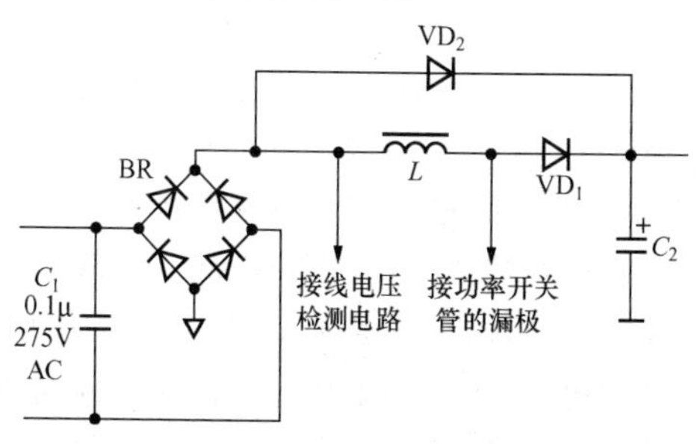

图 2-7-4　升压式 PFC 变换器的保护电路

126　什么是单级、两级式和三级式 PFC 电源？

单级式（Single-stage）PFC 电源亦称单段式 PFC 电源，它是将PFC功能与DC/DC功能合并成一级，制成PFC+DC/DC变换器的单片集成电路，适用于40～100W的大、中功率开关电源。

两级式PFC电源亦称两段式PFC电源，其第一级为PFC，第二级为DC/DC变换器。这种电源抑制谐波的效果较好，可达到较高的功率因数。由于具有独立的PFC级，还可对DC/DC级的直流输入电压进行预调节，因此PFC的输出电压比较精确；带负载能力强，适用于大、中功率的开关电源。缺点是所需元器件较多，成本较高；功率密度低，损耗较大。

三级式PFC电源亦称三段式PFC电源，它包括PFC、LLC谐振式变换器和DC/DC变换器这三级单元电路，适用于100W以上的大功率开关电源。但是若将PFC、LLC集成在一个芯片中（例如PFC+LLC控制器PLC810PG），则属于单级式PFC电源。

127 连续导通模式和临界导通模式的PFC各有何特点？

连续导通模式（CCM）的特点是PFC电感上的电流处于连续状态，因此输出功率大，适用于200W以上的开关电源。

临界导通模式（CRM）的特点是PFC电感的电流处于连续导通与不连续导通的边界，可采用价格低廉的芯片，电路简单，便于设计，并且没有功率开关管的导通损耗，适用于100W以下的开关电源。对于100～200W的开关电源，可根据整个电源系统的综合指标来确定究竟采用连续导通模式，还是临界导通模式。从原理上讲，临界导通模式是一种固定导通时间的功率因数校正方法。在功率MOSFET导通期间，电感电流i_L沿固定斜率上升，一旦达到阈值电流，电流比较器就翻转，使功率MOSFET截止，i_L沿可变斜率下降。一旦零电流检测电路检测到$i_L=0$，立即使功率MOSFET导通，进入下一个开关周期。由于在i_L回零后不存在死区时间，因此输入电流仍是连续的，并按正弦规律跟踪交流输入电压u的瞬时变化轨迹，从而使功率因数趋近于1。

第三章

开关电源单元电路及关键元器件126问

本章概要 本章遵循先易后难、化整为零、突出重点和难点的原则，将开关电源划分成若干个基本单元电路，对设计和制作开关电源一次侧外围电路、二次侧输出电路及反馈电路及选择关键元器件时所遇到的问题作了详细解答。

第一节　开关电源基本结构问题解答

128　开关电源的基本结构是怎样的？

开关电源的基本结构如图3-1-1所示。主要由以下5部分构成：

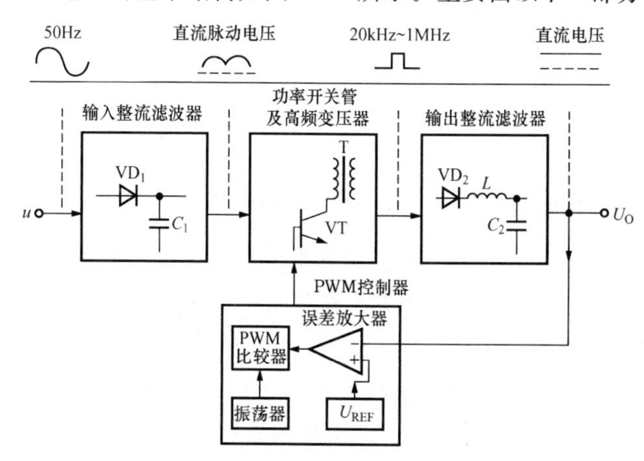

图3-1-1　开关电源的基本原理

①输入整流滤波器：包括从交流电到输入整流滤波器的电路；②功率开关管（VT）及高频变压器（T）；③控制电路（PWM控制器），含振荡器、基准电压源（U_{REF}）、误差放大器和PWM比较器，控制电路能产生脉宽调制信号，其占空比受反馈电路的控制；④输出整流滤波器；⑤反馈电路。除此之外，还需增加偏置电路、保护电路等。其中，PWM控制器为开关电源的核心。

129 单片开关电源由哪些部分构成？

单片开关电源的基本构成如图3-1-2所示，该图也是单片开关电源印制板的典型布局示意图。

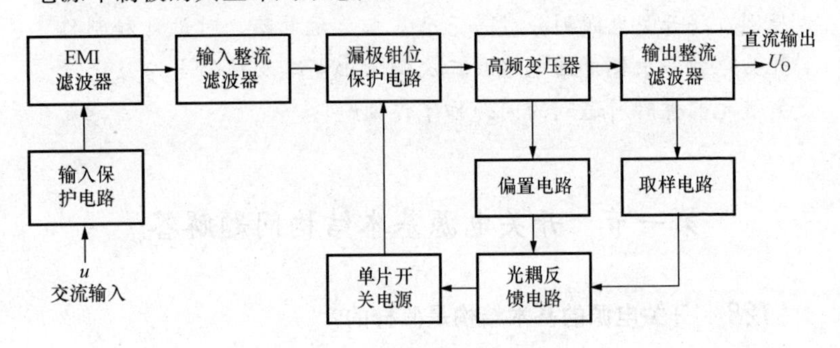

图3-1-2 单片开关电源的构成

第二节 交流输入保护电路问题解答

130 交流输入保护电路有哪些基本类型？

开关电源的交流输入保护电路有6种基本类型，如图3-2-1所示。图（a）为由熔丝管（FU）和双向瞬态电压抑制器（TVS）构成的输入保护电路；图（b）为由熔断电阻器（R_F）和压敏电阻器（R_V）构成的输入保护电路；图（c）为由熔丝管和压敏电阻器构成的输入保护电路；图（d）为由熔丝管和负温度系数热敏电阻器（R_T）构成的输入保护电路；图（e）为由压敏电阻器和负温度系数热敏电阻器构成的输入保护电路；图（f）为由熔丝管、压敏电阻器和负温度系数热敏电阻器构成的输入保护电路。

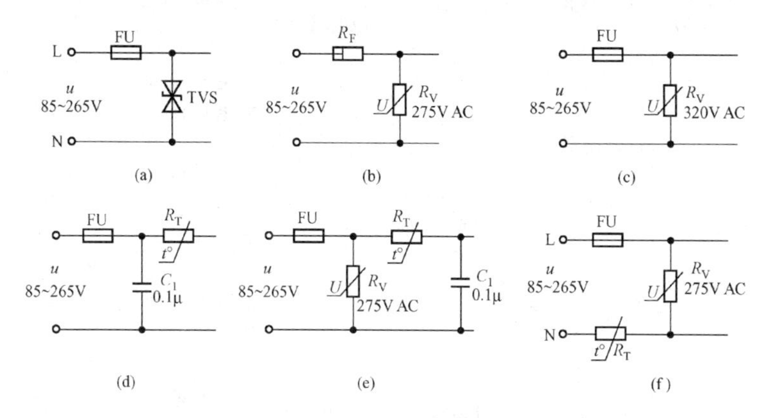

图 3-2-1 交流输入保护电路的基本构成

（a）由熔丝管和双向 TVS 构成的输入保护电路；（b）由熔断电阻器和压敏电阻器构成的输入保护电路；（c）由熔丝管和压敏电阻器构成的输入保护电路；（d）由熔丝管和负温度系数热敏电阻器构成的输入保护电路；（e）由压敏电阻器和负温度系数热敏电阻器构成的输入保护电路；（f）由熔丝管、压敏电阻器和负温度系数热敏电阻器构成的输入保护电路

131 试对开关电源常用输入保护元件的主要性能做一比较？

开关电源常用输入保护元件的主要性能比较见表 3-2-1。

表 3-2-1　开关电源常用输入保护元件的主要性能比较

保护元件类型	熔丝管	熔断电阻器	负温度系数热敏电阻器	压敏电阻器	双向瞬态电压抑制器
电路符号	FU	R_F	R_T	R_V	VD_Z
英文缩写	FU	RF	NTCR	VSR	TVS

续表

保护元件类型	熔丝管	熔断电阻器	负温度系数热敏电阻器	压敏电阻器	双向瞬态电压抑制器
主要特点	熔点低，电阻率高，熔断速度快，成本低廉；但熔断时会产生火花，甚至管壳爆裂，安全性较差	熔断时不会产生电火花或烟雾，不会造成火花干扰，安全性好	电阻值随温度升高而降低，电阻温度系数 α_T 一般为－(1～6)%/℃	电阻值随端电压而变化，对过电压脉冲响应快，耐冲击电流能力强，漏电小，电阻温度系数低	响应速度极快、钳位电压稳定、能承受很大的峰值脉冲功率、体积小、价格低
功能	过电流保护	过电流保护	通电时瞬间限流保护	吸收浪涌电压，防雷击保护	从正、负两个方向吸收瞬时大脉冲的能量
种类	普通熔丝管，快速熔丝管	阻燃型、防爆型	圆形、垫圈形、管形	普通型、防雷击型	允差为±5%、±10%
中小功率开关电源常用元件值	熔断电流应等于额定电流的1.25～1.5倍	4.7～10Ω 1～3W	1～47Ω 2～10W	275、320V (AC)	钳位电压 U_B＝±350V (或±400V)

132 怎样选择熔丝管？

熔丝管俗称保险管，其电路符号为FU。熔丝管是用铅锡合金或铅锑合金材料制成的，具有熔点低、电阻率高及熔断速度快的特点。正常情况下熔丝管在开关电源中起到连接输入电路的作用。一旦发生过载或短路故障，通过熔丝管的电流超过熔断电流，熔丝就被熔断，将输入电路切断，从而起到过电流保护作用。熔丝管的熔断电流应等于额定电流的1.25～1.5倍。有条件者可选择快速熔丝管。熔丝管的产品分类见表3-2-2。

表 3-2-2　　熔丝管的产品分类

分类方式	产品类型
按额定电压分类	高压熔丝管（如微波炉用的5kV熔丝管），低压熔丝管（如250V熔丝管），安全电压熔丝管（如32V熔丝管）
按熔断电流分类	1、2、3、5、10、15、25、30A等
按保护形式分类	过电流保护熔丝管，过热保护熔丝管（温度熔丝管），温度开关（热保护器），一次性电流熔丝管，自恢复熔丝管
按外形尺寸分类	微型、小型、中型及大型熔丝管
	ϕ_2、ϕ_3、ϕ_4、ϕ_5、ϕ_6 等规格的熔丝管
按形状分类	平头管状熔丝管、尖头管状熔丝管、螺旋式熔丝管、插片式熔丝管、贴片式熔丝管、平板式熔丝管、铡刀式熔丝管
按封装形式分类	玻璃封装、陶瓷封装、贴片封装等
按用途分类	仪器仪表及家用电器使用的熔丝管、汽车熔丝管、机床熔丝管、电力熔丝管
按熔断速率分类	特慢速熔丝管（TT）、慢速熔丝管（T）、中速熔丝管（M）、快速熔丝管（F）、超快速熔丝管（FF）
按熔断特性分类	快速熔断型、延时熔断型
按所采用的安全标准分类	IEC（中国、欧洲等标准）、UL（美国标准）等

133　选择熔丝管有哪些注意事项？

选择熔丝管需注意以下几点：

（1）所选熔丝管的额定电压应大于被保护回路的输入电压。例如，输入电压为交流220V，应选择额定电压为250V的熔丝管。更换熔丝管时，必须与原来的规格一致。

（2）实际使用熔丝管时，额定电流应小于标称值的75%。例如电路中工作电流为0.75A，可选额定电流至少为1A的熔丝管。

（3）快速熔丝管适用于工作电流比较恒定、浪涌电流较小的电路。延时熔断型熔丝管适用于电路中只存在正常的浪涌电流，且没有对浪涌电流敏感的元器件。

(4) 环境温度越高，熔丝管的工作寿命越短。可根据厂家提供的温度影响曲线来选择额定电流。当环境温度过高时会降低熔丝管的使用寿命。延时型熔丝管不允许长时间工作在150℃以上，快速熔丝管不能长期工作在175～225℃以上。

(5) 熔丝管老化后额定电流值会降低，容易造成误保护，当过载电流较小时就切断电路。

(6) 熔丝管与管夹的接触电阻越小越好，一般应小于3mΩ。

134 怎样选择熔断电阻器?

熔断电阻器亦称保险电阻器或可熔断电阻器。它兼有电阻器和熔断器的双重功能，在正常工作时它相当于一只小电阻。当电路发生故障，导致电流增大并超过其熔断电流时，就迅速熔断，对电路和元器件起到过电流保护作用。熔断电阻器适用于低压电源的保险装置。用熔断电阻器代替熔丝管的优点是它在熔断时不会产生电火花或烟雾，既安全又不造成干扰。熔断电阻器的阻值一般为4.7～10Ω，额定功率为1～3W。

熔断电阻器属于耗散型元件，一般适用于10W以下的开关电源，大于10W时应采用熔丝管。

135 怎样选择自恢复熔丝管?

自恢复熔丝管（Resettable Fuse，RF）亦称自恢复保险管。它是20世纪90年代问世的一种新型过电流保护器件。传统的熔丝管属于一次性过电流保护器，使用很不方便。由聚合物（polymer）掺加导体而制成的自恢复熔丝管，可圆满解决上述难题。自恢复熔丝管具有体积小、种类规格齐全、开关特性好、能自行恢复、反复使用、不需维修等优点。自恢复熔丝管的外形如图3-2-2所示，RXE系列为圆片形，RUE系列为方形，miniSMD为小型化表面安装元件，SRP系列为片状元件。

自恢复熔丝管具有开关特性，亦称之为聚合物开关（polyswitch）。内部由高分子晶状聚合物和导电链构成。由于聚合物能将

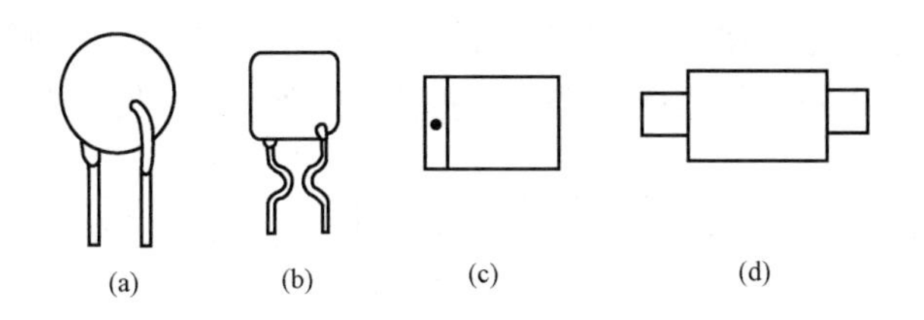

图 3-2-2　自恢复熔丝管的外形

（a）RXE 系列；（b）RUE 系列；（c）miniSMD 系列；（d）SRP 系列

导电链紧密地束缚在晶状结构上，因此常态下的电阻值非常低，仅为零点几欧姆左右。当工作电流通过自恢复熔丝管时所产生的热量很小，不会改变聚合物内部的晶状结构。当发生短路故障时，电流急剧增大，在导电链上产生的热量使聚合物从晶状胶体变成非晶状胶体，原本被束缚的导电链便自行分离断裂，元件的电阻值就迅速增加几个数量级，呈开路状态，立即将电流切断，起到保护作用。一旦过电流故障被排除掉，元件很快又恢复成低阻态。正是这种“低阻（通态）⇆超高阻（断态）”之间的可持续转换，才使之能反复使用而无须更换。其保护与恢复过程如图 3-2-3 所示。

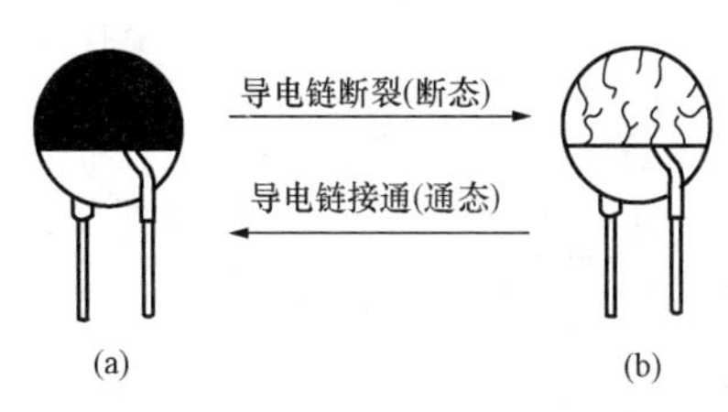

图 3-2-3　保护与恢复过程示意图

自恢复熔丝管的电阻-温度特性如图 3-2-4 所示，共分 5 个阶段。当温度较低时，其发热量与散热量达到动态平衡（阶段 1）。即使电流稍大或环境温度升高些，所增加的热量仍可散发到空气中（阶段 2）。但是，若电流进一步增大（阶段 3），直至发热量大于散热量时（阶段 4），自恢复熔丝管的温度就会迅速升高，很小的温度变化量就会造成电阻值急剧增大，阻挡住电流通过，保护设备免受损害。阶段 5 则属于禁用区。在过电流故障消除后的几秒钟之内，随着温度的降低，电阻值又迅速减小。电阻值与恢复时间的关系如图3-2-5所示。自恢复熔丝管的产品分类及用途见表3-2-3。

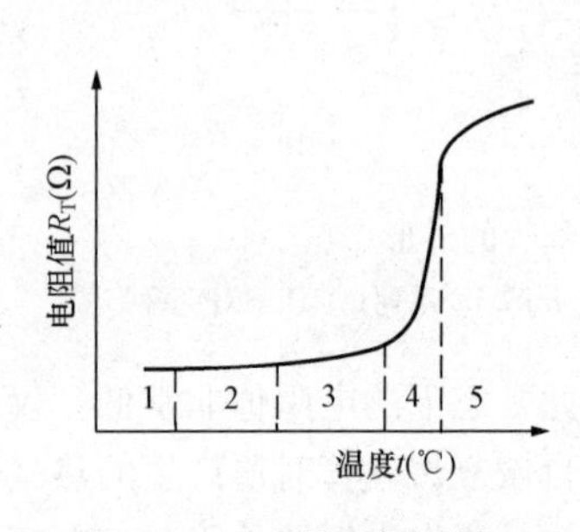

图3-2-4　电阻-温度特性　　　图3-2-5　电阻值与恢复时间的关系

表3-2-3　　　主要产品类型及用途

类　型	工作电流 I（A）	工作电压 U（V）	安装形式	用　途
RGE	3.0～24	＜16	插件	一般电器
RXE	0.1～3.75	＜60	插件	一般电器
RUE	0.9～9	＜30	插件	一般电器
SMD	0.3～2.6	15/30/60	表面安装	电脑/一般电器
miniSMD	0.14～1.9	6/13.2/15/30/60	表面安装	电脑/一般电器
SRP	1.0～4.2	＜24	片状	电池组
TR	0.08～0.18	＜250/600	插件	通信器材

需要指出，自恢复熔丝管也具有正温度系数热敏电阻（PTCR）特性，但它与PTCR元件有着本质区别。自恢复熔丝管属于高分子聚合物-导体，而PTCR元件是由钛酸钡与稀土元素烧结而成的陶瓷材料。此外，PTCR元件在常温下的电阻值较大，不适合做熔丝管使用。

136　自恢复熔丝管有哪些典型应用？

自恢复熔丝管可广泛用于开关电源、电子仪器、家用电器、计算机和通信设备中，起到自动保护作用。

（1）将自恢复熔丝管直接串联在开关式稳压器的直流输入端，即可实现过电流保护功能，电路如图3-2-6所示。此时交流输入端的熔丝管可省去。该电路适配L4960、L4970A等系列的开关稳压器。需要注意，自恢复熔丝管一般用作低压过电流保护，不能接220V交流电压。L4960的直流输入电压范围是$U_I=9\sim46V$，可选工作电压小于60V的RXE系列自恢复熔丝管。

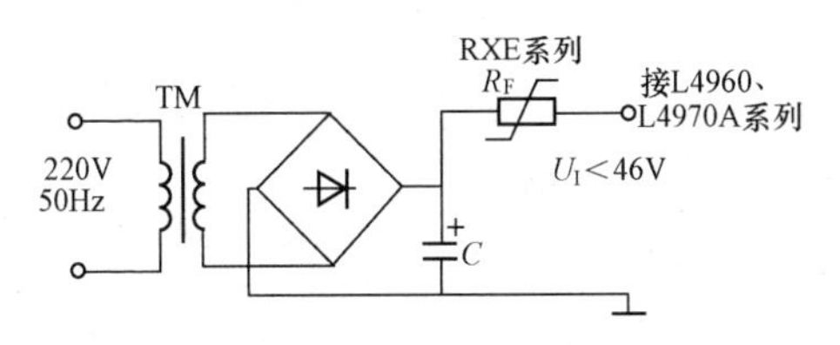

图3-2-6　开关式稳压器的保护电路

（2）若将自恢复熔丝管串联在可充电电池组上，就能防止蓄电池因过度充电、外部短路或过热等故障而损坏。当电动机负载过重、堵转而造成过热时，很容易烧毁电动机。在整流桥后面串联自恢复熔丝管后，能对直流电动机起到保护作用。

（3）电子镇流器常因日光灯管漏气或灯丝短路而损坏，此时的过电流约为正常工作电流的2～3倍。在国标GB/T 15143—1994中规定，电子镇流器要在出现异常情况后的1h内仍能正常工作。显然，只需串联一只自恢复熔丝管，即可有效地进行过电流保护，提高电子镇流器工作的可靠性。

137　怎样选择负温度系数热敏电阻器？

负温度系数热敏电阻器简称NTCR，其特点是在工作温度范围内电阻值随温度的升高而降低，电阻温度系数α_T一般为－(1～6)%/℃。当温度大幅度升高时，其电阻值可降低3～5个数量级。NTCR在开关电源通电时能起到瞬间限流保护作用。刚通电时因滤波电容上的压降不能突变，容抗趋于零，故瞬间充电电流很大，很容易损坏高压电解电容。为解决这一问题，通常采用“硬启动”方式，即在电路中串入一只几欧姆低阻值限流电阻 R。然而普通电阻器的阻值是基本恒定的，在电源转入正常工作之后，R 上的功耗势必导致电源效率降低。更好的方案是选用 NTCR 代替普通限流电阻，并且限流值可选得稍高些。这种负温度系数热敏电阻器亦称软启动功率元件，其特点是标称阻值低（仅为 1～47Ω）、额定功率高（10～500W）、工作电流大（1～10A），特别适合做各种电源的启动保护元件。其外形与圆片形 NTCR 相同，直径为 $\phi5$～$\phi15$mm。典型产品见表 3-2-4，型号中前边的数字表示直径（mm），中间数字是标称阻值，末尾数字为额定电流（A）。软启动功率元件在无工频变压器式开关电源中的应用如图 3-2-7 所示，220V 交流电首先通过桥式整流变成脉动直流，然后依次经过 5-052 型软启动功率元件和滤波电容，产生约＋300V 的直流高压，送至脉宽调制器（PWM）中。刚通电时 5-052 可起到瞬间限流保护作用，且伴随着电流通过发出的热量，其阻值迅速减小，功耗明显降低，真正做到了一举两得。

表 3-2-4　　软启动功率元件典型产品

型　号	标称阻值（Ω）	额定电流（A）	额定功率（W）
8-101	10	1	10
5-052	5	2	20
10-103	10	3	90
13-056	5	6	180
15-204	20	4	320
15-473	47	3	423

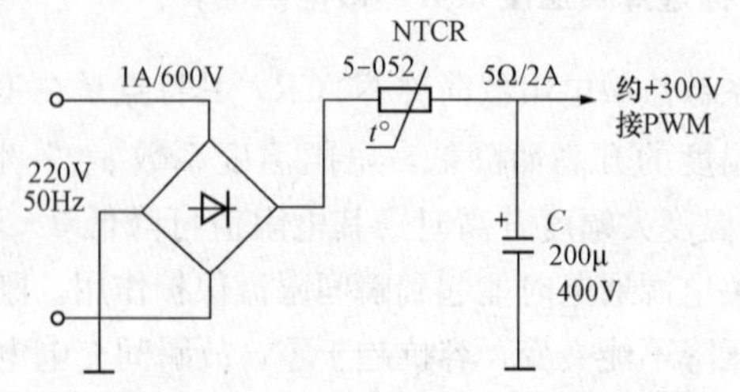

图 3-2-7　软启动功率元件在开关电源中的应用

138 怎样选择压敏电阻器?

压敏电阻器是电压敏感电阻器的简称（Voltage-sensitive Resistor，VSR），亦称金属氧化物变阻器（Metal-oxide Varistor，MOV）。它属于一种过电压保护元件，其电阻值随端电压而变化。压敏电阻器的主要特点是工作电压范围宽（6～3000V，分若干挡），对过电压脉冲响应快（几纳秒至几十纳秒），耐冲击电流的能力很强（可达100A～20kA），漏电流小（低于几微安至几十微安），电阻温度系数低（小于0.05%/℃），且价格低廉、体积小，在开关电源中主要用来吸收浪涌电压。

压敏电阻器的主要参数有3个：①标称电压U_{1mA}，当通过1mA直流电流时，元件两端的电压值；②漏电流，它表示当元件两端电压等于75%U_{1mA}时，元件上所通过的直流电流；③通流量，它表示在规定时间（8/20μs）内，允许通过脉冲电流的最大值，其中脉冲电流从90%U_P到U_P的时间为8μs，峰值持续时间为20μs。

开关电源输入保护电路常用的压敏电阻器标称电压为275V（AC）或320V（AC）。

第三节　气体放电管问题解答

139 气体放电管的主要特点是什么?

气体放电管属于一种过电压保护器件。它是采用玻璃或陶瓷封装的内部充有氩气、氖气等惰性气体的短路型保护器。其基本工作原理为气体放电。当外加电压超过气体的绝缘强度时，引起两极之间的间隙放电，形成电弧使气体电离，产生“负阻特性”，气体放电管就由原来的绝缘状态转变为导通状态（近似于短路），导通后气体放电管两极之间的电压维持在残压水平（一般为20～50V），从而限制了极间电压，使得与气体放电管相并联的电路得到保护。

气体放电管典型产品的外形如图3-3-1所示。气体放电管可分

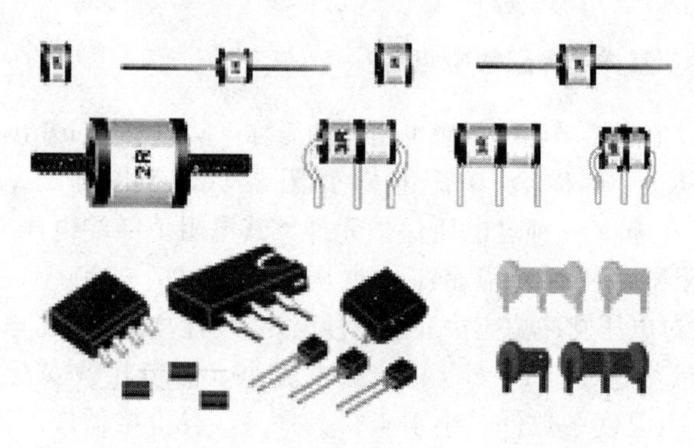

图 3-3-1　气体放电管典型产品的外形

为无引线、带引线两种基本类型。若按电极数量来划分，又有二极、三极、五极等多种结构。三电极放电管相当于两个二极放电管串联，中间电极应接地。放电电极主要有针形、杯形两种，电极之间由惰性气体隔开。二极气体放电管的放电分散性较大，三极或三极以上的气体放电管具有良好的放电对称性，特别适用于多线路的保护。气体放电管的优点是火花间隙放电、载流能力强、响应速度快、固有电容小、成本低、体积小、寿命长、性能稳定；其缺点是点燃电压高，在直流电压下不能恢复关断状态，不适合保护低压电路。气体放电管的耐流能力与管径有关，通常管径越大，耐流能力越强。

140　气体放电管有几种类型？

气体放电管主要有 3 种类型：玻璃气体放电管、陶瓷气体放电管、半导体放电管。半导体放电管（Semiconductor Discharge Tubes，SDT）亦称固体放电管，它是基于固态 PNPN 四层晶闸管结构而制成的二端负阻型过电压保护器件。当电压超过断态峰值电压（亦称雪崩电压）时，半导体放电管因负阻效应而进入导通状态。仅当电流小于维持电流时，半导体放电管才复位，恢复到高阻态。它采用了先进的离子注入技术，具有精确导通、可靠性高、吸收浪涌能力强、绝缘电阻高（$\geqslant 10^9\,\Omega$）等优点，缺点是击穿电压分散性较大（一般有±20%的偏差），响应速度较慢（最短为0.1～0.2μs）。气体放电管可等效于开关器件，当无浪涌电压时开关断开，浪涌电压到来时开关闭合，一旦浪涌电压消失，又迅速恢复关断状态。当浪涌电压超过开关电源的耐压强度时，气体放电管被击穿而发生弧光放电现象，由于弧光电压仅为几十伏，可在短时间内限制浪涌电压的升高，从而对电路起过电压保护作用。

气体放电管的图形符号和结构示意图如图3-3-2所示。气体放电管可视为一个极间电容很小（小于几皮法）的对称开关，它在使用中没有正、负极性。气体放电管的伏安特性曲线具有对称性，如图3-3-3(a)所示。图中，U_B为击穿电压(Breakdown Voltage)，U_G为辉光电压（Glow Voltage），U_A为弧光电压（Arc Voltage），U_{IA}为息弧电压（Interest Arc Voltage）。当浪涌电压上升到U_B时气体放电管并无电流流过，但在着火之后电压迅速降至辉光电压U_G（为70～150V，电流为几百毫安至1.5A，依管型而定）。随着电流进一步增大，电压下降到弧光电压U_A（U_A一般为10～35V）。随着浪涌电压继续降低，通过放电管的电流小于维持弧光状态所需的最小值（10～100mA，视管型而定），使弧光放电停止，通过辉光状态后，放电管在电压降至U_{IA}处熄灭。半导体放电管的伏安特性曲线如图3-3-3(b)所示。图中，U_{BO}、I_{BO}分别为最高极限电压及所对应的电流；U_{BR}、I_{BR}分别为标称导通电压和电流；U_T、I_T分别为导通后的残压，残电流；I_H为维持电流。需要指出，图3-3-3

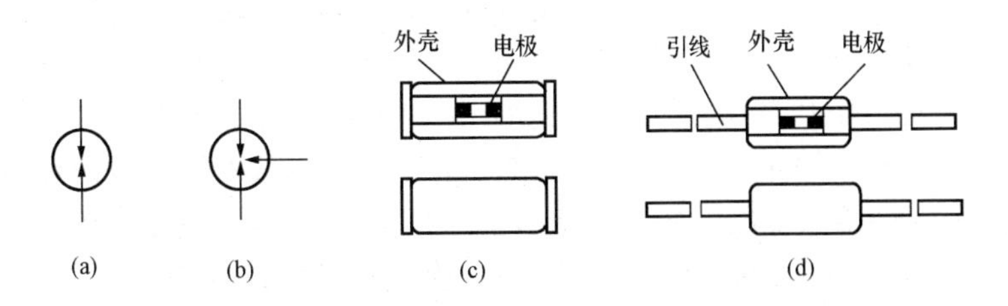

图3-3-2　气体放电管的图形符号和结构示意图

(a) 两极气体放电管的符号；(b) 三极气体放电管的符号；
(c) 无引线结构；(d) 带引线结构

(b) 与图 3-3-3(a) 中的坐标位置不同。气体放电管标称直流击穿电压的允许偏差范围见表 3-3-1。

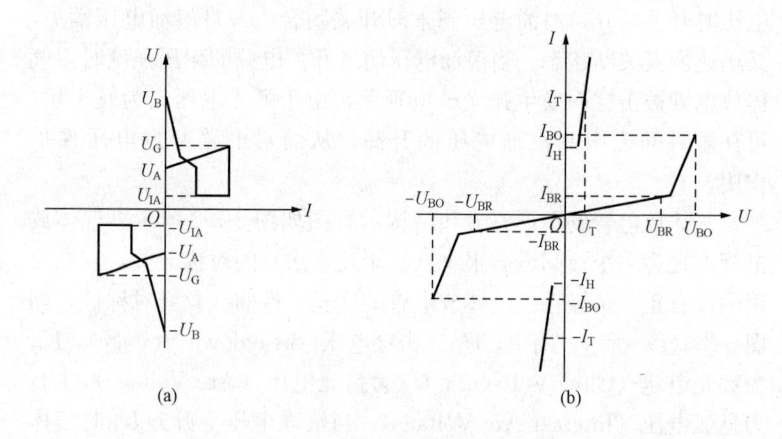

图 3-3-3 气体放电管和半导体放电管的伏安特性曲线

(a) 气体放电管的伏安特性曲线；

(b) 半导体放电管的伏安特性曲线

表 3-3-1 气体放电管标称直流击穿电压的允许偏差范围

标称直流击穿电压规格（V）	允许偏差范围（%）
75 90 150	25
230 250 300 350 470 600 800 1600 2500 3600 5500	20

国产中功率陶瓷放电管典型产品的主要技术指标见表 3-3-2。该系列产品的外型尺寸为 ϕ8mm×6mm，分无引线和有引线两种。表中的直流放电电压是指 在上升速率低于 100V/s 的电压作用下，陶瓷放电管开始放电的平均值电压，称之为直流放电电压。由于放电存在分散性，因此直流电压一般允许有±20%的误差。脉冲放电电压是指在规定上升速率的脉冲电压作用下，陶瓷放电管开始放电的电压值。

表 3-3-2　国产中功率陶瓷放电管典型产品的主要技术指标

主要技术指标	直流放电电压（V）	脉冲放电电压（V）	耐冲击电流能力（kA）	耐交流电流能力（A）	极间绝缘电阻（Ω）	极间电容（pF）
测试条件 / 型号	直流电压上升率为 100V/s	脉冲电压上升率为 1kV/μs	在 8/20μs 的规定时间内通过 10 次的冲击电流	在 15～62Hz 的规定频率范围内通过 10 次的交流电流	—	测试频率为 1kHz
2R70TC	70±18	<600	10	10	$>10^9$	<2
2R90TC	90±20	<700	10	10	$>10^9$	<2
2R120TC	120±25	<700	10	10	$>10^9$	<2
2R150TC	150±30	<700	10	10	$>10^9$	<2
2R230TC	230±40	<800	10	10	$>10^9$	<2
2R250TC	250±50	<800	10	10	$>10^9$	<2
2R350TC	350±70	<800	10	10	$>10^9$	<2
2R470TC	470±80	<900	10	10	$>10^9$	<2
2R600TC	600±100	<1200	10	10	$>10^9$	<2
2R800TC	800±150	<1400	10	10	$>10^9$	<2
2R1000TC	1000±180	<1800	10	10	$>10^9$	<2
2R1200TC	1200±230	<2500	10	10	$>10^9$	<2
2R1600TC	1600±300	<2800	10	10	$>10^9$	<2

141　试比较几种过电压保护器件的优缺点？

气体放电管、半导体放电管、压敏电阻器和瞬态电压抑制器的性能比较参见表 3-3-3。

表 3-3-3　气体放电管、半导体放电管、压敏电阻器和瞬态电压抑制器的性能比较

器件类型	气体放电管（GDT）	半导体放电管（SDT）	压敏电阻器（VSR）	瞬态电压抑制器（TVS）
保护方式	负阻特性	负阻特性	电压钳位	电压钳位
原理	因气体电离而变成导通状态	采用固态PNPN四层晶闸管结构	类似于雪崩击穿	雪崩击穿
响应时间	＜1ns	＞1μs	＜1μs	＜1ps
极间电容（固有电容）	＜10pF	＜2pF	几百至几千皮法	3～50pF
电压规格	75～3500V	75～5500V	6～3000V	9.1～400V
最大瞬态电流（8/200μs）	3000A	10000A	10000A	200A
最大漏电流	10μA	1pA	10μA	20μA
使用期	可重复使用	可重复使用	可重复使用	可重复使用
主要优点	导通电压精确，响应速度快	可承受的瞬态电流最大	价格低廉	响应速度极快，价格低廉，适用于高频系统
主要缺点	可承受的瞬态电流较小	响应速度较慢	极间电容较大、易老化，仅适用于工频系统	可承受瞬态电流小，仅适合低压条件使用

142　选择气体放电管的原则是什么？

选择气体放电管时应遵循以下原则：

（1）气体放电管的直流放电电压必须高于线路正常工作时的最大电压，以免影响线路的正常工作。

（2）气体放电管的脉冲放电电压必须低于线路所能承受的最高瞬时电压值，才能保证在瞬间过电压时气体放电管能比线路的响应

速度更快，提前将过电压限制在安全值。

（3）气体放电管的保持电压应尽可能高，一旦过电压消失，气体放电管能及时熄灭，不影响线路的正常工作。

（4）接地线应尽量短，并且足够粗，以便于泄放瞬态大电流。

（5）若过电压持续时间过长，则气体放电管会产生很多热量。为防止因过热而造成被保护设备的损坏，应给气体放电管配上失效保护卡装置。目前，有些气体放电管新产品中，就带失效保护卡。

143 如何使用气体放电管？

气体放电管的基本用法如图 3-3-4(a)～(h)所示。图(a)～图(d)均属于三端保护，可对 a、b、G(地) 这三端进行保护。图(e)～图(h)均属于五端保护，由于图中增加了正温度系数热敏电阻器(PTCR)起到限流作用，因此可同时对 a、b、c、d、G(地)这五端进行保护。另外，图(a)、图(c)、图(e)和图(g)中使用的是二极气

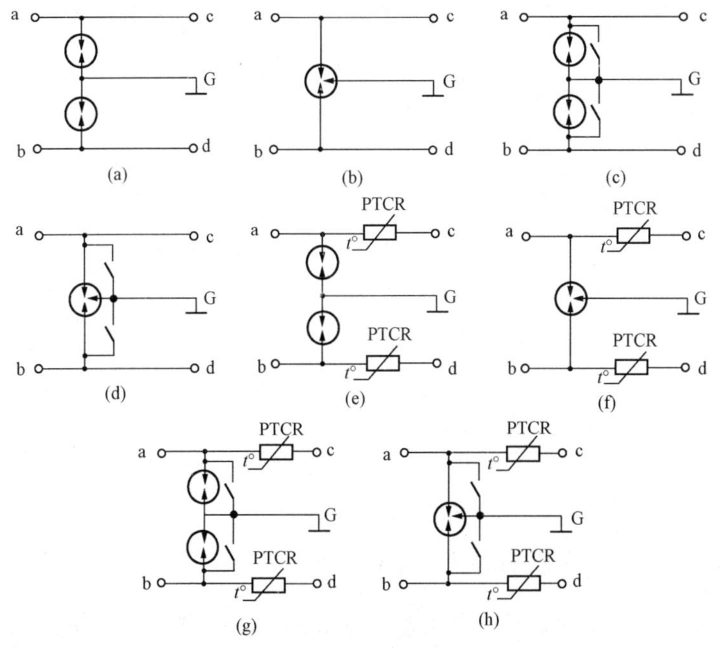

图 3-3-4　气体放电管的基本用法

体放电管；图(b)、图(d)、图(f)、图(h)中使用的是三极气体放电管。还需指出，图(c)、图(d)、图(g)和图(h)中还分别增加了失效保护卡(图中用双开关表示)。

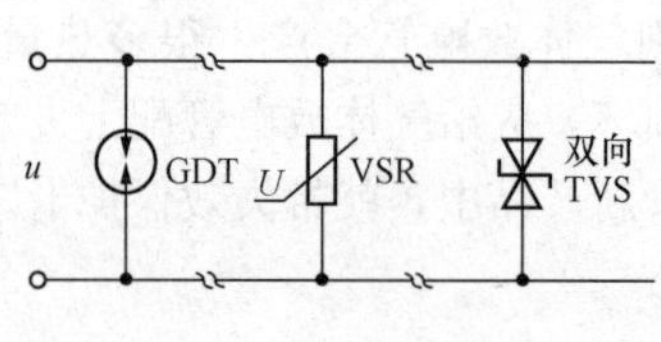

图 3-3-5　多级过电压保护电路

由气体放电管（GDT）、压敏电阻器（VSR）和双向瞬态电压抑制器（双向 TVS）构成的多级过电压保护电路如图 3-3-5 所示。该电路的第一级浪涌保护器为气体放电管，它可承受大的浪涌电流；第二级保护器为压敏电阻器，它对浪涌电压的响应时间在 μs 级；第三级保护器为双向瞬态电压抑制器，它对浪涌电压的响应时间在 ps 级。当浪涌电压到来时，双向 TVS 首先钳位，将瞬态过电压限制在一定幅度。若浪涌电流较大，则 VSR 击穿后会泄放一定的浪涌电流，使气体放电管两端的电压升高，进而使气体放电管放电，将大电流泄放到地。

第四节　EMI 滤波器问题解答

144　什么是 EMI 滤波器？

电磁干扰滤波器（EMI Filter）简称 EMI 滤波器，是一种能有效地抑制电网噪声，提高电子设备抗干扰能力及系统可靠性的一种滤波装置。它属于双向射频滤波器，一方面要滤除从交流电网引入的外部电磁干扰，另一方面还能避免本身设备向外部发出噪声干扰，以免影响同一电磁环境下其他电子设备的正常工作。电磁干扰滤波器对串模干扰和共模干扰都能起到抑制作用。电磁干扰滤波器应接在开关电源的交流进线端。

145　串模干扰和共模干扰有何区别？

串模干扰是两条电源线之间（简称线对线）的噪声，共模干扰则是两条电源线对大地（简称线对地）的噪声。

146 EMI 滤波器的结构分几种类型?

EMI 滤波器分单级、双级两种结构。简易 EMI 滤波器采用单级（亦称单节）式结构；复杂 EMI 滤波器采用双级（亦称双节）式结构，内部包含两个单级式 EMI 滤波器，后者抑制电网噪声的效果更好。

判断单级、双级结构的简便方法是看 EMI 滤波器中包含几个共模扼流圈。只有一个共模扼流圈的属于单级 EMI 滤波器，有两个共模扼流圈的是双级 EMI 滤波器。

147 EMI 滤波器的基本原理是什么?

EMI 滤波器的基本电路如图 3-4-1 所示。该五端器件有两个输入端，两个输出端和一个接地端，使用时外壳应接通大地。电路中包括共模扼流圈 L、滤波电容器 C_1～C_4。C_1 和 C_2 采用薄膜电容器，容量范围是 0.01～0.47μF，主要用来滤除串模干扰。C_3 和 C_4

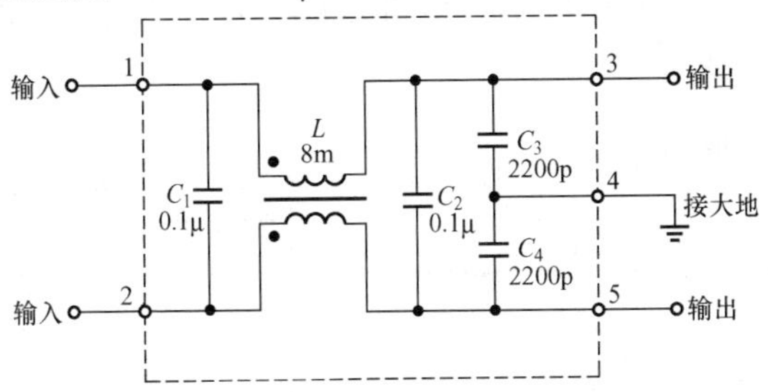

图 3-4-1 EMI 滤波器的基本电路

跨接在输出端，并将电容器的中点接通大地，能有效地抑制共模干扰。C_3 和 C_4 的容量范围是 2200pF～0.1μF。为减小漏电流，电容器容量不宜超过 0.1μF。C_1 ～ C_4 的耐压值均为 630VDC 或 250VAC。

148 EMI 滤波器主要有哪些参数?

EMI 滤波器的主要技术参数有：额定电压，额定电流，漏电流，测试电压，绝缘电阻，直流电阻，使用温度范围，工作温升

(T_r)，插入损耗（A_{dB}），外形尺寸，重量。上述参数中最重要的是插入损耗（亦称插入衰减），它是评价EMI滤波器性能优劣的主要指标。

149 什么是EMI滤波器的插入损耗？

插入损耗（A_{dB}）表示插入EMI滤波器前后负载上噪声电压的对数比，并且用dB表示，分贝值愈大，说明抑制噪声干扰的能力愈强。设EMI滤波器插入前后传输到负载上噪声电压分别为U_1、U_2，且$U_2 \ll U_1$。在某一频率下计算插入损耗的公式为

$$A_{dB} = 20\lg\left(\frac{U_1}{U_2}\right) \tag{3-4-1}$$

由于插入损耗（A_{dB}）是频率的函数，理论计算比较繁琐且误差较大，通常是由生产厂家进行实际测量，根据噪声频谱逐点测出所对应的插入损耗，然后绘出典型的插入损耗曲线，向用户提供。图3-4-2给出一条典型曲线。由图可见，该产品可将1～30MHz的噪声电压衰减65dB。

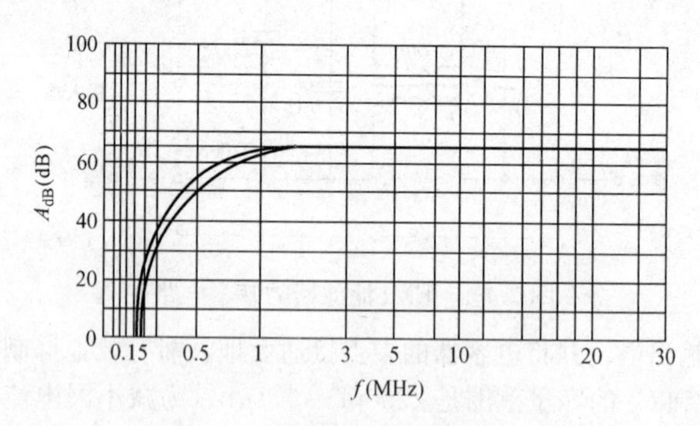

图3-4-2　典型的插入损耗曲线

需要指出，EMI滤波器的插入损耗曲线还有另一种画法，它定义$A_{dB} = |20\lg(U_2/U_1)|$，因$A_{dB}$本身为负值，故需要取绝对值，其曲线形状与图3-4-2中的曲线形状是以X轴为对称的。插入损耗的单位常用电压电平dB(μV)或$dB_{(\mu V)}$来表示，定义dB(μV)

$=20\lg(U_O/1\mu V)$，U_O 的单位是 μV，这里将 $1\mu V$ 规定为 0dB（μV）。

150 EMI 滤波器的额定电流与环境温度有什么关系？

EMI 滤波器的额定电流与环境温度 T_A 有关，二者之间存在下述经验公式

$$I = I_1 \sqrt{(85 - T_A)/45} \tag{3-4-2}$$

式中：I_1 为 40℃ 时的额定电流。例如，当 $T_A = 50$℃ 时，$I = 0.88I_1$；而当 $T_A = 25$℃时，$I = 1.15I_1$。这表明，额定电流值随温度的降低而增大，这是由于散热条件改善的缘故；反之亦然。

151 怎样计算 EMI 滤波器的对地漏电流？

计算 EMI 滤波器对地漏电流的公式为

$$I_{LD} = 2\pi f C U_C \tag{3-4-3}$$

式中：I_{LD}为漏电流；f 是电网频率。以图 3-4-1 为例，$f = 50$Hz，$C = C_3 + C_4 = 4400$（pF），U_C 是 C_3、C_4 上的压降，亦即输出端对地电压，可取 $U_C \approx 220\text{V}/2 = 110\text{V}$。由式（3-4-3）不难算出，此时漏电流 $I_{LD} = 0.15$mA。C_3 和 C_4 若选 4700pF，则 $C = 4700\text{pF} \times 2 = 9400\text{pF}$，$I_{LD} = 0.32$mA。显然，漏电流与 C 成正比。对漏电流的要求是愈小愈好，这样安全性高。电子设备所规定的最大漏电流为 250μA～3.50mA，具体数值视电子设备类型而定。按照 IEC950 国际标准的规定，Ⅱ类设备（不带保护接地线）的最大漏电流为 250μA；Ⅰ类设备（带保护接地线）中的手持式设备为 750μA，移动式设备（不含手持式设备）为 3.50mA。但对于电子医疗设备漏电流的要求更为严格。

152 什么是共模扼流圈？

共模扼流圈亦称共模电感，包含两个互相对称的耦合电感。共模电感是将两个独立的绕组绕制在同一个环形磁心或骨架形磁心上

的，以确保耦合良好。由于两个绕组沿相同方向绕制相同的匝数，因此从电网引入的串模信号的磁通量在磁心中被完全抵消，而共模信号的磁通量互相加强，对共模干扰呈现出很大的感抗，使之不易通过。此外，将两个绕组绕制在磁心的不同位置，可使绕组间的耦合电容降至最小。U 型及线轴型共模扼流圈的外形分别如图 3-4-3（a）、（b）所示。

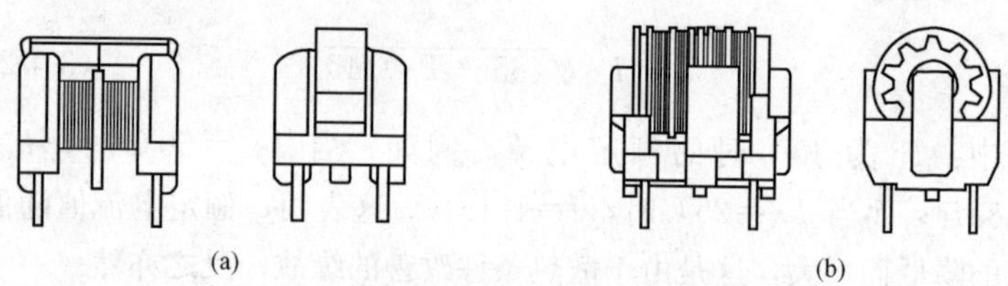

图 3-4-3　U 型及线轴型共模扼流圈的外形

（a）U 型共模扼流圈；（b）线轴型共模扼流圈

共模扼流圈的结构和等效电路如图 3-4-4（a）、（b）所示。由图（b）可见，共模扼流圈由一个共模电感 L 与一个等效串模漏感 L_0 串联而成。这种骨架类型的共模扼流圈还带来一个额外的好处，就是由于 L_0 的存在，使得共模扼流圈还具有一个固有的串模扼流圈，而不需要增加额外的分立式串模扼流圈。这与很多其他磁性元件不同，共模扼流圈中的漏感是人们期望得到的分布参数，它能兼顾串模滤波，却不会增加成本。

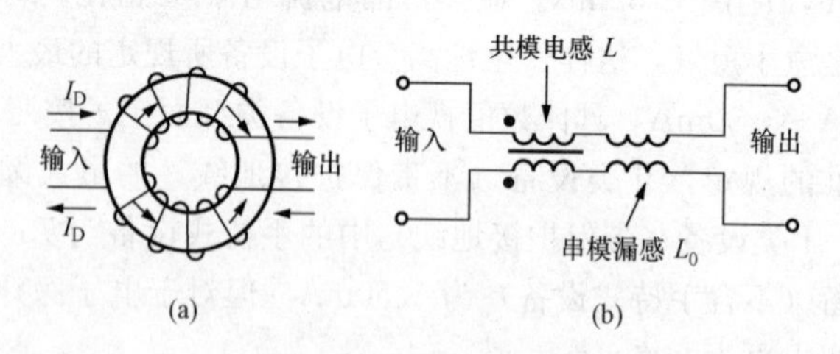

图 3-4-4　共模扼流圈的结构和等效电路

（a）结构；（b）等效电路

U 型共模扼流圈的共模阻抗、串模阻抗特性曲线分别如图 3-4-5（a）、（b）所示。图中还分别示出了 1mH 环形磁心共模扼流圈的共模阻抗及串模阻抗特性。需要注意的是环形共模扼流圈的共模阻抗及串模阻抗，大大低于 U 型共模扼流圈，因此使用环形共模扼流圈时通常需要另加串模扼流圈。基于上述原因，不推荐采用环形共模扼流圈，除非为抑制高频干扰而需要另外增加一只环形共模扼流圈。

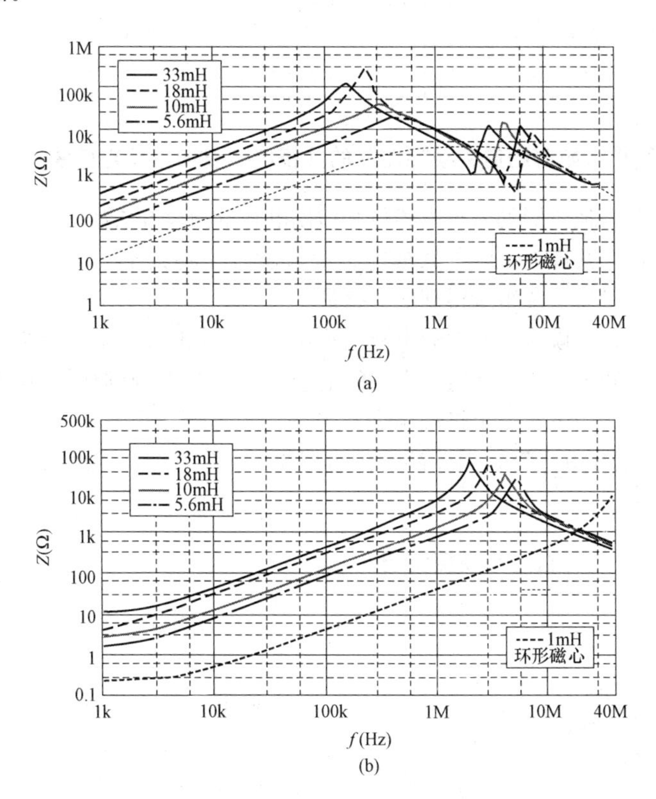

图 3-4-5 U 型共模扼流圈的共模阻抗、串模阻抗特性曲线
(a) 共模阻抗特性曲线；(b) 串模阻抗特性曲线

153 如何选择共模扼流圈的电感量?

共模扼流圈的电感量 L 与 EMI 滤波器的额定电流 I 有关，参见表 3-4-1。共模电感通常取 8～33mH。当额定电流较大时，共模扼流圈的线径也要相应增大，以便能承受较大的电流。此外，适当增加电感量，可改善低频衰减特性。

表 3-4-1　　电感量范围与额定电流的关系

额定电流 I(A)	1	3	6	10	12	15
电感量范围 L (mH)	8～23	2～4	0.4～0.8	0.2～0.3	0.1～0.15	0.0～0.08

154 如何测量共模扼流圈的共模电感量和串模电感量？

共模扼流圈的共模电感量和串模电感量测量方法如下：

（1）共模扼流圈的共模电感量 L 就等于将其中一个绕组开路后，测量另一绕组所得到的电感量。

（2）共模扼流圈中的串模电感量 L_0 就等于将其中一个绕组短路后，测量另一个绕组所得到的电感量再除以 2。其原因是在泄漏磁场的作用下，被短路绕组会在另一绕组上产生漏感 L_0，形成两个 L_0 的串联电路，因此测得的电感量必须除以 2，才是实际串模电感量。

155 什么是串模扼流圈？

串模扼流圈通常绕制在铁氧体磁环或螺线管上，它对串模干扰呈现很高的阻抗。串模扼流圈的结构和阻抗特性曲线分别如图 3-4-6、图 3-4-7 所示。由图可见，电感量为 1mH 的串模扼流圈，当工作频率为 1MHz（即 10^6 Hz）时串模阻抗 Z 达到峰值。采用单层绕组的串模扼流圈的匝间电容最低，其谐振频率也最高。串模电感量可在 100μH～5mH 选取。

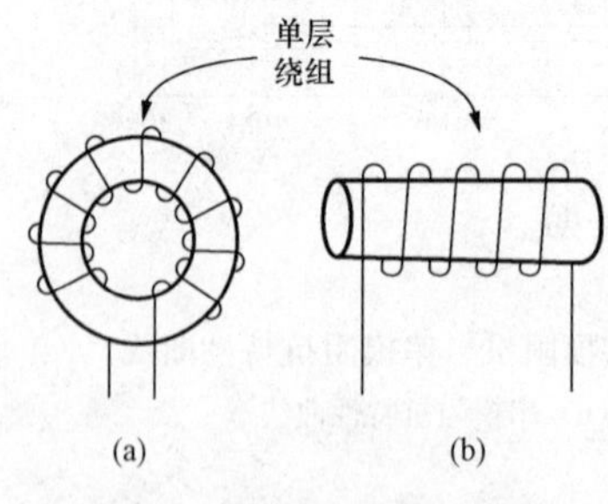

图 3-4-6　串模扼流圈的结构
（a）采用铁氧体磁环结构；
（b）采用螺线管结构

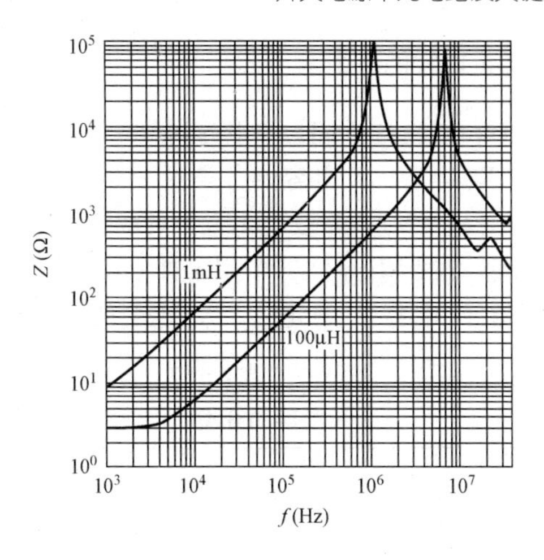

图 3-4-7　串模扼流圈的阻抗特性曲线

156　什么是 X 电容和 Y 电容？

EMI 滤波器的典型应用图解如图 3-4-8 所示，图中包含两只 X 电容（C_1 和 C_4）和两只 Y 电容（C_2 和 C_3）。根据 IEC950 电磁兼容国际标准规定，能滤除电网线之间串模干扰的电容，称作“X 电容”；能滤除由一次绕组、二次绕组耦合电容产生的共模干扰的电容，称之为“Y 电容”。Y 电容和 X 电容统称为安全电容。

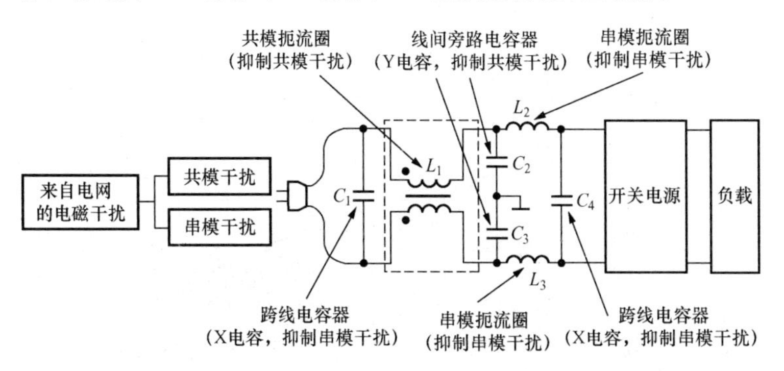

图 3-4-8　EMI 滤波器典型应用图解

157 选取 X 电容的原则是什么?

按照耐压值和用途的不同，X 电容可划分为 3 种类型：X1 电容、X2 电容和 X3 电容。X 电容的分类见表 3-4-2。X 电容仅用于当电容失效时不会使任何人遭受电击危险的场合。X 电容通常并联在交流电输入端，在 EMI 滤波器中用于抑制串模干扰。EMI 滤波器中最常用的是 X2 电容或 X3 电容。X1 电容的成本较高，通常不使用。

表 3-4-2　　X 电容的分类

分类	可承受的峰值脉冲电压(kV)	IEC-664 绝缘等级分类	应用领域	耐久测试前可承受的峰值脉冲电压 U_P (kV)
X1	＞2.5，≤4.0	Ⅲ	抑制高脉冲	4(C≤1.0μF)
X2	≤2.5	Ⅱ	一般用途	2.5(C≤1.0μF)
X3	≤1.2	—	一般用途	不做要求

当 C=0.033、0.047、0.1、0.22μF 和 0.47μF 时，X2 电容的阻抗特性曲线分别如图 3-4-9 所示。由图可见，电容的阻抗 Z 随频率升高而降低，且在几兆赫至 10MHz 范围内有一个最小值。EMI 滤波器中使用的 X2 电容范围是 1nF～1μF，最佳电容量一般取 0.1～0.33μF。

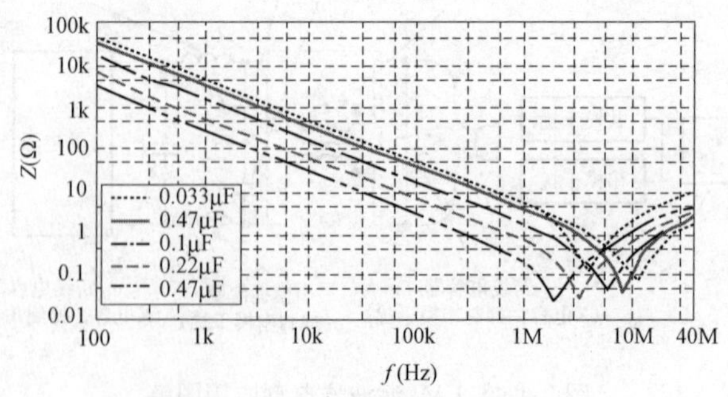

图 3-4-9　X2 电容的阻抗特性曲线

158 选取Y电容的原则是什么?

Y电容有4种类型：Y1电容、Y2电容、Y3电容和Y4电容。Y电容的分类见表3-4-3，表中的QA（Quality Assurance）代表质量保证。Y电容用于当电容失效时可能对人造成电击危险的场合。

表3-4-3　Y电容的分类

分类	绝缘类型	额定交流电压(V)	用于QA、周期性及批次测试的交流试验电压(V)	耐久测试前可承受的峰值脉冲电压U_P(kV)
Y1	双层绝缘或加强绝缘	≤250	4000	8.0
Y2	基本绝缘或附加绝缘	≥150，≤250	1500	5.0
Y3	基本绝缘或附加绝缘	≥150，≤250	1500	不做要求
Y4	基本绝缘或附加绝缘	<150	900	2.5

Y电容可为从一次侧耦合到二次侧的干扰电流提供回流路径，防止该电流通过二次侧耦合到大地。为避免将Y电容的噪声耦合到MOSFET的源极，应将Y电容的一端接一次侧直流高压；另一端接二次侧的返回端RTN（亦称安全特低电压端，英文缩写为SELV，即Safety Extra-low Voltage)，也可根据实际情况接至电源底盘、屏蔽构件或大地。图3-4-10示出Y电容的典型接线位置，图中的C_1即Y电容。为使Y电容能有效工作，它与高频变压器引脚之间的印制板（PCB）布线应尽量短捷并走直线。

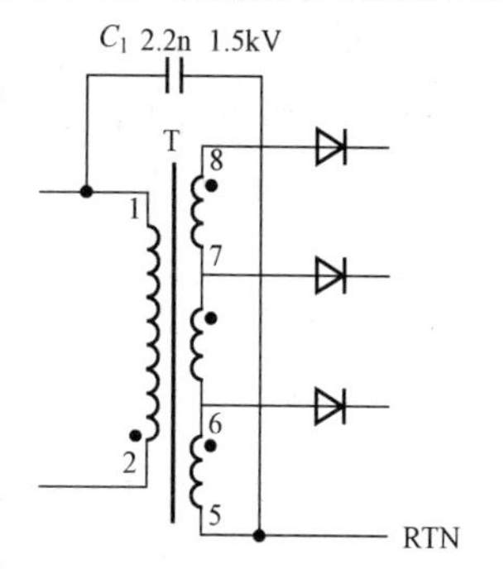

图3-4-10　Y电容的典型接线位置

159 对Y电容的漏电流有何具体要求?

根据交流电网电压值的不同，对最大允许漏电流的要求也不同(通常为0.2～3.5mA)，需要对Y电容的最大容量加以限制。对于

Ⅱ类设备或两线制（相线、中线，没有地线）输入条件，当某个元件失效时其漏电流不得大于250μA，因而Y电容的最大值被限制在小于2.8nF（即2800pF）。对于Ⅰ类设备或三线制（相线、中线及地线）输入条件，当地线开路或因某个元件失效而短路时，其漏电流不得超过3.5mA。因此，Y电容的最大容量被限制在39nF以下。Y1电容的常用容量范围是1～2.2nF，典型值为1000pF。亦可用两只2200pF的Y2电容串联后来代替一只1000pF的Y1电容。适当增大Y1电容的容量可降低共模EMI噪声，但也会增加对地的漏电流。在两线制220V交流输入或宽电压范围交流输入的情况下，接在一次侧直流高压与二次侧返回端RTN之间的Y1电容，交流试验电压通常为3000V，持续时间为1min。但在三线输入时一般不使用Y1电容，此时可将Y2电容直接连在桥式整流输出端与大地之间，一旦Y2电容短路，可将故障电流安全地泄放到大地。

Y电容可滤除10～30MHz频段的大部分高频干扰，其谐振频率应不低于40MHz，但使用较长的引线会使谐振频率降低，引起干扰电流，使辐射干扰超标。因此，Y电容的引线应尽量短捷，这对抑制传导干扰或辐射干扰都至关重要。当$C=4700$、2200、1000、680pF和330pF时，Y2电容的阻抗特性曲线分别如图3-4-11所示。由图可见，电容的阻抗Z也随频率升高而降低，且在10MHz范围内阻抗与频率的变化规律呈线性关系。

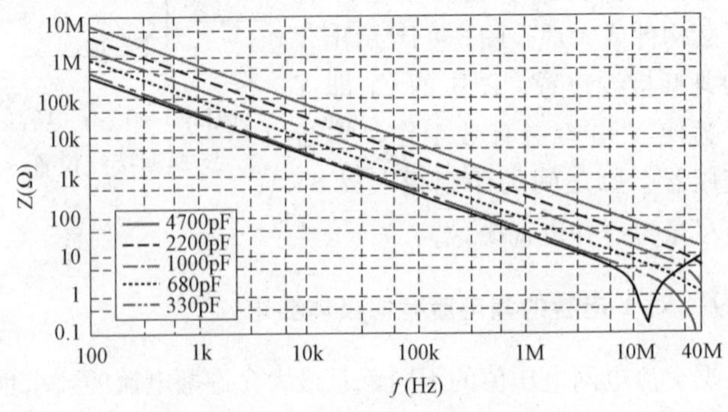

图3-4-11　Y2电容的阻抗特性曲线

160 EMI 滤波器的常用电路结构有哪些？

为降低成本和减小体积，开关电源一般采用简易 EMI 滤波器。开关电源常用的 4 种简易 EMI 滤波器电路分别如图 3-4-12（a）～（d）所示。以图（c）为例，L、C_1 和 C_2 用来滤除共模干扰，C_3 和 C_4 滤除串模干扰。L 为共模扼流圈。它的两个线圈分别绕在低损耗、高磁导率的铁氧体磁环上。R 为泄放电阻，可将 C_3 上积累的电荷泄放掉，避免因电荷积累而影响滤波特性；断电后还能使电源的进线端 L、N 不带电，保证使用的安全性。

加 EMI 滤波器前、后干扰波形的比较如图 3-4-13 所示。曲线 a

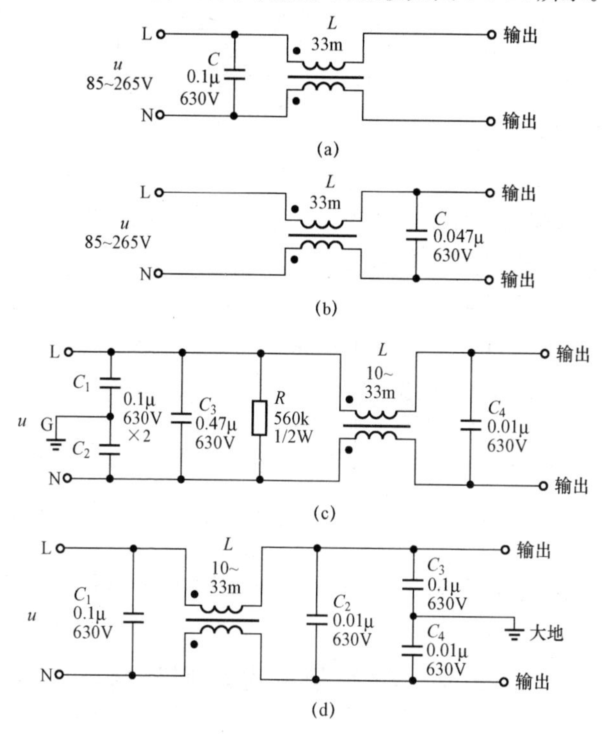

图 3-4-12　开关电源常用的 4 种简易 EMI 滤波器电路

（a）将 X 电容 C 接在输入端；（b）将 X 电容 C 接在输出端；（c）将 Y 电容 C_1 和 C_2 接在输入端；（d）将 Y 电容 C_3 和 C_4 接在输出端

为不加 EMI 滤波器时开关电源上 0.15～30MHz 传导噪声的波形（即电磁干扰峰值包络线）。曲线 b、c 分别是插入如图 3-4-12(b)、(d) 所示 EMI 滤波器后的波形，它能将电磁干扰衰减 $50dB_{\mu}v$～$70dB_{\mu}v$。显然，这种 EMI 滤波器的效果更佳。

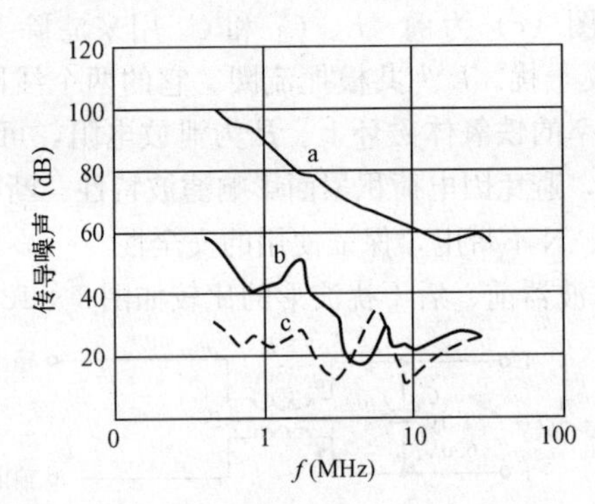

图 3-4-13　加 EMI 滤波器前、后干扰波形的比较

双级 EMI 滤波器的典型电路如图 3-4-14 所示，由于采用两级滤波，因此滤除噪声的效果更佳。

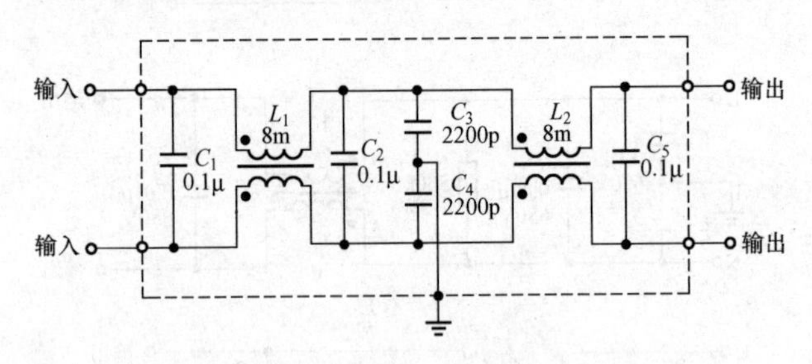

图 3-4-14　复合式 EMI 滤波器的典型电路

第五节　输入整流电路问题解答

161　如何选择输入整流管？

对于非隔离式开关电源，可采用输入整流管进行半波整流。隔

离式电源一般采用由整流管构成的整流桥，亦可直接选用成品整流桥，完成桥式整流。近年来，以大管芯、小封装为特点的各种塑料封装（以下简称塑封）硅整流管大量上市。它们的体积很小、性能优良、价格低廉，可取代原国产 2CZ 系列整流管。塑封整流管的典型产品有 1N4001～1N4007（1A）、1N5391～1N5399（1.5A）、1N5400～1N5408（3A），主要技术指标见表 3-5-1。塑封整流管靠近色环（通常为白颜色）的引线为负极。注意，1N4007 也有封装成球形的。

表 3-5-1 常见塑封硅整流管的技术指标

型号	最高反向工作电压 U_{RM}(V)	额定整流电流 I_F(A)	最大正向压降 U_{FM}(V)	最高结温 T_{jM}(℃)	封装形式	国内参考型号
1N4001	50	1.0	≤1.0	175	DO-41	2CZ11～2CZ11J 2CZ55B～M
1N4002	100					
1N4003	200					
1N4004	400					
1N4005	600					
1N4006	800					
1N4007	1000					
1N5391	50	1.5	≤1.0	175	DO-15	2CZ86B～M
1N5392	100					
1N5393	200					
1N5394	300					
1N5395	400					
1N5396	500					
1N5397	600					
1N5398	800					
1N5399	1000					

续表

型　号	最高反向工作电压 U_{RM}(V)	额定整流电流 I_F(A)	最大正向压降 U_{FM}(V)	最高结温 T_{jM}(℃)	封装形式	国内参考型号
1N5400	50	3.0	≤1.2	170	DO-27	2CZ12～2CZ12J 2CZ2～2CZ2D 2CZ56B～M
1N5401	100					
1N5402	200					
1N5403	300					
1N5404	400					
1N5405	500					
1N5406	600					
1N5407	800					
1N5408	1000					

162　常用整流桥有哪些规格?

整流桥是将四只硅整流管接成桥路形式，再用塑料封装而成的半导体器件。它具有体积小、使用方便、各整流管的参数一致性好等优点，可广泛用于开关电源的整流电路。硅整流桥有4个引出端，其中交流输入端、直流输出端各两个。硅整流桥的最大整流电流平均值分0.5、1、1.5、2、3、4、6、8、10、15、25、35、40A等规格，最高反向工作电压有50、100、200、400、800、1000V等规格。小功率硅整流桥可直接焊在印刷板上，大、中功率硅整流桥则要用螺钉固定，并且需安装合适的散热器。

163　如何选择整流桥?

选择整流桥的原则如下：

(1) 整流桥的主要参数有反向峰值电压 U_{RM}(V)、正向压降 U_F(V)、平均整流电流 $I_{F(AV)}$(A)、正向峰值浪涌电流 I_{FSM}(A)、最大反向漏电流 I_R(μA)。整流桥的典型产品有美国威世(VISHAY)半导体公司生产的3KBP005M～3KBP08M，其主要技术指标见表3-5-2。

表3-5-2　3KBP005M～3KBP08M型整流桥主要技术指标

型　号	3KBP005M	3KBP01M	3KBP02M	3KBP04M	3KBP06M	3KBP08M
U_{RM}(V)	50	100	200	400	600	800
U_F(V)	1.05					
$I_{F(AV)}$(A)	3.0					
I_{FSM}(A)	80					
I_R(μA)	5.0					

（2）整流桥的反向击穿电压U_{BR}应满足下式要求

$$U_{BR} \geqslant 1.25\sqrt{2}u_{max} \tag{3-5-1}$$

举例说明，当交流输入电压范围是85～132V时，$u_{max}=132V$，由式（3-5-1）计算出$U_{BR}=233.3V$，可选耐压400V的成品整流桥。对于宽范围输入交流电压，$u_{max}=265V$，同理求得$U_{BR}=468.4V$，应选耐压600V的成品整流桥。

假如用4只硅整流管来构成整流桥，整流管的耐压值还应进一步提高。譬如可选1N4007（1A/1000V）、1N5408（3A/1000V）型塑封整流管。这是因为此类管子的价格低廉，且按照耐压值“宁高勿低”的原则，能提高整流桥的安全性与可靠性。

（3）设输入有效值电流为I_{RMS}，整流桥额定的有效值电流为I_{BR}，应当使$I_{BR} \geqslant 2I_{RMS}$。计算$I_{RMS}$的公式如下

$$I_{RMS} = \frac{P_O}{\eta u_{min}\cos\varphi} \tag{3-5-2}$$

式中：P_O开关电源的输出功率；η为电源效率；u_{min}为交流输入电压的最小值；$\cos\varphi$为开关电源的功率因数，允许$\cos\varphi=0.5 \sim 0.7$。由于整流桥实际通过的不是正弦波电流，而是窄脉冲电流，因此整流桥的平均整流电流$I_d<I_{RM}$，一般可按$I_d=(0.6 \sim 0.7)I_{RM}$来计算I_{AVG}值。

例如，设计一个7.5V/2A（15W）开关电源，交流输入电压范围是85～265V，要求$\eta=80\%$。将$P_O=15W$、$\eta=80\%$、$u_{min}=85V$、$\cos\varphi=0.7$一并代入式（3-5-2）得到，$I_{RMS}=0.32A$，进而

求出 $I_d=0.65\times I_{RMS}=0.21A$。实际选用 1A/600V 的整流桥，以留出一定余量。

164 什么是整流桥的导通时间及导通特性？

50Hz 交流电压经过全波整流后变成脉动直流电压 u_1，再通过输入滤波电容得到直流高压 U_I。在理想情况下，整流桥的导通角本应为 180°（导通范围是从 0°～180°），但由于滤波电容器 C 的作用，仅在接近交流峰值电压处的很短时间内，才有输入电流经过整流桥对 C 充电。50Hz 交流电的半周期为 10ms，整流桥的导通时间 $t_C\approx3ms$，其导通角仅为 54°（导通范围是 36°～90°）。因此，整流桥实际通过的是窄脉冲电流。桥式整流滤波电路的原理如图 3-5-1（a）所示，整流滤波电压及整流电流的波形分别如图 3-5-1（b）、（c）所示。

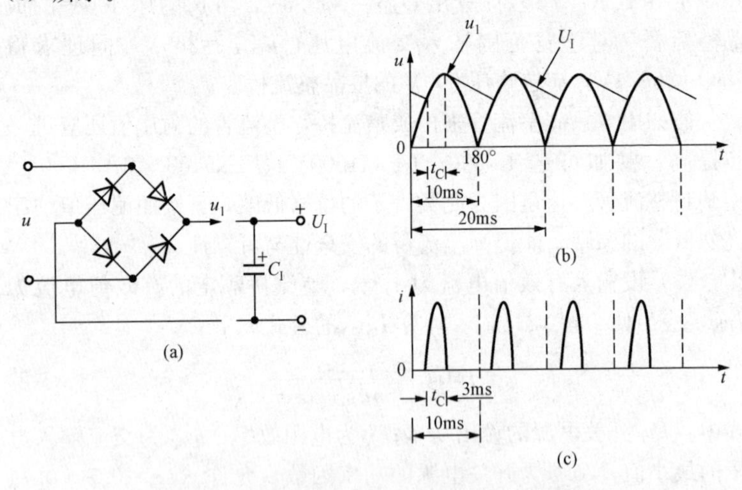

图 3-5-1 整流滤波电压及整流电流的波形
（a）桥式整流滤波电路；（b）整流滤波电压的波形；
（c）整流电流的波形

最后总结几点：

（1）整流桥的上述特性可等效成对应于输入电压频率的占空比大约为 30%。

（2）整流二极管的一次导通过程可视为一个“脉冲”，其脉冲重复频率就等于交流电网的频率（50Hz）。

165 为什么有的整流桥中会使用快恢复二极管？

为降低 500kHz 以下的传导噪声，有时用两只普通硅整流管（例如 1N4007）与两只快恢复二极管（如 FR106）组成整流桥，FR106 的反向恢复时间 $t_{rr}\approx 250ns$。

第六节　输入滤波电容器问题解答

166 怎样选择输入滤波电容器的容量？

为降低整流滤波器的输出纹波，输入滤波电容器的容量 C_I 必须选得合适。令每单位输出功率（W）所需输入滤波电容器容量（μF）的比例系数为 k，当交流电压 $u=85\sim265V$ 时，应取 $k=(2\sim3)\mu F/W$；当交流电压 $u=230V\pm15\%$时，应取 $k=1\mu F/W$。输入滤波电容器容量的选择方法详见表 3-6-1，P_O 为开关电源的输出功率。

表 3-6-1　输入滤波电容器容量的选择方法

u(V)	U_{Imin}(V)	P_O(W)	k(μF/W)	C_I(μF)
110±15%	≥90	2～3	(2～3)	≥(2～3)P_O 值
85～265	≥90	2～3	(2～3)	≥(2～3)P_O 值
230±15%	≥240	1	1	≥P_O 值

167 如何计算输入滤波电容器的容量？

输入滤波电容的容量是开关电源的一个重要参数。C_I 值选得过低，会使 U_{Imin} 值大大降低，而输入脉动电压 U_R 却升高。但 C_I 值取得过高，会增加电容器成本，而且对于提高 U_{Imin} 值和降低脉动电压的效果并不明显。下面介绍计算 C_I 准确值的方法。

设交流电压 u 的最小值为 u_{min}。u 经过桥式整流和 C_I 滤波，在

$u=u_{min}$情况下的输出电压波形如图3-6-1所示。该图是在$P_O=P_{OM}$，$f=50Hz$，整流桥的导通时间$t_C=3ms$、$\eta=80\%$的情况下绘出的。由图可见，在直流高压的最小值U_{Imin}上还叠加一个幅度为U_R的一次侧脉动电压，这是C_I在充放电过程中形成的。欲获得C_I的准确值，可按下式进行计算

$$C_I=\frac{2P_O\left(\frac{1}{2f}-t_C\right)}{\eta(2u_{min}^2-U_{Imin}^2)} \tag{3-6-1}$$

举例说明，在宽范围电压输入时，$u_{min}=85V$。取$U_{Imin}=90V$，$f=50Hz$，$t_C=3ms$，假定$P_O=30W$，$\eta=80\%$，一并代入式(3-6-1)中求出$C_I=84.2\mu F$，比例系数$C_I/P_O=84.2\mu F/30W=2.8\mu F/W$，这恰好在（2～3）$\mu F/W$允许的范围之内。

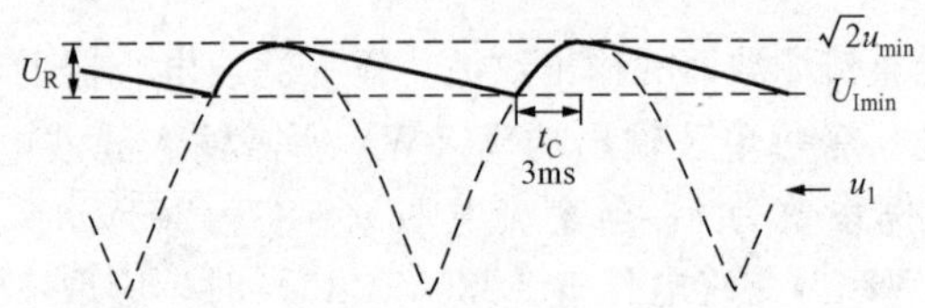

图3-6-1　交流电压为最小值时的输出电压波形

168　为什么输入滤波电容器具有提升直流电压的作用？

仅当开关电源空载时，输入滤波电容器两端的电压$U_I\approx\sqrt{2}u$，u表示交流电压的有效值。但开关电源带额定负载后，$U_I\approx1.2u$。举例说明，设交流输入电压为85～265V，直流输入电压的最小值$U_{Imin}=85V\times1.2=102V$。这就是输入滤波电容器“提升”直流电压的作用。

169　倍压整流电路的工作原理是什么？

某些小功率的工业控制电源，要求能在工业现场提供的安全电压下工作。按照GB/T 3805—2008《特低电压（ELV）限值》的规定，我国安全电压额定值的等级为42、36、24、12V和6V。具体数值应根据作业场所、操作员条件、使用方式、供电方式、线路状

况等因素加以确定。例如要求低压输入式工业控制辅助电源的交流电压输入范围为u＝18～30V。而开关电源能够正常启动和工作的最低漏极直流电压为50V。当开关电源的输入直流电压U_I＜50V时，芯片就无法提供足够的偏压以维持正常工作。为解决上述难题，可采用倍压整流电路。

典型的倍压整流电路如图3-6-2所示。由VD_1、VD_2、C_1和C_2组成倍压整流电路，VD_1、VD_2可采用1A/100V的硅整流管1N4002。R_1和R_2为均压电阻，用于平衡C_1、C_2的压降，使二者相等。C_1、C_2应采用较大容量的100μF/100V电解电容器，以确保整流后的直流电压不低于＋50V。该电路实际由两个半波整流电路构成。在交流电的正半周，VD_1进行半波整流，C_1起到滤波作用。整流后的直流电压为U_{C1}（C_1的负极接零线）；在交流电的负半周，VD_2进行半波整流，C_2起到滤波作用。整流后的直流电压为U_{C2}（C_2的正极接零线），C_2两端的电压极性为上端为正，下端为负。U_{C1}与U_{C2}叠加后，获得$U'_I=U_{C1}+U_{C2}=2U_I$，从而实现了倍压输出。由于小功率开关电源的负载很轻，而C_1、C_2的容量较大，因此$U'_I\approx 2\sqrt{2}u$。不难算出，当u＝18V时，$U'_I\approx 2\sqrt{2}u=2\times1.414\times18V=50.9V>50V$，可满足对直流输入电压的需要。

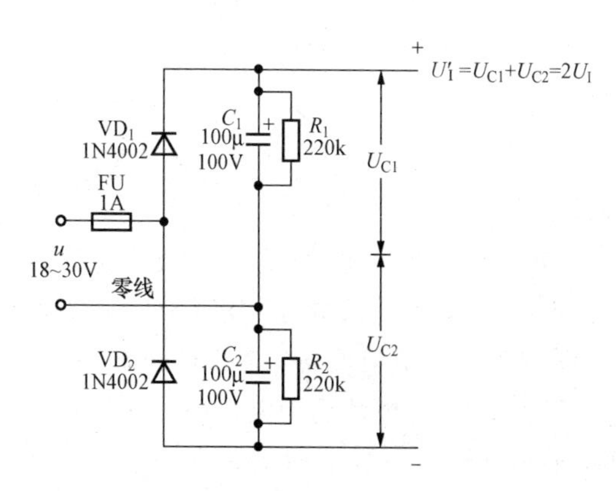

图3-6-2　典型的倍压整流电路

170 交流110V/220V转换电路的工作原理是什么？

能实现110V/220V交流输入电压转换的两种电路分别如图3-6-3（a）、（b）所示。二者适配桥式整流滤波器；它们的区别是图（a）采用单刀单掷开关，图（b）采用单刀双掷开关，并且开关在电路中的接法也不同。下面以图3-6-3（a）为例，分析其工作原理。VD_1～VD_4为整流桥中的4只整流管。S为电源选择开关。将S闭合时选择110V交流电，进行倍压整流，R_1和R_2为均压电阻，可以平衡滤波电容C_1、C_2上的电压，避免某一电容因压降过高而被击穿。此外，在断电后这两只电阻还给滤波电容提供泄放回路。将S断开时选择220V交流电。

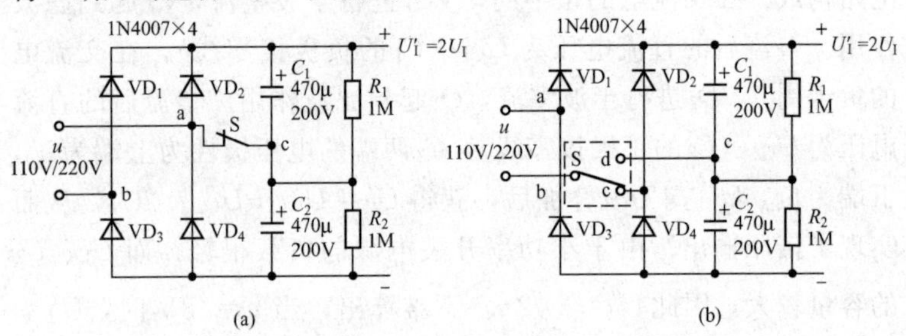

图3-6-3 110V/220V交流输入电压转换电路

（a）电路之一；（b）电路之二

110V倍压整流电路的工作原理如图3-6-4所示。假定在交流电的正半周，a点呈正电位，b点为负电位，此时整流桥中的二极管VD_2和VD_3导通，VD_1与VD_4截止，参见图（a）。110V交流电就沿下述途径对C_2充电：$u \to a \to c \to C_2 \to VD_3 \to b$，将$U_{C2}$充到约$\sqrt{2} \times 110V = 155V$，极性为上端正、下端负。在负半周时b点呈正电位，a点变成负电位，等效电路见图（b）。此时VD_1、VD_4导通，VD_2、VD_3截止，电流沿着$u \to b \to VD_1 \to C_1 \to c \to a$的路径对$C_1$充电，使$U_{C1} \approx 155V$，极性仍为上端正、下端负。显然，整流滤波器的实际输出电压$U'_I = U_{C1} + U_{C2} \approx 2 \times 155V = 310V$，从而实现了倍压整流。即使在低压输入时也能获得额定的直流高压。因

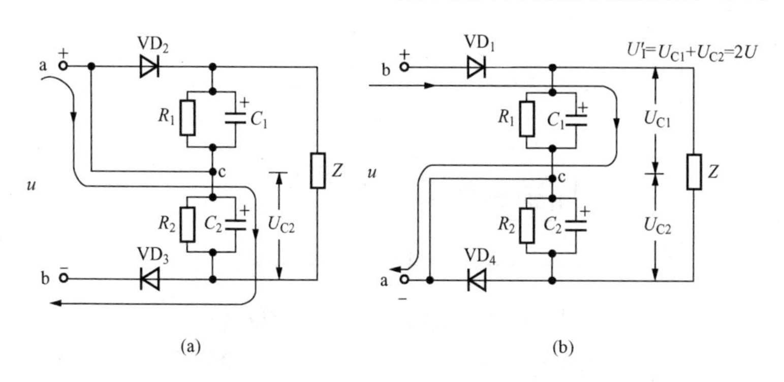

图 3-6-4　110V 倍压整流电路的工作原理
(a) 电源正半周；(b) 电源负半周

VD_1～VD_4 的导通压降很小，故整流滤波器的负载即一次侧的等效负阻抗 Z。当 S 断开时就选择 220V 交流电。此时 C_1 与 C_2 相串联，总电容量变成 235μF。

图 3-6-3 (b) 的工作原理读者可自行分析。

第七节　升压式 PFC 电感及二极管问题解答

171　怎样计算 PFC 电感？

PFC 电感亦称升压电感。令电源效率为 η，交流输入电压的最小值为 u_{min}，开关频率为 f，电源最大输出功率为 P_{OM}。因$U_{Imin}=\sqrt{2}u_{min}$，故 PFC 电感的计算公式如下（单位是 H）

$$L \approx \frac{\eta U_{Imin}^2}{4fP_{OM}} = \frac{\eta(\sqrt{2}u_{min})^2}{4fP_{OM}} = \frac{\eta u_{min}^2}{2fP_{OM}} \qquad (3\text{-}7\text{-}1)$$

举例说明，当 $u_{min}=140V$、$f=100kHz$、$P_{OM}=150W$、$\eta=90\%$时，代入式 (3-7-1) 中得到，$L\approx588\mu H$，实取 580μH。

172　怎样选择升压式 PFC 二极管？

升压式 PFC 的简化电路如图 3-7-1 所示（图中省略了输入整流

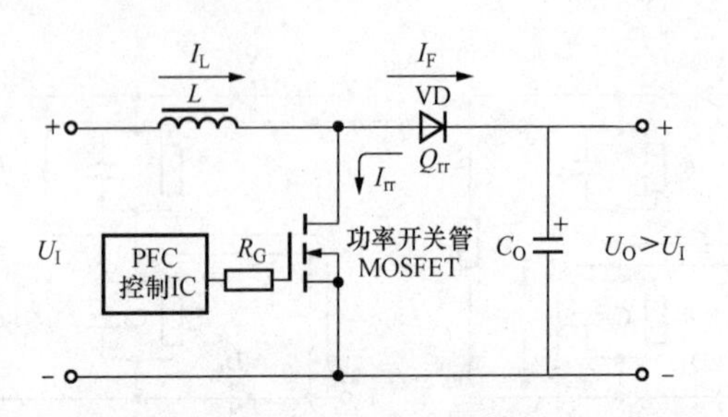

图 3-7-1　升压式 PFC 的简化电路

桥）。交流正弦波电压经过整流后获得直流输入电压 U_I。L 为 PFC 电感，VD 为 PFC 二极管（亦称输出整流管），C_O 为输出滤波电容器。功率开关管（MOSFET）的开关状态受 PWM 控制 IC 的控制。R_G 为栅极限流电阻。I_L、I_F 分别为通过 L 和 VD 的电流。Q_{rr} 为 VD 的反向恢复电荷，I_{rr} 为反向恢复电流。目前开关电源中的 PFC 二极管，大多采用能够耐高压的超快恢复二极管（SRD）。但超快恢复二极管的反向恢复电荷（Q_{rr}）较大，不仅会形成反向恢复电流 I_{rr}，而且反向恢复波形也并不理想，这势必降低转换效率，还形成电磁干扰。

为解决上述问题，可采用以下方法：

（1）选择新型碳化硅（SiC）肖特基二极管，其优点是开关速度极快且不受芯片结温的影响，特别是第二、三代 SiC 肖特基二极管的 Q_{rr} 接近于零（典型值为 30nC，nC 表示纳库仑），漏电流和开关损耗极低，正向电流为 3～20A，正向导通压降为 1.7～2V，反向耐压可达 600V。SiC 肖特基二极管的缺点是价格太贵，难以大量推广。

（2）选择美国科斯德半导体（Qspeed Semiconductor）公司质优价廉的 Qspeed 二极管产品，其电流变化率（dI_F/dt）可达 1000A/μs，具有极低的反向恢复电荷和极软的反向恢复波形，能提高二极管的转换效率。由于它不产生高频谐波，这不仅能简化 EMI 滤波器的设计，还可省去缓冲电路，因此特别适用于升压式 PFC 电路。Qspeed 二极管的性能与 SiC 肖特基二极管相当，但成本更低，可取代 SiC 肖特基二极管。此外，在电信和音频等大电流、高电压电源中，它还可用作输出整流管，取代传统的肖特基二极管。目前生产的 Qspeed 二极管，主要有三大系列：X 系列、Q 系列、H 系列。以 H 系列的开关损耗最低，效率最高。其中，X 系列产品的工作频率范围是为 50～80kHz，Q 系列产品为 80～100kHz，而 H 系列产品的工作频率范围为 80～140kHz。反向耐压分 300、600V 等规格。采用 TO-220封装的 Qspeed 二极管的外形如图 3-7-2 所示。A、C 分别代表二极管的正极和负极。小散热片与内部隔离，它是悬空的(NC)。

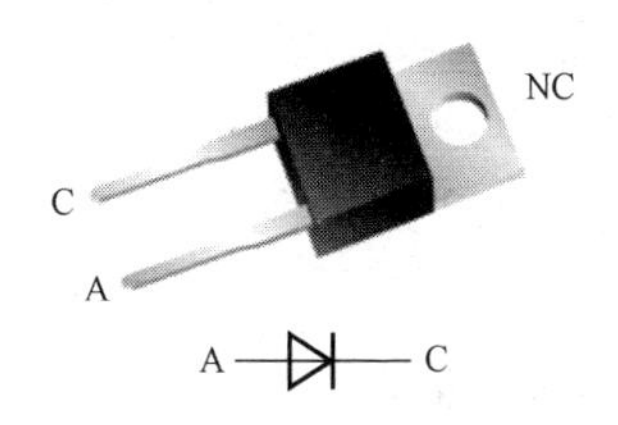

图 3-7-2 Qspeed 二极管的外形及电路符号

173 为什么说 Qspeed 二极管具有“软性”反向恢复波形?

H 系列 Qspeed 二极管与超快恢复二极管的反向恢复电流波形比较如图 3-7-3 所示。由图可见，Qspeed 二极管的反向恢复时间 t_{rr1} 远小于超快恢复二极管的反向恢复时间 t_{rr2}。这表明，与超快恢复二极管的“硬性”反向恢复波形相比，Qspeed 二极管具有“软性”反向恢复波形。有关反向恢复时间 t_{rr} 的定义，参见图 3-11-1。

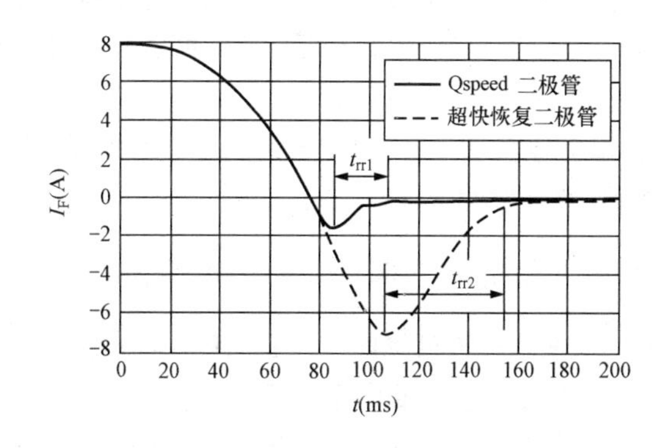

图 3-7-3 H 系列 Qspeed 二极管与超快恢复二极管的反向恢复电流波形比较

174 Qspeed二极管主要有哪些参数？

H系列Qspeed二极管的主要参数见表3-7-1。表中的$U_{RRM(MAX)}$为最大反向工作电压，$I_{F(AVG)}$为平均整流电流，$U_{F(TYP)}$为正向压降的典型值。

表3-7-1　H系列Qspeed二极管的主要参数

型号	$U_{RRM(MAX)}$ (V)	$I_{F(AVG)}$ (A) (T_J=150℃)	$U_{F(TYP)}$ (V) (T_J=150℃)	Q_{rr} (nC) (T_J=25℃)	Q_{rr} (nC) (T_J=125℃)
QH03TZ600	600	3	2.1	5.8	14.8
QH05TZ600	600	5	2.2	6.5	18.9
QH08TZ600	600	8	2.2	8.0	25.5
QH12TZ600	600	12	2.3	9.2	30

第八节　漏极钳位保护电路问题解答

175 为什么反激式开关电源需要增加漏极钳位保护电路？

对反激式开关电源而言，每当功率MOSFET由导通变成截止时，在开关电源的一次绕组上就会产生尖峰电压和感应电压。其中的尖峰电压是由于高频变压器存在漏感（即漏磁产生的自感）而形成的，它与直流高压U_I和感应电压U_{OR}叠加在MOSFET的漏极上，很容易损坏MOSFET。为此，必须在增加漏极钳位保护电路，对尖峰电压进行钳位或者吸收。

176 反激式开关电源的漏极电位是如何分布的？

下面介绍反激式开关电源的输入直流电压的最大值U_{Imax}、一次绕组的感应电压U_{OR}、钳位电压U_B与U_{BM}、最大漏极电压U_{Dmax}、漏-源击穿电压$U_{(BR)DS}$这6个电压参数的电位分布情况。对于TOPSwitch-××系列单片开关电源，其功率开关管的漏-源击穿电压$U_{(BR)DS}$≥700V，现取下限值700V。感应电压U_{OR}=135V

(典型值)。本来钳位二极管的钳位电压 U_B 只需取135V，即可将叠加在 U_{OR} 上由漏感造成的尖峰电压吸收掉，实际却不然。手册中给出 U_B 参数值仅表示工作在常温、小电流情况下的数值。实际上钳位二极管（即瞬态电压抑制器TVS）还具有正向温度系数，它在高温、大电流条件下的钳位电压 U_{BM} 要远高于 U_B。实验表明，二者存在下述关系

$$U_{BM} \approx 1.4U_B \tag{3-8-1}$$

这表明 U_{BM} 大约比 U_B 高40%。为防止钳位二极管对一次侧感应电压 U_{OR} 也起到钳位作用，所选用的TVS钳位电压应按下式计算

$$U_B = 1.5U_{OR} \tag{3-8-2}$$

此外，还需考虑与钳位二极管相串联的阻塞二极管 VD_1 的影响。VD_1 一般采用快恢复或超快恢复二极管，其特征是反向恢复时间（t_{rr}）很短。但是 VD_1 在从反向截止到正向导通过程中还存在着正向恢复时间（t_{fr}），还需留出20V的电压余量。

考虑上述因素之后，计算TOPSwitch-××最大漏-源极电压的经验公式应为

$$U_{Dmax} = U_{Imax} + 1.4 \times 1.5U_{OR} + 20V \tag{3-8-3}$$

TOPSwitch-××系列单片开关电源在230V交流固定输入时，MOSFET的漏极上各电压参数的电位分布如图3-8-1所示，占空比 $D \approx 26\%$。此时 $u = 230V \pm 35V$，即 $u_{max} = 265V$，$U_{Imax} = \sqrt{2}u_{max} \approx$

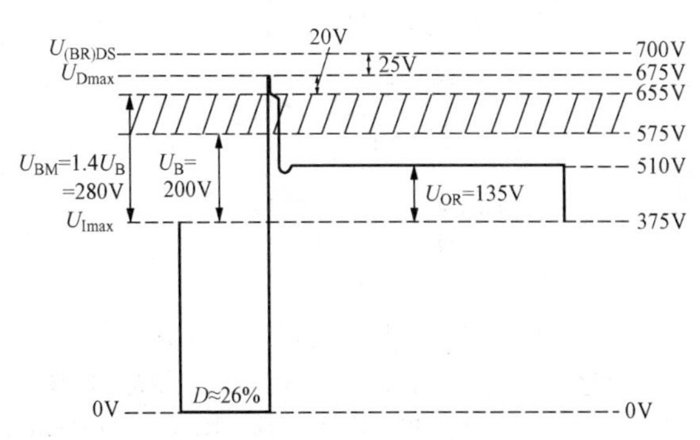

图3-8-1　MOSFET漏极上各电压参数的电位分布图

375V，$U_{OR}=135V$，$U_B=1.5U_{OR}\approx200V$，$U_{BM}=1.4U_B=280V$，$U_{Dmax}=675V$，最后再留出25V的电压余量，因此$U_{(BR)DS}=700V$。实际上$U_{(BR)DS}$也具有正向温度系数，当环境温度升高时$U_{(BR)DS}$也会升高，上述设计就为芯片耐压值提供了额外的裕量。

177 漏极钳位保护电路有哪几种类型？

漏极钳位保护电路主要有以下5种类型（电路参见图3-8-2）：

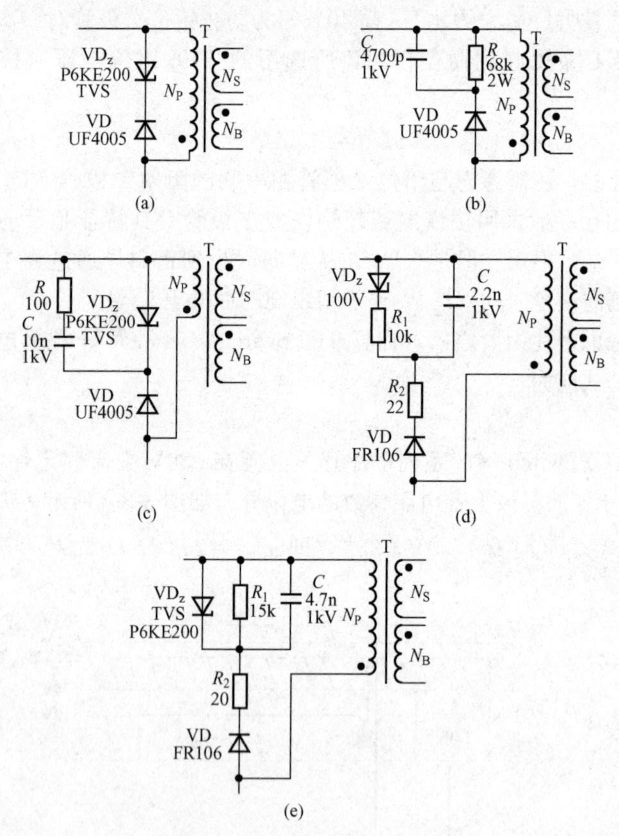

图3-8-2　5种漏极钳位保护电路

（a）TVS、VD型钳位电路；（b）R、C、VD型钳位电路；
（c）TVS、R、C、VD型钳位电路；（d）VD_Z、R、C、VD型钳位电路；
（e）TVS、阻容吸收元件、阻尼电阻、VD型钳位电路

（1）利用瞬态电压抑制器TVS（VD_Z，P6KE200）和阻塞二极管（VD，超快恢复二极管UF4005）组成的TVS、VD型钳位电路，如图3-8-2(a) 所示。图中的 N_P、N_S 和 N_B 分别代表一次绕组、二次绕组和偏置绕组。但也有的开关电源用反馈绕组 N_F 来代替偏置绕组 N_B。

（2）由阻容吸收元件（即钳位电阻 R 与钳位电容 C）和阻塞二极管（超快恢复二极管VD）组成的R、C、VD型钳位电路，如图3-8-2(b) 所示。

（3）由TVS、阻容吸收元件（R、C）和阻塞二极管（超快恢复二极管VD）构成的R、C、TVS、VD型钳位电路，如图3-8-2(c) 所示。

（4）由稳压管（VD_Z）、阻容吸收元件和阻塞二极管（快恢复二极管VD）构成的VD_Z、R、C、VD型钳位电路，如图3-8-2（d）所示，R_2 为阻尼电阻。

（5）由TVS、阻容吸收元件（R_1、C）、阻尼电阻（R_2）和阻塞二极管（快恢复二极管VD）构成的TVS、R、C、VD型钳位电路，如图3-8-2（e）所示。

上述方案中以（5）的保护效果最佳，它能充分发挥TVS响应速度极快、可承受瞬态高能量脉冲之优点，并且还增加了RC吸收回路。鉴于压敏电阻器（VSR）的标称击穿电压值（U_{1mA}）离散性较大，响应速度也比TVS慢很多，在开关电源中一般不用它构成漏极钳位保护电路。

178 什么情况下不需要漏极钳位保护电路?

连续输出功率小于1.5W的开关驱动电源，一般不要求使用钳位电路。

179 什么管子适合做阻塞二极管?

阻塞二极管一般应采用快恢复或超快恢复二极管。

180 阻尼电阻有什么作用?

漏极钳位保护电路中的阻尼电阻 R_2，可配合阻塞二极管VD

将部分漏感能量传输到二次侧，以提高电源效率。此时 VD 需采用快恢复二极管而不使用超快恢复二极管。

181 为什么玻璃钝化整流管也可用作阻塞二极管？

阻塞二极管有时也选择反向恢复时间较长的玻璃钝化整流管 VD（1N4005GP），其目的是使漏感能量能够得到恢复，以提高电源效率。玻璃钝化整流管的反向恢复时间介于快恢复二极管与普通硅整流管之间，但不得用普通硅整流管 1N4005 来代替 1N4005GP。

182 怎样选择钳位二极管和阻塞二极管？

常用钳位二极管和阻塞二极管的选择见表 3-8-1。

表 3-8-1 钳位二极管和阻塞二极管的选择

交流输入电压 u(V)	钳位电压 U_B(V)	钳位二极管	阻塞二极管
固定输入：110	90	P6KE91(91V/5W)	BYV26B(400V/1A)
通用输入：85～265	200	P6KE200 (200V/5W)	UF4005（600V/1A） BYV26C（600V/1A）
固定输入：230(1±15%)	200		

183 怎样设计漏极钳位保护电路？

下面给出一个漏极钳位保护电路的设计实例。选择 TOPSwitch-HX 系列 TOP258P 芯片，开关频率 $f=132\text{kHz}$，$u=85\sim265\text{V}$，两路输出分别为 U_{O1}（+12V、2A）、U_{O2}（+5V、2.2A）。$P_O=35\text{W}$，漏极峰值电流 $I_P=I_{LIMIT}=1.65\text{A}$。实测高频变压器的一次侧漏感 $L_0=20\mu\text{H}$。采用 P6KE200 型瞬态电压抑制器，取 $U_{Q(max)}=U_B=200\text{V}$。拟采用电路参见图 3-8-2(e)所示漏极钳位保护电路，设计步骤如下：

最大允许漏极电压：$U_{D(max)}=\sqrt{2}u_{max}+U_{Q(max)}\leqslant700\text{V}-50\text{V}=650\text{V}$。

钳位电路的纹波电压：$U_{RI}=0.1U_{Q(max)}=0.1U_B=0.1\times200\text{V}=20\text{V}$。

钳位电压的最小值：$U_{Q(min)}=U_{Q(max)}-U_{RI}=U_B-0.1U_B=90\%U_B=180V$。

钳位电路的平均电压：$\overline{U_Q}=U_{Q(max)}-0.5U_{RI}=U_B-0.5\times0.1U_B=0.95U_B=190V$。

一次侧漏感上存储的能量：$E_{L0}=\frac{1}{2}I_P^2L_0=\frac{1}{2}\times(1.65A)^2\times20\mu H=27.2\mu J$。

计算钳位电路吸收的能量时，当 $P_O=35W<50W$，$E_Q=0.8E_{L0}=0.8\times27.2\mu J=21.8\mu J$。若 $P_O>50W$，则 $E_Q=E_{L0}$。

钳位电阻 R_1 的阻值为

$$R_1=\frac{\overline{U_Q}^2}{E_Qf}=\frac{(190V)^2}{21.8\mu J\times132kHz}=12.5k\Omega$$

钳位电容 C 的容量为

$$C=\frac{E_Q}{(U_{Q(max)}^2-U_{Q(min)}^2)/2}=\frac{2\times21.8}{200^2-180^2}=5.7(nF)$$

令由 R_1、C 确定的时间常数为 τ

$$\tau=R_1C=\frac{\overline{U_Q}^2}{E_Qf}\cdot\frac{E_Q}{(U_{Q(max)}^2-U_{Q(min)}^2)/2}=\frac{2\overline{U_Q}^2}{(U_{Q(max)}^2-U_{Q(min)}^2)f} \tag{3-8-4}$$

将 $U_{Q(max)}=U_B$、$U_{Q(min)}=90\%U_B$、$\overline{U_Q}=0.95U_B$ 和 $f=132kHz$ 一并代入式（3-8-4），化简后得到 $\tau=R_1C=9.47/f=9.47T$（μs）。当 $f=132kHz$ 时，开关周期 $T=7.5\mu s$，$\tau=9.47\times7.5\mu s=71.0\mu s$。这表明 R_1、C 的时间常数与开关周期有关，在数值上它就等于开关周期的 9.47 倍。若考虑到阻容元件还存在一定误差，在估算时间常数时亦可取 $\tau=10T$。实取钳位电阻 $R_1=15k\Omega$，钳位电容 $C=4.7nF$。此时 $\tau=70.5\mu s$。

R_1 上的功耗为

$$P_{R1}=\frac{\overline{U_Q}^2}{R_1}=\frac{(190V)^2}{15k\Omega}=2.4W$$

考虑到钳位保护电路仅在功率开关管关断所对应的半个周期内

工作，R_1 的实际功耗大约为1.2W（假定占空比为50%），因此可选用额定功率为2W的电阻。由于一次侧直流高压为 $U_C > 1.5U_{Q(max)} + U_{I(max)} = 1.5\times200V + 265V\times\sqrt{2} = 674V$，故实际耐压值取1kV。

阻塞二极管VD的反向耐压 $U_{BR} \geqslant 1.5U_{Q(max)} = 300V$，采用快恢复二极管FR106（1A/800V，正向峰值电流可达30A）。要求其正向峰值电流远大于 I_P（这里为 $30A \gg 1.65A$）。

阻尼电阻应满足以下条件

$$\frac{20V}{0.8I_P} \leqslant R_2 \leqslant 100\Omega \tag{3-8-5}$$

最后根据式（3-8-5）计算阻尼电阻 R_2 的阻值为

$$\frac{20V}{0.8\times1.65A} = 15\Omega \leqslant R_2 \leqslant 100\Omega$$

实取20Ω/2W的标称电阻。

第九节　瞬态电压抑制器问题解答

184　瞬态电压抑制器的主要特点是什么？

瞬态电压抑制器亦称瞬变电压抑制二极管（Transient Voltage Suppressor，TVS），是一种新型过电压保护器件。由于它的响应速度极快、钳位电压稳定、体积小、价格低，因此可作为各种仪器仪表、自控装置和家用电器中的过电压保护器，还可用来保护开关电源集成电路、MOS功率器件以及其他对电压敏感的半导体器件。

瞬态电压亦称瞬变电压，它是由于储存的电能在极短时间内突然释放而造成的，亦可由大电感或雷击等诱因所致。瞬态电压源的量值示例参见表3-9-1。令瞬态电压的峰值为 U_P，表中的生成时间（t_1）是指瞬态电压从 $10\%U_P$ 升至 $90\%U_P$ 的时间；持续时间（t_2）是指瞬态电压从 $10\%U_P$ 开始升高、达到峰值后又降到 $50\%U_P$ 的持续时间。雷击和静电放电瞬态电压源的典型测试波形分别如图 3-9-1（a）、（b）所示。由图可见，雷击瞬态电压的生成时间为 μs 数量级，而静电放电瞬态电压的生成时间低至 ns 数量级，二者相差 3 个数量级。

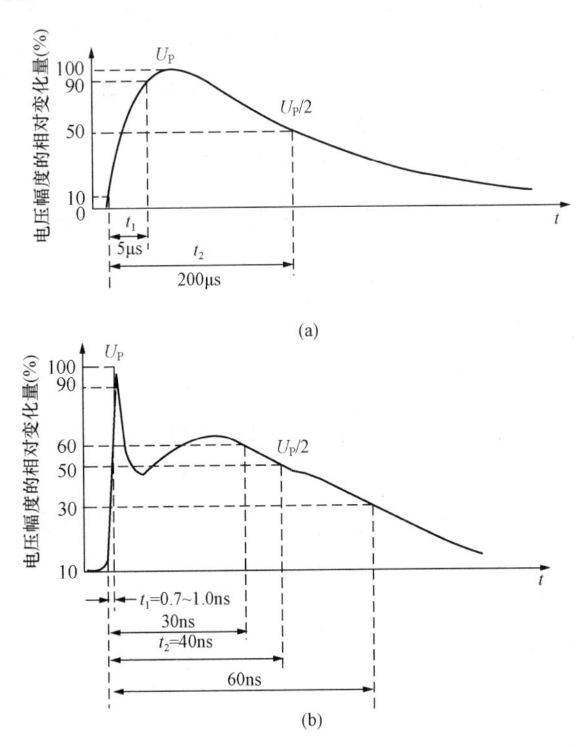

图 3-9-1　两种瞬态电压的典型测试波形

（a）雷击时瞬态电压的典型测试波形；

（b）静电放电时瞬态电压的典型测试波形

TVS 的结构特点是其 PN 结具有雪崩效应且截面积远大于常规半导体二极管。一旦出现反向瞬态电压，TVS 就开始导电，并通过雪崩效应来钳制瞬态电压。由于它的响应速度极快、钳位电压稳定、能承受很大的峰值脉冲功率、体积小、价格低，因此可用作瞬态过电压保护器件。

表 3-9-1　　瞬态电压源的量值示例

瞬态电压源的类型	峰值电压 U_P (kV)	峰值电流 I_P	生成时间 t_1	持续时间 t_2
雷击	25	20kA	1.2～10μs	50～1000μs
静电放电	15	30kA	<1ns	100ns
电磁脉冲	1	10A	20ns	1ms

185 常用瞬态电压抑制器有哪些性能指标?

常用TVS的主要性能指标见表3-9-2，表中所列参数是在25℃室温下测得的。稳态功率一般为5W。峰值脉冲功率分为500W、600W、1500W、5000W、15000W等规格，与干扰脉冲的占空比（D）及环境温度（T_A）有关。U_{BM}是指在高温、大电流条件下钳位电压的最大值。

表 3-9-2　　常用TVS的主要性能指标

产品型号	室温下钳位电压的典型值 U_B（V）	钳位电压的温度系数 α_T（%/℃）	钳位电压的最大值 U_{BM}（V）	反向漏电流 I_R（μA）	峰值脉冲电流 I_P（A）
P6KE5(C)A	5	0.057	9.6	5	62.5
P6KE10(C)A	10	0.073	15.0	5	40
P6KE20(C)A	20	0.090	27.7	5	28
P6KE51(C)A	51	0.102	70.1	5	22
P6KE100(C)A	100	0.106	137	5	4.4
P6KE150(C)A	150	0.108	207	5	2.9
P6KE200(C)A	200	0.108	274	5	2.2
P6KE250(C)A	250	0.110	360	5	1.67
P6KE300(C)A	300	0.110	414	5	1.45
P6KE350(C)A	350	0.110	482	5	1.25
P6KE400(C)A	400	0.110	548	5	1.10
1.5KE200(C)A	200	0.108	274	5	5.5

186 瞬态电压抑制器有几种类型?

TVS器件分为三种类型:单向瞬态电压抑制器(简称单向TVS)、双向瞬态电压抑制器(简称双向TVS)、TVS阵列。目前国外研制的TVS器件,峰值脉冲功率已达60kW,最高峰值脉冲电流可达20kA,钳位电压为5~3kV。美国Littelfuse公司最新推出采用SMA封装的SMF系列TVS,最大高度仅为1.1mm,却可承受200W的峰值脉冲功率。

以P6KE系列为例,表3-9-2中P6KE200(C)A所对应的型号总共有4种:P6KE200、P6KE200A、P6KE200C、P6KE200CA。型号中尾缀不带C的为单向TVS(如P6KE200、P6KE200A),尾缀带C的为双向TVS(如P6KE200C、P6KE200CA),尾缀A表示钳位电压的允许公差为±5%(如P6KE200A),尾缀不带A的表示钳位电压的允许公差为±10%(如P6KE200)。单向TVS的钳位响应时间仅为1ps,双向TVS的钳位响应时间为1ns。对于P6KE系列,靠近白色环的引脚为正极。TVS也可串联或并联使用,以提高峰值脉冲功率,但在并联时各器件的U_B值应相等。

单向瞬态电压抑制器的外形、符号及伏安特性曲线如图3-9-2(a)、(b)、(c)所示。图(c)中的U_C为在1ms内可承受的最大电压,U_R为导通前加在器件上的最大额定电压,U_B为钳位电压,有关系式$U_R=0.8U_B$。I_R为反向击穿时的漏电流,一般小于10μA。I_P为TVS可承受的最大峰值电流。单向瞬态电压抑制器只能同时

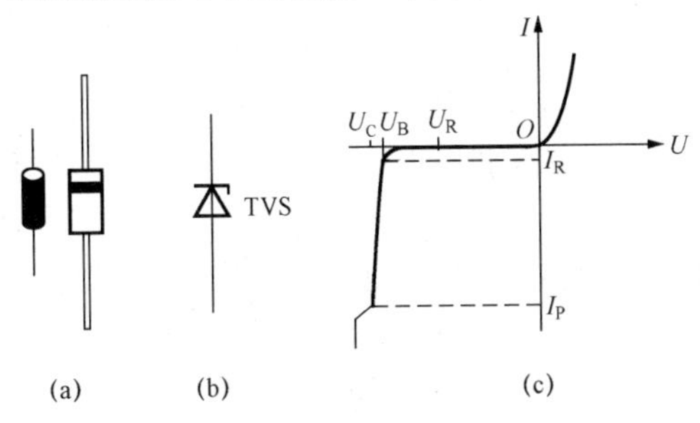

图3-9-2 单向瞬态电压抑制器
(a)外形;(b)符号;(c)伏安特性曲线

抑制一种极性的干扰信号，适用于直流电路。

双向瞬态电压抑制器的符号及伏安特性曲线分别如图 3-9-3(a)、(b) 所示。这类器件能同时抑制正向、负向两种极性的干扰信号，适用于交流电路。

瞬态电压抑制器的典型应用参见第 177、534 问。

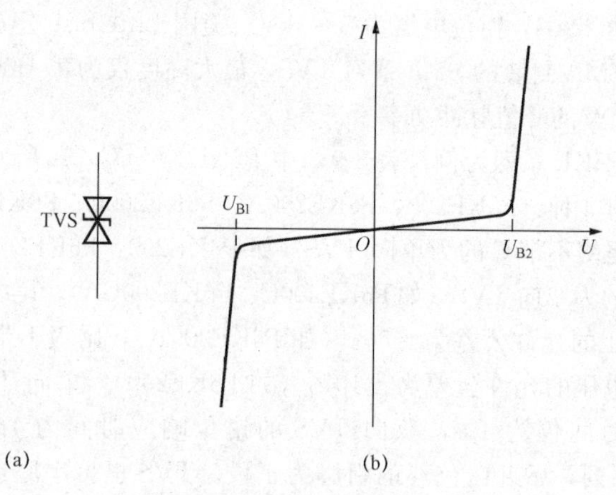

图 3-9-3　双向瞬态电压抑制器

(a) 符号；(b) 伏安特性曲线

187 如何选择瞬态电压抑制器？

(1) TVS 的钳位电压 U_B 应大于被保护电路的最大工作电压 U_{max}，一般应比 U_{max} 高出 10%～20%。若 U_B 选得不合适，不仅起不到保护作用，还可能损坏 TVS。

(2) 直流保护一般选用单向 TVS，例如功率 MOSFET 的漏极钳位保护电路。交流保护一般选用双向 TVS。多线保护可选用 TVS 阵列。

(3) 不同峰值脉冲功率所对应的 TVS 系列产品如下：500W (SA 系列)；600W (P6KE、SMBJ 系列)；1500W (1.5KE 系列)；5000W (5KP 系列)；15000W (15KP 系列)。

(4) TVS 所能承受的瞬时脉冲必须是不重复脉冲。但在实际应用中电路可能出现重复性脉冲，TVS 器件的脉冲重复率（脉冲持续时间与间歇时间之比）规定为0.01%，否则可能烧毁TVS。TVS非常可靠，即使长期承受不重复、大脉冲的高能量冲击，也不会出现“老化”问题。

（5）在规定的脉冲持续时间内，TVS的最大峰值脉冲功率必须大于被保护电路中可能出现的峰值脉冲功率，其峰值脉冲电流应大于瞬态浪涌电流。

（6）TVS的工作温度范围一般为−55～+150℃。最高结温为+175℃，此时可用的峰值脉冲功率和峰值脉冲电流均降至零。

第十节　功率开关管问题解答

功率开关管因在大电流及开关状态下工作而得名。对单片开关电源或开关稳压器而言，功率开关管集成在芯片内部。但使用脉宽调制（PWM）器构成开关电源时，就必须选择功率开关管。开关电源中使用的功率开关管主要有3种类型：①双极型功率开关管，它属于双极型晶体管（BJT），简称BJT功率开关管，因其输出功率大，故也称作巨型晶体管（Giant Transistor，GTR），现泛指大功率晶体管；②金属-氧化物半导体场效应晶体管，简称MOSFET或MOS场效应管；③绝缘栅-双极型晶体管，简称IGBT。

选择开关电源的功率开关管时，还需注意其导通压降（或通态电阻）和开关速度。功率开关管的导通压降和开关速度与额定电压有关，额定电压越高，导通压降越大，开关速度越慢。因此，在满足额定电压为实际工作电压1.2～1.5倍的条件下，应尽量选择耐压较低的功率开关管。

188　如何选择双极性功率开关管？

双极型功率开关管是具有开关特性和功率输出能力的双极、结型晶体管，它属于电流驱动型功率器件，常用的耐压值在1kV以下，工作电流从几安培到几百安培。其主要特点是功率较大，开关特性好，导通时间（t_{ON}）与关断时间（t_{OFF}）可达微秒级，价格便宜。管子结构通常为NPN型硅管。当$U_{(BR)CBO}$为一定时，功率开关管的电流放大系数愈高，$U_{(BR)CEO}$值就愈低，因此高反压功率开关管的h_{FE}一般只有几倍至十几倍。双极型功率开关管的缺点是电流放大系数低，驱动电流较大，开关频率低（几十千赫以下），适合用于中、小功率的开关电源、逆变器、直流电动机调速等设备中。

使用双极型功率开关管时需要注意以下事项：

（1）双极型功率开关管有一个以集电极最大电流、集电极最大允许功耗、二次击穿电流和集电极-发射极击穿电压为边界的安全工作区。无论在瞬态还是稳态下，晶体管的工作电流和工作电压都不得超出安全工作区范围。此外，安全工作区的边界值还与环境温度、脉冲宽度等参数有关。当环境温度升高时，安全工作区也应降额使用。

（2）双极型功率开关管的电流放大系数β值较低，其最小值一般为5～10倍。

（3）环境温度每升高10℃，集电极漏电流就增加一倍。这会引起关断损耗。

（4）为降低功率开关管的导通损耗，它在导通时一般处于过饱和状态，这势必增加了存储时间，降低开关速度。为减少存储时间，需要在功率开关管关断时给发射结加反向电压，但反向电压过大，发射结将被反向击穿（硅功率开关管的发射结反向击穿电压为5～6V）。为避免击穿电流过大，可用电阻来限制反向电流不致过大。

（5）为了快速关断双极型功率开关管，可采用如图3-10-1所示的抗饱和电路。VD_1、VD_2为两只硅二极管，其导通压降分别为U_{F1}、U_{F2}。该电路的集电极-发射极饱和电压$U_{CE}=U_{F1}+U_{BE}-U_{F2}$。令$U_{F1}=U_{BE}=U_{F2}=0.7V$，则$U_{CE}=0.7V+0.7V-0.7V=0.7V$，使过大的驱动电流通过集电极，可降低功率开关管的饱和深度。为进一步降低饱

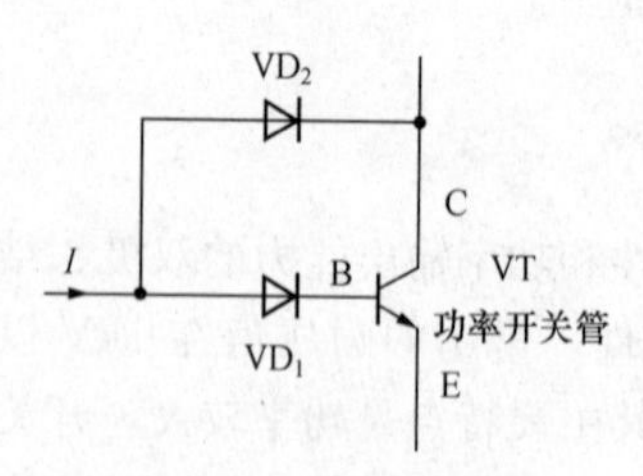

图3-10-1　双极型功率开关管的抗饱和电路

和深度，还可在 VD_1 上再串联一只二极管 VD_3，使饱和压降约为 1.4V。此时功率开关管只能进入准饱和状态，存储时间很短，提高了关断速度，但导通损耗会加大。

189 功率 MOSFET 比双极性功率开关管有哪些优点？

MOSFET 是金属-氧化物半导体场效应晶体管（Metal-Oxide-Semiconductor Field Effect Transistor）的简称，它属于绝缘栅型场效应管。其主要特点是在金属栅极与沟道之间有一层二氧化硅绝缘层，因此具有很高的输入电阻（最高可达 $10^{15}\Omega$）。它分 N 沟道管和 P 沟道管两种类型，符号如图 3-10-2 所示。通常将衬底（基板）与源极 S 接在一起。根据导电方式的不同，MOSFET 又分增强型、耗尽型两种。所谓增强型是指当 $U_{GS}=0$ 时管子呈截止状态，加上正确的 U_{GS}（对 N 沟道管要求 $U_{GS}>0$；对 P 沟道管则要求 $U_{GS}<0$）时，多数载流子就被吸引到栅极，从而“增强”了该区域的载流子，形成导电沟道。耗尽型则是指当 $U_{GS}=0$ 时即形成沟道，加上正确的 U_{GS}（对 N 沟道管要求 $U_{GS}<0$）时，能使多数载流子流出沟道，因而“耗尽”了载流子，使管子转向截止。图（c）中的 VD 为保护二极管。

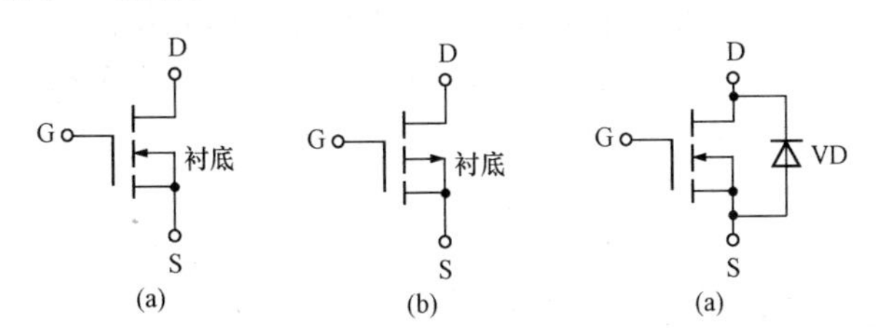

图 3-10-2　MOS 场效应管的符号

（a）N 沟道管；（b）P 沟道管；（c）N 沟道管（带保护二极管）

图 3-10-3 示出增强型 MOSFET 的两种结构。以 N 沟道为例，它是在 P 型硅衬底上制成高掺杂浓度的源扩散区 N^+ 和漏扩散区 N^+，再分别引出源极 S 和漏极 D。源极与衬底在内部连通，二者保持等电位。图 3-10-2(a) 符号中的箭头方向是从外向里，表示从 P 型材料（衬底）指向 N 型沟道。当漏极接电源正极，源极接电源

负极并使$U_{GS}=0$时，沟道电流（即漏极电流）$I_D=0$。随着U_{GS}逐渐升高，受栅极正电压的吸引，在两个N^+扩散区之间就感应出带负电的少数载流子，形成从漏极到源极的N型沟道，图中的虚线就代表沟道。当U_{GS}大于管子的开启电压U_{TN}（一般约为+2V）时，N沟道管开始导通，就形成漏极电流I_D。

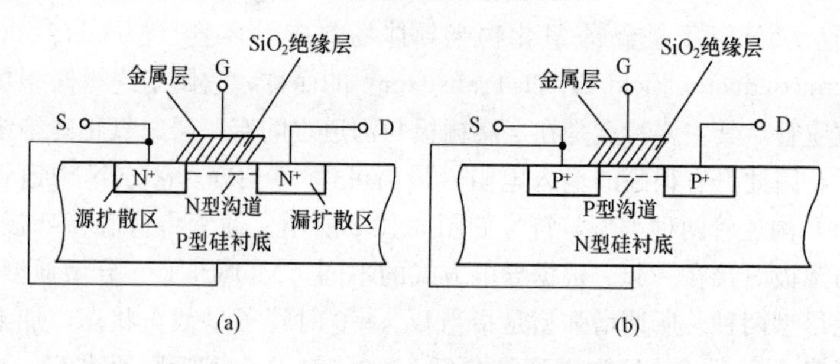

图 3-10-3 增强型 MOSFET 的结构

(a) N沟道；(b) P沟道

功率MOSFET与双极型功率晶体管相比较，主要有以下优点：开通时间短（几至几十纳秒），适用于开关频率为100kHz～1MHz的PWM调制器；它采用电压驱动，不需要静态驱动电流；可靠性高，无二次击穿现象；通态电阻小，损耗低。功率MOSFET一般采用N沟道管，因为在同样情况下N沟道管的通态电阻要比P沟道管小，且开关速度比P沟道管快。由于MOSFET的源极和漏极结构是对称的，因此使用时可以互换。对N沟道管而言，只要在栅极和源极（漏极）之间加上正电压就能双向导通。因此MOSFET可用作同步整流。功率MOSFET的工作电流从几安培到几百安培，输出功率从几十瓦到几千瓦，开关频率可达几百千赫至1MHz以上。目前在中、小功率开关电源中大都采用MOSFET作为功率开关管。此外还有PMOS、NMOS、VMOS场效应管等。

190 如何选择功率MOSFET?

功率MOSFET的直流参数主要有漏极电流I_D、漏-源击穿电压$U_{(BR)DS}$、漏-源通态电阻$R_{DS(ON)}$、漏极功耗P_D。交流参数有开

启时间 $t_{d(ON)}$、关断时间 $t_{d(OFF)}$、输入电容 C_i、输出电容 C_O 等。开关电源中 MOSFET 的损耗主要有两种：导通损耗、开关损耗。导通损耗是在 MOSFET 完全导通时漏-源通态电阻 R_{ON} 上的损耗。开关损耗是 MOSFET 在交替导通与截止时的功率损耗。此外还有栅极损耗，即由于 MOSFET 栅极电容充、放电而产生的损耗，但它出现在栅极电阻或驱动电路上。

由美国国际整流器公司（IR）生产的 5 种功率 MOSFET 的主要技术指标见表 3-10-1。这些管子在漏极与源极之间增加了一只保护二极管。

表 3-10-1　　5 种功率 MOSFET 的主要技术指标

型号	I_D (A)	$U_{(BR)DS}$ (V)	$R_{DS(ON)}$ (Ω)	P_D (W)	$t_{d(ON)}$ (ns)	$t_{d(OFF)}$ (ns)
IRF840	8	500	0.85	125	14	49
IRFP450	14	500	0.40	190	17	92
IRFP460	20	500	0.27	280	18	110
IRFP250	30	200	0.085	190	16	70
IRFP150	41	100	0.055	230	16	60

191 如何选择 IGBT 功率开关管？

为解决功率 MOSFET 在高压、大电流工作时通态电阻大、器件发热严重、输出效率下降等问题，近年来 IGBT 功率开关管也获得迅速发展。IGBT（Insulate Gate-bipolar Transistor）是绝缘栅-双极型晶体管的简称。IGBT 功率开关管是由 MOS 场效应管（MOSFET）与巨型晶体管（GTR）集成的新型高速、高压大功率电力电子器件，它属于电压控制型大功率器件。IGBT 以 MOSFET 为输入级（驱动电路），GTR 为输出级（主回路）。但从本质上讲，IGBT 仍属于场效应管，只是在漏极和漏区之间多了一个 P 型层。它将 MOSFET 和 GTR 的优点集于一身，具有输入阻抗高、驱动电路简单、耐压高（一般在 500V 以上）、工作电流大（可达几百安培，峰值电流可达几千安培，是功率 MOSFET 的几十倍）、漏-源通态电阻小、开关速度快（可达微秒数量级）、热稳定性好、开关损耗低（仅为GTR的30%）等优良特性。IGBT的最高工作频率为20～30kHz，主要应用于20kHz以下的大功率开关电源、交流变频器、逆变器等电气设备。

IGBT功率开关管的结构如图3-10-4(a)所示，它类似于MOSFET，所不同的是IGBT是在N沟道功率MOSFET的N^+基板（漏极）上增加了一个P^+基板（即IGBT的集电极），形成了PN结j_1，并由此引出漏极，栅极和源极则与MOSFET相似。IGBT采用PNPN四层结构，其输出级亦可视为由PNP-NPN晶体管构成的晶闸管。但因NPN晶体管和发射极在内部短路，故NPN晶体管不起作用。因此，也可将IGBT看作是以N沟道MOSFET为输入级，PNP晶体管为输出级的单向达林顿管。由图可见，IGBT相当于一个由MOSFET驱动的厚基区GTR，其简化等效电路如图(b)所示。图中，R_{dr}为厚基区GTR的扩散电阻。为兼顾双极型晶体管引脚的习惯称呼，国际电工委员会（IEC）规定IGBT的栅极为G，源极引出端为发射极E，漏极引出端为集电极C。

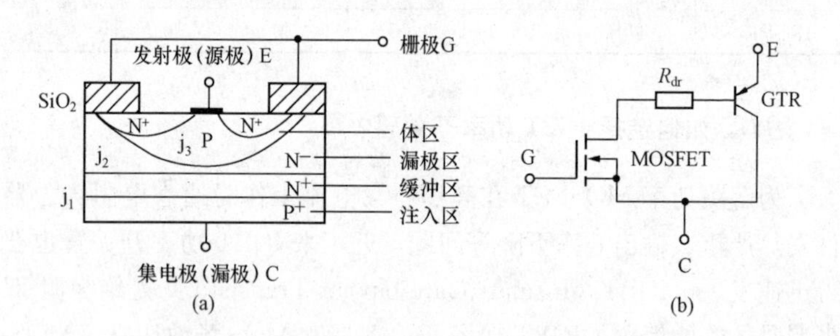

图3-10-4　IGBT功率开关管的结构及等效电路

(a) 基本结构的剖面图；(b) 等效电路

N沟道和P沟道IGBT的电路符号各有两种，分别如图3-10-5(a)、(b)所示。IGBT的导通与关断是由栅极电压来控制的。当栅极加正电压时MOSFET内部就形成了沟道，并为PNP晶体管提供基极电流，从而使IGBT导通，此时，从P^+区注入N^-区进行电导调制，减少N^-区的电阻R_{dr}值，使耐高压的IGBT也具有低的通态电阻。当栅极上加负电压时 MOSFET 内部的沟道就消失，PNP 晶体管的基极电流被切断，使 IGBT 关断。

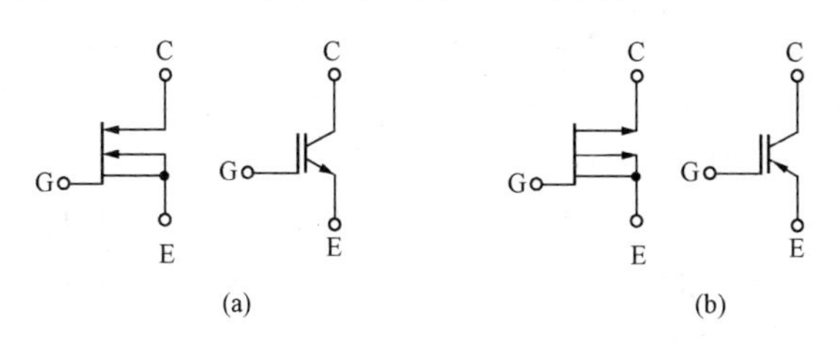

图 3-10-5　IGBT 的电路符号
（a）N 沟道 IGBT；（b）P 沟道 IGBT

IGBT 功率开关管的主要技术参数包括反向击穿电压 $U_{(BR)CEO}$，最大集电极连续电流 I_{CM}，最大输出功率 P_{OM}，开启时间 $t_{d(ON)}$，关断时间 $t_{d(OFF)}$，栅极门限电压 U_{Ge}，集电极-发射极饱和电压 U_{CE}，内部是否有保护二极管(亦称阻尼二极管)。国外生产 IGBT 功率开关管的主要厂家有美国飞兆公司，德国西门子公司、英飞凌公司，日本东芝公司等。IGBT 功率开关管典型产品的主要参数见表 3-10-2。

表 3-10-2　　IGBT 功率开关管典型产品的主要参数

型　号	$U_{(BR)CEO}$ (V)	I_{CM} (A)	P_{OM} (W)	$t_{d(ON)}$ (ns)	$t_{d(OFF)}$ (ns)	内部有无保护二极管	封装形式
HGTG20N120CND	1200	63	390	23	200	有	TO-247
GT40T101	1500	40	200	700	500	有	2-21F2C
SGW25N120	1200	46	313	50	820	有	TO-247
SGL40N150	1500	40	200	90	245	无	TO-264

对于内部没有保护二极管的 IGBT 功率开关管，应在 C-E 极间接一只快恢复式阻尼二极管，阻尼二极管的正极接 E 极，负极接 C 极。例如可采用 Philips 公司生产的 BY459 型快速、高压阻尼二极管，其反向耐压为 1500V，正向导通电压为 0.95V，正向峰值重复电流可达 100A，反向恢复时间为 250ns。

由 IGBT 和交、直流高压输入式可调线性稳压器 HIP5600 构成大电流自激降压式开关电源的电路如图 3-10-6 所示。该电源采用自激振荡的原理产生大约为 18kHz 的开关频率。交流输入电压为 220V，输出为＋24V、250mA，可驱动直流风扇电动机。桥式整流滤波器由 VD_1～VD_4、C_1 构成。开关功率管采用 P 沟道 IGBT，它是以 MOS 场效应管（MOSFET）为输入级，再以功率晶体管为输出级的集成化大功率器件。由 VT_2 和 R_5 组成启动保护电路，可限制 IGBT 的初始浪涌电流。C_5、VD_6、VD_7 和 L_1 组成输出缓冲电路。输出电压由 R_1、R_2 和 R_3 设定。

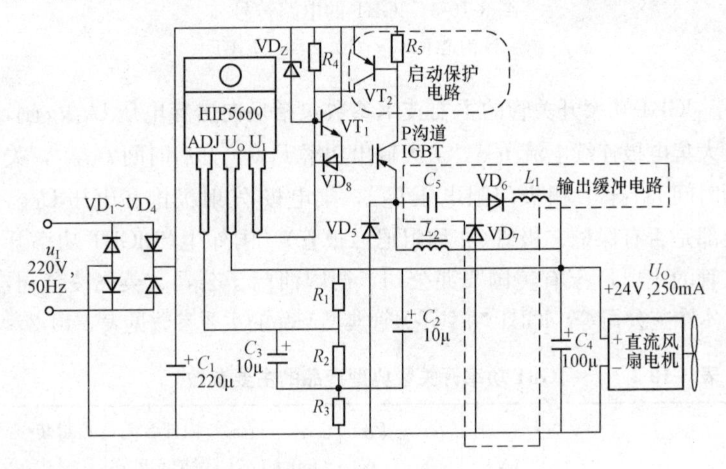

图 3-10-6　由 IGBT 和 HIP5600 构成大电流自激降压式开关电源的电路

192　使用 IGBT 功率开关管有哪些注意事项？

使用 IGBT 时需注意以下事项：

（1）IGBT 模块的 U_{GE} 一般为±20V，若超过此值就会导致模块损坏。

（2）当栅极处于开路状态时，若在主回路加上电压就容易损坏 IGBT。为防止出现这种情况，应在栅极-发射极之间分别并联一只 10kΩ 左右的电阻和一只小电容。

（3）由于 IGBT 模块以 MOSFET 作为输入级，因此必须对静电采取防护措施。使用 IGBT 模块时，禁止用手触摸栅极。若必须触摸模块的端子时，也应先将人体静电泄放掉。模块的底板应接地良好。焊接时，电烙铁或电焊机应处于良好的接地状态下。存放 IGBT 模块的容器也不得带静电。

（4）为满足输出大电流的需要，允许将多个 IGBT 模块并联使用。并联时流过每个器件的电流应保持平衡。

（5）为提高 IGBT 的开关速度，可将 MOSFET 与 IGBT 并联成复合管，IGBT-MOSFET 复合管如图 3-10-7(a) 所示。MOSFET 和 IGBT 的驱动原理如下：其导通过程为首先由 PWM 信号驱动 MOSFET 导通，然后 IGBT 导通，并且 IGBT 是在电压过零时开始导通。关断过程则为先关断 IGBT（在零电压时关断），经过一段延迟时间再关断 MOSFET。在导通期间，由于 MOSFET 的导通压降比 IGBT 高，因此大部分电流通过 IGBT，由 IGBT 承担导通损耗。开关损耗主要由 MOSFET 承担。IGBT-MOSFET 复合管可用于半桥或全桥拓扑结构。

同样，还可将双极型晶体管（BJT）与 MOSFET 串联成复合管，利用 MOSFET 的开关特性来提高开关速度。BJT-MOSFET 复合管的电路结构如图 3-10-7(b) 所示。它在导通时首先驱动功率 MOSFET，此时 BJT 处于共基极接法，从发射极输入电流。因 MOSFET 导通、漏极电压降低，使 BJT 的发射结为正向偏置，产生基极电流和集电极电流，再通过正反馈电路使 BJT 饱和导通。关断时首先关断 MOSFET，因 BJT 发射结处于反向偏置而将 BJT 迅速关断。由于共基极接法的频率特性是共射极接法的 β 倍，因此

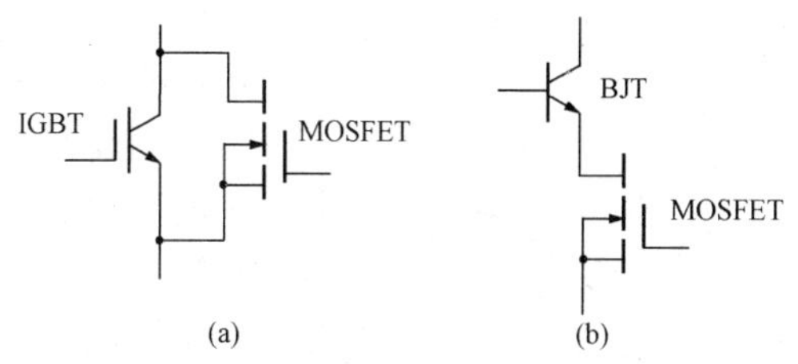

图 3-10-7　两种复合管的电路结构

（a）IGBT-MOSFET 复合管；（b）BJT-MOSFET 复合管

可大大提高关断速度。低压 MOSFET 的通态电阻仅为 mΩ 数量级，导通损耗很小。上述电路可用于双端正激式大功率开关电源中，开关频率可达 50kHz。

给 IGBT 功率开关管配上驱动器，即可构成 IGBT 模块。IGBT 驱动器一般采用高速光耦合器隔离，具有比较完善的保护功能（包括过电流保护、短路保护和过电压保护）。

第十一节　输出整流管问题解答

193　开关电源的输出整流管可采用哪几种管子？

开关电源的输出整流管一般采用快恢复二极管（FRD）、超快恢复二极管（SRD）或肖特基二极管（SBD）。它们具有开关特性好、反向恢复时间短、正向电流大、体积小、安装简便等优点。

194　什么是反向恢复时间？

反向恢复时间 t_{rr} 的定义是：电流通过零点由正向转向反向，再由反向转换到规定低值的时间间隔。它是衡量高频整流及续流器件性能的重要技术指标。反向恢复电流的波形如图 3-11-1 所示。图中，I_F 为正向电流，I_{RM} 为最大反向恢复电流，I_{rr} 为反向恢复电流，通常规定 $I_{rr}=0.1I_{RM}$。当 $t \leqslant t_0$ 时，正向电流 $I=I_F$。当 $t>t_0$ 时，由于整流管上的正向电压突然变成反向电压，因此正向电流迅速减小，在 $t=t_1$ 时刻，$I=0$。然后整流管上流过反向电流 I_R，并且 I_R 逐渐增大；在 $t=t_2$ 时刻达到最大反向恢复电流 I_{RM} 值。此后受正向电压的作用，反向电流逐渐减小，并且在 $t=t_3$ 时刻达到规定值 I_{rr}。从 t_2 到

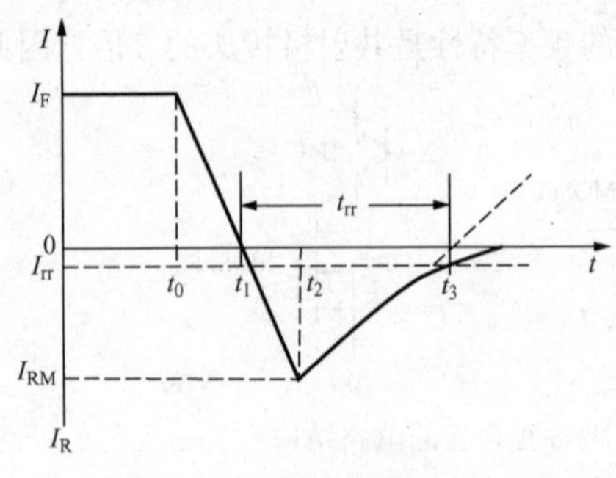

图 3-11-1　反向恢复电流的波形

t_3 的反向恢复过程与电容器放电过程有相似之处。由 t_1 到 t_3 的时间间隔即为反向恢复时间 t_{rr}。

195 快恢复二极管和超快恢复二极管有什么区别?

快恢复二极管的内部结构与普通二极管不同，它是在 P 型、N 型硅材料中增加了基区 I，构成 P-I-N 硅片。由于基区很薄，反向恢复电荷很小，不仅大大减小了 t_{rr} 值，还降低了瞬态正向电压，使管子能承受很高的反向工作电压。快恢复二极管的反向恢复时间一般为几百纳秒，正向压降约为 0.6V，正向电流为几安培至几千安培，反向峰值电压可达几百至几千伏。

超快恢复二极管是在快恢复二极管基础上发展而成的，其反向恢复电荷进一步减小，t_{rr}值可低至几十纳秒。

196 单管、对管有何区别?

从内部结构看，快恢复二极管及超快恢复二极管有单管、对管两种形式。单管内部只有一只管子。对管内部包含两只管子，根据两只二极管接法的不同，又有共阴对管、共阳对管之分。图 3-11-2

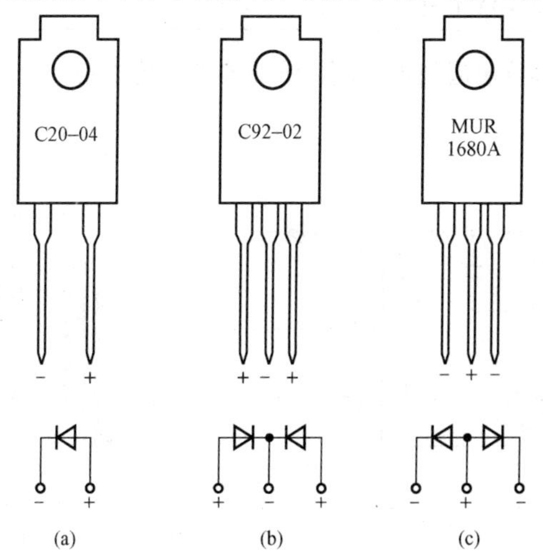

图 3-11-2 三种快恢复及超快恢复二极管的外形及内部结构
（a）单管；（b）共阴对管；（c）共阳对管

(a) 示出C20-04型快恢复二极管（单管）的外形及内部结构。图3-11-2 (b)、(c) 分别示出C92-02型（共阴对管）、MUR1680A型（共阳对管）超快恢复二极管的外形与构造。中、小功率的快恢复二极管及超快恢复二极管大多采用TO-220封装，几十安的快恢复、超快恢复二极管一般采用TO-3P金属壳封装，更大容量（几百安至几千安）的管子则采用螺栓型或平板型封装。

197 快恢复二极管和超快恢复二极管典型产品的主要参数是什么？

快恢复二极管、超快恢复二极管典型产品的主要参数见表3-11-1。

表3-11-1　几种快恢复、超快恢复二极管的主要参数

类型	典型产品型号	结构特点	反向恢复时间 t_{rr} (ns)	平均整流电流 I_d (A)	最大瞬时电流 I_{FSM} (A)	反向峰值电压 U_{RM} (V)	封装形式
快恢复二极管	EU2Z	单管	400	1	40	200	DO-41
	RU3A	单管	400	1.5	20	600	DO-15
	C20-04	单管	400	5	70	400	TO-220
超快恢复二极管	C92-02	共阴对管	35	10	50	200	TO-220
	MUR1680A	共阳对管	35	16	100	800	TO-220

198 试给出超快恢复二极管的典型应用电路。

超快恢复二极管在开关电源中的典型应用如图3-11-3所示。

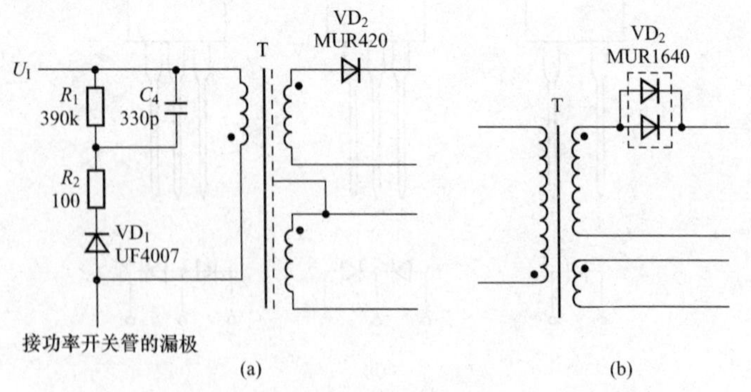

图3-11-3　超快恢复二极管在开关电源中的典型应用
(a) 应用电路之一；(b) 应用电路之二

图（a）中的一次侧钳位保护电路使用一只 UF4007 型超快恢复二极管 VD_1，输出整流电路采用 MUR420 型 4A/200V 超快恢复二极管。图（b）中的输出整流管采用一只 MUR1640 型 16A/200V 超快恢复对管，以满足大电流输出的需要。

199 UF4000 系列与 1N4000 系列有何本质区别？

UF4000 系列（包含 UF4001～UF4007）属于 1A 超快恢复二极管，1N4000 系列（包含 1N4001～1N4007）则属于普通硅整流管，尽管二者所对应型号的平均整流电流和反向峰值电压值相同，但 UF4000 系列的反向恢复时间极短，因此不得用 1N4000 系列产品来代替 UF4000 系列产品。UF5400 系列属于 3A 超快恢复二极管。常用超快恢复二极管的型号及主要参数见表 3-11-2。

表 3-11-2　常用超快恢复二极管的型号及主要参数

产品型号	U_{RM}（V）	I_d（A）	t_{rr}（ns）	生产厂家
UF4001	50	1	25	GI 公司
UF4002	100	1	25	
UF4003	200	1	25	
UF4004	400	1	50	
UF4005	600	1	30	
UF4006	800	1	75	
UF4007	1000	1	75	
UF5401	100	3	50	
UF5402	200	3	50	
UF5406	600	3	50	
UF5408	1000	3	50	

200 肖特基二极管的工作原理是什么？

肖特基二极管是以金、银、钼等贵金属为阳极，以 N 型半导体材料为阴极，利用二者接触面上形成的势垒具有整流特性而制成的金属-半导体器件。它属于五层器件，中间层是以 N 型半导体为基片，上面是用砷做掺杂剂的N^-外延层，最上面是由金属材料钼构成的阳极。N型基片具有很小的通态电阻。在基片下面依次是N^+阴极层、阴极金属。典型的肖特基二极管内部结构如图3-11-4所示。通过调整结构参数，可在基片与阳极金属之间形成合适的肖特基势垒。当加上正偏压E时，金属A与N型基片B分别接电源的正、负极，此时势垒宽度W_0变窄。加负偏压$-E$时，势垒宽度就增加，如图3-11-5所示。近年来，采用硅平面工艺制造的铝硅肖特基二极管已经问世，不仅能节省贵金属，减少环境污染，还改善了器件参数的一致性。

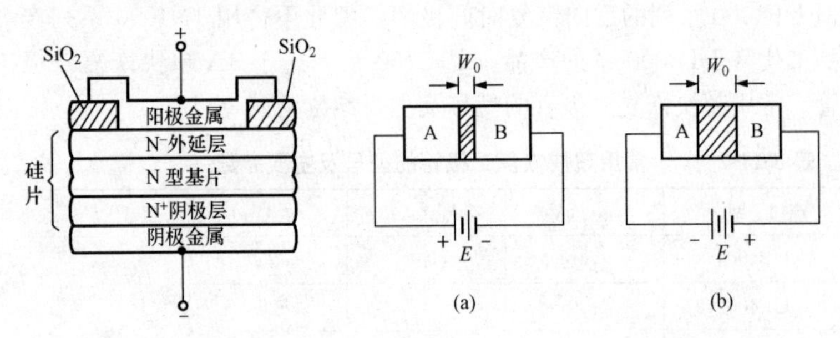

图3-11-4　肖特基二极管的结构

图3-11-5　加外偏压时势垒宽度的变化情况

(a) 加正偏压；(b) 加负偏压

201　肖特基二极管有何特点？

肖特基二极管仅用一种载流子（电子）输送电荷，在势垒外侧无过剩少数载流子的积累，因此它不存在电荷储存效应，使开关特性得到了明显改善。其反向恢复时间（t_{rr}）可缩短到10ns以内。但它的反向耐压较低，一般不超过100V，适宜在低电压、大电流下工作。利用其低压降的特性，能显著提高低压、大电流整流（或续流）电路的效率。

202　如何选择肖特基二极管？

可供开关电源输出电路使用的肖特基二极管型号参见表3-11-3。

表 3-11-3　　肖特基二极管的选择

U_R（V）	额定输出电流	
	3A	4～6A
20	1N5820，MBR320P，SR302	1N5823
30	1N5821，MBR330，31DQ03，SR303	50WQ03，1N5824
40	1N5822，MBR340，31DQ04，SR304	MBR540，50WQ04，1N5825
50	MBR350，31DQ05，SR305	50WQ05
60	MBR360，DQ06，SR306	50WQ06，50SQ060

203 试给出肖特基二极管的典型应用电路。

肖特基二极管在开关电源中的典型应用电路如图 3-11-6 所示（局部）。为了降低二次绕组及整流管的损耗，二次侧电路由两个绕组、两只整流管 VD_2、VD_3 并联而成，然后公用一套滤波器。二次侧整流管均采用 20A/100V 的肖特基对管 MBR20100，可以把整流管的损耗降至最低。L 为共模电感。该开关电源的输出电压为 19V，最大输出电流为 3.68A。

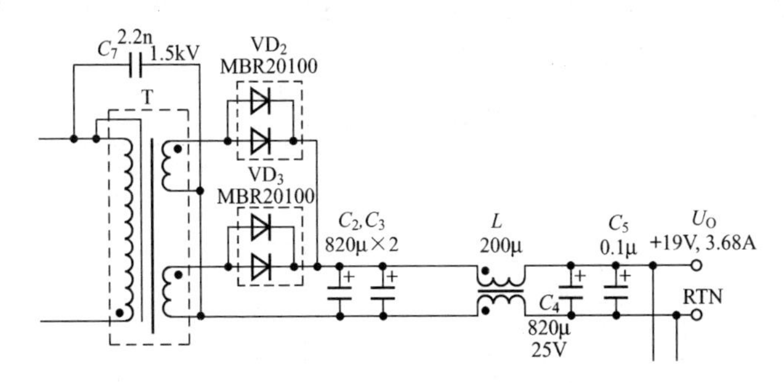

图 3-11-6　肖特基管在开关电源中的典型应用电路（局部）

204 试对几种整流管的性能加以比较。

肖特基二极管、超快恢复二极管、快恢复二极管、高频硅整流管的性能比较见表 3-11-4。

表 3-11-4　　4种二极管典型产品的性能比较

半导体整流二极管名称	典型产品型　号	平均整流电流 I_d（A）	正向导通电压		反向恢复时间 t_{rr}（ns）	反向峰值电压 U_{RM}（V）
			典型值 U_F（V）	最大值 U_{FM}（V）		
肖特基二极管	16CMQ050	160	0.4	0.8	<10	50
超快恢复二极管	MUR30100A	30	0.6	1.0	35	1000
快恢复二极管	D25-02	15	0.6	1.0	400	200
高频整流管	PR3006	3	0.6	1.2	400	800

由表可见，硅高速开关二极管的 t_{rr} 虽然极低，但平均整流电流很小，不能做大电流整流用。

205　怎样选择开关电源中的续流二极管？

可供开关电源选择的续流二极管型号参见表 3-11-5。在低压输出时，降压式开关电源中的续流二极管应尽量采用肖特基二极管，以提高电源效率。续流二极管的导通电流应至少为最大负载电流的1.2倍。若所设计的电源需要具有短路过载能力，则该二极管的额定电流必须等于开关电源的最大极限电流。续流二极管的反向耐压值（U_R）至少为输入电压的1.25倍。

表 3-11-5　　续流二极管的选择

<table>
<tr><th rowspan="2">U_R</th><th colspan="2">肖特基二极管</th><th colspan="2">超快恢复二极管</th></tr>
<tr><th>3A</th><th>4～6A</th><th>3A</th><th>4～6A</th></tr>
<tr><td>20V</td><td>1N5820
MBR320P
SR302</td><td>1N5823</td><td rowspan="3">31DFI
HER302</td><td rowspan="3">50WF10
MUR410
HER602</td></tr>
<tr><td>30V</td><td>1N5821
MBR330
31DQ03
SR303</td><td>50WQ03
1N5824</td></tr>
<tr><td>40V</td><td>1N5822
MBR340
31DQ04
SR304</td><td>MBR340
50WQ04
1N5825</td></tr>
</table>

续表

U_R	肖特基二极管		超快恢复二极管	
	3A	4～6A	3A	4～6A
50V	MBR350 31DQ05 SR305	50WQ05	31DFI HER302	50WF10 MUR410 HER602
60V	MBR360 DQ06 SR306	50WQ06 50SQ060		

第十二节　输出滤波电容器问题解答

206 输出滤波电容器的等效电路有何特点?

理想电容器可视为纯电容器，其阻抗随频率升高而降低。但实际输出滤波电容器中不仅包含一个纯电容器 C 和漏电阻 R，还有两个重要参数：一个是等效串联电阻（Equivalent Series Resistance, ESR)，它表示与理想电容器相串联的等效电阻值 R_{ESR}，该电阻值反映了滤波电容器的特性；另一个为等效串联电感（Equivalent Series Inductance, ESL)，它表示与理想电容器相串联的等效电感值 L_{ESL}（即分布电感）。由于漏电阻 R 的阻值很高，对 C 的并联作用可忽略不计，因此实际电容器的总阻抗为

$$Z=\sqrt{R_{ESR}^2+X^2} \tag{3-12-1}$$

式中：X 为电抗，$X=X_L-X_C=2\pi fL_{ESL}-1/(2\pi fC)$。

输出滤波电容器的等效电路如图 3-12-1 所示。

207 输出滤波电容器的阻抗特性有何特点?

输出滤波电容器的阻抗特性如图 3-12-2 所示，它具有以下特点：

（1）在低频阶段，$f<f_r$，对应于图 3-12-2 中的 a 段，电容器呈容性，$X\approx X_C=1/(2\pi fC)$，阻抗随频率的升高时而降低。

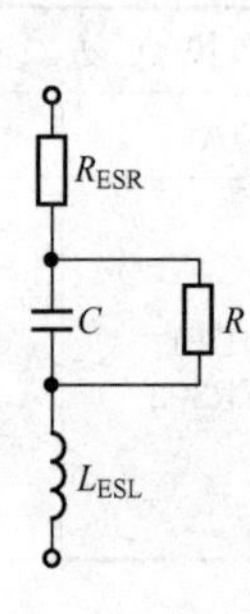

图 3-12-1　输出滤波电容器的等效电路

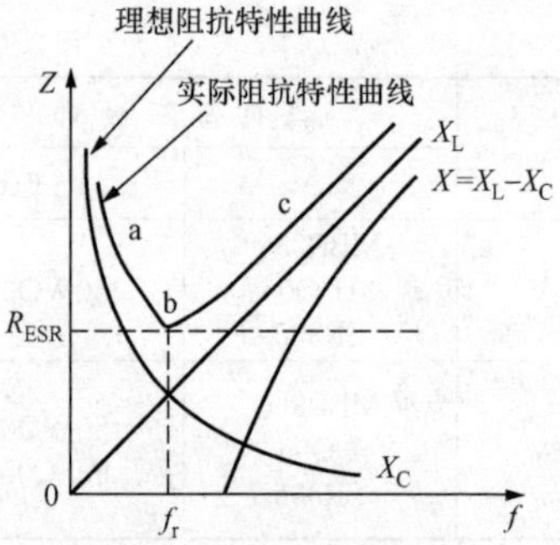

图 3-12-2　输出滤波电容器的阻抗特性

（2）当频率升到等效串联电感的自谐振频率时，即 $f=f_r$，对应于图 3-12-2 中的 b 点，阻抗达到最小值 $Z=R_{ESR}$。

（3）当 $f>f_r$ 时，对应于图 3-12-2 中的 c 段，电容器呈感性，$X \approx X_L=2\pi f L_{ESL}$，此时阻抗随着感抗的迅速增加而增大。

（4）电容器的自谐振频率越高，越适合在高频领域工作。

208　怎样计算输出滤波电容器容量的最小值？

设 $C_{O(min)}$ 为输出滤波电容器的最小值，f 为开关频率，ΔU_O、ΔI_O 分别为输出纹波电压和输出滤波电容器上的纹波电流。$C_{O(min)}$ 由下式确定

$$C_{O(min)}=\frac{1}{8f\left(\frac{\Delta U_O}{\Delta I_O}-R_{ESR}\right)} \tag{3-12-2}$$

负载上的纹波电流与输出纹波电压、等效负载有关，其计算公式为 $\Delta I_L=\Delta U_O/R_L$。通常 ΔI_L 远小于 ΔI_O。

209　为什么采用低等效串联电阻的电容器能大幅度降低输出纹波电压？

计算输出纹波电压的公式为

$$\Delta U_O=\Delta I_O\left(R_{ESR}+\frac{1}{8fC_O}\right) \tag{3-12-3}$$

举例说明，已知 $U_O=5V$，$I_O=1A$，$f=100kHz$，取 $\Delta I_O=0.4I_O=0.4A$，并假定 $R_{ESR}=0.2\Omega$。当 $C_O=100\mu F$ 时，根据式（3-12-3）计算，$\Delta U_O=0.4A\times(0.2\Omega+0.0125\Omega)=89mV$。若采用 $R_{ESR}=0.1\Omega$ 的高性能电解电容器，则 ΔU_O 即可减小到 45mV。这表明，R_{ESR} 是造成输出纹波电压的关键因素，当 R_{ESR} 较大时，式（3-12-3）中的第二项甚至可忽略不计，此时公式简化成

$$\Delta U_O \approx \Delta I_O R_{ESR} \tag{3-12-4}$$

210 选择输出滤波电容器时有哪些注意事项?

选择输出滤波电容器时应注意如下几点：

（1）电解电容器的极性不得接反。滤波电容的接地端应尽可能靠近二次侧返回端（地）。

（2）电解电容器应降额使用，一般情况下耐压值应为实际工作电压的 1.2～1.5 倍。

（3）尽管从理论上讲滤波电容器的容量越大越好，但实际上容量太大并不会显著改善滤波效果。这是因为漏电阻随容量而增大，等效串联电阻和等效串联电感也相应增加。

（4）输出滤波电容器分径向引线（RADIAL，两条引线在电容器的一端引出）、轴向引线（AXIAL，两条引线分别从电容器的两端引出）两种形式。图 3-12-3 示出分别采用轴向引线、径向引线的 3 种耐压 400V 的铝电解电容器阻抗特性。图中括号内的数字代

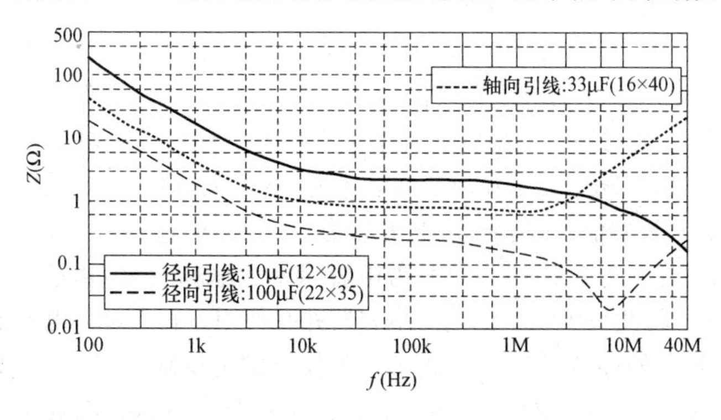

图 3-12-3　3 种耐压 400V 的铝电解电容器阻抗特性

表电容器的尺寸（直径×长度，单位为mm）。由图可见，径向引线电容器在低于10MHz的频段其阻抗都很低，而轴向引线电容当频率高于1MHz时开始呈现感性阻抗，总阻抗随频率升高而增大。因此，推荐采用径向引线的电容器并在安装时应尽量减小引线长度，而不要使用轴向引线电容器，因后者的引线较长（至少等于电容的直径），使等效串联电感L_{ESL}增加，进而使总阻抗增大。需要注意，当频率超过1MHz时，较大容量的轴向引线电容与较小容量的径向引线电容相比，实际阻抗更高，会造成较大的传导干扰电流。

（5）电解电容器的使用寿命还与纹波电流、环境温度等因素有关。纹波电流越大，环境温度越高，使用寿命就越短。通常环境温度降低10℃，使用寿命大约可延长一倍。用于高温环境下的开关电源，可采用日本红宝石（Rubycon）公司生产的105℃电解电容器。

（6）为进一步降低等效串联电阻，还可将几只相同容量的低ESR的电解电容器并联使用，代替一只大容量的电解电容器。这样做的另一好处是能降低等效串联电感L_{ESL}。

（7）为减小输出噪声，还可在电解电容器上再并联一只0.01～0.1μF的小电容。

（8）为改善滤波效果，可采用二阶LC型滤波器，通常滤波电感可以选择30～100μH。

（9）由于R_{ESR}的存在，电容器在充、放电过程中会产生功率损耗I^2R_{ESR}（I为电流有效值），引起电容器发热，并降低电源效率。R_{ESR}值与频率、温度和额定电压有关。假定开关电源的开关频率为100kHz，要求输出纹波电流为1A（峰-峰值），纹波电压为50mV（峰-峰值）。其电荷变化量为$\Delta Q=1A\times(1/100kHz)=10\mu C$。若不考虑$R_{ESR}$，则所需电容量$C=\Delta Q/U=10\mu C/50mV=200\mu F$。将两只100μF的电解电容器并联使用，假定每只电容器在室温下的R_{ESR}典型值为100mΩ。为使纹波电压降至50mV，所需要的$R_{ESR}=50mV/1A=50m\Omega$。显然，将两只100μF电解电容器并联使用即可满足要求。

（10）应选择自谐振频率高、温度特性好的滤波电容器，以满足高频大电流滤波的需要。

211 铝电解电容器的颜色及其含义代表什么？

铝电解电容器的铝壳外面都有一层 PVC 热缩套管，套管的颜色五颜六色，它不仅美观，而且具有特定的含义。在选用和更换铝电解电容器时应注意这一点。铝电解电容器热塑套管的颜色及其含义见表 3-12-1。

表 3-12-1　　铝电解电容器热塑套管的颜色及其含义

套管颜色	所对应的系列产品	产品特点	容量范围（μF）	电压范围（V）	主要用途
黑色	MG	小型标准产品	0.22～10000	6.3～250	普通电路
黑色	MG-9	高度为 9mm	0.11～470	6.3～50	超薄电路
蓝色	SM	高度为 7mm	0.11～190	6.3～63	微型电路
浅蓝色	BP	双极性产品	0.47～470	6.3～50	极性反转电路
青蓝色	HV	高耐压产品	1.0～100	160～400	高压电路
海蓝色	BPA	可改善音质用	1.0～10	25～63	音频电路
深蓝色	BPC	耐高纹波电流	1.0～12	25～50	电视机 S 校正电路
黄色	LL	漏电电流很小	0.11～1000	10～50	定时电路、小信号处理电路
灰色	HF	低阻抗	22～2200	6～63	开关电路
橙色	MT	105℃小型标准产品	0.22～1000	6.3～100	高温电路
浅紫色	EP	高稳定性	0.11～470	16～50	定时电路、可代替钽电容

第十三节　固态电容器和超级电容器问题解答

212 什么是固态电容器？

固态电容器（Solid Capacitors，全称为固态铝质电解电容）是用高导电性的高分子聚合物取代电解液做电介质的，具有工作稳定、耐高温、寿命长、高频特性好、等效串联电阻（ESR）低、使用安全、节能环保等优良特性，性能远优于铝电解电容器，特别适用于工作条件比较恶劣的LED路灯驱动电源，还可广泛用于笔记本电脑、数码相机及高保真音响系统，代替以电解液为电介质的铝电解电容器。

固态电容器的外形（已焊接在印制板上）及内部结构如图3-13-1所示。主要包括铝壳、导电性高分子聚合物、电极层、橡胶层、正极和负极引脚。

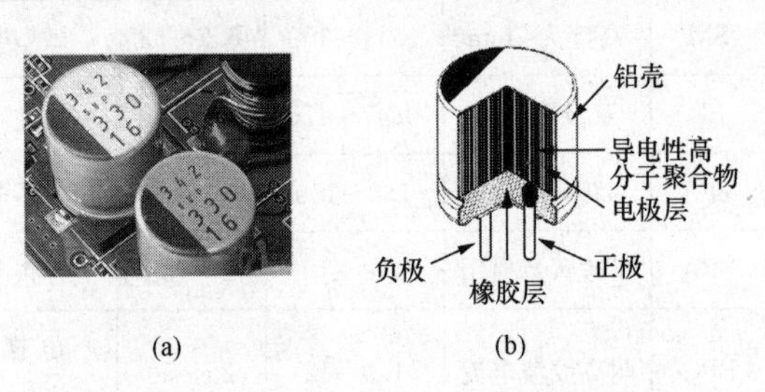

图3-13-1　固态电容器的外形及内部结构
(a) 外形（已焊接在印制板上）；(b) 内部结构

213 固态电容器与铝电解电容器相比有何优势？

(1) 温度特性比较。现将日本三洋（SANYO）公司生产的OSCON固态电容器与普通铝电解电容器的性能做一比较。当温度变化时固态电容器与铝电解电容器的容量变化率比较如图3-13-2所示，当温度从－55℃变化到＋105℃时，固态电容器的容量变化率小于±4%，而铝电解电容器的容量变化率可达－37%～＋10%。

二者的等效串联电阻（R_{ESR}）-温度关系曲线如图3-13-3所示，固态电容器不论在高温、低温工作条件下，等效串联电阻都非常低（小于0.1Ω）；铝电解电容器的等效串联电阻变化范围为0.8～80Ω。

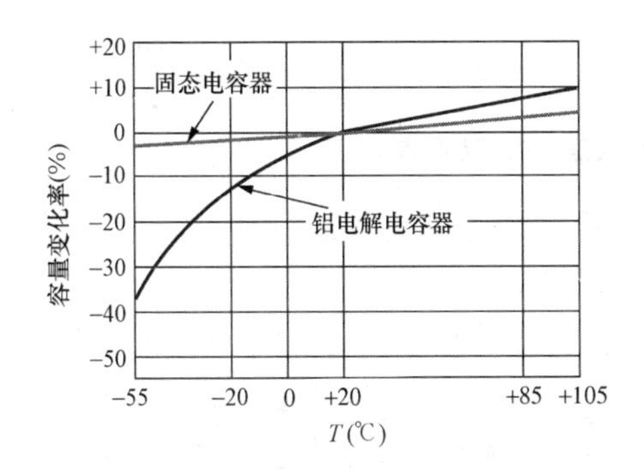

图3-13-2　当温度变化时固态电容器与铝电解电容器的容量变化率曲线比较

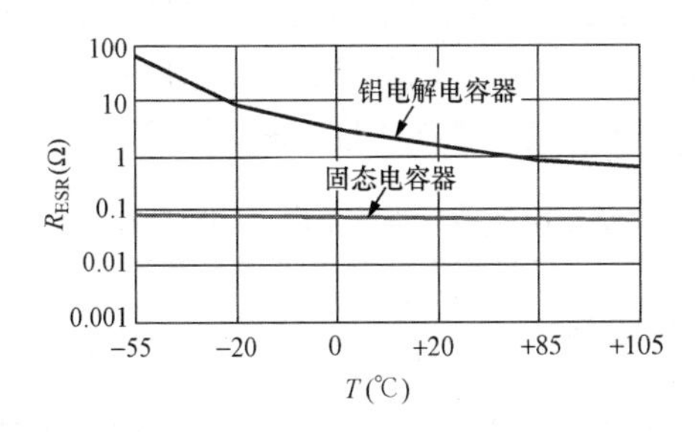

图3-13-3　固态电容器与铝电解电容器的等效串联电阻-温度关系曲线比较

（2）使用寿命比较。固态电容器与铝电解电容器的使用寿命比较见表3-13-1。需要指出，固态电容器不会发生漏液、爆炸、受热膨胀等故障；其等效串联电阻很低，能有效滤除纹波噪声，这有利于提高LED驱动电源的性能指标。

表 3-13-1　　固态电容器与铝电解电容器的使用寿命比较

环境温度(℃)	固态电容器寿命(h)	铝电解电容器寿命(h)	二者的寿命比
75	60000	16000	3.75∶1
85	20000	8000	2.5∶1
95	6000	4000	1.5∶1

214 什么是超级电容器?

超级电容器（Super Capacitor）亦称双电层电容器（Double Electric Layer Capacitor），或法拉级电容器，是一种介于传统电容器和蓄电池之间的新型储能元件。它属于电化学元件，但在储能的过程并不发生化学反应，因此可反复充、放电（50～100）万次以上。超级电容器具有功率密度大、容量大、充电时间短、使用安全、寿命长、温度特性好、免维护、不污染环境、节能环保等显著优点，不仅可在太阳能LED照明灯、警示灯及航标灯等太阳能产品中代替传统的蓄电池，还可广泛用于远程抄表系统、数码相机、掌上电脑的后备电源，以及遥控电动玩具、小功率电器等的驱动电源。超级电容器与传统蓄电池的性能比较见表3-13-2。

表 3-13-2　　超级电容器与传统蓄电池的性能比较

名称	超级电容器	铝电解电容器	铅蓄电池	镍氢(NiH)电池	锂离子(Li-Ion)电池
电极材料	活性炭	Al_2O_3/Al	PbO_2/Pb	NiOOH/MH	$LiCoO_2$/Li
充、放电次数	$\geqslant 5\times10^5$	$\geqslant 10^5$	500～700	1000	1000
质量能量密度(W·h/kg)	5～10	0.01	22～30	52～80	105～127
单体电压(V)	2.7	6.3～450	2.0	1.2	3.6
充放电时间	20s	几十毫秒	1h	几十分钟	几十分钟

超级电容器的内部结构原理及典型产品外形图分别如图 3-13-4 (a)、(b) 所示。超级电容器是采用双电层原理的被动式静电储能器件。内部由多孔活性炭和有机电解液组成，外部通过氩弧焊方法焊接外壳密封并通过电极与外部环境连接。当电压加到超级电容器的两个铝极板时，电解液的离子就靠近活性炭，正、负电荷分布在间隙极小的两个电荷层上，故称之为双电层电容器。因此，超级电容器的容量很大，且充、放电过程始终是物理过程，不发生化学反应。

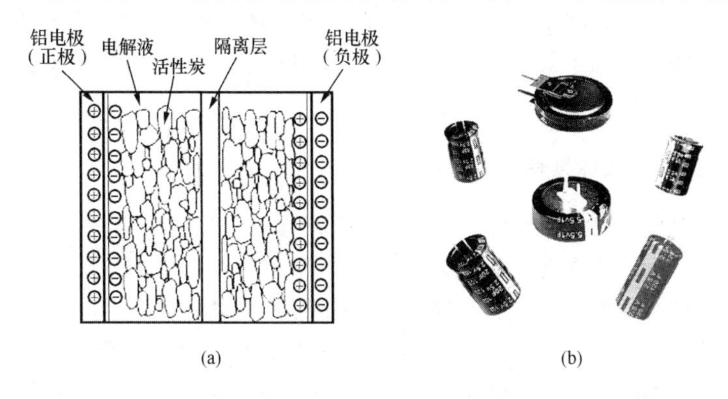

图 3-13-4　超级电容器的典型产品外形及内部结构原理图
(a) 内部结构原理图；(b) 典型产品外形图

215 超级电容器主要有哪些参数?

超级电容器的主要参数如下：

(1) 额定电容量：在 25℃室温条件下的额定电容量，并给出允许偏差。

(2) 工作电压：电容器能连续、长期保持的最大电压。

(3) 额定充、放电电流及最大充、放电电流。

(4) 时间常数 (RC)：若将超级电容器模拟为一只电容器与一只电阻器的串联组合，则该电容器与电阻器的乘积即为时间常数 (单位为 s)，它相当于将电容器恒压充电至满充容量的 63.2%时所需要的时间。

(5) 等效串联电阻：将超级电容器模拟为电感、电容和电阻的等效电路时，其中的串联电阻部分即为等效串联电阻。

第十四节 磁珠问题解答

216 什么是磁珠?

“磁珠”（magnetic bead）的全称为铁氧体磁珠滤波器，是近年来问世的一种超小型磁性元件。它是将铁氧体材料（或非晶合金）与导线在高温下烧结而成的。因其体积很小，有的产品外形呈球形，故称之为磁珠。

217 磁珠具有什么特点?

磁珠主要有以下特点：

（1）磁珠具有高频损耗大，高电阻率、高磁导率（为100～1500H/m）的特点，能在极宽的频带范围内抑制噪声干扰。将磁珠串联在信号或电源的通路中，能有效地抑制串模噪声干扰。开关电源常用磁珠的电感量很小，一般仅为几至几十微亨。

（2）磁珠可等效于电感与电阻的串联电路，其等效电感和等效电阻与磁珠的长度成比例关系。在直流或低频段，磁珠呈现很低的感抗，不会影响数据线或信号线上的信号传输。而在10MHz以上的高频段，其感抗仍很小，但等效电阻却迅速增加，进而导致总阻抗增大，使高频噪声被大幅度衰减，而对低频信号的阻抗可忽略不计，并不影响电路的正常工作。因此，磁珠可等效于低通滤波器，它允许直流电流通过而将高频噪声滤掉。这种滤波器的性能优于普通的滤波电感。滤波电感容易产生谐振而形成新的干扰源，而磁珠不会产生谐振。

（3）磁珠是按照它在某一频率产生的阻抗来度量的，其单位是Ω，而不是H。磁珠的数据表中所提供的频率-阻抗特性曲线，一般以100MHz为标准，例如“60R@100MHz”就表示磁珠在100MHz频率时的阻抗为60Ω，以此类推。

（4）磁珠对高频成分具有吸收作用，因此亦称之为吸收型滤波器。相比之下，电磁干扰滤波器中共模电感的作用是将电磁干扰反射回信号源，后者属于反射型滤波器。

（5）磁珠是将高频能量转换成电涡流并以热量形式散发掉的器件，简称耗能器件，涡流损耗与噪声频率的平方成正比。而普通电感为存储能量的元件，简称储能元件。磁珠的最高工作频率可达1GHz，而电感的工作频率一般不超过50MHz。

（6）磁珠能抑制开关噪声的产生，它属于主动抑制高频干扰。这是因为磁珠是接在产生尖峰脉冲的主回路（即输出电路）中的，利用其电感量可降低尖峰电流的上升率，故称之为“主动抑制型”。而电磁干扰滤波器只能被动的抑制干扰，因此称作“被动抑制型”，这是二者的根本区别。

（7）允许将多个磁珠串联或并联使用。通常，磁珠应安装在靠近干扰源的地方。

（8）磁珠可用在高频开关电源、电子测量仪器以及各种对噪声要求非常严格的电路中。在电磁兼容性（EMC）设计中，磁珠是抑制高频电磁干扰非常有效的一种磁性元件。

218 磁珠分哪几种类型？

磁珠分管状、片状、排状（磁珠阵列，俗称磁珠排）等多种类型。管状磁珠又分单孔珠、双孔珠、多孔珠，可满足不同需要。目前，市场上常见的管状磁珠的外形尺寸有ϕ2.5×3（mm）、ϕ2.5×8（mm）、ϕ3×5（mm）、ϕ3.5×7.6（mm）等多种规格。其外形呈管状，引线穿心而过。表3-14-1列出4种管状磁珠典型产品的技术指标，其外形及内部结构如图3-14-1所示。

表3-14-1　管状磁珠典型产品的技术指标

型号	尺寸（mm）			阻抗值（Ω）	
	A	B	C	25MHz	100MHz
HT-A62	3.5±0.2	0.6±0.1	6.0±0.3	50	90
HT-B62	3.5±0.2	0.6±0.1	9.0±0.3	70	120
HT-S62	6.0±0.2	0.6±0.1	10±0.4	320	580
HT-R62	3.5±0.2	0.6±0.1	6.0±0.3	100	130

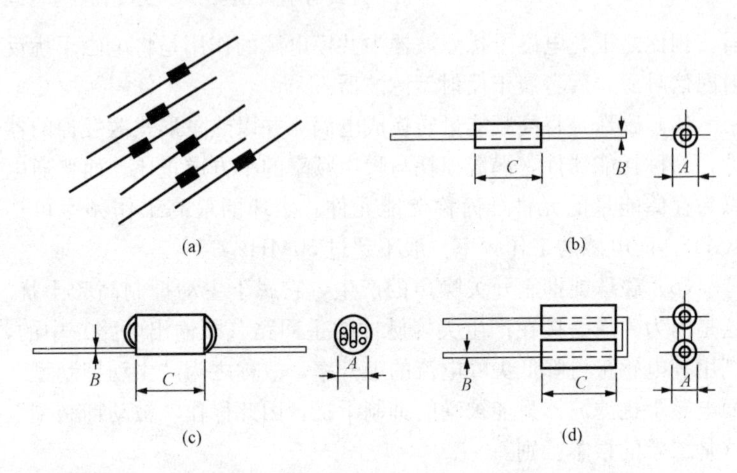

图 3-14-1　管状磁珠的外形及内部结构
（a）磁珠的外形图；（b）HT-A62、HT-B62 的结构；
（c）HT-S62 的结构；（d）HT-R62 的结构

片状磁珠分通用型、尖峰型和大电流型（1～6A）三种类型。表 3-14-2 列出了 5 种规格的片状磁珠的技术指标，其典型产品的外形尺寸如图 3-14-2 所示。表中的 0402 表示英制长度为 0.04in，宽度为 0.02in，余者类推。0402 规格的片状磁珠外形尺寸仅为 1mm×0.5mm×0.5mm（折合 0.04in×0.02in×0.02in）。磁珠阵列则是将多个（例如 2、4、6、8 个）磁珠封装在一起而制成的集成化片式器件。例如 BMA2010 型磁珠阵列就包含 4 个磁珠，外形尺寸仅为 2.0mm×1.0mm。采用磁珠阵列可节省占用印制板的面积。

表 3-14-2　　5 种片状磁珠典型产品的技术指标

<table>
<tr><th>规 格</th><th>阻抗值
（Ω，100MHz）</th><th>额定电流
（mA）</th><th>直流电阻最
大值（Ω）</th><th>工作温度范围
（℃）</th></tr>
<tr><td>0402</td><td>10～1000</td><td>50～500</td><td>0.05～1.50</td><td rowspan="2">－55～＋125</td></tr>
<tr><td>0603</td><td rowspan="2">120～1000</td><td>200</td><td>0.2～0.7</td></tr>
<tr><td>0805</td><td rowspan="3">200～500</td><td>0.15～1.1</td><td>－55～＋85，－55～＋125</td></tr>
<tr><td>1206</td><td>26～600</td><td>0.15～0.90</td><td rowspan="2">－55～＋125</td></tr>
<tr><td>1806</td><td>80～150</td><td>0.1～0.5</td></tr>
</table>

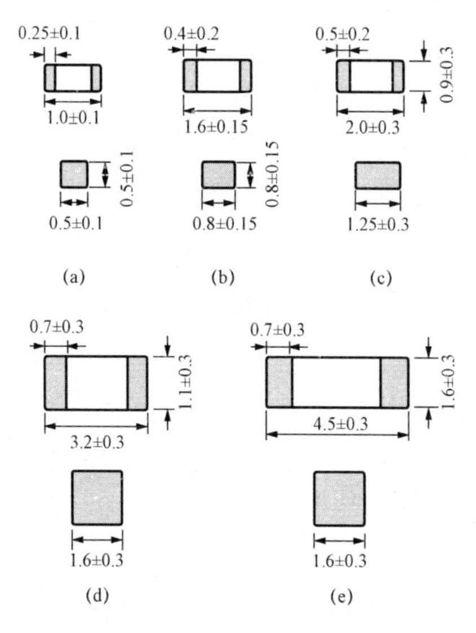

图 3-14-2　片状磁珠典型产品的外形尺寸（单位：mm）
（a）0402-BLM10A；（b）0603-BLM11A；（c）0805-BLM21A；
（d）1206-BLM31A；（e）1806-BLM41A

219　磁珠的阻抗特性有何特点？

磁珠可等效于由电感 L 和损耗电阻 R 组成的串联电路。其典型产品的阻抗特性如图 3-14-3 所示。图中的 Z 表示阻抗，R 为损

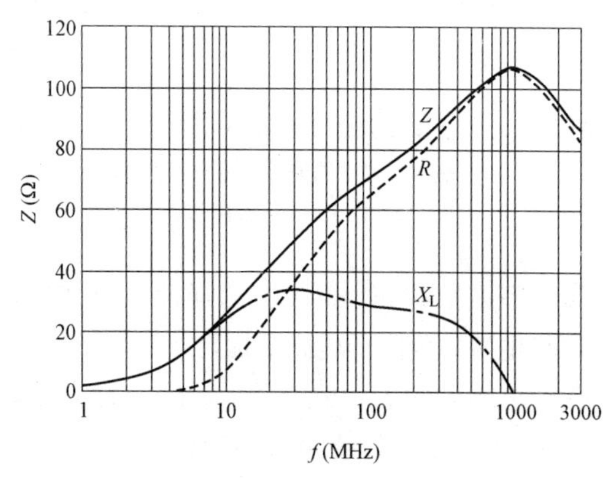

图 3-14-3　磁珠典型产品的阻抗特性

耗电阻，X_L 为感抗。其中，$X_L=2\pi fL$，$Z=\sqrt{R^2+X_L^2}$。

由图可见，当频率 f 从 1MHz 升到 1000MHz，磁珠的阻抗和损耗电阻迅速增大，当 $f=1000$MHz 时 Z、R 均达到最大值。而感抗随频率升高缓慢增加，在 $f=30$MHz 时 X_L 达到最大值，然后逐渐变小，当 $f=1000$MHz 时，$X_L=0$。

220 在开关电源中如何使用磁珠?

磁珠在开关电源中的典型应用电路如图 3-14-4 所示。图（a）中，二次侧输出整流管 VD 采用 SB580 型肖特基二极管。R 与 C_1 构成电磁干扰吸收网络。L 采用 3.3μH 的磁珠。C_4 为安全电容器，C_2 和 C_3 为输出滤波电容器。磁珠在电子设备中的典型应用电路，将两个磁珠 L_1 和 L_2 接在退耦电容器 C 的前面。由于磁珠对高频电流呈现高阻抗，因此可阻碍传输线上的高频干扰电流流入 IC。

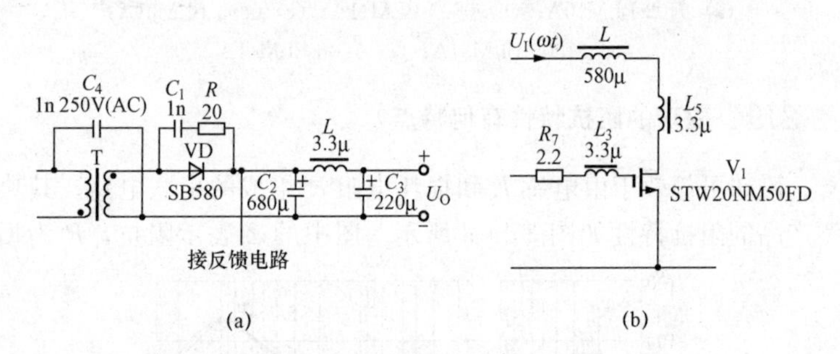

图 3-14-4　磁珠在开关电源中的应用电路（局部）

（a）磁珠在二次侧输出电路中的应用；

（b）磁珠在 PFC 电路中的应用

某升压式功率因数校正（PFC）的局部电路如图 3-14-4（b）所示，L 为 PFC 电感。为降低电磁干扰，在功率开关管 V_1 的栅极与漏极上还分别串联磁珠 L_3 和 L_5。L_3、L_5 可采用美国 Fair-Rite 公司生产的 2643001501 型铁氧体环形磁珠，其外形尺寸为 ϕ3.5mm×3.25mm，孔径为 ϕ1.6mm，25MHz 时的阻抗为 21Ω。

第十五节　光耦反馈电路问题解答

221 什么是光耦合器？

光耦合器（Optical Coupler）亦称光电耦合器或光隔离器，简称光耦。它是以光为媒介来传输电信号的器件。通常是把发光器（红外发光二极管LED）与受光器（光敏三极管）封装在同一管壳内。当输入端加上电信号时，发光器发出光线，受光器在接收光线之后就产生光电流，从输出端流出，从而实现了“电-光-电”转换。光耦合器可广泛用于电平转换、信号隔离、级间隔离、远距离信号传输、脉冲放大、固态继电器、精密开关电源、仪器仪表及微机接口中。

222 光耦合器有哪几种类型？

常见光耦合器的产品分类及内部电路如图3-15-1所示，括号内是8种典型产品的型号。其中，通用型属于中速光耦合器，其电流传输比为25％～300％。达林顿型光耦合器的速度较低，而电流传输比可达100％～5000％。高速型光耦合器具有速度快、输出线性好等优点。由光集成电路构成的光耦合器属于高速光耦，电流传输比较大。光纤型光耦合器能够耐高压，其绝缘电压值超过100kV。光敏晶闸管型光耦合器属于大功率输出的光耦，典型产品有4N39（内含单向晶闸管）、IS607（内含双向晶闸管）。光敏场效应管型光耦合器的特点是速度快，交、直流两用。

223 什么是电流传输比？

电流传输比是光耦合器的重要参数，通常用直流电流传输比来表示，当输出电压保持恒定时，它等于直流输出电流 I_C 与直流输入电流 I_F 的百分比。有公式

$$\mathrm{CTR}=\frac{I_C}{I_F}\times 100\% \qquad (3\text{-}15\text{-}1)$$

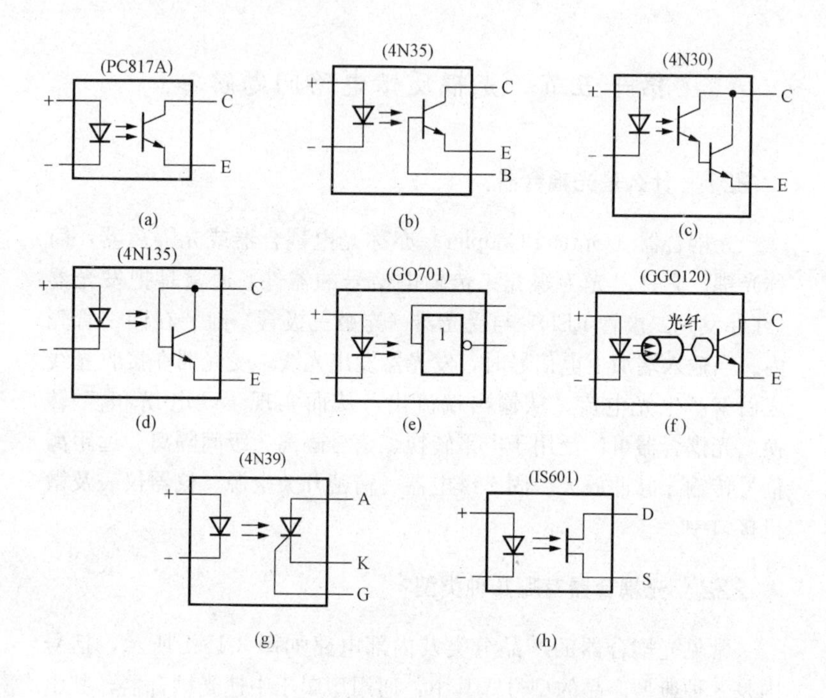

图 3-15-1　光耦合器的分类及内部电路

(a) 通用型（无基极引线）；(b) 通用型（有基极引线）；(c) 达林顿型；(d) 高速型；(e) 光集成电路型；(f) 光纤型；(g) 光敏晶闸管型；(h) 光敏场效应管型

采用一只光敏三极管的光耦合器，CTR 的范围大多为 20%～300%，例如 4N35 型光耦合器的 CTR>100%，而 PC817A 型光耦合器则为 80%～160%。达林顿型光耦合器（如 4N30）可达 100%～5000%。这表明欲获得同样的输出电流，后者只需较小的输入电流。因此，CTR 参数与晶体管的 h_{FE} 有某种相似之处。

224　开关电源中为何要选择线性光耦合器？

在光耦反馈式开关电源中经常采用线性光耦合器，典型产品型号为 PC817A、CNY17-2 和 MOC8101。线性光耦合器与普通光耦合器典型的 CTR-I_F 特性曲线，分别如图 3-15-2 中的虚线和实线所示。由图可见，普通光耦合器的 CTR-I_F 特性曲线呈非线性，在 I_F 较小时的非线性失真尤为严重，因此它不适合传输模拟信号。线性光耦合器的 CTR-I_F 特性曲线具有良好的线性度，特别是在传输小信号时，其交流电流传输比（$\Delta CTR = \Delta I_C / \Delta I_F$）很接近于直流电流传输比 CTR 值，因此它适合传输模拟电压或电流信号，能使输出与输入之间呈线性关系。这是其重要特性。

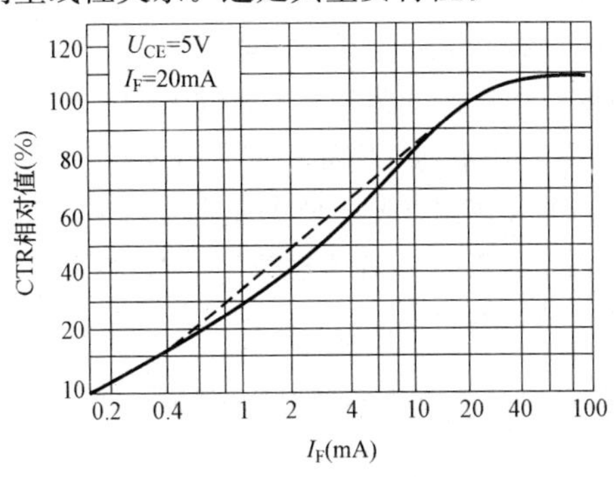

图 3-15-2 两种光耦合器的 CTR-I_F 特性曲线

225 线性光耦合器有哪些典型产品？

开关电源常用线性光耦合器的典型产品及主要参数见表 3-15-1。

表 3-15-1 线性光耦合器的典型产品及主要参数

产品型号	CTR(%)	$U_{(BR)CEO}$(V)	国外生产厂家	封装形式
PC816A	80～160	70	Sharp	DIP-4（基极未引出）
PC817A	80～160	35		
SFH610A-2	63～125	70	Simens	
NEC2501-H	80～160	40	NEC	
CNY17-2	63～125	70	Motorola，Simens，Toshiba	DIP-6（基极引出）
CNY17-3	100～200	70		
SFH600-1	63～125	70	Simens，Isocom	
SFH600-2	100～200	70		

226 选择光耦合器的原则是什么？

在设计光耦反馈式开关电源时必须正确选择光耦合器的型号及

参数。选取原则如下：

（1）光耦合器的电流传输比（CTR）的允许范围是50%～200%。这是因为当CTR<50%时，光耦合器中的LED就需要较大的工作电流（I_F>50mA），才能正常控制占空比，这会增大光耦合器的功耗。若CTR>200%，在启动电路或者当负载发生突变时，有可能造成误触发，影响正常输出。

（2）推荐采用线性光耦合器，其特点是CTR值能够在一定范围内做线性调整。由英国埃索柯姆（ISOCOM）公司、美国摩托罗拉公司生产的4N××系列（例如4N25、4N26、4N35）光耦合器，目前在国内应用十分普遍。鉴于此类光耦合器呈现开关特性，其线性度差、CTR值不可控，适宜传输数字信号（高、低电平），因此不推荐用在单片开关电源中。

227 普通光耦反馈电路是如何构成的？

普通光耦反馈电路示例（局部）如图3-15-3所示。C_4为安全电容，能滤掉由一、二次侧耦合电容引起的共模干扰。二次侧输出首先经过3A/40V的肖特基二极管VD_2（1N5822）、C_5整流滤波。再经过后置滤波器L与C_6进一步减小纹波，获得+5V稳压输出。RTN为返回端。L采用10μH/2A的磁珠，能滤除开关噪声。

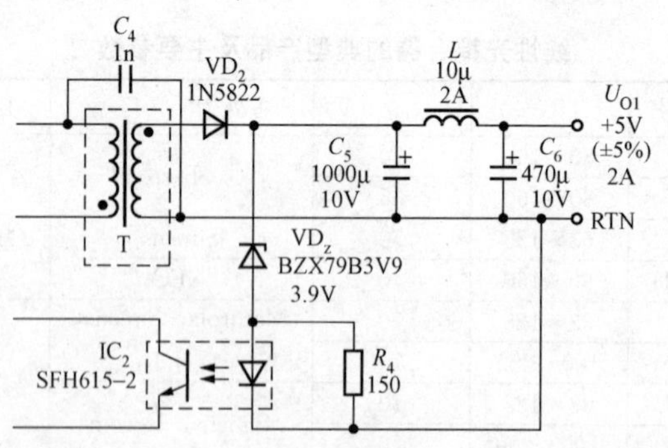

图3-15-3 普通光耦反馈电路示例（局部）

反馈电路由线性光耦合器IC_2（SFH615-2）和稳压管VD_Z（BZX79B3V9）构成。R_4（150Ω）为稳压管的偏置电阻，可使稳定

电流 $I_Z=1V/150\Omega=6.7mA$。输出电压 U_O 值取决于光耦合器中发光二极管正向压降 U_F（约 1V）与稳压管的稳定电压 U_Z（约 3.9V）之和，即

$$U_O=U_F+U_Z \tag{3-15-2}$$

将 $U_F\approx 1V$，$U_Z=3.9V$ 代入式（3-15-2）中得到，$U_O\approx 4.9V$，可近似为 5V。

228 如何选择普通光耦反馈电路中的稳压管？

稳压管在开关电源中的应用非常普遍，不仅可直接对输出电压进行稳压，还可构成普通光耦反馈电路、漏极钳位保护电路、过电压保护电路等。稳压管是一种可工作在非破坏性击穿（齐纳击穿）状态下的半导体器件。其稳定电压 U_Z 亦称齐纳电压。按照稳定电压 U_Z 值来划分，稳压管有低压、高压两种。低压稳压管的 U_Z 一般在 40V 以下，高压稳压管最高可达 200V。近年来全系列玻封稳压管已大量问世，其优点是规格齐全（$U_Z=2.4\sim200V$）、稳压性能好、体积小巧、价格低廉。最大功耗为 0.5W 的稳压管采用 DO-35 封装，外形尺寸为 $\phi2.0mm\times4mm$（不含引线，下同），典型产品有 1N5985B（2.4V）～1N6031B（200V）；1.5W 的稳压管采用 DO-41 封装，外形尺寸为 $\phi2.7mm\times5.2mm$，典型产品有 1N5913B（3.3V）～1N5956B（200V）。

选择稳压管时还需注意三点：①稳定电压 U_Z 的标称值允许有 ±5% 的偏差，但具体到某只稳压管则为确定值；②U_Z 的电压温度系数 α_T 一般为 ±0.1%/℃左右。但专门采用温度补偿措施的稳压管（例如国产 2DW7A～2DW7C 型），α_T 值可降至 0.05%/℃，此类管子属三端器件，内含温度补偿二极管，亦称精密稳压管；③稳压管的动态电阻 $R_Z=\Delta U_Z/\Delta I_Z$。

229 精密光耦反馈电路是如何构成的？

精密光耦反馈电路是由光耦合器和可调式精密并联稳压器构成的。对单路输出式开关电源而言，电压调整率可达 0.2%，负载调整率约为 0.5%，适用于设计精密开关电源。

可调式精密并联稳压器是一种具有电流输出能力的可调基准电压源，其性能优良、价格低廉，可广泛用于精密开关电源中，构成外部误差放大器，再与线性光耦合器组成隔离式光耦反馈电路。此外，还能构成电压比较器、电源电压监视器、延时电路、精密恒流源等。TL431是由美国德州仪器公司（TI）和摩托罗拉公司（Motorola）生产的可调式精密并联稳压器，其输出电压可在2.50～36V连续调节。TL431的同类产品还有LM431，它们的性能指标和引脚功能完全相同。

精密光耦反馈电路示例（局部）如图3-15-4所示。二次绕组电压经过VD_5、C_9和C_{10}整流滤波，获得稳压输出。输出整流管VD_5采用20A/60V的肖特基对管MBR2060CT。精密光耦反馈电路由PC817C和TL431组成。这里是用TL431型可调式精密并联稳压器来代替普通的稳压管，构成外部误差放大器，进而对U_O作精细调整。当输出电压U_O发生波动时，经电阻R_{17}、R_{18}分压后得到的取样电压就与TL431中的2.5V带隙基准电压进行比较，在阴极K上形成误差电压，使光耦合器中的LED工作电流产生相应变化，再通过光耦合器去改变单片开关电源的控制端电流，进而调节输出占空比，使U_O维持不变，达到稳压目的。

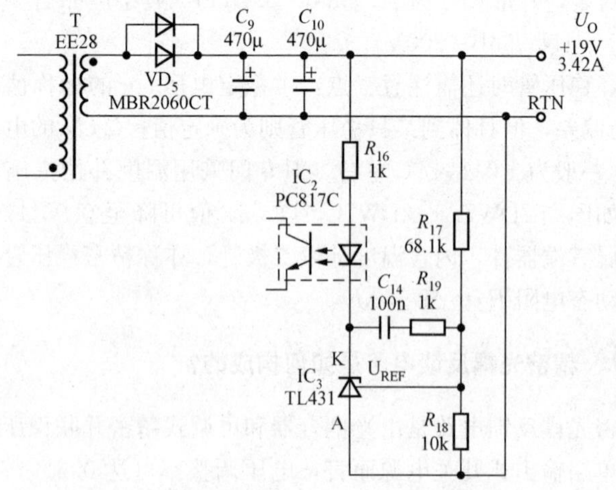

图3-15-4　精密光耦反馈电路示例（局部）

需要说明两点：第一，R_{16}为反馈环路的增益电阻，减小R_{16}的阻值能降低增益，但并不能改变 TL431 的偏置电流，这是因为$I_{R2}=I_C/CTR$，I_{R2}称作光耦的反射电流，它仅与红外接收管的集电极电流I_C、光耦的电流传输比 CTR 有关；第二，为使 TL431 能正常工作，需要提供的偏置电流$I\geqslant 1mA$（典型值一般选 1～1.5mA，以降低功耗），可在 PC817C 中的 LED 两端并联一只 680Ω～1kΩ 的电阻R_{20}（图 3-15-4 中未画），由R_{20}给 TL431 提供偏置电流，此时 LED 起到电流源的作用，其正向压降$U_{LED}=1V$（典型值），偏置电流$I=U_{LED}/R_{20}$，当$R_{20}=1k\Omega$时，$I=1mA$；第三，由C_{14}和R_{19}构成补偿网络，对 TL431 中的放大器进行频率补偿。

第十六节　控制环路问题解答

230 什么是波特图？

测量控制环路的幅频特性和相频特性时，经常需要用到波特图（Bode Diagram，亦称伯德图），其频率坐标采用对数刻度。波特图反映了控制环路对不同频率信号的放大能力，可为计算环路增益并进行稳定性分析提供方便。开关电源的波特图示例如图 3-16-1 所示。

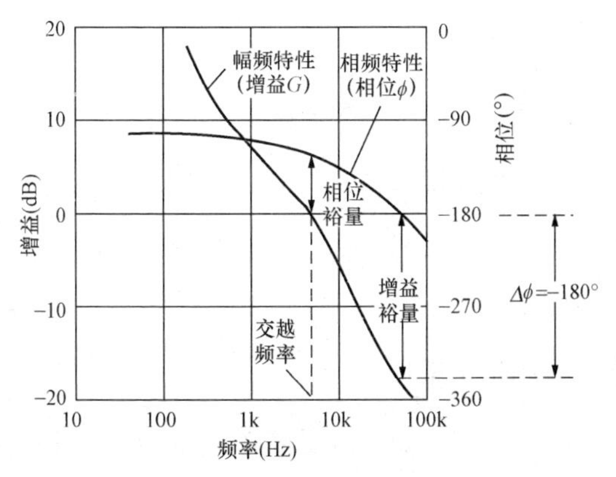

图 3-16-1　开关电源的波特图示例

231 用什么软件可获得波特图？

利用美国PI公司的PI Expert 9设计软件，能自动生成开关电源波特图。典型示例如图3-16-2所示。

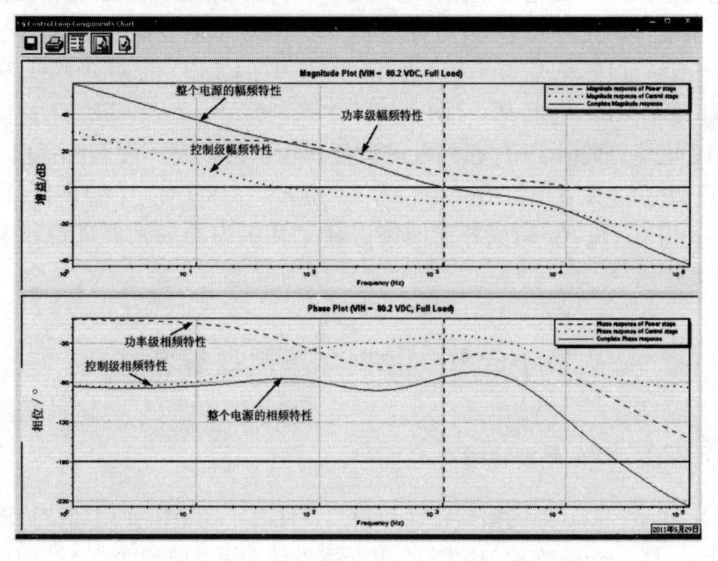

图3-16-2　用PI公司软件自动生成开关电源波特图的示例

232 什么是交越频率？

交越频率，亦称交叉频率或穿越频率，它表示幅频特性曲线（简称增益曲线）穿越0dB线的频率点。

233 什么是增益裕量？

增益裕量是相位$\phi=-180°$时的增益（实际为衰减），即从0dB到$-G$（dB）的数值。

234 什么是相位裕量？

相位裕量是增益降到0dB（$G=0$dB）时的相位，即从ϕ（°）到$-180°$的数值。

235 对控制环路的基本要求是什么？

对控制环路的基本要求如下：

（1）环路增益：低频段一般要尽量大，中频段一般约为－20dB，高频段约为－40dB。

（2）频率响应：控制环路的频率响应过窄或过宽，都会影响开关电源的稳定性。

（3）相位裕量：设计的相位裕量至少为45°。

（4）交越频率：交越频率必须小于开关频率的1/10。

（5）瞬态响应：当输入电压或负载发生瞬态变化时，控制环路的响应速度必须足够快。

需要说明的是在修改反馈环路的元器件值时，交越频率和相位裕量都会发生变化。利用RC网络可减小相位失真。

236 衡量反激式开关电源稳定性的指标是什么？

衡量一个反激式开关电源稳定性的指标是增益裕量和相位裕量，即电源变为不稳定状态之前可容忍的增益、相位范围。为使开关电源达到稳定状态，必须设计光耦反馈环路的增益裕量和相位裕量。当G＝0dB时，以相位滞后－180°作为临界点，若相位滞后超过－180°，开关电源就会变得不稳定。通常情况下，反馈环路的设计应该有一个最低的6dB增益裕量和45°相位裕量。推荐的最低增益裕量为10dB（取绝对值），最低相位裕量为60°（取绝对值），且最大相位裕量不得超过－180°。这样才能在环境温度变化或负载发生瞬态变化时，确保开关电源能长期稳定地工作，避免因误差放大器出现饱和、反馈环路自激振荡等故障而破坏系统的稳定性。

237 光耦反馈控制环路的基本结构是什么？

光耦反馈控制环路（以下简称光耦反馈环路）的基本结构如图3-16-3所示。图中的TOPSwitch单片开关电源包含TOPSwitch-GX、TOPSwitch-HX、TOPSwitch-JX等系列。C_O为输出滤波电容，R_{F5}、C_{F3}分别为控制端的旁路电阻和旁路电容。R_{F1}，R_{F2}为输出电压的取样电阻。C_{F1} 为补偿电容。R_{F3} 为环路增益调整电阻。由 R_{F4}、C_{F2} 构成相位提升网络（可选件）。该开关电源的一次绕组电感 $L_P=827\mu H$，二次侧等效电感 $L_E=41\mu H$，输出滤波电容的等效串联电阻 $R_{ESR}=33m\Omega$，工作占空比 $D=0.55$，输出负载阻抗 $R_O=3.2\Omega$。设计中不必考虑后置滤波器的谐振频率对环路响应的影响，因为只要合理设计后置滤波器，使其谐振频率大于 10kHz 即可。

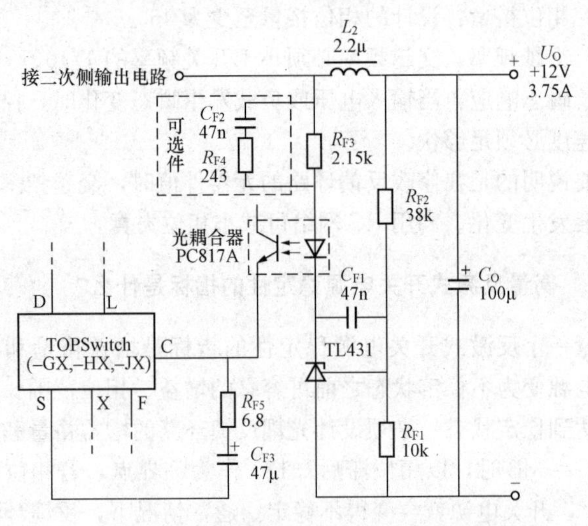

图 3-16-3　光耦反馈环路的基本结构

238　如何设置光耦反馈环路的性能参数？

（1）计算预期的右半平面零点（简称 RHP 零点）频率 f_{RHP}。反激式开关电源工作在连续导通模式（CCM）时，其传递函数中包含一个固有的右半平面（RHP）零点。当负载电流增加时，就需要增加高频变压器一次绕组的电流。反激式开关电源必须提高占空比以实现这一目标。由于输出电流仅在功率开关管（MOSFET）关断、输出整流管导通时才能流至负载，而开关频率是固定的，因此提高占空比势必会增加 MOSFET 的导通时间，而减少输出整流管的导通时间。其后果是负载电流实际上减小了，导致输出电压在初始时刻下降。此后，随着一次绕组电流不断增大，最终使输出整流管的平均电流达到额定值。上述在增大输出整流管电流之前必须使其实际上有所减小的现象被称作RHP零点。显然，该零点会产生一个相位延迟。RHP零点只出现在连续导通模式。

计算右半平面零点频率f_{RHP}的公式为

$$f_{RHP}=\frac{R_O}{2\pi L_E D} \tag{3-16-1}$$

式中：R_O为输出负载阻抗；L_E为二次侧等效电感；D为功率开关管的占空比。将$R_O=3.2\Omega$、$L_E=41\mu H$和$D=0.55$一并代入式(3-16-1)中，得到$f_{RHP}\approx 23kHz$。

(2) 选择交越频率$f_{CROSSOVER}$。对于TOPSwitch-JX系列单片开关电源，开关频率为132kHz（全频模式），或66kHz（半频模式）。交越频率应低于开关频率的十分之一（即$f_{CROSSOVER}\leqslant 0.1f$），并且低于RHP零点频率的五分之一（即$f_{CROSSOVER}\leqslant 0.2f_{RHP}$）。合理的交越频率$f_{CROSSOVER}$范围是500Hz～3kHz，该范围显然符合$f_{CROSSOVER}<0.1f=6.6kHz$（半频模式）、$f_{CROSSOVER}<0.2f_{RHP}=4.6kHz$的要求。对于80%以上的设计，选择$f_{CROSSOVER}=1kHz$是一个很好的起点。$f_{CROSSOVER}$越高，频带也越宽，但容易增加对噪声的敏感度。

(3) 选择所需的开环相位裕量，至少要留出45°的相位裕量。相位裕量的允许范围是45°～75°，推荐的相位裕量为60°。

239 试举例说明如何选择输出滤波电容器？

下面就以图3-16-3所示电路为例，已知开关频率为$f=66kHz$，输出纹波电压$\Delta U_O=100mV=0.1V$，电容器上的纹波电流取$\Delta I_O=0.4I_O=0.4\times 3.75A=1.5A$。所选电解电容器的等效串联电阻$R_{ESR}=33m\Omega=0.033\Omega$。利用式3-12-2计算出$C_O$的最小值为

$$C_{O(min)}=\frac{1}{8f\left(\frac{\Delta U_O}{\Delta I_O}-R_{ESR}\right)}=\frac{1}{8\times 66kHz\left(\frac{0.1V}{1.5A}-0.033\Omega\right)}=56.3\mu F$$

实际取标称容量 $C_O=100\mu F$。

为避免输出电路产生谐振，要求二次侧等效电感 L_E 与输出滤波电容器 C_O 构成的 LC 电路的谐振频率应大于 500Hz。二次侧等效电感 L_E 由下式确定

$$L_E=\frac{L_P\left(\frac{N_S}{N_P}\right)^2}{(1-D)^2} \tag{3-16-2}$$

式中：L_P 为高频变压器一次绕组的电感；N_P 为一次绕组的匝数；N_S 为二次绕组的匝数；D 为功率开关管的占空比。该电源的二次侧等效电感 $L_E=41\mu H$。

240 如何选择控制端的旁路电容和旁路电阻？

C_{F3} 由 TOPSwitch 内部电路供电，它决定自动重新启动的时间。C_{F3} 的取值范围是 10～100μF，推荐值为 47μF。

R_{F5} 是与 C_{F3} 串联的一个小电阻。R_{F5} 的阻值与 C_{F3} 的等效串联电阻 R_{ESR} 相串联后，由于 $R_{F5}\gg R_{ESR}$，因此可使二者的总阻抗保持相对稳定。R_{F5} 的允许范围是 0～22Ω，推荐值为 6.8Ω。

241 如何选择可调式基准电压源？

单片开关电源内部已包含误差放大器，只需配外部可调式基准电压源。当输出电压 $U_O>3.3V$ 时，可采用 TL431 型可调式精密并联稳压器（内部基准电压 $U_{REF}=2.5V$）。当 $U_O\leqslant 3.3V$ 时，建议采用 LMV431 型可调式精密并联稳压器（$U_{REF}=1.24V$，可近似视为 1.25V）。

242 如何选择取样电阻？

取样电阻 R_{F1}、R_{F2} 是为 TL431 得到合适的取样电压，并不影响环路的增益和相位。取样电压的大小由电阻分压器 R_{F2}、R_{F1} 来设置。R_{F1} 的阻值范围是 2kΩ～50kΩ，推荐值为 10kΩ。R_{F1} 的阻值过高，会造成误差放大器的偏置电流太小。

一旦选定了 R_{F1}，根据输出电压 U_O、U_{REF} 值，即可计算出

R_{F2}的阻值。计算公式为

$$R_{F2} = R_{F1} \cdot \frac{U_O - U_{REF}}{U_{REF}} \tag{3-16-3}$$

已知 $R_{F1}=10k\Omega$、$U_O=12V$、$U_{REF}=2.5V$ 时，由式（3-16-3）可计算出 $R_{F2}=38k\Omega$。R_{F1}和R_{F2}的精度均为1%。

243 如何选择补偿电容?

交越频率 $f_{CROSSOVER}$是由R_{F2}、C_{F1}构成的RC网络的零点频率f_{ZERO}、TOPSwitch控制端的极点频率 f_{POLE}（7kHz）所决定的。一般可设定 $f_{ZERO}\approx 100Hz$。TOPSwitch芯片控制端C的极点频率$f_{POLE}=7kHz$，选择交越频率 $f_{CROSSOVER}=1kHz$。计算 f_{ZERO}的公式为

$$f_{ZERO} = \frac{f_{CROSSOVER}^2}{f_{POLE}} \tag{3-16-4}$$

不难算出，$f_{ZERO}=142.9Hz$，实际取120Hz。

补偿电容 C_{F1}的容量由下式确定

$$C_{F1} = \frac{1}{2\pi f_{ZERO} R_{F2}} \tag{3-16-5}$$

将 $f_{ZERO}=120Hz$、$R_{F2}=38k\Omega$ 代入式（3-16-5）中，$C_{F1}=34.9nF$。实际选 $C_{F1}=47nF$。

244 如何选择增益调整电阻?

反馈环路的总增益（G），就等于TOPSwitch控制电路的增益（K_{TOP}）与TL431开环电压增益（K_{TL431}）的乘积，即 $G=K_{TOP}\cdot K_{TL431}$。其中，$K_{TL431}\approx 53dB$（频率范围是1kHz～10kHz)。但G并非越大越好，也非越小越好。当G过高时，输出电压会围绕平均值来回跟踪，使输出电压波动很大，严重时甚至会出现振荡；反之，G过低会导致输出电压不稳定，因电压不能跟踪到位而调节滞后，使动态响应变差。反馈环路的增益由R_{F3}设定。R_{F3}的阻值越小，通过LED的电流I_{LED}越大，控制作用越强，增益越高，但反馈环路的功耗也随之增大；反之，$R_{F3}\uparrow\rightarrow I_{LED}\downarrow\rightarrow G\downarrow$。这表明，

调节R_{F3}的阻值时增益曲线将会向上或向下移动，但R_{F3}并不影响环路的相位响应。

选择R_{F3}有两种方法：一种为查表法。当所用光耦合器的CTR＝100％时，对于TOPSwitch-JX系列及其他TOPSwitch系列的单片开关电源，R_{F3}的阻值允许范围见表3-16-1。当U_O＝12V时，实际选R_{F3}＝2.15kΩ。

表3-16-1　R_{F3}的允许阻值范围（所用光耦合器的CTR＝100％）

输出电压 U_O（V）	TOPSwitch-JX系列的允许阻值范围	其他TOPSwitch系列的允许阻值范围
5	200(初始值)～470Ω(最大值)	100(初始值)～233Ω(最大值)
12	910Ω～2.7kΩ	470Ω～1.3kΩ
15	1.3kΩ～3.6kΩ	680Ω～1.8kΩ
24	2kΩ～6.8kΩ	1kΩ～3.3kΩ
48	3.9kΩ～14.7kΩ	2kΩ～7.3kΩ

另一种方法是已知交叉频率上的增益裕量为G（单位是dB），根据下式可计算R_{F3}

$$R_{F3} = 10^{\frac{G(dB)}{20}}\ (\Omega) \tag{3-16-6}$$

例如，假定G（dB）＝66.6dB，代入式（3-16-6）中得到，R_{F3}＝2138Ω＝2.138kΩ。

当CTR＞100％时，可按相应比例增大R_{F3}的阻值。例如在CTR＝400％、输出电压不变（即反馈环路的增益不变）的情况下，R_{F3}的初始值及最大值应分别扩大到4倍。但R_{F3}的阻值过大，也会限制光耦合器中的电流I_{LED}，因此R_{F3}不得超过最大值。在调试过程中可从R_{F3}的初始值开始，逐步增加R_{F3}值，直到稳压性能和负载的瞬态响应均达到最佳。

245　如何选择提升相位裕量的RC型网络?

电阻R_{F4}和C_{F2}为可选件，专用于提升相位裕量，它特别适用具有多路输出的开关电源。R_{F4}和C_{F2}的计算公式分别为

$$R_{F4} = \frac{R_{F3}}{9} \tag{3-16-7}$$

$$C_{F2} = \frac{1}{10 \times 2\pi R_{F4} f_{CROSSOVER}} = \frac{9}{10 \times 2\pi R_{F3} f_{CROSSOVER}} \tag{3-16-8}$$

若将 $R_{F3}=2.15\text{k}\Omega$、$f_{CROSSOVER}=1\text{kHz}$ 分别代入式（3-16-7）、式（3-16-8）中，即可得到 $R_{F4}=239\Omega$，$C_{F2}=67\text{nF}$。R_{F4} 实取 E196 系列的标称值 243Ω，C_{F2} 取标称容量 47nF。利用 R_{F4}、C_{F2} 可提供大约 30°的额外相位裕量。

246 试给出提升相位裕量的设计实例。

由 TOPSwitch-JX 系列产品中的 TOP269EG 构成的开关电源，交流输入电压 $u=85\sim265\text{V}$，输出为 $U_O=19\text{V}$，$I_O=3.42\text{A}$。该电源在反馈环路的增益电阻 R_{21} 上并联了相位补偿网络 R_{22}、C_{14}。改进前的反馈环路及其幅频特性和相频特性曲线分别如图 3-16-4

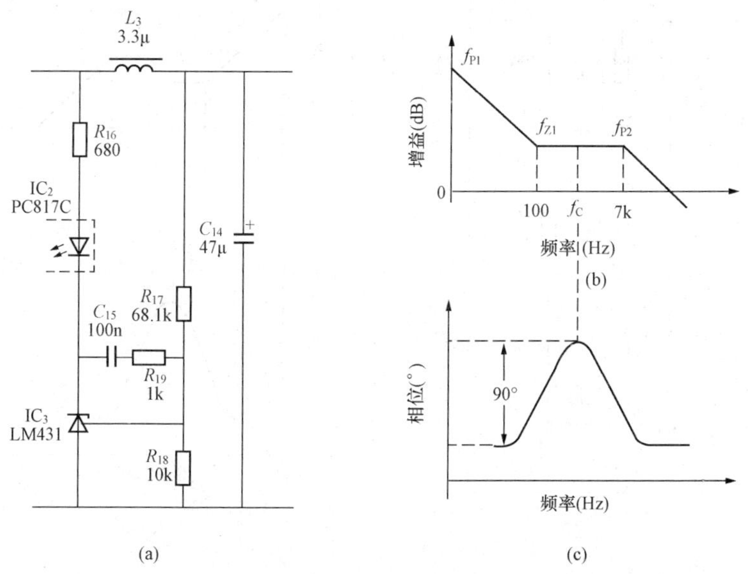

图 3-16-4 改进前的反馈环路及其幅频特性曲线和相频特性曲线
（a）改动前的反馈环路；（b）幅频特性曲线；（c）相频特性曲线

(a)、(b)、(c) 所示。幅频特性曲线中的 f_{P1}～f_{P3} 均表示极点频率，图 3-16-4 (b) 有两个极点（f_{P1}、f_{P2}，简称双极点频率），其中，由 C_{15} 设定的 $f_{P1}=0$Hz；由 C_{15}、R_{19} 和 R_{17} 设定的 $f_{Z1}=100$Hz；由 TOP269EG 内部阻容元件设定的 $f_{P2}=7$kHz。

改进后的反馈环路及其幅频特性曲线和相频特性曲线分别如图 3-16-5 (a)、(b)、(c) 所示。图 3-16-5 (b) 有三个极点（f_{P1}、f_{P2} 和 f_{P3}，简称 3 极点频率）。f_{Z1}、f_{Z2} 均表示零点频率，零点频率也可以有一个或几个。其中，由 C_{15} 设定的 $f_{P1}=0$Hz；由 C_{15}、R_{24} 和 R_{25} 设定的 $f_{Z1}=100$Hz；由 R_{21}、R_{22} 和 C_{14} 设定的 $f_{Z2}=f_C$，f_C 为交越频率，它表示当总的开环增益为 1（即 0dB）时所对应的频率，交越频率必须小于开关频率的 1/10。由 TOP269EG 设定的 $f_{P2}=7$kHz。由 R_{21}、R_{22} 和 C_{14} 设定的 $f_{P3}=10f_C$。增加 R_{22}、C_{14} 之后，相频特性曲线上的相位差从 90°提高到 135°，即提高了 45°。通过上述改进，可使波特图上总的相位裕量提升 30°，从而提高了反馈环路的稳定

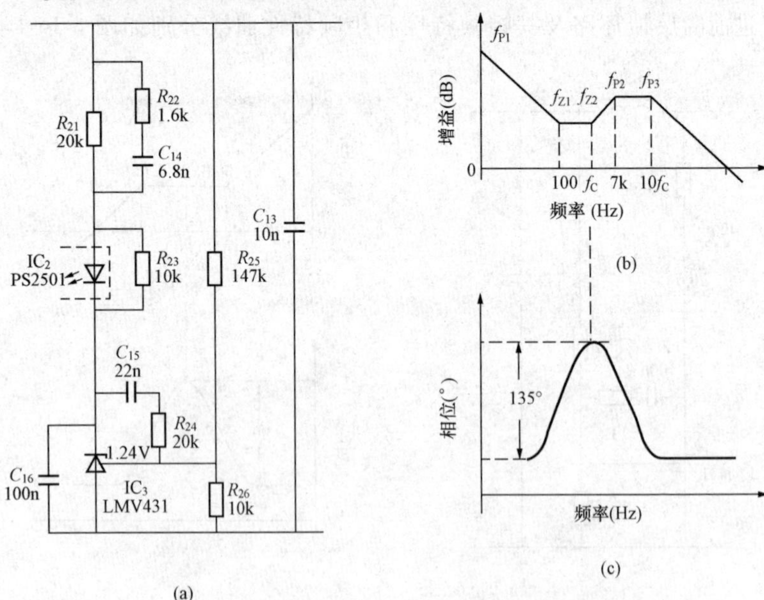

图 3-16-5　改进后的反馈环路及其幅频特性曲线和相频特性曲线

(a) 改动后的反馈环路；(b) 幅频特性曲线；(c) 相频特性曲线

性。开关电源的波特图可通过频率响应分析仪进行测量。

需要指出，将 R_{22}、C_{14} 网络与原增益电阻 R_{21} 并联后，在低频段对 R_{21} 没有影响；但当超过 f_C 后，C_{14} 的容抗不断减小，对 R_{21} 的并联作用越来越明显，使总电阻值减小，反馈环路的增益变高。这也反映到图 3-16-5（b）中，在 f_C～$10f_C$ 频段的幅频特性曲线在一定程度上得到了提升。

247 为什么要对芯片内部的控制环路进行补偿？

因为控制环路属于负反馈的闭环系统，为保证控制环路的稳定性，必须对其相位进行补偿。否则，若控制环路产生 180°的相移，就会形成正反馈而发生自激振荡，使整个闭环系统的稳定性受到破坏，开关电源将无法正常工作。通常是利用 RC 网络对控制环路进行补偿。

248 如何对芯片内部的控制环路进行补偿？

使用 TOPSwitch 单片开关电源时，需要从控制端来对内部控制环路进行补偿。控制端的 3 种补偿电路如图 3-16-6（a）～（c）

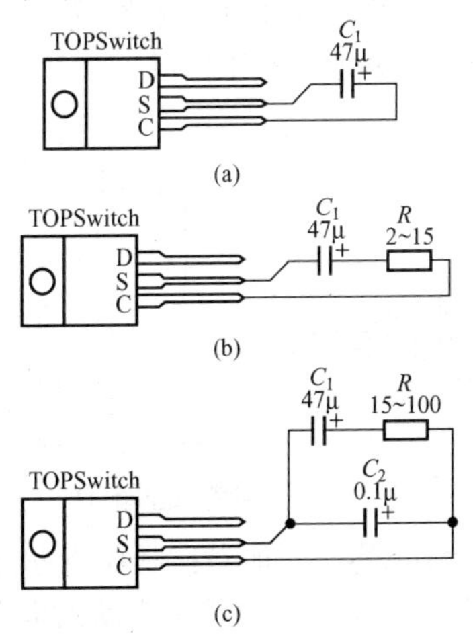

图 3-16-6 TOPSwitch 内部控制环路的 3 种补偿电路

（a）电容补偿电路；（b）阻容补偿电路之一；（c）阻容补偿电路之二

所示。图（a）中仅用一只 47μF 补偿电容 C_1。图（b）中，在 C_1 上串联一只 2～15Ω 的低阻值电阻 R，以降低极点的频率值，这种补偿方法适合连续模式。图（c）中将 R 的阻值增加到 15～100Ω，目的是消除自动重启动电容 C_1 对控制环路的影响。但此时须再增加旁路电容 C_2，且 R 不得超过 100Ω，否则自动重启动频率会显著升高。图（c）适用于不需要由 C_1 产生 17kHz 极点的情况。

249 如何设计偏置电路？

偏置电路是与光耦反馈电路配套使用的，可为光耦接收管（光敏三极管）提供偏压。TOPSwitch 系列单片开关电源的典型偏置电路如图 3-16-7 所示。由偏置绕组 N_B 输出的电压经过 VD、C_2 整流滤波，获得＋12V 偏置电压 U_{FB}，给 TOPSwitch 的内部电路提供偏压。由于 N_B 的输出电流较小，因此 VD 可采用硅高速开关二极管 1N4148，其最高反向工作电压 $U_{RM}=75V$，最大正向电流 $I_{FM}=150mA$，反向恢复时间 $t_{rr}=4ns$。当由于某种原因致使 $U_O\uparrow$ 时，所产生的误差电压就使光耦合器中 LED 的 $I_F\uparrow$，进而使光耦合器中接收管的 $I_E\uparrow$，控制端（C）的电流 $I_C\uparrow$，占空比 $D\downarrow$，导致 $U_O\downarrow$，从而实现了稳压目的。反之，$U_O\downarrow\rightarrow I_F\downarrow\rightarrow I_E\downarrow\rightarrow I_C\downarrow\rightarrow D\uparrow\rightarrow U_O\uparrow$，同样起到稳压作用。

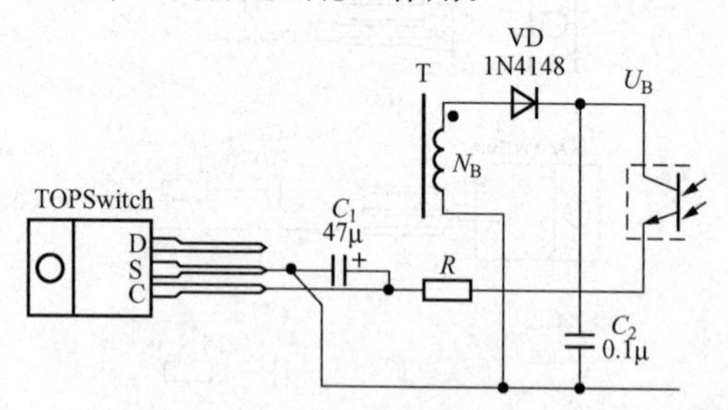

图 3-16-7 典型偏置电路

C_1 为控制端旁路电容，它能对控制环路进行补偿并设定自动重启动频率。当 $C_1=47\mu F$ 时，自动重启动频率为 1.2Hz，周期为 0.83s，即每隔 0.83s 检测一次调节失控的故障是否已被排除，若确认已被排除，就自动重新启动开关电源恢复正常工作。

第十七节　可调式精密并联稳压器问题解答

250　可调式精密并联稳压器的工作原理是什么？

可调式精密并联稳压器是一种具有电流输出能力的可调基准电压源，其性能优良，价格低廉，可广泛用于精密开关电源中，构成外部误差放大器，再与线性光耦合器组成隔离式光耦反馈电路。此外，还能构成电压比较器、电源电压监视器、延时电路、精密恒流源等。

TL431 是目前最常用的一种可调式精密并联稳压器，其输出电压可在 2.50～36V 连续调节。TL431 大多采用 DIP-8 或 TO-92 封装形式，引脚排列分别如图 3-17-1（a）、（b）所示。图中，A 为阳极，使用时需接地。K 为阴极，需经限流电阻接正电源。U_{REF} 是输出电压 U_O 的设定端，外接电阻分压器。NC 为空脚。TL431 的等效电路见图 3-17-1（c），主要包括 4 部分：①误差放大器 A，其同相输入端接从电阻分压器上得到的取样电压，反相输入端则接内部 2.50V 基准电压 U_{ref}，并且设计的 $U_{REF}=U_{ref}$，U_{REF} 端常态下应为 2.50V，因此亦称基准端；②内部 2.50V（准确值应为 2.495V）基准电压源 U_{ref}；③NPN 型晶体管 VT，它在电路中起到调节负载电流的作用；④保护二极管 VD，可防止因 K-A 间电源极性接反而损坏芯片。

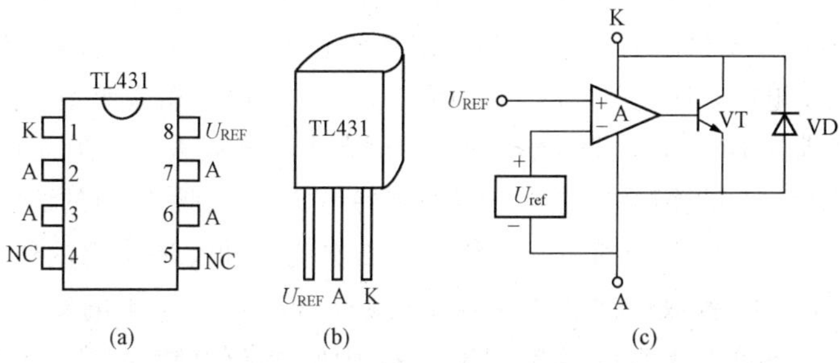

图 3-17-1　TL431 的引脚排列及等效电路

（a）DIP-8 封装；（b）TO-92 封装；（c）等效电路

TL431的电路符号和基本接线如图3-17-2所示。它相当于一只可调式齐纳稳压管，输出电压由外部精密电阻R_1和R_2来设定，有公式

$$U_O = U_{KA} = 2.50V \times (1 + R_1/R_2) \qquad (3\text{-}17\text{-}1)$$

R_3是I_{KA}的限流电阻。选取R_3的原则是当输入电压为U_I时，必须保证I_{KA}在1～100mA，以便TL431能正常工作。TL431的稳压原理可分析如下：当由于某种原因致使U_O↑时，取样电压U_{REF}也随之升高，使$U_{REF}>U_{ref}$，比较器输出高电平，令VT导通，U_O↓。反之，U_O↓→U_{REF}↓→$U_{REF}<U_{ref}$→比较器再次翻转，输出变成低电平→VT截止→U_O↑。这样循环下去，从动态平衡的角度来看，就迫使U_O趋于稳定，达到了稳压目的，并且$U_{REF}=U_{ref}$。

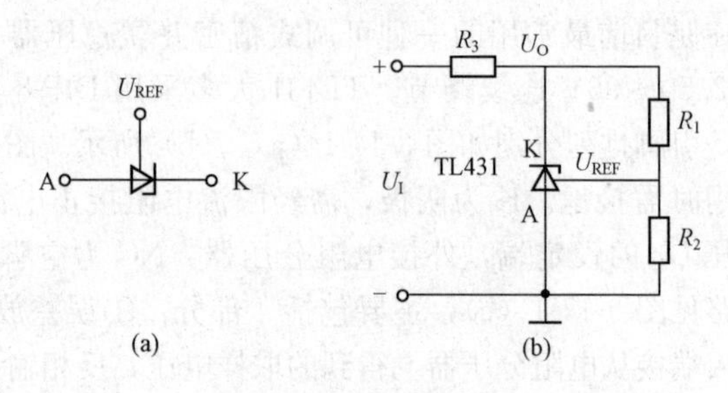

图3-17-2　TL431的电路符号与基本接线

（a）电路符号；（b）基本接线

TL431可广泛用于TOPSwitch系列单片开关电源中，作为外部误差放大器，构成光耦合器反馈式电路。其典型应用如图3-17-3所示。当输出电压U_O发生波动时，经电阻R_3、R_4分压后得到的取样电压就与TL431中的2.5V带隙基准电压进行比较，在阴极上形成误差电压，使光耦合器中的LED工作电流产生相应变化，再通过光耦合器去改变TOPSwitch控制端C的电流大小，进而调节TOPSwitch的输出占空比，使U_O维持不变，达到稳压目的。图中的N_P、N_S、N_F分别为一次绕组、二次绕组和反馈绕组的匝数。VD_Z和VD_1构成一次侧钳位保护电路，VD_2为二次侧的整流管，C_{OUT}为输出端滤波电容器。VD_3、C_F为反馈端的整流、滤波元件。R_1为LED的限流电阻。

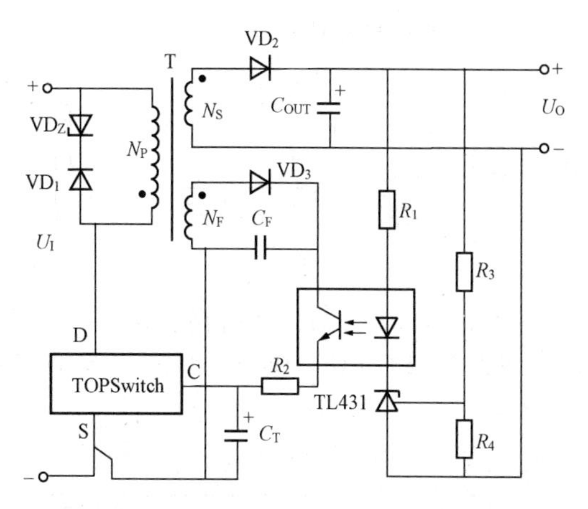

图 3-17-3　TL431 在 TOPSwitch 系列单片开关电源中的典型应用

251 如何选择低压输出可调式精密并联稳压器？

目前，低压可调式精密并联稳压器的典型产品有两种型号：LMV431，NCP100。

LMV431 是美国国家半导体公司（NSC）生产的 1.24V 低压可调式精密并联稳压器。它包括 LMV431、LMV431A 和 LMV431B 共 3 种型号，三者的精度分别为 1.5%、1% 和 0.5%，工作温度范围分 0～+70℃、−40～+85℃两挡。设计高效率开关电源时为了降低光耦反馈电路的功耗，可用 LMV431 来代替传统的 2.5V 可调式精密并联稳压器 TL431，使光耦合器中的红外发射管 LED 正向工作电流 I_{LED} 从 1mA 降至 100μA。其电压调节范围是 1.24～30V，在整个工作温度范围内的电压温度系数低至 39×10^{-6}/℃，工作电流小（仅为 55μA），输出阻抗低（典型值为 0.25Ω）。适用于隔离式精密开关电源、并联式（或串联式）稳压器、恒流源、电压监视器及误差放大器。

LMV431 采用 TO-92、SOT23-3 或 SOT23-5 封装，引脚排列分别如图 3-17-4（a）～（c）所示。其电流符号和等效电路分别如图 3-17-5（a）、（b）。内部包含 1.24V 带隙基准电压源、误差放大器和并联调整管——NPN 型晶体管 VT。

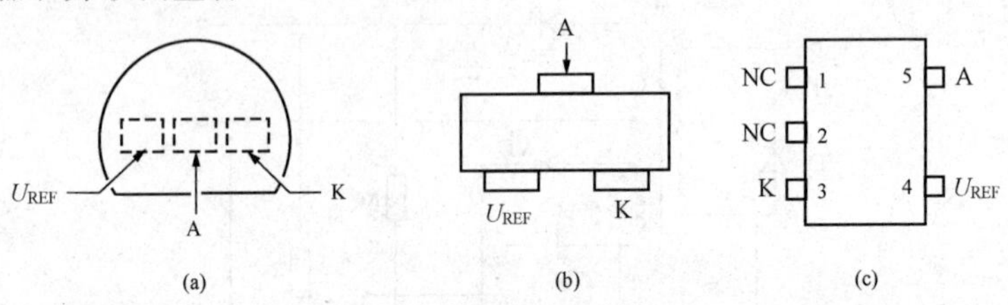

图 3-17-4　LMV431 的引脚排列

(a) TO-92 封装（底视图）；(b) SOT23-3 封装；(c) SOT23-5 封装

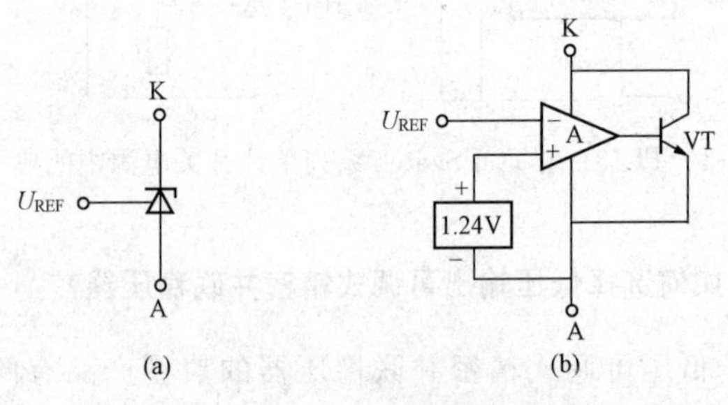

图 3-17-5　LMV431 的电路符号和等效电路

(a) 电路符号；(b) 等效电路

LMV431 的接线方法与 TL431 完全相同，其典型应用参见图 3-17-2，但输出电压改为

$$U_{KA} = 1.24\text{V} \times \left(1 + \frac{R_1}{R_2}\right) \tag{3-17-2}$$

NCP100 是美国安森美半导体（ON Semiconductor）公司生产的低压输出可调式精密并联稳压器，输出电压可在 0.9～6.0V 调节。NCP100 属于三端可调式器件，利用两只外部电阻可设定0.9～6.0V 的任何基准电压值。当环境温度从－40℃变化到＋85℃时，阴极工作电压 U_{KA}（即输出基准电压）的变化量仅为 1.0mV。阴极工作电流 I_{KA}＝0.1～20mA。其动态阻抗非常低，典型值为 0.2Ω。

NCP100 采用 TO-92 或 TSOP-5 封装形式，引脚排列分别如图 3-17-6 (a)、(b) 所示。

图 3-17-6 中，A 为阳极，使用时需接地。K 为阴极，需经限流

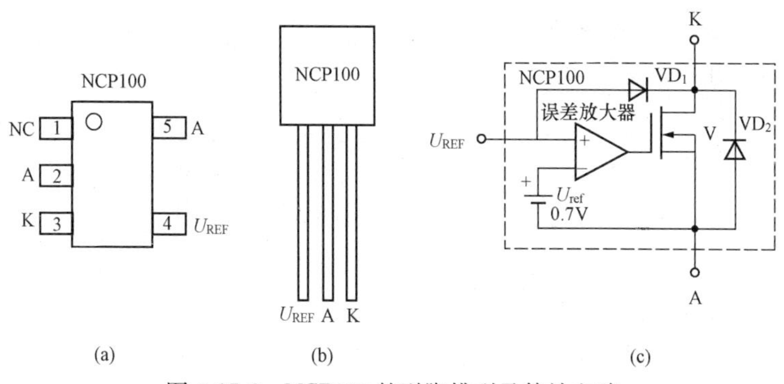

图 3-17-6　NCP100 的引脚排列及等效电路

（a）SOP-5 封装；（b）TO-92 封装；（c）等效电路

电阻接正电源。U_{REF}为输出电压U_O的设定端，接外部电阻分压器。NC 为空脚。NCP100 的等效电路见图（c），主要包括 4 部分：①误差放大器 A，其同相输入端接从电阻分压器上得到的取样电压，反相输入端接内部 0.7V 基准电压U_{ref}，并且设计的$U_{REF}=U_{ref}$，U_{REF}端常态下应为 0.7V，因此亦称基准端；②内部 0.7V（准确值应为 0.696V）基准电压源U_{ref}；③N 沟道场效应晶体管 V，它在电路中起到调节负载电流的作用；④保护二极管VD_1和VD_2，利用VD_1能避免误差放大器进入饱和状态，VD_2可防止因 K-A 间电源极性接反而损坏芯片。

NCP100 的电路符号和基本接线分别如图 3-17-7（a）、（b）所示。它相当于一只可调式齐纳稳压管，输出电压由外部精密电阻R_1和R_2来设定，有公式

$$U_{KA}=U_{REF}\left(1+\frac{R_1}{R_2}\right)=0.7V\times\left(1+\frac{R_1}{R_2}\right) \quad (3\text{-}17\text{-}3)$$

R_3是I_{KA}的限流电阻。当取样电阻分压器选择$R_1=1.5k\Omega$、$R_2=4.3k\Omega$时，代入式（3-17-3）中得到$U_{KA}=0.94V$。

NCP100 的稳压原理可分析如下：当由于某种原因致使$U_{KA}\uparrow$时，取样电压U_{REF}也随之升高，使$U_{REF}>U_{ref}$，比较器输出高电平，令 V 导通，$U_{KA}\downarrow$。反之，$U_{KA}\downarrow\rightarrow U_{REF}\downarrow\rightarrow U_{REF}<U_{ref}\rightarrow$比较器再次翻转，输出变成低电平→V 截止→$U_{KA}\uparrow$。这样循环下

去，从动态平衡的角度来看就迫使U_{KA}趋于稳定，达到了稳压目的，并且$U_{REF}=U_{ref}$。

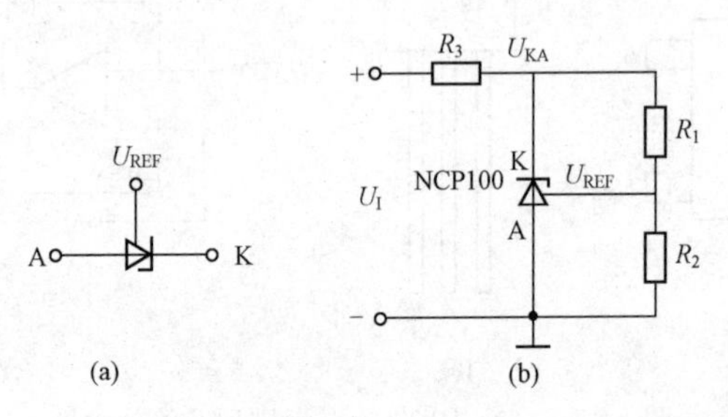

图 3-17-7　NCP100 的电路符号与基本接线

（a）电路符号；（b）基本接线

252 如何应用低压输出可调式精密并联稳压器？

NCP100在开关电源中的应用电路如图3-17-8所示。UC3842（IC_1）为脉宽调制器，NCP100（IC_2）用作控制反馈回路的补偿放大器。输出电压通过R_1和R_2来设定，可获得比通常使用TL431更低的输出电压。其输出电压的最小值，就等于NCP100的最小阴极-阳极电压$U_{KA(min)}$（约0.9V）与光耦合器（IC_3，包含IC_{3a}、

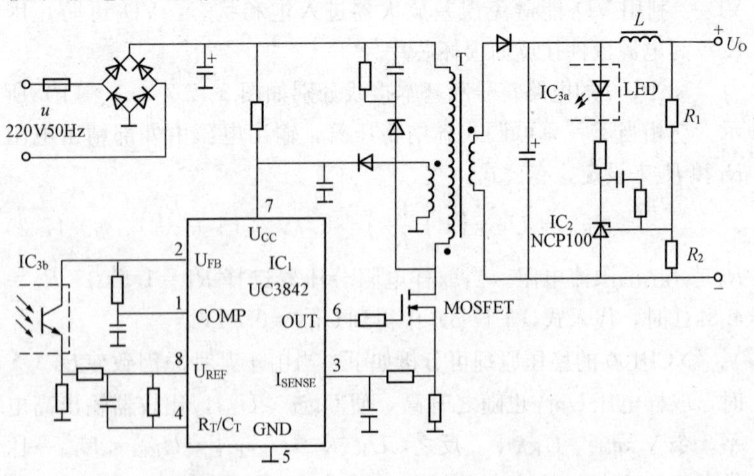

图 3-17-8　NCP100 在开关电源中的应用电路

IC_{3b}）中 LED 的正向导通压降 U_F（约 1.4V）之和，即 $U_{O(min)}=U_{KA(min)}+U_F\approx2.3V$。

253 如何设计输出可从 0V 起调的精密低压差线性稳压器？

LT3080 是美国凌特公司 2007 年推出的一种具有特殊功能的 LDO。其输入电压范围是 1.2～40V，输出电压调节范围是 0～40V，精度可达±1%。最大输出电流为 1.1A，满载时的输入-输出压差 ΔU 仅为 300mV。误差放大器的输出噪声电压低至 40μV (RMS)。该新型稳压器采用的是电流基准，而不是传统 LDO 采用的电压基准。它只需利用一只设定电阻，即可精确调节输出电压值。允许将多片 LT3080 并联使用，以获得更大的输出电流。凌特公司 2008 年还推出了 LT3080 的改进型 LT3080-1，后者在 OUT 端内部串联了一只 25mΩ 的电阻。

LT3080 有多种封装形式，采用 TO-220 封装的引脚排列如图 3-17-9（a）所示。LT3080 的内部框图如图 3-17-9（b）所示。LT3080 的引脚功能如下：IN 为输入电压端，OUT 为输出电压端。$U_{CONTROL}$为电源控制端，若该端与 IN 端短接，就工作在三端稳压器模式，此时满载输出的 $\Delta U=1.3V$（典型值）；若该端单独使用，就工作在四端稳压器模式，ΔU 降至 300mV（典型值）。SET 为设定端，由于 SET 端的电压与 OUT 端的电压相等，因此只需对地接一只设定电阻 R_{SET}，即可对输出电压进行编程。NC 为空脚。LT3080

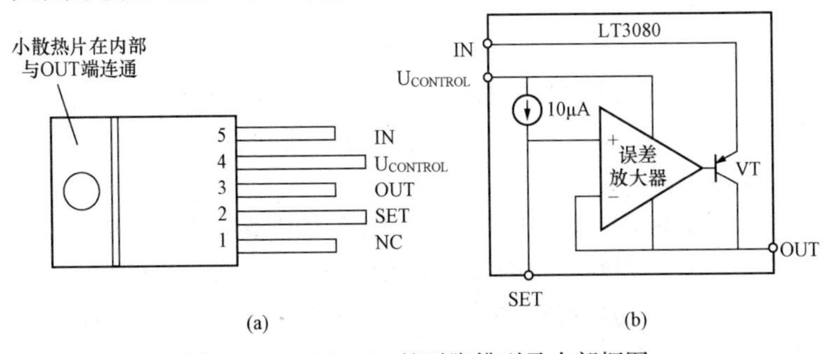

图 3-17-9 LT3080 的引脚排列及内部框图

（a）采用 TO-220 封装的引脚排列图；（b）内部框图

内部主要包括10μA精密电流源、低噪声误差放大器和PNP型调整管（VT）。此外还有过电流保护、过热保护电路等（图中未画）。

LT3080在可调式开关稳压器中的应用电路之一如图3-17-10所示。LT3080能在输出0V的条件下正常工作，因而使之成为设计通用型实验室稳压电源的理想选择。但若工作电压范围很高，则LT3080的功耗会变得很高。图3-17-10中使用一片具有关断功能的LT3493型1.2A、750kHz降压式开关稳压器，作为前置稳压器来进行预稳压。可使LT3080的输入电压大约比输出电压高1.5V，从而将LT3080的功耗降至1.5W。LT3493的$\overline{\text{SHDN}}$为关断控制端，接低电平时关断开关稳压器的输出。BOOST为升压端，利用VD_1和C_5构成自举升压电路，可向内部NPN型功率开关管提供比输入电压更高的驱动电压。FB为反馈端。C_1、C_2为输入滤波电容器，C_3为软启动电容器。降压式输出电路由储能电感L、续流二极管VD_2和输出滤波电容器C_4构成。VD_2采用MBRM140型1A/40V的肖特基二极管。

令开关稳压器的输出电压为U_{O1}，有公式

$$U_{O1}=0.78\text{V}\times\left(1+\frac{R_{DS}}{R_2}\right) \tag{3-17-4}$$

式中：R_2为取样电阻；R_{DS}为P沟道MOSFET（TP0610L）的漏-源极电阻。TP0610L的漏-源极电压$U_{DS}=60\text{V}$，漏极电流$I_D=0.18\text{A}$，漏-源极导通电阻$R_{DS(ON)}\leqslant 10\Omega$。TP0610L的源极接IN和$U_{CONTROL}$端。栅极经过$R_3$接LT3080的输出端，漏极接到LT3493的反馈端FB。输出电压U_{O2}由下式确定

$$U_{O2}=10\mu\text{A}\times R_{SET} \tag{3-17-5}$$

式中：R_{SET}为1MΩ可调电阻。显然，当$R_{SET}=0$时，$U_{O2}=0\text{V}$；$R_{SET}=1\text{M}\Omega$时，$U_{O2}=10\text{V}$，即输出电压调节范围是0～10V。额定输出电流为1A。

该电路的特点是：① LT3080内部PNP型调整管两端的工作电压，就取自TP0610L的栅-源阈值电压$U_{GS(th)}$；② 开关稳压器LT3493能对U_{O2}进行跟踪，使U_{O1}始终比U_{O2}高1.5V，并且U_{O2}可被调节到0V。

LT3080在可调式开关稳压器中的应用电路之二如图3-17-11

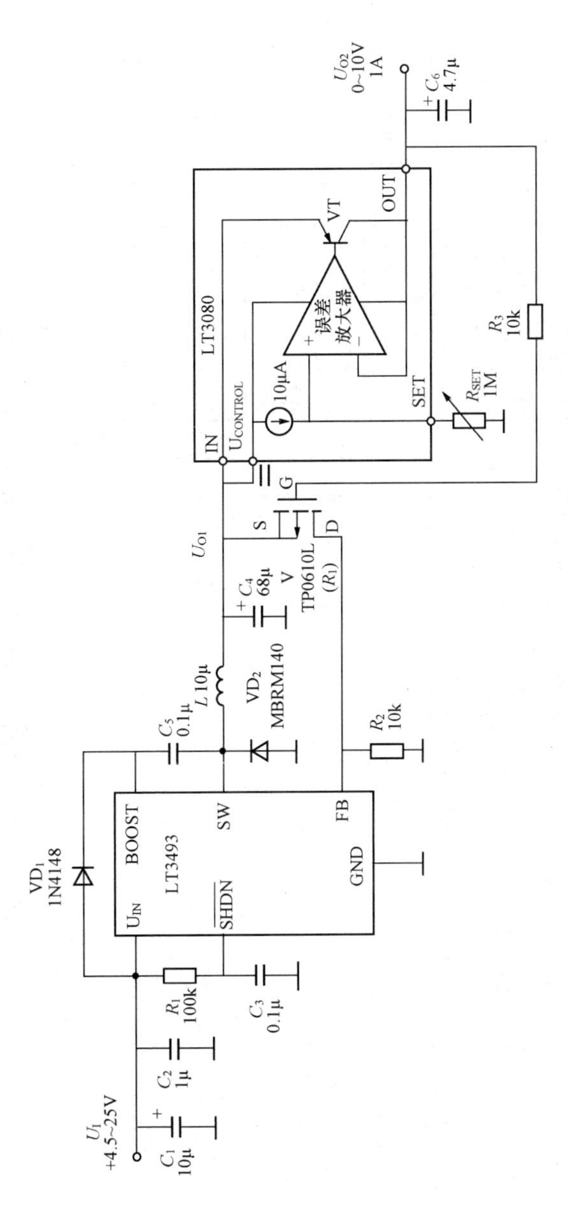

图 3-17-10　LT3080 在可调式开关稳压器中的应用电路之一

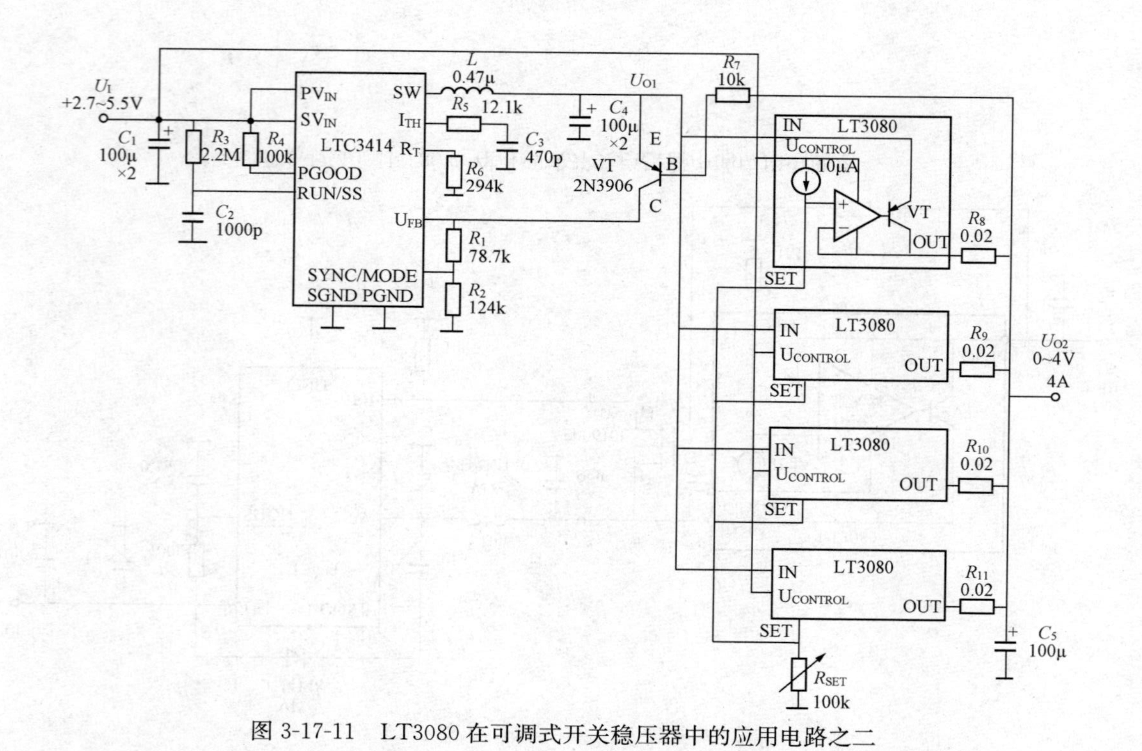

图 3-17-11 LT3080 在可调式开关稳压器中的应用电路之二

所示。该电路与图3-17-10的主要区别如下：①使用一片LT3414型4A、4MHz单片同步降压式开关稳压器进行预稳压，从而降低了功耗，使电源效率进一步得到提高；②将4片LT3080并联使用，额定输出电流达到4A，输出电压调节范围是0～4V；③用双极型PNP管2N3906代替P沟道MOSFET，再利用2N3906的发射极-基极电压U_{BE}，来代替TP0610L的$U_{GS(th)}$，将LT3080内部PNP型调整管两端的工作电压设定为0.6V，每片LT3080在输出1A电流时的功耗仅为0.6W；④LT3080的电源控制端$U_{CONTROL}$改接U_I；⑤为保证4片LT3080输出的一致性，在OUT端还分别增加了利用印制导线制成的均流电阻R_8～R_{11}，阻值均为0.02Ω。

第四章

高频变压器设计与制作50问

本章概要 设计和制作高频变压器是开关电源的技术难点。本章针对高频变压器的关键技术、设计方法和注意事项，详细解答了设计与制作高频变压器时容易出现的问题。

第一节 选择磁心问题解答

254 高频变压器在开关电源中起什么作用?

高频变压器在开关电源中起到传输能量、电压变换和电气隔离这三大作用，是开关电源的重要部件。高频变压器的设计是制作开关电源的一项关键技术。

255 磁性材料是如何分类的?

磁性材料分软磁材料、硬磁材料两种。经过磁化后很容易退磁的磁性材料称为软磁材料，其矫顽力很小。硬磁材料（如磁钢、永磁合金）则不容易退磁。软磁铁氧体磁心适用于开关电源中的高频变压器。软磁铁氧体磁心的品种繁多，形状各异，大致可做如下分类：

（1）按形状分类：主要有螺纹磁心，环形磁心（简称磁环），管形磁心，罐形磁心（即磁罐），E形、日形、U形、T形、工字形、王字形磁心。此外还有单孔、双孔和多孔磁心。

（2）按工作频率划分：有低频、中频、高频、甚高频磁心。

（3）按材料划分：材料牌号如下：MXO——锰锌铁氧体；NXO——镍锌铁氧体；NQ——镍铅铁氧体；NGO——镍锌高频铁

氧体；GTO——甚高频铁氧体。MXO型锰锌铁氧体适合工作在中频（几百千赫兹），其电阻率很低，$\rho \approx 1\times10^2\Omega\cdot cm$，适合制作开关电源的高频变压器。NXO型镍锌铁氧体可工作在高频（几十兆赫兹），其电阻率较高，$\rho \approx 1\times10^6\Omega\cdot cm$。而NQ、NGO、GTO型磁性材料的工作频率达几百兆赫兹，其电阻率极高，接近于无穷大。

256 常用EI型磁心有哪些规格？

EI型磁心的结构及外形分别如图4-1-1（a）、（b）所示。常用EI型磁心的规格见表4-1-1，表中的L_e为平均磁路长度。需要指出，不同厂家生产的磁心外形相同，但对相关尺寸的定义及实际尺寸也不尽相同，实际磁心尺寸应以生产厂家资料或实测值为准。

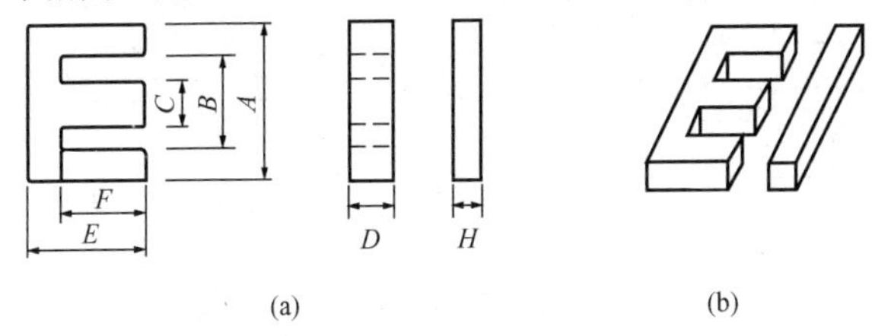

(a)　　(b)

图4-1-1　EI型磁心的结构及外形
（a）结构图；（b）外形图

表4-1-1　常用EI型磁心的规格

型号	A (mm)	B (mm)	C (mm)	D (mm)	E (mm)	F (mm)	H (mm)	L_e (cm)	质量 (g)	A_e (cm^2)	A_w (cm^2)	AP (cm^4)
EI16	16.0	11.8	4.0	4.8	12.0	10.87	2.0	3.59	3.6	0.19	0.42	0.08
EI19	19.0	14.2	4.85	4.85	13.6	11.3	2.4	3.96	4.5	0.23	0.53	0.12
EI22	22.0	13.0	5.75	5.75	14.55	10.55	4.5	3.96	10.0	0.41	0.38	0.16
EI25	25.4	19.0	6.35	6.35	15.8	12.5	3.2	4.8	10.0	0.40	0.79	0.32
EI28	28.0	18.7	7.2	10.6	16.75	12.25	3.5	4.86	23.5	0.83	0.70	0.58
EI30	30.25	20.1	10.65	10.65	21.3	16.3	5.5	5.86	33.5	1.09	0.77	0.91
EI33	33.0	23.6	9.7	12.7	23.75	19.25	5.0	6.75	40.6	1.18	1.34	1.58

续表

型号	A (mm)	B (mm)	C (mm)	D (mm)	E (mm)	F (mm)	H (mm)	L_e (cm)	质量 (g)	A_e (cm^2)	A_w (cm^2)	AP (cm^4)
EI40	40.5	26.8	11.7	11.7	27.3	21.3	6.5	7.75	59.0	1.43	1.61	2.30
EI50	50.0	34.5	15.0	15.0	33.0	24.5	9.0	9.5	112	2.27	2.39	5.43
EI60	60.0	44.5	15.8	15.8	35.9	27.5	8.5	11	138	2.44	3.95	9.64

257 常用 EE 型磁心有哪些规格?

EE 型磁心的结构及外形分别如图 4-1-2（a）、（b）所示。常用 EE 型磁心的规格分别见表 4-1-2。

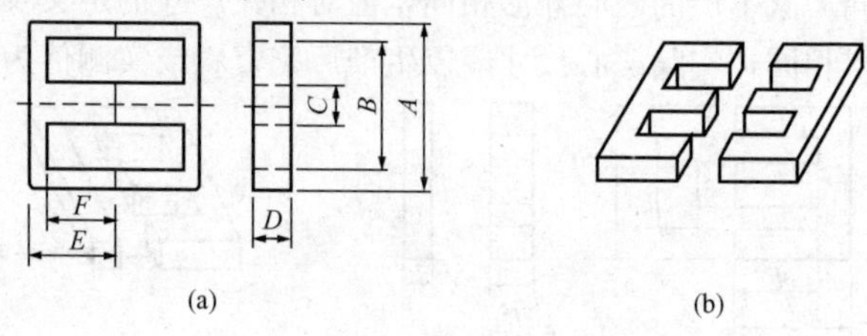

图 4-1-2 EE 型磁心的结构及外形

（a）结构图；（b）外形图

表 4-1-2　　常用 EE 型磁心的规格

型号	A(mm)	B(mm)	C(mm)	D(mm)	E(mm)	F(mm)	L_e(cm)	A_e(cm^2)	质量(g)
EE10	10.3	7.9	2.45	4.65	5.7	4.45	2.73	0.11	1.5
EE13	13.3	10.0	2.7	6.15	6.2	4.65	3.08	0.18	2.8
EE16	16.1	11.8	4.0	4.8	7.4	5.3	3.71	0.19	3.5
EE19	19.0	14.3	4.6	4.8	8.2	5.7	4.02	0.22	4.6
EE22	22.0	12.8	5.75	5.75	9.4	5.4	3.98	0.41	9.2
EE25	25.0	17.5	7.2	7.2	12.5	8.9	5.77	0.52	16.0
EE30	30.0	19.5	6.95	7.05	15.0	10.0	6.56	0.6	22.0
EE33	33.2	23.5	9.7	12.7	14.0	9.65	6.7	1.17	39.8
EE41	41.3	28.0	12.7	12.7	16.8	10.4	7.75	1.61	64.6
EE50	50.0	34.6	14.6	14.6	21.3	12.75	9.59	2.28	113.5
EE65	65.0	45.0	20.0	27.1	32.5	22.5	14.7	5.32	402

258 常用 RM 型铁氧体磁心有哪些规格?

RM 型铁氧体磁心亦称矩形磁心（Rectangular Core），它是介于罐形磁心和 EE 型磁心之间的一种软磁性材料。其输出功率大，散热性好。RM 型磁心的结构及外形分别如图 4-1-3（a）、（b）所示，常用 RM 型磁心的规格见表 4-1-3。

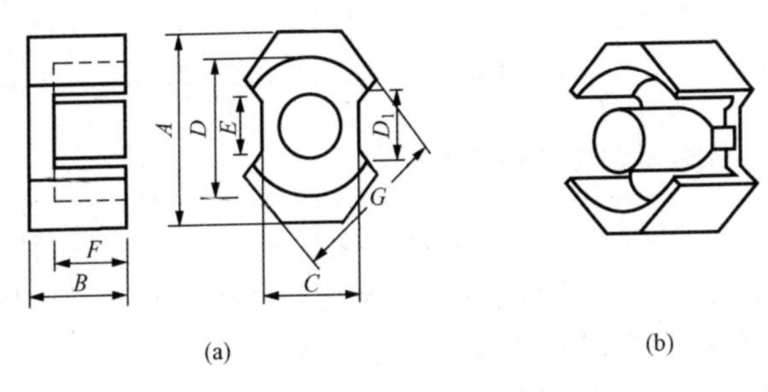

图 4-1-3　RM 型磁心的结构及外形
（a）结构图；（b）外形图

表 4-1-3　　常用 RM 型磁心的规格

产品型号	外形尺寸(mm)								A_L (nH/N²)	质量 (g) 套
	A	B	C	D	E	F	G	D_1		
RM4	10.8 ±0.2	5.2 ±0.2	4.5 ±0.1	8.15 ±0.2	3.8 ±0.1	3.6 ±0.1	9.6 ±0.2	—	1150	1.7
RM5	14.3 ±0.3	5.2 ±0.1	6.6 ±0.2	10.4 ±0.2	4.8 ±0.2	3.25 ±0.2	12.05 ±0.3	6.0	1800	3.0
RM6	17.6 ±0.3	6.2 ±0.1	8.0 ±0.2	12.65 ±0.3	6.3 ±0.2	8.2 ±0.2	14.4 ±0.3	—	2400	5.3
RM8	22.75 ±0.5	8.2 ±0.2	10.8 ±0.2	17.3 ±0.3	8.4 ±0.2	5.5 ±0.1	19.3 ±0.4	—	3150	12.5
RM10	27.85 ±0.7	9.35 ±0.2	13.25 ±0.3	21.65 ±0.5	10.7 ±0.2	6.35 ±0.2	24.70 ±0.6	15.05 ±0.7	4750	22.0
RM12	36.9 ±0.7	12.25 ±0.2	15.9 ±0.3	25.5 ±0.6	12.6 ±0.2	8.55 ±0.2	29.2 ±0.6	13.4	5700	43.3

续表

产品型号	外形尺寸(mm)								A_L(nH/N^2)	质量(g)套
	A	B	C	D	E	F	G	D_1		
RM14	41.6±0.6	10.25±0.1	18.7±0.3	29.5±0.5	14.75±0.3	5.7±0.2	34.2±0.5	17.0	10250	54.2
RM14R	41.6±0.6	14.4±0.1	18.7±0.3	29.5±0.5	14.75±0.3	10.7±0.5	34.2±0.5	17.0	13900	68.4

259 什么是超微晶磁心？

超微晶（Nanocrystalline，亦称纳米非晶）磁心是一种新型软磁材料，它因具有高磁导率、高矩形比、磁心损耗低、高温稳定性好等优点而备受人们的青睐。用超微晶磁心取代传统的铁氧体磁心，能减小开关电源的体积。

超微晶磁心具有以下特点：

（1）极高的初始磁导率，μ＝30000～80000，且磁导率随磁通密度和温度的变化非常小。

（2）磁心损耗极低，并且在－40～＋120℃范围内不随温度而变化。

（3）非常高的饱和磁通密度（B_S＝1.2T），允许选择较低的开关频率，能降低开关电源及EMI滤波器的成本。

（4）磁心采用环氧树脂封装，机械强度高，无磁滞伸缩现象，能承受强振动。

（5）可取代传统的铁氧体磁心以减小开关电源的体积，提高可靠性。

（6）超微晶磁心还适合制作EMI滤波器中的共模电感（亦称共模扼流圈），只需绕很少的匝数即可获得很大的电感量，从而能降低铜损，节省线材，减小共模电感的体积。用超微晶磁心制成的共模电感具有很高的共模插入损耗，能在很宽的频率范围内对共模干扰起到抑制作用，因而不需要使用复杂的滤波电路。此外，在超微晶磁心上绕一圈或几圈铜线，即可制成一个尖峰抑制器，其构造非常简单，而对噪声干扰的抑制效果非常好。

260 超微晶磁心与铁氧体磁心相比有何优点?

目前，高频变压器一般选用铁氧体磁心。VITROPERM 500F铁基超微晶磁心与德国西门子公司生产的N67系列铁氧体磁心的性能比较如图4-1-4所示。图（a）为磁导率的相对变化率与温度的关系曲线；图（b）为磁感应强度（B）与矫顽力（H）的关系曲线；图（c）则为损耗-温度曲线。由图（a）可见，超微晶磁心的导磁率随温度的变化量远远低于铁氧体磁心，可提高开关电源的稳定性和可靠性。由图（b）可见，超微晶磁心的μB乘积比铁氧体磁心高许多倍，这意味着可大大减小高频变压器的体积及重量。由图（c）可见，当温度发生变化时，超微晶磁心的损耗远低于铁氧体磁心。此外，铁氧体磁心的居里点温度较低，在高温下容易退

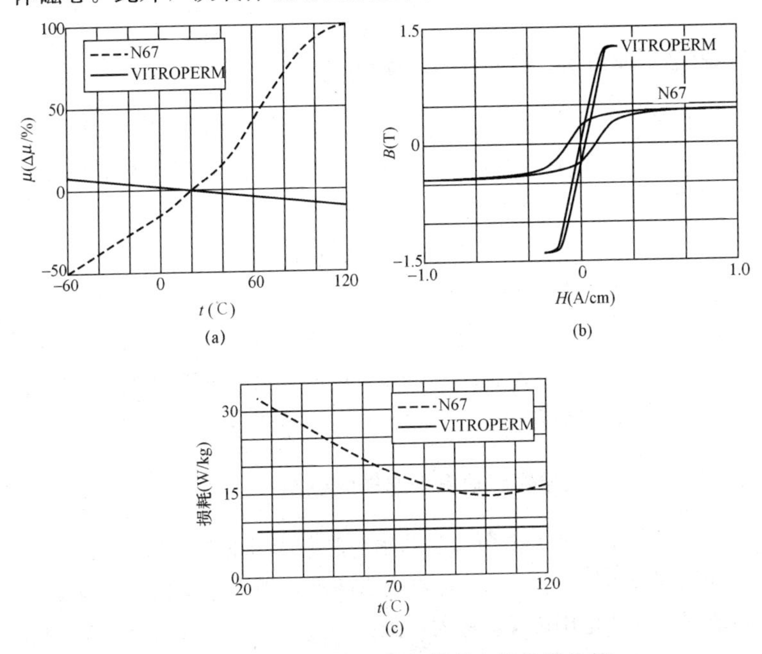

图4-1-4 微晶磁心与铁氧体磁心的性能比较

（a）μ-T曲线；（b）B-H曲线；（c）损耗-温度曲线

磁。若采用超微晶磁心制作变压器，即可将工作时的磁感应强度变化量从0.4T提高到1.0T，使功率开关管的工作频率降低到100kHz以下。

261 磁心截面积与有效截面积有何区别？

磁心截面积 S_J（cm^2）等于舌宽 C（mm）与磁心厚度 D（mm）的乘积，它代表几何面积。有公式

$$S_J = CD \tag{4-1-1}$$

磁心有效截面积 A_e 则代表磁心的等效截面积。由于烧结而成的磁心存在尺寸误差和形状误差，严格讲磁心截面积并不等于有效截面积。但二者相差很小，可近似认为

$$A_e \approx S_J = CD \tag{4-1-2}$$

262 如何用经验公式来选择磁心？

考虑到磁心损耗等情况，高频变压器的最大承受功率 P_M（单位是W）与磁心有效截面积 A_e（单位是 cm^2）之间存在下述经验公式

$$S_J = 0.15\sqrt{P_M} \tag{4-1-3}$$

举例说明，某开关电源的额定输出功率为55W，电源效率 η=70%，则高频变压器的额定输入功率 P_I=55W/70%=78.6W。实取 P_M=80W，代入式（4-1-3）中求出 S_J=1.34cm^2。可选EI40型磁心，其有效截面积 $A_e \approx S_J$=1.43cm^2（参见表4-1-1）。

263 如何根据输出功率来选择磁心？

中、小功率开关电源输出功率与磁心型号的对照情况见表4-1-4，可供选择磁心时参考。需要说明两点：①表中给出的是输出功率范围，在此范围内 P_O 愈大，磁心尺寸也要相应增加；②在同样情况下，采用三层绝缘线可选择尺寸较小的磁心，以减小高频变压器的体积。

表 4-1-4　中小功率开关电源输出功率与磁心型号对照表

输出功率范围 P_O（W）	铁氧体磁心的型号	
	用常规漆包线绕制	用三层绝缘线绕制
0～10	EE20 EEL16 或 EEL19 EPC25 EPD25	EE16 或 EE19 EFD15 EF16 EPC17
10～20	EE22 EE25 EEL19 EPC25 EPD25	EE19 或 EE20 EI19 或 EI22 EPC19 EF20 EFD20
20～30	EE28 或 EE30 EI30 EF30 EFD30 EPC30 EER28 ETD29	E24 或 E25 EI25 或 EI28 EF25 EFD25 EPC25
30～50	EE30 或 EE35 EER28、EER28L 或 EER35 EI30 ETD29	EI28 或 EI30 EF30 EER28 ETD29
50～70	EE40 ETD34 或 ETD39 EER35	EE35 EI35 EER35 ETD34
70～100	EE40 或 EE45 ETD39 EER40 E21	EE40 EI40 ETD34 EER35 E21

264 什么是窗口面积?

窗口面积表示磁心上可绕导线的面积，参见图4-1-1和图4-1-2。其符号为A_w（单位是cm^2），定义式为

$$A_w = \frac{1}{2}(B-C)F \tag{4-1-4}$$

第二节 高频变压器电路中波形参数问题解答

265 高频变压器电路中的波形参数是什么?

高频变压器电路中有3个波形参数：波形系数（K_f）、波形因数（k_f）和波峰因数（k_P）。

266 什么是波形系数（K_f）?

为便于分析，在不考虑铜损的情况下给高频变压器的输入端施加交变的正弦波电流，在一次、二次绕组中就会产生感应电动势e。根据法拉第电磁感应定律，$e=d\Phi/dt=d(NAB\sin\omega t)/dt=NAB\omega\cos\omega t$。其中$N$为绕组匝数，$A$为变压器磁心的截面积，$B$为交变电流产生的磁感应强度，角频率$\omega=2\pi f$。正弦波的电压有效值为

$$U=\frac{\sqrt{2}}{2}\times NAB\times 2\pi f=\sqrt{2}\pi NABf=4.44NABf \tag{4-2-1}$$

在开关电源中定义的正弦波波形系数$K_f=\sqrt{2}\pi=4.44$。利用傅里叶级数不难求出方波的波形系数$K_f=\frac{4\sqrt{2}}{2\pi}\times\frac{2\sqrt{2}\pi}{2}=4$。

267 什么是波形因数（k_f）?

在电子测量领域定义的波形因数与开关电源波形系数的定义有所不同，它表示有效值电压（U_{RMS}）与平均值电压（$\overline{U}$）之比，为

便于和 K_f 区分，这里用小写的 k_f 表示，有公式

$$k_f = U_{RMS}/\overline{U} \tag{4-2-2}$$

与之相对应的波峰因数（k_P）则定义为峰值电压（U_P）与有效值电压之比，公式为

$$k_P = U_P/U_{RMS} \tag{4-2-3}$$

以正弦波为例，$k_f = \frac{\sqrt{2}U_P}{2} \div \frac{2U_P}{\pi} = \frac{\sqrt{2}\pi}{4} = 1.111$。这表明，$K_f = 4k_f$，二者恰好相差4倍。

268 开关电源中6种常见波形的参数是什么?

开关电源6种常见波形的参数见表4-2-1。因方波和梯形波的平均值为零，故改用电压均绝值 $|\overline{U}|$ 来代替。对于矩形波，t_0 表示脉冲宽度，T 表示周期，占空比 $D=t_0/T$。

269 如何确定一次侧电流的波形因数?

一次侧的电压波形可近似视为矩形波，即 $k_f = \sqrt{T/t_0} = \sqrt{1/D} = 1/\sqrt{D}$，但一次侧的电流波形不是矩形波，而是锯齿波（工作在不连续电流模式DCM），或梯形波（工作在连续电流模式CCM）。以不连续电流模式为例，一次侧电流波形是如图4-2-1（a）所示的周期性通、断的锯齿波，仅在功率开关管（MOSFET）导通期间，一次侧出现锯齿波电流（高电平）；在功率开关管关断期间，一次侧电流为零（低电平）。图4-2-1中，K_{RP} 为脉动系数，它等于一次侧脉动电流 I_R 与峰值电流 I_P 的比值，即 $K_{RP} = I_R/I_P$；在连续电流模式时 $K_{RP} < 1$；不连续电流模式时 $K_{RP} = 1$。令导通时间为 t_{ON}，开关周期为 T，$D = t_{ON}/T$。对于周期性通、断的锯齿波，一次侧电流的波形因数可用 k'_f 表示，有关系式

$$k'_f = k_f\, t_{ON}/T = k_f D \tag{4-2-4}$$

周期性锯齿波的 $k_f = 1.155$，代入式（4-2-4）中得到

$$k'_f = 1.155D \tag{4-2-5}$$

在连续电流模式下一次侧电流波形为周期性通、断的梯形波，

表 4-2-1 开关电源 6 种常见波形的参数

名称	波形图	电压有效值 U_{RMS}	电压平均值 $\overline{U}$	电压均绝值 $\lvert\overline{U}\rvert$	波形因数 k_f	波峰因数 k_P
正弦波	U_P (a)	$0.707U_P$ $\left(\frac{\sqrt{2}}{2}\cdot U_P\right)$	0	$0.637U_P$ $\left(\frac{2}{\pi}\cdot U_P\right)$	1.11	1.414
半波整波流	U_P (b)	$0.5U_P$	$0.318U_P$ $\left(\frac{1}{\pi}\cdot U_P\right)$	$0.318U_P$ $\left(\frac{1}{\pi}\cdot U_P\right)$	1.571	2
全波整流波	U_P (c)	$0.707U_P$ $\left(\frac{\sqrt{2}}{2}\cdot U_P\right)$	$0.637U_P$ $\left(\frac{2}{\pi}\cdot U_P\right)$	$\dfrac{0.637U_P}{\left(\frac{2}{\pi}\cdot U_P\right)}$	1.111	1.414

续表

名称	波形图	电压有效值 U_{RMS}	电压平均值 $\overline{U}$	电压均绝值 $\lvert\overline{U}\rvert$	波形因数 k_f	波峰因数 k_P
方波	U_P (d)	U_P	0	U_P	1	1
矩形波	t_0 U_P T (e)	$\sqrt{\frac{t_0}{T}} \cdot U_P$	$\frac{t_0}{T} \cdot U_P$	$\frac{t_0}{T} \cdot U_P$	$\sqrt{\frac{T}{t_0}}$	$\sqrt{\frac{T}{t_0}}$
锯齿波	U_P (g)	$0.577U_P$ $\left(\frac{\sqrt{3}}{3} \cdot U_P\right)$	0	$0.5U_P$	1.155	1.732

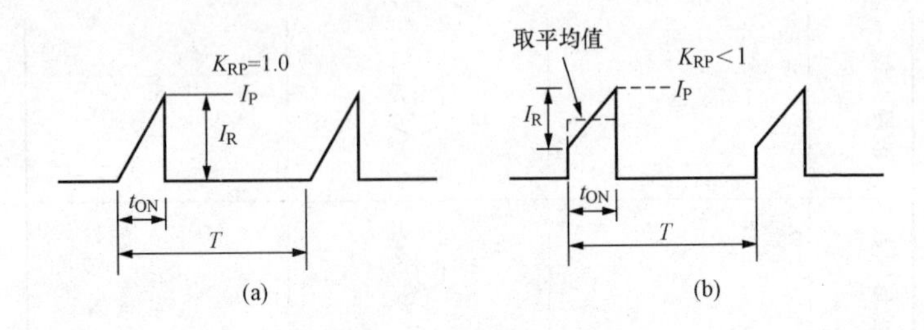

图 4-2-1　一次侧电流波形
(a) 不连续电流模式；(b) 连续电流模式

其波形因数比较复杂。一种方法是对波形取平均后变成矩形波，再按矩形波参数来计算，参见图 4-2-1 (b)；另一种方法是首先按不连续电流模式选择磁心，然后适当增加磁心尺寸，以便通过增大一次绕组的电感量，使开关电源可工作在连续电流模式。

270　什么是损耗分配系数 (Z)?

损耗分配系数 (Z) 表示二次侧的损耗与总功耗的比值。在极端情况下，$Z\to0$ 表示全部损耗发生在一次侧，此时负载开路；$Z\to1$ 则表示全部损耗发生在二次侧，此时负载短路。一般情况下取 $Z=0.5$。

271　什么是电流密度 (J)?

电流密度 (J) 表示在导线的单位面积上所通过的电流强度，其单位是 A/mm^2 或 A/cm^2。计算公式为 $J=I/S$，S 为导线横截面积。高频变压器绕组的电流密度一般取 $J=2\sim6$A/mm^2 (即 200～600A/cm^2)，最大不超过 10A/mm^2 (即 1000A/cm^2)。

272　什么是窗口利用系数 (K_W)?

窗口利用系数 K_W 就是窗口的利用率。由于高频变压器的窗口不可能 100%被利用，因此就存在着一个利用系数。根据磁心的尺寸可计算出窗口大小，然后再乘上窗口利用系数，就是可用的窗口面积。窗口利用系数一般取 $K_W=0.3\sim0.4$。如高频变压器有多个绕组，就应计算全部绕组的匝数和导线截面积的乘积之和。

273 什么是磁滞回线？

当磁场强度周期性变化时，表示铁磁性物质或亚铁磁性物质磁滞现象的闭合磁化曲线就叫作磁滞回线。

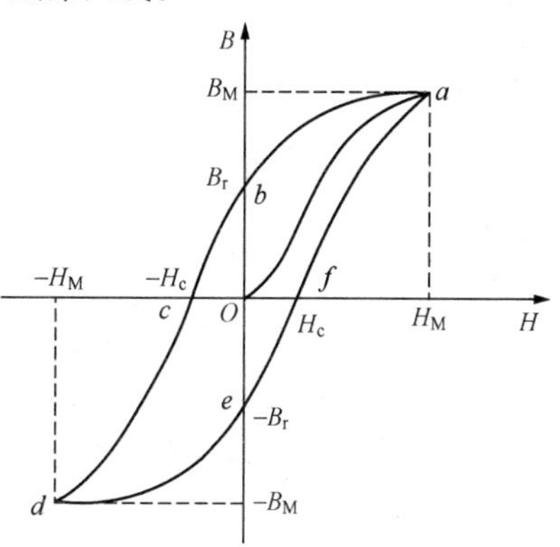

图 4-2-2　高频变压器磁心的磁滞回线

高频变压器磁心的磁滞回线如图 4-2-2 所示。随着磁场强度 H 的逐渐增加，磁心的磁感应强度 B 将沿初始磁化曲线增大，当磁场强度增大到 H_M 时（$H_M < H_s$），磁感应强度 B 达到最大值 B_M。上述过程如图中曲线 oa 段所表示。使磁场强度从 H_M 逐渐减小至零，磁感应强度 B 随之减小至 B_r，磁化状态由图中的 a 点转移到 b 点。b 点对应的磁场强度为 0，而磁感应强度为 B_r，称之为剩余磁感应强度或剩余磁通密度，简称为剩磁。当磁场强度逐渐由零反向增加至 $-H_c$ 时，磁感应强度由 B_r 减小到零，磁化状态由图中的 b 点转移到 c 点。磁场强度继续反向增加至 $-H_M$ 时，磁感应强度由零反向增加至最大值 $-B_M$，磁化状态由图中的 c 点沿达到 d 点。此后当使 H 由 $-H_M$ 逐渐变至 H_M 时，磁感应强度则由 $-B_M$ 逐渐变至 B_M，磁化状态从图中的 d 点沿着 $d \rightarrow e \rightarrow f \rightarrow a$ 回到 a 点。在上述过程中，B-H 平面上表示磁化状态的点的轨迹形成一个对原点对称的闭合曲线，称之为磁滞回线。

从磁滞回线可以看出，当磁场强度 H 下降到零时，磁心中的磁感应强度不能跟随返回到零，而只能退回到剩余磁感应强度 B_r。为使磁感应强度减小至零，需加一反向磁场 $-H_c$。这种现象称为磁心具有磁矫顽力，简称矫顽力，用 H_c 表示。这也说明磁心的磁化过程是不可逆的。磁心存在矫顽力是磁性材料最基本的性质；不同性质的磁性材料，其具有的矫顽力大小也不同；一般高频变压器磁心都选用矫顽力较小的铁磁物质为制造材料，例如软磁铁氧体。

第三节　用 AP 法选择磁心问题解答

274　什么是 AP 法？

AP 法亦称面积乘积法，它表示磁心有效截面积与窗口面积的乘积（Area Product）。计算公式为

$$AP = A_w A_e \tag{4-3-1}$$

式中：AP 为磁心面积乘积，cm^4；A_w 为磁心可绕导线的窗口面积，cm^2；A_e 为磁心有效截面积，cm^2，$A_e \approx S_j = CD$。根据计算出的 AP 值，即可查表找出所需磁心型号。

需要指出，目前 AP 法仍被推荐为选择磁心的一种有效方法，但 AP 法原本是针对传统的工频正弦波铁心变压器而提出的，直接用于波形复杂的高频变压器并不合适，计算结果也很不准确。需要根据电子测量领域定义的波形因数（k_f）、开关电源特有的脉动系数（K_{RP}）、占空比（D）等概念，以及开关电源在连续模式、不连续模式下的工作波形，对 AP 法计算公式做严密推导及验证，为正确选择高频变压器的磁心提供了一种科学、实用的方法。

275　AP 法的基本公式是什么？

令开关电源的输入功率为 P_I，输出功率为 P_O，窗口利用系数为 K_W，波形系数为 K_f，电流密度为 J，交流磁通密度为 B_{AC}，开关频率为 f，有关系式

$$AP = A_w A_e = \frac{P_I + P_O}{4K_W k_f J B_{AC} f} \times 10^4 (cm^4) \tag{4-3-2}$$

高频变压器的视在功率就表示一次绕组和二次绕组所承受的总功率，即 $S = P_I + P_O$。因电源效率 $\eta = P_O / P_I$，故 $P_I + P_O = P_O/\eta + P_O = (1/\eta + 1) P_O = [(1+\eta)/\eta] P_O$。代入式(4-3-2)中，最终得到 AP 法选择磁心的基本公式为

$$AP = A_{\mathrm{w}}A_{\mathrm{e}} = \frac{(1+\eta)P_{\mathrm{O}}}{4\eta K_{\mathrm{W}}k_{\mathrm{f}}JB_{\mathrm{AC}}f} \times 10^4 \quad (\mathrm{cm}^4) \quad (4\text{-}3\text{-}3)$$

276 AP 法选择磁心的实用公式是什么?

对于不连续电流模式，一次侧电流波形为周期性变化的锯齿波，此时需将式（4-3-3）中的 k_{f} 换成 1.155D；取 $Z=0.5$ 时 $B_{\mathrm{AC}}=0.5B_{\mathrm{M}}K_{\mathrm{RP}}$，一并代入式（4-3-3）中，整理后得到

$$AP = A_{\mathrm{w}}A_{\mathrm{e}} = \frac{0.433(1+\eta)P_{\mathrm{O}}}{\eta K_{\mathrm{W}}DJB_{\mathrm{M}}K_{\mathrm{RP}}f} \times 10^4 \quad (\mathrm{cm}^4) \quad (4\text{-}3\text{-}4)$$

这就是 AP 法选择磁心的实用公式。式（4-3-4）是按照单极性变压器的绕组电流及输出功率推导出来的，适用于单端正激式或反激式高频变压器的设计。其中，AP 的单位为 cm^4，P_{O} 的单位为 W。

进一步分析可知，对于不连续电流模式（$K_{\mathrm{RP}}=1$），式（4-3-4）可简化为

$$AP = A_{\mathrm{w}}A_{\mathrm{e}} = \frac{0.433(1+\eta)P_{\mathrm{O}}}{\eta K_{\mathrm{W}}DJB_{\mathrm{M}}f} \times 10^4 \quad (\mathrm{cm}^4) \quad (4\text{-}3\text{-}5)$$

对于连续电流模式($0.4<K_{\mathrm{RP}}<1$)，假定 $K_{\mathrm{RP}}=0.7$，式(4-3-4)可简化为

$$AP = A_{\mathrm{w}}A_{\mathrm{e}} = \frac{0.62(1+\eta)P_{\mathrm{O}}}{\eta K_{\mathrm{W}}DJB_{\mathrm{M}}f} \times 10^4 \quad (\mathrm{cm}^4) \quad (4\text{-}3\text{-}6)$$

277 单端正激式高频变压器的 AP 法计算公式是什么?

对于单端正激式高频变压器而言，最大占空比 $D_{\max}<0.5$。如选择电源效率 $\eta=80\%$，实际窗口面积利用系数 $K_{\mathrm{W}}=0.4$，占空比 $D=0.4$，$J=400\mathrm{A/cm^2}$，则式（4-3-4）可简化为

$$AP = A_{\mathrm{e}}A_{\mathrm{w}} = \frac{152P_{\mathrm{O}}}{B_{\mathrm{M}}K_{\mathrm{RP}}f} \quad (4\text{-}3\text{-}7)$$

278 采用 AP 法选择磁心时需注意哪些事项?

采用 AP 法选择磁心时需注意以下事项：

（1）上述公式均未考虑磁心损耗、磁心材料存在的差异、磁心

损耗随开关频率升高而增大等因素，计算出的是 AP 的最小值，所对应的磁心尺寸也为最小值，因此从实用角度看至少应选择再大一号的磁心。

(2) 对于单端反激式开关电源，其 B_{AC} 值较小（$B_{AC}=B_M K_{RP} Z$），B_M 值可取得大一些，一般取 $B_M=0.2\sim0.3T$。对于推挽式变换器、全桥和半桥式变换器，$B_{AC}=2B_M$，由于 B_M 值较小，为降低磁心损耗，B_{AC}值应取得小一些，通常取 $B_M=0.1\sim0.15T$。在输出功率相同的条件下，全桥和半桥式变换器所需高频变压器的体积最小。

(3) 在输出功率相同的条件下，连续电流模式的 AP 值要大于不连续电流模式，这表明连续电流模式所需高频变压器的体积较大，而不连续电流模式所需高频变压器体积较小。

(4) 磁性材料生产厂家通常只给出磁心的 A_e 和 A_w 值，并不直接给出 AP 值。有些厂家也没有直接给出 A_w 值，这时就需要根据磁心的相关尺寸参数计算相应的 A_w 和 AP 值，以便于选择合适的磁心尺寸。

279 试给出用 AP 法选择磁心的设计实例。

已知 $\eta=80\%$，$P_O=60W$，$K_W=0.35$，$D=0.5$；对于反激式开关电源，B_M 值应介于 0.2～0.3T，现取 $B_M=0.25T$，$K_{RP}=0.7$，$f=100kHz$，一并代入式（4-3-4）中得到

$$\begin{aligned}AP &= A_w A_e = \frac{0.433(1+\eta)P_O}{\eta K_W D J B_M K_{RP} f}\times10^4\\ &= \frac{0.433\times(1+0.8)\times60}{0.8\times0.35\times0.5\times400\times0.25\times0.7\times100k}\times10^4\\ &= 0.48(cm^4)\end{aligned}$$

根据 $AP=0.48cm^4$，从表 4-1-1 中查出与之接近的最小磁心规格为 EI28，其 $AP=0.58cm^4$。考虑到磁心损耗等因素，至少应选择 EI30 型磁心，此时 $AP=0.91cm^4$，$A_e=1.09cm^2$。

若按式（4-1-3）估算，可得到 $A_e=1.16cm^2$，查表 4-1-1 可见，与之最接近的是 EI33 型磁心的 $A_e=1.18cm^2$。由此可见，采

用两种方法所得到的结果是基本吻合的。为满足在宽电压范围内对输出功率的要求，本例实际选择 EI33 型磁心。

第四节 设计反激式高频变压器问题解答

280 试给出反激式高频变压器的设计实例。

设计实例：利用单片开关电源 TOP226Y 设计一个 60W 反激式通用开关电源模块，要求交流输入电压为 85～265V，输出为 +12V、5A。设计步骤如下：

（1）计算一次侧电感量 L_P。设电源效率为 80%，脉动电流（I_R）与峰值电流（I_P）的比例系数 K_{RP} 取 0.7。TOP226Y 的开关频率为 100kHz，漏极极限电流 I_{LIMIT} 为 2.25A。取 $I_P = I_{LIMIT} = 2.25A$ 计算时，$I_R = K_{RP} I_P = 0.7 \times 2.25A = 1.58A$。一次侧电感量 L_P 为

$$L_P = \frac{2P_O}{\eta I_R^2 f} = \frac{2 \times 60}{0.8 \times 1.58^2 \times 100k} = 600(\mu H)$$

若取 $K_{RP}=1$，同理可算出 $L_P=296\mu H$。因此，L_P 可在 296～600μH 选取，本例选择中间值 $L_P=450\mu H$。

（2）用 AP 法选择磁心（参见 279 问中的选择结果）。

（3）计算一次绕组匝数 N_P。本例 $U_{Imin}=102V$，$D_{max}=0.5$，$B_M=0.25$，$K_{RP}=0.7$，$f=100kHz$，一次绕组匝数 N_P 为

$$N_P = \frac{U_1 \sqrt{D_{max}} \times 10^4}{B_M K_{RP} f} = \frac{102 \times \sqrt{0.5} \times 10^4}{0.25 \times 0.7 \times 100k} = 41.2(匝)$$

实际取 $N_P=41$ 匝。

取 $I_P=2.25A$、$D_{max}=0.5$ 和 $K_{RP}=0.7$，一次侧电流有效值 I_{RMS} 的最大值为

$$I_{RMS} = I_P\sqrt{D_{max}\left(\frac{K_{RP}^2}{3} - K_{RP} + 1\right)} = 1.17(A)$$

电流密度取6A/mm²，根据表4-6-1选用6股ϕ0.51mm漆包线并绕而成。

(4) 计算二次绕组匝数N_S。已知U_O为12V，U_{OR}取值130V，U_{F1}取值0.5V，可得

$$N_S = \frac{N_P}{U_{OR}}(U_O + U_{F1}) = \frac{41}{130} \times (12 + 0.5) = 3.9(\text{匝})$$

考虑到铜导线上还有电阻损耗，实际取N_S=4.5匝。

将I_P=2.25A、N_P=41匝和N_S=4.5匝代入下式计算出二次侧峰值电流I_{SP}为

$$I_{SP} = I_P \frac{N_P}{N_S} = 20.5(\text{A})$$

再根据I_{SP}=20.5A、D_{max}=0.5和K_{RP}=0.7，计算二次绕组电流有效值I_{SRMS}为

$$I_{SRMS} = I_{SP}\sqrt{(1 - D_{max})\left(\frac{K_{RP}^2}{3} - K_{RP} + 1\right)} = 7.64(\text{A})$$

电流密度取6A/mm²，应选取ϕ1.2mm的漆包线，实际选用ϕ0.45mm的漆包线8股并绕。反馈绕组N_F电流较小，反馈电压略高于12V即可，实际选用ϕ0.3mm的漆包线绕4匝。

(5) 计算气隙宽度δ。在反激式开关电源中，高频变压器磁心的气隙大小对电源性能影响较大。本例中N_P=41匝，L_P=450μH，A_e=1.17cm²，计算可得

$$\begin{aligned}\delta &\approx \frac{0.4\pi N_P^2 A_e}{L_P} \times 10^{-2} \\ &= \frac{0.4\pi \times 41^2 \times 1.17}{450} \times 10^{-2} \\ &= 0.055(\text{cm}) = 0.55\text{mm}\end{aligned}$$

在EI型磁心之间插入厚度为0.275mm的青壳纸，有效气隙宽度为0.275mm×2=0.55mm。

(6) 检验最大磁通密度B_M。令$I_P = I_{LIMIT}$=2.25A，将L_P、N_P和A_e值代入下式可得

$$\begin{aligned}B_M &= \frac{I_P L_P}{N_P A_e} \times 10^{-2} \\ &= \frac{2.25 \times 450}{41 \times 1.17} \times 10^{-2}\end{aligned}$$

$= 0.21(T)$

该式计算出的 B_M 值为 0.2～0.3T，符合设计要求。

（7）检验磁饱和电流。检验最大磁通密度 B_M 目的是防止高频变压器工作时出现磁饱和。由于磁心参数的偏差等原因，B_M 的计算值只是理论数据。直接测量磁饱和电流，是检验高频变压器是否会在工作时产生磁饱和的最佳方法。按照 594 问所介绍的方法，利用示波器检测高频变压器磁饱和电流，实测高频变压器的磁饱和电流为 4.0A，约为实际峰值工作电流（2.25A）的 1.7 倍，可确保高频变压器在工作时不会出现磁饱和。

281 推荐用哪个公式计算一次侧电感量较好？

计算一次侧电感量 L_P 有两个公式。280 问是采用下述公式计算的

$$L_P = \frac{2P_O}{\eta I_R^2 f} \tag{4-4-1}$$

此外，计算 L_P 时还有另一个公式

$$L_P = \frac{(U_{Imin} - U_{DS(ON)})D_{max}}{I_R f} \approx \frac{U_{Imin} D_{max}}{I_R f} \tag{4-4-2}$$

式（4-4-2）中的 U_{Imin} 为直流输入电压的最小值，$U_{DS(ON)}$ 为功率开关管的导通压降，D_{max} 为最大占空比。通常 $U_{DS(ON)}$ 仅为几伏，可忽略不计。假定 $U_{Imin} = 85V \times 1.2 = 102V$，$D_{max} = 0.6$，$I_R = 1.58A$，$f = 100kHz$，代入式（4-4-2）中得到

$$L_P \approx \frac{U_{Imin} D_{max}}{I_R f} = \frac{102 \times 0.6}{1.58 \times 100k} = 387(\mu H)$$

不难看出，计算出的 387μH 与 280 问中所计算出的平均值 450μH 比较接近。

需要指出，式（4-4-1）是根据输入功率 P_I 来计算 L_P 的，因为式中的 $P_O/\eta = P_I$，其特点是 L_P 与 I_R^2（其中的 $I_R = I_P K_{RP}$）成反比，这表明当 I_P 为定值时，L_P 与 K_{RP}^2 成反比。因此当改变 K_{RP} 时对 L_P 影响很大，L_P 值的范围很宽，通常需要在最小值与最大值之间取平均值。式（4-4-2）则是根据最低直流输入电压 U_{Imin} 来计算

L_P的，只要L_P值在开关电源处于最不利的输入条件下（U_I为最小值U_{Imin}，D为最大占空比D_{max}）能满足要求，那么当U_I较高、D较小时L_P值就更能满足要求了。这是式（4-4-2）与式（4-4-1）的主要区别。另一区别是式（4-4-2）中的L_P与I_R（亦即K_{RP}）成反比，K_{RP}对L_P值的影响较小。因此二者的计算结果存在一定偏差也属于正常情况。读者可根据实际情况和设计经验来确定用哪个公式进行计算。本书推荐采用式（4-4-2）来计算L_P。

282 设计反激式与正激式高频变压器有何区别？

由于反激式开关电源中的高频变压器起到储能电感的作用，因此反激式高频变压器类似于电感的设计，但需注意防止磁饱和的问题。反激式在20～100W的小功率开关电源方面比较有优势，因其电路简单，控制也比较容易。

而正激式开关电源中的高频变压器只起到传输能量的作用，其高频变压器可按正常的变压器设计方法，一般不需要考虑磁饱和问题，但需考虑磁复位、同步整流等问题。正激式适合构成50～250W低压、大电流的开关电源。这是二者的重要区别！

第五节　设计正激式高频变压器问题解答

283 设计正激式开关电源有何注意事项？

设计正激式开关电源应注意如下几点：

（1）对于低压、大电流的正激式开关电源，可选择同步整流技术。

（2）单端正激式开关电源的磁复位问题。单端正激式DC/DC变换器的缺点是在功率管截止期间必须将高频变压器复位，以防止变压器磁心饱和，因此一般需要增加磁复位电路（亦称变压器复位电路）。

设计半桥/全桥输出式正激变换器时，不需考虑磁复位问题。因其一次绕组中正负半周励磁电流大小相等，方向相反，变压器磁心的磁通变化是对称的上下移动，磁通密度 B 的最大变化范围为 $\Delta B=2B_m$，磁心中的直流分量能够抵消。同理，设计推挽式变换器时也不用考虑磁复位问题。

284 设计正激式高频变压器的步骤是什么？

设计正激式高频变压器的步骤如下：

（1）设计步骤。计算总输出功率→用面积乘积法（AP 法）选择磁心→计算一次绕组匝数→计算二次绕组匝数→计算线径等参数。

（2）主要计算公式。一次绕组匝数的最小值为

$$N_{P(min)}=\frac{U_{I(min)}D_{max}}{\Delta BA_e f} \tag{4-5-1}$$

式中：$N_{P(min)}$ 为一次绕组匝数的最小值；$U_{I(min)}$ 为直流输入电压的最小值；D_{max} 为最大占空比；ΔB 为磁通密度的变化量，单端正激式的 $\Delta B=B_m-B_r=B_{AC}$；A_e 为磁心有效截面积，cm^2；f 为开关频率。

（3）计算匝数比 n

$$n=\frac{N_P}{N_S}=\frac{U_{I(min)}D_{max}}{U_O+U_{F1}} \tag{4-5-2}$$

（4）计算二次绕组的匝数 N_S

$$N_S=nN_P \tag{4-5-3}$$

（5）计算一次绕组导线的线径 D_{Pm}。

1）输入电流的平均值 I_{AVG}（A）

$$I_{AVG}=\frac{P_O}{\eta U_{Imin}} \tag{4-5-4}$$

2）一次侧峰值电流 I_P（A）

$$I_P=\frac{I_{AVG}}{(1-0.5K_{RP})D_{max}} \tag{4-5-5}$$

3）一次侧有效值电流 I_{RMS}（A）

$$I_{RMS}=I_P\sqrt{D_{max}\left(\frac{K_{RP}^2}{3}-K_{RP}+1\right)} \tag{4-5-6}$$

4）选择合适的电流密度，然后计算线径。一次绕组导线的电

流密度可选 4～6A/mm²。根据 J 值可计算出一次绕组导线的线径

$$d_P = \sqrt{\frac{4I_{RMS}}{\pi J}} \tag{4-5-7}$$

（6）计算二次绕组导线的线径 D_{Pm}。

1）二次侧峰值电流 I_{SP}（A）

$$I_{SP} = I_P \cdot \frac{N_P}{N_S} \tag{4-5-8}$$

2）二次侧有效值电流 I_{SRMS}（A）

$$I_{SRMS} = I_{SP}\sqrt{(1-D_{max}) \cdot \left(\frac{K_{RP}^2}{3} - K_{RP} + 1\right)} \tag{4-5-9}$$

3）输出滤波电容上的纹波电流 I_{RI}（A）

$$I_{RI} = \sqrt{I_{SRMS}^2 - I_O^2} \tag{4-5-10}$$

4）二次绕组导线的最小直径（裸线）D_{Sm}（mm）

$$D_{Sm} = 1.13\sqrt{\frac{I_{SRMS}}{J}} \tag{4-5-11}$$

285 常用的三种磁复位电路各有什么特点？

常用的三种磁复位电路如图 4-5-1 所示。图（a）为由辅助绕组构成的复位电路；图（b）为由 R、C、VD_Z 构成的钳位电路；图（c）为由 MOS 场效应管 V_4 构成的有源钳位电路。三种磁复位的方法各有优缺点，辅助绕组复位法会使变压器结构复杂化，R、C、VD_Z 钳位法属于无源钳位，其优点是磁复位电路简单，能吸收由

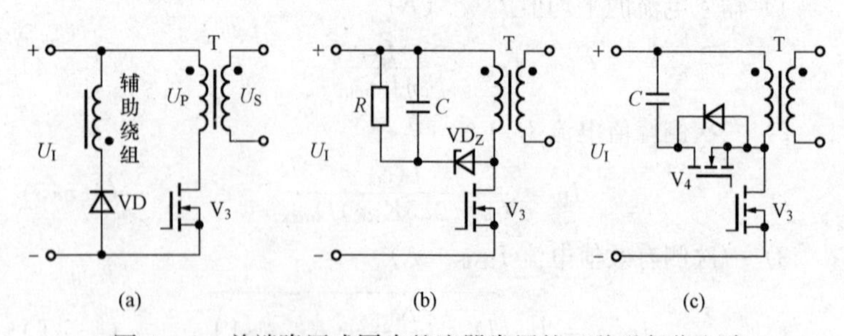

图 4-5-1 单端降压式同步整流器常用的三种磁复位电路

（a）辅助绕组复位电路；（b）R、C、VD_Z 钳位电路；（c）有源钳位电路

高频变压器漏感而产生的尖峰电压，但钳位电路本身也要消耗磁场能量。有源钳位法在上述三种方法中的效率最高，但也提高了电路的成本。

第六节　绕线问题解答

286　如何选择漆包线？

漆包线是一种带绝缘层的导电金属线，用于绕制工频变压器、高频变压器、电动机和发电机的绕组。其作用是通过感应电流来产生磁场（或通过切割磁力线来产生感应电流），实现电能与磁能的互相转换。漆包线的表面有一层均匀的漆膜，光滑柔软，绝缘性能好，便于手工或自动化绕制，成本低廉。漆包线的线径均指裸导线。目前国内常用的是QQ型高强度漆包线。国内外漆包线规格对照见表4-6-1。我国采用公制线规。表中的AWG为美制线规，SWG为英制线规，其线号愈大，导线愈细。欧美国家常用“圆密耳”（circular mil）作导线横截面积单位，换算关系为$1mm^2=1980$圆密耳。

表4-6-1　国内外漆包线规格对照表

公制裸线线径①（mm）	近似美制线规AWG	近似英制线规SWG	QQ-1型最大外径（mm）	裸线横截面积（mm^2）	每厘米可绕匝数②（匝/cm）
0.050	43	47	0.065	0.00196	153.8
0.060	42	46	0.080	0.00283	125.0
0.070	41	45	0.090	0.00385	111.1
0.080	40	44	0.100	0.00503	100.0
0.090	39	43	0.110	0.00636	90.9
0.100	38	42	0.125	0.00785	80.0
0.110	37	41	0.135	0.00950	74.0
0.130	36	39	0.155	0.01327	64.5
0.140	35	—	0.165	0.01539	60.6

续表

公制裸线线径[①]（mm）	近似美制线规 AWG	近似英制线规 SWG	QQ-1型最大外径（mm）	裸线横截面积（mm^2）	每厘米可绕匝数[②]（匝/cm）
0.160	34	37	0.190	0.02011	52.6
0.180	33	—	0.210	0.02545	47.6
0.200	32	35	0.230	0.03142	43.4
0.230	31	—	0.265	0.04115	37.7
0.250	30	33	0.290	0.04909	34.3
0.290	29	31	0.330	0.06605	30.3
0.330	28	30	0.370	0.08553	27.0
0.350	27	29	0.390	0.09621	25.6
0.400	26	28	0.440	0.1257	22.7
0.450	25	—	0.490	0.1602	20.4
0.560	24	24	0.610	0.2463	16.3
0.600	23	23	0.650	0.2827	15.3
0.710	22	22	0.760	0.3958	13.1
0.750	21	—	0.810	0.4417	12.3
0.800	20	21	0.860	0.5027	11.6
0.900	19	20	0.960	0.6362	10.4
1.000	18	19	1.07	0.7854	9.3
1.250	16	18	1.33	1.2266	7.5
1.500	15	—	1.58	1.7663	6.3
2.000	12	14	2.09	3.1420	4.7
2.500	—	—	2.59	4.9080	3.8
3.000	—	—	—	7.0683	—

① 国外公制线径还有0.220、0.280、0.320、0.550mm等规格。

② 仅对国产QQ-1高强度漆包线而言。

287 什么是三层绝缘线？

三层绝缘线（Triple Insulated Wire）亦称三重绝缘线，它是近年来国际上新开发的一种高性能绝缘导线。这种导线有三个绝缘层，中间是芯线。第一层是呈金黄色的聚酰胺薄膜，国外称之为

“黄金薄膜”，其厚度为几微米，却可承受1kV的脉冲高压；第二层为高绝缘性的喷漆涂层；第三层（最外层）是透明的玻璃纤维层。绝缘层的总厚度仅为20～100μm。三层绝缘线适用于尖端技术、国防领域，制作微型电机绕组、小型化开关电源的高频变压器绕组。其优点是绝缘强度高（任何两层之间均可承受3000V（AC）的安全电压），不需要加阻挡层以保证安全边距，也不用在级间绕绝缘胶带层；电流密度大。用它绕制的高频变压器，比用漆包线绕制的体积可减小一半。三层绝缘线的质地坚韧，需加温到200～300℃才能变软，进行绕制。绕制完毕，遇冷后线圈即可自动成型。

三层绝缘线的结构分为三种：标准型、自粘接型、绞合线型，结构如图4-6-1所示。图（a）为标准型结构，其绝缘层材料可选软钎焊的聚酯类耐热树脂和聚酰胺类树脂构成，具有良好的电气性能。图（b）为自粘接型结构，它是在标准型的外侧附加了自粘着层，适合于无线圈的骨架。图（c）为绞合线型结构，其导线采用了多股胶合线，外侧具有三个绝缘层，适用于高频领域。

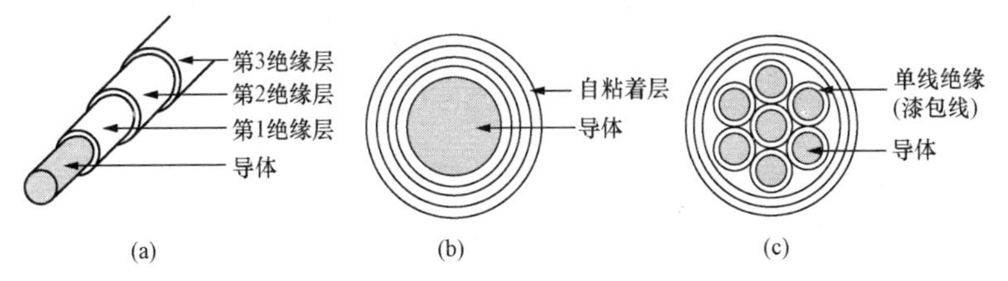

图4-6-1　三层绝缘线的结构图
（a）标准型；（b）自粘接型；（c）绞合线型

288　为什么采用三层绝缘线能大大减小高频变压器的体积？

三层绝缘线特别适合于绕制小型化、高效率开关电源中的高频变压器。以采用TEX-E的高频变压器为例，由于省去了层间绝缘带，也不必加阻挡层，因此它要比用漆包线绕制传统变压器的体积减小1/2，而重量大约减小2/3，可大大节省材料和加工费用。两种高频变压器的结构比较情况如图4-6-2所示。鉴于三层绝缘线的价格昂贵，因此它特别适合于绕制小型化开关电源的高频变压器二次绕组，而一次绕组和反馈绕组仍采用普通漆包线绕制。

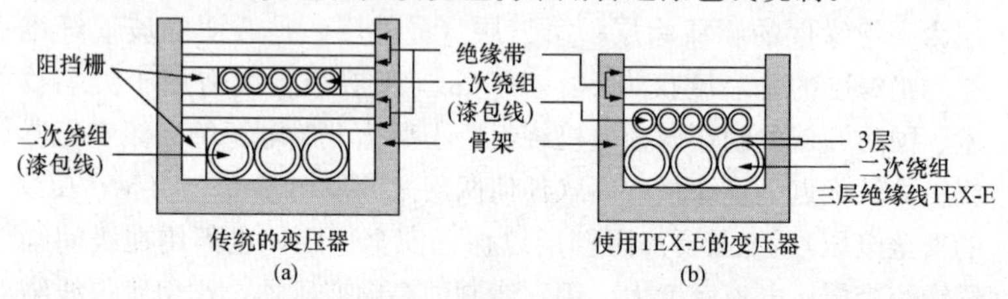

图 4-6-2 两种高频变压器的结构比较

（a）用漆包线绕制；（b）用三层绝缘线绕制

289 如何选择三层绝缘线？

TEX-E 标准型三层绝缘线的产品规格见表 4-6-2。国产 TIW 标准型三层绝缘线的产品规格与之相同，仅部分参数略有差异。

表 4-6-2 TEX-E 标准型三层绝缘线的产品分类

导线直径 (mm)	容许公差 (mm)	成品标称外径 (mm)	成品最大外径 (mm)	导线电阻 (Ω/km)	质量 (kg/km)
0.20	±0.008	0.400	0.417	607.6	0.398
0.22	±0.008	0.420	0.437	498.4	0.465
0.24	±0.008	0.440	0.457	416.2	0.537
0.26	±0.010	0.460	0.477	358.4	0.616
0.28	±0.010	0.480	0.497	307.3	0.697
0.30	±0.010	0.500	0.520	262.9	0.786
0.35	±0.010	0.550	0.570	191.2	1.033
0.40	±0.010	0.600	0.625	145.3	1.316
0.50	±0.010	0.700	0.725	91.43	1.985
0.60	±0.020	0.800	0.825	65.26	2.793
0.70	±0.020	0.900	0.925	47.47	3.741
0.80	±0.020	1.000	1.030	36.08	4.829
0.90	±0.020	1.100	1.130	28.35	6.056
1.00	±0.030	1.200	1.230	23.33	7.422

290 使用三层绝缘线有何注意事项?

使用三层绝缘线应注意如下几点：

(1) 三层绝缘线存放条件是环境温度为−25～30℃，相对湿度为5%～75%，保存期为一年。禁止在高温、高湿度、日光直射、粉尘环境下存放三层绝缘线。对超过保管期的三层绝缘线，必须重新做绝缘击穿电压、耐压、可绕性试验，方可使用。

(2) 绕线需注意下列注意事项：三层绝缘线是靠被膜来强化绝缘的。若被膜因受机械应力或热应力而发生严重变形、损伤时，安全性标准就无法保证；变压器骨架上不得有毛刺，接触导线的拐角部分要圆滑（形成倒角），出线嘴的内径应为导线外径的2～3倍；切断的导线末端十分锐利，不要贴近导线被膜。

(3) 剥离被膜时需采用三层绝缘线剥膜机、可调式剥膜机等专用设备。其特点是一边熔化被膜，一边进行剥离工作，因此不会损伤导线。如果使用普通的电线剥膜机来剥除绝缘被膜，导线有可能被拉细甚至被拉断。

(4) 焊接三层绝缘线的装置有两种。一种是静止式软钎料槽，适于焊接ϕ0.40mm以下的三层绝缘线。软钎焊时在软钎料槽中水平移动并震动线圈骨架，就能在短时间内完成焊接工作。另一种焊接装置是带风冷的喷射式软钎料槽，能同时进行多个线圈骨架的焊接，适合大批量生产。

291 绕线时需注意什么问题?

绕线时需注意以下几点：

(1) 尽量不要使用线径大于ϕ0.56mm的漆包线。漆包线越粗，就越难绕制，而且可能因应力过大而使骨架破裂。为减小集肤效应，应尽量采用多股较细的漆包线来代替粗导线。

(2) 尽量不要使用线径小于ϕ0.13mm的漆包线。这种漆包线在绕制过程中很容易断裂。

(3) 尽量不要在高频变压器的相邻层上使用规格相差很大的绕线。例如，一次绕组使用ϕ0.45mm的漆包线，而偏置绕组采用

ϕ0.13mm的漆包线，绕制将费时费力。在这种情况下，偏置绕组更适于使用ϕ0.33mm的漆包线。

(4) 如果绕组层数不是整数值或绕线未占满一层，最好将该层的绕线展开，使其在整个绕线宽度上均匀分布，而不要将所有的绕线集中在一个区域。

(5) 在绕制高频变压器时，利用绝缘套管可对绕组的始端和终端引线进行绝缘。应采用电气参数合格的耐热型绝缘套管，以避免在焊接引线时被熔化。高频变压器骨架上二次绕组的引脚经过安全基座焊接在骨架插脚上，如图4-6-3所示。

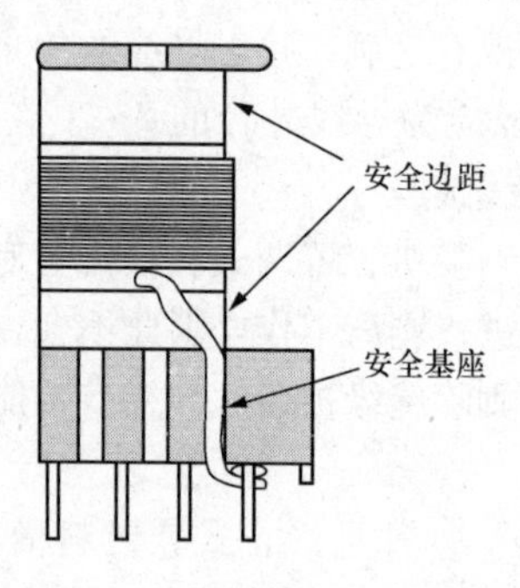

图4-6-3　二次绕组引脚经过安全基座焊接在骨架插脚上

(6) 骨架的线轴定位如图4-6-4(a)、(b)所示。图(a)为水平放置的骨架，两个磁心是水平装配的，它与印制板保持平行；图(b)为垂直放置的骨架，两个磁心是垂直装配的，与印制板保持垂直。

(7) 磁心有多种形状和尺寸。E型磁心是反激式变换器最常用的一种磁心。磁心材料通常选铁氧体磁心，其工作频率超过100kHz，而损耗比其他材料低很多。当开关频率约为100kHz时，合适的铁氧体材料型号有Nippon Ceramic公司生产的NC-2H、TDK公司生产的PC40、西门子公司生产的N67或N87。当开关频率为300～400kHz时，可采用Ferroxcube公司生产的3F3型磁心。

在骨架的左右两边均应留出安全边距。对于交流110V输入电压，总安全边距为2.5～3mm；对于交流220V输入电压和85～265V通用输入电压范围，总安全边距为5～6mm。当二次绕组采用三层绝缘线或选择36～72V低压直流输入时，可不留安全边距。骨架材料可选酚醛树脂、聚丁烯或聚苯二甲酸乙二醇酯。因尼龙材料在焊接时很容易熔化，故禁止使用。

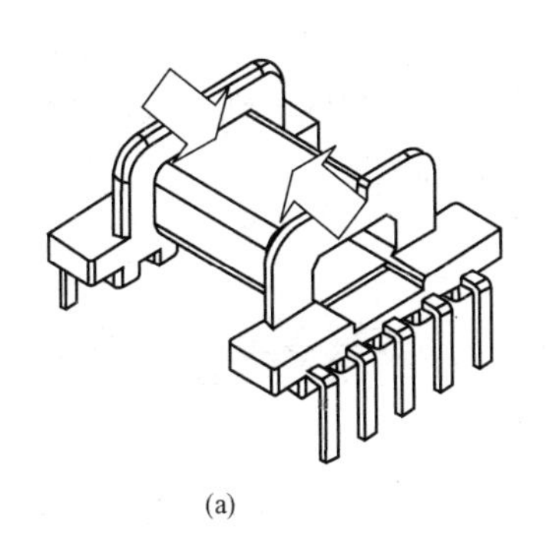
(a)

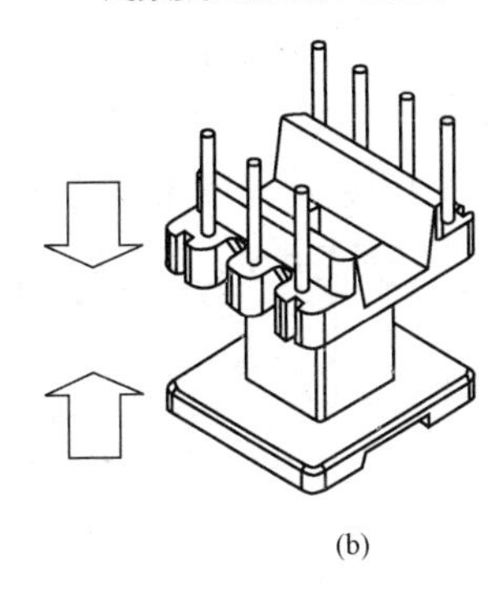
(b)

图 4-6-4 骨架的线轴定位
(a) 水平放置的骨架；(b) 垂直放置的骨架

292 什么是“三明治绕法”?

一次绕组采用分层绕制法能减少漏感。此时可将一次绕组分成两部分各绕一层，而将二次绕组夹在这两层中间，亦称“三明治绕法”或“夹层绕法”。通常是将一次绕组的一半绕在最里层，另一半绕在最外层。在绕制最外层绕组之前，需要对一次绕组与二次绕组采取进一步的绝缘措施，采用分层绕制法不会改变一次绕组的电气性能，但可降低漏感。

293 绕组如何走线?

对于多层高频变压器绕组，可采用 Z 型绕组或 C 型绕组的绕制方法，分别如图 4-6-5 (a)、(b) 所示。Z 型绕组的特点是一次绕组的排列和走线方式像英文字母 Z，可减小高频变压器一次绕组的分布电容器，从而降低了一次侧的交流开关损耗。Z 型绕组适用于要求空载功耗低、待机效率高的应用，但会使漏感稍微增加，降低骨架的利用率。对于其他应用，可采用结构较简单的 C 型绕组。C 型绕组的一次绕组排列和走线方式像英文字母 C，其优点是绕制简单，但效率略低、损耗较高。在使用多股漆包线并绕的情况下，需要优化电流分布，使电流能平均分配到每根漆包线上。但随着引线数量的增多，焊接到引脚上的困难就越多。若漆包线的线径较粗而骨架引脚很细，困难就会更大。一般情况下，焊到同一个引脚上的引线数量不宜超过4条。但如果使用的漆包线较细，即使在同一引脚上焊接5～6条漆包线也不会有太大问题。

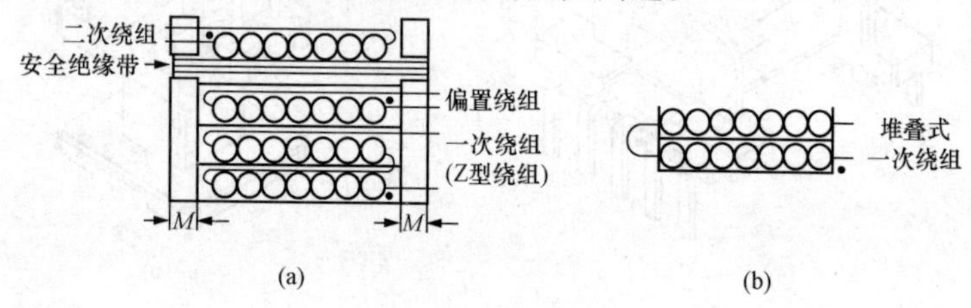

图 4-6-5　采用Z型或C型绕组

(a) Z型绕组；(b) C型绕组

294　分离式绕法与堆叠式绕法各有什么优缺点？

多路输出式开关电源的二次绕组（次级）有两种绕制方法，一种是分离式绕法，另一种是堆叠式绕法。二次绕组两种绕法的比较见表4-6-3，二者的结构分别如图4-6-6（a）、（b）所示。

表 4-6-3　二次绕组两种绕法的比较

绕制方法	优　点	缺　点
分离式绕法	（1）排列具有灵活性 （2）可将输出电流较大的某一路输出靠近一次侧，能把漏感引起的能量损失减至最小	（1）漏感较大，在输出滤波电容器上会产生峰值充电效应，导致轻载下的负载调整率变差 （2）制造成本较高 （3）骨架上的引脚较多
堆叠式绕法	（1）能加强磁耦合 （2）能改善轻载时的稳压性能 （3）骨架上的引脚数量较少 （4）制造成本低	（1）电压最低（或最高）的绕组须靠近一次侧 （2）为降低大电流时的漏感缺乏灵活性

采用堆叠式绕法可改善辅助输出的交互稳压特性。分离式绕法

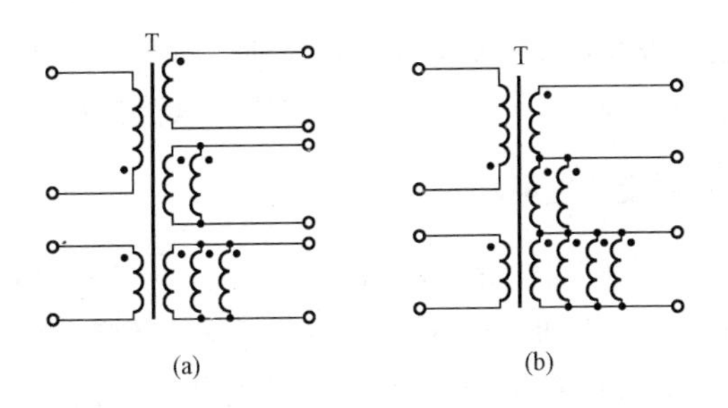

图 4-6-6　二次绕组的两种绕制方法
(a) 分离式绕法；(b) 堆叠式绕法

的每个输出绕组均单独使用导线，每个绕组上仅传输与该路特定负载有关的电流，在确定各绕组的排列顺序上具有一定的灵活性。设计者可单独设计每个二次绕组，并且各二次绕组之间在电气上相互隔离。采用堆叠式绕法时，高压绕组就叠加在低压绕组上部。这些叠加绕组采用同一根导线绕制。这样，低电压绕组可分担高电压绕组的负载电流。某个叠加绕组的始端是指所有叠加绕组的公共点(通常为接地点)。在骨架上绕制所需的绕组匝数后，每个叠加绕组在高频变压器的骨架引脚处结束绕制。下一个叠加绕组的绕制就从上一绕组的终端引脚处开始。因此，每个电压更高的输出绕组“叠加”在下一个电压更低的绕组上面。但必须与一次绕组和反馈绕组实现电气隔离。此外，还可将分离式绕组与堆叠式绕组组合起来使用。

295　如何绕制屏蔽绕组?

绕制屏蔽绕组方法如下：

(1) 一次侧屏蔽绕组。因该绕组位于一次绕组与二次绕组之间，并以一次侧为参考，故称之为一次侧屏蔽绕组。对于多路输出式开关电源，二次侧是指第一个二次绕组，即距离一次绕组最近的那个绕组。通常应使输出电流最大或稳压性能要求最严格的那路输出绕组距离一次绕组最近。

(2) 二次侧屏蔽绕组。该绕组也位于一次绕组与二次绕组之间，但它以二次侧为参考，因此命名为二次侧屏蔽绕组。若二次绕组采用三层绝缘线，则其屏蔽绕组也应使用同样的线材，并将二次侧屏蔽绕组的两端都接到骨架的一个引脚上以符合安全标准。

296 怎样设计磁屏蔽？

为防止高频变压器对相邻电路造成干扰，还可在高频变压器外部增加磁屏蔽。最简单的方法是把一个薄铜片环绕在变压器外部，构成如图 4-6-7 所示的屏蔽带。该屏蔽带相当于短路环，能对泄漏磁场起到抑制作用。此外，也可将磁屏蔽接到稳定直流的节点上，以减少静电耦合干扰。

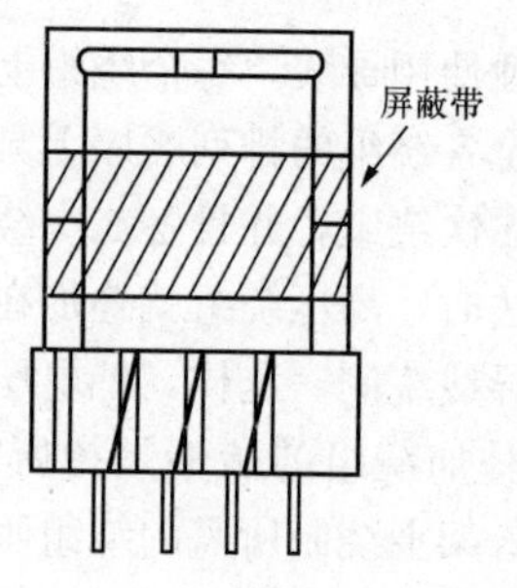

图 4-6-7　高频变压器的屏蔽带

第七节　高频变压器损耗问题解答

297 高频变压器的损耗是如何造成的？

高频变压器损耗是导致高频变压器温升的主要原因。高频变压器损耗主要包括铜耗损和磁心损耗。令 P 表示高频变压器损耗。铜耗损的符号为 P_{Cu}。磁心损耗的符号可用 P_{CORE}表示。当磁通密度增加时，磁滞损耗将增大，而铜损耗会降低。当磁心损耗与铜损耗近似相等时，所选择的磁通密度为最佳值。高频变压器的总损耗与磁通密度的关系曲线如图 4-7-1 所示。高频变压器的总损耗就等于磁心损耗和铜损耗之和，有公式

$$P = P_{Cu} + P_{CORE} \quad (4\text{-}7\text{-}1)$$

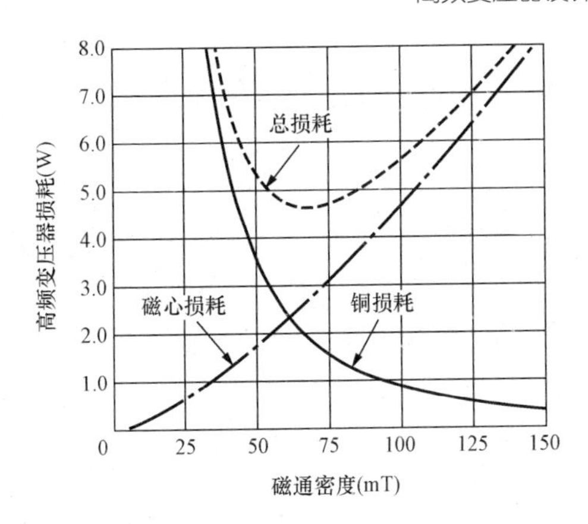

图 4-7-1 高频变压器的总损耗与磁通密度的关系曲线

298 什么是集肤效应?

当高频电流通过导体时，电流将集中在导体表面流通，这种现象称为集肤效应（Skin Effect，亦称趋肤效应）。由于存在集肤效应，而将电流限制在导体截面上的一部分区域，这不仅降低了导线的有效使用面积，还增加了等效电阻。集肤效应可用该频率下的“透入深度”d来表示。集肤效应的示意图如图 4-7-2 所示。电流趋向于流过导线的阴影区域。导线的其余部分为未使用的面积。透入深度由下式确定

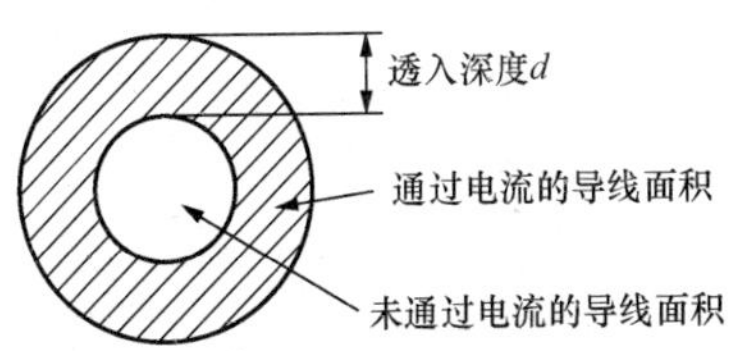

图 4-7-2 集肤效应的示意图

$$d=\sqrt{\frac{1}{\pi f\mu\sigma}} \tag{4-7-2}$$

式中：f为开关频率；μ为导线的磁导率；σ为导线的电导率；d

的单位是 cm。

对于铜导线，当环境温度为 20℃时，式（4-7-2）可简化为

$$d=\frac{6.61}{\sqrt{f}} \tag{4-7-3}$$

显然，当开关频率固定时，透入深度为一常数。因此，采用多股导线并绕的方法可减小铜导线的未使用面积。

举例说明，当开关频率 $f=100$kHz 时，代入式（4-7-3）中得到，透入深度 $d=0.0209$cm。所选导线的最小内径 $D_{min}=2d=0.0418$（cm）$=0.418$mm，实际选内径 $D=0.45$mm 的漆包线，对应于美规（AWG）中的 25 号漆包线。这表明，设计 100kHz 开关电源的高频变压器时，绕组的单股最大允许线径为 0.45mm。一旦超过此值，就必须采用多股细导线并绕的方式以减小趋肤效应。

当环境温度为 100℃时，公式变为

$$d=\frac{7.65}{\sqrt{f}} \tag{4-7-4}$$

299 什么是临近效应？

临近效应与距离很近的两根导线的磁场相关。当高频变压器中两根相邻导线的开关电流方向相同时，电流就会趋向于沿导线彼此不接近的半侧流动，如图 4-7-3 所示。图中的×代表磁场方向。同理，如果开关电流方向相反，电流就会趋向于沿导线彼此接近的半侧流动。上述情况均会导致导线有效面积降低。当高频变压器采用多层结构时，临近效应比集肤效应的影响大。设计时应尽量少用多

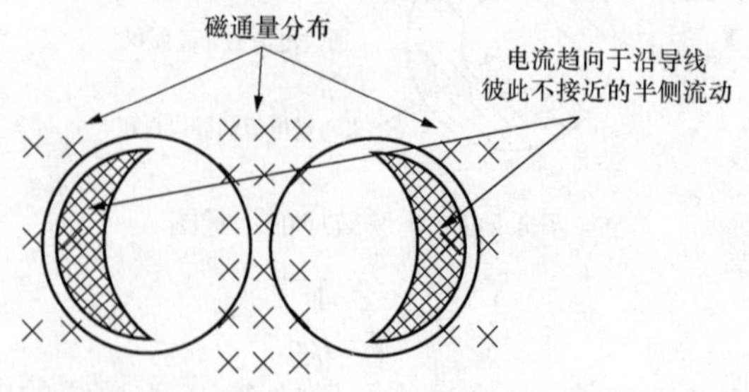

图 4-7-3　临近效应的示意图

层结构。

第八节　高频变压器磁饱和问题解答

300　为什么高频变压器磁心应留有气隙？

为防止磁心饱和，高频变压器的磁心应留有一定的空气间隙。气隙宽度一般为 0.02～0.1mm。开关稳压器常用的 EI、EE 和 POT 型磁心的磁通路径分别如图 4-8-1（a）～（c）所示。因空隙附近的磁通密度很高，容易产生磁通噪声，故磁通不要跨过气隙到达其他磁心的位置。由于 EI、EE 型磁心的价格便宜且容易制造，因此在开关稳压器中使用的非常广泛。POT 型铁氧体磁心的辐射噪声最小，制造起来比环形磁心更容易。

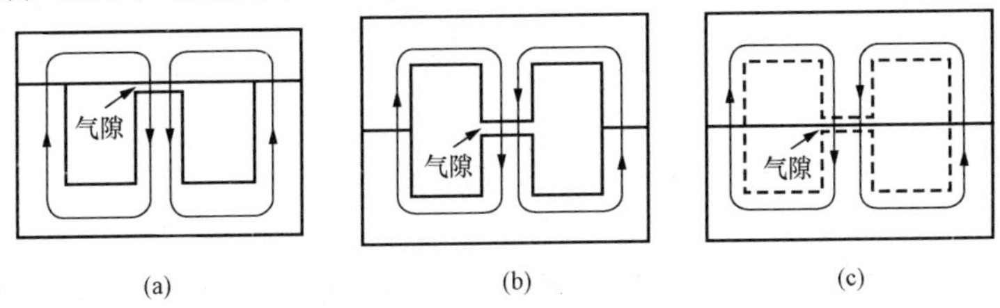

图 4-8-1　EI、EE 和 POT 型磁心的磁通路径

（a）EI 型磁心；（b）EE 型磁心；（c）POT 型磁心

301　高频变压器为什么会发生磁饱和？

在铁磁性材料被磁化的过程中，磁感应强度 B 首先随外部磁场强度 H 的增加而不断增强，但是当 H 超过一定数值时，磁感应强度 B 就趋近于某一个固定值，达到磁饱和状态。典型的磁化曲线如图 4-8-2 所示，当 $B \approx B_P$ 时就进入临界饱和区，当 $B \approx B_O$ 时就到达磁饱和区。对开关电源而言，当高频变压器内的磁通量（$\Phi = BS$）不随外界磁场强度的增大而显著变化时，称之为磁饱和状态。因磁场强度 H 变化时磁感应强度 B 变化很小，故磁导率显著降低，磁导率 $\mu = \Delta B / \Delta H$。此时一次绕组的电感量 L_P 也明显降低。由图 4-8-2 可见，磁导率就等于磁化曲线的斜率，但由于磁化曲线是非线性的，因此 μ 并不是一个常数。

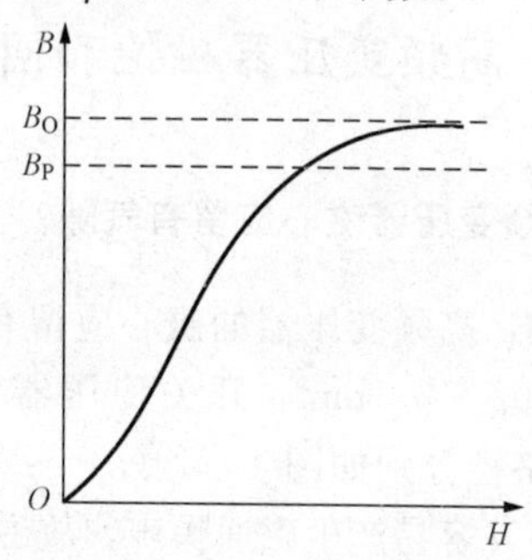

图 4-8-2 铁磁性材料的磁化曲线

302 磁饱和有哪些危害?

一旦发生磁饱和，对开关电源的危害性极大，轻则使元器件过热，重则会损坏元器件。在磁饱和时，一次绕组的电感量 L_P 明显降低，以至于一次绕组的直流电阻（铜阻）和内部功率开关管 MOSFET 的功耗迅速增加，导致一次侧电流急剧增大，有可能 TOPSwitch 内部的限流电路还来不及保护，MOSFET 就已经损坏。发生磁饱和故障时主要表现在：①高频变压器很烫，TOPSwitch 芯片过热；②当负载加重时输出电压迅速跌落，达不到设计输出功率。

303 如何防止高频变压器磁饱和?

防止高频变压器磁饱和的方法很多，主要是适当减小一次绕组的匝数。此外，尽量选择尺寸较大的磁心并且给磁心留出一定的气隙宽度 δ，也能防止磁心进入磁饱和状态。

第五章

开关电源整机电路设计与制作66问

本章概要 本章专门解答在设计与制作开关电源整机电路时具有共性的关键技术问题，这对提高开关电源的性能指标具有重要参考价值。

第一节 开关电源设计要点问题解答

304 设计开关电源主要包括什么内容？

设计开关电源时，首先要选择开关电源的拓扑类型，然后根据开关电源的电气性能选择合适的开关器件（例如开关电源、开关稳压器或PWM调制器等集成电路）及主要外围元件，进而设计开关电源的电路。再根据机械性能（体积、重量、结构、安装方向、印制板布局）、环境工作条件（环境温度、相对湿度及通风条件）、电磁兼容性（EMC）、使用寿命、可靠性、价格因素等指标制作样机（或进行计算机仿真）。最后根据对样机的测试数据（或仿真结果）完成开关电源的优化设计。在制作样机之前，还应对元器件进行测试及筛选。

开关电源的设计主要包括以下内容：输入电压类型（AC或DC）、交流电压变化范围和电网频率、整流滤波方式、电源类型（通用开关电源或特种开关电源及其拓扑结构）、一次侧与二次侧是否需要隔离、低压输入还是高压输入、输出电压和输出电流的调节范围、稳压或稳流精度、电源效率、输出纹波电压的大小、负载特性（采用恒压式输出、恒流式输出或恒压/恒流式输出，负载为蓄电池、电动机，还是LED显示器）、控制特性（采用电压型或电流型控制方式、是否要具备外部关断、远程遥控或数控功能)、单路或多路输出、保护电路（如软启动、输入欠电压/过电压保护、输出过电流保护、短路保护、过热保护及防止输入电压极性接反的保护电路)、对瞬态响应的要求、是否需要增加数字显示及故障报警功能、对EMC的要求、环境工作条件、体积与重量等。设计人员应根据实际情况加以确定。

305 开关电源有哪些性能指标？

（1）电气性能指标。

1）输入特性。输入电压类型及电压范围，电网频率，谐波失真。

2）输出特性。输出电压，输出电流，稳压特性（电压调整率和负载调整率)，瞬态响应，输出纹波电压及纹波电流，输出噪声电压。

3）控制方式及控制功能。电压型控制方式，电流型控制方式，外部关断功能，远程遥控功能，数控功能。

4）保护功能。必要时还可增加输入、输出电压及电流监视器，保护继电器，报警器，自动/手动复位电路等。有条件的还应对样机进行电气绝缘测试、电磁兼容性试验。

（2）机械性能指标。体积、重量等。

（3）环境工作条件。环境温度、相对湿度、散热条件（自然冷却、风扇冷却）等。

（4）可靠性指标。可靠性指标通常用平均故障间隔时间(Mean Time Between Failures，MTBF）来表示。MTBF一般应大于100 000h。

（5）成本指标。在保证性能指标的前提下，应尽量降低开关电源的成本以提高其性价比，为实现商品化创造条件。

306 开关电源的功率损耗包括什么？

开关电源的功率损耗包括3部分：传输损耗、开关损耗和其他损耗。

307 什么是开关电源的传输损耗?

传输损耗由两部分组成。第一部分是由 MOSFET 的通态电阻 $R_{DS(ON)}$ 而引起的传输损耗，亦称导通损耗。例如早期产品 TOP227Y 的 $R_{DS(ON)}=2.6\Omega$（典型值，下同），新产品 TOP262 的 $R_{DS(ON)}\leqslant 0.90\Omega$，通态电阻越小，传输损耗就越低。第二部分是电流检测电阻 R_S 的损耗。

308 什么是开关电源的开关损耗?

开关损耗包括 MOSFET 的电容损耗和开关交叠损耗。这里讲的电容损耗亦称 CU^2f 损耗，是指储存在 MOSFET 输出电容 C_{OSS} 和高频变压器分布电容上的电能，在每个开关周期开始时泄放掉而产生的损耗。交叠损耗是由于 MOSFET 存在开关时间而产生的。在 MOSFET 的通、断过程中，由于有效的电压和电流同时作用于 MOSFET，致使 MOSFET 的开关交叠时间较长而造成损耗。单片开关电源内部增加了米勒（Miller）电容，使 MOSFET 的开关速度很快，其交叠损耗仅为分立开关电源的 1/10 左右，可忽略不计。

309 开关电源还有什么其他损耗?

开关电源还包括以下损耗：

（1）启动电路的损耗。开关电源内部有启动电路，当芯片被启动后即自行关断，因此在转入正常工作之后就没有损耗。PWM 控制器需接外部启动电路，会导致一定的功耗。

（2）PWM 控制器的损耗。PWM 控制器的损耗，包括控制电路本身的损耗以及控制驱动 MOSFET 的功耗。

（3）输入整流桥的损耗约占开关电源总功耗的 2%。低压大电流输出时，输出整流管的损耗可占开关电源总功耗的 10%以上。

（4）漏极钳位保护电路的损耗为 1～1.2W。

（5）高频变压器的磁心损耗（随开关频率升高而增大），绕组导线的集肤效应损耗。

（6）其他电路的损耗。包括 EMI 滤波器中的限流电阻（NT-

CR）和X电容器的泄放电阻、输入整流桥、输入滤波器、输出滤波器、反馈电路的损耗之和。

310 设计高效率单片开关电源的原则是什么？

设计高效率单片开关电源的原则如下：

（1）普遍原则。

1）所设计的开关电源应尽量工作在最大占空比D_{max}的情况下。

2）对于交流85～265V宽范围输入，一次绕组的感应电压U_{OR}应尽量高，可在100～135V范围内选择，以保证在交流输入电压为85V时高频变压器也能传输足够大的能量。

（2）具体原则。

1）一次侧电路。

a）增加一次绕组的电感量（L_P），可使高频变压器工作在连续模式。此时单片开关电源和高频变压器的功率损耗均较低。

b）若在输入端串联一只负温度系数热敏电阻（NTCR），刚通电时起限流作用，则应使之尽可能工作在热状态（即低阻态），以减小热敏电阻的功耗。整流桥的指标要留出足够的余量，其标称整流电流必须大于额定电流值，才能减小能量损耗。

c）要正确估算输入滤波电容的容量，在交流85～265V输入时，每瓦输出功率对应于3μF的容量，即比例系数为3μF/W。在交流230V固定输入时比例系数为1μF/W。

d）为提高电源效率和降低成本，应挑选低功耗的开关电源芯片。

2）高频变压器。

a）为减小绕组导线上因集肤效应而产生的损耗，推荐采用多股线并绕的方式来绕制二次绕组。

b）选择低损耗的磁心材料、合适的形状及正确的绕线方法，将漏感降至最低限度。在安装空间允许的条件下，选择较大尺寸的磁心，有助于降低磁心损耗。

（3）二次侧电路。

1）所选输出整流管的标称电流至少为连续输出电流典型值的3倍。推荐采用正向导通电压低、反向恢复时间（t_{rr}）极短的肖特基二极管。

2）在连续模式下，输出滤波电容上的交流电流标称值应为脉动电流的1.5～2倍。

311 提高开关的电源效率有哪些方法?

（1）适当增大一次绕组的电感量 L_P。适当增加高频变压器的一次侧电感量，能提高电源效率。这是因为增大 L_P 之后，可减小一次侧的峰值电流 I_P 和有效值电流 I_{RMS}，使输出整流管和滤波电容上的损耗也降低。此外，还能减小储存在高频变压器漏感 L_{P0} 上的能量，该能量与 I_P^2 成正比，并且在漏极钳位电路的每个开关周期内被消耗掉。

（2）选择合适的 D_{max} 和 U_{OR} 参数。在直流输入电压为最小值（U_{Imin}）时，负载电路所取得的最大占空比（D_{max}）直接影响到一次侧、二次侧之间的功率损耗分配情况。D_{max} 不仅与 U_{Imin}、U_O、输出整流管的正向导通压降 U_{F1} 有关，还取决于一次绕组对二次绕组的匝数比（$n=N_P/N_S$），有公式

$$D_{max}=\frac{U_O+U_{F1}}{(U_{Imin}/n)+U_O+U_{F1}} \tag{5-1-1}$$

不难看出，增加匝数比可提高最大占空比。式（5-1-1）还可改写成匝数比的表达式

$$n=\frac{N_P}{N_S}=\frac{D_{max}U_{Imin}}{(1-D_{max})(U_O+U_{F1})} \tag{5-1-2}$$

计算一次侧感应电压 U_{OR} 的公式为

$$U_{OR}=n(U_O+U_{F1}) \tag{5-1-3}$$

式中：U_{OR} 为在功率开关管关断期间，一次侧感应到的电压值。此时漏极电压等于一次侧直流电压 U_I、感应电压 U_{OR}、由漏感引起的尖峰电压这三者的总和。由于该总电压对高频变压器的变压比起到限制作用，因此也就限制了开关电源的最大占空比。这种限制作用可反映到 U_{OR} 的最大推荐值上。设计步骤为 $n\rightarrow U_{OR}\rightarrow D_{max}$。

(3) 减小高频变压器的损耗。高频变压器是开关电源中进行能量储存与传输的重要部件，它对电源效率有较大影响。

1) 直流损耗。高频变压器的直流损耗是由绕组的铜损耗而造成的。为提高效率，应尽量选较粗的导线，并使电流密度在 4～10A/mm^2。

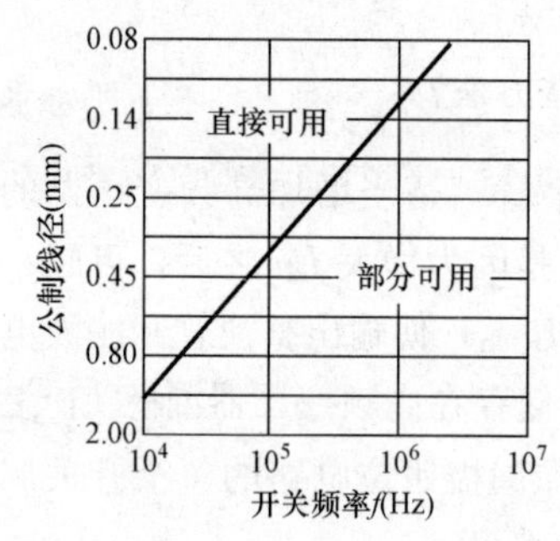

图 5-1-1 导线线径与开关频率的关系曲线

2) 交流损耗。高频变压器的交流损耗是由集肤效应和磁心损耗而造成的。集肤效应会使导线的交流等效阻抗远高于铜电阻。高频电流对导体的穿透能力与开关频率的平方成正比，为减小交流铜损耗，导线半径不得超过高频电流可达深度的两倍。可供选用的导线公制线径与开关频率的关系曲线如图 5-1-1 所示。举例说明，当 f=132kHz 时，导线直径理论上可取 ϕ0.45mm。但为减小集肤效应，实际上常用比 ϕ0.45mm 更细的导线多股并绕，而不用一根粗导线绕制。

高频变压器的磁心损耗也使得电源效率降低。其交流磁通密度可利用下式进行估算

$$B_{AC}=\frac{0.4\pi I_P N_P K_{RP}}{2\delta} \tag{5-1-4}$$

式中：B_{AC}代表峰值磁通密度（单位是 T）；I_P 为一次侧峰值电流，N_P 为一次绕组的匝数；K_{RP}为一次侧脉动电流与峰值电流之比；δ 为磁心的气隙宽度（单位是 cm）。式（5-1-4）用“安匝”（$I_P N_P$）来表示磁通量的单位，欲设计在连续模式下工作的高频变压器，B_{AC}的典型值为 0.2～0.3T。铁氧体磁心在 132kHz 时的损耗应低于 50mW/cm^3。

3) 泄漏电感。泄漏电感简称漏感。在设计低损耗的高频变压器时，必须把漏感减至最小。因为漏感愈大，产生的尖峰电压幅度愈高，漏极钳位电路的损耗就愈大，这必然导致电源效率降低。减

小漏感有以下几种措施：①减小一次绕组的匝数；②增大绕组的宽度；③增加绕组尺寸的高度与宽度之比（简称高、宽比）；④减小绕组之间的绝缘层；⑤增加绕组之间的耦合程度。高频变压器的优化设计是采用普通高强度漆包线绕制一次绕组和偏置绕组，再用三层绝缘线绕制二次绕组。这样可使漏感量大为减小。

4）绕组排列。为减小漏感，绕组应按同心方式排列，如图5-1-2所示。图（a）中二次侧采用三层绝缘线；图（b）中全部用漆包线，但要留出安全边距，且在二次侧与偏置绕组之间加强化绝缘层。对于多路输出的开关电源，输出功率最大的那个二次绕组应靠近一次侧，以减少磁场泄漏。当二次侧匝数很少时，宜采用多股线平行并绕方式分散在整个骨架上，以增加覆盖面积。

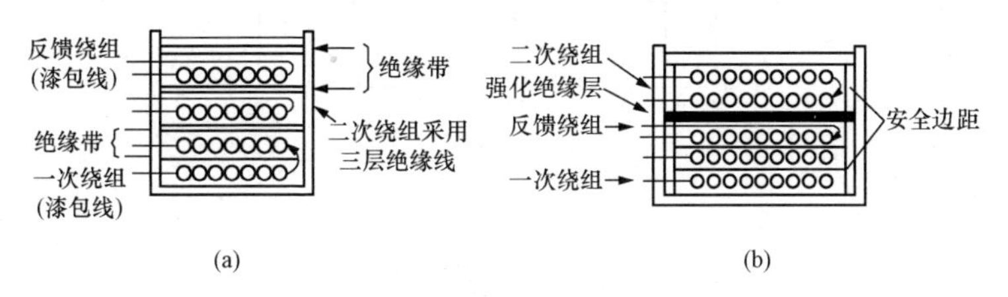

图5-1-2　绕组的排列方式

（a）二次侧用三层绝缘线；（b）全部用漆包线

（4）选择较大容量的整流桥。由二极管构成的整流桥，其标称电流应大于在u_{min}时的I_{RMS}值。I_{RMS}的计算公式为

$$I_{RMS}=\frac{P_O}{\eta u\cos\varphi} \qquad (5\text{-}1\text{-}5)$$

式中：输入电路的功率因数$\cos\varphi=0.6\sim0.8$。选择较大容量的整流桥，使之工作在较小电流下，可减小整流桥的压降和功率损耗。

（5）降低功率MOSFET的损耗。对功率MOSFET的基本要求是漏极电流要足够大，漏-源极击穿电压应足够高，漏-源极通态电阻（$R_{DS(ON)}$）和输出电容（C_O）应尽量小。$R_{DS(ON)}$和C_O值越小，传输损耗越低。

对于交流220V输入电压，分立式功率MOSFET的耐压值应选择1000V，而不得用耐压600V的管子，以免被击穿。

(6) 降低输出整流管的功耗。输出整流管是导致电源效率下降的重要原因之一。其损耗占全部损耗的1/4～1/5。进行低压、大电流整流时，应选择肖特基整流管；高压整流时可选快恢复二极管。两种管子的效率与交流输入电压的关系曲线如图5-1-3所示。不难看出，当交流电压 $u=220V$ 时，二者的效率分别为85%、83.4%。

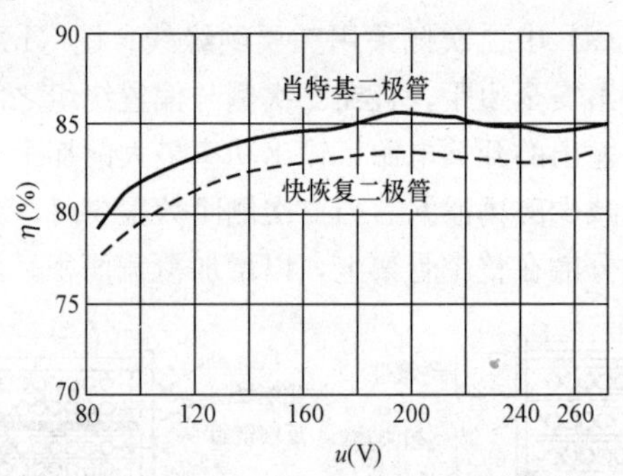

图5-1-3　两种整流管的效率与交流输入电压的关系

(7) 降低待机功耗和空载功耗。待机功耗是指电子设备在待机状态下的功率损耗。空载功耗则是电源设备在负载开路时的功率损耗。为降低待机功耗和空载功耗，应优选采用节能技术的单片开关电源。

312　如何选择反激式开关电源的一次侧感应电压 U_{OR}？

反激式开关电源的一次侧感应电压（U_{OR}）亦称二次侧反射电压，简称反射电压。U_{OR}不仅关系到最大占空比 D_{max} 和高频变压器的匝数比 n，还影响到功率开关管MOSFET耐压指标的选择。令一次绕组的匝数为 N_P，二次绕组匝数为 N_S，匝数比为 n，输出电压为 U_O、输出整流管的正向导通压降为 U_{F1}，有关系式

$$U_{OR}=\frac{N_P}{N_S}(U_O+U_{F1})=n(U_O+U_{F1}) \qquad (5\text{-}1\text{-}6)$$

U_{OR}是设计反激式开关电源的一个关键参数，通常在设计高频

变压器之前就需要确定其参数值。但式（5-1-6）只是U_{OR}的计算式，并非决定式，并且要在设计好高频变压器之后才能计算U_{OR}。一般方法是先假定U_{OR}为某一数值，再通过设计结果验证U_{OR}值是否合理。

对于漏—源击穿电压$U_{(BR)DS}=700V$的MOSFET（含单片开关电源中的MOSFET），在$u=85\sim265V$的宽范围交流输入条件下，U_{OR}的允许范围一般为90～150V，典型值可选130V，这对$u=220V\pm15\%$的情况也适用。当$u=110V\pm15\%$时，可选$U_{OR}=65V$。但需要注意，当$U_{(BR)DS}=700V$时，必须满足下述关系式

$$U_{OR}+U_{Imax}+U_{JF}\leqslant U_{(BR)DS}-50V=650V \quad (5\text{-}1\text{-}7)$$

式中：U_{JF}为尖峰电压，一般可取$U_{JF}=100\sim150V$，这里不考虑漏极钳位保护电路的作用，且（$U_{OR}+U_{Imax}+U_{JF}$）之和与$U_{(BR)DS}$值相比，至少应留出50V的裕量。例如，已知$u_{max}=265V$，所对应的$U_{Imax}=265V\times1.2=318V$，$U_{JF}=150V$，选择$U_{OR}=130V$时，$U_{OR}+U_{Imax}+U_{JF}=598$（V）$<650V$，实际留出$700V-598V=102V$的裕量，完全满足式（5-1-7）的要求。

采用$U_{(BR)DS}=1000V$的分立式MOSFET时，可将U_{OR}值适当选大一些（例如可选160V甚至更高些），但必须满足下述关系式

$$U_{OR}+U_{Imax}+U_{JF}\leqslant U_{(BR)DS}-100V=900V \quad (5\text{-}1\text{-}8)$$

即至少应留出100V的裕量。例如，已知$u_{max}=220V\times(1+15\%)=253V$，所对应的$U_{Imax}=253V\times1.2=303.6V$，$U_{JF}=150V$，选择$U_{OR}=160V$时，$U_{OR}+U_{Imax}+U_{JF}=613.6(V)<900V$，完全能满足式(5-1-8)的要求。

最后需要指出，U_{OR}选得太高，势必要增加匝数比n，并相应提高MOSFET及钳位保护元器件的耐压值。反之，U_{OR}选得太低，一次侧电流就显著增大，这不仅需增加一次绕组的线径，还会增大MOSFET的导通损耗。

313 如何选择功率开关管MOSFET?

使用PWM控制器时需要接外部功率开关管MOSFET。MOSFET可用作功率输出级，它能输出几安到几十安的大电

流。MOSFET 分为 N 沟道和 P 沟道两种类型。N 沟道 MOSFET 在栅-源极之间加正电压时处于导通状态，电流可从漏极流向源极。P 沟道 MOSFET 则与之相反，在栅-源极之间加负电压时处于导通状态。

选择功率 MOSFET 时应重点考虑以下 7 个关键参数：

（1）漏-源击穿电压 $U_{(BR)DS}$。$U_{(BR)DS}$ 值必须大于漏-源极可能承受的最大电压 $U_{DS(max)}$，可留出 10%～20% 的余量。但 $U_{(BR)DS}$ 值不宜选得太高，以免增加器件的成本。

（2）最大漏极电流 $I_{D(max)}$。通常情况下 $I_{D(max)}$ 应留有较大余量，这有利于散热，提高转换效率。

（3）通态电阻 $R_{DS(ON)}$。采用 $R_{DS(ON)}$ 值很小的功率 MOSFET，能降低传输损耗。

（4）总栅极电荷 Q_G。$Q_G=Q_{GS}+Q_{GD}+Q_{OD}$，其中的 Q_{GS} 为栅-源极电荷，Q_{GD} 为栅-漏极电荷，亦称密勒（Miller）电容上的电荷，Q_{OD} 为密勒电容充满后的过充电荷。因栅极电荷会造成驱动电路上的损耗，故 Q_G 值越小越好。

（5）品质因数 FOM（Figure of Merit）。$FOM=R_{DS(ON)}Q_G$，单位是 Ω·nC（欧姆·纳库仑）。它也是评价功率 MOSFET 的一个重要参数，FOM 值越低，器件的性能越好。

（6）输出电容 C_{OSS}（即漏-源极总分布电容）。C_{OSS} 过大，会增加开关损耗，这是因为储存在 C_{OSS} 上的电荷在每个开关周期开始时被泄放掉而产生的损耗。

（7）开关时间包括导通延迟时间 $t_{d(ON)}$ 和关断延迟时间 $t_{d(OFF)}$。开关时间应极短，以减小开关损耗。

以美国英飞凌（Infineon）科技公司生产的 IPP60R099CPA 型 N 沟道功率 MOSFET 为例，其主要参数如下：$U_{(BR)DS}=600V$，$I_{D(max)}=19A$，$R_{DS(ON)}=0.09\Omega$（典型值），$Q_G=60nC$，$FOM=R_{DS(ON)}Q_G=0.09\Omega\times 60nC=5.4\Omega\cdot nC$。$C_{OSS}=130pF$，$t_{d(ON)}=10ns$，$t_{d(OFF)}=60ns$。该器件适用于 AC/DC 式开关电源的功率开关管。

314 如何设计开关电源的启动电路?

(1) 由 LR8 构成开关电源的启动电路。传统的开关电源(SMPS),是由脉宽调制(PWM)控制器集成电路构成的。开关电源刚通电时,需要外部给 PWM 控制器(例如 UC3842)提供直流工作电压,才能正常启动。美国 Supertex 公司最新推出了 LR 系列高压输入式可调线性稳压器,LR8 属于具有过热和过电流保护功能的直流高压输入、小电流输出式三端可调线性稳压器。其输入电压范围是 13.2～450V(极限值为 480V),输出电压可在 1.20～440V 范围内连续调节,调整端电流 I_{ADJ} 仅为 10μA。输出电流的极限值为 20mA,当输出端短路时可将负载电流限制在 20mA 以内。当结温达到极限温度 125℃时,输出电流或输出电压能迅速减小,从而起到保护作用。LR8 可广泛用于隔离式开关电源的启动电路、可调式高压恒流源、电池充电器、工业控制等领域。

由 LR8 构成的一种开关电源启动电路如图 5-1-4 所示。该电路的输入直流电压为(U_O+12V)～450V。T 为高频变压器,N_1 为一次绕组,N_2 和 N_3 为二次绕组,N_4 为辅助绕组。刚启动时,UC3842 所需的+16V 工作电压 U_{CC} 由 LR8 提供。当开关电源转入正常工作后,N_4 上的高频电压就经过 VD_1、C_3 整流滤波得到 U_1,再经过 VD_2 给芯片供电,VD_2 为隔离二极管。UC3842 属于电流控制型 PWM,N_1 上的电流在过电流检测电阻 R_S 上建立的电压,加至内部过电流检测比较器的同相端,与反相端的误差电压 U_r 作比较,进而控制输出脉冲的占空比,使流过功率开关管的最大峰值电流始终受 U_r 的控制。只要 U_{RS} 达到 1V,比较器就翻转,输出为高电平,将 PWM 锁存器置零,PWM 关断,从而实现了过电流保护。两路输出电压 U_{O1}、U_{O2} 的整流滤波电路分别由 VD_3 和 C_4、VD_4 和 C_5 组成。VD_1、VD_2 采用快恢复二极管。输出整流管 VD_3 和 VD_4 应选用低压降的肖特基二极管。功率开关管采用 N 沟道 MOSFET。改变 R_1、R_2 值,即可调节启动电压。

由 LR8 构成的另一种开关电源启动电路如图 5-1-5 所示。该电路有以下特点:①可选用任意型号的 PWM 控制器;②输入电压为

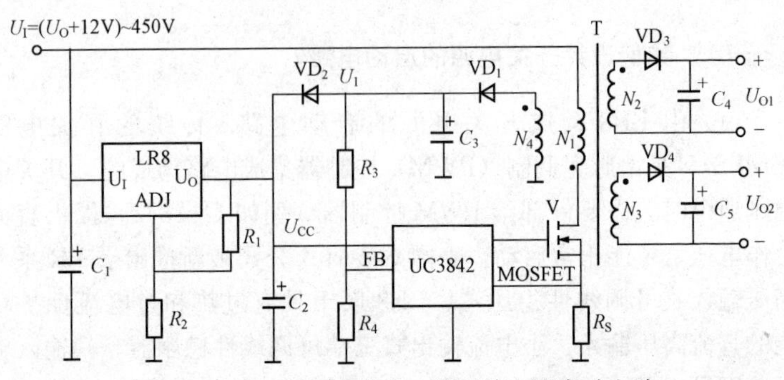

图 5-1-4　由 LR8 构成的一种开关电源启动电路

220V 交流电；③尽管启动电压仍由 LR8 提供，但增加了由绕组 N_4、自举二极管 VD_5 和自举电容器 C_2 构成的自举电路。自举电路（Bootstrap Circuit）亦称升压电路，利用 VD_5、C_2，可使 C_2 两端的电压与电源电压叠加。当开关频率较高时，自举电路的电压就等于 PWM 控制器的输入电压与电容器上电压之和，起到升压作用。二极管 VD_5 可防止电流倒灌。

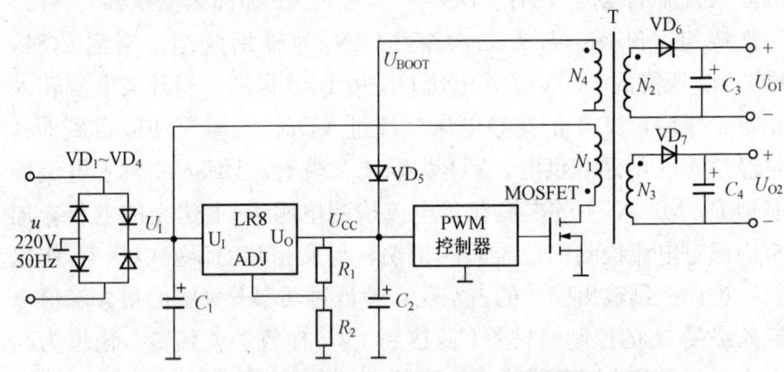

图 5-1-5　由 LR8 构成的另一种开关电源启动电路

当自举电压 U_{BOOT} 超过 LR8 的输出电压时，LR8 就进入待机模式，只消耗很小的电流。此后就由 U_{BOOT} 给 UC3842 提供工作电压。220V 交流电经过桥式整流和滤波后获得直流高压，接一次绕组 N_1 的上端，N_1 的下端接功率开关管 MOSFET。一旦开关电源转入正常工作，PWM 控制器即可控制功率开关管的通、断状态，使输出电压U_{O1}、U_{O2}达到稳定。

（2）由HIP5600构成开关电源的启动电路。由美国哈里斯（Harris）公司生产的HIP5600型交、直流高压输入式可调线性稳压器，具有高压输入、中低压小电流输出的特点，可用作高压小功率AC/DC或DC/DC变换器、开关电源启动电路。由HIP5600构成的开关电源启动电路如图5-1-6所示。N_1、N_2分别为高频变压器的一次绕组和反馈绕组。输入电压允许范围是+50～400V，在不加散热器的条件下，HIP5600能提供12V、20mA的启动电流，持续时间约8s，足以启动PWM控制器。启动电压由R_1、R_2设定。根据所用PWM控制器的不同，启动电压还可选9V、16V等数值。

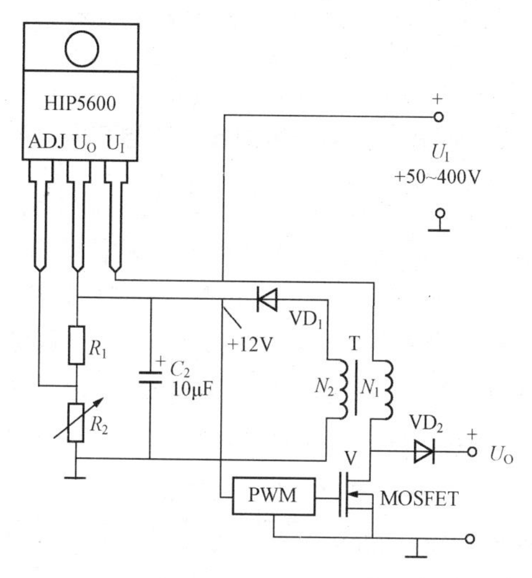

图5-1-6 由HIP5600构成的开关电源启动电路

刚启动时PWM控制器的工作电压由HIP5600提供。一旦开关电源转入正常工作，N_2上的高频电压就经过VD_1、C_2整流滤波后给PWM控制器供电。开关电源启动之后，HIP5600就处于关断状态，以降低功耗。V为功率开关管MOSFET，VD_2为肖特基整流二极管。

315 用漆包线制作电流检测电阻应注意什么问题？

（1）利用一根低阻值的漆包线（铜导线）可制作电流检测电阻

R_S。选择漆包线电阻值的依据是当输出电流达到极限值时在铜导线上所产生的压降大约为几十毫伏。漆包线的直径必须满足对电流密度的要求，电流密度可取4～8A/mm²。漆包线的长度应满足对电阻值的要求。由于电流检测电阻的阻值很小，不必考虑其功耗。

（2）设计时需要注意漆包线的电阻温度系数为正值，$\alpha_T = +0.36\%/℃$。令漆包线在20℃室温下的电阻值为R_S，当环境温度升高到t℃时的电阻值为R'_S，有公式

$$R'_S = R_S(1 + \alpha_T t) \tag{5-1-9}$$

（3）为了大幅度降低电阻温度系数，亦可用锰铜丝制作电流检测电阻。锰铜丝的电阻温度系数仅为铜漆包线电阻温度系数的1.1%（即$40\times10^{-6}/℃ \div 0.36\%/℃ = 0.011$），其电阻值基本不受环境温度变化的影响。

316 如何用PCB上的铜导线制作电流检测电阻？

利用PCB上的铜导线（简称PCB导线）制作电流检测电阻，可进一步减小体积，降低成本。但需要解决功耗问题，以免因电流检测电阻的导线截面积过小而引起过热，使PCB导线的电阻值增大甚至烧损。常用PCB导线的参数表见表5-1-1（目前PCB导线及印制板设计软件普遍采用英制单位）。在设计电流检测电阻时可利用下面3个公式来计算出占用面积最小的PCB导线电阻：

表5-1-1　常用PCB导线的参数表

导线厚度（μm）	导线宽度（in）	单位长度的电阻值（mΩ/in）	导线厚度（μm）	导线宽度（in）	单位长度的电阻值（mΩ/in）
18	0.025	39.3	70	0.025	9.83
	0.050	19.7		0.050	4.91
	0.100	9.83		0.100	2.46
	0.200	4.91		0.200	1.23
	0.500	1.97		0.500	0.49
35	0.025	19.7	106	0.025	6.50
	0.050	9.83		0.050	3.25
	0.100	4.91		0.100	1.63
	0.200	2.46		0.200	0.81
	0.500	0.98		0.500	0.325

计算公式之一

$$\rho(T)=\frac{\rho[1+\alpha(T_A+\Delta T-20)]}{h} \tag{5-1-10}$$

式中 $\rho(T)$——PCB导线在T℃时单位厚度的表面电阻，Ω；

ρ——PCB导线在20℃时的电阻率，$\rho=0.0172\Omega\cdot mm^2/m=0.0172\Omega\cdot\mu m$；

α——PCB导线的电阻温度系数，$\alpha=0.00393/℃$；

T_A——环境温度,℃。

ΔT——允许PCB导线的最高温升,℃；

h——PCB导线的厚度，μm。

计算公式之二

$$b=\frac{I_{OM}}{\sqrt{\frac{\Delta T}{R_\theta \rho(T)}}} \tag{5-1-11}$$

式中 b——PCB导线的最小宽度，mil（密耳），1mil等于千分之一英寸，即1mil=0.001in=0.0254mm；

I_{OM}——当温升为ΔT时的允许最大电流，A；

R_θ——$1in^2$的覆铜板与空气接触时的热阻，$1in^2=645mm^2$。

PCB散热器的热阻（R_θ）与散热铜箔面积（S）的关系曲线参见图7-2-8。

计算公式之三

$$l=\frac{bR_S}{\rho(T)} \tag{5-1-12}$$

式中 l——PCB导线的长度，mil；

b——PCB导线的宽度，mil；

R_S——期望的电阻值，Ω。

不同规格PCB的单位面积质量与厚度的对应关系见表5-1-2。表中的oz/ft^2代表“盎司/平方英尺”，1盎司=31.1035g，1平方英尺=$929.0cm^2$。

表 5-1-2　不同规格 PCB 的单位面积质量与厚度的对应关系

PCB单位面积的质量		PCB导线的厚度（μm）
英制（oz/ft²）	国际单位制（g/cm²）	
0.5	0.0167	17.8
1	0.0334	35.6
2	0.0669	71.1
3	0.100	106.7

317　试给出电流检测电阻的设计实例。

下面举例说明设计电流检测电阻的方法。设某开关电源的外部电流检测电阻 R_S 由下式确定

$$R_S = \frac{0.035\text{V}}{I_{LIMIT}} \tag{5-1-13}$$

式中：I_{LIMIT} 为所设定的极限电流值。所设计的检测电阻应占用面积最小。根据式（5-1-13）计算出，当 $R_S = 3\text{m}\Omega$ 时，所设定的 $I_{LIMIT} = 11.67\text{A}$。

已知：环境温度 $T_A = 25℃$。PCB 导线的最高温度 $T_M = 100℃$，允许最高温升 $\Delta T = 100℃ - 25℃ = 75℃$。PCB 导线的厚度 $h = 35.6\ \mu\text{m}$。$I_{OM} = 10\text{A}$，所对应的 $R_S = 3\text{m}\Omega$。PCB 导线的形状如图 5-1-7 所示，导线长度为 l。为消除导线压降所引起的误差，电流检测电阻推荐采用四线制接法。设计电流检测电阻的步骤如下：①根据 PCB 导线的厚度和允许的最高温升，用式（5-1-10）计算在 100℃时的表面电阻 $\rho(T)$；②根据 R_S 承受的最大电流 $I_{OM} = 10\text{A}$，用式（5-1-11）计算最小的导线宽度 b；③根据所需要的电阻值，用式（5-1-12）计算导线长度 l。

（1）计算 PCB 导线在 100℃时表面电阻 $\rho(T)$。将 $\rho = 0.0172\Omega\cdot\mu\text{m}$、$\alpha = 0.00393/℃$、$T_A = 25℃$、$\Delta T = 75℃$ 和 $h = 35.6\ \mu\text{m}$ 一并代入式（5-1-10）中得到

$$\rho(T) = \frac{0.0172[1 + 0.00393(25 + 75 - 20)]}{35.6} = 635(\mu\Omega)$$

（2）计算最小的导线宽度 b。将 $I_{OM} = 10\text{A}$、$\Delta T = 75℃$、$R_\theta = 55℃/\text{W}$ 和 $\rho(T) = 635\ \mu\Omega$ 一并代入式（5-1-11）中得到

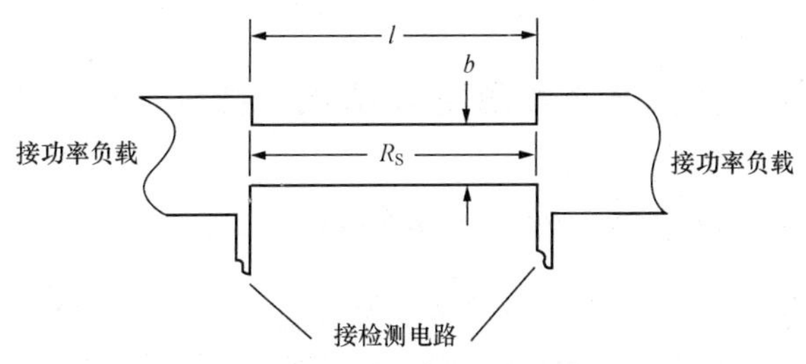

图 5-1-7　PCB 导线的形状

$$b=\frac{10}{\sqrt{\frac{75}{55\times635}}}=215.8(\text{mil})\approx216\text{mil}$$

（3）计算导线长度 l。将 $b=216\text{mil}$、$R_S=3\text{m}\Omega=3000\mu\Omega$ 和 $\rho(T)=635\mu\Omega$ 一并代入式（5-1-12）中得到

$$l=\frac{216\times3000}{635}=1020(\text{mil})=1.020\text{in}=2.59\text{cm}$$

同理，当 $R_S=4\text{m}\Omega$ 时（所对应的 $I_{LIMIT}=8.75\text{A}$），可计算出导线长度 $l=1360.6\text{mil}\approx1361\text{mil}=1.361\text{in}=3.46\text{cm}$。

在 25℃的室温下，PCB 的铜箔厚度、线宽与允许通过电流的关系见表 5-1-3。

表 5-1-3　PCB 的铜箔厚度、线宽与允许通过电流的关系

铜箔厚度为 35μm		铜箔厚度为 50μm		铜箔厚度为 70μm	
允许通过电流（A）	线宽（mm）	允许通过电流（A）	线宽（mm）	允许通过电流（A）	线宽（mm）
0.2	0.15	0.5	0.15	0.7	0.15
0.55	0.2	0.7	0.2	0.9	0.2
0.8	0.3	1.1	0.3	1.3	0.3
1.1	0.4	1.35	0.4	1.7	0.4
1.35	0.5	1.7	0.5	2.0	0.5
1.6	0.6	1.9	0.6	2.3	0.6
2.0	0.8	2.4	0.8	2.8	0.8
3.2	1.0	2.6	1.0	3.3	1.0
2.7	1.2	3.0	1.2	3.6	1.2
3.2	1.5	3.5	1.5	4.2	1.5
4.0	2.0	4.3	2.5	5.1	2.0
4.5	2.5	5.1	2.5	6.0	2.5

第二节　降低开关电源空载功耗和待机功耗问题解答

318　为什么要用 NTCR 代替普通限流电阻？

具有负温度系数的功率热敏电阻器（NTCR）在开关电源通电时能起到瞬间限流保护作用。刚通电时因滤波电容上的压降不能突变，容抗趋于零，故瞬间充电电流很大，很容易损坏高压电解电容。为解决这一问题，通常选用功率热敏电阻器 R_T 代替普通限流电阻，并且限流值可选得稍高些。其工作特点是刚启动电源时 R_T 的阻值较高，瞬间限流效果好，随着电流通过 R_T 不断发出热量，其阻值迅速减小，功率损耗明显降低。但使用热敏电阻器仍会降低开关电源的功耗。举例说明，某开关电源的交流输入电压为 220V，最大输出功率为 150W，满载输出时的效率为 92%，采用常温下电阻值为 5Ω 的功率热敏电阻时，通过 R_T 的电流为(150W÷92%)÷220V=0.74A。假定受热后 R_T 的电阻降至 2.5Ω，所引起的功率损耗为$(0.74A)^2\times2.5\Omega=1.37W$。因 1.37W÷(150W÷92%)×100%=0.84%，故可导致电源效率降低 0.84%。

319　怎样用继电器来消除 NTCR 的功耗？

能消除开机后 NTCR 功耗的 EMI 电路如图 5-2-1 所示。由 C_1 和 C_2、C_5 和 C_6 分别构成两级共模电容，前级用来抑制 30MHz 以上的共模噪声，后级可抑制中频范围内的谐振峰值。共模电感 L 用来抑制 1MHz 以下的低频和中频干扰。C_3 和 C_4 为串模 EMI 滤波电容器。R_1 为泄放电阻，当交流电源断开时可将 C_3 和 C_4 上储存的电荷泄放掉，避免操作人员因触及电源插头而受到电击。当电源刚通电时，热敏电阻 R_T 可起到瞬间限流保护作用。当电源进入正常工作状态，通过继电器通/断控制线的输出电压 U_{JD}=0V，给继电器绕组接通电压（U_{CC}－0V），使触点 S 吸合，将 R_T 短路，使 R_T 上的功率损耗降至零。仅在启动电源时，通/断控制线开路，使继电器绕组断电而释放，触点 S 被断开。在继电器绕组两端并联

一只续流二极管 VD_8，可为反电动势提供泄放回路，起到保护作用。

继电器通/断控制电路如图 5-2-2 所示。一旦 U_O 达到规定值 ($U_O \geqslant 15V$)，稳压管 VD_{Z1} 就被反向击穿，进而使集电极开路的晶体管 VT_3 导通，其集电极输出为 0V，即 $U_{JD}=0V$，继电器绕组上有电流通过而使触点 S 吸合，将 R_T 短路，使 R_T 上的功率损耗降至零。仅在启动电源时，VT_3 截止，通/断控制线开路，使继电器绕组断电而释放，触点 S 被断开，使继电器绕组断电。若 U_O 低于 15V，则应选稳压值较低的稳压管。采用这种设计方案，大约可使电源效率提高 0.5%～1.5%。

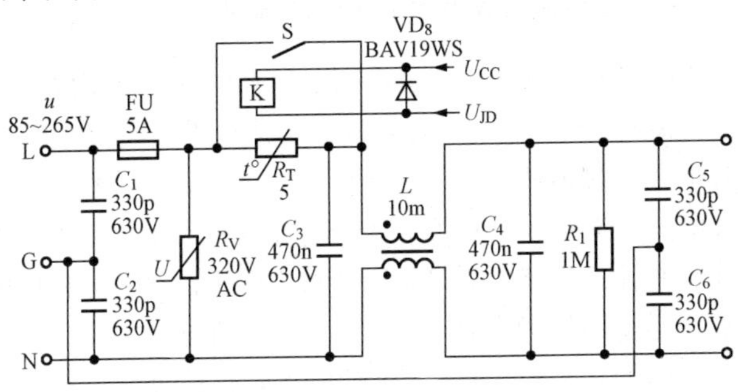

图 5-2-1　能消除开机后 NTCR 功耗的 EMI 电路

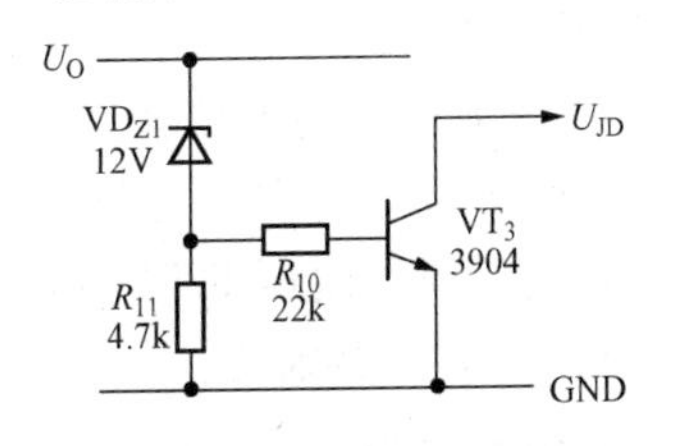

图 5-2-2　继电器通/断控制电路

320　为什么要降低泄放电阻的功耗？

按照国际电工委员会制定的 IEC 16301 标准（第 4.5 款），开关电源的空载功耗和待机功耗均应低于 5mW，这就给设计开关电源提出了更严格的条件。

EMI滤波器中的串模电容亦称X电容，它位于电源的两个输入端之间，用于滤除电源噪声。由于X电容在交流电断电后仍储存高压电荷，一旦用户误触电源插头时会构成安全威胁。解决方法是在X电容并联上并联一只泄放电阻对其放电，以满足安全性要求。但该方案的缺点是当开关电源正常工作时，泄放电阻会产生恒定的功率损耗，导致电源效率降低。泄放电阻 R 的阻值范围通常为150kΩ～1.5MΩ，对应于220V交流电，R 上的功率损耗高达48～323mW，已远远超过5mW的最高限度。因此在设计EMI滤波器时必须采取有效措施，大幅度降低泄放电阻的功率损耗。

321 X电容零损耗放电器的工作原理是什么？

美国PI公司于2010年4月推出一种自供电的新型两端CAPZero系列产品——X电容零损耗放电器集成电路。它无须外部偏置电路，且能在不接地的情况下具有极高的抑制共模干扰、串模干扰能力。X电容零损耗放电器可等效于智能高压开关S，在开关电源正常工作时它保持开路，通过切断泄放电阻上的电流，使电阻功率损耗接近于零。即使考虑到MOSFET的关断电阻并非无穷大，也能使泄放电阻的功率损耗降至5mW以下，已接近于零损耗，完全达到IEC16301国际标准的规定。当交流断电后，该器件能迅速将泄放电阻接通，自动对X电容进行安全放电，并且允许使用更大容量的X电容，而不会增加待机功率损耗。X电容零损耗放电器适用于带X电容（大于100nF）并要求待机功率损耗极低的AC/DC转换器。其内部集成了两只耐压825V（或1000V）的MOSFET，可满足设计各种开关电源的需要。

X电容零损耗放电器采用SO-8封装，引脚排列和内部框图分别如图5-2-3（a）、（b）所示。D_1 和 D_2 为两个引出端，其余均为空脚（NC）。芯片内部主要包括交流电压检测电路、自偏置供电电路、控制及驱动电路，两只互补型场效应管（MOSFET）V_1、V_2。芯片能自动检测交流输入电压，适时控制 V_1、V_2 的通、断，可等效于如图5-2-3（c）所示的智能开关S。其工作时的电源电流仅为21.7μA，最高环境温度可达+105℃。

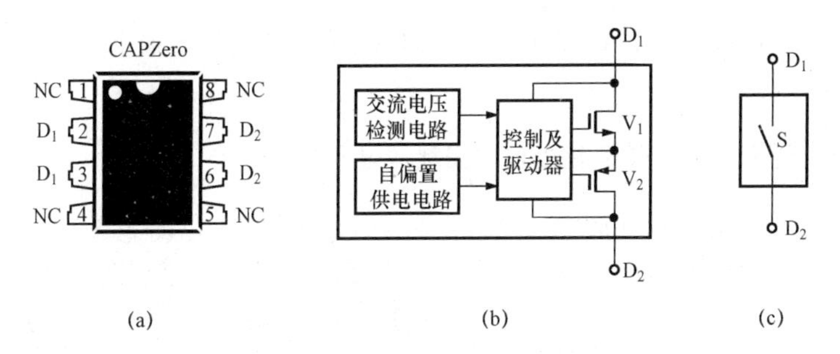

图 5-2-3　X电容零损耗放电器的引脚排列和内部框图
(a) 引脚排列；(b) 内部框图；(c) 等效电路

322　如何降低泄放电阻的功耗?

X电容零损耗放电器在EMI滤波器中的典型应用如图5-2-4所示，图中省略了共模电容（亦称Y电容，用来抑制共模干扰）等元器件。R_1 和 R_2 为外部泄放电阻，总阻值为 R。C_1 和 C_2 为X电容。X电容零损耗放电器置于EMI滤波器的前级、后级均可。需要注意三点：①由于X电容零损耗放电器的导通电流仅为0.25～2.5mA（最低保证值），因此不得将它直接并联到X电容两端，以免因通过大的泄放电流而烧毁；使用时必须串联限流电阻 R_1、R_2；②当串模浪涌电压超过1kV时，需增加压敏电阻器 R_V，用于吸收交流进线端的浪涌电压，如图5-2-4中虚线所示；低于1kV时可省去 R_V；③当漏极峰值电压超过950V时，需在 D_1-D_2 两端并联一只33pF/1000V的陶瓷电容器，对漏极峰值电压起到衰减作用，在

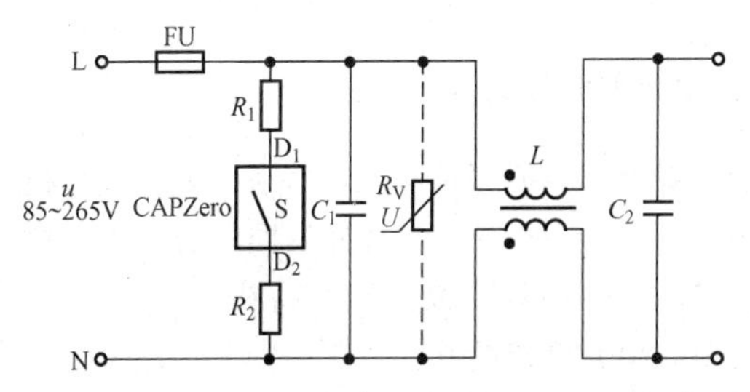

图 5-2-4　X电容零损耗放电器在EMI滤波器中的典型应用

交流输入为 230V、50Hz 时，由此增加的功率损耗不会超过 0.5mW。

323 如何选择 X 电容零损耗放电器？

X 电容零损耗放电器的产品选择见表 5-2-1。以图 5-2-4 为例，总 X 电容 $C=C_1+C_2$，总泄放电阻值 $R=R_1+R_2$。通常可取 $R_1=R_2$。设计时，由 R、C 所决定的时间常数 $\tau=RC=0.75$s，其最大值为 $\tau=1$s。

表 5-2-1　X 电容零损耗放电器的产品选择

产品型号	D_1-D_2 引脚之间的正、反向耐压值(V)	总 X 电容值 C (μF)	总泄放电阻值 R (MΩ)	时间常数 τ (s)
CAP002DG	825	0.50	1.500	0.75
CAP012DG	1000			
CAP003DG	825	0.75	1.000	0.75
CAP013DG	1000			
CAP004DG	825	1.0	0.750	0.75
CAP014DG	1000			
CAP005DG	825	1.5	0.480	0.72
CAP015DG	1000			
CAP006DG	825	2	0.360	0.72
CAP016DG	1000			
CAP007DG	825	2.5	0.300	0.75
CAP017DG	1000			
CAP008DG	825	3.5	0.200	0.70
CAP018DG	1000			
CAP009DG	825	5.0	0.150	0.75
CAP019DG	1000			

324 如何降低待机功耗？

为了最大限度地降低开关电源在待机（或空载）模式下的功率损耗，美国 PI 公司于 2010 年 8 月最新推出的零损耗高压检测信号断接器——SENZero 系列产品，能在待机、空载或远程关断的条件下将不需要的单元电路断开，特别是断开检测电阻与直流高压线的连接，从而消除检测电阻上的待机功耗并降低电源系统的总功耗，满足IEC 16301国际标准对待机功耗的严格要求。SENZero的应用非常简单，可添加到任何使用电阻来检测总线电压的电源中，达到节能目的。SENZero具有超低漏电流，不仅能最大限度地节省电能，还能提供引脚短路时的安全保护。

按照传统方法，LLC谐振变换器和其他电源控制器要通过监测输入直流高压U_I来控制电源的工作，必须在直流高压线与低压监测端之间串联一个电阻分压器。而当开关电源处于待机模式时，电阻分压器上的功率损耗可达几百毫瓦，这就使开关电源的待机功耗大为增加。利用SENZero芯片，能圆满解决上述问题。

325 如何选择零损耗高压检测信号断接器?

零损耗高压检测信号断接器有两种型号：SEN012（双通道）、SEN013（三通道）。它们内部集成的MOSFET在375V（DC）高压时的最大漏电流仅为1μA，属于超低漏电流。每个通道的功耗小于0.5mW。当交流输入电压为230V时，SEN012、SEN013在断开MOSFET时的待机功耗分别小于1、1.5mW。实测SEN013的总待机功耗低至0.79mW<1.5mW，完全可以忽略不计，这就为彻底消除检测电阻上的待机功耗提供了最佳解决方案。SENZero适配具有高压阻抗信号通路的AC/DC变换器，适用于对待机功耗或空载功耗有严格规定的电源系统中，还适用于激光打印机、家用电器、服务器及网络设备中。

零损耗高压检测信号断接器采用小型化的SO-8封装，其引脚排列及内部框图分别如图5-2-5（a）～（c）所示。各引脚的功能如下：S_1～S_3为源极端，D_1～D_3为漏极端，GND为公共地，NC为空脚。U_{CC}端需接电源电压U_{CC}，该端的输入电流小于0.5mA。当6V<U_{CC}<16V时，内部MOSFET将完全导通；当U_{CC}=0V（地电位）时，内部MOSFET处于关断状态。芯片内部主要包括偏置电路及驱动控制器，2～3只（视产品型号而定）耐压为650V的MOSFET。此外，在每只MOSFET的栅极上都有内部下拉电阻（图中未画），能确保在U_{CC}引脚开路时不会损坏器件。

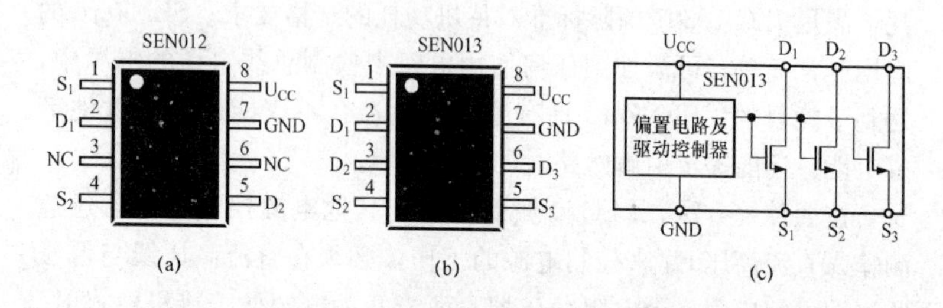

图 5-2-5　零损耗高压检测信号断接器的引脚排列及内部框图

（a）SEN012（双通道）；（b）SEN013（三通道）；

（c）SEN013 的内部框图

326　如何在两级 PFC 电源中使用零损耗高压检测信号断接器？

零损耗高压检测信号断接器在两级式 PFC 电源中的典型应用电路如图 5-2-6 所示。这种电源的特点是第一级为 PFC（输出为直流高压 U_{O1}），第二级为 DC/DC 变换器（输出为直流低压 U_{O2}），常用作大功率开关电源。SEN013 的电源端经过开关 S 接系统 U_{CC}，仅当接收到系统发来的待机信号时，才将 S 断开，使内部 MOSFET 处于关断状态。SEN013 内部的 3 路 MOSFET 分别串联在 PFC IC、PFC 的检测电阻（R_1、R_2）、DC/DC IC 的检测电阻（R_3 和 R_4）电路中。对 PFC IC 和 DC/DC IC 的控制是通过给 SEN013 供电的 U_{CC} 来实现的，一旦 U_{CC} 被断开，立即将 PFC IC 和 DC/DC IC 关断，与此同时两个检测电路也被切断。若在启动过程中重新加上 U_{CC}，则 PFC IC、DC/DC IC 和检测电路立即恢复正常工作。需要指出，SENZero 的 U_{CC}-GND 引脚之间最大允许电压为 16V，S-GND 引脚之间的最大允许电压为 6.5V，在室温条件下内部 MOSFET 的通态电阻约为 500Ω，因此它只能串联到高阻电路中使用。这样，其通态电阻在总串联电阻中只占很小一部分，不会影响原电路的正常工作。SEN013 的 U_{CC} 引脚不需要接旁路电容。此外，SENZero 还可用于三级 PFC 电源中，这种电源通常包括下述三级：PFC、LLC 谐振变换器、DC/DC 变换器。

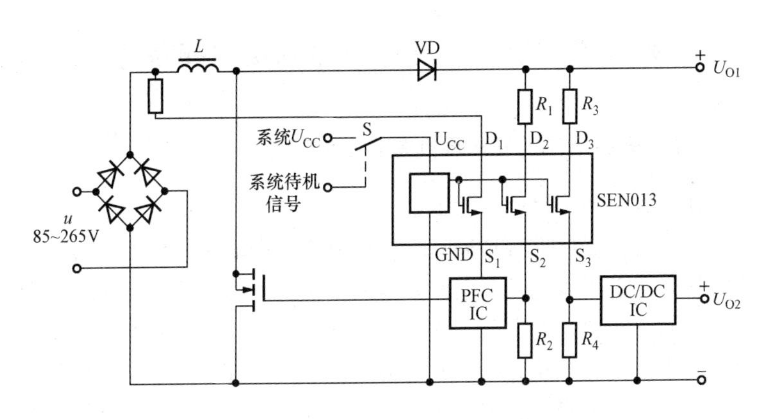

图 5-2-6　零损耗高压检测信号断接器在两级式 PFC 电源中的典型应用电路

327 如何用零损耗高压检测信号断接器实现远程关断功能?

一种可实现远程关断功能的电源配置方式如图 5-2-7 所示，U_I 通过 NPN 晶体管 VT 对 SENZero 供电。VT 不仅有预稳压的作用，还起到通/断控制作用，当控制信号 U_K 为高电平时，VT 导通，允许 SENZero 工作；U_K 为低电平时，VT 截止，禁用 SENZero。

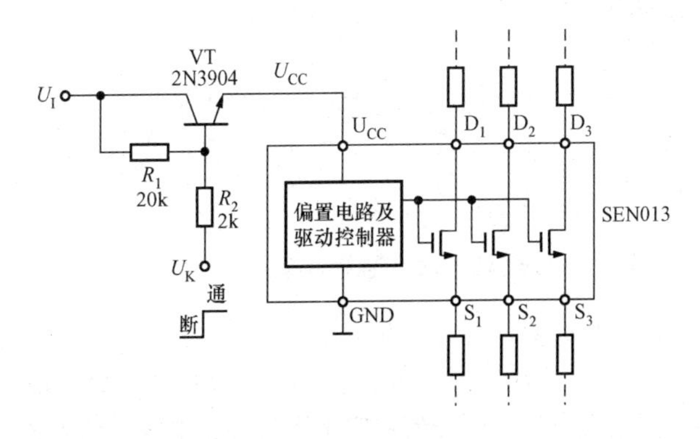

图 5-2-7　一种可实现远程关断功能的电源配置方式

第三节 设计开关电源印制板问题解答

328 开关电源的布局原则是什么?

开关电源的布局原则如下:

(1)对元器件进行布局时,首先要确定印制板(PCB)的尺寸及形状。由于隔离式开关电源分输入、输出两侧,并且要求两侧实现电气隔离,通常将PCB设计成长方形。先将PCB中所有元器件的封装均匀排列成长方形,左边为一次侧元器件,右边二次侧元器件,并预留4个安装孔位置,在禁止布线层画一个长方形,将所有元器件包围起来,留有一定的安全边界,PCB尺寸大小也就基本确定了。

(2)布局一般从高频变压器开始。将高频变压器布置在印制板中间,左侧为一次侧,右边为二次侧。输入滤波电容器、一次绕组和功率开关管组成一个较大脉冲电流的回路。二次绕组、整流(或续流)二极管和输出滤波电容器构成另一个较大脉冲电流的回路。这两个回路要布局紧凑,引线短捷。以减小泄漏电感,从而降低吸收回路的损耗,提高电源的效率。在一次侧带高压的元器件之间应适当加大间距,并根据需要适当微调PCB的尺寸,最后完成印制板的整个布局。

(3)印制板尺寸要适中,过大时印制线条长,阻抗增加,不仅抗噪声能力下降,成本也提高;尺寸过小,会散热不好,还容易受相邻印制导线的干扰。

329 设计印制板时有何注意事项?

设计印制板时需注意以下几点:

(1)模拟地(AGND)是控制器IC的模拟地引脚、取样电阻分压器的接地端和控制器任何特定引脚的旁路电容(输入旁路电容C_I除外)的公共地端。模拟地可使用较宽的长引线,因其电流非常小且相对稳定,故不必考虑引线电阻和分布电感等因素。功率地

(PGND) 则包括输入电容器 C_I、输出电容器 C_O 的接地端以及 MOSFET 的源极，功率地线必须采用短而宽的引线，以减小引线阻抗，提高电源效率。模拟地与功率地的 3 种连线方式如图 5-3-1 (a)、(b)、(c) 所示，可确保在模拟地线上面没有开关电流通过。

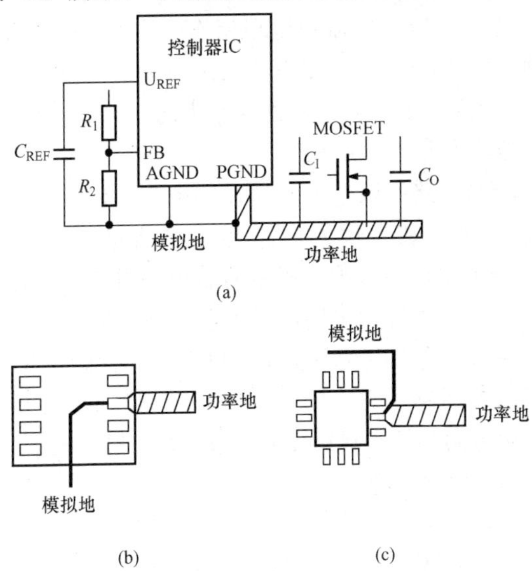

图 5-3-1　模拟地与功率地的 3 种连线方式

(a) 方式之一；(b) 方式之二；(c) 方式之三

(2) 设计多层印制板时，可将一个中间层作为屏蔽，功率元器件置于印制板的顶层，小功率的元器件放置在底层，这种布局能降低干扰。

(3) 设计开关电源的印制板时，源极应采用单点接地法，亦称开尔文 (Kelvin) 接法。将输入滤波电容的负端和偏置电源的返回端一同接到源极引脚 S。旁路电容必须靠近 BP 引脚，并且尽可能离近 S 引脚。当 MOSFET 上的大电流通过长引线时，极易产生传导噪声和辐射噪声。输出整流管和输出滤波电容器必须尽量靠近。高频变压器的输出端需经过短引线接至铝电解电容器的负极。

330 开关电源的关键元器件如何布局?

关键元器件的合理布局也非常重要。例如，输出端旁路电容器的接地端必须是低噪声参考地，再与仅通过小信号的模拟地（AGND）和取样电阻分压器的地端相连，并尽量远离有大电流通过的功率地（PGND）。这对实现低噪声参考地与高噪声功率地之间的隔离至关重要。这样布局可防止较大的开关电流通过模拟地的回路进入电池或电源，造成干扰。

控制器功率电路的两个电流途径如图 5-3-2（a）、（b）所示，这两个电流路径分别为输入回路和输出回路。图（a）表示当 MOSFET 导通时电流通过输入回路的路径。图（b）示出当 MOSFET 关断时，电流通过输出回路的路径。将这两个回路的元器件互相靠近布局，可将大电流限制在控制器的功率电路部分，远离低噪声元器件的地回路。C_I、L、MOSFET、VD 和 C_O 的位置应尽量靠近。采用短而宽的印制导线进行布线，能提高效率，降低振铃电压，避免对低噪声电路的干扰。

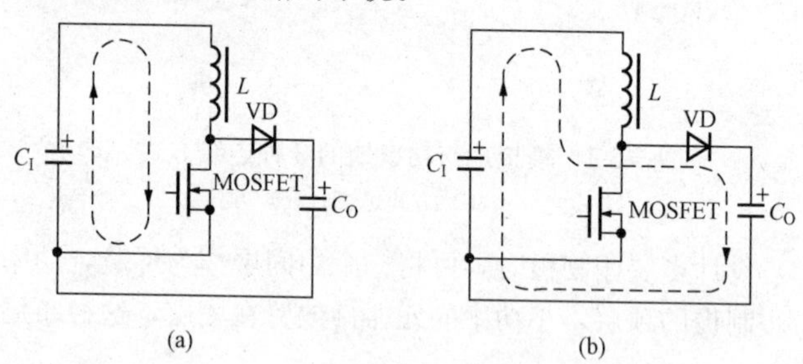

图 5-3-2 控制器功率电路的两个电流途径

（a）输入回路；（b）输出回路

在给上述两个电流回路布局时经常采用一些折中方案。若想要回路中哪些元器件就近安装，则需确定该元器件上是否有不连续的电流通过。就近安装元器件能最大限度地减少分布电感，而具有不连续电流的元器件位置对于减少分布电感非常重要。

331 开关电源的布线原则是什么？

开关电源的布线原则如下：

（1）开关电源的布线，主要是考虑线宽的选择和绝缘间距的问题。特别要注意地线的布线和取样点的选择，这会直接影响电源的性能指标。布线时应优先考虑选择单面板，以降低印制板的制作成本，但布线难度会增大。必要时还要设计一些跨线，完成电路连接。

（2）印制板布线时如果两条细平行线靠得很近，就会形成信号波形的延迟，在传输线的终端形成反射噪声。

（3）选择合理的导线宽度。由于瞬变电流在印制线条上所产生的脉冲干扰主要是由印制导线的分布电感成分而造成的，因此应尽量减小印制导线的分布电感。印制导线的分布电感与其长度成正比，与其宽度成反比，采用短而宽的导线对抑制干扰是有利的。

（4）虽然采用平行走线可减小导线的分布电感，但导线之间的互感和分布电容会增加，还容易引起串模干扰。设计较复杂的电源系统时，可采用井字形的网状布线结构，具体方法是在印制板的一面横向布线，另一面纵向布线，然后在交叉孔处用金属化孔相连。

332 设计开关电源如何接地？

开关电源接地的设计如下：

（1）在电子设备中，接地是控制干扰的有效方法。将接地与屏蔽结合起来使用往往能事半功倍，解决大部分干扰问题。电源系统中的地线大致可分为一次侧地、二次侧地、模拟地（亦称信号地）、功率地、屏蔽地（接机壳）和系统地。

（2）应正确选择单点接地或多点接地。模拟地允许采用多点接地法，功率地应采用单点接地法（亦称开尔文接法）。

（3）若地线很细，则接地电位会随电流而变化，使信号不稳定，抗噪声性能变差。因此应将接地线尽量加粗，可按通过3倍工作电流的余量来选择线宽，一般情况下功率地线的宽度应大于3mm。

333 如何减小噪声干扰？

开关电源产生噪声干扰主要有三个途径：一是开关噪声，由于地回路存在分布电阻和分布电感，当功率电路的接地返回电流通过控制器（IC）的地回路时，在地线上产生开关噪声；二是地回路本身的噪声不仅会降低稳压（或稳流）输出精度，还容易干扰同一印制板上其他敏感电路；三是在电源或电池正端出现的开关噪声能耦合到用同一电源供电的其他元器件（包括控制器芯片），使基准电压发生波动。若发现输入旁路电容器两端电压不稳定，可在控制器的电源引脚前面增加一级 RC 型滤波器，这有助于稳定其供电电压。此外，交流电流通过的回路面积越大，所产生的磁场越强，形成干扰的可能性也大大增加。将输入端旁路电容器靠近功率电路能减小输入电流回路所包围的面积，可避免产生干扰。

334 旁路电容有哪几种接法？

旁路电容的接法如下：

（1）如果发现某个节点对噪声特别敏感，利用旁路电容可降低该节点对串模干扰的灵敏度。通常在节点与地之间，或节点与输入高压线之间加一只小容量电容器，即可起到旁路作用。选择旁路电容时，要确保它在可能引起问题的频率范围内有足够低的阻抗。其等效串联电阻(ESR)和等效串联电感(ESL)会增加其高频阻抗，因此具有低 ESR 和 ESL 的陶瓷电容器特别适合做高频旁路电容。

（2）旁路电容的安装位置也很重要。为抑制高频干扰，在给需要旁路的信号线进行布线时，可直接并联旁路电容。表贴式旁路电容的两种布线方式分别如图 5-3-3（a）、（b）所示，图（a）为错误布线，因为与旁路电容相串联的那两段导线会增加旁路电容的 ESR 和 ESL，进而使高频阻抗增大，高频旁路效果变差。图（b）为正确布线，此时导线的分布参数能帮助旁路电容器更好地滤除高频干扰。

（3）无论采用哪种电源，电源阻抗都不可能为零。这意味着当控制器从电源吸取快速变化的电流时，电源电压将发生变化。为减小这种瞬态变化，可在输入端安装输入旁路电容，有时将陶瓷电容

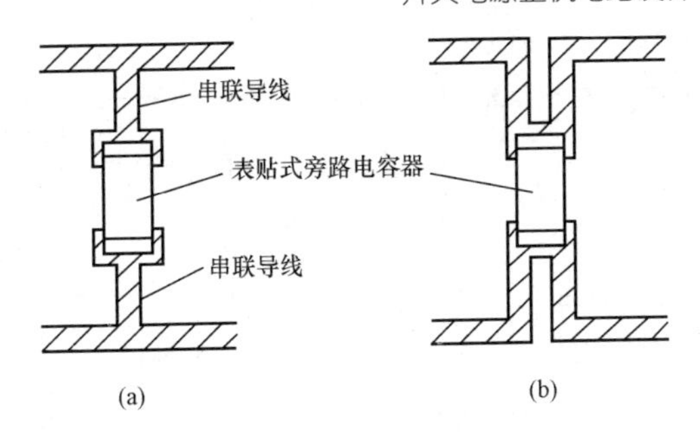

图 5-3-3　表贴式旁路电容的两种布线方式
(a) 错误布线；(b) 正确布线

器与电解电容器并联使用，目的就是限制大电流输入到功率电路中，避免对低噪声电路形成干扰。

(4) 某些节点不允许采用旁路措施，因为这将改变其频率特性，例如用于反馈的电阻分压器就不允许接旁路电容，否则会造成相位失真，破坏反馈环路的稳定性。

第四节　设计特种开关电源问题解答

335 什么是恒压/恒流输出式开关电源？

恒压/恒流(CV/CC)输出式开关电源可简称为恒压/恒流源，CV/CC是Constant Voltage/Constant Current的缩写。其特点是具有两个控制环路，一个是电压控制环，另一个为电流控制环。当输出电流较小时，电压控制环起作用，具有稳压特性，它相当于恒压源；当输出电流接近或达到额定值时，通过电流控制环使 I_O 维持恒定，它又变成恒流源。这种电源特别适用于电池充电器和特种电机驱动器。

336 恒压/恒流输出式开关电源的基本构成是什么？

恒压/恒流式开关电源的基本构成如图 5-4-1 所示。开关电源主要包括EMI滤波器，输入整流滤波器，PWM控制器，功率开关管（MOSFET），漏极钳位保护电路，偏置电路，高频变压器

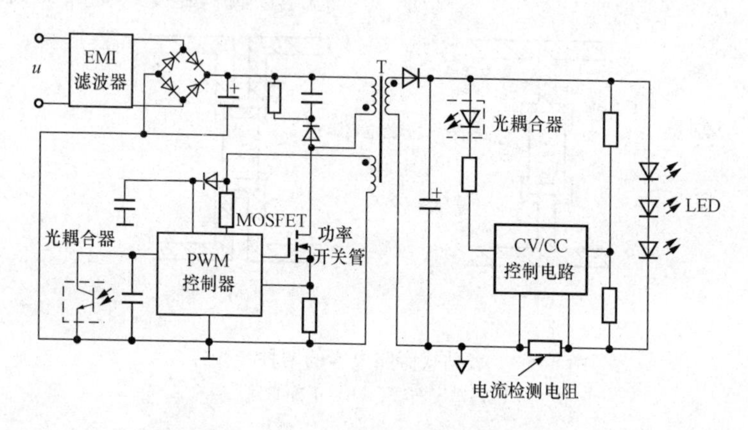

图 5-4-1　恒压/恒流式开关电源的基本构成

(T)，输出整流滤波器，CV/CC 控制电路，电流检测电阻，输出取样电路，光耦反馈电路，LED 照明灯。CV/CC 控制电路包括恒压控制环、恒流控制环两部分，可用分立元件组成，亦可用一片双运放构成。

337　恒压/恒流输出式开关电源的工作原理是什么？

下面以 7.5V、1A 恒压/恒流输出式开关电源为例，其电路如图 5-4-2 所示。它采用一片 TOP222Y 型开关电源（IC_1），配

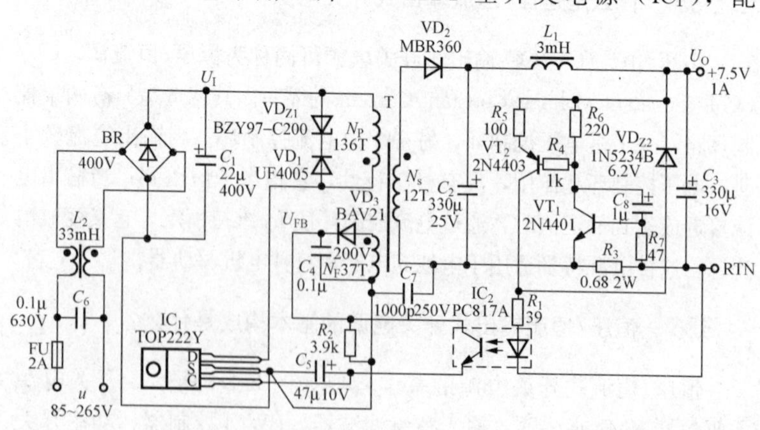

图 5-4-2　7.5V、1A 恒压/恒流输出式开关电源的电路

PC817A型线性光耦合器（IC_2）。85～256V交流输入电压u经过EMI滤波器（L_2、C_6）、整流桥（BR）和输入滤波电容（C_1），得到大约为82～375V的直流高压U_I，再通过一次绕组接TOP222Y的漏极。由VD_{Z1}和VD_1构成的漏极钳位保护电路，能将高频变压器漏感形成的尖峰电压限定在安全范围之内。VD_{Z1}采用BZY97-C200型瞬态电压抑制器，其钳位电压$U_B=200V$。VD_1选用UF4005型超快恢复二极管。二次绕组电压经过VD_2、C_2整流滤波后，再通过L_1、C_3滤波，获得+7.5V输出。VD_2采用3A/70V的肖特基二极管。反馈绕组的输出电压经过VD_3、C_4整流滤波后，得到反馈电压$U_{FB}=26V$，给光敏三极管提供偏压。C_5为旁路电容，兼作频率补偿电容并决定自动重启动时的频率。R_2为反馈绕组的假负载，空载时能限制反馈电压U_{FB}不致升高。

该电源有两个控制环路。电压控制环是由1N5234B型6.2V稳压管（VD_{Z2}）和光耦合器PC817A（IC_2）构成的。其作用是当输出电流较小时令开关电源工作在恒压输出模式，此时VD_{Z2}上有电流通过，输出电压由VD_{Z2}的稳压值（U_{Z2}）和光耦合器中LED的正向压降（U_F）所确定。电流控制环则由晶体管VT_1和VT_2、电流检测电阻R_3、光耦合器IC_2、电阻R_4～R_7、电容C_8构成。其中，R_3专用于检测输出电流值。VT_1采用2N4401型NPN硅晶体管，国产代用型号为3DK4C；VT_2则选2N4403型PNP硅晶体管，可用国产3CK9C代换。R_6、R_5分别用来设定VT_1、VT_2的集电极电流值I_{C1}、I_{C2}。R_5还决定电流控制环的直流增益。C_8为频率补偿电容，防止环路产生自激振荡。在刚通电或自动重启动时，瞬态峰值电压可使VT_1导通，现利用R_7对其发射结电流进行限制；R_4的作用是将VT_1的导通电流经VT_2旁路掉，使之不通过R_1。电流控制环的启动过程如下：随着I_O的增大，当I_O接近于1A时，$U_{R3}\uparrow\rightarrow VT_1$导通$\rightarrow U_{R6}\uparrow\rightarrow VT_2$导通，由$VT_2$的集电极给光耦合器提供电流，迫使$U_O\downarrow$。由于$U_O$降低，$VD_{Z2}$不能被反击穿，其上也不再有电流通过，因此电压控制环开路，开关电源就自动转入恒流模式。C_7为安全电容，能滤除由一次侧、二次侧耦合电容产生的共模干扰。

该电源既可工作在7.5V稳压输出状态，又能在1A的受控电流下工作。当环境温度范围是0～50℃时，恒流输出的准确度约为±8%。

338 如何设计恒压/恒流控制环？

恒压/恒流控制环的典型单元电路如图5-4-3所示，其恒流精度为±8%。输出电压－输出电流（U_O-I_O）特性曲线如图5-4-4所示。

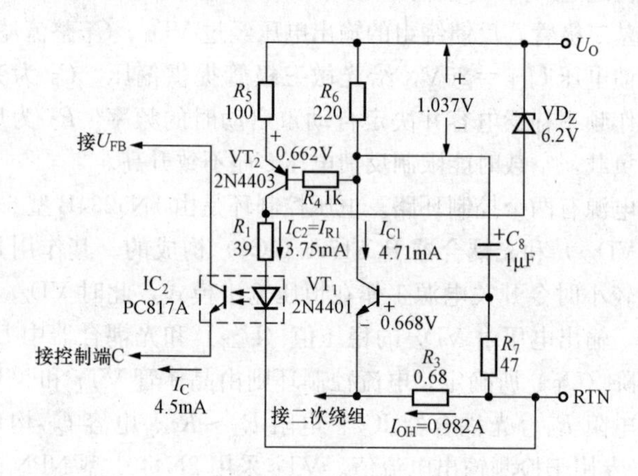

图5-4-3　恒压/恒流控制环的典型单元电路

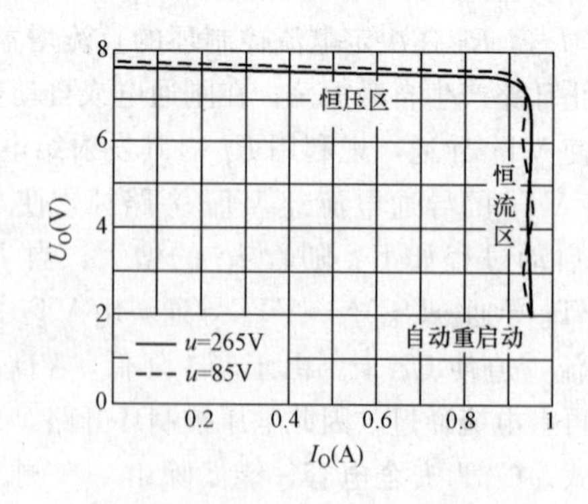

图5-4-4　U_O-I_O的特性曲线

(1) 电压控制环的设计。恒压源的输出电压由下式确定

$$U_O = U_Z + U_F + U_{R1} = U_Z + U_F + I_{R1}R_1 \quad (5\text{-}4\text{-}1)$$

式中：U_Z=6.2V(即稳压管 VD_Z 的稳定电压，参见图 5-4-3)；光耦合器 PC817A 中红外 LED 的正向压降 U_F=1.2V(典型值)，需要确定的只是 R_1 上的压降 U_{R1}。令 R_1 上的电流为 I_{R1}，VT_2 的集电极电流为 I_{C2}，光耦合器输入电流(即 LED 工作电流)为 I_F，显然 $I_{R1}=I_{C2}=I_F$，并且它们随 u、I_O 和光耦合器的电流传输比 CTR 值而变化。已知单片开关电源的控制端电流 I_C 变化范围是 2.5(对应于最大占空比 D_{max})～6.5mA(对应于最小占空比 D_{min})，现取中间值 I_C=4.5mA。因 I_C 是从光敏三极管的发射极流入控制端的，故有关系式

$$I_{R1} = \frac{I_C}{CTR} \quad (5\text{-}4\text{-}2)$$

采用线性光耦合器时，要求 CTR=80%～160%，可取中间值 120%。在 I_C 和 CTR 值确定之后，很容易求出 I_{R1}。将 I_C=4.5mA，CTR=120%代入式 (5-4-2) 中得到，I_{R1}=3.75mA。令 R_1=39Ω时，U_{R1}=0.146V。最后代入式 (5-4-1) 中计算出

$$U_O = U_Z + U_F + U_{R1} = 6.2V + 1.2V + 0.146V = 7.546V \approx 7.5V$$

(2) 电流控制环的设计。电流控制环由 VT_1、VT_2、R_1、R_3～R_7、C_8 和 PC817A 等构成。下面要最终计算出恒定输出电流 I_{OH}的期望值。图 5-4-3 中，R_7 为 VT_1 的基极偏置电阻，因基极电流很小，而 R_3 上的电流很大，故可认为 VT_1 的发射结压降 U_{BE1} 全部降落在 R_3 上。有公式

$$I_{OH} = \frac{U_{BE1}}{R_3} \quad (5\text{-}4\text{-}3)$$

利用下面两式可估算出 VT_1、VT_2 的发射结压降

$$U_{BE1} = \frac{kT}{q} \cdot \ln\left(\frac{I_{C1}}{I_S}\right) \quad (5\text{-}4\text{-}4)$$

$$U_{BE2} = \frac{kT}{q} \cdot \ln\left(\frac{I_{C2}}{I_S}\right) \quad (5\text{-}4\text{-}5)$$

式中：k 为玻尔兹曼常数；T 为环境温度 (用热力学温度表示)；q 是电子电量。当 T_A=25℃时，T=298K，kT/q=0.0262V。I_{C1}、

I_{C2}分别为 VT_1、VT_2 的集电极电流。I_S 为晶体管的反向饱和电流，对于小功率管，$I_S=4\times10^{-14}A$。

因为前面已求出 $I_{R1}=I_F=I_{C2}=3.75mA$，所以

$$U_{BE2}=\frac{kT}{q}\cdot\ln\left(\frac{I_{C2}}{I_S}\right)=0.0262\ln\left(\frac{3.75mA}{4\times10^{-14}A}\right)=0.662V$$

又因 $I_{E2}\approx I_{C2}$，故 $U_{R5}=I_{C2}R_5=3.75mA\times100\Omega=0.375V$，由此推导出 $U_{R6}=U_{R5}+U_{BE2}=0.375V+0.662V=1.037V$。取 $R_6=220\Omega$ 时，$I_{R6}=I_{C1}=U_{R6}/R_6=4.71$（mA）。下面就用此值来估算 U_{BE1}，进而确定电流检测电阻 R_3 的阻值

$$U_{BE1}=0.0262\ln\left(\frac{4.71mA}{4\times10^{-14}A}\right)=0.668V$$

$$R_3=\frac{U_{BE1}}{I_{OH}}=\frac{0.668V}{1.0A}=0.668\Omega$$

与之最接近的标称阻值为 0.68Ω。代入式（5-4-3）中求得

$$I_{OH}=\frac{0.668V}{0.68\Omega}=0.982A$$

考虑到 VT_1 的发射结电压 U_{BE1} 的温度系数 $\alpha_T\approx-2.1mV/℃$，当结温升高 25℃时，I_{OH}值降为

$$I'_{OH}=\frac{U_{BE1}-\alpha_T\Delta T}{R_3}=\frac{0.668V-(2.1mV/℃)\times25℃}{0.68\Omega}=0.905A$$

恒流精度为

$$\gamma=\frac{I'_{OH}-I_{OH}}{I_{OH}}\times100\%=\frac{0.905-0.982}{0.982}\times100\%=-7.8\%\approx-8\%$$

由此证明计算结果与设计指标相吻合。

339 精密恒压/恒流控制环的基本原理是什么？

精密恒压/恒流控制环的电路如图 5-4-5 所示。IC_4 为低功耗双运放 LM358，内部包括 IC_{4a} 和 IC_{4b} 两个运放。该电路具有以下特

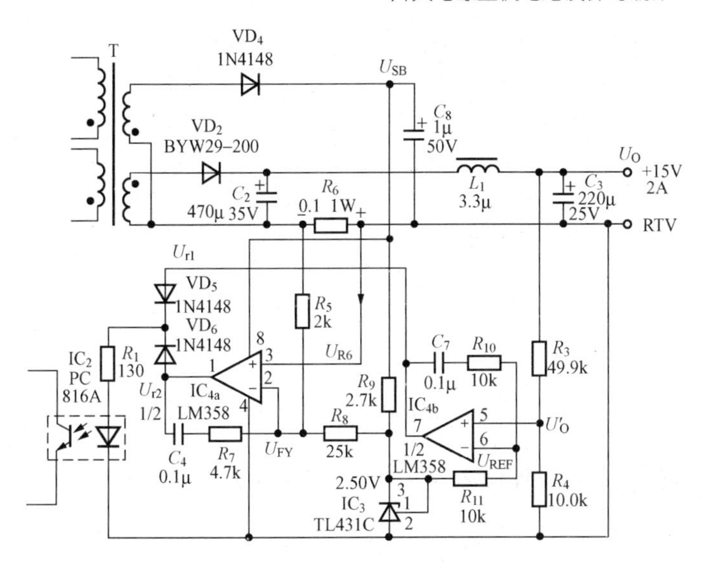

图 5-4-5　精密恒压/恒流控制环的电路

点：①利用 IC_{4b}、取样电阻 R_3 和 R_4、IC_3 构成电压控制环，IC_{4a} 则组成电流控制环；②电压控制环与电流控制环按照逻辑“或门”的原理工作，即在任一时刻，输出为高电平的环路起控制作用。

IC_{4a}为电流控制环中的电压比较器，其同相输入端接电流检测信号 U_{R6}，反相输入端接分压器电压 U_{FY}。分压器是由 R_5、R_8 和 TL431C 构成的。IC_{4a} 将 U_{R6} 与 U_{FY} 进行比较后，输出误差信号 U_{r2}，再通过 VD_6 和 R_1 变成电流信号，流入光耦合器中的 LED，进而控制 PWM 控制器的占空比，使电源输出电流 I_{OH} 在恒流区内维持恒定。显然，VD_5 和 VD_6 就相当于一个“或门”。若电流控制环输出为高电平，电压控制环输出低电平，则电源工作在恒流输出状态；反之，电压控制环输出为高电平，电源就工作在恒压输出状态。

精密恒压/恒流源的输出特性如图 5-4-6 所示。图中的实线和虚线分别对应与 $u=u_{min}=85V$（AC）、$u=u_{max}=265V$（AC）这两种情况。由图可见，这两条曲线在恒压区内完全重合，在恒流区略有差异。

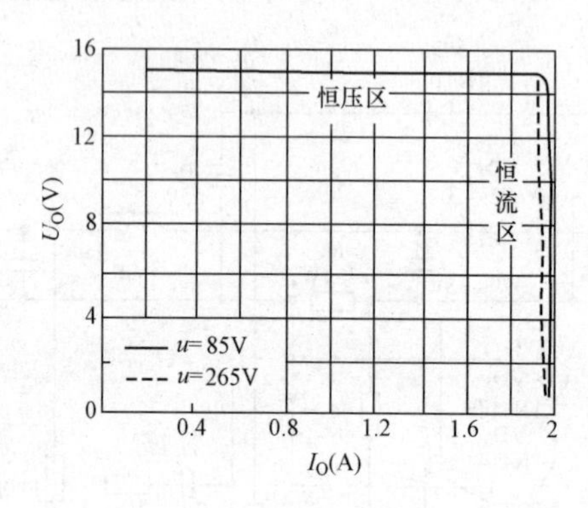

图 5-4-6 精密恒压/恒流源的输出特性

340 如何设计精密恒压/恒流控制环？

设计精密恒压/恒流控制环的方法如下：

（1）电压控制环的设计。该电源在恒压区内的输出电压依下式而定

$$U_O = U_{REF} \cdot \frac{R_3 + R_4}{R_4} = 2.50V \times \left(1 + \frac{R_3}{R_4}\right) \quad (5\text{-}4\text{-}6)$$

R_3 与 R_4 的串联总阻值应取得合适，阻值过大易产生噪声干扰，阻值过小会增加电路损耗。通常可取 $R_4 = 10.0\text{k}\Omega$，代入式（5-4-6）中求出 $R_3 = 50.1\text{k}\Omega$。与之最接近的 E196 系列标准阻值为 49.9kΩ。

（2）电流控制环的设计。该电源恒流输出的期望值 I_{OH} 由下式而定

$$I_{OH} = \frac{U_{REF} R_5}{R_6 R_8} \quad (5\text{-}4\text{-}7)$$

选择 R_5 的阻值时，应当考虑负载对 TL431C 的影响以及 LM358 输入偏流所产生的误差。一般取 $R_5 = 2\text{k}\Omega$。当 $R_6 = 0.1\Omega$、$I_{OH} = 2\text{A}$ 时，电流检测信号 $U_{R6} = 0.2\text{V}$。将 $U_{REF} = 2.50\text{V}$ 和 R_5、R_6 值一并代入式（5-4-7）中计算出 $R_8 = 25\text{k}\Omega$。

341 恒压/截流式开关电源有何特点？

恒压/截流式开关电源的特点是一旦发生过载，输出电流 I_O 能

随着输出电压 U_O 的降低而迅速减小，即 $U_O\downarrow\rightarrow I_O\downarrow$，可对电机等负载起到保护作用。相比之下，恒流式开关电源在 $U_O\downarrow$ 时，I_O 却维持恒定，二者的输出特性有着明显区别。利用晶体管构成的正反馈式截流控制环，可实现上述功能，过载时将 I_O 衰减到安全区域内。

342 恒压/截流式开关电源的工作原理是什么？

12V 恒压/截流式开关电源的电路如图 5-4-7 所示。该电路采用一片 TOP222Y 型单片开关电源。截流控制环由晶体管 VT_1、VT_2、R_1～R_4、IC_2 所构成，其电路简单，成本低廉。VT_1 和 VT_2 可采用国产 3DK3D 型开关管（或国外 2N2222 型晶体管），要求这两只管子的参数具有良好的一致性，能构成镜像电流源。截流式开关电源的输出特性如图 5-4-8 所示。由图可见，U_O-I_O 特性曲线可划分成 3 个工作区：恒压区、截流区、自动重启动区。令输出极限电流为 I_{LM}，下面对其输出特性进行分析。

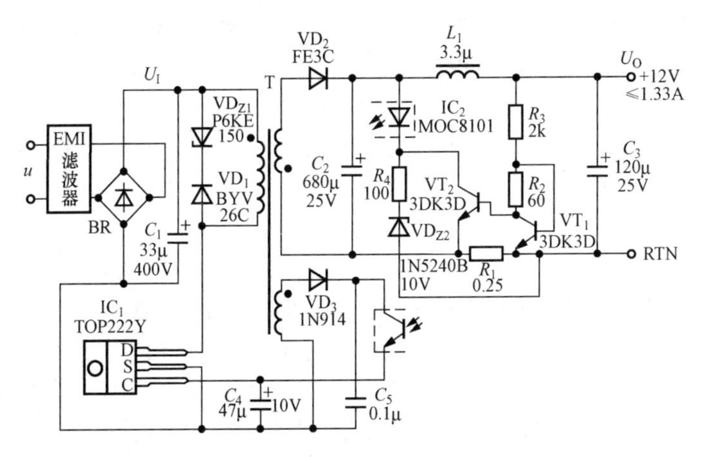

图 5-4-7　12V 恒压/截流式开关电源电路

（1）当 $I_O<I_{LM}$ 时，VT_2 截止，U_O 处于恒压区，即 $U_O=12V$ 基本不变。此时 VT_1 工作在饱和区，VT_2 呈截止状态，截流控制环不起作用，开关电源采用典型的带稳压管的光耦合器反馈电路。

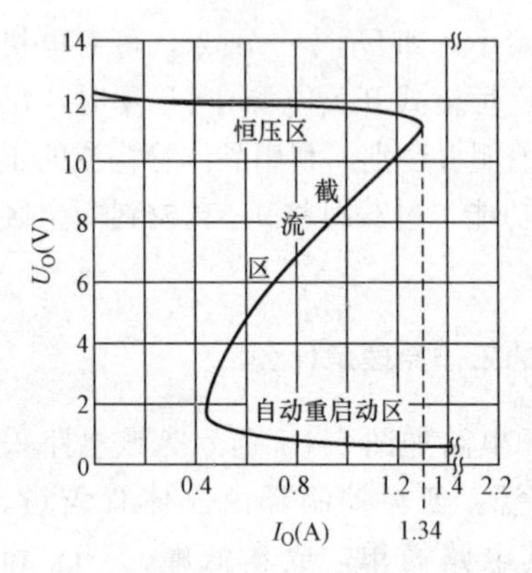

图 5-4-8　恒压/截流式开关电源的输出特性

设稳压管 VD_{Z2} 的稳定电压为 U_{Z2}。当因某种原因导致输出电压 U_O 发生变化时，U_O 经取样后就与 U_{Z2} 进行比较，产生误差电压，使光耦合器 IC_2 中 LED 的工作电流发生变化，再通过光耦合器去改变 TOP222Y 的控制端电流 I_C 的大小，通过调节占空比使 U_O 趋于稳定，达到稳压目的。电路中的 R_1 为电流检测电阻。VT_1 的接法比较特殊，因 R_2 阻值很小，可视为集电极与基极短路，故 VT_1 始终工作在饱和区，只是饱和深度及饱和压降 U_S 值可在一定范围内变化。此时 I_O 较小，R_1 上的压降 U_{R1} 较低，使 VT_2 的发射结压降 $U_{BE2}=U_{R1}+U_S<0.65V$，VT_2 呈截止状态，相当于集电极开路，它对光耦合器反馈电路无分流作用。VD_{Z2} 可选用 1N5240B 型 10V 稳压管。IC_2 采用 MOC8101 型光耦合器，电流传输比范围 CTR＝50％～72％，典型值为 61％。VT_1 的发射结压降 $U_{BE1}=0.67V$，集电极电流 $I_{C1}=6mA$。

（2）当 $I_O \approx I_{LM}$ 时，截流控制环开始工作，并在正反馈过程中使 I_O 随着 U_O 的降低而迅速减小。此时 $U_{R1}\approx 0.3V$，$U_S\approx 0.57V$，由于 VT_2 的发射结压降 $U_{BE2}=U_{R1}+U_S>0.7V$，使 VT_2 立即导通，而 VD_{Z2} 因 U_O 的降低而退出稳压区变成截止状态。于是，光耦合器 LED 上的电流就通过 VT_2 分流。由于 VT_2 的导通电阻很小，因此 I_F 迅速增大，令 TOP222Y 的 $I_C\uparrow$，占空比 $D\downarrow$，$I_O\downarrow$，开关电源进入截流区。进一步分析可知，R_3 上的电流是与 U_O 成正比的，随着 U_O 的继续降低，$I_{R3}\downarrow\rightarrow U_S\uparrow\rightarrow U_{BE2}\uparrow\rightarrow I_F\uparrow\rightarrow I_C\uparrow\rightarrow D\downarrow\rightarrow I_O\downarrow$，这就形成了电流正反馈，其效果是让 I_O 进一步减小，对负载起到截流保护作用。

（3）当 $U_O\leqslant 1.5V$ 时，由于 VT_2 达到饱和状态，截流控制作

用失效，改由LED的正向压降$U_F=1.2V$进行限流。在负载短路时，短路电流$I_{SS}≈2.2A$。

343 如何设计恒压/截流式开关电源？

下面以图5-4-7所示电路为例，介绍恒压/截流式开关电源的设计方法。

（1）R_1、R_2和R_3的取值。首先令I_{LM}的预期值为1.3A，$U_{R2}=U_{R1}=0.325V$，代入下式可计算出电流检测电阻R_1的阻值

$$R_1=\frac{U_{R1}}{I_{LM}}=\frac{0.325}{1.3}=0.25(\Omega)$$

进而计算出

$$R_3=\frac{U_O-U_{BE1}}{I_{C1}}=\frac{12-0.67}{0.006}=1.89(k\Omega)\approx 2k\Omega$$

最后求出

$$R_2=\frac{U_{R1}+0.007}{\frac{U_O-U_{BE1}}{R_3}}=\frac{0.325+0.007}{\frac{12-0.67}{2k}}=58.6(\Omega)\approx 60(\Omega)$$

（2）核算I_{LM}值

$$I_{LM}=\frac{R_2\left(\frac{U_O-U_{BE1}}{R_3}\right)-0.007}{R_1}=\frac{60\times\left(\frac{12-0.67}{2k}\right)-0.007}{0.25}=1.33(A)$$

（3）计算短路电流I_{SS}

$$I_{SS}=\frac{U_F}{R_1+R_{L1}+R_{SS}}=\frac{1.2}{0.25+0.1+0.2}=2.18(A)$$

式中：R_{L1}为输出滤波电感L_1的内阻；R_{SS}为短路时输出导线上的电阻。

344 如何设计恒压/恒流/截流式开关电源？

对图5-5-7稍加改动，增加1N5231B型5.1V稳压管VD_{Z3}和一

只 470Ω 电阻 R_5，即可构成恒压/恒流/截流式开关电源，其控制单元电路和输出特性分别如图 5-4-9、图 5-4-10 所示。由图 5-4-10 可见，U_O-I_O 特性曲线被分成 4 个工作区域：恒压区、恒流区、截流区、自动重启动区。R_5 和 VD_{Z3} 的作用就是令 VT_1 的参考电流保持恒定，直到 U_O 降低且 VD_{Z3} 截止，然后即进入截流区，I_O 随 U_O 的降低而减小。该电源的输出极限电流为

$$I_{LM}=\frac{R_2\cdot\left(\frac{U_{Z3}-U_{BE1}}{R_3}\right)-0.007}{R_1}=\frac{60\times\left(\frac{5.1-0.67}{820}\right)-0.007}{0.25}$$

$$=1.28(\mathrm{A})$$

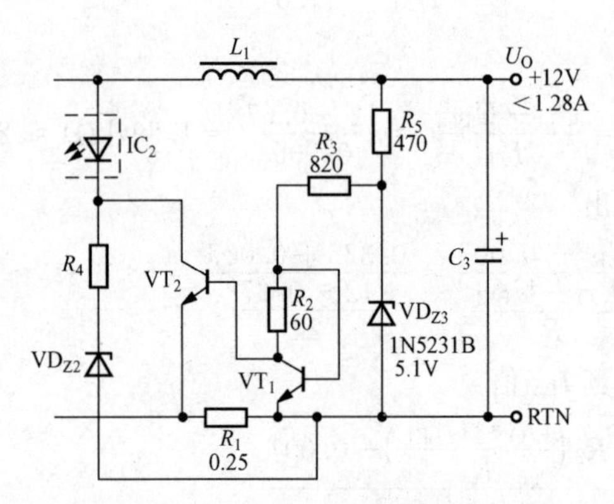

图 5-4-9　恒压/恒流/截流控制单元电路

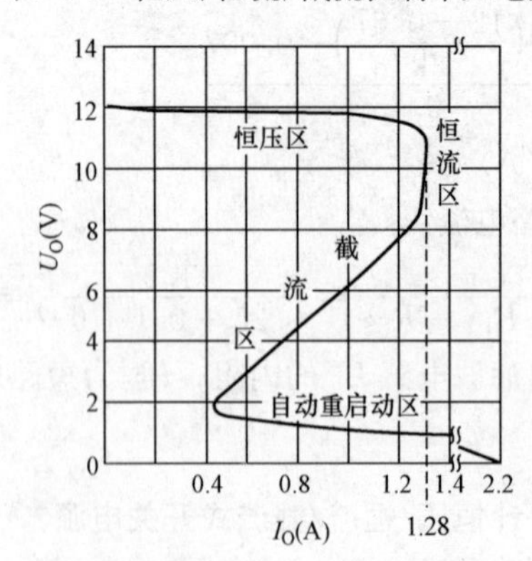

图 5-4-10　恒压/恒流/截流式开关电源的输出特性

式中：U_{Z3}是VD_{Z3}的稳定电压。

345 如何设计恒功率式开关电源？

恒功率式开关电源的特点是，当输出电压U_O降低时，输出电流I_O反而会增大，使二者乘积I_OU_O不变，输出功率P_O保持恒定。这种开关电源可用作高效、快速、安全的开关电源。恒功率输出特性近似为一条双曲线。

由TOP202Y构成的15V、15W恒功率式开关电源，电路如图5-4-11所示。TOP202Y型单片开关电源在宽范围电压输入（u=85～265V，AC）时的最大输出功率为30W。该电源工作在连续模式，并且是从二次侧来调节输出功率的，它不受一次侧电路的影响。当输出电压从15V（即100%·U_O）降至7.5V（即50%·U_O）时，恒功率准确度可达±10%。85～265V交流电压经过BR、C_1整流滤波后，为一次侧回路提供直流高压。漏极钳位保护电路由VD_{Z1}和VD_1构成。反馈绕组电压经过1N914、C_4整流滤波后，

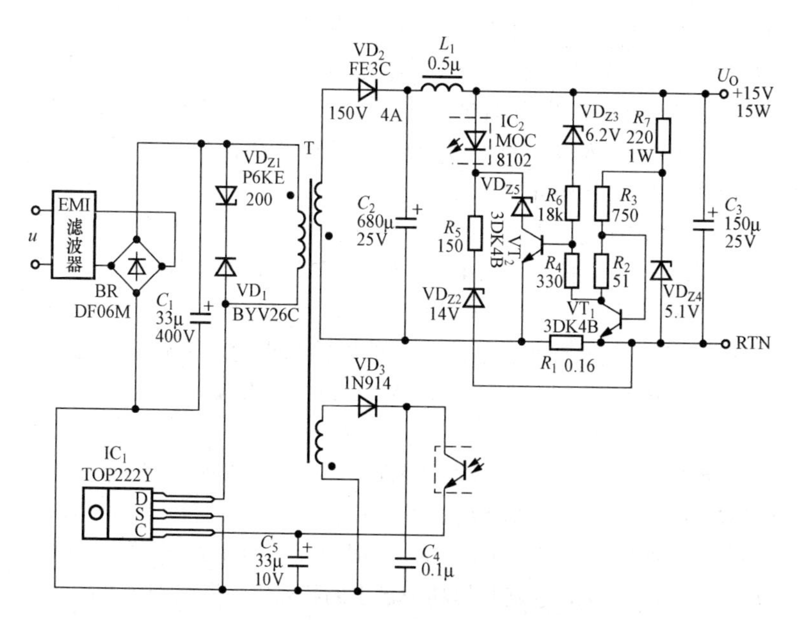

图5-4-11 15W恒功率式开关电源的电路

给光耦合器中的光敏三极管提供集电极电压。C_5 为控制端的旁路电容。二次绕组的电压由 VD_2、C_2、L_1 和 C_3 整流滤波。VD_2 采用 FE3C 型 150V/4A 的超快恢复二极管。C_2 需选择等效串联电阻（ESR）很低的电解电容器。标称输出电压 U_O 值，由光耦合器中 LED 的正向压降（U_F）与稳压管 VD_{Z2} 的稳定电压（U_{Z2}）来设定。R_5 起限流作用并能决定电压控制环的增益。

恒功率控制电路由 VT_1、VT_2、VD_{Z3}～VD_{Z5}、R_1～R_7 构成。VT_1 工作在饱和区。VT_1 和 VT_2 应选参数一致性很好的 3DK4B 型开关管，亦可用国外 2N4401 型小功率硅晶体管代替。VD_{Z3}、VD_{Z4} 的型号分别为 2CW242、2CW340。R_1 为电流检测电阻，VT_2 用来监视 R_1 上的压降。该电路具有温度补偿特性，能对 VT_1、VT_2 的偏压以及输出电压进行温度补偿。恒功率控制电路由 5 部分组成：①恒流源电路（VD_{Z4}、R_7、R_3），给偏压电路提供恒定的集电极电流 I_{C1}；②带温度补偿的偏压电路（VT_1、R_2），其作用是给 VT_2 提供偏置电压 U_{B1}，它的发射结压降 U_{BE1} 与 U_{BE2} 相等且具有相同的温度系数；③电流检测电阻（R_1）；④电压补偿电路（VD_{Z2}、R_6、R_4）可对 VT_2 的发射结电压 U_{BE2} 进行补偿；⑤电压调节电路（IC_2、VD_{Z2}、R_5），利用带稳压管的光耦合器反馈电路使 U_O 在恒压区内保持恒定。

当 I_O 较小时 VT_2 截止，而 VD_{Z2} 处于稳压区，开关电源工作在恒压输出方式下，$U_O=15V$；此时恒功率控制电路不工作。设 VT_2 的基极偏压为 U_{B2}，仅当 $U_{B2}+U_{R1}=U_{BE2}$ 时，VT_2 才开始导通，而 VD_{Z2} 立即截止，电路就从恒压控制迅速转入恒功率控制，并按下述正反馈过程 $U_O\downarrow\rightarrow I_O\uparrow\rightarrow U_{R1}\uparrow\rightarrow I_F\downarrow\rightarrow I_C\downarrow\rightarrow D\uparrow\rightarrow I_O\uparrow$，使 P_O 保持不变。

恒功率型开关电源的输出特性如图 5-4-12 所示，它近似于一条双曲线。从图中不难查出，当 $U_O=15V$ 时 $I_O=1.02A$，$P_{O1}=15V\times1.02A=15.3W$；$U_O=7.5V$ 时 $I_O=2.07A$，$P_{O2}=15.5W$。显然，$P_{O1}\approx P_{O2}$，这就是恒功率输出的特点。实际情况下 U_O-I_O 的特性曲线，允许有±10%的偏差。

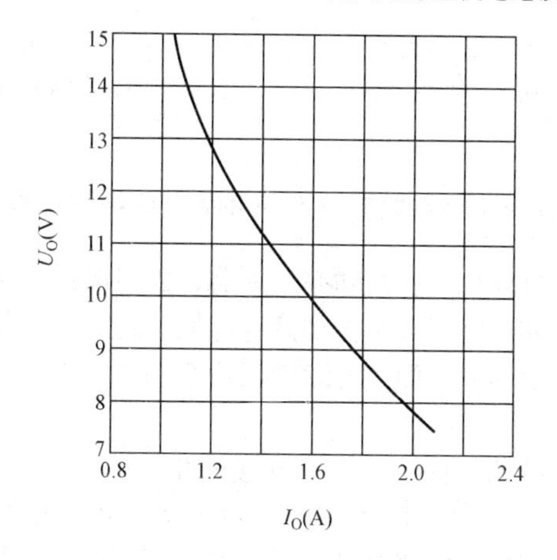

图 5-4-12　恒功率型开关电源的输出特性

下面以图 5-4-11 所示电路为例，介绍恒功率开关电源的设计方法。

（1）集电极电流 I_{C1}。VT_1 和 VT_2 的参数应相同，二者的位置要尽量靠近，置于相同的温度环境中。温度补偿偏压经过 VT_1 和 R_1 加到 VT_2 上，由 VD_{Z4} 和 R_3 给 VT_1 提供恒定的集电极电流 I_{C1}。有公式

$$I_{C1}=\frac{U_{Z4}-U_{BE1}}{R_3} \tag{5-4-8}$$

将 $U_{Z4}=5.1V$、$U_{BE1}=0.67V$、$R_3=750\Omega$ 代入式（5-4-8）得，$I_{C1}=5.9mA$，近似取 6mA。I_{C2}亦等于此值。

（2）饱和压降 U_S。VT_1 的饱和压降计算公式为

$$U_S=U_{BE1}-I_{C1}R_2 \tag{5-4-9}$$

将 $U_{BE1}=0.67V$、$I_{C1}=6mA$、$R_2=51\Omega$ 代入式（5-4-9）中求出，$U_S=0.36V$。

（3）输出功率。输出的恒定功率值由下式确定

$$P_O=U_O\cdot\frac{U_{BE2}-U_S-\dfrac{R_4}{R_4+R_6}\cdot(U_O-U_{Z3}-U_S)}{R_1} \tag{5-4-10}$$

不难算出，当 $U_O=12V$、$U_{BE2}=0.67V$、$U_S=0.36V$、$U_{Z3}=6.2V$、$R_4=330\Omega$、$R_6=18k\Omega$、$R_1=0.16\Omega$ 时，额定输出功率 $P_O=15.2W$。

346 具有峰值功率输出能力的开关电源有何特点？

专供喷墨打印机、音频功率放大器、数字视频录像机等使用的开关电源有个共同特点，它们都具有峰值负载特性，在短时间内能输出很高的峰值功率，而其连续输出功率（或平均输出功率）却要低许多。

在峰值负载的条件下，最大连续输出功率 P_{OM} 亦称平均输出功率 $P_{OM(AVG)}$，下标中的 AVG（average）是取平均值的意思。一般情况下，最大峰值输出功率（$P_{OM(PK)}$）与最大连续输出功率的关系式为

$$P_{OM(PK)} \geqslant 2P_{OM} = 2P_{OM(AVG)} \tag{5-4-11}$$

根据峰值输出功率，即可计算出平均输出功率。在不同的峰值负载情况下，峰值输出功率变化曲线的例子如图 5-4-13 所示。其中，P_3、P_2 分别表示不同的峰值输出功率，Δt_1、Δt_2 表示每个峰值输出功率的持续时间，T 为周期。计算平均输出功率的公式如下

$$P_{OM(AVG)} = P_1 + (P_3 - P_1)\frac{\Delta t_1}{T} + (P_2 - P_1)\frac{\Delta t_2}{T} \tag{5-4-12}$$

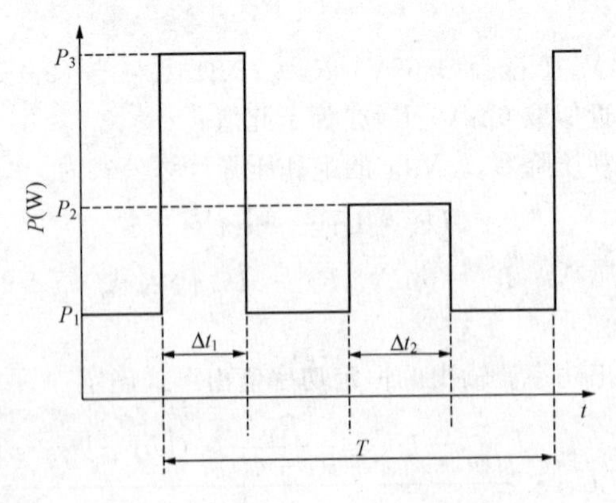

图 5-4-13　峰值输出功率变化曲线

347 如何设计具有峰值功率输出能力的开关电源？

由PKS606Y构成的32W（峰值功率81W）喷墨打印机电源电路如图5-4-14所示。其交流输入电压范围是$u=85\sim265V$，连续输出功率为32W（+30V、1.07A）；峰值输出功率为81W（+30V、2.7A，持续时间为50ms）。其峰值输出功率为连续输出功率（即满载功率）的2.5倍，电源效率可达80%，在265V交流输入电压下的空载输入功率小于200mW，可用作喷墨打印机的电源。它在备用模式下的电源效率大于66%，在休眠模式下的电源效率为75%，符合备用电源的EPS国际标准。

该电源具有欠电压锁定、智能化交流电压检测及快速复位等功能。一旦电源发生故障，芯片内部的过载锁定、开环闭锁及具有滞后作用的热关断电路不仅可保护电源，还能保护负载不受损坏。正常工作时的电源效率超过80%。当交流输入电压为230V时，空载功耗低于200mW；能满足加载状态和待机状态下对电源效率的要求。它使用一只稳压管VD_{Z3}提供参考电压，并采用光耦反馈电路对输出电压进行调节。电路中使用了两片集成电路：单片开关电源集成电路IC_1（PKS606Y），线性光耦合器IC_2（PC817X4）。

由$C_1\sim C_3$、R_1、R_2和L_1构成输入端电磁干扰（EMI）滤波器，可滤除从电源线引入的共模干扰和串模干扰。R_1、R_2为泄放电阻，当交流输入电压断开时C_3上积累的电荷可通过R_1和R_2泄放掉，防止操作者因接触电源插头而受到电击。利用负温度系数的热敏电阻R_T，可限制在刚上电时的浪涌电流。

经$VD_1\sim VD_4$整流、C_4滤波后的直流输入电压U_I，加至高频变压器（T）一次绕组的一端。一次绕组的另一端接PKS606Y内部功率MOSFET的漏极D。漏极钳位保护电路由稳压管VD_{Z1}、快恢复二极管VD_6、阻容元件C_5、R_3和R_4组成，可将漏极电压钳位在安全范围以内。需要说明的是，VD_6采用快恢复二极管（其反向恢复时间$t_{rr}=500ns$），而不使用超快恢复二极管，原因是可将被钳位的部分能量传输到二次侧，以提高电源效率。由于开关频率很高，VD_6不得采用普通整流二极管，以免在开机或输出发生故障时

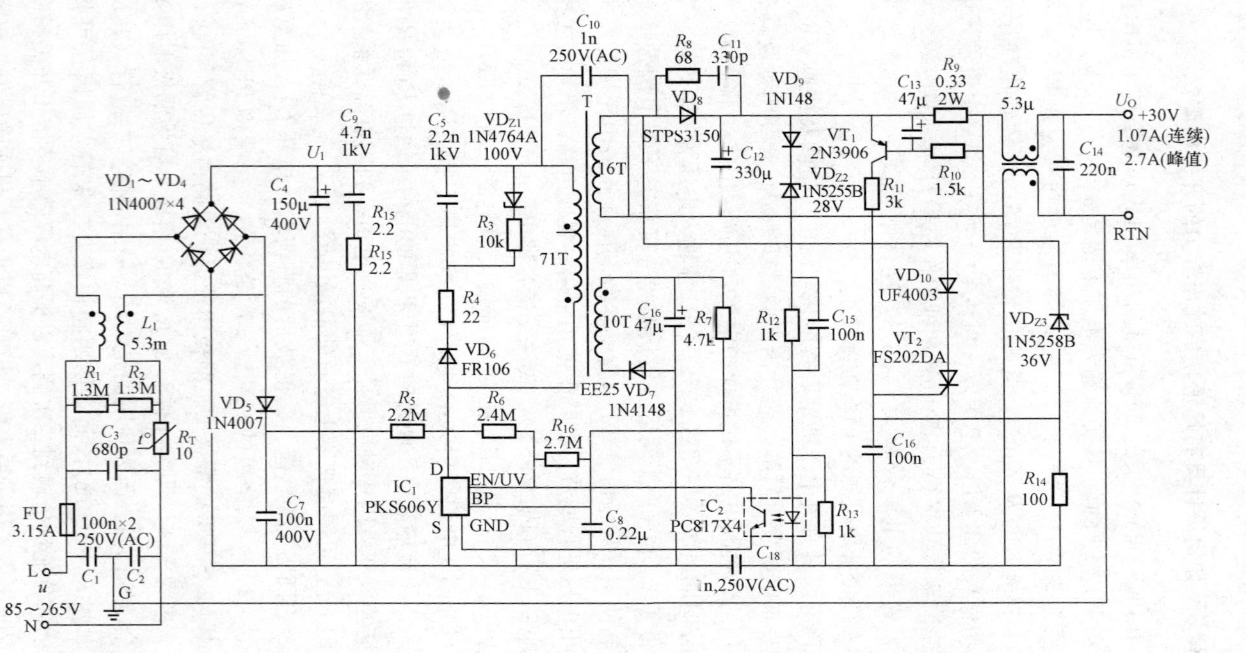

图 5-4-14 由 PKS606Y 构成的 32W（峰值功率 81W）喷墨打印机电源电路

因功耗过高而损坏。与常规的 R、C、VD 型钳位保护电路相比，在稳压管 VD_{Z1} 上串联电阻 R_3 不仅能降低电磁干扰，还可提高电源效率。

交流电压检测电路及欠电压检测电路由 VD_5、C_7、R_5 和 R_6 组成。由于 C_7 两端的电压（U_{C7}）是由 VD_5 整流后单独提供的，而不是取自主输入滤波电容上的电压，因此 U_{C7} 仅与交流输入电压 u 有关，并不受负载变化的影响。这使得 PKS606Y 能迅速判断交流输入电压是否正常。当关断交流输入电压时，该电路能通过 R_5 和 R_6 迅速将 PKS606Y 复位。电阻 R_{16} 给 PKS606Y 的 EN/UV 引脚提供少量的偏置电流，以便在上电时就激活欠电压保护功能。当交流输入电压断开时，锁存关断的复位时间取决于滤波电容 C_4 的容量。

欠电压检测电路中的 R_5、R_6 亦可改接在滤波电容 C_4 上，当输入电压过低时，只要流入 EN/UV 端的电流小于 $25\mu A$，PKS606Y 就将电源关断，同样可起到欠电压保护作用。此时若电源出现故障，就必须等 C_4 放电后电源才能被重新复位。

输出电压 U_O 由稳压管 VD_{Z2} 的稳定电压 U_{Z2}、R_{12} 上的压降 U_{R12}、VD_9 的导通压降 U_{VD9} 和光耦合器 PC817X4 中 LED 的导通压降 U_{LED} 来设定。有关系式

$$U_O = U_{Z2} + U_{R12} + U_{VD9} + U_{LED} \quad (5\text{-}4\text{-}13)$$

式中：$U_{Z2}=28V$；$U_{LED}\approx 1V$；$U_{R12}+U_{VD9}\approx 1V$，故 $U_O=30V$。

由 R_{13} 给 VD_9 和 VD_{Z2} 提供偏置电流，以确保 VD_{Z2} 工作在稳压区。R_{12} 用于调整反馈回路的增益。

PKS606Y 是采用跳过周期的方法，通过开/关控制器以达到稳压目的。当负载要求电源达到峰值功率时，开/关控制器只跳过少量的开关周期，使电源能在 50ms 内输出 81W 的峰值功率，并维持输出电压不变。而当输出连续功率时，它要跳过较多的时钟周期，以降低输出功率。这就是 PKS606Y 调节电压的原理。举例说明，当 U_O 超过反馈阈值电压时，光耦合器中 LED 的电流增大，使通过红外接收管电流也增大。只要流入 EN/UV 端的电流超过其阈值电流（$240\mu A$），下一个时钟周期就被跳过。反之，当 U_O 低于反馈阈值电压时，PKS606Y 就在下一个时钟周期内工作在开关状态。因

此，即使负载很轻时也能保持电源效率基本恒定。

高频变压器采用EE25型磁心，一次绕组、二次绕组的匝数分别为71匝、16匝。输出整流二极管VD_8采用STPS3150型3A/150V肖特基二极管，在VD_8上并联阻容网络R_8、C_{11}，构成RC吸收回路，可降低电磁干扰。C_{12}为滤波电容。过电压及过电流保护电路由小功率PNP型晶体管（2N3906）、晶闸管VT_2（FS202DA）、R_9～R_{11}、R_{14}、C_{13}、C_{16}和VD_{Z3}所构成。只要出现过电压或过电流现象，U_O就通过VT_1触发晶闸管VT_2，使之导通并对输出电压进行钳位，并在30ms后将PKS606Y关断。该单片开关电源具有锁存关断功能。由R_{10}和C_{13}组成的低通滤波器，给过电流保护检测电路提供一段延迟时间。当电源输出电压超过36V时，VD_{Z3}被反向击穿，通过VT_1触发VT_2导通，将输出短路。只要PKS606Y在30ms内未接收到反馈信号，就被锁存关断。同理，当负载峰值电流的持续时间超过70ms（该时间等于R_{10}与C_{13}的时间常数，$\tau=R_{10}C_{13}=70.2\text{ms}$）时，$VT_1$导通，也能触发$VT_2$并使之导通，将输出短路，进而使PKS606Y锁存关断。

当电源被关断后，只需切断交流电约3s（最长时间），即可重新复位。利用PKS606Y的锁存关断功能，可大大降低晶闸管VT_2及输出整流二极管VD_8的容量。因为在电源关断之前，仅在50ms的时间内有短路电流通过这两个器件。

偏置绕组的匝数为10匝。其输出电压首先经过VD_7和C_{16}整流滤波，再经过R_7和R_{16}接PKS606Y。通过R_7可给旁路电容C_8大约提供2mA的电流。在电源启动或发生故障时，旁路端主要由PKS606Y内部的高压电流源来供电，从而可节省外部启动电路。

根据IEC60384-14—2005电子设备用固定电容器的国际标准（2005年版），安全电容有两种：X电容和Y电容。C_3为X电容，接在L、N之间，对串模干扰起滤波作用。C_{10}为Y电容，接在一次绕组与二次绕组的返回端之间，用来滤除共模干扰。

348 如何设计输出电压可从0V起调的隔离式开关电源？

设计从0V起调的开关稳压器（即DC/DC变换器）比较容易，

但要设计从0V起调的隔离式开关电源（AC/DC变换器），就必须采取相应措施。例如要求$U_O=0V\sim+300V$，即最小值$U_{O(min)}=0V$，最大值$U_{O(max)}=+300V$，其前提条件是单独给PWM控制器、误差放大器和外部基准电压源提供一个辅助电源，以保证在输出为0V时仍能正常工作。具体方法是将外部误差放大器的同相输入端接0～2.50V可编程基准电压源U'_{REF}，以此代替由可调式精密并联稳压器TL431产生的2.50V基准电压源U_{REF}；误差放大器的反相输入端接U_O的取样电压U_Q，输出的误差电压U_r经过缓冲放大器和线性光耦合器接PWM的控制端，再通过改变占空比来调节U_O值。

精密基准电压源可采用内含基准电压源和输出放大器的高分辨率D/A转换器（简称DAC），再配上单片机构成精密基准电压源，其优点是电路简单，很容易满足设计要求。DAC可采用美国MAXIM公司生产的MAX5130型电压输出式13位DAC，其优点是内含电压温度系数低至3×10^{-6}/℃的2.5V高稳定度基准电压源，具有模拟电压输出端，并且带三线（DIN、DOUT和SCLK）串行接口，适配单片机。DAC的输出电压为$U_{DAC}=U_{REF}(D_x/8192)\times1.6384$，输出放大器的满量程输出为+4.0955V，输出电压温度系数为16×10^{-6}/℃，非线性误差小于1LSB（LSB表示最低有效位）。采用美国TI公司生产的16位单片机MSP430F149，内含12位A/D转换器（ADC）、CPU等。可编程精密基准电压源的电路框图如图5-4-15所示。它采用闭环控制原理，一方面MAX5130的输出电压经过缓冲器获得基准电压U'_{REF}；另一方面U'_{REF}还送至MSP430F149内部的ADC，进行模/数转换，再通过串行接口接MAX5130A的DAC，进而获得所设定的U'_{REF}值，U'_{REF}的设定范围是0～4.0955V。

显然，当$U'_{REF}=0V$时，此时对应于误差电压$U_r=0V$，最小占空比$D_{min}=0$，故功率开关管截止，$U_O=0V$；当$U'_{REF}=2.50V$时，这对应于$U_r=U_{r(max)}$，最大占空比D_{max}，故$U_O=U_{O(max)}$，从而实现了输出电压从0V起可连续调整。需要指出，当U_O接近于0V时的控制精度较差，PWM控制器有可能处于间歇振荡状态，

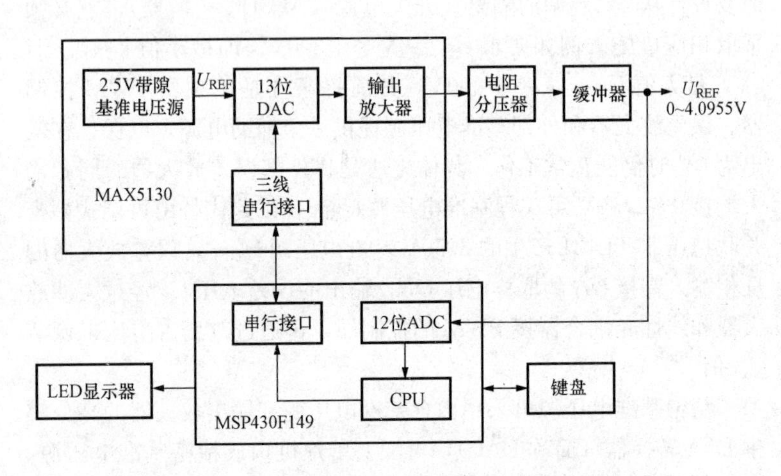

图 5-4-15　可编程精密基准电压源的电路框图

使输出电压和电流不太稳定，但一般情况下这是允许的。

有人可能提出疑问，当U_O=0V 时负载上还能通过大电流吗？解答如下：当U_O=0V 时就相当于负载被短路，但此时负载上仍可通过大电流。这是因为虽然开关电源的输出端与地之间因呈等电位而可视为同一点 A，但是开关电源内部的输出电路还存在一定的电阻 r_O。只要 PWM 控制器等能正常工作，输出电流 I_O 就经过"r_O→A 点→地线"再返回芯片，此时 r_O 起到负载的作用。

349　开关电源模块并联使用需要注意哪些问题？

为提高输出电流和输出功率，可将多个开关电源模块并联使用。此时需注意以下问题：

(1) 开关电源模块的输出电压必须相同，但允许它们的输出功率不同。

(2) 由于每个开关电源模块的输出电压、输出电阻都有一定的差异，因此输出电压较高的模块会向输出电压较低的模块倒灌电流，很容易损坏模块。为防止发生电流倒灌现象，需要给每个模块的输出端分别串联一只隔离二极管（亦称冗余二极管，也叫作"或"运算二极管，Oring Diode）。隔离二极管须采用肖特基二极管并安装合适的散热器，以减小其功率损耗。此方法还能满足冗余设计要求，一旦某个模块发生故障，其余模块仍能给负载提供足够的电流。

（3）采用均分电流法（简称均流法），确保每个模块的输出电流都按规定的比例系数来分配。具体方法是首先确定主电源模块（通常将输出电流最大的模块规定为主电源模块），并使之工作于稳压模式。而从电源模块均工作在恒流模式。每个模块需配相应阻值的电流取样电阻，输出电流值可单独设置。根据实际需要，比例关系可选1∶1，亦可选1∶1/n（$n>1$）。以4个开关电源模块并联使用为例，假定总负载电流为100A，若采取平均分配的方法，则比例关系可选1∶1∶1∶1，即4个模块各输出25A的电流。但也可根据实际需要将主模块的输出电流规定为40A，其余3个从模块的输出电流选分别为30、20A和10A，此时比例关系变为4∶3∶2∶1。不同型号的开关电源模块做并联使用时，建议将每个模块的额定输出电流设计在满载的80%左右，这样确定的比例系数更加合理，有利于提高整个电源系统的效率和可靠性。

（4）美国TI公司专门生产一种能够均分负载电流的芯片——UC3907，内部包含一个具有良好瞬态响应的电压控制环、一个低噪声的电流控制环及状态指示电路（可驱动指示灯来指示哪个模块是主电源）。利用UC3907很容易完成负载电流的均分功能，不需要其他的外部控制电路。UC3907通过均流信号总线来分别控制多个开关电源模块的工作，均流精度一般可达2.5%。

（5）若开关电源模块具有外时钟输入端，即可用同一个时钟信号来实现多模块的同步工作，这有利于降低电源系统的干扰。

以由两个额定输出功率均为16W的8V DC/DC模块构成的并联供电系统为例，并联供电系统的框图如图5-4-16所示。该系统采用主-从结构的均流控制方案，两个DC/DC模块均由3A输出的降压式高效率DC/DC变换器LM2596构成。现将DC/DC模块1为主电源，DC/DC模块2为从电源，+24V输入电压经过DC/DC模块获得+8V稳压输出。以美国芯科实验室有限公司（Silicon Laboratories Inc.）生产的混合信号微控制器C8051F120（系统级芯片

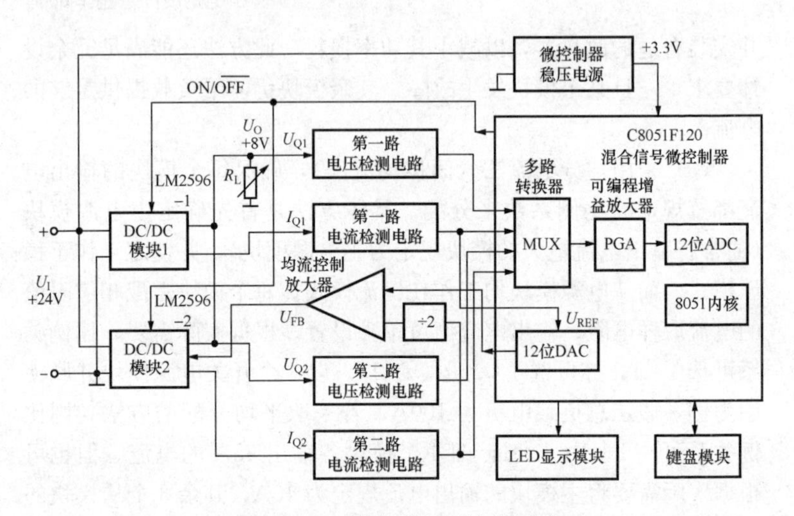

图 5-4-16　并联供电系统的框图

SOC）作为控制核心，检测电路分别对两个电源模块进行电压和电流检测，4 路检测信号依次通过多路转换器（MUX）和可编程增益放大器（PGA），送至 C8051F120 中的 12 位 ADC，转换成数字量。将主电源模块电流信号作为 C8051F120 中 12 位 DAC 的基准电压 U_{REF}，则 U_{REF} 与 DAC 的输出呈精确的分压比，比值为 DAC 的设定值与满度值之比。从电源模块的电流信号经 1/2 分压（÷2），再通过均流控制放大器将主电源模块的输出电流信号与分压后的从电源模块输出电流信号进行比较，比较后得到的反馈电压 U_{FB} 就叠加到从电源模块的反馈输入端，进而微调从电源模块的输出电压，改变其输出电流，使之达到预先所设定的电流比例，实现均流闭环控制。

C8051F120 控制显示电路依次显示输出电压，输出总电流、各模块分别输出的电流、设定的电流比例及过流状态。C8051F120 利用键盘来设置电流比例、过流保护阈值及自动和固定显示方式。一旦输出总电流超过设定阈值，C8051F120 输出的通/断控制信号 ON/$\overline{OFF}$＝0，就立即关闭主、从电源模块，实现过电流保护。

第五节 设计多路输出式开关电源问题解答

350 如何提高交叉负载调整率？

交叉负载调整率是指当多路输出式开关电源中某一路负载发生变化时，所引起各路输出电压的变化率。它是衡量多路输出式开关电源稳压性能的一个重要指标。

若多路输出式开关电源电路仅从+5V主输出上引出反馈信号，其余各路辅助输出未加反馈电路。这样，当+5V输出的负载电流发生变化时，会影响+12V输出的稳定性。解决方法是给+12V输出也增加反馈，电路如图5-5-1所示。改进前后负载特性曲线的比较如图5-5-2所示。在+12V输出端与TL431的基准端之间并上电阻R_6，并将R_4的阻值从10kΩ增至21kΩ。由于+12V输出亦提供一部分反馈信号，因此可改善该路的稳定性。在改进前，当+5V主输出的负载电流从0.5A变化到2.0A（即从满载电流的25%变化到100%）时，+12V输出的负载调整率S_I=±2%；改进后的S_I=±1.5%。

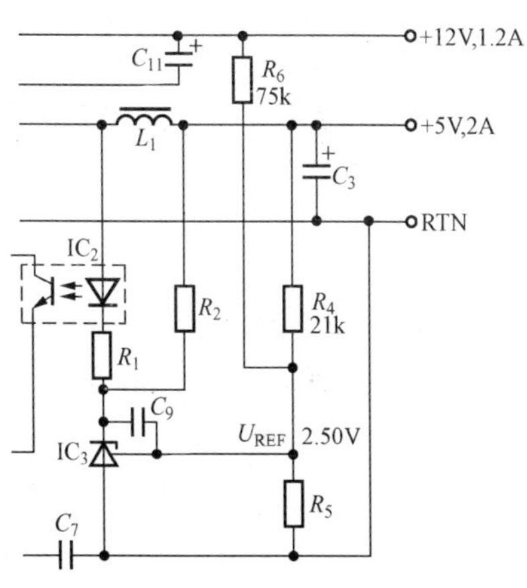

图5-5-1 由5V和12V输出同时提供反馈的电路

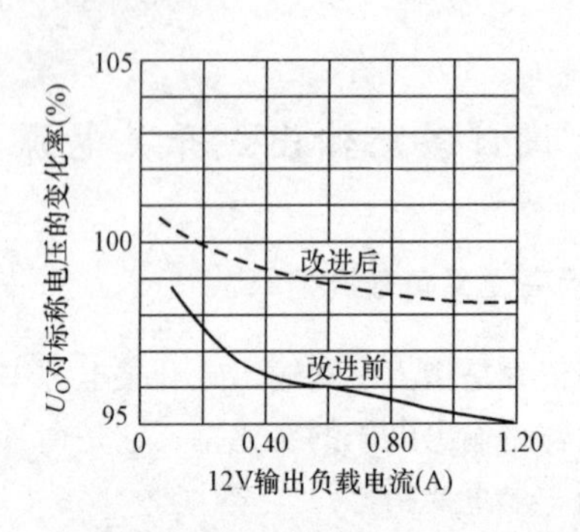

图 5-5-2　改进前后负载特性曲线的比较

351　如何设计辅助输出的反馈电路?

下面以图 5-5-1 为例，介绍给+12V 辅助输出增加反馈电路的方法。+12V 输出的反馈量由 R_6 的阻值来决定。假定要求 12V 输出与 5V 输出的反馈量相等，各占总反馈量的一半，即反馈比例系数 $K=50\%$。此时通过 R_6、R_4 上的电流应相等，即 $I_{R6}=I_{R4}$。TL431 的基准端电压 $U_{REF}=2.50V$。改进前，全部反馈电流通过 R_4，因此

$$I_{R4}=\frac{U_{O1}-U_{REF}}{R_4}=\frac{5V-2.50V}{10k\Omega}=250\mu A$$

改进后，有 50%的电流从 R_6 上通过，即 $I_{R6}=250\mu A/2=125\mu A$。$R_6$ 的阻值由下式确定

$$R_6=\frac{U_{O2}-U_{REF}}{I_{R6}} \tag{5-5-1}$$

将 $U_{O2}=12V$，$U_{REF}=2.50V$，$I_{R6}=125\mu A$ 代入式（5-5-1）中得到 $R_6=76k\Omega$，可取标称阻值 75kΩ。由于 I_{R4}已从 250μA 减至 $I'_{R4}=125\mu A$，因此还需按下式调整 R_4 的阻值

$$R_4=\frac{U_{O1}-U_{REF}}{I'_{R4}} \tag{5-5-2}$$

将 $U_{O1}=5V$，$U_{REF}=2.50V$，$I'_{R4}=125\mu A$ 代入式（5-5-2）中得到，$R_4=20k\Omega$。考虑到接上 R_6 之后，+5V 输出的稳定度会略有

下降，应略微增加 R_4 的阻值以进行补偿，实取 $R_4=21\text{k}\Omega$。

需要说明两点：①参照上述方法还可给其他路输出（例如+24V输出）增加反馈电路；②当 $K\neq50\%$ 时，可按下式计算 R_6 阻值

$$R_6=\frac{U_{O2}-U_{REF}}{K\times250\times10^{-6}} \tag{5-5-3}$$

352 如何用 PI Expert 9.09 软件实现多路输出式开关电源的优化设计？

PI Expert 9.09 是美国 PI 公司推出的最新版专家系统，该软件适合设计各种大、中、小功率的开关电源及 LED 驱动电源。该软件采用交互式设计模式，通过直观的图形用户界面（包括产品选择指南、设计结果和设计提示），可引导用户完成全部设计，包含总电路图、印制板图、高频变压器构造图、设计参数及材料清单（BOM），并可实现优化设计。由 PI 公司提供的 PI Expert Suite 9.09 软件包，还包括 PI XLs Designer v9.0.9 电子数据表格辅助软件，读者可登录 https：//ac-dc.power.com/zh-hans/design-support/pi-expert/pi-expert-suite/网站免费下载中文版的 PI Expert Suite 9.09 软件包。

下面结合一个实例来说明利用 PI Expert 9.09 实现多路输出式开关电源优化设计的方法。开关电源交流输入电压为 85～265V，两路输出电压分别为 12V、1.5A；5V、0.5A，总输出功率约为 20W。

设计步骤简述如下：单击新建设计文件按钮，运行 PI Expert 9.09 设计向导。选择 TOPSwitch-JX 系列产品，默认的拓扑结构为反激式，开关频率选 132kHz，外形选择敞开式结构，反馈类型选择“次级 TL431”，默认为“使用偏置”。交流默认值为世界通用的交流输入范围“通用（85～265V）”。依次设定第一路输出为 12V、1.5A，第二路输出为 5V、0.5A。使用屏蔽绕组，采用国际单位制（SI）。经过优化过程后，选择默认的最佳解决方案 1（Solution 1）。单击“打开”按钮，即可获得如图5-5-3所示12V、5V双路输出

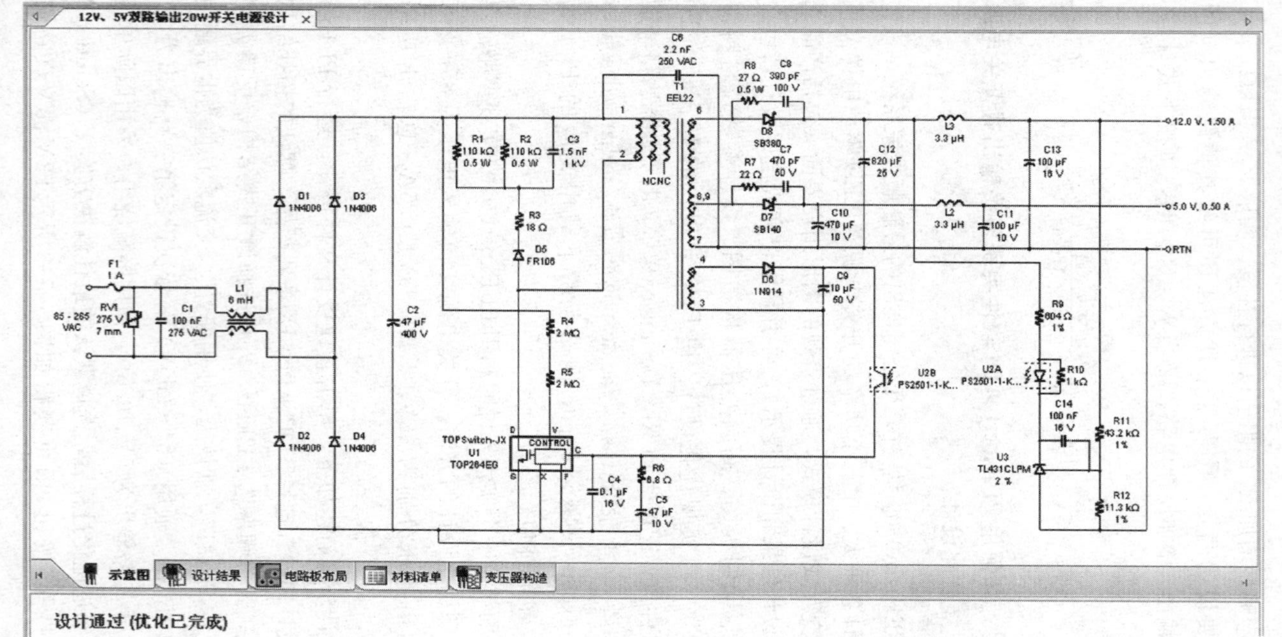

图 5-5-3 12V、5V双路输出20W开关电源的总电路图

20W 开关电源的总电路图。窗口左下角提示为“设计通过（优化已完成）”。单击“电路板布局”按钮，可得到 12V、5V 双路输出 20W 开关电源的印制板电路图，如图 5-5-4 所示。单击“变压器构造”按钮，得到高频变压器的设计结果如图 5-5-5 所示（为节省篇幅，图 5-5-5 中将电特性原理图和绕组结构图做了合并）。

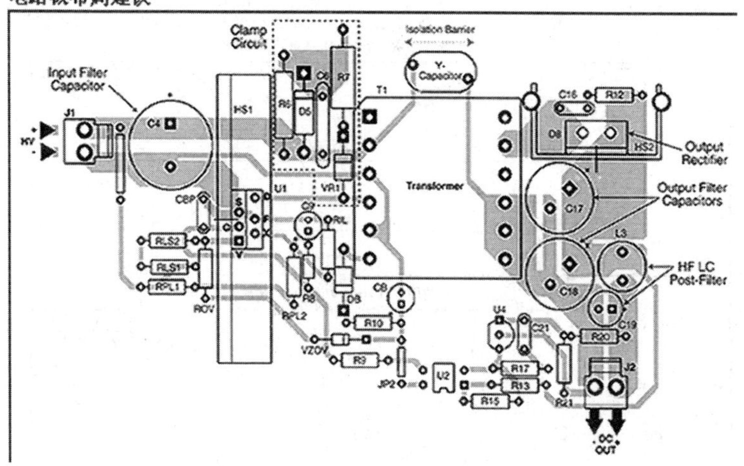

图 5-5-4　12V、5V 双路输出 20W 开关电源的印制板电路图

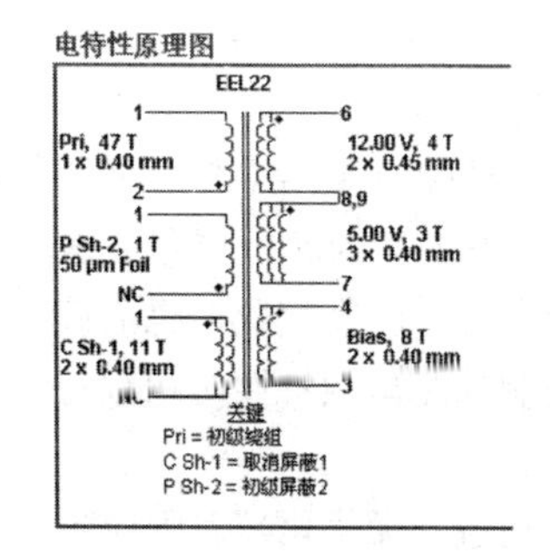

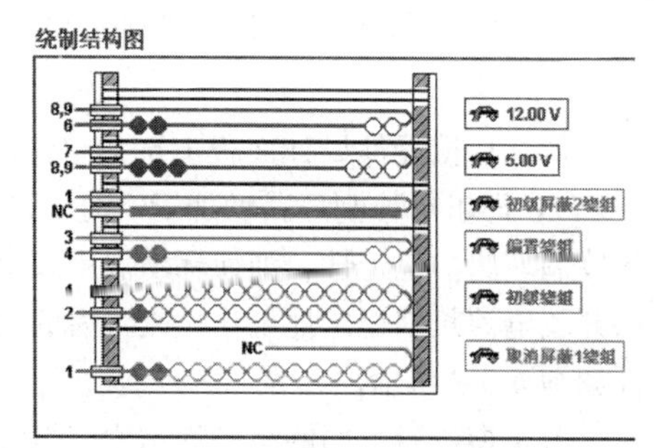

图 5-5-5　高频变压器的设计结果

再从主窗口最左边的导航树（即目录）中找到第一级标题“反馈”，然后双击第二级标题“元件”，打开反馈元件的设计面板，最后单击“图表”按钮，即可获得如图 5-5-6 所示控制环路的幅频特性与相频特性。

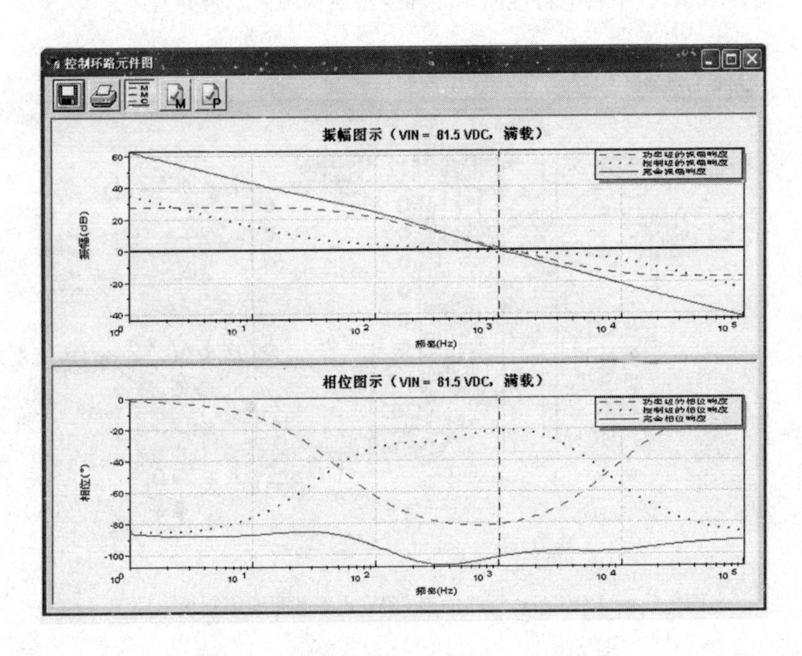

图 5-5-6　控制环路的幅频特性与相频特性

若在反馈元件设计面板上选择“使用相位提升网络”（参见图 5-5-7），即可给控制环路增加 RC 网络以获得更高的相位裕量，改善控制环路的稳定性。即使环境温度或负载发生瞬态变化，也能确保开关电源长期稳定地工作。改善后的控制环路幅频特性与相频特性如图 5-5-8 所示。

若主窗口最下面的结果提示为“设计通过（无优化）”，则应单击主菜单“活动设计”（此处应译作“激活设计”），再从其下拉菜单中选择“自动设计”。等自动设计完成之后，软件会提示“设计

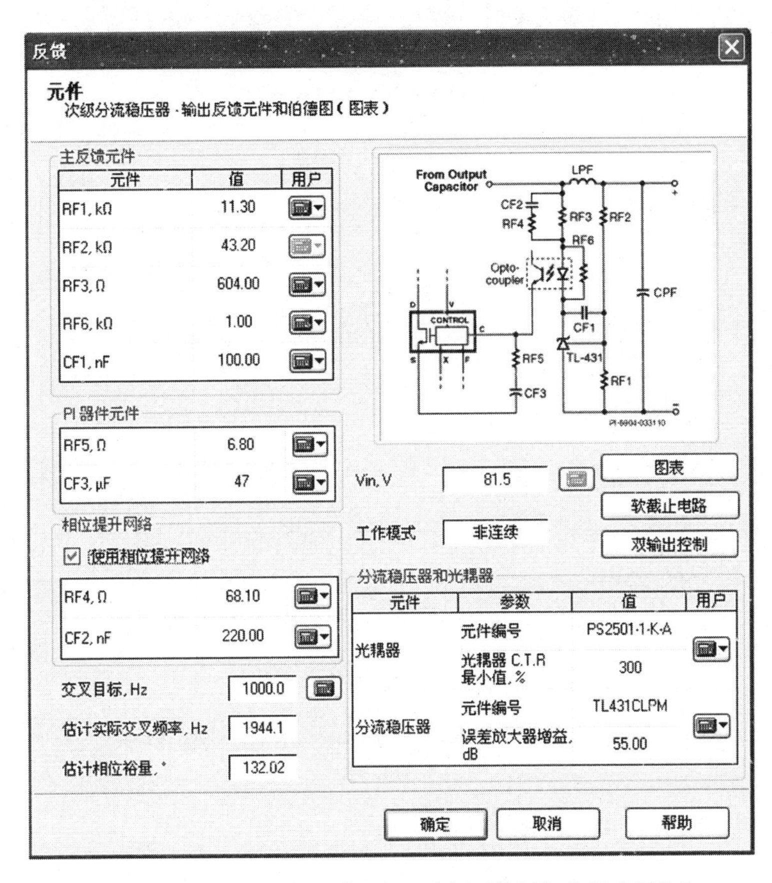

图 5-5-7　在反馈元件设计面板上选择“使用相位提升网络”

通过（优化已完成）”。必要时还需要手动实现优化设计。但应注意，如果提示“设计告警（优化已完成）”，就要做具体分析。例如软件提示“所选骨架上可用的实际引脚数量不足”，可更换其他型号的骨架，或直接向厂家订制合适的骨架。

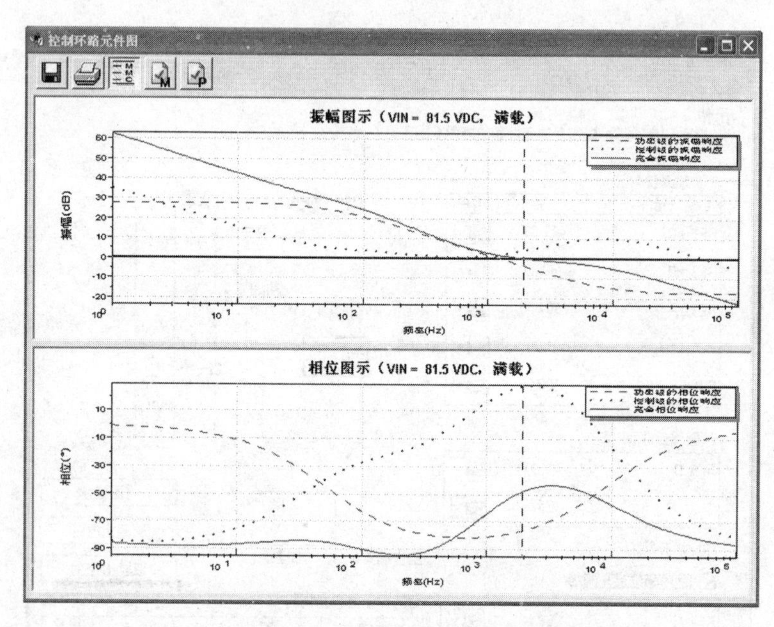

图 5-5-8　改善后的控制环路幅频特性与相频特性

第六节　开关电源新技术应用问题解答

353　什么是有源钳位技术？

钳位电路的作用是将开关电源在工作时产生的尖峰电压钳制在某一范围之内，对功率开关管起到保护作用。这种钳位电路分无源钳位、有源钳位两种。普通的 R、C、VD_Z 型钳位电路属于无源钳位，其优点是电路简单，能吸收由高频变压器漏感而产生的尖峰电压，但钳位电路本身所消耗的能量较大，使电源效率降低。

无源钳位电路、有源钳位电路的比较如图 5-6-1（a）、（b）所示，以图 5-6-1（a）为例，当功率开关管 MOSFET 关断时，令 U_I 为直流输入高压，U_{OR} 为一次侧的感应电压（亦称二次侧反射电压），U_P 为由高频变压器漏感所产生的尖峰电压。此时漏极电压就

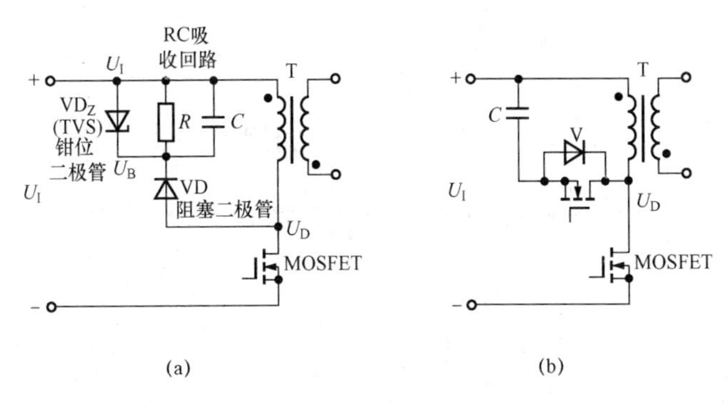

图 5-6-1　无源钳位电路、有源钳位电路的比较
(a) 无源钳位电路；(b) 有源钳位电路

等于上述三个电压之和。一旦漏极电压 U_D 超过允许值，阻塞二极管 VD 立即导通，使钳位二极管 VD_Z（瞬态电压抑制器 TVS）迅速将 U_D 限制在安全值以内，可对 MOSFET 起到保护作用。R、C 构成尖峰电压的吸收回路。

图 5-6-1（b）所示有源钳位电路的特点是采用通态电阻极低的有源功率器件 MOSFET（V）做钳位管。当 MOSFET 关断时，V 导通，利用电容器 C 可吸收尖峰电压。由于 V 的通态电阻极低，导通时的功率损耗非常小，因此能显著降低钳位电路的损耗。

带同步整流的有源钳位 DC/DC 变换器简化电路如图 5-6-2 所示。MOSFET（V_4）为钳位管，C_C 为钳位电容。V_3 为开关电源的功率开关管。由图可见，当 V_4 导通时因 $U_{GS3}=0$ 而使 V_3 关断。当 V_4 关断时 U_{GS3} 使 V_3 导通，就对尖峰电压起到了钳位作用。

354　什么是同步整流技术？

同步整流（Synchronous Rectification，简称 SR）是采用通态电阻极低的专用功率 MOSFET，来取代整流二极管以降低整流损耗的一项新技术。它能大大提高 DC/DC 变换器的效率并且不存在由肖特基势垒电压而造成的死区电压。功率 MOSFET 属于电压控

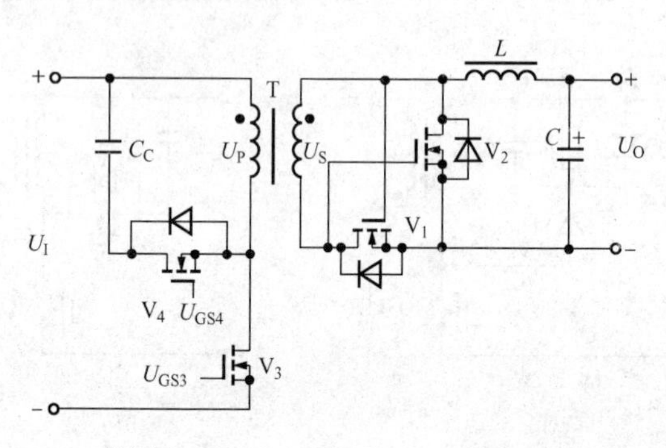

图 5-6-2　带同步整流的有源钳位 DC/DC 变换器简化电路

制型器件，它在导通时的伏安特性呈线性关系。用功率 MOSFET 做整流器时，要求栅极电压必须与被整流电压的相位保持同步才能完成整流功能，故称之为同步整流。

在低电压、大电流输出的情况下，整流二极管的导通压降较高，输出端整流管的损耗尤为突出。快恢复二极管(FRD)或超快恢复二极管(SRD)可达 1.0～1.2V，即使采用低压降的肖特基二极管(SBD)，也会产生大约 0.6V 的压降，这就导致整流损耗增大，电源效率降低。举例说明，目前笔记本电脑普遍采用 3.3V 甚至 1.8、1.5、1.2V 的供电电压，所消耗的电流可达 20A。此时超快恢复二极管的整流损耗已接近甚至超过电源输出功率的 50%。即使采用肖特基二极管，整流管上的损耗也会达到(18%～40%)P_O，占电源总损耗的 60%以上。因此，传统的二极管整流电路已无法满足实现低电压、大电流开关电源高效率及小体积的需要。

355　同步整流的基本原理是什么?

单端正激、隔离式降压同步整流器的基本原理如图 5-6-3 所示。V_1、V_2 为功率 MOSFET。其中，V_1 起整流作用，V_2 起续流作用。该电路的工作原理如下：在二次电压的正半周，V_1 导通，V_2 关断，V_1 起整流作用。在二次电压的负半周，V_1 关断，V_2 导通，V_2 起到续流作用。同步整流电路的功率损耗主要包括 V_1、V_2 的导通损耗及栅极驱动损耗。当开关频率低于 1MHz 时，

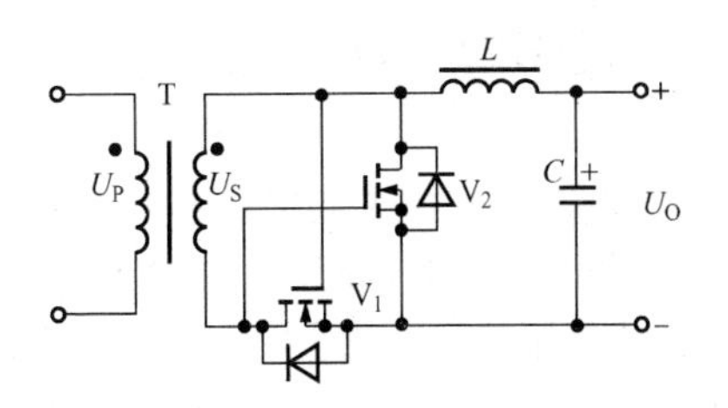

图 5-6-3　单端降压式同步整流器的基本原理图

导通损耗占主导地位；开关频率高于 1MHz 时，以栅极驱动损耗为主。

356 什么是软开关技术？

普通脉宽调制（PWM）式开关电源所采用的是一种“硬开关”技术。其特点是在功率开关管 VT 导通或关断时，VT 上的电压或电流并不等于零，就强迫 VT 在电压不等于零时导通，或在电流不等于零时关断，从而使开关损耗增加。开关损耗包括功率开关管的电容损耗和开关交叠损耗。电容损耗亦称 CU^2f 损耗，它是指功率开关管的分布电容在每个开关周期开始时泄放电荷而产生的损耗。开关交叠损耗是由于功率开关管存在开关时间而产生的。由于开关损耗随开关频率的升高而增大，这不仅限制了高频开关电源的发展，还容易产生电磁干扰。

为了解决“硬开关”技术的不足，需要引入软开关技术。所谓“软开关”（Soft Switching）是指零电压开关 ZVS（Zero Voltage Switching）或零电流开关 ZCS（Zero Current Switching）。利用零电压开关、零电流开关，可使功率开关管分别在电压过零、电流过零时关断。从而将开关损耗降至最低，既可提高电源效率，还对功率开关管起到保护作用。

357 怎样叠加场效应管以满足超宽输入电压范围的需要？

采用 StackFET™（叠加场效应管）专有技术和反激式拓扑结构，能在极宽的输入范围内输出额定功率。交流输入电压可以是 57～580V 单相交流电，亦可采用三相四线制（A、B、C 相和中线

N）的交流电，并且即使在有一相缺电或未接上中线的情况下也能正常工作。

举例说明，由LNK364P构成12V、250mA超宽输入电压范围的微型开关电源电路如图5-6-4所示。它输出为＋12V，250mA。具有自动重启动、开环保护、过载保护和短路保护等功能。该电源适用于三相电能表等工业仪器仪表领域。

三相交流电分别经过VD_1～VD_8、C_1和C_2整流滤波，获得直流高压。R_{F1}～R_{F4}均采用熔断电阻器。为提高电容器的耐压值，将两只耐压450V的电解电容器C_1、C_2串联使用，最高可承受900V的输入高压。R_1、R_2为均衡电阻，可以平衡C_1、C_2上的压降，避免其中一只电容器因压降过高而被击穿。此外，在断电后这两只电阻还为电容器提供泄放回路。由L_1和C_5构成EMI滤波器，R_3为泄放电阻。

LNK364P内部集成了一只漏-源极击穿电压为700V的功率场效应管MOSFET。当最高交流输入电压$U_{I(max)}=580V$时，高频变压器一次侧最高电压接近于1050V（包含一次侧感应电压U_{OR}，亦称二次侧反射电压），远高于700V。为避免损坏内部MOSFET，必须在其漏极上再叠加一只高压MOSFET功率场效应管V，作为外部MOSFET。现采用一只IRFBC20型N沟道MOSFET，其主要参数为：漏-源极击穿电压$U_{(BR)DS}=600V$，漏-源极通态电阻$R_{DS(ON)}=4.4\Omega$，最大漏极电流$I_{D(max)}=2.2A$，最大漏极功耗$P_{D(max)}=50W$。其工作原理是首先由LNK364P的漏极去驱动V的源极，再通过V的漏极驱动高频变压器的一次绕组。因为LNK364P的漏极电压被稳压管VD_{Z1}～VD_{Z3}限制在450V，所以叠加外部MOSFET之后的总最大峰值漏极电压就提升到450V＋600V＝1050V，可满足电路需要。这就是StackFET电路的工作原理。

R_6～R_8的作用是给IRFBC20的栅极提供启动电压，R_9（10Ω）为阻尼电阻，可防止产生高频自激振荡。稳压管VD_{Z4}对IRFBC20的栅-源极电压起到保护作用。漏极钳位电路由瞬态电压抑制器VD_{Z5}（P6KE150A）、超快恢复二极管VD_9（UF4007）和电

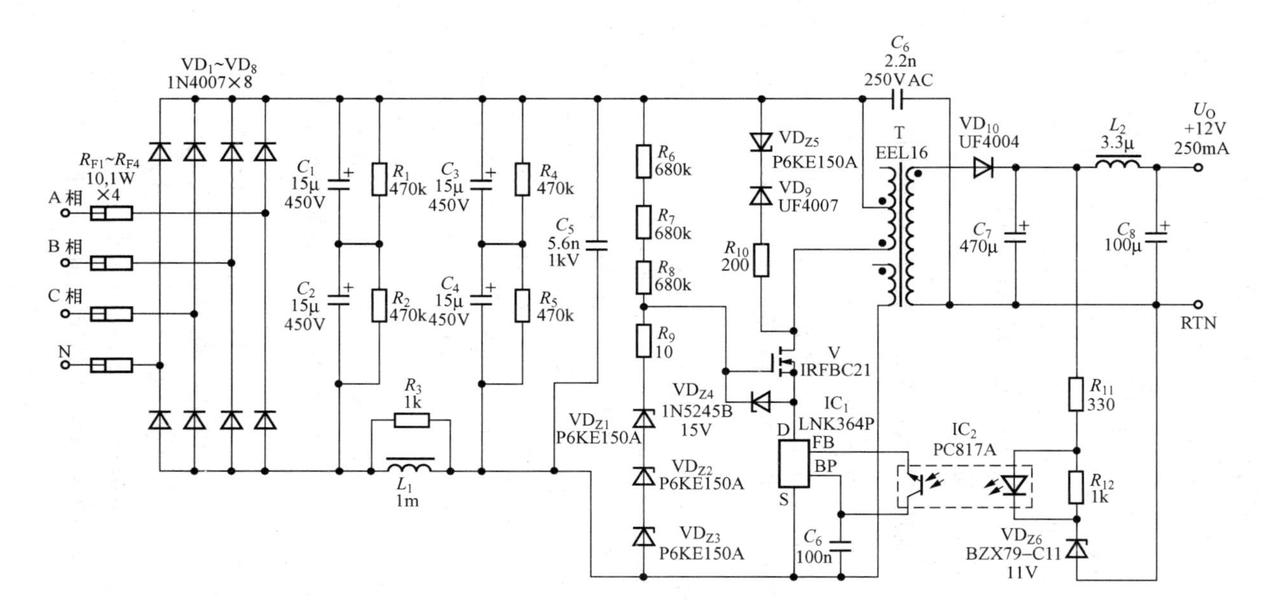

图 5-6-4　由 LNK364P 构成 12V、250mA 超宽输入电压范围的微型开关电源电路

阻 R_{10} 构成，可避免由高频变压器漏感产生的尖峰电压叠加在外部 MOSFET 的漏极上，而使总的最大峰值漏极电压达到或超过 1050V。

需要指出，LNK364P 的工作并不受 StackFET 电路结构的影响。当内部 MOSFET 导通时，外部 MOSFET 也开通，把输入电压加到一次绕组。一旦一次绕组电流达到 LNK364P 的极限电流阈值，就把 MOSFET 关断。通过 LNK364P 内部的开/关控制器即可维持输出电压的稳定。

358 如何选择具有峰值功率输出能力的开关电源芯片？

某些电子产品要求电源具有很高的“最大峰值输出/连续输出功率比”（$P_{OM(PK)}/P_{OM}$），能在短时间内向负载提供峰值功率，而在非工作期间的输出功率显著降低。普通开关电源难以满足上述要求。

设计具有峰值功率输出的单片开关电源，可选美国 PI 公司生产的 PeakSwitch 系列或 TinySwitch-PK 系列集成电路，PeakSwitch 系列产品适用于对峰值输出功率与连续输出功率的比值要求很高的领域。最大连续输出功率、最大峰值输出功率范围分别为 13～68W、25～110W。开关频率达到 277kHz，允许选择尺寸较小的高频变压器并能减少外围元件数量。采用自适应电流极限调整技术，来降低输出过载功率；采用自适应开关周期导通时间控制技术，提高低输入电压时的峰值输出功率并减少输入滤波电容的容量；利用智能化交流电压检测及重新上电后快速复位的技术，能降低过载输出功率。采用简单的开/关控制，无需环路补偿，能简化外围电路。

TinySwitch-PK 系列是具有峰值功率输出能力的微型单片开关电源产品，在短时间内所提供的峰值功率最高可达连续（或平均）输出功率的 2.8 倍。选择 230V（允许变化±15%）交流输入电压时，最大输出功率为 45W。具有输入欠电压保护、输出过电压保护、过热保护和功率开关管自适应导通时间延长功能。

359 如何用悬浮式高压恒流源来设计超宽输入范围的工业控制电源？

3W超宽输入范围的工业控制电源是由TinySwitch-Ⅲ系列产品TNY280P构成的，电路如图5-6-5所示。该电源的显著特点是交流电压输入范围极宽（18～265V），输出电压为+5V，输出电流为600mA。电源效率可达65%，当交流输入电压为230V时的空载功耗低于200mW。该电源的应用领域包括工业控制所用的辅助电源。

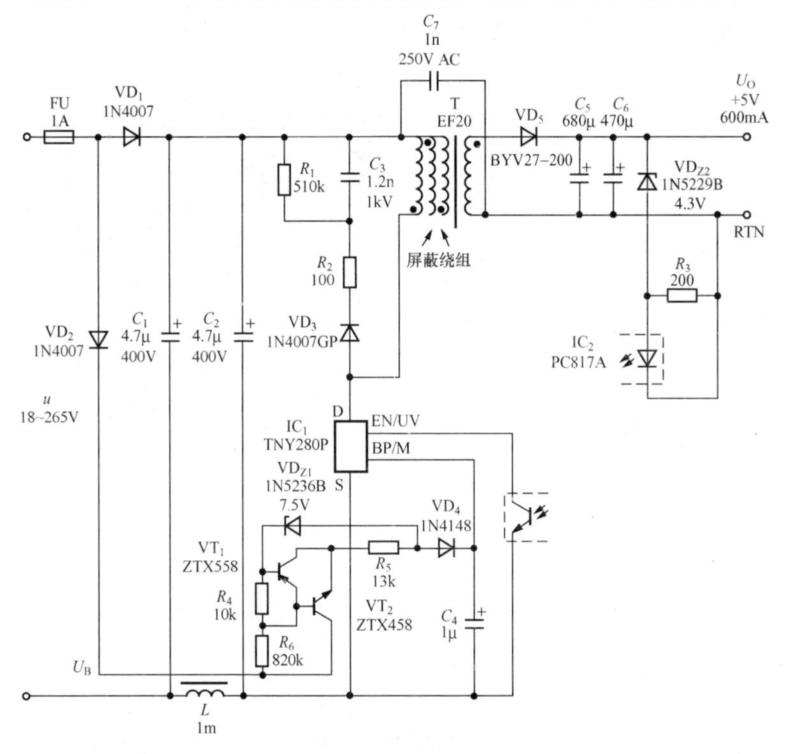

图5-6-5 由TNY280P构成3W超宽输入范围的工业控制电源的电路

TinySwitch-Ⅲ系列产品能够正常启动和工作的最低漏极电压为50V。通常情况下，当交流输入电压u>85V时，芯片可提供自供偏压。但是当18V<u<75V时，芯片就无法提供足够的偏压以

维持正常工作，这就大大限制了 TinySwitch-Ⅲ系列产品在低压情况下的应用。为解决上述难题，使 TinySwitch-Ⅲ在超低交流输入电压下也能正常工作，需要从 TNY280P 外部增加一个悬浮式（亦称浮地式）高压恒流源，以便在低压时给旁路端 BP/M 继续供电。悬浮式恒流源的电路如图 5-6-6（a）所示。它包括 7.5V 稳压管 VD_{Z1}（1N5236B）、PNP 型晶体管 VT_1（ZTX558）、NPN 型晶体管 VT_2（ZTX458）、二极管 VD_2 和 VD_4、电阻 R_4～R_6。其中，VD_2 为半波整流管；VD_4 为隔离二极管，可将恒流源与其他电路隔离开。ZTX558 和 ZTX458 分别为 PNP 型、NPN 型 400V 高反压晶体管。

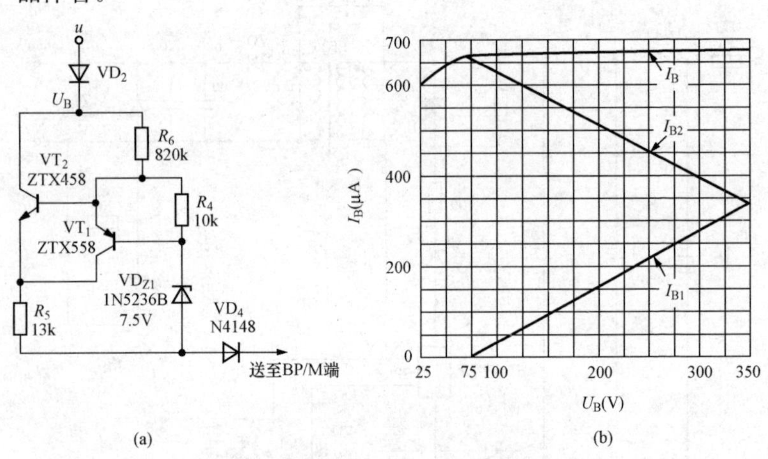

图 5-6-6　悬浮式恒流源的电路

（a）电路；（b）偏置电压与总偏置电流的关系曲线

18～265V 的交流电压经过 VD_2 半波整流后，得到呈脉动直流的偏置电压 U_B，加至悬浮式恒流源的输入端。该恒流源能在整个输入电压范围内向 TNY280P 的 BP/M 端大约提供 600μA 的恒定电流。首先假定该电路只用晶体管 VT_2，则可认为由稳压管 VD_{Z1} 给 VT_2 的基极提供一个参考电位 U_{B2}。由于 VT_2 的发射结电压（U_{BE2}）与 R_5 上的压降（U_{R5}）之和就等于稳压管的稳定电压值 U_Z，而当环境温度不变时 U_{BE2} 近似为恒定电压，因此 U_{R5} 也为一个固定电压，利用 R_5 即可设定恒流值。然而实际上交流输入电压的范围很宽，由稳压管提供的偏置电流的变化范围很大，这会导致所设定的恒流值发生偏移。要克服上述难题，需要由 PNP 型晶体管 VT_1 和 R_4 再提供一个恒定的偏置电流。令 VT_1 的发射结电压为 U_{BE1}，通过 R_4 所设定的恒定偏置电流 $I_{B1}=U_{BE1}/R_4$。显然，I_{B1} 不受输入电压变化的影响。

对该电路进行仿真，所获得的偏置电压（U_B）与总偏置电流（I_B）的关系曲线如图 5-6-6（b）所示。由图可见，VT_2 在较低输入电压下提供恒定偏置电流 I_{B2}，而 VT_1 在较高输入电压下提供恒定偏置电流 I_{B1}。具体可分为以下 3 种情况：

（1）当偏置电压 $U_B \approx 75V$（即整流滤波后的直流输入电压 $U_I \approx 50V$）时，由 VT_2 给 TNY280P 提供恒定的偏置电流 I_{B2}，此时总偏置电流 $I_B=I_{B2}$。

（2）当偏置电压 $U_B > 75V$ 时，流过 VT_2 的电流将线性地减小，而流过 VT_1 的电流线性地增大，此时由 VT_1、VT_2 共同给 TNY280P 提供恒定的偏置电流，总偏置电流 $I_B=I_{B1}+I_{B2}$，其中的 $I_{B2}>I_{B1}$。

（3）当偏置电压达到最大值（$U_B=375V$）时，主要由 VT_1 提供恒定的偏置电流，$I_B=I_{B1}+I_{B2}$，但其中的 $I_{B1}>I_{B2}$。

该电路所提供的总偏置电流 $I_B \approx 600\mu A$。

18～265V 交流输入电压经过由 VD_1、C_1 和 C_2 组成的半波整流滤波电路，获得直流输入电压 U_I，为反激式开关电源提供高压直流。C_1、C_2 还与电感器 L 构成 π 形滤波器，用于降低串模电磁干扰。在高频变压器的一次绕组与二次绕组之间使用了 Y 电容 C_7，可滤除共模干扰。漏极钳位电路由 VD_3（1N4007GP）、R_1、R_2 和 C_3 组成。整流管 VD_5 采用 BYV27-200 型 2A/200V 的超快恢复二极管，其反向恢复时间 $t_{rr}<25ns$。输出电压由稳压管 VD_{Z2}、光耦合器 PC817A 中的 LED 压降之和来设定。VD_{Z2} 采用 4.3V 稳压管 1N5229B，LED 的正向压降近似为 1V，所设定的空载输出电压为 5.3V。TNY280P 采用开/关控制方式，它经过光耦合器来接收二次绕组的反馈电压，再通过使能或禁止内部 MOSFET 的开/关，使

输出电压保持稳定。一旦从 EN/UV 端流出的电流超过关断阈值电流（115μA），将跳过开关周期；当 EN/UV 端流出的电流小于关断阈值电流时，开关周期将重新使能。

第七节　磁放大器稳压技术问题解答

360 什么是磁放大器稳压技术？

磁放大器（Magnetic Amplifier）由取样电路、基准电压源、磁复位控制电路、可控磁饱和电感器、PWM 调制器等构成。磁放大器稳压电路是利用可控磁饱和电感器改变磁复位的延迟时间，通过精细地调节脉冲宽度，来实现精密稳压的。可控磁饱和电感器在稳压电路中的作用等效于可控磁开关，只要改变磁复位的延迟时间，即可精细调节脉冲宽度，达到精密稳压目的。因此，磁放大器可等效于一个外部脉宽调制器。在正、负压对称输出式开关电源中，利用磁放大器稳压电路不仅能提高稳压精度，还能显著改善交叉负载调整率。

361 磁放大器稳压电路的基本原理是什么？

反激式开关电源中磁放大器稳压电路的基本原理如图 5-7-1 所示。输出电压 U_O 经过取样电阻 R_1 和 R_2 获得取样电压 U_Q，接误差放大器的反相输入端，误差放大器的同相输入端接基准电压

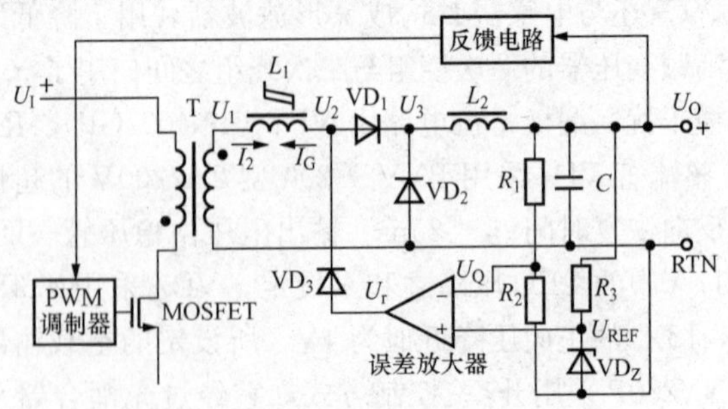

图 5-7-1　磁放大器稳压电路的基本原理

U_{REF}，VD_Z 为稳压管，R_3 为偏流电阻。误差放大器将 U_Q 与 U_{REF} 进行比较后产生误差电压 U_r，再经过二极管 VD_3 接可控磁饱和电感器 L_1 的右端。VD_1 为输出整流管，VD_2 为续流二极管。C 为输出滤波电容器。L_2 为磁珠，用来抑制开关噪声。U_1、U_2、U_3 分别代表 L_1 左端、L_1 右端、VD_1 右端的电压。高频变压器一次侧的上端接直流输入高压 U_I，下端接功率开关管 MOSFET 的漏极。输出电压经过反馈电路获得的反馈信号，用来调节 PWM 调制器的脉冲占空比，通过改变 MOSFET 的通、断状态，即可实现稳压目的。

当 MOSFET 导通时，能量储存在高频变压器中，此时 VD_1 截止。当 MOSFET 关断时，储存在高频变压器中的能量传输到二次侧。此时 VD_1 导通，磁复位电流 I_G 从右向左流过 L_1，将 L_1 磁复位。由于二次绕组电流方向 I_2 与 I_G 相反，因此 I_2 必须先将 I_G 抵消后才能流过 L_2。这表明二次侧电流是从负值变为正值，然后迅速增大，使 L_2 进入磁饱和状态并呈现低阻抗。显然，磁复位时间就是 VD_1 开始导通的延迟时间 t_1。

磁放大器的时序波形如图 5-7-2(a)、(b)所示。二者所对应的磁复位时间分别为 t_1、t_2。由图可见，改变 t_1，即可调节 U_2 的占空比：$D=t_1/T$，T 为开关周期。具体讲，当磁复位时间从 t_1 减至 t_2 时，

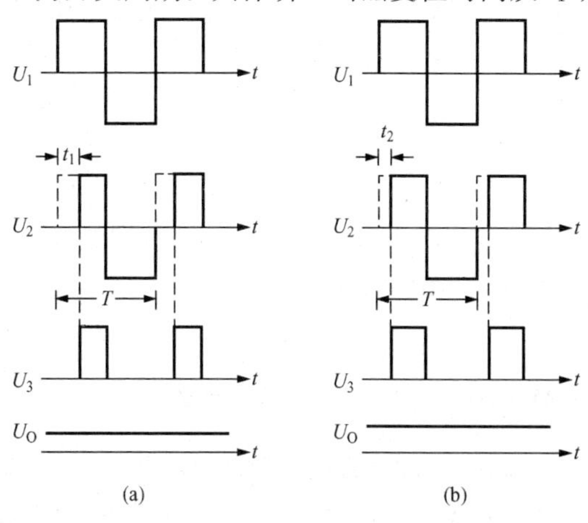

图 5-7-2　磁放大器的时序波形

(a) 磁复位时间为 t_1；(b) 磁复位时间为 t_2

$D\uparrow \rightarrow U_O\uparrow$。反之，当磁复位时间从 t_2 增加到 t_1 时，$D\downarrow \rightarrow U_O\downarrow$。因磁放大器具有“二次稳压”（一次稳压是由 PWM 调制器完成）的作用，故能对 U_O 进行精确调节，获得高稳定度的输出电压。

362 ATX 电源中为何要采用 3.3V 磁放大器?

Intel 公司新推出的 Micro-ATX 标准所规定的 PC 电源功率只有 145W，甚至可降低到 90W。ATX 电源现已成为 PC 电源的主流产品。举例说明，145W 多路输出式 ATX 电源的交流输入电压范围是 90～130V（典型值为 110V）或 180～265V（典型值为 220V）。3 路输出分别为 U_{O1}（＋12V，4.75A）、U_{O2}（＋5V，11A）、U_{O3}（＋3.3V，10A）。为了能与早期的 AT 电源兼容，高频变压器并没有专门的＋3.3V 绕组，而是利用 5V 绕组电压，通过外部磁放大器电路获得＋3.3V 输出，这样可简化高频变压器的设计。利用磁放大器还能进一步提高了稳压性能。总输出功率为 145W，峰值输出功率可达 160W。增加了遥控通/断电路，能远程控制开关电源的通、断状态。其电源效率 $\eta \geqslant 71\%$。

PC 的第 3 路输出为 U_{O3}（＋3.3V，10A），但传统的线性稳压器一般只能输出几安以下的电流，它在输出大电流时不仅电源效率低，而且发热量大，需配较大尺寸的散热器，使开关电源的体积进一步增大，成本增加。尽管使用多路输出式开关电源也能获得＋3.3V、10A 的输出，但会使电路更复杂，且容易产生噪声干扰。近年来采用高性能非晶态合金磁环构成的磁放大器稳压电路，在多路输出式 PC 开关电源中获得了广泛应用，特别适合输出 1A 至几十安的大电流，并且稳压性能好、效率高、体积小、成本低，具有推广价值。

363 3.3V 磁放大器的工作原理是什么?

PC 开关电源中的 3.3V 磁放大器稳压电路如图 5-7-3 所示。磁放大器由取样电路（R_{24} 和 R_{26}）、可调式精密并联稳压器（TL431）、磁复位控制电路（3A/40V 的 PNP 功率管 TIP32）、可控磁饱和电感器（L_4）等构成。3.3V 电压经过 R_{24} 和 R_{26} 分压后获

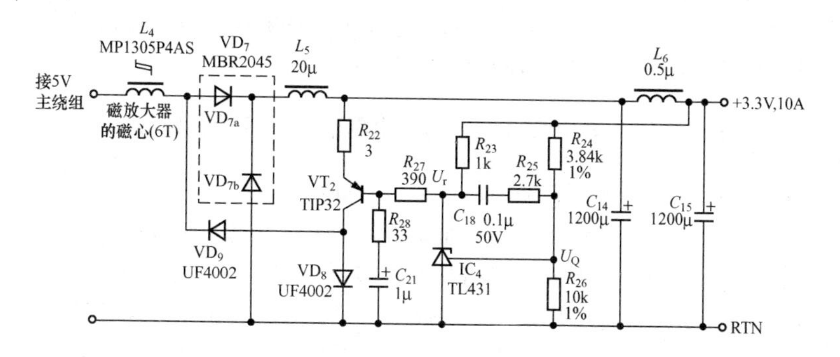

图 5-7-3　PC 开关电源中的 3.3V 磁放大器稳压电路

得取样电压 U_Q，接至 TL431 的输出电压设定端（U_{REF}），与 TL431 中的 2.5V 带隙基准电压进行比较后获得误差电压 U_r，经 R_{27}加到 VT_2 的基极上，VT_2 的集电极电流经过超快恢复二极管 VD_9（UF4002）流到 L_4 的右端。输出整流管和续流二极管公用一只由安森美公司生产的 MBR2045 型 20A/45V 肖特基对管 VD_7，内含整流管 VD_{7a}和续流二极管 VD_{7b}。C_{14}为输出滤波电容器。由 L_6、C_{15}构成后置滤波器。

现对磁放大器的工作原理分析如下：当 TOP247Y 内部的 MOSFET 导通时，输出整流管 VD_{7a}截止，VD_{7b}导通，由储存在 C_{14}、C_{15}上的电能继续给负载供电。此时 L_4 对高频开关电流呈高阻抗。当 MOSFET 关断时，VD_{7a}并不立即导通，而是经过一段延迟时间才能导通。由于磁复位电流的存在，二次绕组的正向电流必须先将磁复位电流抵消掉，L_2 上才能流过正向电流，使 L_2 进入磁饱和状态并呈现低阻抗，进而 VD_{7a}导通。磁复位的持续时间即阻断输出的延迟时间。此后输出被接通，除给负载供电之外，还有一部分能量储存在输出滤波电容器 C_{14}、C_{15}上，以便在 VD_{7a}截止时能维持输出电压不变。

举例说明，当负载突然变轻而导致 U_{O1}（3.3V）输出电压升高时，取样电压 U_Q 也随之升高，进而使误差电压 U_r 升高。U_r 经过 VT_2、VD_9 输出的磁复位电流增大，使磁复位时间延长，输出脉冲宽度减小，使 U_{O1} 又降至 3.3V。反之亦然。因此，磁放大器可等效于一个脉宽调制器，通过精细调节脉冲宽度，可达到精密稳压目的。这就是磁放大器的稳压原理。

364 磁放大器中的可控磁饱和电感器应选择什么磁心？

传统的铁氧体磁心采用晶态结构的材料，其原子在三维空间内做有序排列而形成点阵结构。而非晶态合金是指物质从液态（或气态）急速冷却时，因来不及结晶而在常温下原子呈无序排列状态。非晶态合金的制造工序简单，节能效果显著，它属于新型绿色环保材料。非晶态合金具有高磁导率、高矩形比、磁心损耗低、高温稳定性好等优点，这种材料适合制作可控磁饱和电感器，用于计算机的 ATX 电源中。

图 5-7-3 中的 L_4 采用美国 Metglas 公司生产的 MP1305P4AS 型高性能非晶态合金磁环，用 ϕ0.10mm 漆包线均匀绕制 6 匝。常用非晶态磁环典型产品的主要参数见表 5-7-1。

MP1305P4AS 型号中的“13”代表外径为 13mm（标称值），“5”代表高度为 5mm（标称值）。其磁路长度为 3.46cm，有效横截面积为 0.057cm^2，质量为 1.50g，饱和磁通密度为 0.57T，矩形比为 0.86，电阻率为 0.142$\mu\Omega \cdot$cm，磁心损耗为 318mW，长期工作温度 <120℃，居里点温度为 225℃（超过此温度时磁滞现象会消失）。

MP1305P4AS 的 B-H 曲线（亦称磁滞回线）如图 5-7-4 所示，

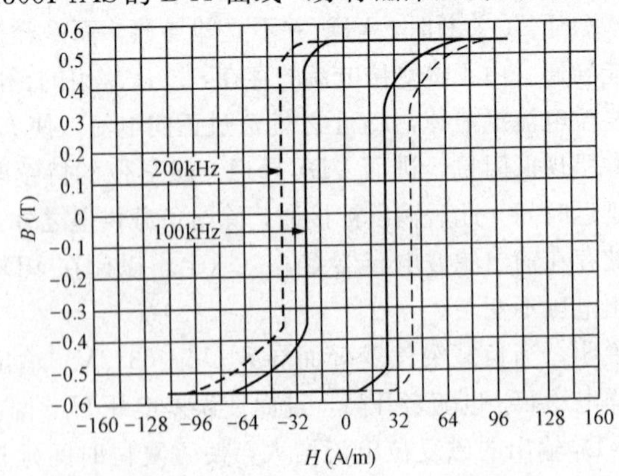

图 5-7-4 MP1305P4AS 的 B-H 曲线

表 5-7-1 常用非晶态磁环典型产品的主要参数

型号	最大外径 D_{max} (mm)	最小内径 d_{min} (mm)	最大高度 h_{max} (mm)	磁路长度 l_m (cm)	有效横截面积 A_c (cm²)	窗口面积 W_a (cm²)	面积乘积 W_aA_c (cm⁴)	磁环体积 V(cm³)	矩形比	饱和磁通密度 B_S(T)	磁通量 Φ(μWB)	磁心损耗 P_D (mW)
MP1005P4AS	10.92	5.59	5.69	2.59	0.060	0.245	0.015	0.155	0.86	0.57	6.82	249
MP1205P4AS	13.84	6.76	6.63	3.14	0.057	0.359	0.020	0.180	0.86	0.57	6.51	289
MP1305P4AS	14.40	7.87	6.71	3.46	0.057	0.487	0.028	0.198	0.86	0.57	6.51	318
MP1405P4AS	15.82	7.87	6.71	3.67	0.083	0.487	0.040	0.304	0.86	0.57	9.43	489
MP1506P4AS	17.12	7.82	8.31	3.86	0.140	0.481	0.067	0.540	0.86	0.57	15.96	869
MP1603P4AS	17.83	11.05	5.13	4.50	0.041	0.959	0.039	0.184	0.86	0.57	4.67	296
MP1805P4AS	20.83	10.80	6.76	4.88	0.108	0.915	0.099	0.529	0.86	0.57	12.36	852
MP2008P4AS	22.23	11.05	10.36	5.15	0.248	0.959	0.238	1.276	0.86	0.57	28.25	2.054
MP2510P4AS	27.79	17.27	11.48	7.01	0.241	2.343	0.565	1.689	0.86	0.57	27.47	2.718
MP3210P4AH	34.95	19.86	11.48	8.58	0.388	3.099	1.202	3.330	0.92	0.57	44.24	5.359

B代表磁通密度（单位是T），H代表磁场强度（单位是A/m），图中的实线和虚线分别对应于100、200kHz开关频率。

第八节　开关电源常见故障检修问题解答

365 造成开关电源出现故障的常见原因是什么？

开关电源出现故障，大部分是由于电路设计不当、元器件选择不合理、焊接或安装有误、电磁干扰严重、印制板布线不合理及散热不良而造成的。这里既有技术上的原因，也有工艺方面的问题。

366 如何检修开关电源的一般性故障？

开关电源（以下简称器件）一般性故障的检修方法见表5-8-1。

表5-8-1　一般性故障的检修方法

故障现象	故障原因	检修方法
通电后不工作	（1）开关电流的触发脉冲造成电路闭锁，使器件不工作	（1）采用单点接地法，将输入滤波电容器、控制端的旁路电容器、偏置绕组的滤波电容器直接连接到源极（S）上 （2）对于采用TO-220封装的单片开关电源，必须把管脚引线剪至最短 （3）改进印制电路的设计，并使散热器与电路绝缘
	（2）高频变压器漏极钳位二极管VD_{Z1}的反向击穿电压U_B过低	选择U_B值较高的5W瞬态电压抑制器。设一次侧感应电压为U_{OR}，选取原则为$U_B \approx 1.5U_{OR}$。通常$U_{OR}=135V$，可选P6KE200型TVS，此时$U_B=200V$
	（3）偏置绕组的极性接反	更换极性
	（4）输出整流电路损坏	更换整流管或滤波电容
	（5）漏极钳位保护电路损坏	（1）更换钳位二极管VD_{Z1}。VD_1应采用超快恢复二极管，其反向恢复时间t_{rr}应小于75ns，反向耐压一般为600V （2）更换阻塞二极管VD_1

续表

故障现象	故障原因	检修方法
通电后不工作	（6）在起始触发脉冲闭锁期间，光耦合器的输出电流过大	（1）增加光耦合器的LED限流电阻值 （2）采用电流传输比CTR＝50%～200%的线性光耦合器，CTR值太低，会降低调节灵敏度；CTR值过高，在启动或负载发生突变时易造成误关断。不宜使用具有开关特性的4N××（例如4N25、4N26）系列光耦合器 （3）在光耦合器的发射极上串联一只270～620Ω的电阻
	（7）控制端的旁路电阻过大，超过15Ω	旁路电阻通常取6.2Ω或6.8Ω，但有时为消除自动重启动电容对控制环路的影响，可增至15～100Ω。当旁路电阻大于15Ω时，必须在源极与控制端并联一只0.1μF的旁路电容
在开机或过载时器件发生爆裂	由于钳位电压不够或高频变压器的漏感过大，致使漏-源电压过高，将内部功率MOSFET击穿	（1）更换合适型号的瞬态电压抑制器和阻塞二极管，确保漏极电压被钳位在安全电压值以下 （2）重新设计和制作高频变压器，将二次绕组改成多股并绕方式，以减小漏感。适当降低一次侧感应电压U_{OR} （3）更换器件
器件工作在50kHz或更低的谐波上	（1）钳位作用太强	将VD_{Z1}的正极直接焊在一次绕组上
	（2）一次侧或二次侧的阻尼过大，使开关信号的幅度与频率降低	减小一次侧或二次侧的阻尼，包括减小电阻值或电容量，以减小时间常数$\tau=RC$
	（3）高频变压器一次绕组的匝间电容过大	重新绕制，并在各层之间增加绝缘层，以减小匝间电容；适当减少一次绕组的匝数
瞬态电压抑制器VD_{Z1}发生过热	（1）VD_{Z1}的U_B值过低	更换钳位二极管，使$U_B=1.5U_{OR}$
	（2）VD_{Z1}散热不良	（1）减小VD_{Z1}的引脚长度（剪掉多余部分） （2）适当增加印制导线的宽度

续表

故障现象	故障原因	检修方法
瞬态电压抑制器 VD_{Z1} 发生过热	(3) 阻塞二极管 VD_2 的开关速度太低	将快恢复管 VD_2 换成超快恢复管
	(4) VD_{Z1} 的瓦数太小	选择功率为5W的TVS，并给 VD_{Z1} 并联一只0.01μF/200V的电容器
	(5) 高频变压器漏感较大	重绕高频变压器以减小漏感
器件过热	(1) 高频变压器一次绕组的电感量太小，使 I_{RMS} 增大	(1) 增加一次绕组的电感量 (2) 同时增加匝数比和一次绕组的电感量
	(2) 器件散热不良	增大散热器尺寸，并在器件的小散热片与外部散热器之间涂一层导热硅脂，以减小热阻
	(3) 器件的输出电流及功率偏低	采用更大功率的器件
当交流输入电压升高或负载变轻时，输出电压随之升高	(1) 偏置绕组的输出电压偏低	将偏置绕组的输出电压提升到30V（有效值）
	(2) 输出端未接假负载	给输出端接假负载（即最小负载电阻），以降低空载电压

367 如何检修基本反馈电路的故障？

开关电源基本反馈电路的检修方法见表5-8-2。

表5-8-2　　基本反馈电路的检修方法

故障现象	故障原因	检修方法
输出电压不稳定	增益/相位余量不足	(1) 采用功率较大的器件以提高输出能力 (2) 增加自动重启动电容的容量

续表

故障现象	故障原因	检修方法
输出电压变化过快或超过极限	控制环的调节速度过慢	（1）调整控制环中的 R、C 元件值，以增加控制环路的带宽 （2）在反馈电路中的稳压管上并联一只 22μF 的软启动电容
对负载的调节能力差	偏置绕组存在漏感而产生尖峰脉冲	（1）在偏置绕组上增加 RC 滤波器，滤除尖峰脉冲 （2）改变高频变压器的绕制顺序，先绕一次绕组 N_P，再绕二次绕组 N_S，最后绕偏置绕组 N_B。N_B 用多股平行的粗漆包线绕制而成，使之完全覆盖住绕组的表面，将漏感减至最小
	器件工作在不连续模式	重新设计高频变压器，适当增加一次绕组的电感量，使器件工作在连续模式

368 如何检修光耦反馈电路的故障？

带 TL431 的光耦反馈电路检修方法见表 5-8-3。

表 5-8-3 光耦反馈电路的检修方法

故障现象	故障原因	检修方法
输出电压 U_O 不稳定	（1）输出级 π 型滤波器引起了相移，使增益/相位的余量不足	将光耦直接连 π 型滤波器的输入端，减小调节的滞后量
	（2）补偿电路设计不合理	（1）增加 LED 限流电阻的阻值 （2）增加旁路电容的容量
	（3）光耦合器的 CTR 值过低或过高，线性度差	将 4N×× 系列光耦合器换成线性光耦合器，并选择 CTR=50%～200%

续表

故障现象	故障原因	检修方法
二次绕组的输出电压变化过快或超过极限	控制环路的响应时间过长，调节速度太慢	（1）增加控制环路的带宽 （2）适当减小软启动电容的容量。该电容并联在 TL431 的阴极与阳极之间，容量一般为 4.7～47μF，除完成软启动功能之外，还能抑制光耦反馈电路中的尖峰电压
二次绕组输出电压的纹波过大	（1）控制环路的带宽过窄	增加控制环路的带宽
	（2）滤波电容器的容量太小	增大滤波电容器的容量

369 如何检修开关电源中常见发热元器件的故障?

开关电源芯片是将 MOSFET 功率开关管和多种保护电路也集成在芯片中，使外围电路更加简单。下面以 AC/DC 式单片开关电源为例，对其主要的 11 个发热元器件常见故障做逐一分析，并给出相应的解决措施，详见表 5-8-4，可供读者在设计散热器时参考。

表 5-8-4　单片开关电源常见发热元器件的故障分析

发热元器件名称	故障原因	解决方法
单片开关电源芯片过热	散热不良	（1）适当增大外部铝散热器的尺寸 （2）表面封装的开关电源，一般采用 PCB 散热器，应改变印制板布局，增加源极覆铜区的面积 （3）选择覆铜箔较厚的覆铜板，以降低芯片温度 （4）选择能使用外部散热器的封装形式，或选择功率较大的开关电源芯片 （5）在芯片与外部散热器之间薄薄地涂一层导热硅脂，涂敷层较厚，会影响热传导 （6）将芯片表面紧贴着散热器表面，并拧紧固定螺丝

续表

发热元器件名称	故障原因	解决方法
PWM控制器芯片过热	外部功率MOSFET的通态电阻较大，PWM控制器的开关频率选得太高	（1）选择通态电阻$R_{DS(ON)}$很低的外部功率MOSFET，以降低由$R_{DS(ON)}$引起的传输损耗 （2）适当降低开关频率，以减小开关损耗
输出整流管过热	输出整流管选型不符合要求或散热不良	（1）应采用超快速恢复二极管或肖特基二极管作为输出整流管，不得用普通硅整流管来代替 （2）适当增大散热器的尺寸 （3）选用额定电流较大的整流管，可减小其内阻，降低整流管的温度 （4）在原整流管上再并联一只相同型号的整流管，使整流管的温度降低 （5）选用合适的肖特基对管，来代替原有的超快速恢复二极管
高频变压器过热	（1）磁心损耗过大 （2）磁心尺寸太小 （3）磁心已进入临界磁饱和区 （4）设计不合理	（1）应采用正规厂家生产的高质量磁心 （2）选择尺寸较大的磁心 （3）适当降低一次侧电感量，增加磁心的气隙，防止出现磁饱和 （4）利用PI Expert 7.5等计算机辅助设计软件，重新设计高频变压器
输入电容器过热	（1）整流桥输出的纹波电流过大 （2）输入电容器容量较小 （3）输入电容器的等效串联电阻器（ESR）过大	（1）整流桥中某一只二极管损坏，发生开路故障，使整流桥从全波整流变成半波整流，造成输入电容器上的纹波电流显著增大 （2）增大输入电容器的容量 （3）选用低ESR的电解电容器
输出电容器过热	（1）输出电容器的等效串联电阻过大 （2）输出电容器性能变差	（1）采用低ESR的电解电容器或选择固态电容器；亦可将多只电容器并联使用，以减小R_{ESR}值。在将多只电容器并联使用时，应使每只电容器的布线长度相同，以确保纹波电流能平均分配到所有电容器上；若布线长度不相等，则其中某个电容器的工作温度可能高于其他电容器，需调整印制板的布局 （2）更换输出电容器

续表

发热元器件名称	故障原因	解决方法
压敏电阻器过热	（1）所用压敏电阻器的规格不符合要求 （2）压敏电阻器在经受多次浪涌电压后性能下降，其电压额定值降低并导致功耗增大	（1）压敏电阻器是专用来吸收浪涌电压的，应选标称交流电压为275V或320V的压敏电阻器 （2）更换相同规格的压敏电阻器
熔断电阻器过热	（1）驱动电源的输出功率较大，不宜采用熔断电阻器 （2）熔断电阻器性能不良	（1）熔断电阻器属于耗散型元件，一般适用于10W以下的开关电源，大于10W时应采用熔丝管 （2）更换熔断电阻器
NTC热敏电阻器过热	（1）NTC热敏电阻器的额定功率太小 （2）所用NTC热敏电阻器的阻值过大 （3）NTC热敏电阻器性能不良	（1）NTC热敏电阻器的作用是在驱动电源通电时起到瞬间限流保护作用，避免损坏输入电容器，应选择额定功率较大的NTC热敏电阻器 （2）选择阻值较小的NTC热敏电阻器，以降低功耗 （3）更换NTC热敏电阻器
共模扼流圈或串模电感过热	（1）绕组的直流电阻过大 （2）与高温元器件（如热敏电阻器）靠得太近	（1）换用额定电流较大的电感，通过增大线径，降低其直流电阻 （2）重新调整印制板布局，将高温元器件移到较远位置
电流检测电阻过热	（1）电流检测电阻的功率太低 （2）电流检测电阻散热不良	（1）电流控制环中的电流检测电阻用于检测负载电流，由晶体管电路构成的电流控制环，检测电压通常为0.3～0.7V；由光耦电路构成的电流控制环，检测电压一般为50～100mV。应使用额定功率较大的电流检测电阻，并将它垂直安装到印制板上，并增大电阻器与周围空气的接触面积及引线长度，以利于散热 （2）将电流检测电阻改由多只电阻器并联而成 （3）将晶体管电路改为光耦电路，以降低电流检测电阻上的压降

第六章

LED驱动电源设计与制作122问

本章概要 LED照明制造业被誉为21世纪的朝阳产业。本章紧密结合设计与制作LED驱动电源时经常遇到的问题，从实用角度作了详细解答。

第一节　LED基础知识问题解答

370　什么是LED?

LED（Light Emitting Diode）是发光二极管的简称。它是被电流激发后通过传导电子和空穴的再复合产生自发辐射而发出非相干光的一种半导体二极管。LED亦称半导体发光二极管。

371　什么是白光LED?

目前生产的白光LED，一般是将InGaN基片和钇铝石榴石(YAG)封装在一起，InGaN基片发蓝光($\lambda_P = 465nm$)，YAG荧光粉被蓝光激发后就发出峰值波长为550nm的黄光。蓝光LED基片安装在碗形反射腔中，覆盖以混有YAG的树脂薄层。由LED基片发出的蓝光有一部分被荧光粉所吸收，另一部分蓝光则与荧光粉发出的黄光混合成白光。其光谱可覆盖整个可见光区域，即包括从蓝光到红光的全部可见光。所得到的白光均匀稳定，接近于自然光。白光还可分为暖白光、白色光、冷白光。暖白光的色温低于3300K，暖白光与白炽灯相近，能给人以温暖、舒适的感觉，适用于住宅、宿舍、宾馆等场所。白色光亦称中性色光，色温在3300K～5300K，其光线柔和，使人有愉快、舒适、安详的感觉，适用于商店、医院、办公室、饭店、候车室等场所。冷白光的色温高于 5300K，它接近于自然光，能使人精力集中，适用于办公室、教室、绘图室、阅览室、橱窗展示等场所。

白光 LED 的结构示意图如图 6-1-1 所示，图中的 E 代表 LED 基片发出的蓝光，F 表示 YAG 荧光粉发出的黄光。白光 LED 与普通白炽灯发光光谱的比较如图 6-1-2 所示。

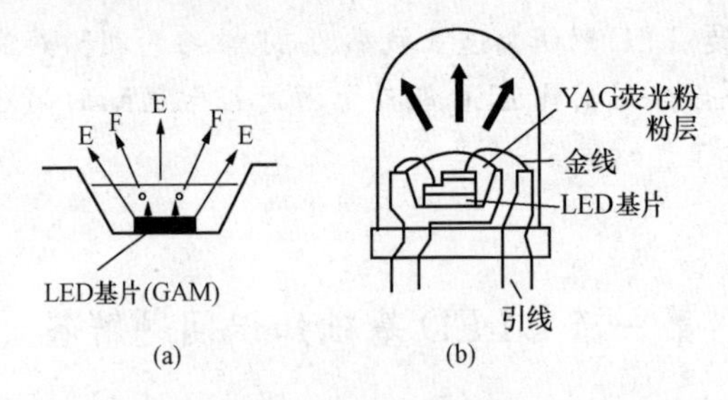

图 6-1-1　白光 LED 的结构示意图

（a）发光示意图；（b）内部结构

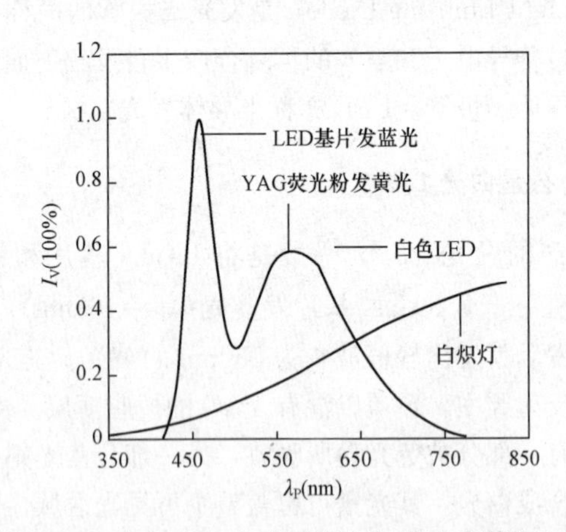

图 6-1-2　白光 LED 与普通白炽灯发光光谱的比较

按照出光方向的不同，大功率 LED 分正装芯片、倒装芯片（Flip-chip）和侧装芯片三种结构。正装芯片的背面朝下，接触电极在正面，芯片射出的光有一部分被接触电极吸收。倒装芯片的背面朝上，接触电极在其下方，经过硅衬底和塑料透镜从上面直接出光，可避免电极焊点和引线对出光效率的影响，但其散热性能不如正装芯片。采用倒装芯片技术的大功率 LED 示意图如 6-1-3 所示，主要包括硅衬底（基板）、氮化铟钾（InGaN）半导体倒装芯片、金属电极焊接层、反射杯、塑料透镜、金导线、散热器、阴极引出片和阳极引出片（阳极引出片未画出）。

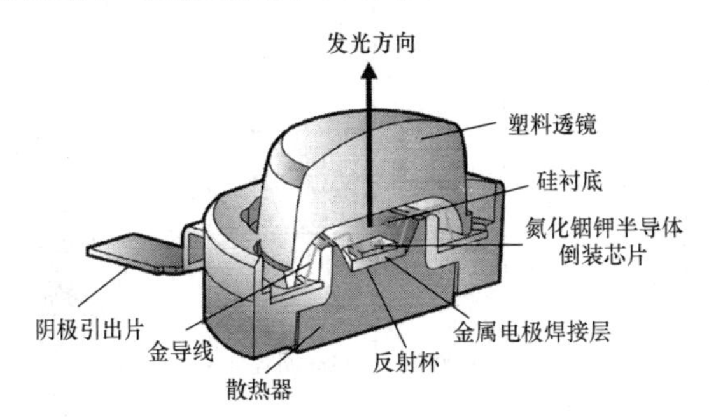

图 6-1-3　采用倒装芯片技术的大功率 LED 的结构示意图

372　什么是 RGB-LED？

RGB-LED 亦称彩色 LED，它是用三只红、绿、蓝色 LED 获得全彩色（含白光）效果的新型 LED 器件。所选红、绿、蓝光的峰值发光波长一般为红光 615～620nm，绿光 530～540nm，蓝光 460～470nm。为达到最佳亮度和最低成本，红、绿、蓝色发光强度的比例通常选 3∶6∶1。RGB-LED 适用于高档照明灯、显示屏、液晶电视机背光灯及智能照明系统。

众所周知，人眼看到的颜色实际上是光的色彩。凡是能作用于人眼并引起明亮视觉的电磁辐射即称作光，当白光（近似于自然光）沿着狭缝经过三棱镜时，就按照波长由长到短的顺序，被分解成红、橙、黄、绿、青、蓝、紫的 7 色彩虹条。各种光的波长分布如图 6-1-4 所示，其中可见光的波长范围是 380～780nm。用 R、G、B 三基色即可配比出可见光中的各种不同光色，如图 6-1-5 所示，其中心区域为白光。

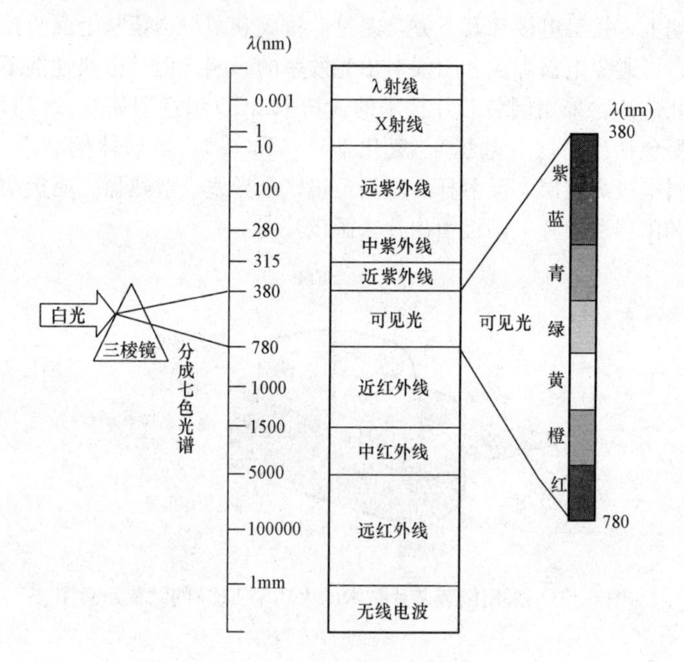

图 6-1-4　各种光的波长分布图

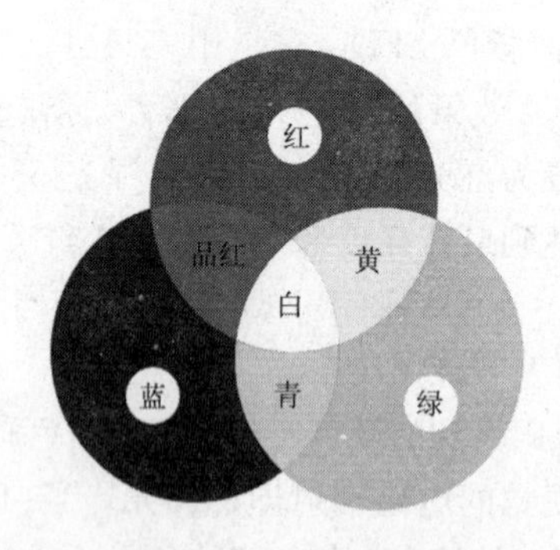

图 6-1-5　用 R、G、B 三基色配比出可见光中的各种不同光色

由国际照明委员会（CIE）制定的 CIE 色度图，是以红、绿、

蓝作为三种基色，自然界中所有颜色均可从这3种颜色中导出，并包含在一个舌形面积内。CIE色度图如图6-1-6所示。色度图中的x轴表示红光分量所占的比例；y轴表示绿光分量所占的比例。中央的E代表标准白光，它在x轴、y轴上的坐标分别为0.33、0.33。边界上的数字表示单色光波长值。

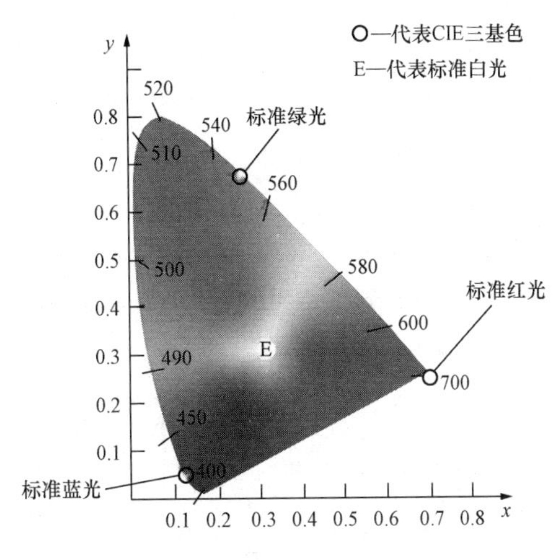

图6-1-6　CIE色度图

小功率、大功率（未装散热器）RGB-LED典型产品的外形分别如图6-1-7（a）、（b）所示。小功率RGB-LED分为共阳极、共阴极两种结构，电路符号分别如图6-1-8（a）、（b）所示。共阳极结构的4个引脚分别为R、G、B和公共阳极A。共阴极结构的4个

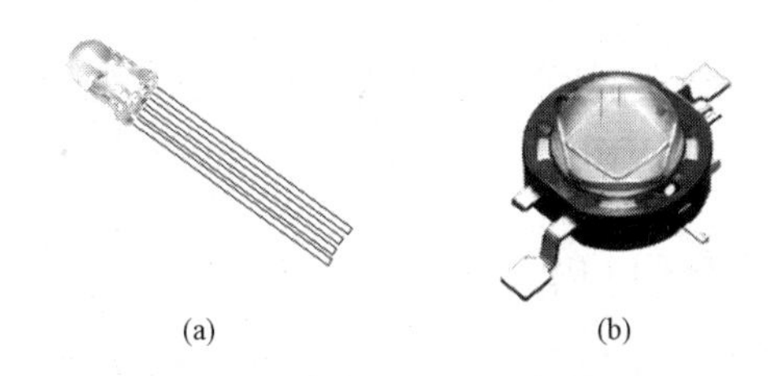

图6-1-7　RGB-LED典型产品的外形
（a）小功率RGB-LED；（b）大功率RGB-LED（未装散热器）

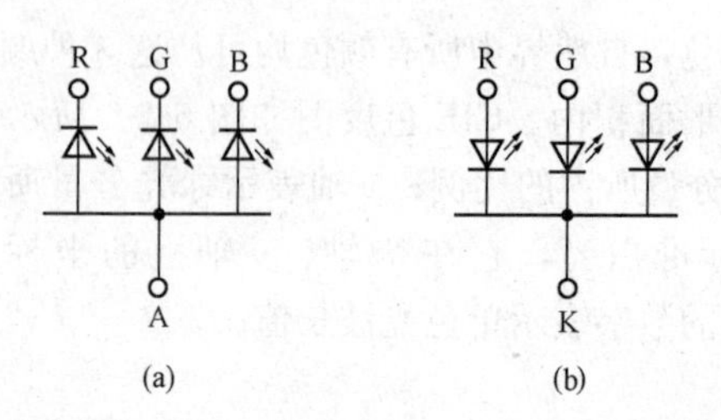

图 6-1-8　共阳极、共阴极 RGB-LED 的电路符号

（a）共阳极 RGB-LED；（b）共阴极 RGB-LED

引脚分别为 R、G、B 和公共阴极 K。

RGB-LED 典型产品的伏安特性曲线分别如图 6-1-9（a）、（b）所示，图中 I_F 为正向工作电流（I_F 一般为几毫安至几十毫安）；U_F 为正向压降（U_F 为 1.9～3.5V，视管子的发光颜色，即管芯材料而定）。

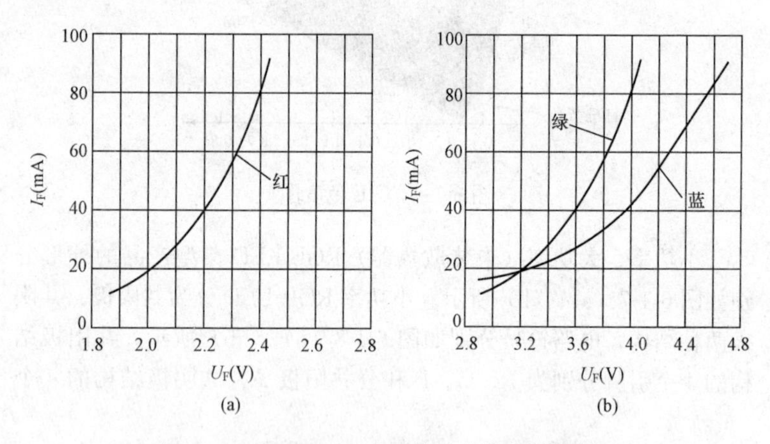

图 6-1-9　RGB-LED 典型产品的伏安特性曲线

（a）红光 LED；（b）绿光 LED 和蓝光 LED

373 什么是 OLED？

OLED（Organic Light-Emitting Diode）是有机发光二极管的简称，亦称有机电致发光器件，它是半导体发光器件的后起之秀和希

望之星。

OLED的主要特点如下：

（1）OLED属于主动发光的半导体器件，不需要背光源和彩色滤光片。具有对比度高，动态画面质量好，色彩绚丽，容易实现红、绿、蓝等多色显示及智能化显示等优点。OLED的可视角度宽，并且视角的变化不影响图像清晰度。

（2）驱动电压低（一般为2～10V），发光效率高，功耗低，抗震性好，寿命长，低温特性好，在－40℃低温下仍能正常显示。

（3）它采用电流控制型器件，亮度与工作电流成正比，且亮度可在大于10 000cd/m^{2}的动态范围内变化，发光均匀、无闪烁现象。

（4）响应速度比LCD快1000倍，显示运动画面时无拖尾现象。

（5）超轻超薄，厚度可小于1mm。能在不同材质的基板上进行加工制造，制成可弯曲成任意形状的柔性显示面板。

（6）可编程。可对光强、光色、光束方向进行编程，实现照明智能化。

OLED与LCD的性能比较见表6-1-1。

表6-1-1　OLED与LCD的性能比较

主要性能	OLED	LCD	OLED的主要优点
发光方式	主动发光式	被动发光式	无须背光源和彩色滤光片，超轻超薄，高对比度，色彩绚丽
视角	不受限制	受限制	视角宽，侧视画面时色彩不失真，可弯曲成任意形状
响应时间（s）	10^{-6}	10^{-3}	适合播放视频图像，无拖尾现象
环境温度范围（℃）	－40～＋80	－20～＋60	高、低温性能好，能在严寒地区正常工作
制造工艺	简单	复杂	制作成本低，高性价比

需要指出，尽管目前OLED还存在一些缺点（如使用寿命仅为10000h），但随着新技术的发展将逐步得以解决。

OLED内部结构的示意图如图6-1-10所示。它采用多层薄膜结构，有点像汉堡包，有机发光层就夹在阳极与金属阴极中间，并按照“金属阴极→电子传输层（ETL）→有机发光层（EL）→空穴传输层（HTL）→阳极（ITO）→基板（衬底）”排序。阳极是用铟锡氧化物（ITO）透明材料制成的。其工作原理是在电压驱动下，电子从阴极注入电子传输层，再经过电子传输层迁移到有机发光层；而空穴则从阳极注入空穴传输层，再通过空穴传输层迁移到有机发光层并与电子相遇。当电子与空穴在有机发光层结合时，就激发有机发光层发光。因此OLED也属于电致发光半导体器件。驱动电压E可选2～6V的电池电压。OLED显示屏的驱动电压约为9V。

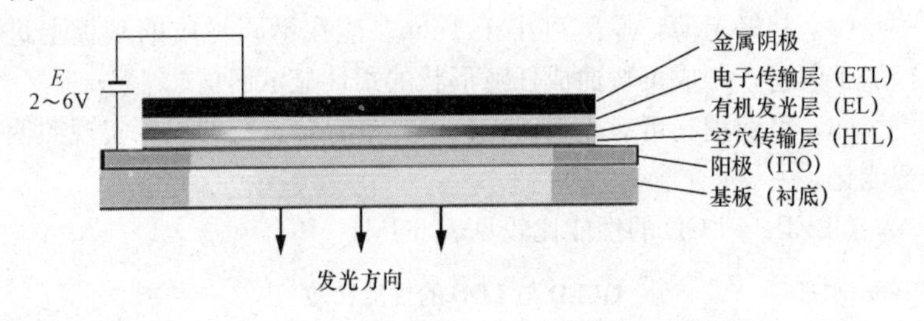

图6-1-10　OLED内部结构的示意图

要实现OLED彩色显示，首先需要红(R)、绿(G)、蓝(B)三基色发光单元，然后调节三种颜色组合的混色比产生全彩色，即可构成一个全彩色像素。图6-1-11(a)、(b)和(c)分别示出实现OLED的彩色显示的3种方法。图(a)采用独立发光材料法，以红、绿、蓝三色为独立发光材料进行发光。图(b)采用光色转换法，用蓝光做光源，再经光色转换膜分别转换成红、绿、蓝三色光。图(c)采用彩色滤光膜法，让白光透过彩色滤光片来达到全彩色效果。

OLED的应用领域十分广泛，不仅OLED照明灯可取代传统的白炽灯、卤化物灯和荧光灯，OLED还可用于电视机、手机、个人数字助理(PDA)、数码相机、图形显示终端及仪器仪表。以OLED

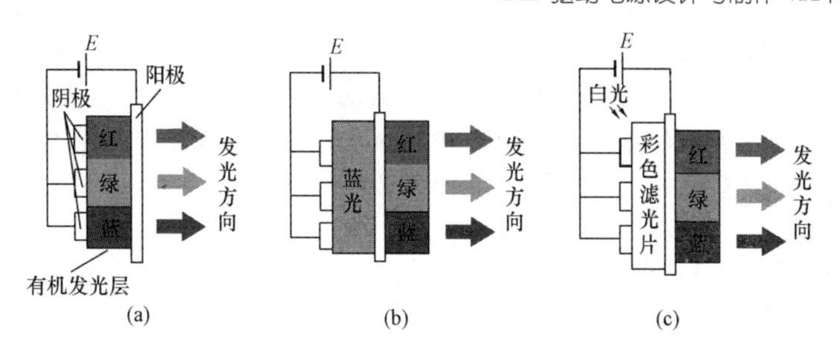

图 6-1-11 实现 OLED 的彩色显示的 3 种方法
(a) 独立发光材料法；(b) 光色转换法；(c) 彩色滤光膜法

电视机为例，它不需要背光，响应时间非常快，观看快速移动图像时没有模糊现象，而且比其他类型电视的色彩更丰富。OLED 照明灯及高清晰度彩色电视机的外形分别如图 6-1-12(a)、(b)所示。韩国三星公司最近还推出 OLED 屏手机和曲面 OLED 电视。

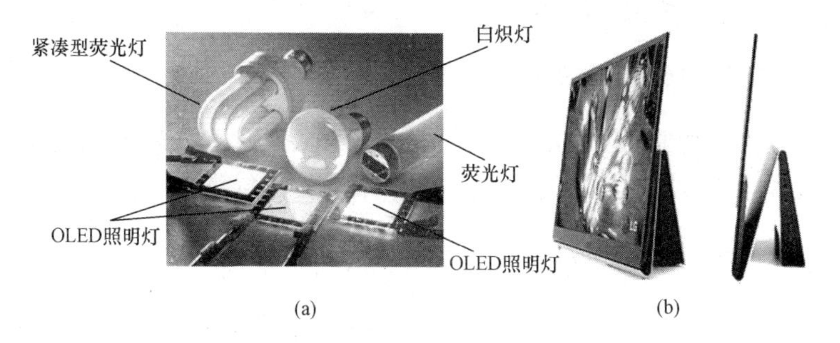

图 6-1-12 OLED 照明灯及 OLED 高清电视机外形
(a) OLED 照明灯与白炽灯、荧光灯的比较；(b) OLED 高清晰度彩色电视机

374 什么是大功率 LED？

大功率 LED（Big Power LED）是指单只管子工作电流大于 100mA 的 LED，此类管子适用于照明。目前生产的大功率 LED 的工作电流有 350mA、700mA、1A 等规格。

375 什么是半导体照明？

半导体照明（Semiconductor Lighting）是采用 LED 作为光源

的一种照明方式，被誉为绿色照明（Green Lighting），即通过科学的设计，采用效率高、寿命长、安全稳定的照明灯具，达到高效、舒适、经济、有益于环境保护和改善人们身心健康并体现现代文明的照明系统。

376 什么是固态照明？

固态照明（Solid State Lighting，SSL）是一种全新的照明技术，它采用固体发光材料（如LED、OLED、场致发光器件EL等）为光源的照明方式，具有发光效率高、节能环保、寿命长、免维护、易控制等特点。

377 什么是节能灯？

节能灯（Energy Saving Lamp）是指消耗较少的电能而达到较高光照效果的照明灯具。

378 什么是发光强度？

发光强度（Luminous Intensity，用 I 表示）是指光源在一定的立体角内发射的光通量与该立体角的比值，单位是cd。

379 什么是亮度？

亮度（luminance，用 L 表示）是指给定点的光束元沿给定方向的发光强度与光束元垂直于指定方向上的面积之比，单位是 cd/m^2。

380 什么是照度？

照度（illuminance，用 E 表示）是指在包含该点的面积上所接收的光通量与该面积之比，单位是lx。

381 什么是峰值发射波长？

峰值发射波长（Peak Emission Wavelength，用 λ_p 表示）是指当辐射功率为最大值时所对应的波长，单位是nm。

382 什么是色温?

色温（Color Temperature，用 T_C 表示）是指当光源所发出的颜色与“黑体”在某一温度下辐射的颜色相同时，“黑体”的温度就称为该光源的色温，单位是K（开尔文）。若“黑体”的温度越高，则光谱中蓝色成分越多，而红色成分越少。白炽灯的光色为暖色，其色温表示为2700K；荧光灯的光色偏蓝，色温为6000K。常见色温值速查表见表6-1-2。

表6-1-2　　常见色温值速查表

环境条件	色温值（K）	环境条件	色温值（K）
北方蔚蓝的天空	8000～8500	冷色荧光灯光	4000～5000
阴天	6500～7500	暖色荧光灯光	2500～3000
夏日正午阳光	5500	白炽灯光	2700
下午日光	4000	蜡烛光	2000

383 什么是显色指数?

显色指数表示被测光源的显色性能。通常将白炽灯的显色指数定义为100，视为理想的基准光源。首先以8种色度中等的标准色样来检验，然后将在测试光源下和在同一色温的基准下这8种色度的偏离程度进行比较，以测量该光源的显色指数，最后取平均值 Ra 代表显色指数，以100为最高。平均色差越大，Ra 值越低。Ra 低于20的光源一般不用。显色指数的分类见表6-1-3。

表6-1-3　　显色指数的分类

显色指数（Ra）	等级	显色性	适用领域
90～100	1A	优	需要色彩精确对比的场所
80～89	1B	良	需要色彩正确判断的场所
60～79	2	普通	需要中等显色性的场所
40～59	3	较差	对显色性的要求较低，色差较小的场所
20～39	4	差	对显色性无具体要求的场所

384 LED照明的主要特点是什么?

LED照明主要有以下特点:

(1) 使用寿命长。国际上将L70(即光通量从最初的100%衰减到70%)规定为LED照明灯的寿命期。7种照明灯的寿命曲线比较如图6-1-13所示。由图可见，大功率LED照明灯的正常寿命约为50000h，尽管受LED早期失效、装配工艺缺陷、散热不良、LED驱动电源质量不佳等因素的影响，实际寿命一般会低于50000h，但它与100W白炽灯、25W T8荧光灯、50W钨卤化物灯、42W紧凑型荧光灯(Compact Fluorescent Light Bulbs，简称CFL)、400W金属卤化物灯、ϕ5mm小功率LED照明灯的寿命相比，仍具有很大优势。主要受LED驱动器寿命的限制，LED灯具的使用寿命一般为10000～50000h。

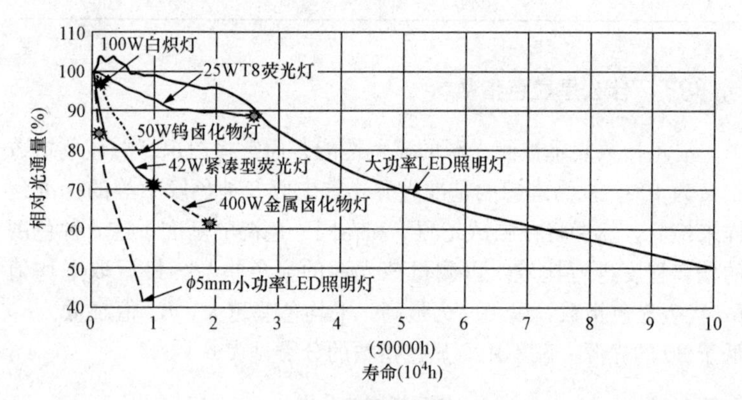

图6-1-13 7种照明灯的寿命曲线比较

(2) 发光效率高。白炽灯、卤钨灯的发光效率仅为12～24lm/W，荧光灯为50～70lm/W，高压钠灯为100～120lm/W。而新型LED照明灯可达50～200lm/W。LED属于冷光源，在发光效率相同的情况下，LED照明灯所消耗的电能可比白炽灯节省80%。

(3) 采用RGB-LED时，可实时变换每只LED的发光颜色，成为建筑照明、装饰照明和情景照明的理想选择。

（4）LED驱动器可采用模拟调光、脉宽调制（PWM）调光、双向晶闸管（TRIAC）调光方和数字调光。

（5）使用LED灯具特别是LED路灯时需要进行配光。所谓配光是指为达到最佳照明目的而对灯具发出的光强进行配置。

（6）绿色环保。不含汞、氙、铅等有害元素，不污染环境，也没有节能灯中电子镇流器产生的电磁干扰。

（7）体积小，防震动及抗冲击性能好，使用灵活。

385 LED照明灯与其他照明灯相比有何优点？

LED照明灯与其他照明灯的性能比较见表6-1-4。

表6-1-4　LED照明灯与其他照明灯的性能比较

光源类型	发光效率（lm/W）	显色指数 *Ra*	色温（K）	平均使用寿命（h）	节能	环　保
白光LED照明灯	50～200	75	5000～10000	10000～50000	好	好
白炽灯	12～24	100	2800	2000	差	较差
普通荧光灯	50～70	70	全系列	10000	较好	差（含汞，有频闪效应）
三基色荧光灯	93	80～98	全系列	12000	较好	差（含汞）
小型荧光灯	60	85	全系列	8000	较好	差（含汞）
卤钨灯	12～24	65～92	3000～5600	6000～20000	较好	差（含汞）
高压汞灯	50	45	3300～4300	6000	较好	差（含汞）
高压钠灯	100～120	23～85	1950～2500	24000	较好	差（含汞）
低压钠灯	200	85	1750	28000	较好	差（含汞）

386 室内LED照明的照度标准有何规定？

各种室内工作环境照度（*E*）范围的标准见表6-1-5，可用来确定照明条件是否符合要求。

表 6-1-5　各种室内工作环境照度范围的标准

地点	照度 E(lx) 10000～5000	5000～3000	3000～2000	2000～1500	1500～1000	1000～750	750～500	500～300	300～200	200～150	150～100	100～75	75～50	50～30	30～20
工厂			电路焊接，装磁心，制图		印刷车间排字校对工作		生产线目视工作		装配工作		出口、入口通道		门内备用楼梯，仓库，装卸工作		
办公室				打字制图	事务性工作		会议室，餐厅，接待室			走廊，楼梯		入口、仓库	门内备用楼梯		
家庭				缝纫		看书、学习		化妆	餐桌	消遣活动	洗手间				
商店			橱窗前脸		橱窗、包装台		电梯	展台	接待室	走廊	屋内				
医院	眼检查				工作间、色诊室		医学观察室、餐桌			候诊室	病房仓库	楼梯	备用楼梯		
学校					图书馆、实验室、制图室		教室		体育馆、礼堂、盥洗室				备用楼梯		
饭店、宾馆					橱窗		厨房、餐厅		入口处、盥洗间		走廊、楼梯				
美容					染发、化妆、理发		修脸、洗头、整理								

387 如何确定在不同环境下的照度推荐值？

德国 DIN 5035 标准中在不同环境下的照度推荐值见表 6-1-6，可供设计时参考。

表 6-1-6　在不同环境下的照度推荐值

照度 E (lx)	房间的用途或从事的活动类型
100	储藏室，建筑内的人员或车辆进出通道，楼梯间，自动扶梯，锅炉房，大堂
200	可进行读数工作的储藏室，非精密组装，零件清洗，铸造室，办公室间的公共走廊，档案室，更衣室，盥洗室
300	写字台全部靠近窗户的办公室，上釉、玻璃吹制，车削、钻孔、轧制及半精密组装，销售区，调度室
500	会议室，处理数据的办公室，组装车间，木工机床的操作，商品交易会看台、控制台，销售区的收银台
750	技术制图，金属的评估和检验，瑕疵检测，表面装饰板的选择，玻璃的打磨及抛光，精密组装
1000	配色及颜色检验，商品检验，精密电子仪器的组装，珠宝生产，润饰（含点缀、粉饰和润色）等

388 如何确定额定照度？

从表 6-1-6 中查出所在环境下的照度推荐值（单位是 lx）。这里假定采用 n 只效率为 η_{LB}的 LED 灯具，并且安装特定光通量的光源，即可在面积为 $a\times b(\mathrm{m}^2)$的房间内获得所需照度值。

389 如何确定室内 LED 照明的灯具数量？

设计照明系统的重要任务就是在给定照度的条件下确定所需的灯具数量 n。下面介绍采用室内利用系数法确定所需 LED 灯具数量的方法。灯具数量的计算公式为

$$n=\frac{1.25Eab}{\Phi\eta_{LB}\eta_R} \tag{6-1-1}$$

式中：1.25（倍）是考虑到光通量的衰减以及灯具可能受到污染的情况而留出的裕量；E 为照度；Φ 为总光通量；a、b 为房间几何尺寸；η_{LB}为灯具效率；η_R为室内利用系数。

390 怎么计算室内空间系数？

室内空间系数 k 与房间的几何尺寸有关，计算公式为

$$k=\frac{ab}{h(a+b)} \tag{6-1-2}$$

式中：a 为室内长度，m；b 为室内宽度，m。令 H 为室高（m），则式（6-1-2）中的 $h=H-0.85$m，0.85m 就代表学习看书用的桌面平均高度。

391 如何确定室内 LED 照明的反射系数？

房间表面的反射特性是用天花板、墙壁以及工作面（或地面）的反射系数来衡量的。房间每个表面的反射系数见表 6-1-7。

表 6-1-7 反射系数及室内利用系数

室内位置	天花板灯具配置反射系数 ρ									
天花板	0.8	0.8	0.8	0.5	0.5	0.8	0.8	0.5	0.5	0.3
墙壁	0.8	0.5	0.3	0.5	0.3	0.8	0.3	0.5	0.3	0.3
工作面或地面	0.3	0.3	0.3	0.3	0.3	0.1	0.1	0.1	0.1	0.1
室内空间系数 k	室内利用系数 η_R									
0.6	0.73	0.46	0.37	0.44	0.36	0.66	0.36	0.42	0.35	0.35
0.8	0.82	0.57	0.47	0.54	0.46	0.74	0.45	0.51	0.44	0.44
1.0	0.91	0.66	0.56	0.62	0.54	0.80	0.53	0.59	0.52	0.51
1.25	0.98	0.75	0.65	0.70	0.62	0.85	0.61	0.66	0.60	0.59
1.5	1.03	0.82	0.73	0.76	0.69	0.89	0.67	0.72	0.66	0.65
2.0	1.09	0.91	0.82	0.84	0.78	0.94	0.75	0.78	0.73	0.72
2.5	1.14	0.98	0.90	0.90	0.84	0.97	0.81	0.83	0.79	0.77
3.0	1.17	1.03	0.96	0.95	0.90	0.99	0.86	0.87	0.83	0.82
4.0	1.20	1.09	1.03	1.00	0.95	1.01	0.91	0.91	0.88	0.86
5.0	1.22	1.13	1.07	1.03	0.98	1.03	0.93	0.93	0.91	0.89

392 如何确定室内LED照明的室内利用系数？

室内利用系数（η_R）表示在工作面（或其他规定的参考平面）上，所接收到的光通量与LED照明灯具发射的额定光通量之比。η_R值不仅与天花板、墙壁和工作面（或地面）上反射系数（ρ）的组合情况有关，还取决于室内空间系数（k）。根据反射系数、室内空间系数之值，从表6-1-7中可查出室内利用系数的具体数值。表6-1-7列出的室内利用系数，是在理想色散条件下不同室内的空间系数和反射系数经过组合之后而得到的。

393 试给出一个室内LED照明的设计实例。

设计实例：某会议室的每个光源都采用2×24W（即2只24W）的LED照明灯具。该房间的尺寸为$a=15.0\text{m}$，$b=8.0\text{m}$，$H=3.4\text{m}$，$h=H-0.85\text{m}=2.55\text{m}$。2×24W灯具的照度$E=300\text{lx}$，总光通量$\Phi=3600\text{lm}$，灯具效率$\eta_{LB}=0.58$。天花板、墙壁和工作面的反射系数分别为0.8、0.5、0.3。试计算总的灯具数量。首先计算k值

$$k=\frac{ab}{h(a+b)}=\frac{15.0\times8.0}{2.25\times(15.0+8.0)}=2.31$$

根据给定条件并取$k\approx2.0$，从表6-1-7中查到室内利用系数$\eta_R=0.91$，再利用式（6-1-1）计算出

$$n=\frac{1.25Eab}{\Phi\eta_{LB}\eta_R}=\frac{1.25\times300\times15.0\times8.0}{3600\times0.58\times0.91}=23.68\approx24$$

设计结果：选择24个2×24W的LED照明灯具，并按照3（行）×8（列）的排列方式合理布置灯的位置。

394 无线遥控LED照明系统的主要特点是什么？

目前，普通LED照明系统的通/断和调光需用多个开关才能实现，不仅操作复杂，而且要安装许多开关。因此，设计一种集调光和开关于一体的无线遥控发射、接收装置，就能克服传统有线控制的弊端，用户在室内的任何地方都能对多个LED灯具进行操作，

从而实现照明系统的智能化。无线遥控式LED照明系统主要具有以下特点：集中控制与多点操作功能；软启动功能（开灯时灯光由暗渐亮，关灯时灯光由亮渐暗，可避免大电流冲击，延长灯具的使用寿命）；分别调节每个灯具的亮度，并根据光敏电阻检测到的环境亮度，自适应调节灯具达到合适的亮度；具有开关位置记忆、定时控制等功能。

395 试给出一个无线遥控LED照明系统的设计实例。

无线遥控式LED照明系统的框图如图6-1-14所示。手持式遥控器中使用了无线通信的系统级芯片（SOC）——16位超低功耗微控制器（MCU）CC430F6137，内含32KB闪存、4KB RAM、射频（RF）发射器、12位ADC、通用串行接口I/O和段式LCD驱动器。接收器则使用系统级芯片——16位超低功耗微控制器（MCU）CC430F5137，内含32KB闪存、4KB RAM、射频接收器、12位ADC、通用串行接口I/O，配以带PFC的PWM调光式LED驱动器UCC28810。触摸键盘接在CC430F6137的比较器COMP-B端，其中有两个键用来模拟一个触摸滑条。选中灯具并进行调光时，CC430F6137首先对触摸滑条的位置进行检测，然后转换成PWM信号，RF模块通过鞭状天线发送出调制后的红外线PWM信号。接收器中的CC430F5137接收到的信号后，经过解调和低通滤波后输出PWM信号，通过UCC28810来调节LED灯具的亮度。因为CC430F5137能产生多路PWM信号，因此使用多片

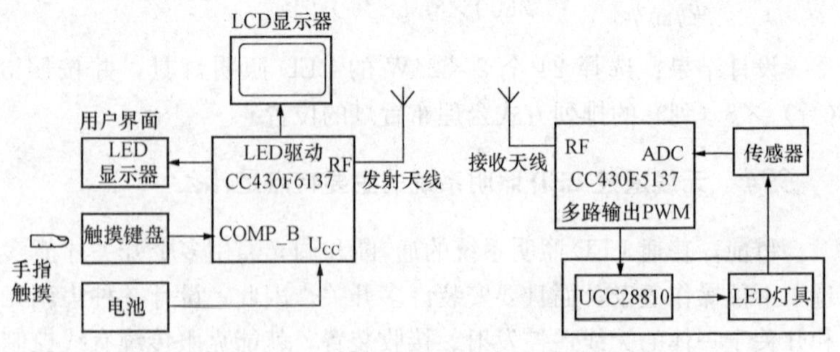

图6-1-14 无线遥控式LED照明系统的框图

UCC28810即可分别调节每个LED灯具的亮度。

396 液晶显示器的背光源有几种类型?

背光（Backlight）是屏幕背景光的简称。众所周知，液晶显示器（LCD）本身并不发光，它只能在光线的照射或透射下显示图形或字符。因此，必须借助于背光源才能达到理想的显示效果。

1. 按光照的方向来划分

按光照的方向来划分，光源有三种：前光、侧光和背光。顾名思义，前光是光线从前方照射，侧光是光线从侧面照射，背光则是光线从背后照射。

2. 按背光源使用的器件来划分

目前，LCD背光源主要有EL、CCFL和LED三种类型。

（1）EL背光。EL是电致发光（Electro Luminescent）的英文缩写。EL灯是利用有机磷材料在电场的作用下发光的冷光源。其厚度可做到0.2～0.6mm。但它工作在高压、高频和低电流下，亮度低，寿命短（一般仅为3000～5000h），在操作时应注意防止触电。

（2）CCFL背光。CCFL（Cold Cathode Fluorescent Lamp）是冷阴极荧光灯的简称。其工作原理是当高压加在灯管两端时，灯管内少数电子高速撞击电极后产生二次电子发射，进行放电而发光。它因阴极温度较低而称之为冷阴极。其优点是亮度高，可根据三基色的配色原理显示各种颜色；缺点是工作电压高（电压有效值为500～1000V）、工作频率高（40～80kHz）、功耗较大、工作温度范围较窄（0～60℃）。CCFL内部存在汞蒸汽，一旦破裂后会对环境造成污染。为提高灯管的寿命和发光效率，一般采用交流正弦电压驱动。

（3）LED背光。其优点是亮度高，光色好，无污染，功耗低，寿命长，体积小，工作温度范围较宽（－20～70℃），有望取代传统的EL、CCFL背光。LED背光的缺点是使用LED数量较多，发热现象明显，必须解决好散热问题。目前LED背光源的制造成本较高，在屏幕尺寸相同的情况下，采用LED背光的屏幕要比

CCFL背光的屏幕贵几倍，因此目前LED背光主要用于高端产品。

397 LED背光源的主要特点是什么？

LED背光源主要有以下特点：

(1) LED的色域很宽，色彩比较柔和，色饱和度可达105%；而CCFL的色域较窄，一般只能达到70%左右。它可根据环境光强的变化，动态调整LED背光，使背光亮度适合人眼的需要，使人观看液晶电视更加舒适。

(2) LED按照二维阵列的方式排放在LCD的背面，整个LCD屏幕划分成若干个矩形区域，同一区域内布置一个或几个LED灯串，流过该区域内每只LED的电流是相同的。

(3) 采用LED背光可提高LCD的对比度，使画面的层次感更强烈。由于整个背光源是由许多尺寸很小的LED发光单元组成的，因此可根据原始画面的特点对某一显示区域内的灰度进行调节。例如在一幅明暗对比非常强烈的画面中，将暗区域的LED背光完全关闭，而将亮区域的LED背光进一步提高，即可使液晶电视的对比度得到大幅度提升（最高可达到100000∶1的超高对比度），这种二维调光（亦称面调光）方式是CCFL背光所无法实现的。

(4) LED响应速度极快，在播放高速动画或视频节目时不会出现拖尾现象。

(5) LED的工作电流可以调整，当环境亮度发生变化时通过自适应调光，可使LED背光源的亮度达到最佳值，实现节电目标。

(6) LED是工作在低电压的绿色环保型照明灯，其能耗比CCFL低30%～50%，并且使用安全，没有汞污染。

(7) 因LED背光源的工作电流较小（一般仅为几十毫安），故使用寿命可达100000h，即使24h不间断工作，也能连续使用11.4年之久。相比之下，CCFL背光源的使用寿命仅为30000～40000h。

(8) 外观超薄。液晶电视最薄部分的厚度，与背光模块有很大关系。最薄的LED背光模块厚度仅为1.99cm，符合时尚化要求。侧光式LED背光模块的厚度要比直下式及侧光式CCFL还要薄。

398 什么是LED的光衰？

光衰（Light Attenuation）是光致衰退效应的简称。伴随着LED照明技术的迅速发展，始终面临的一个重要问题就是光衰。当光通量衰减到初始值的70%时（折合0.7，准确值为$\sqrt{2}/2$），即认为LED的使用寿命已经终止。造成LED光衰的原因很多，一是LED芯片的老化；二是荧光粉的老化；三是因散热不良而使LED芯片和荧光粉提前衰老，出现严重的光衰。另外还可能是LED的材料及生产工艺存在问题。但起最关键作用的是LED芯片的结温。结温是指LED器件中主要发热部分的半导体结（即芯片）的温度，一般用T_j表示。造成结温的原因是当工作电流通过LED芯片时，仅有一部分电能转化为光子，其余电能被转换成热能散发掉了，由此导致LED功耗增大，芯片发热。

399 LED灯的寿命是如何规定的？

美国“能源之星（ENERGY STAR）”将L70列为考核LED灯寿命的一项标准，把光通量从最初的1.0（相当于100%）衰减到不低于0.7（相当于70%），定为LED灯具的寿命期。按照2010年8月生效的能源之星整体式LED灯认证要求，符合L70标准的整体式LED灯的最短使用寿命如下：

（1）标准LED灯、非标准LED灯及LED全方向灯：25000h。

（2）其他LED灯（含LED装饰灯以及用于取代现有白炽灯和荧光灯的LED替换灯）：15000h。

降低LED的结温是延长LED寿命的关键。通常近似认为：T_j每降低10℃，LED的寿命即可延长一倍。

第二节　LED驱动方式问题解答

400 LED灯具有几种驱动方式？

LED灯具有以下几种驱动方式：

（1）恒流驱动方式。其特点是在任何情况下（例如输入电压、温度或驱动电压有任何变动），都能输出恒定的电流。

（2）恒压/恒流（CV/CC）驱动方式。其特点是当负载电流较小时它工作在恒压区，负载电流较大时工作在恒流区，能起到过载保护及短路保护作用。

（3）分布式驱动电源系统。即用一个恒压源给多个恒流源供电，再由每个恒流源单独给一路 LED 供电。其优点是当某一路 LED 出现故障时并不影响其他路 LED 的正常工作。

（4）线性恒流源驱动方式。适用于小电流 LED 驱动电源。

401 采用恒压驱动方式有哪些缺点？

采用恒压驱动方式无法为 LED 提供恒定的电流，尽管利用限流电阻可分别设定每个 LED 灯串的工作电流值，但限流电阻 R 会造成功耗。举例说明，假定驱动电压为 24V，LED 的额定工作电流为 700mA，经过 R 后的电压降至 18V，则 R 上的功耗可达（24V－18V）×0.7A＝4.2W，因此串联电阻并不是一个好办法。恒压驱动 LED 的另一缺点是在批量生产时，无法保证 LED 的工作电流相同，致使每只 LED 的亮度不均匀。

402 什么是 AC LED 驱动方式？

AC LED 则是直接用交流电驱动，可省去整流器和恒流驱动器，降低驱动电源的成本。2005 年，韩国首尔半导体公司率先开发出采用交流驱动的 AC LED 专利产品 Acriche，分 2、3.2、4W 等多种规格，可配 110V/220V 交流电。典型产品有 AX3200、AX3201 和 AX3211（AC 110V）；AX3220、AX3221 和 AX3231（AC 220V）。首尔半导体公司最新研制的 AC LED 芯片 Acriche A8，其发光效率可达 100lm/W。仅用一片 Acriche A8 即可取代一盏 60W 的白炽灯，适用于家庭照明、建筑照明、LED 路灯和 LED 装饰灯。Acriche A8 可接 110V/220V 交流电，亦可接低压或高压直流电源。

403 AC LED的驱动原理是什么？

AC LED是将微型LED按照特殊的矩阵排列组合后封装而成的。利用LED的PN结所具有的单向导电性兼作整流管，构成特殊的整流桥。只需通过两条导线接上交流电，即可使AC LED正常发光。AC LED的驱动原理如图6-2-1所示。正半周时通过整流桥的脉动直流电流沿实线流过LED灯串，负半周时则沿虚线流过LED灯串。尽管4个桥臂上的LED是以50Hz的频率交替发光的，但由于人眼的视觉暂留现象，感觉LED是连续发光的。当芯片结温 T_j 依次为80、90、100℃时，AC LED的工作寿命可分别达到40000、30000h和22000h。

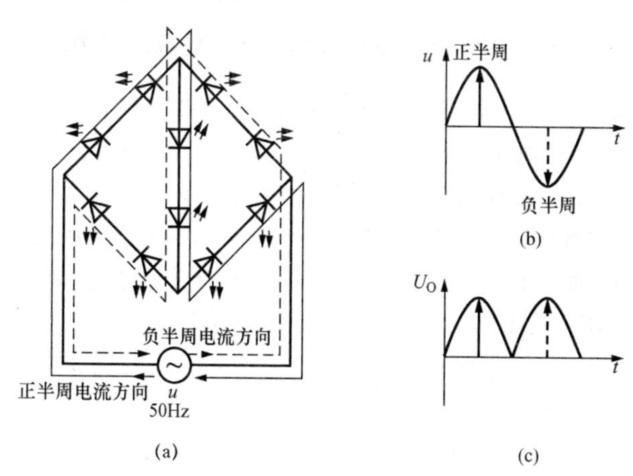

图6-2-1 AC LED的驱动原理

(a) AC LED的电路结构；(b) 交流输入电压波形；(c) 脉动输出电压波形

404 AC LED有何不足之处？

AC LED也存在以下缺点：

(1) 限流电阻上会消耗电能，使AC LED灯的效率降低。

(2) 发光效率比DC LED低。尽管从总体上看LED是连续发光的，但因为4个桥臂上的LED仅在50Hz的半个周期内工作，所以会存在50Hz的频闪现象。

(3) AC LED上接有交流高压，有触电的危险。

(4) LED的利用率低。例如，使用交流220V（有效值）的AC LED，正半周时就要承受311V的峰值电压。假定每只LED的正向电压U_F=3.3V，总共需要降94只LED串联。负半周也需要94只LED串联，AC LED灯串共需188只LED。由于在每个时刻只有一半的LED工作，为达到同样的亮度，所用LED的数量要增加一倍。

(5) AC LED对交流电压的稳定性要求很严格，这在实际上很难做到。当市电波动范围较大时（例如+15%），会导致LED的电流显著增大，很容易引起光衰而使其寿命大为缩短。

405 试给出一个分布式LED驱动电源的应用实例。

由微控制器、AC/DC变换器和13片SN3352构成的130W分布式LED驱动电源的电路如图6-2-2所示。AC/DC变换器可采用TOP250Y型单片开关电源，其最大输出功率可达290W。AC/DC变换器的交流输入电压范围是85～265V，额定输出为+35V、4.5A。SN3352是美国矽恩（SI-EN）微电子有限公司推出的带温度补偿可调光式LED恒流驱动器，其输入电压范围是+6～40V。芯片内部集成了温度补偿电路，适配外部的负温度系数（NTC）热敏电阻器来检测LED所处的环境温度T_A，确保在高温环境下工作的大功率LED不会损坏。最多允许将13片SN3352级联，级联时将一片SN3352作为主机，其余SN3352作为从机，能使温度补偿时各片SN3352的驱动电流保持一致性。每片SN3352可驱动10只3.5V/350mA、标称功率为1W的白光LED，总共可驱动130只白光LED（图中未画）。利用单片机89C51给各片SN3352发送PWM调光信号，调光比为1200∶1。ADJI为多功能开关/调光输入端，进行PWM调光时，可用不同占空比的信号来控制输出电流。R_{NTC}为外接NTC热敏电阻器引脚，用于检测LED所处环境温度T_A。ADJO为构成温度补偿系统时的级联端，可将温度补偿信息输出到下一级SN3352的ADJI端。

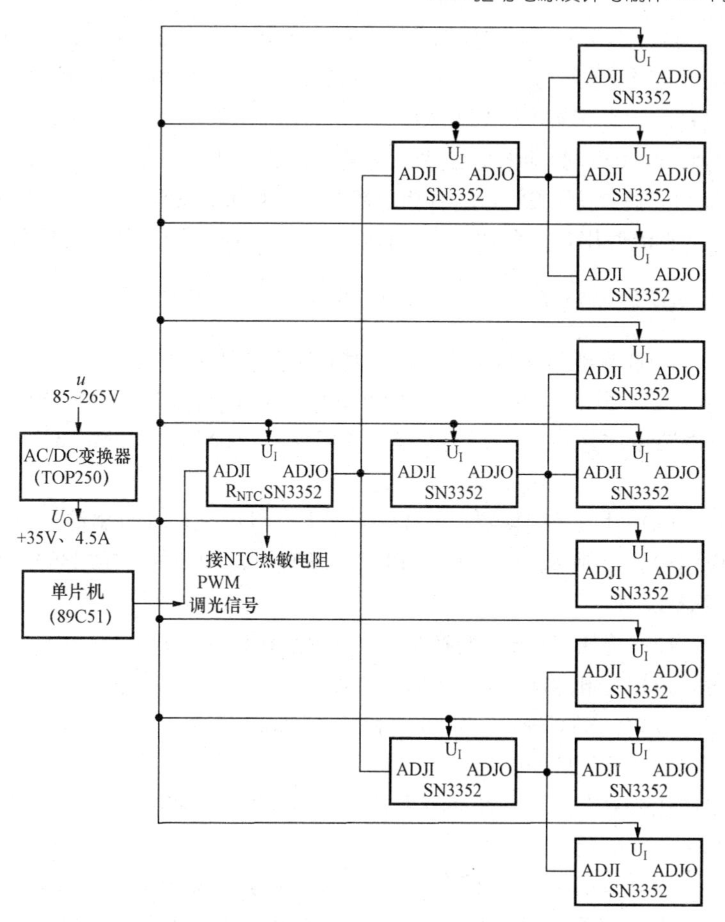

图 6-2-2　130W 分布式 LED 驱动电源的电路

406 LED驱动芯片有几种基本类型?

目前，国内外生产的 LED 驱动电源芯片种类繁多，性能各异，型号多达数千种。按照输入电源及内部结构来划分，可将 LED 驱动电源芯片划分成以下 3 大类：

（1）LED 驱动器芯片。其主要特点是均属于直流输入式，内含功率开关管，属于 DC/DC 变换器。

(2) LED驱动控制器芯片。它属于交流或直流输入式，需配外部功率开关管（MOSFET），典型产品为有源PFC控制器SA7527、MT7933和FL6961。

(3) LED驱动电源芯片。这又分两种类型：一种为交流输入式，内含功率开关管，适合构成隔离式AC/DC变换器；另一种为交、直流两用，内含功率开关管，属于AC/DC或DC/DC变换器。

407 LED驱动芯片有几种拓扑结构？

LED驱动芯片的拓扑结构主要有以下8种：

(1) 降压式变换器：主要特点是$U_O < U_I$，电路简单，在LED驱动电源中应用最广。典型产品有LM3402、SLM2842S、MC33260和LT3595。

(2) 升压式变换器：主要特点是$U_O > U_I$，在LED驱动电源中应用较广。典型产品有LT1937、BP1601、XL6004、LM3509和TPS61195。

(3) 降压/升压式变换器：主要特点是$U_O < U_I$或$U_O > U_I$均可，适用于电池供电的LED驱动电源。典型产品有LTC3452、LTC3780、LTC3453、SP6686和ZXLD1322。

(4) SEPIC变换器：适合输入电压变化范围很宽的应用领域，电路比较复杂。典型产品有LM3410、LM3478、LM5022、AP3031、MAX16807及LTC3783。

(5) 电荷泵式变换器：亦称开关电容式变换器，电源效率高、外围电路简单，可实现倍压或多倍压输出，典型产品有ADP8860、MAX8822、MAX8930、CAT3604、LTC3214和LTC3204B。

(6) 多拓扑结构变换器：主要特点为使用灵活，可采用升压式、降压式、降压/升压式、SEPIC或反激式等拓扑结构来驱动大功率LED照明灯，典型产品有LT3518、LT3755、LT3956、LM27355、NUD4001、CAT3604和MAX16831。

(7) 反激式变换器：在功率开关管截止期间向负载输出能量，一次绕组的同名端与二次绕组同名端的极性相反，高频变压器相当于储能电感，不断储存和释放能量，能构成隔离式LED驱动电源。

（8）半桥LCC谐振式变换器：适合构成几百瓦的大功率、高效率隔离式LED驱动电源，典型产品有PLC810PG、L6599、NCP1395和NCP1396。

408 LED驱动芯片有几种输出类型？

LED驱动芯片的输出类型有以下4种：

（1）恒压输出式。电路成熟、成本较低，输出功率大，但稳流特性差。

（2）恒流输出式。输出电流恒定，最适合驱动LED照明灯。

（3）恒压/恒流（CV/CC）输出式。当负载电流较小时工作在恒压区，负载电流较大时工作在恒流区，能对LED起到过载保护及短路保护作用。

（4）截流输出式。发生过载时，输出电流I_O随输出电压U_O的降低而迅速减小，可对LED负载起到保护作用。

409 如何划分LED驱动器的输出功率？

LED驱动器的输出功率可分为以下3种：

（1）小功率LED驱动器。输出功率为1～10W，典型产品可选NCP1015（8W，85～264V交流输入）或LinkSwitch-PL系列产品（LNK454～LNK458）。

（2）中功率LED驱动器。输出功率为12～40W，典型产品可选NCP1351（25W，85～264V交流输入）、NCL30000（8～40W）、LM3445或LinkSwitch-PL系列产品LNK460。

（3）大功率LED驱动器。输出功率大于40W，典型产品可选，PLC810PG(最大输出功率可达600W)、“NCP1607＋NCP1377”(40～200W，“PFC＋准谐振变换器”)、L6599、NCP1395、NCP1396或LinkSwitch-PH系列产品(LNK403EG～LNK409EG)，FLS2100XS，TFS762HG，PFS714EG，LT3763。

410 多通道输出式LED驱动器有几种类型？

多通道LED驱动器的典型产品有DD313(3通道)、LT3476(4

通道)、CAT3637(6 通道)、MAX16807 (8 通道)、LTC3219(9 通道)、LT3595(16 通道，最多可驱动 160 只 50mA 的白光 LED)。

411 智能化 LED 驱动器的接口类型有几种?

智能化 LED 驱动器主要有以下 4 种接口类型：

(1) 单线 (1-Wire) 接口。典型产品有 MAX16816、CAT3636、CAT3644 和 CAT3643，FAN5626，FAN5345。

(2) 带 I^{2}C 接口的 LED 驱动器。典型产品有 LM27965、ADP8860 和 SAA1064。

(3) 带 SMBus 接口的 LED 驱动器。典型产品有 TPS61195、MAX7302 和 TPS61195。

(4) 带 SPI 接口的 LED 驱动器。典型产品有 LP3942、NLSF595 和 MAX6977。

412 LED 驱动芯片有哪些典型产品?

LED 驱动芯片典型产品的性能一览表见表 6-2-1。

表 6-2-1 LED 驱动芯片典型产品的性能一览表

产品分类	型 号	主 要 特 点	
线性恒流调节器(CCR)	NSI45020	20mA±15%	两端器件，阳极-阴极电压最高为 45V，能在宽电压范围内保持 LED 亮度恒定，当输入电压过高时能保护 LED 不受损害，输入电压较低时 LED 仍具有较高亮度
	NSI45025	25mA±15%	
	NSI45030	30mA±15%	
	NSI45060	60mA±15%	
	NSI45090	90mA±15%	
	NUD4001	恒流值为 350mA (典型值)、500mA (极限值) 最高输入电压为 30V，输出电流可通过外部电阻进行编程，能驱动 3W 的 LED 照明灯，电路简单，成本低廉，利用外部 PNP 型功率管可大幅度扩展输出电流	
	CAT4101	1A 高亮度线性 LED 恒流驱动器，不需要电感，能消除开关噪声，并使元件数量减至最少	
	CAT4026	6 通道线性 LED 恒流控制器，支持模拟调光和 PWM 调光，适用于大屏幕液晶电视的侧光式 LED 背光	

续表

产品分类	型　号	主　要　特　点
交/直流高压输入式LED驱动控制器	FT6610	隔离、降压式(或降压/升压式)可调光LED驱动控制器，输入为85～264V交流电源或+8～450V直流电源，通过外部功率开关管(MOSFET)可驱动几百个LED灯串或由串/并联组合的LED阵列，输出电流为几毫安至1A(可编程)，电源效率可达90%以上
	BP2808	交流输入电压范围是85～265V，直流输入电压范围是+12～450V，输出电流为几毫安至1A以上(可编程)，电源效率可达93%，能进行模拟调光和PWM调光，具有LED开路/短路保护功能
	MT7910	交/直流高压输入式精密恒流式高亮度LED驱动控制器，它采用电流补偿、扩频技术、LED开路保护等专利技术，恒流控制精度可达±1%。使用频率抖动及扩频技术来降低电磁干扰。交流输入电压范围是85～265V，直流输入电压范围是+14～450V，输出电流从几毫安至1A以上，能驱动数百只发光二极管，电源效率高达90%。具有模拟调光、PWM调光、LED开路、LED短路保护功能
模拟调光/PWM调光式LED驱动器	MT7201	输入电压范围是+7～40V，最大输出电流为1A，输出电流的控制精度为±2%，静态电流小于50μA，能驱动32W大功率白光LED灯串。电源效率最高可达97%，具有过电流保护(OCP)、欠电压(UVLO)保护、LED通/断(ON/OFF)控制、LED开路保护等功能；采用模拟调光、PWM调光均可
	SD42524	输入电压范围是+6～36V，工作电流为1.5mA(典型值)，最大输出电流为1A，负载电流变化率小于±1%，电源效率可达96%。具有温度补偿功能；当LED温度过高时，能根据负温度系数热敏电阻器检测到的温度自动降低输出电流值；模拟调光、PWM调光均可
	LM3404HV	专用来驱动大功率、高亮度LED(HB-LED)，输入电压范围是+6～75V，最大输出电流为1A，极限电流为1.5A，采用模拟调光、PWM调光均可，具有LED开路保护、低功耗关断及过热保护功能
	BP1360	输入电压范围从+5～30V，输出电流可编程，最大输出电流可达600mA±3%，模拟调光、PWM调光均可

续表

产品分类	型号	主要特点
模拟调光/PWM调光式LED驱动器	BP1361	输入电压范围是+5～30V，输出电流可编程，最大输出电流可达800mA±3%，模拟调光、PWM调光均可
	SD42511	输入电压范围是+6～25V，最大输出电流为1A±1%,效率可达90%以上，仅使用PWM调光
	MAX16834	需配外部功率开关管(MOSFET)，输入电压范围是+4.75～28V，最大输出电流可达10A，PWM调光比高达3000∶1，开关频率可在100kHz～1MHz范围内调节
TRIAC（双向晶闸管）调光式LED驱动器	NCL30000	交流输入电压范围是90～305V，带PFC，适配TRIAC调光器，功率因数大于0.96，电源效率大于87%
	LM3445	交流输入电压范围是80～277V，能对1A以上的输出电流进行调节，电源效率为80%～90%。内置泄放电路、导通角检测器及译码器，可在0～100%的调光范围内实现无闪烁调光，调光比为100∶1，TRIAC的导通角范围是45°～135°
	LNK403EG～LNK409EG	单片隔离式带PFC及TRIAC调光的LED恒流驱动集成电路，能满足85～305V宽范围交流输入电压的条件，具有PFC、精确恒流(CC)控制、TRIAC调光、远程通/断控制等功能，最大输出功率为50W。具有软启动、延迟自动重启动、开路故障保护、过电流保护(OCP)、短路保护、输入过电压、过电流保护和安全工作区(SOA)保护及过热保护功能，通过有源阻尼电路和无源泄放电路可实现无闪烁调光
	LNK454D～LNK457D、LNK457V～LNK460V	LinkSwitch-PL系列产品，它是专为紧凑型LED照明灯而设计的，能实现超小尺寸、低成本、TRIAC调光、单级PFC及恒流驱动功能。适配85～305V交流输入电压，最大输出功率为16W，功率因数大于0.9
	IRS2548D	带单级式PFC的半桥式驱动器，可驱动40V/1.3A的高亮度LED(HB-LED)灯串，电源效率可达88%。内含变频振荡器和反向耐压为600V的功率MOSFET，具有可编程PFC保护、半桥过流保护和ESD保护功能
	LYT4311～4318	LYTSwitch-4系列产品，带单级PFC和恒流输出控制功能，适配各种TRIAC调光器，恒流精度优于±5%，最大输出功率可达78W，电源效率可达92%以上，LED驱动器的一次侧不需要使用大容量的铝电解电容器，能显著提高LED驱动器在高温环境下的使用寿命

续表

产品分类	型　号	主 要 特 点
数字调光式LED驱动器	MAX16816	输入电压范围是+5.9～76V。最大输出电流为1.33A±5%，电源效率超过90%。采用模拟调光、数字调光均可，在低频条件下调光比可达1000∶1。内部E^2PROM带单线总线(1-Wire)接口，便于与外部单片机(μC)进行通信，实现数字调光
	CAT3637	带单线可编程接口(EZDim™)的6通道可编程LED驱动器，允许用户通过该接口对LED驱动器进行编程及调光控制。它属于高效率电荷泵式LED驱动器，输入电压范围是+2.5～5.5V，电源效率高达92%。支持16级调光输出，在0～30mA范围内以2mA的步进量进行亮度调节。电荷泵可选4种倍压模式：1×、1.33×、1.5×和2×。具有零电流关断模式、软启动、欠电压保护、限流保护、短路保护及热关断功能，微控制器(MCU)通过单线(1-Wire)接口进行编程
	NCP5623	带I^2C接口的3通道RGB-LED驱动器，输入电压范围是+2.7～5.5V，最大总输出电流为90mA，3通道电流的匹配精度可达±0.3%，电源效率可达94%。通过I^2C接口接收微控制器的指令，实现32个电流等级的亮度控制
	LM27965	具有与I^2C总线兼容的接口的荷泵式3组输出式LED驱动器，最多可驱动9只并联的LED，用户能独立控制每组LED的亮度。驱动引脚被划分成3组：第一组能驱动4～5只LED，用于主显示器的背光源；第二组能驱动2～3只LED，用于辅助显示器的背光源；第三组为独立控制的LED驱动器，用于驱动LED指示灯。输入电压范围是+2.7～5.5V，总输出电流为180mA，每只LED的最大电流为30mA，每一只LED驱动电流的匹配精度可达0.3%，开关频率为1.27MHz，最高效率可达91%

续表

产品分类	型 号	主 要 特 点
数字调光式 LED 驱动器	TPS161195	带 SMBus 接口的 8 通道升压式白光 LED 驱动器，输入电压范围是+4.5～21V，可驱动 8 路、总共包含 96 只白光 LED 的灯串，总输出电流为 8×30mA，每路 LED 驱动电流的匹配精度可达±1%，能在 600kHz～1MHz 范围内对开关频率进行编程
	LP3942	带 SPI 接口的电荷泵式 2 通道 LED 恒流驱动器，输入电压范围是+3～5V，最大输出电流为 120mA。输出电压可选 4.5V 或 5.0V。微控制器可通过 SPI 接口对 RGB-LED 的颜色和亮度进行编程
	TLC5943	16 通道、16 位(65 536 步)灰度 PWM 亮度控制 LED 驱动器，输出电流为 50mA，各通道之间的恒流偏差不超过±1.5%。16 个通道均可使用该器件的 7 位亮度控制功能进行调节。用户可通过 30MHz 通用接口进行亮度控制、调节平均电流等级并补偿每只 LED 的亮度变化(即灰度等级)。该产品适用于单色、多色或全彩色 LED 显示屏、LED 广告牌及背景源

第三节　设计 LED 驱动电源注意事项问题解答

413 对大功率 LED 照明驱动电源的基本要求是什么？

对大功率 LED 照明驱动电源的要求可概括为两点：①无论在任何情况下(例如输入电压、环境温度或驱动电压有任何变动)，都能输出恒定的电流；②无论在任何情况下，输出纹波电流都在允许范围之内。因此，一般情况下应采用恒流电源来驱动 LED 灯具。

414 如何划分 LED 驱动芯片保护电路的类型？

LED 驱动芯片保护电路的分类及保护功能详见表 6-3-1。其中，内部保护电路是由芯片厂家设计的，外部保护电路则需用户自行设计。

表 6-3-1　　LED 驱动芯片保护电路的分类及功能

类型	保护电路名称	保护功能
内部保护电路	过电流保护电路	限定功率开关管的极限电流 I_{LIMIT}
	过热保护电路	当芯片温度超过芯片的最高结温时，就关断输出级
	关断/自动重启动电路	一旦调节失控，能重新启动电路，使开关电源恢复正常工作
	欠电压锁定电路	在正常输出之前，使芯片做好准备工作
	LED 开路/短路故障自检电路	防止因 LED 开路或短路而损坏器件
	可编程状态控制器	通过手动控制、微控制器操作、数字电路控制、禁止操作等方式，实现工作状态与备用状态的互相转换
外部保护电路	过电流保护装置（如熔丝管、自恢复熔丝管、熔断电阻器）	当输入电流超过额定值时，切断输入电路
	EMI 滤波器	滤除从电网引入的电磁干扰，并抑制开关电源所产生的干扰通过电源线向外部传输
	ESD 保护电路	防止因人体静电放电（ESD）而损坏关键元器件
	启动限流保护电路	利用软启动功率元件限制输入滤波电容的瞬间充电电流
	漏极钳位保护电路	吸收由漏感产生的尖峰电压，对 MOSFET 功率开关管的漏－源极电压起到钳位作用，避免损坏功率开关管
	瞬态过电压保护电路	利用单向、双向瞬态电压抑制器（TVS），对直流或交流电路进行保护
	输出过电压保护电路	利用晶闸管（SCR）或稳压管限制输出电压
	输入欠电压保护电路	利用光耦合器或反馈绕组进行反馈控制，输入电压过低时实现欠电压保护
	软启动电路	刚上电时利用软启动电容使输出电压平滑地升高
	散热器（含散热板）	给芯片和输出整流管加装合适的散热器，防止出现过热保护或因长期过热而损坏芯片

415 如何划分LED灯具保护电路的类型？

LED灯具保护电路的分类及保护功能见表6-3-2。

表6-3-2 LED灯具保护电路的分类及功能

保护电路名称	保护功能
LED开路保护电路	当某只LED突然损坏而开路时，与之并联的LED开路保护器就由关断状态变成导通状态，起到旁路作用，使灯串上其余的LED能继续工作
LED过电压保护电路	在LED灯串两端并联一只双向瞬态电压抑制器(TVS)，对过电压起到钳位保护作用
LED过电流保护电路	在LED灯串上串联一只正温度系数热敏电阻器(PTCR)，对过电流起到限流保护作用
LED浪涌电流保护电路	在LED灯串上串联一只负温度系数电阻器(NTCR)。当输入电压发生瞬间变化而产生高达上千伏电压或带电插拔LED时，都会在输出端形成浪涌电流；利用NTCR可保护LED免受浪涌电流的损坏；上电后NTCR变为低阻值，可忽略不计
LED浪涌电压保护电路	在LED灯串两端并联一只压敏电阻器(VSR)，对浪涌电压起到钳位作用
LED静电放电(ESD)保护电路	利用ESD二极管、ESD矩阵、TVS、气体放电管等保护器件，避免因人体静电放电而损坏LED
共享式防静电保护电路	在LED显示屏中，由多只LED共享一个保护二极管，以较低的成本和较小的空间对全部LED进行了有效的静电防护，具有占用空间小、成本低、易于实现等优点

416 如何划分LED灯具的安全等级？

灯具不仅要能提供良好的照明，还必须符合安全规范。具体讲，每个灯具都必须是绝缘的，所有可触及的金属部件不得带电。

对于正常运行时带电的部件，必须采取绝缘措施，增加保护套，以免人体接触到这些部件。另外，在发生漏电时还应避免可触及的金属部件带电。

我国制定的灯具标准(GB 7000.1—2007)将安全等级分为4类，但由于0类灯具无接地功能，所提供的防触电保护最低，因此自2009年起我国强制0类灯具退出市场，详细说明参见表6-3-3。低压设施中灯具标志的说明见表6-3-4。

表6-3-3　　我国制定的灯具安全等级说明

安全等级	标准内容	说明
0类灯具(仅适用于普通灯具)	依靠基本绝缘作为防触电保护的灯具。这意味着，灯具的易触及导电部件(如有这种部件)没有连接到设施的固定线路中的保护导线，万一基本绝缘失效，就只好依靠环境了	仅适用于安全程度高的场合，我国自2009年起强制0类灯具退出市场
Ⅰ类灯具	灯具的防触电保护不仅依靠基本绝缘，而且还包括附加的安全措施，即易触及导电部件连接到设施的固定布线中的保护接地导体上，使易触及的导电部件在万一基本绝缘失效时不致带电	用于金属外壳灯具，如投光灯、路灯、庭院灯等，可提高安全程度
Ⅱ类灯具	灯具的防触电保护不仅依靠基本绝缘，而且具有附加安全措施，例如双重绝缘或加强绝缘，没有接地或依赖安装条件的措施	绝缘性好，安全程度高，适用于环境差、人经常触摸的灯具，如台灯、手提灯等
Ⅲ类灯具	防触电保护依靠电源电压为安全特低电压(SELV)，并且其中不会产生高于SELV电压的灯具	灯具安全程度最高，适用于恶劣环境，如机床工作灯、儿童用灯等

表 6-3-4　　低压设施中灯具标志的说明

安全级别	灯具的标志	说明
Ⅰ	保护联结端子的标志用符号⏚	表示保护接地，应将这个端子连接到设施的保护等电位联结上
Ⅱ	采用符号回作标志	“回”字表示采用双重绝缘结构，而不依赖于设施的防护措施，即灯具的防触电保护不仅来自于基本绝缘，同时还具备附加绝缘
Ⅲ	采用符号Ⅲ作标志	防触电保护电源电压不得超过安全特低电压(SELV，50V)，其内部也不会产生大于 50V 的电压；亦可采用普通电池、充电电池供电

417　LED 驱动电源实现无电解电容器有哪些方法?

铝电解电容器的使用寿命仅为几千小时，严重制约了 LED 灯具的工作寿命。因此，实现无电解电容器是 LED 驱动电源的一个发展方向。解决方法主要有以下两种：

(1)用固态电容器代替铝电解电容器。铝电解电容器是以电解液为电介质，受其性能所限制很难满足长寿命 LED 的要求。固态电容器是用高导电性的高分子聚合物取代电解液做电介质的，具有工作稳定、耐高温、寿命长、高频特性好、等效串联电阻(ESR)低、使用安全、节能环保等优良特性，性能远优于铝电解电容器，特别适用于工作条件比较恶劣的 LED 路灯驱动电源。有关固态电容器的性能特点，参见第三章第十三节。

(2)用陶瓷电容器代替电解电容器。某些新型 LED 驱动芯片，无须使用电解电容器。例如，日本 Takion 公司新推出的 TK5401 型 LED 驱动器 IC，输出滤波电容器可采用 1 μF 的小容量、长寿命陶瓷电容器，不需要电解电容器，可将 LED 驱动电源的使用寿命提高到几万小时。

418 如何选择隔离式、非隔离式LED驱动电源的拓扑结构?

(1)隔离式LED驱动电源的选择。所谓隔离式LED驱动电源，是指交流线路电压与LED之间没有物理上的电气连接，因此它属于AC/DC变换器。隔离式驱动电源大多采用AC/DC反激式(Flyback)隔离方案，使用安全，但电路较复杂、成本较高，效率较低。

1)40W以下的隔离式中、小功率LED驱动电源最适合选择反激式变换器。

2)40～100W的隔离式大功率LED驱动电源推荐采用单级PFC电源(将PFC变换器与DC/DC变换器封装成一个芯片)。

3)100W以上的隔离式大功率LED驱动电源建议采用"PFC变换器+LLC半桥谐振式变换器"的单级或两级PFC电源。

在交流输入电压u=85～265V、输出电流I_O=0.3～3A的条件下，3种隔离式拓扑结构的输出功率(P_O)及电源效率(η)适用范围如图6-3-1所示。由图可见，采用LLC半桥谐振拓扑结构时的输出功率最大，电源效率最高。

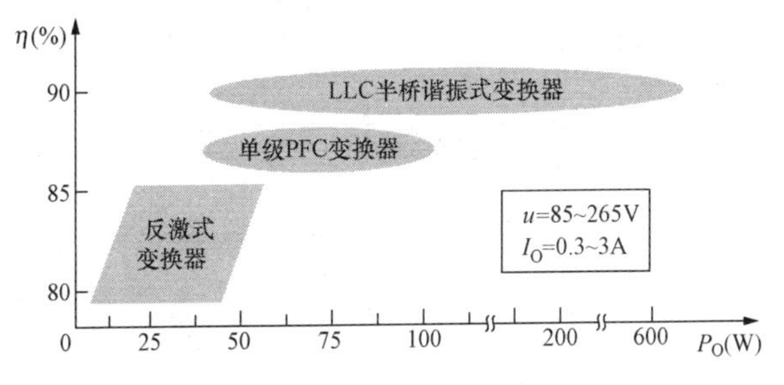

图6-3-1　3种隔离式拓扑结构的输出功率及电源效率适用范围

(2)非隔离式LED驱动电源拓扑结构的选择。根据电源电压与LED负载电压之间的关系，非隔离式LED驱动电源可采用降压式(Buck)或升压式(Boost)DC/DC变换器，电路比较简单，效率较高，成本较低，在低压供电的LED灯具中，按照效率和成本优先的原则，非隔离式方案是最佳选择。

419 电感电流连续导通模式的基本原理是什么？

采用电感电流连续导通模式的降压式LED驱动器，其基本原理如图6-3-2（a）、（b）所示。图中的开关S表示内部MOSFET。正半周时MOSFET导通，相当于S闭合，电路如图（a）所示。电流途径为U_I→LED灯串→L→S（MOSFET）→R_S→地，对电感进行储能，电感电压U_L的极性是上端为正，下端为负，此时VD截止。负半周时MOSFET截止，相当于S断开，由于在电感上产生反向电动势，U_L的极性变成上端为负，下端为正，使得VD导通，电感通过VD→LED灯串泄放能量，维持电感电流I_L的方向不变。因此，无论MOSFET是导通还是截止，电感上始终都有电流通过，且电流方向保持不变。MOSFET的关断时间T_{OFF}可通过外部电阻设定，它是固定不变的，经过T_{OFF}之后MOSFET将被重新开启。

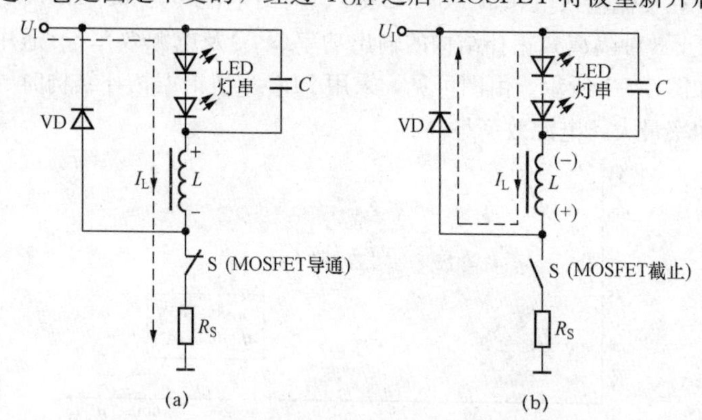

图6-3-2 电感电流连续导通模式的基本工作原理

（a）正半周时S闭合（MOSFET导通）；（b）负半周时S断开（MOSFET截止）

电容器C具有平滑滤波的作用，但对于采用连续电感电流导通模式的LED驱动器而言，亦可省去C。在不考虑输出滤波电容器C的情况下，电感电流的波形如图6-3-3所示。图中T_{ON}、T_{OFF}分别表示MOSFET导通时间和截止时间，$I_{L(PK)}$、$I_{L(AVG)}$、$I_{L(min)}$分别代表电感电流的峰值电流（最大值）、平均值和最小值。因电感的储能过程总是从非零值（$I_{L(min)}$）开始的，故称作电感电流连续导通模式。ΔI_L、$\Delta I_L/2$ 分别表示纹波电流峰-峰值、峰值，$I_{L(AVG)}$ 也就是通过 LED 灯串的平均电流 $I_{LED(AVG)}$。设直流输入电压为 U，续流二极管 VD 的正向导通压降为 U_D，LED 灯串上的总

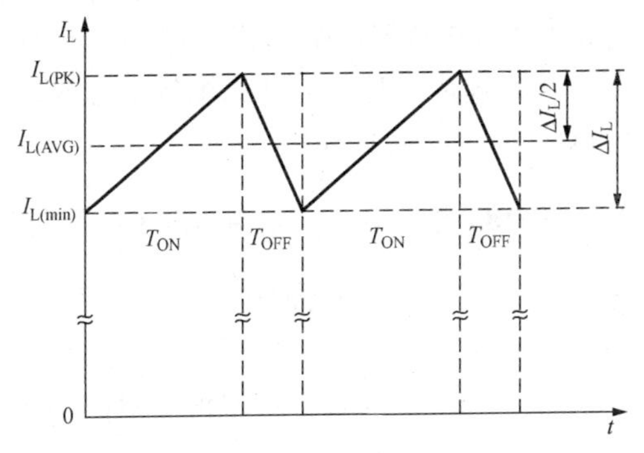

图 6-3-3　电感电流的波形图（不考虑输出滤波电容器 C）

压降为 U_{LED}。当 MOSFET 关断时，有公式

$$U_L \approx U_{LED} - U_D \tag{6-3-1}$$

$$\begin{aligned} I_{LED(AVG)} &= I_{L(AVG)} = I_{L(PK)} - \Delta I_L/2 \\ &= I_{L(PK)} - \frac{T_{OFF}(U_{LED} - U_D)}{2L} \end{aligned} \tag{6-3-2}$$

式（6-3-2）中，$I_{L(PK)}$ 由外部电阻设定，T_{OFF}、U_{LED}、U_D 和 L 均为定值，因此 $I_{LED(AVG)}$ 能保持在恒流状态，这就是电感电流连续导通模式的基本工作原理。

采用连续电感电流导通模式有以下优点：

（1）外围电路简单，使用元器件数量少，可降低 LED 驱动电源的成本。

（2）恒流特性好，恒流精度可达 2%～5%。

（3）通过控制小电流来调节 $I_{LED(AVG)}$，这有利于提高电源效率。

（4）与不连续电感电流导通模式相比，连续电感电流导通模式可提高大功率 LED 驱动电源的效率。

（5）可省去输出滤波电容器，设计成无输出滤波电容器的长寿

命LED驱动电源。输出滤波电容器的主要作用是滤除纹波和噪声，但由于LED灯串的亮度取决于通过灯串的平均电流 $I_{LED(AVG)}$ 值，并不受高频纹波电流的影响，因此只要使输出噪声不超过允许值，即可使用小容量的陶瓷电容器，而不用选择成本高、体积大、寿命短、具有低等效串联电阻（R_{ESR}）的铝电解电容器。铝电解电容器是限制LED灯具寿命的重要因素。

420 设计AC/DC式LED驱动电源时应考虑哪些因素？

设计AC/DC式LED驱动电源时应考虑如下几点：

（1）选择输出功率：应考虑功率等级、LED正向压降 U_F 的变化范围，正向电流 I_F 的目标值与最大值，LED灯的排列方式。LED驱动电源的功率等级可按下述原则选择：

1）小功率LED驱动电源的功率范围是1～12W，主要用于橱窗内照明、台灯及小范围照明灯。

2）中功率LED驱动电源的功率范围是12～40W，主要用于嵌灯、射灯、装饰灯具、冷藏柜及电冰箱灯及LED镇流器。

3）大功率LED驱动电源的功率范围应大于40W，主要用于区域照明、路灯、高效率LED驱动电源（含镇流器）、替代荧光灯及气体放电灯。

（2）选择电源电压：全球通用的交流输入电压范围（85～265V），固定式交流输入电压（例如220V±15%），低压照明电压，太阳能电池电压。

（3）选择调光方式：是否需要采用模拟调光、PWM调光、TRIAC调光、数字调光、无线调光或多级调光方式。住宅照明经常用TRIAC调光方式。

（4）选择照明控制方式：常亮状态、手动控制、定时控制、自动控制（需配环境光传感器和微控制器）。

（5）对功率因数的要求：国际电工委员会（IEC）对25W以上LED照明灯的总谐波失真（THD）的要求，美国“能源之星”对住宅用和商业用LED照明灯的功率因数也分别做出具体要求。作为公用设施的LED路灯及商业用LED照明灯，必须采取功率因数校正措施。

(6) 其他设计要求：电源效率，空载或待机功耗，外形尺寸，成本，保护功能（短路保护、开路保护、过载保护、过热保护等），安全性标准（如“能源之星”固态照明规范，IEC 61347-2-13标准、美国电器质量标准UL1310等），节能标准（如“能源之星”规范），可靠性指标，机械连接方式，安装方式，维修及更换，使用寿命。

(7) 其他特殊要求：例如设计区域照明时需考虑该照明区所要求的功率范围及发光等级、灯杆的高度及间距、LED光通量随环境温度变化等情况。

421 设计太阳能LED照明灯具需注意哪些事项?

太阳能电池与LED同属半导体器件，它们都是由PN结构成的，但前者是把太阳能转换为电能，后者则是将电能转换为光能。太阳能LED照明灯充分体现了太阳能光伏发电技术与LED照明技术的完美结合，是真正意义上的绿色环保照明产品。太阳能LED照明灯是由太阳能电池板、充放电控制器（含光控开关）、蓄电池（或超级电容器）、LED驱动器和LED灯共5部分组成的。设计太阳能供电系统时需注意以下事项：

(1) 太阳能供电系统必须与LED照明灯互相匹配。

(2) LED驱动器应采用升压式变换器。

(3) 由于太阳能电池的输入电能很不稳定，因此需要配蓄电池才能正常工作。目前普遍采用铅酸蓄电池、镍镉（NiCd）蓄电池或镍氢（NiH）蓄电池，但蓄电池的充电次数有限（一般不超过1000次），并且充电速度慢，充电电路复杂，使用寿命短，废弃电池会造成环境污染。因此，中、小功率的LED照明灯可选用超级电容器作为储能元件。

超级电容器（Super Capacitor）是一种能提供强大功率的环保型二次电源，它具有体积小、容量大、储存电荷多、漏电流极小、电压记忆特性好、使用寿命长（充放电循环寿命在50万次以上）、工作温度范围宽（−40～75℃）等特点。超级电容器的耐压值通常为2.5～3V（也有耐压为1.6V的产品）。目前国外生产的超级电容器质量能量密度和容积功率密度比普通蓄电池高两个数量级，容量已达到2.7V/5000F，工作寿命可达90000h。超级电容器可广泛用作太阳能LED照明、工控设备、汽车照明的后备电源或辅助电源。由锦州凯美能源有限公司生产的SP-2R5-J906UY型2.5V/90F超级电容器，其主要技术指标见表6-3-5。表中的R_{ESR}为等效串联电阻。最近该公司还推出HP-2R7-J407UY型2.7V/400F的超级电容器。

例如，将10只2.5V/90F的超级电容器并联使用，可构成2.5V/900F的超级电容器模块，其总等效串联电阻$R_{ESR}=8m\Omega/10=0.8m\Omega$，完全可忽略不计。若令充电电流$I_1=500mA$，则充电时间$t_1$为

$$t_1=\frac{CU}{I_1}=\frac{900F\times2.5V}{500mA}=4500s$$

表6-3-5　SP-2R5-J906UY型超级电容器的主要技术指标

额定电压（V）	标称容量（F）	R_{ESR}的典型值（1kHz，mΩ）	外型尺寸（mm）	热缩管颜色	引脚距离（mm）	引线直径（mm）
2.5	90	8	ϕ22×54	宝石蓝	10±0.5	1.5±0.05

设放电电流$I_2=100mA$，当超级电容器模块从2.5V降至0.6V时可视为放电结束，放电时间t_2为

$$t_2=\frac{C\Delta U}{I_2}=\frac{900F\times(2.5V-0.6V)}{100mA}=17100s=4.75h$$

（4）太阳能电池组件的额定输出功率至少应比LED灯具输入功率大一倍。受超级电容器容量所限，目前它仅适用于草坪灯、门厅灯等小功率LED照明灯具。

第四节　LED调光技术问题解答

422　LED驱动器有几种调光方式?

LED照明灯主要有以下5种调光方式：

（1）模拟调光（Analog Dimming）。

（2）PWM调光（Pulse Width Modulation Dimming）。

（3）数字调光（Digital Dimming）。

（4）TRIAC调光，即双向晶闸管调光（旧称三端双向可控硅调光）。

（5）无线调光（Wireless Dimming）。

其中，数字调光是微控制器通过单线接口、I^2C、SMBus、SPI等串行接口给LED驱动器发出数字信号，来调节LED照明灯的亮度，可实现渐进调光（Gradual Dimming）。渐进调光是一种连续的调光方式，使电流I_{LED}以指数曲线形式逐渐增加，能很好地补偿人眼的敏感度。此外，还可利用数字电位器和单片机实现数字调光。无线调光是在数控恒流驱动器的基础上增加红外遥控发射器、红外遥控接收器来进行调光的。

423 模拟调光有何优点？

模拟调光亦称线性调光（Linear Dimming）。模拟调光可利用直流电压信号使LED驱动器的输出电流连续地变化，从而实现对LED的线性调光。其特点是调光信号为模拟量，并且输出电流是连续变化的，使LED的亮度能连续调节。模拟调光比最高只能达到50∶1，一般在10∶1以下。模拟调光的优点是电路简单，容易实现，操作方便，无闪烁现象，能避免TRIAC调光产生的闪烁，成本低廉，可通过调节直滑推拉式线性电位器的电阻值，来改变通过LED的电流，进而调节LED的亮度。

424 模拟调光有何缺点？

模拟调光主要有以下缺点：

（1）当电流发生变化时会造成LED的色偏，因为LED的色谱与电流有关，所以会影响白光LED的发光质量。举例说明，目前白光LED都是用蓝光LED激发荧光粉而产生的，当正向电流增大时，蓝光LED的亮度增加而荧光粉厚度并未按相同的比例变薄，致使其光谱的主波长增大，当正向电流变化时会引起色温的变化。对于RGB-LED背光源，则会引起色彩偏移（简称色偏）。由于人眼对色偏非常敏感，因此RGB-LED背光源无法采用模拟调光方式。

（2）模拟调光的范围较窄，例如MT7201型LED恒流驱动器的模拟调光电压允许范围是0.3～2.5V，调光比仅为2.5V∶0.3V＝8.3∶1＜10∶1；SN3910型HB-LED恒流驱动控制器的调光比为240mV/5mV＝48∶1；远低于PWM的调光比，后者可达几百至几千倍。模拟调光仅适用于某些特定的场合，例如LED路灯所需调光范围有限，采用简单的模拟调光方法即可满足要求。

（3）由于模拟调光时LED驱动器始终处于工作状态，而LED驱动器的转换效率随输出电流的减小而迅速降低，因此采用模拟调光会增加电源系统的功率损耗。

425 模拟调光的基本原理是什么？

以电感电流连续导通模式的降压式LED驱动器为例，模拟调光的基本原理如图6-4-1所示。它属于自激式降压变换器，主要包括以下5部分：①由运算放大器A、MOS场效应管V_2（P沟道管）和R_{SET}（LED平均电流设定电阻）组成的镜像电流源，其输出电流I_H是LED灯串平均电流$I_{LED(AVG)}$的镜像电流（因图6-4-1中未使用输出电容器，故I_{LED}需用平均电流表示），二者存在确定的比

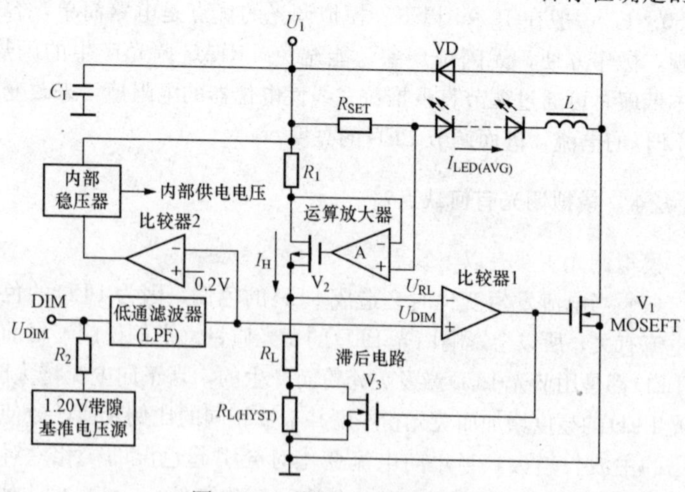

图6-4-1　模拟调光的基本原理

例关系，令 k 为比例系数，则 $I_H=kI_{LED(AVG)}$；仅当 $k=1$ 时 $I_H=I_{LED(AVG)}$。由于一般情况下 $k\ll1$，因此可将大电流 $I_{LED(AVG)}$ 按比例转换成小电流 I_H，使取样电流值大大减小。R_1 为镜像电流源的内部电阻。镜像电流源的输入端接 U_1，输出端经过内部电阻 R_L、$R_{L(HYST)}$ 接地，R_L 为镜像电流源的负载电阻。镜像电流源的控制电压取自 R_{SET} 两端的压降。②模拟调光信号 U_{DIM} 的输入电路，包括1.20V带隙基准电压源（它经过电阻 R_2 给模拟调光信号输入端DIM提供1.20V的偏置电压），低通滤波器LPF（用于滤除高频干扰）。③恒流控制电路，由比较器1、N沟道MOSFET功率开关管 V_1 和滞后电路（包含N沟道MOS场效应管 V_3、设定负载滞后量的电阻 $R_{L(HYST)}$）组成。④内部电源关断控制电路，它包含内部稳压器和比较器2。⑤用于维持输出电流恒定的电感器 L、LED灯串及超快恢复二极管（或肖特基二极管）VD。

由图6-4-1可见，当 $U_{DIM}>U_{RL}$ 时，比较器1输出高电平，使功率开关管 V_1 导通，流过LED的电流 $I_{LED(AVG)}$ 线性地增大，$I_{LED(AVG)}$ 通过镜像电流源使 I_H 也同步的线性增加，进而使 U_{RL} 升高。当 $U_{RL}>U_{DIM}$ 时，比较器1输出低电平，将 V_1 关断，流过LED的电流 $I_{LED(AVG)}$ 按照线性规律减小，使 V_3 截止。由于 $R_{L(HYST)}$ 串联在 R_L 上，这就抬高了比较器1的反馈电压 U_{RL}，以便使比较器1的输出保持为低电平。随着 $I_{LED(AVG)}$ 线性地减小，U_{RL} 也随之降低，直到 $U_{RL}<U_{DIM}$ 时进入下一个振荡周期。因为流过LED的电流 I_{LED} 是锯齿波，其平均电流 $I_{LED(AVG)}$ 与比较器1的电压阈值（即 U_{DIM}）成正比。因此改变 U_{DIM} 即可改变 $I_{LED(AVG)}$，最终达到模拟调光之目的。

比较器1的滞后电路由 V_3 和 $R_{L(HYST)}$ 组成，其作用类似于施密特触发器。当 $U_{DIM}>U_{RL}$ 时，比较器1输出为高电平，使 V_3 导通，将 $R_{L(HYST)}$ 短路，此时滞后电路不起作用。一旦 $U_{RL}>U_{DIM}$，比较器迅速翻转后输出为低电平，使 V_3 截止，滞后电路起作用，使 U_{RL} 进一步升高，直到 $U_{DIM}>U_{RL}$，比较器1才能输出高电平，令 V_3 导通，滞后电路失效。因此，滞后电路可使 U_{RL} 形成锯齿波电压，能避免比较器及 V_1 频繁地动作。

图 6-4-1 中，模拟调光信号 U_{DIM} 的允许输入范围是 0.3～2.5V。1.20V 带隙基准电压源经过电阻 R_2 给 DIM 端提供偏置电压。不进行模拟调光时 DIM 端为开路，该端被偏置到 1.20V，以保证 LED 能正常发光。此外，U_{DIM} 还被送至内部电源控制电路，当 U_{DIM}<0.2V 时，芯片进入待机模式，内部电源掉电，使功率开关管 V_1 关断并切断 LED 上的电流。仅当 U_{DIM}＝0.25V>0.2V 时，才允许芯片工作。

模拟调光时输出平均电流 $I_{LED(AVG)}$ 与模拟调光信号 U_{DIM} 的特性曲线示例如图 6-4-2 所示。图中的实线和虚线分别对应于电流检测电阻 R_{SET}＝0.1（最小值）、0.2Ω 时的 $I_{LED(AVG)}$-U_{DIM} 曲线。由图可见。当 U_{DIM}≥0.3V 时，$I_{LED(AVG)}$ 随 U_{DIM} 的升高而线性地增大。当 DIM 端悬空、L＝47μH、$I_{LED(AVG)}$＝1A，驱动 1 只正向压降为 3.2V 的白光 LED 时，开关频率为 300kHz（典型值）。最高开关频率可达 1MHz 左右。

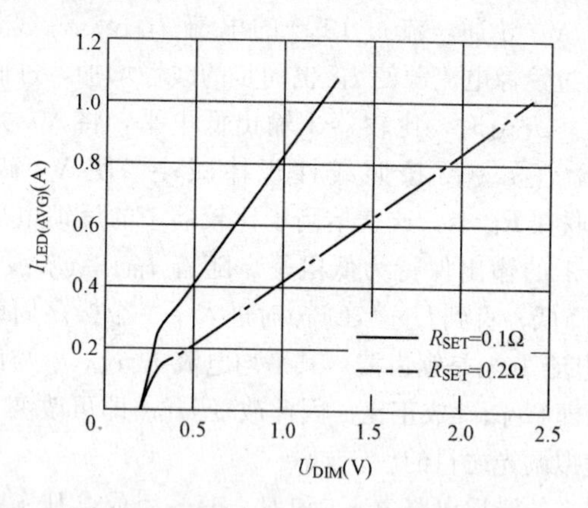

图 6-4-2　$I_{LED(AVG)}$ 与 U_{DIM} 的特性曲线示例

设计模拟调光电路时可将一个稳定电压经过精密电阻分压器获得所需的 U_{DIM}，供模拟调光使用。调光用电位器的调压范围应能覆盖 0.3～2.5V，并应留出一定余量。亦可用按键式数字电位器来代替机械电位器。从调光效果看，使用对数电位器要比线性电位器更符合人眼的感光特性。

426 试给出一个模拟调光的应用实例。

MT7201属于连续电感电流导通模式的降压式恒流LED驱动器，能驱动32W大功率白光LED灯串。其输入电压范围是+7～40V，最大输出电流为1A，输出电流控制精度为2%，静态电流小于50μA，电源效率最高可达97%（电源效率与输入电压、LED的数量有关）。MT7201的工作原理与图6-4-1基本相同，主要增加了过电流保护（OCP）、欠电压（UVLO）保护等功能。它具有LED通/断控制、模拟调光、PWM调光、LED开路保护等功能，适用于车载LED灯、LED备用灯和LED信号灯。

MT7201的典型应用电路如图6-4-3所示，最多可驱动10只大功率白光LED。它采用SOT89-5封装。LX为功率开关管的漏极引出端。ADJ为通/断控制、模拟调光或PWM调光的多功能控制端，不调光时该端应悬空。I_{SENSE}为输出电流设定端，接外部电阻R_{SET}用于设定LED的平均电流$I_{LED(AVG)}$。C为输入电容器，L为电感器，VD为超快恢复（或肖特基）二极管。

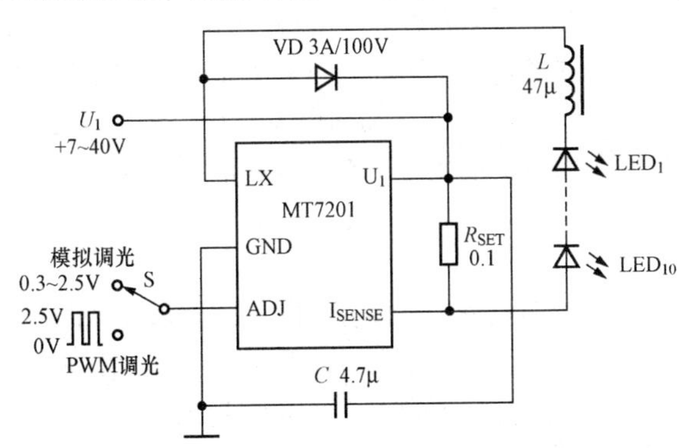

图6-4-3 MT7201的典型应用电路

当ADJ端悬空或U_{ADJ}=2.50V时，$I_{LED(AVG)}$的计算公式为

$$I_{LED(AVG)} = 0.1V/R_{SET} \tag{6-4-1}$$

例如，当R_{SET}=0.286、0.133、0.1Ω时，可计算出$I_{LED(AVG)}$分别为350、750mA和1A，可驱动标称正向电流分别为350、

750mA 和 1A 的大功率白光 LED 灯。R_{SET}的最小值为 0.1Ω，所对应的 $I_{LED(max)}=1A$（此时 LED 亮度达到 100%），I_{LED}的极限值为 1.2A。当 $I_{LED(AVG)}\leqslant 500mA$ 时，调节 $I_{LED(AVG)}$ 的范围是(25%~200%) $I_{LED(AVG)}$。假如 LED 开路，电感 L 就与 LX 端断开，使控制环路无电流通过，从而起到保护作用。当 $U_{ADJ}<0.2V$ 时，将功率开关管 V_1 关断。

MT7201 有多种调光方式，可通过开关 S 进行选择：①利用 0.3~2.5V 直流电压进行模拟调光；②利用 0~1.2V 的 PWM 信号调光；③利用高低电平实现 PWM 信号调光。

427 设计模拟调光式 LED 驱动器时应注意哪些事项？

以图 6-4-3 所示 MT7201 的典型应用电路为例，设计时应注意下列事项：

(1) 输入电容器 C 应采用低等效串联电阻（ESR）的电容器。输入为直流电压时，C 的最小值为 4.7 μF，建议使用 X5R、X7R 系列陶瓷电容器。在交流输入或低电压输入时，C 应采用 100 μF 的钽电容器。C 要尽可能靠近芯片的输入引脚。

(2) 电感 L 的推荐值范围时 27~100 μH。其饱和电流必须比最大输出电流高 30%~50%。输出电流越小，所用电感量就越大。在输出电流满足要求的前提下，电感量取得大一些，恒流效果会更好。在设计 PCB 时 L 应尽量靠近 U_I、LX 端，以避免引线电阻造成功率损耗。

(3) 为提高转换效率，二极管 VD 可选择 3A/50V 的超快恢复二极管或肖特基二极管，其正向电流及耐压值视具体应用而定，但必须留出 30%的余量，以便能稳定、可靠地工作。

(4) 如果需要减小输出纹波，在 LED 两端并联一只 1 μF 电容器，能将输出纹波减小 1/3 左右。适当增大输出电容器并不影响驱动器的工作频率和效率，但会影响软启动时间及调光频率，这是因为 MT7201 属于自激式变换器的缘故。

(5) 合理的 PCB 布局对保证驱动器的稳定性以及降低噪声至关重要。R_{SET}两端的引线应短捷，以减小引线电阻，保证取样电流的准确度。使用多层PCB板是避免噪声干扰的一种有效办法。MT7201的PCB散热器铜箔面积要尽可能大一些，以利于散热。

428 PWM调光有何优点？

PWM调光是利用脉宽调制信号反复地开/关（ON/OFF）LED驱动器，来调节LED的平均电流。与模拟调光方法相比，PWM调光具有以下优点：

（1）无论调光比有多大，LED一直在恒流条件下工作。

（2）颜色一致性好，亮度级别高。在整个调光范围内，由于LED电流要么处于最大值，要么被关断，通过调节脉冲占空比来改变LED的平均电流，所以该方案能避免在电流变化过程中出现色偏。

（3）能提供更大的调光范围和更好的线性度。PWM调光频率一般为200Hz（低频调光）～20kHz以上（高频调光），只要PWM调光频率高于100Hz，就观察不到LED的闪烁现象。

（4）低频调光时的占空比调节范围最高可达1%～100%。PWM调光比最高可达5000∶1。

（5）多数厂家生产的LED驱动器芯片都支持PWM调光。这分下述3种情况：只带PWM调光输入引脚，没有模拟调光引脚；给PWM调光、模拟调光分别设置一个引脚；与模拟调光共用一个调光输入引脚。

（6）采用PWM调光时，LED驱动器的转换效率高。

429 PWM调光有何缺点？

PWM调光的主要缺点为：①需配PWM调光信号源，使其成本高于模拟调光；②若PWM信号的频率正好处于200Hz～20kHz之间，LED驱动器中的电感及输出电容器会发出人耳听得见的噪声。高端照明系统的调光频率应高于20kHz，但高频调光会减小LED驱动器的调光范围。

430 PWM调光有几种实现方案？

利用PWM信号调光有3种方式：①直接用PWM信号控制；

②通过晶体管（或MOSFET）进行控制（高电平为1，低电平为0）；③利用微控制器（MCU）产生的PWM信号进行控制。

431 PWM信号调光有几种方式？

以降压式恒流LED驱动器MT7201为例，3种PWM信号调光方式分别如图6-4-4（a）～（c）所示。PWM调光端一般用ADJ（或PWM）表示，也有的芯片与模拟调光合用一个调光引脚DIM。PWM调光频率应在100Hz以上，以避免人眼观察到LED闪烁现象。

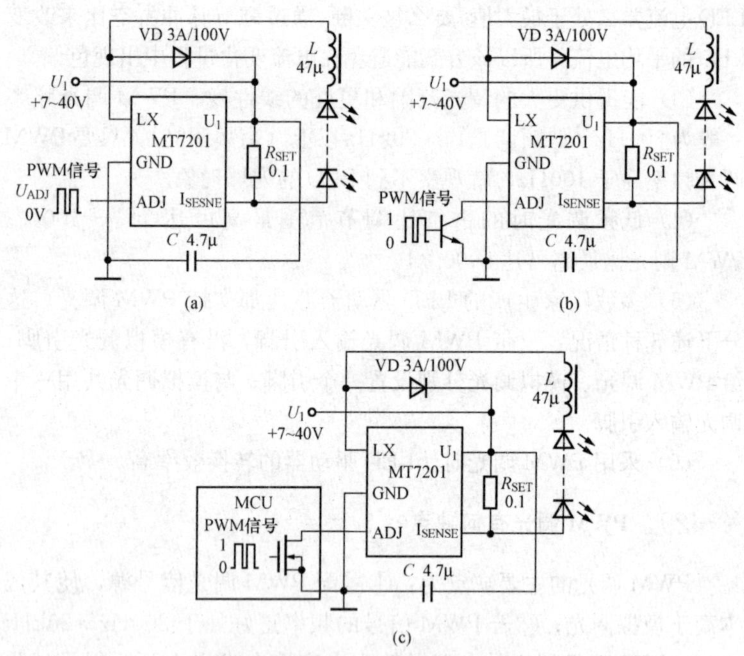

图6-4-4 PWM信号调光方式

（a）直接用PWM信号控制；（b）通过晶体管进行控制；（c）用微控制器产生的PWM信号进行控制

432 怎样计算PWM调光时的调光比？

在PWM调光时，设LED平均电流的最大值、最小值分别为

$I_{LED(max)}$、$I_{LED(min)}$，最大占空比和最小占空比依次为 D_{max}、D_{min}，有公式

$$I_{LED(max)} = D_{max} I_{LED} \tag{6-4-2}$$

$$I_{LED(min)} = D_{min} I_{LED} \tag{6-4-3}$$

$$\text{调光比} = D_{max}/D_{min} \tag{6-4-4}$$

举例说明，某LED驱动器低频调光时，$D_{max}=100\%$，$D_{min}=0.1\%$，则调光比为1000∶1；而高频调光时，$D_{max}=100\%$，$D_{min}=16\%$，则调光比减小到6.25∶1。

433 TRIAC调光有何优缺点？

由于传统的白炽灯、荧光灯普遍采用双向晶闸管（TRIAC）调光器，因此要推广LED照明，就面临着如何与TRIAC调光器兼容的问题。这表明，要利用传统的TRIAC调光器调节LED亮度，就必须满足两个条件：第一，保留原调光器不变；第二，确保调光效果不变。

TRIAC调光的主要优点是电压调节速度快，调光精度高，调光比可达100∶1，调光参数能够分时段、实时地调整，体积小，成本低。其主要缺点是由于TRIAC调光工作在斩波方式，调光器无法实现正弦波电压输出，因此会出现大量的谐波，造成电磁干扰（EMI）。因此，TRIAC调光会导致电源效率和功率因数的降低。

434 TRIAC调光的基本原理是什么？

TRIAC调光器的典型电路图6-4-5所示。TRIAC的特点是只要在其控制极加上适当的触发脉冲，无论在交流的正半周还是负半周均可导通。由调光电位器RP、电阻 R 和电容器 C 组成延迟启动电路，在交流电的正半周，电源通过RP和 R 给 C 充电，当 C 的电压上升至DIAC的正向转折电压 U_{BO} 时DIAC导通，进而触发TRIAC导通。负半周时，C 的电压上升至DIAC的反向转折电压 U_{BR} 时DIAC立即导通，然后触发TRIAC导通。调节RP滑动端的位置，可改变充电时间常数。例如滑动端越向下移动，延迟启动时间

越长。RP可选直推式或旋转式线性电位器，其阻值变化与滑动距离或转角呈线性关系。对于功率较大的调光器，一般将电位器和电源开关分开安装。TRIAC调光器的导通角θ越小，负载上的平均电流越小，LED的亮度越低，从而达到了调光目的。R为保护电阻，防止当RP调零时，因触发电流过大而损坏DIAC。但R的阻值不宜太大，否则会造成调光范围变窄。

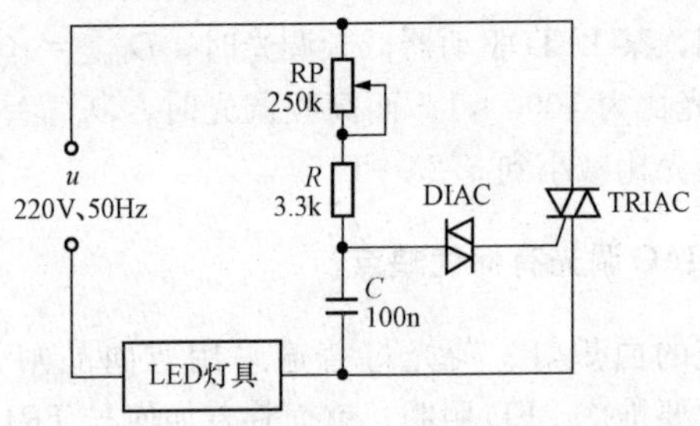

图 6-4-5 TRIAC调光器的典型电路

TRIAC调光亦称相位调光，其基本原理是通过控制TRIAC的导通角，对输入交流正弦波电压进行斩波，以降低输出电压的平均值，再通过LED驱动器控制LED灯的电流，从而实现调光目的。TRIAC调光的工作波形图6-4-6所示。图中，u为输入的交流正弦波，U_{G1}、U_{G2}分别为正、负半周时TRIAC的触发脉冲，U_T经过斩波后送至LED恒流驱动器。阴影区代表斩波后的电压波形，控

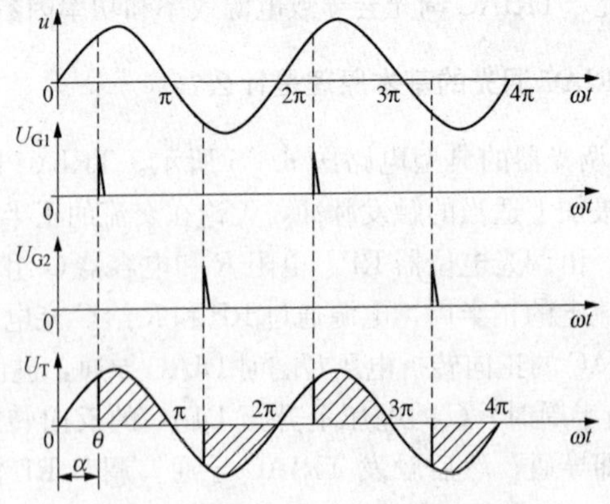

图 6-4-6 TRIAC调光的工作波形

制角 α 表示从零开始到触发脉冲到来时所经历的相位角，导通角 θ 则表示在 TRIAC 开始导通时刻所对应的相位角。

TRIAC 调光器在 LED 照明中的典型应用电路图 6-4-7 所示。它包括 5 部分：TRIAC 调光器，恒流式 LED 驱动电源，LED 灯负载，电源开关 S，熔丝管 FU。

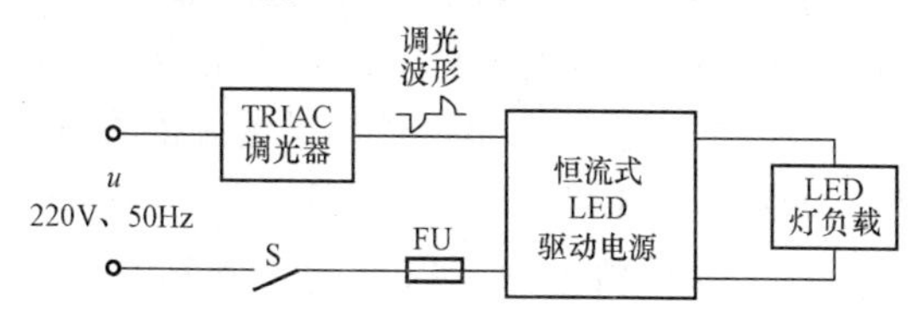

图 6-4-7　TRIAC 调光器在 LED 照明中的典型应用电路

435 TRIAC 调光的关键技术是什么？

LED 调光的关键技术是解决 LED 驱动器与 TRIAC 调光器的兼容问题。这是因为原有 TRIAC 调光器接的是白炽灯或卤化物灯这类电阻性负载。LED 灯并不属于电阻性负载，如果直接用 TRIAC 调光器来调节 LED 灯的亮度，LED 就容易出现闪烁问题。其主要有以下 3 种原因：

（1）按照传统设计，为降低 LED 灯串的功率损耗，LED 灯串的总电流必须小于调光器内部 TRIAC 的维持电流，但这会使调光范围变窄，或导致 TRIAC 被误关断而使 LED 出现闪烁。

（2）当 TRIAC 开始导通时，较大的浪涌电流对输入电容器 C_2 快速充电，会造成线电压的瞬间跌落；而 LED 驱动电源属于恒流驱动源，具有较高的阻抗，此时受电源等效电感（含高频变压器）和等效电容的影响，在线路上可能会产生大幅度的衰减振荡（振铃），使输入电流突然下降到零，导致 TRIAC 在半周期结束前就非正常地关断，造成 LED 闪烁。

（3）如果 TRIAC 在每个半周期的导通角不相同，LED 灯就会因正向电流发生变化而出现闪烁。

436 前沿触发式和后沿触发式TRIAC调光器有何区别？

TRIAC调光器分两种，一种为用前沿（上升沿）触发式相位控制TRIAC调光器，简称前沿切相TRIAC调光器；另一种是后沿（下降沿）触发式相位控制TRIAC调光器，简称后沿切相TRIAC调光器。前沿TRIAC调光器的交流输入电压、电流典型波形如图6-4-8（a）所示，图6-4-8（b）给出了整流桥的输出电压、电流典型波形。此例中，TRIAC的导通角$\theta=90°$。后沿TRIAC调光器的交流输出电压及电流的典型波形如图6-4-9所示。此例中，TRIAC的导通角θ仍为90°。

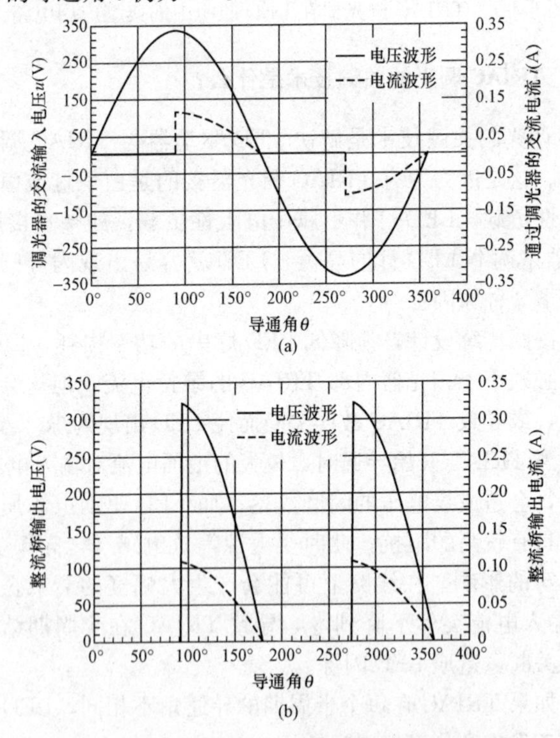

图6-4-8 前沿TRIAC调光器及整流桥的典型波形
（a）前沿触发式TRIAC调光器的交流输入电压、电流波形；（b）整流桥的输出电压、电流波形

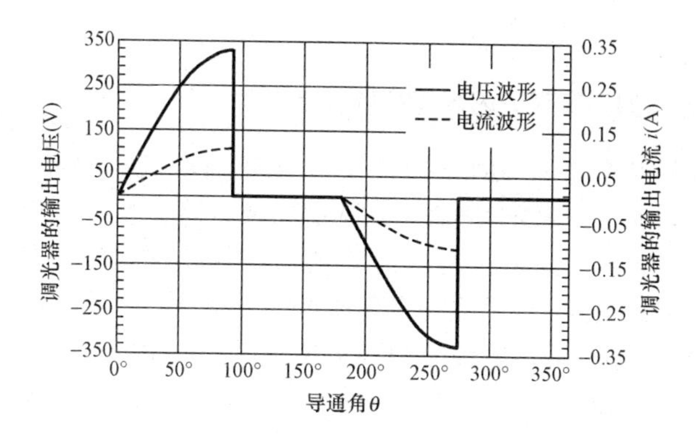

图 6-4-9　后沿 TRIAC 调光器的交流输出电压及电流的典型波形

437　使用前沿 TRIAC 调光器有何注意事项？

使用前沿 TRIAC 调光器应注意如下几点：

（1）调光噪声主要是由输入电容、EMI 滤波器中的串模电感和高频变压器产生的。输入电容及串模电感要承受很高的电流上升率（di/dt）和电压上升率（du/dt），在每个交流电的半周期内，当 TRIAC 被触发以及浪涌电流给输入电容器充电时，都会产生噪声。选择薄膜电容器或陶瓷电容器、减小输入电容器的容量、减小电感器的尺寸并设计成短而宽的外形，可使噪声降至最低。

（2）高频变压器也是一个噪声源，在磁通密度相同的情况下，选择 RM 型磁心要比 EE 型磁心的噪声小。降低磁心的磁通密度也能降低噪声。将最大磁通密度（B_{M}）减小到 0.15T，通常情况下能消除各种音频噪声。

（3）温度对 LED 寿命的影响。随着照明用的密封式 LED 驱动电源输出功率不断增大，所面临环境温度的挑战也更加严峻。因为环境温度直接影响 LED 驱动电源及 LED 灯的寿命。与白炽灯的环境温度相比，LED 驱动电源的局部环境温度更高，散热空间更小。国外实验表明，环境温度每升高 10℃，LED 驱动电源及 LED 灯的使用寿命就会缩短一半。因此，正确设计散热器至关重要。

438 如何实现无闪烁 TRIAC 调光?

为实现无闪烁 TRIAC 调光，可采用有源阻尼电路（Active Damper，亦称有源衰减电路）和无源泄放电路（Passive Bleeder）。美国国家半导体公司（NSC）生产的 LM3445 支持 TRIAC 调光的 LED 驱动控制器，芯片内部有导通角检测器及译码器，对 TRIAC 的斩波信息进行译码后获得 LED 调光信号，可在 0～100%的调光范围内实现无闪烁调光，调光比为 100∶1。TRIAC 的导通角范围是 45°～135°。当线路电压过低时，由泄放电路给 TRIAC 提供维持电流，确保 TRIAC 维持在导通状态。

上述电路可确保在 TRIAC 导通期间的所有相位角范围内，实现无闪烁调光，并防止 TRIAC 因 LED 驱动电源出现振铃而被误关断。

439 什么是有源阻尼电路?

有源阻尼电路如图 6-4-10 所示，它包含晶体管等有源器件。电路由 R_1～R_5、VD、晶体管 VT、C_1、稳压管 VD_Z（其稳压值为 U_Z）、N 沟道 MOS 场效应管 V 及阻尼电阻 R_5 构成的，MOS 场效应管与 R_5 相并联。该电路可等效于延时开关，当 TRIAC 调光器对 C_2 充电时可对浪涌电流和振铃的形成起到阻尼作用。当 TRIAC

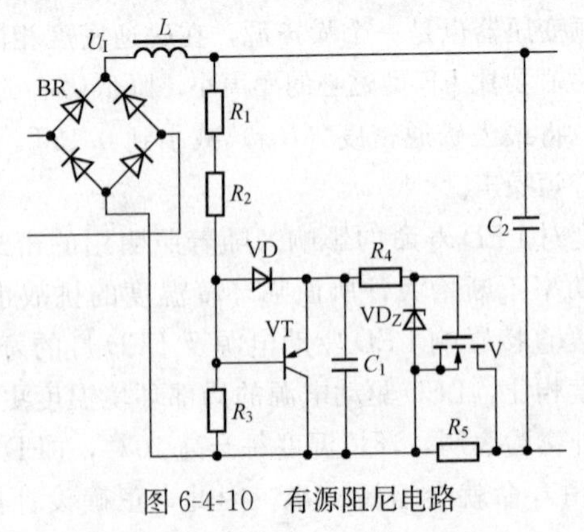

图 6-4-10 有源阻尼电路

刚开始导通时，利用 R_5 对浪涌电流起到阻尼作用，可大大降低浪涌电流的上升率（di/dt）。与此同时，U_I 通过 L、R_1、R_2 和 VD 对 C_1 进行充电，使 V 的栅极电位不断升高。经过一段延迟时间后 V 导通并将 R_5 短路，使 R_5 的功耗接近于零。延时电路由 R_1、R_2 和 C_1 构成，若忽略 VD 的内阻，则充电时间常数 $\tau=(R_1+R_2)C_1$。增大 R_1、R_2 的电阻值，可增加延迟导通时间，使有源阻尼电路能适应各种不同性能的 TRIAC 调光器。但为了提高电源效率，延迟时间应尽量短，一般为 1ms 左右。晶体管 VT 的作用是在 TRIAC 关断时给 C_1 放电。利用稳压管 VD_Z，可对 MOS 场效应管的栅极电压进行钳位保护。

如果所用 TRIAC 调光器本身带过零检测电路，能使浪涌电流和线电压上的振铃最小化，即可省去有源阻尼电路和无源泄放电路。

440 智能化 LED 驱动器有何特点？

智能化 LED 驱动器的特点如下：

（1）智能化 LED 驱动器的特点是带单线接口、I^2C 接口、SMBus 接口、SPI 接口等串行接口，也有的芯片带串入、并出接口。利用微控制器能实现数字调光及功能扩展。

（2）智能化 LED 驱动器适配微控制器实现 LED 驱动电源的智能化。采用智能化 LED 驱动技术，再配上温度传感器（NTCR 或集成温度传感器）、数字式环境亮度传感器（如 HSDL-9000）或智能环境光传感器（如 NOA1211），不仅能根据驱动电压、环境温度、环境亮度的变化将每只 LED 的电流控制在最佳值，还能完成自适应数字调光（调光比最高可达 3000∶1）、逐点校正、颜色控制、多重保护、平板显示器监控等复杂功能。

（3）智能化 LED 驱动器适合构成大型 LED 驱动电源系统，便于实现散热管理，进而组成智能化的电源管理系统（PMS）。

441 智能化 LED 驱动器有哪些典型产品？

智能化 LED 驱动器的典型产品见表 6-4-1。

表 6-4-1 智能化 LED 驱动器的典型产品

接口类型	典型产品型号及名称	生产厂家
单线（1-Wire）接口	MAX16816（带单线接口的可编程 HB-LED 驱动器）	美国美信（MAXIM）公司
	CAT3637（带单线接口的 6 通道可编程 LED 驱动器）	美国 Catalyst 半导体公司
I^2C 接口	NCP5623（带 I^2C 接口并具有“渐进调光”功能的 3 通道 RGB-LED 驱动器）	美国安森美半导体（ON Semiconductor）公司
	LM27965（与 I^2C 接口兼容的电荷泵式 3 组输出式 LED 驱动器）	美国国家半导体公司（NSC）
	ADP8860（带 I^2C 接口的电荷泵式 7 通道 LED 驱动器）	美国模拟器件公司（ADI）
SMBus 接口	TPS61195（带 SMBus 接口的 8 通道白光 LED 驱动器）	美国德州仪器公司（TI）
	MAX7302（与 I^2C/SMBus 接口兼容的 LED 驱动器）	美国美信公司
SPI 接口	LP3942（带 SPI 接口和电荷泵的全彩色 RGB-LED 驱动器）	美国国家半导体公司
	NLSF595（带 SPI 接口的 RGB-LED 驱动器）	美国安森美半导体公司
	MAX6977（带 SPI 接口的 8 通道 LED 驱动器）	美国美信公司
其他接口	MAX6978（带 4 线串行接口、LED 故障检测和看门狗“Watchdog”的 8 通道 LED 驱动器）	美国美信公司

第五节　LED温度补偿技术问题解答

442　为什么要利用温度补偿电路来保护大功率LED照明灯？

大功率LED照明灯一般采用恒流驱动器，其输出电流不随输入电压、负载及环境温度的改变而变化。但是当LED所处环境温度高于安全工作点温度时，LED的正向电流就会超出安全区，使LED的寿命大为降低甚至损坏。这正是恒流驱动器的不足之处，因为维持输出电流不变只会促使LED的温度进一步升高。解决方法是利用温度补偿电路来不断减小LED的正向电流值，避免LED因温度过高而损坏。因此，对大功率LED驱动器的输出电流进行温度补偿，能提高LED工作的稳定性和使用寿命。

443　大功率LED温度补偿的基本原理是什么？

大功率LED温度补偿的基本原理是一旦出现异常情况使LED温度过高时，LED驱动器能根据热敏电阻器检测到的温度，自动降低输出电流值，确保LED工作在安全区域之内，这就从根本上解决了LED过热损坏或使用寿命降低的难题，从而大大提高了LED灯具的可靠性与安全性；当温度降低到安全区域时，LED驱动器的输出电流能自动回升到正常值。显然，这种带温度补偿功能的LED驱动器芯片属于具有自动实时控制的“智能化”芯片，它不仅代表了高端LED驱动器的发展方向，而且具有重要的实用价值。

带温度补偿的LED驱动器的工作特点是当LED所处环境温度低于安全工作点温度时，LED驱动器工作在恒流区；一旦超过安全工作点温度，就立即进入温度补偿区，此时LED驱动器不仅能根据温升自动调低输出电流，还可通过电阻预先设定好安全工作点温度和曲线的斜率。这种带温度补偿的大功率LED驱动器输出电流（I_O）与LED所处环境温度（T_A）的关系曲线如图6-5-1所示。

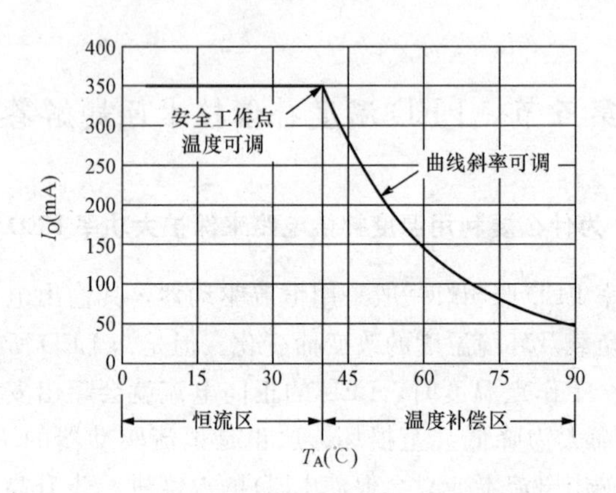

图 6-5-1 带温度补偿的 LED 驱动器输出电流与 LED 所处环境温度的关系曲线

这也是高端 LED 驱动器的一个显著特点。

444 试给出大功率 LED 温度补偿电路的应用实例。

美国矽恩（SI-EN）微电子有限公司于 2009 年在世界上率先推出带温度补偿的 LED 驱动器 SN3352。SN3352 内部集成了温度补偿电路，适配外部的负温度系数（NTC）热敏电阻器来检测 LED 所处的环境温度 T_A，NTC 热敏电阻器就放在 LED 灯具内靠近 LED 的位置上。SN3352 通过不断地测量它的电阻值 R_{NTC}，即可实时获取 LED 芯片的温度信息。R_{NTC} 值随 T_A 的升高而逐渐减小，当 R_{NTC} 值与温度补偿起始点设定电阻 R_{TH} 的阻值相等时，SN3352 就开始减小输出的平均值电流，起到温度补偿作用。当 T_A 降低到安全值时，平均值电流又自动恢复成预先设定好的恒流值。

SN3352 的典型应用电路如图 6-5-2 所示。输入电压 U_I＝＋6～40V。C_1 为输入端的旁路电容器。假如前级为电源变压器输出的 12V 交流电，再经过整流滤波器获得直流电压，由于纹波电压较大，C_1 的容量应大于 200 μF，推荐采用 X5R、X7R 系列电解电容器，普通电解电容器不适合用作退耦电容，以免影响 SN3352 的工

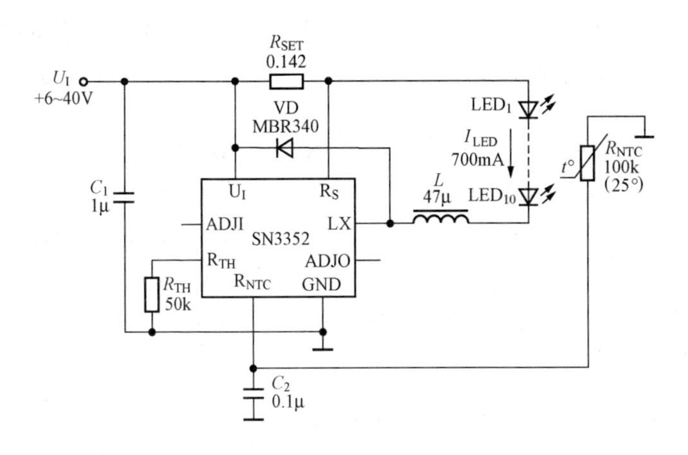

图 6-5-2 SN3352 的典型应用电路

作稳定性。C_2 为 R_{NTC}端的消噪电容器。LED 灯串由 10 只 1W 白光 LED 构成。利用 R_{TH}设定温度补偿起始点 T_{TH}。R_{NTC}为 NTC 热敏电阻器，它在 $T_A=25℃$时的电阻值为 100kΩ。L 为 47 μH 电感量，允许范围是 47～220 μH。当输入电压较高、输出电流较小时，需要增大电感量，以降低输出纹波，提高电源效率。电感器的磁饱和电流应大于 SN3352 的峰值输出电流，电感的平均电流 $I_{L(AVG)}$应大于 $I_{O(AVG)}$值。当 $I_{O(AVG)}=700mA$ 时电感器的磁饱和电流应大于 1.2A；$I_{O(AVG)}=350mA$ 时，磁饱和电流应大于 500mA。电感器应尽量靠近 SN3352，以减小引线电阻。为提高 1MHz 驱动器的效率，整流管 VD 必须采用反向恢复时间极短、低压降、反向漏电流很小的肖特基二极管，不得用普通硅整流管代替。

设定输出平均值电流的公式为

$$I_{O(AVG)}=\frac{0.1V}{R_{SET}} \tag{6-5-1}$$

当 $R_{SET}=0.142\Omega$ 时，所设定的 $I_{O(AVG)}=I_{LED}=0.1V/0.142\Omega=700mA$。当 R_{SET}分别为 0.13、0.27、0.30Ω 时，$I_{O(AVG)}$

依次为769、370、333mA。但最大输出平均电流 $I_{OM(AVG)}$ 不得超过750mA，这就要求 $R_{SET}\geqslant 0.133\Omega$。在选择模拟调光时，允许使用不同的 R_{SET} 值。

需要说明两点：第一，为改善NTC热敏电阻的非线性，可在 R_{NTC} 上串联一只固定电阻 R；第二，若需减小输出纹波电流，还可在LED灯串的两端并联一只旁路电容器 C_3（图6-5-2中未画）。当 $C_3=1\mu F$ 时，可将输出纹波电流大约减小到原来的1/3。进一步增加 C_3 值，纹波电流会相应地减小。C_3 不会影响驱动器的频率及效率，但会延长软启动时间。

445 如何设计大功率LED温度补偿电路?

以图6-5-2所示电路为例，将NTC热敏电阻器放在靠近LED的位置上，SN3352通过温度检测电路来控制输出平均值电流 $I_{O(AVG)}$。当LED所处环境温度 T_A 升高时，使 $I_{O(AVG)}$ 减小；反之亦然。温度补偿曲线是由 R 和NTC热敏电阻器 R_{NTC}、温度补偿起始点设定电阻 R_{TH} 共同决定的，R 是用于改善NTC热敏电阻器非线性的固定电阻器。当LED所处环境温度上升时，R_{NTC} 的阻值开始减小。当 $R+R_{NTC}=R_{TH}$ 时，温度补偿电路开始工作。温度补偿过程中计算 $I_{O(AVG)}$ 的公式如下：

（1）当 $0.3V<U_{ADJI}<1.2V$ 时

$$I'_{O(AVG)}=0.083\times U_{ADJI}\left(\frac{R_{NTC}+R}{R_{TH}R_{SET}}\right) \qquad (6\text{-}5\text{-}2)$$

（2）当 $U_{ADJI}\geqslant 1.2V$ 时

$$I'_{O(AVG)}=0.1V\times\left(\frac{R_{NTC}+R}{R_{TH}R_{SET}}\right) \qquad (6\text{-}5\text{-}3)$$

LED温度补偿曲线的温度补偿起始点 T_{TH} 由 R_{TH} 设定，曲线斜率则由热敏指数 B 和 R、R_{NTC} 的阻值共同决定。一旦 R、R_{NTC} 和 R_{TH} 的阻值确定之后，温度补偿曲线就被确定。选择 R_{TH} 阻值过大，会使系统的稳定性变差；R_{TH} 阻值过小，会增加SN3352的功率损耗。推荐 R_{TH} 的阻值范围是1～100kΩ。

446 线性温度补偿有哪些特点？

线性温度补偿的特点是能与线性度良好的PWM调制器进行匹配，当 $T_A > T_K$ 时，大功率LED驱动器的输出电流按照线性规律减小，LED的亮度均匀的降低，使人眼感觉亮度变化柔和；而非线性温度补偿的特点是能迅速调低LED的亮度，快速达到过热保护作用，但在此过程中可能出现亮度骤降或闪烁现象，这是其不足之处。总之，二者各具特色，用户可任择其一。

分别采用线性、非线性温度补偿时，大功率LED驱动器输出电流（I_O）与LED所处环境温度（T_A）的关系曲线如图6-5-3所示。其工作特点是当LED所处环境温度低于安全工作点温度 T_K 时，LED驱动器工作在恒流区；一旦超过 T_K，就立即进入温度补偿区，此时LED驱动器能按照线性或非线性的规律来自动调低输出电流，实现线性/非线性温度补偿。当 $T_A < T_K$ 时，又返回恒流区。

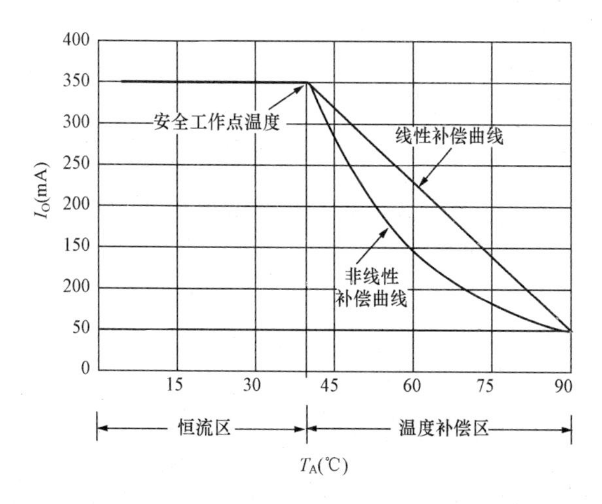

图6-5-3 大功率LED驱动器输出
电流与LED所处环境温度的关系曲线

447 怎样实现NTCR的线性化？[1]

负温度系数热敏电阻简称NTCR，其电阻值（R_T）与热力学温度（T）有关，当温度升高时R_T迅速减小。由于NTCR具有电阻温度系数高、测温范围宽、价格低廉等优点，因此可广泛用于LED驱动器的温度补偿。NTCR属于非线性元件，其电阻值与摄氏温度（℃）的典型曲线如图6-5-4所示。

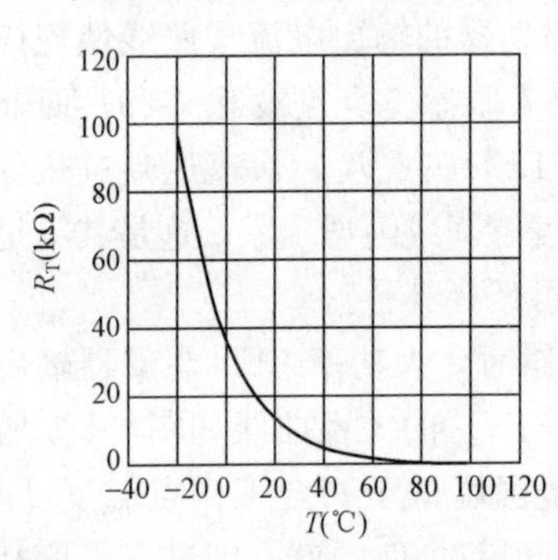

图6-5-4　NTCR的电阻值与摄氏温度的典型曲线

TCR的一个重要参数就是热敏指数B，它被定义为在两个温度下电阻值的自然对数之比与这两个温度的倒数之差的比值。有公式

$$B=\frac{\ln\dfrac{R_{T0}}{R_T}}{\dfrac{1}{T_0}-\dfrac{1}{T}}=\frac{T_0T}{T-T_0}\cdot\ln\frac{R_{T0}}{R_T} \tag{6-5-4}$$

式中：R_{T0}为温度T_0时的电阻值；R_T为温度T时的电阻值；T_0、T均应换算成热力学温度K；B的单位也为K。

美国MEAS公司生产的专门用于精密测量的10K3A1IA型NTCR，其电阻值与温度对照表见表6-5-1，在+25℃时标称值为10000Ω，容许误差±0.25%，最大测温范围是−80～+150℃，在0～+70℃的测量精度可达±0.1℃，在+25℃时的电阻温度系数为−4.39%/℃，在0～+50℃的B值为3892K。例如，要计算10K3A1IA型NTCR在0～+50℃的B值，查表6-5-1可知，当T

---

[1] 由沙占友等发明的“一种LED照明灯温度补偿式调光电路及其调光方法”，已获国家发明专利。发明专利号为ZL201210095266.X，发明专利证书号为1426246。发明授权公告日期为2014年6月25日。

=0℃（273K）时，R_{T0}=32650.8Ω；当 T=50℃（323K）时，R_T=3601.0Ω。代入式（6-5-4）中计算出 B=3912K，厂家经过校正后为3892K。在更换NTC热敏电阻时，必须与原来的标称电阻值和 B 值相同，才能保证 R_T 与 T 的关系曲线不变。

表 6-5-1　　10K3A1IA 的电阻值与温度对照表

T（℃）	R_T（Ω）	T（℃）	R_T（Ω）	T（℃）	R_T（Ω）	T（℃）	R_T（Ω）	T（℃）	R_T（Ω）	T（℃）	R_T（Ω）
−80	729687	−41	358806	−2	36183	37	6014.2	76	1431.87	115	444.48
−79	667720	−40	335671	−1	34366	38	5773.7	77	1385.37	116	432.58
−78	611431	−39	314179	0	32650.8	39	5544.1	78	1340.68	117	421.06
−77	560267	−38	294193	1	31030.4	40	5324.9	79	1297.64	118	409.90
−76	513734	−37	275605	2	29500.1	41	5115.6	80	1256.17	119	399.08
−75	471376	−36	258307	3	28054.2	42	4915.5	81	1216.23	120	388.59
−74	432797	−35	242195	4	26687.6	43	4724.3	82	1177.75	121	378.44
−73	396635	−34	227196	5	25395.5	44	4541.6	83	1140.71	122	368.59
−72	365563	−33	213219	6	24172.7	45	4366.9	84	1104.99	123	359.05
−71	336296	−32	200184	7	23016.0	46	4199.9	85	1070.58	124	349.79
−70	309561	−31	188026	8	21921.7	47	4040.1	86	1037.40	125	340.82
−69	285136	−30	176683	9	20885.2	48	3887.2	87	1005.40	126	332.9
−68	262798	−29	166091	10	19903.5	49	3741.1	88	974.56	127	323.67
−67	242351	−28	156199	11	18973.6	50	3601.0	89	944.81	128	315.48
−66	223639	−27	146959	12	18092.6	51	3466.9	90	916.11	129	307.53
−65	206491	−26	138322	13	17257.4	52	3338.6	91	888.41	130	299.82
−64	190772	−25	130243	14	16465.1	53	3215.6	92	861.70	131	292.34
−63	176353	−24	122687	15	15714.0	54	3097.9	93	835.93	132	285.08
−62	163117	−23	115613	16	15001.2	55	2985.1	94	811.03	133	278.03
−61	150963	−22	108991	17	14324.6	56	2876.9	95	786.99	134	271.19
−60	139793	−21	102787	18	13682.6	57	2773.2	96	763.79	135	264.54
−59	129523	−20	96974	19	13052.8	58	2673.9	97	741.38	136	258.09
−58	120073	−19	91525	20	12493.7	59	2578.5	98	719.74	137	251.82
−57	111374	−18	86415	21	11943.3	60	2487.1	99	698.82	138	245.74
−56	103361	−17	81621	22	11420.0	61	2399.4	100	678.63	139	239.82
−55	959789	−16	77121	23	10922.7	62	2315.2	101	659.10	140	234.08
−54	891689	−15	72895	24	10449.9	63	2234.7	102	640.23	141	228.50
−53	828865	−14	68927	25	10000	64	2156.7	103	622.00	142	223.08
−52	770880	−13	65198	26	9572.0	65	2082.3	104	604.36	143	217.80
−51	717310	−12	61693	27	9164.7	66	2010.8	105	587.31	144	212.68
−50	667828	−11	58397	28	8777.0	67	1942.1	106	570.82	145	207.70
−49	622055	−10	55298	29	8407.7	68	1876.0	107	554.86	146	202.86
−48	579718	−9	52380	30	8056.0	69	1812.6	108	539.44	147	198.15
−47	540530	−8	49633	31	7720.9	70	1751.6	109	524.51	148	193.57
−46	504230	−7	47047	32	7401.7	71	1693.00	110	510.06	149	189.12
−45	470609	−6	44610	33	7097.2	72	1636.63	111	496.08	150	184.79
−44	439445	−5	42315	34	6807.0	73	1582.41	112	482.55		
−43	410532	−4	40150	35	6530.1	74	1530.28	113	469.45		
−42	383712	−3	38109	36	6266.1	75	1480.12	114	456.76		

R_T、R_{T0}的定义式分别为

$$R_T = Ae^{\frac{B}{T}},R_{T0} = Ae^{\frac{B}{T_0}}$$

$$R_T = R_{T0}e^{B\left(\frac{T_0-T}{T_0T}\right)} \tag{6-5-5}$$

对式（6-5-5）两边取对数后整理成

$$B=\frac{T_0T(\ln R_T-\ln R_{T0})}{T_0-T} \tag{6-5-6}$$

令在规定温度范围内某一温度 T 下的 NTCR 的温度系数为 α_T，可得到

$$\alpha_T=\frac{1}{R_T}\cdot\frac{dR_T}{dT}=\frac{1}{Ae^{\frac{B}{T}}}\cdot Ae^{\frac{B}{T}}\cdot\left(-\frac{B}{T^2}\right)=-\frac{B}{T^2} \tag{6-5-7}$$

这表明 α_T 并非一个常数，而是温度的函数，它与热力学温度的平方成反比，且为一负值。

利用式（6-5-7）还能求出 NTCR 在某一温度 T 时的电阻温度系数，例如假定 T＝298K（＋25℃），已知 B＝3892K，代入式（6-5-7）可得到 α_T＝－4.39％/℃。进一步还可求出，在 T＝273K（0℃）时，α_T＝－5.22％/℃；T＝323K（50℃）时，α_T＝－3.73％/℃。由此可见，NTCR 的温度系数绝对值随温度的降低而增大，随温度升高而减小，这是造成 NTCR 非线性的根本原因。

NTCR 与温度呈非线性关系，为提高测温精度，需要进行线性化处理。具体方法是首先给 R_{NTC} 上串联一只合适的外部电阻 R_1，然后测量 R_1 上的电压，即可在所选温度范围内将 NTCR 的非线性减至最小。NTCR 的线性化电路如图 6-5-5（a）所示。U_{REF} 为基准电压，可取自 LED 驱动器芯片的基准电压输出端，或配外部基准

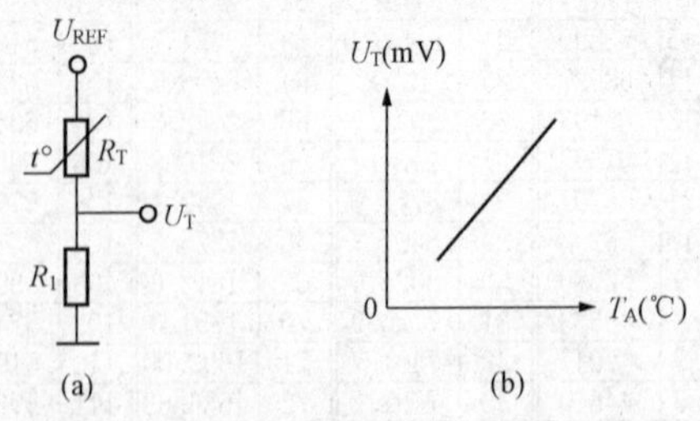

图6-5-5　NTCR 的线性化电路及特性曲线

（a）线性化电路；（b）特性曲线

电压源。将R_T与R_1相串联，输出电压U_T的表达式为

$$U_T=\frac{R_1}{R_1+R_T}\cdot U_{REF}=\frac{1}{1+R_T/R_1}\cdot U_{REF} \quad (6-5-8)$$

由图6-5-5（b）可见，在指定温度范围内U_T（单位是mV）与LED所处环境温度T_A（单位是℃）呈线性关系：$T_A\uparrow\rightarrow R_T\downarrow\rightarrow U_T\uparrow$；反之，$T_A\downarrow\rightarrow R_T\uparrow\rightarrow U_T\downarrow$。

计算R_1的步骤如下：

（1）确定工作温度范围（设温度下限为T_L，温度上限为T_H）。

（2）NTCR在温度下限T_L的电阻值为R_{TL}、在温度上限T_H的电阻值为R_{TH}，在中间温度值T_M的电阻值为R_{TM}。

（3）最后，利用下式计算出R_1值

$$R_1=\frac{R_{TM}(R_{TH}+R_{TL})-2R_{TH}R_{TL}}{R_{TH}+R_{TL}-2R_{TM}} \quad (6-5-9)$$

利用式（6-5-8）还可求出输出端的电压灵敏度为

$$S_V=\frac{\Delta U_T}{\Delta T}=\frac{\frac{R_1}{R_1+R_L}\cdot U_{REF}-\frac{R_1}{R_1+R_H}\cdot U_{REF}}{T_H-T_L}=\frac{R_1(R_{TL}-R_{TH})}{(R_1+R_{TL})(R_1+R_{TH})(T_H-T_L)}\cdot U_{REF} \quad (6-5-10)$$

电压灵敏度的单位是mV/℃。

以10K3A1IA型10kΩ（25℃）的NTCR为例，假定工作温度范围是0～70℃。从表6-5-1中查出，在$T_H=70℃$时$R_{TH}=1751.6\Omega$，在$T_L=0℃$时$R_{TL}=32650.8\Omega$；在$T_M=35℃$时$R_{TM}=6530.1\Omega$，一并代入式（6-5-9）计算出R_1的最佳电阻值为5166.7Ω。代入式（6-5-10）计算出$S_V=8.717U_{REF}$（mV/℃）。当温度范围改变时，应重新确定R_1值。NTCR在25℃时的标称值可选10kΩ、50kΩ、100kΩ，为降低功耗，建议采用100kΩ（25℃）的NTCR。

448 如何设计LED驱动器的线性化温度补偿电路?

温度线性化补偿的技术方案包含下述内容：①在整个温度范围内对NTCR进行线性化，该温度范围涵盖下限温度T_L，上限温度T_H（将T_H作为安全工作点温度T_K）和最高极限温度T_{max}；②当$T_A > T_H$时，通过外部控制电路使大功率LED驱动器的输出电流I_O按线性规律减小，进而使LED的亮度均匀降低。

LED驱动器线性化温度补偿电路如图6-5-6所示。主要包括LED驱动器、调光信号的获取方式、NTCR的线性化电路和温度补偿电路。电源电路从略。

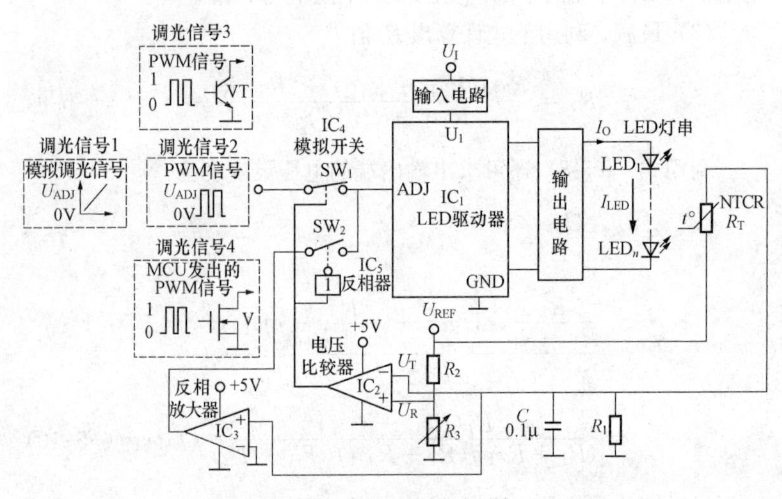

图6-5-6 LED驱动器线性化温度补偿电路

（1）LED驱动器。可选任一款具有模拟调光/ PWM调光功能的DC/DC式LED驱动器芯片（IC_1），亦可配AC/DC式LED驱动器芯片。模拟调光的范围较窄，调光比最高仅为几十倍；远低于PWM的调光比，后者可达几百至几千倍。

（2）调光信号的获取。调光信号有以下4种获取方法：

调光信号1：将模拟调光信号直接加至LED驱动器的调光输入端ADJ，该电压的变化幅度为0V→U_{ADJ}，U_{ADJ}为LED驱动器所允许的最高模拟调光电压。

调光信号2：将PWM调光信号直接输入到LED驱动器的调光输入端ADJ，PWM信号的幅度为U_{ADJ}，PWM调光频率一般为200Hz（低频调光）～20kHz以上（高频调光），只要PWM调光频率高于100Hz，就观察不到LED的闪烁现象。显然，PWM调光能提供更大的调光范围和更好的线性度。

调光信号3：PWM调光信号经过晶体管VT接调光输入端ADJ，利用高、低电平（高电平为1，低电平为0）进行调光。

调光信号4：由微控制器MCU（含微处理器μP和单片机μC）产生的PWM调光信号，经过场效应管V接调光输入端ADJ，利用高、低电平（高电平为1，低电平为0）进行调光。

（3）NTCR的线性化电路。NTCR的线性化电路由NTCR、固定电阻R_1构成。电容器C用来滤除干扰信号，典型值可取0.1μF。令NTCR在温度下限T_L时的电阻值为R_{TL}、在最高极限温度T_{max}的电阻值为R_{Tmax}，在中间温度值$T_M=(T_L+T_{max})/2$时的电阻值为R_{TM}。只需根据式（6-5-9）选择R_1，即可在T_L～T_{max}的整个温度范围内实现NTCR的线性化。NTCR的标称阻值可选100kΩ（25℃）。

（4）温度补偿电路。将NTC热敏电阻器放在靠近LED的位置上，LED驱动器通过温度检测电路来控制输出平均值电流$I_{O(AVG)}$。当LED所处环境温度T_A升高时，使$I_{O(AVG)}$减小；反之亦然。R_1用于改善NTC热敏电阻器的非线性。温度补偿起始点由电压比较器的参考电压来设定。电压比较器（IC_2）的反相输入端接NTC热敏电阻器线性化电路的输出电压U_T，同相输入端接参考电压U_R，U_R可由外部基准电压源U_{REF}分压后获得，亦可直接取自LED驱动器的基准电压引脚（如果有该引脚的话）。考虑到U_{REF}的差异较大，通过电阻分压器R_2、R_3即可获得所需U_R值。R_3为可调电阻，亦可用电位器代替。

在正常温度下$U_T<U_R$，电压比较器输出高电平，使模拟开关SW_1闭合，输入正常的调光信号。一旦$U_T>U_R$，电压比较器就输出低电平，一方面将模拟开关SW_1断开，切断调光信号的输入通道；另一方面经过反相器变成高电平，将模拟开关 SW_2 闭合，此时 U_T 信号经过反相放大器（IC_3）放大后，再通过 SW_2 加至 LED 驱动器的 ADJ 端，以模拟调光的方式强迫 $I_{O(AVG)}$ 减小，使 LED 照明灯的亮度降低，对 LED 起到保护作用。

模拟开关 SW_1、SW_2 可公用一片 CD4066 型 4 路双向模拟开关（IC_4，现仅用其中两个双向模拟开关），反相器可采用 CD4069 型 6 反相器（IC_5，现仅用其中一个反相器）。反相放大器的作用是调节 U_T，使之满足 LED 驱动器的要求。

若因某种原因（例如散热器脱落或接触不良）致使 LED 大幅度升温，I_O 迅速减小，则会出现 LED 亮度骤然降低现象。但随着 I_O 迅速减小，LED 的发热量也随之减小，NTCR 的阻值变大，通过控制电路可在一定程度上限制 I_O 的变化。

第六节　设计 LED 驱动电源印制电路板的问题解答

关于 LED 驱动电源布局及布线的问题，可参阅第五章第三节相关内容。下面重点解答设计 LED 驱动电源印制电路板的问题。

449 什么是印刷电路板（PCB）？

印制电路板（PCB）简称印制板，它是在绝缘基材上按预先设计而制成的印制电路板。按照印制导线的层数可划分为单面板、双面板及多层板。单面板的一面为元器面，另一面进行布线和焊接。双面板的两面都有布线，两个面之间通过过孔相连接。此外还划分成可以弯曲的挠性印制板、不易弯曲的刚性印制板。普通开关电源大多采用单面印制板，比较复杂的电源系统可采用双面板甚至多层板。

450 PCB 的单位面积质量与铜箔厚度有何对应关系？

不同规格 PCB 的单位面积质量与铜箔厚度的对应关系见表 6-6-1。表中的 oz/ft^2 代表“盎司/平方英尺”，1 盎司＝31.1035g，1

平方英尺=929.0cm^2。根据表6-6-1提供的数据，采用称重法即可确定所用印制板的铜箔厚度。

表6-6-1　不同规格PCB的单位面积质量与铜箔厚度的对照表

PCB单位面积的质量		PCB上铜箔的厚度（μm）
英制（oz/ft^2）	国际单位制（g/cm^2）	
0.5	0.0167	17.8
1	0.0334	35.6
2	0.0669	71.1
3	0.100	106.7

451 常用PCB导线单位长度的电阻值是多少？

常用PCB导线单位长度（1in）的电阻值见表6-6-2。

表6-6-2　常用PCB导线单位长度的电阻值

导线厚度（μm）	导线宽度（in）	单位长度的电阻值（mΩ/in）
18	0.025	39.3
	0.050	19.7
	0.100	9.83
	0.200	4.91
	0.500	1.97
35	0.025	19.7
	0.050	9.83
	0.100	4.91
	0.200	2.46
	0.500	0.98

续表

导线厚度 (μm)	导线宽度 (in)	单位长度的电阻值 (mΩ/in)
70	0.025	9.83
	0.050	4.91
	0.100	2.46
	0.200	1.23
	0.500	0.49
106	0.025	6.50
	0.050	3.25
	0.100	1.63
	0.200	0.81
	0.500	0.325

452 常用印制导线的载流量是多少?

载流量代表不同厚度、不同宽度的印制导线所允许的最大额定电流值，当温升 $\Delta T=10℃$时，常用印制导线的载流量见表 6-6-3。

表 6-6-3　常用印制导线的载流量（$\Delta T=10℃$）

线宽 (mm)	印制导线的载流量（A）		
	铜箔厚度为 35μm	铜箔厚度为 50μm	铜箔厚度为 70μm
0.15	0.20	0.50	0.70
0.20	0.55	0.70	0.90
0.30	0.80	1.10	1.30
0.40	1.10	1.35	1.70
0.50	1.35	1.70	2.00
0.60	1.60	1.90	2.30
0.80	2.00	2.40	2.80

续表

线宽（mm）	印制导线的载流量（A）		
	铜箔厚度为35μm	铜箔厚度为50μm	铜箔厚度为70μm
1.00	2.30	2.60	3.20
1.20	2.70	3.00	3.60
1.50	3.20	3.50	4.20
2.00	4.00	4.30	5.10
2.50	4.50	5.10	6.00

453 过孔焊盘与孔径有何对应关系？

过孔焊盘与孔径的对应关系见表6-6-4。

表6-6-4　过孔焊盘与孔径设置对照表

孔径（mil）	8	12	16	20	24	32	40
焊盘直径（mil）	24	30	32	40	48	60	62

454 印制板厚度与最小过孔有何对应关系？

印制板厚度与最小过孔对应情况见表6-6-5。

表6-6-5　印制板厚度与最小过孔对照表

板厚（mm）	<1.0	1.6	2.0	2.5	3.0
最小过孔（mil）	8	8	8	12	16
焊盘直径（mil）	24	24	24	30	32

455 如何设计多层印制板的屏蔽？

设计多层印制板时，可将一个中间层作为屏蔽，功率元器件置于印制板的顶层，小功率的元器件放置在底层，这种布局能降低干扰。

456 焊接时应注意什么事项?

焊接LED时要防止LED印制板因受到机械应力而发生扭曲、弯折等变形，这可能导致LED损坏。

由于静电放电很容易损坏LED，因此应先戴好防静电手套，再去焊接LED。所有焊接装置及设备应接地良好。

457 用LNK403EG设计LED驱动电源印制板时需注意什么事项?

利用LNK403EG设计单级PFC及TRIAC调光式LED驱动电源的印制板时，源极应采用单点接地法，亦称开尔文（Kelvin）接法。将输入滤波电容的负端和偏置电源的返回端一同接到LNK403EG的源极引脚S。旁路电容必须靠近BP引脚，并且尽可能离近S引脚。当LNK403EG内部功率开关管上的大电流通过长引线时极易产生传导噪声和辐射噪声。输出整流管和输出滤波电容器应尽量靠近。高频变压器输出端需经过短引线接铝电解电容器的负极。

458 焊接时能否用手触摸LED?

严禁用手触摸LED表面，以免造成污染，影响其光学特性，如图6-6-1（a）所示。焊接时禁止用镊子夹住LED的塑料透镜部分，这容易使LED芯片变形甚至断裂，见图（b）；正确方法是夹住陶瓷体部分，见图（c）。组装时不要把印制板堆叠放置在一起，以免塑料透镜受到划伤或磨损，见图（d）。

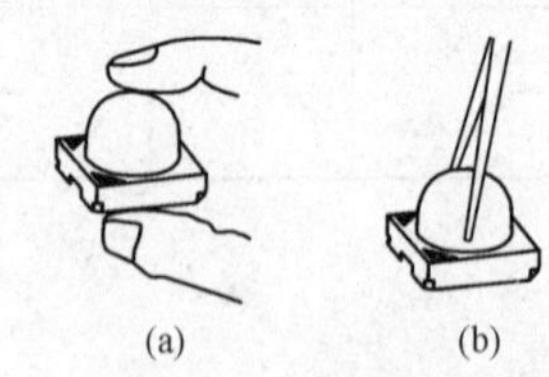

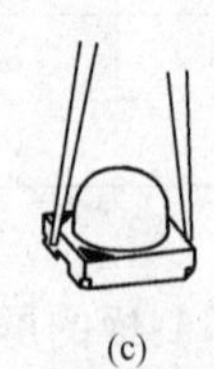

(c)
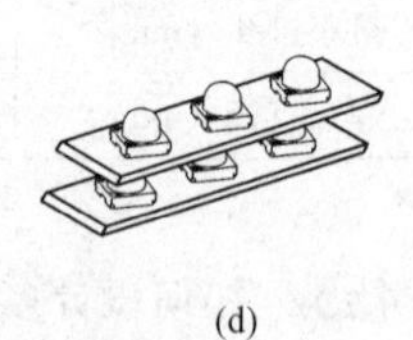

图6-6-1　焊接LED时的注意事项

（a）严禁用手触摸LED表面；（b）不要用镊子夹住LED的塑料透镜部分；（c）正确方法是夹住陶瓷体部分；（d）组装时不要把印制板堆叠放置

第七节 LED驱动电源应用实例问题解答

459 LED驱动电源最常用的5种拓扑结构各有何特点？

LED驱动电源最常用的5种拓扑结构有降压式变换器、升压式变换器、降压/升压式变换器、SEPIC变换器和反激式变换器。这5种拓扑结构的主要特点及其在LED驱动电源中的典型应用，分别见表6-7-1（表中打√者表示符合该项条件）和表6-7-2。

表6-7-1 5种拓扑结构的主要特点

拓扑结构	输出电压总低于输入电压（$U_O<U_I$）	输出电压总高于输入电压（$U_O>U_I$）	采用电池供电时输出电压可高于或低于输入电压（$U_O<U_I$或$U_O>U_I$）	隔离式
降压式变换器	√			
升压式变换器		√		
降压/升压式变换器			√	
SEPIC变换器			√	
反激式变换器			√	√

表6-7-2 5种拓扑结构在LED驱动电源中的典型应用

拓扑结构	典型应用
降压式变换器	汽车灯，投影灯，标志灯，建筑照明
升压式变换器	汽车灯，LCD背光源，手电筒
降压/升压式变换器	汽车照明灯，闪光灯，手电筒，应急灯，标志灯，医用灯
SEPIC变换器	
反激式变换器	建筑照明

460 如何用 LM3402 构成降压式 LED 驱动器？

LM3402 是美国国家半导体公司（NSC）生产的降压式可调光恒流输出 LED 驱动器，适合驱动大功率 LED。其输入电压范围是 +6～42V，默认的驱动 LED 灯串的电流为 350mA（允许有 ±5% 的误差），最大驱动电流可达 500mA，每只 LED 的功率为 1W（典型值）。

由 LM3402 构成降压式恒流输出 LED 驱动器的电路如图 6-7-1 所示。C_1 和 C_3 分别为输入、输出电容器，均采用低噪声的陶瓷电容器。R_{ON}用于设定内部功率开关管的导通时间 t_{ON}，当 R_{ON} = 59.0kΩ 时，t_{ON} = 2.7μs。当 RON 端接低电平时，LM3402 的输出呈关断状态。C_2 为自举升压电容器。VD 为续流二极管，采用 CMHSH5-4 型肖特基二极管。L 为储能电感。C_4 为电源退耦电容。R_S 为电流检测电阻，典型值为 0.7Ω，实际取 0.75Ω，此时内部 PWM 比较器的延迟时间约为 220ns。R_{ON}、R_S 均采用误差为 ±1% 的金属膜电阻器。

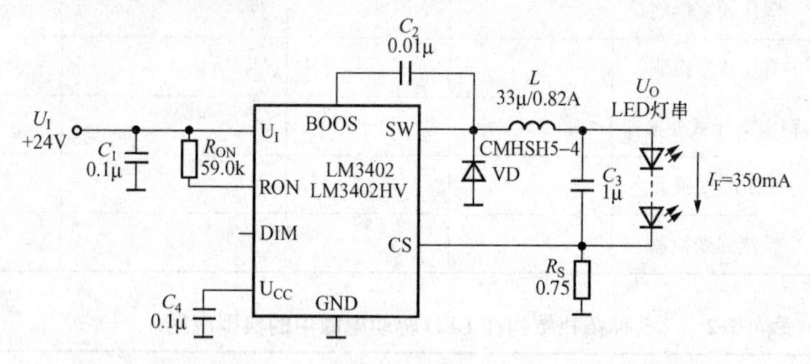

图 6-7-1　由 LM3402 构成降压式恒流输出 LED 驱动器的电路

驱动灯串中每只 LED 的功率为 1.015～1.295W，例如，若白光 LED 正向压降的 U_F = 3.7V，则驱动功率为 $P = I_F U_F$ = 350mA × 3.7V = 1.295W。LED 的数量与 U_F 有关，因为不同颜色 LED 所对应的 U_F 值存在差异。举例说明，由 LM3402HV 驱动 RGB 背光纯平显示器，背光源总共包含 3 个 LED 灯串：由 7 只红光 LED 构成灯串 1，由 14 只绿光 LED 构成灯串 2，由 7 只蓝光 LED 构成灯串 3，可实现最佳颜色匹配。红光、绿光、蓝光 LED 的 U_F 分别为

2.9、3.5V和3.5V。

可采用3片LM3402HV分别驱动红光、绿光、绿光LED灯串。当U_I=+60V时，考虑到在输出引线上大约有0.2V的压降损耗，由此可计算出3个稳压器的输出电压U_O分别为

红光LED灯串：U_O（R）=7×2.9V+0.2V=20.5V；

绿光LED灯串：U_O（G）=14×3.5V+0.2V=49.2V；

蓝光LED灯串：U_O（B）=7×3.5V+0.2V=24.7V。

461 如何用LT1937构成升压式LED驱动器？

LT1937是一种恒流驱动白光LED的升压式开关稳压器，并可通过电阻或直流电压对输出的恒定电流进行编程，进而调节LED的亮度。该器件采用一节锂离子电池可直接驱动3～7只串联使用的白光LED，适用于液晶屏的背光源。

由LT1937构成升压式白光LED恒流驱动器的电路如图6-7-2所示。允许输入电压范围是3.0～5V，E可采用一节锂离子电池。LED_1～LED_3为3只白光LED，可选用国产LY551C3N型超高亮度白光LED。其正向工作电流I_{LED}=20mA（典型值，下同），正向导通压降U_F=2.4V，峰值发光波长λ_P=590nm，法向发光强度I_V=3200mcd，比普通LED的亮度高几百倍。输出整流管VD采用BAT54型0.2A/30V肖特基二极管。稳压管VD_Z（1N5999B）起保护作用，当LED开路时可限制开关输出端SW的电压不至于过高。VD_Z的工作电流I_Z应大于0.1mA，其稳定电压U_Z应高于3只白光LED的正向压降之和（约7.2V）。1N5999B的U_Z=9.1V，

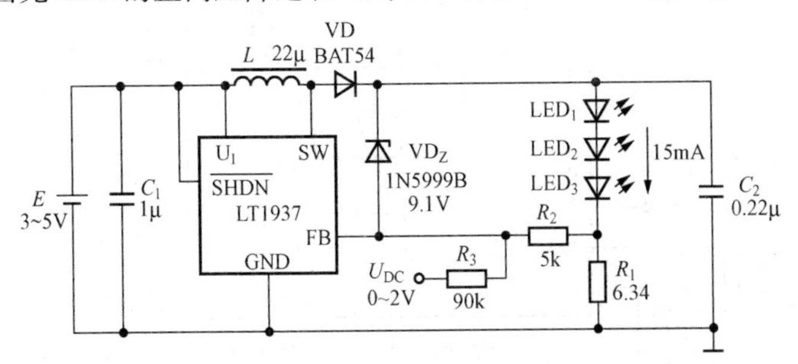

图6-7-2 由LT1937构成升压式白光LED恒流驱动器的电路

$I_Z=5mA$，完全可满足上述要求。

R_1 为电流取样电阻，用来设定LED的正向工作电流 I_{LED}，进而实现亮度调节。有公式

$$I_{LED}=95mV/R_1 \tag{6-7-1}$$

例如，当 $R_1=6.34\Omega$ 时，$I_{LED}=15mA$；$R_1=4.75\Omega$ 时，$I_{LED}=20mA$。依此类推。

利用一个可变的直流电压，也可以实现亮度调节。具体方法是接入直流电压 U_{DC}，当 U_{DC} 从0V调节到2V时，I_{LED} 的变化范围是0～15mA。

462 如何用LTC3453构成降压/升压式LED驱动器？

LTC3453是美国凌力尔特公司（Linear Technology，LT，旧称凌特公司）推出的一种基于同步降压/升压式（Buck-Boost）变换器的可编程、高效率、大电流白光LED驱动器，输入电压范围是+2.7～5.5V。该器件能在效率高达90%的情况下提供最大为500mA的恒定电流。

由LTC3453构成的可编程高效率大电流白光LED驱动器电路如图6-7-3所示。LTC3453采用小型化QFN-16封装，外型尺寸仅

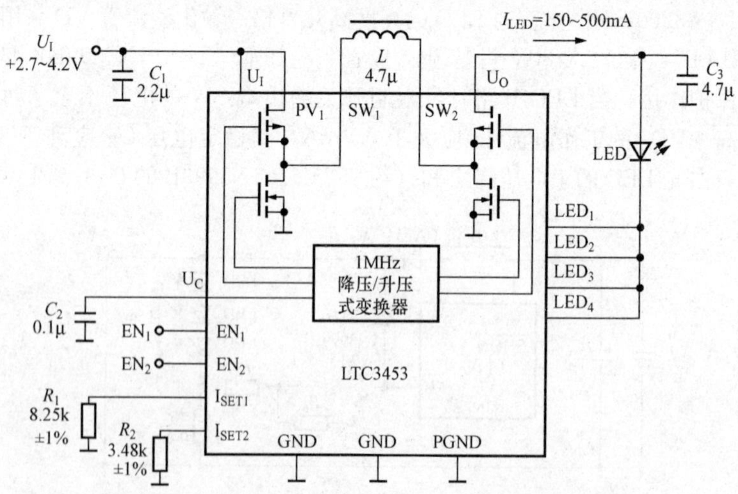

图6-7-3 可编程高效率大电流白光LED驱动器电路

为 4mm×4mm。各引脚的功能如下：U_I 为直流电压输入端，PV_1 为电源电压输入端，二者应互相短接。U_O 为输出电压端，接 LED 的阳极。GND 为信号地，PGND 为功率地，二者应互相短接。SW_1、SW_2 为内部模拟开关的引脚，储能电感 L 就接在 SW_1、SW_2 之间。U_C 为内部误差放大器的输出端，接外部补偿电容。I_{SET1}、I_{SET2}端分别接电阻 R_1、R_2，用于设定驱动 LED 的电流 I_{LED}。最大输出电流 $I_{LED(max)}$ 取决于 R_1、R_2 的并联电阻值。当 $R_1//R_2=4\times384\times(0.8V/500mA)=2.458k\Omega$ 时，$I_{LED(max)}=500mA$。图 6-7-3 中，实取 $R_1=8.25k\Omega$、$R_2=3.48k\Omega$，$R_1//R_2=2.448k\Omega$，与 2.458kΩ 非常接近，此时 $I_{LED(max)}=500mA$。当 $R_1//R_2\neq2.458k\Omega$ 时，$I_{LED}=384\times[0.8V/(R_1//R_2)]$。$LED_1$～$LED_4$ 为 4 个独立的低压差电流源输出端，分别接 4 只 LED 的阴极。假如只用 LED_1～LED_4 中的部分引脚，则未使用的引脚必须接 U_O 电压。EN_1、EN_2 为使能端，将这两个引脚接高电平"1"或低电平"0"，即可设定 I_{LED} 值。当 $I_{LED(max)}=500mA$ 时，EN_1、EN_2 端的真值表见表 6-7-3。

表 6-7-3　　　EN_1、EN_2 端的真值表

EN_1	EN_2	I_{LED}（mA）
0	0	0（掉电）
1	0	150
0	1	350
1	1	500（$I_{LED(max)}$）

LTC3453 还可驱动 4 只大电流白光 LED，电路如图 6-7-4 所示。取 $R_1=8.25k\Omega$、$R_2=3.48k\Omega$，并且将 EN_1、EN_2 端均接高电平"1"时，所设定的 $I_{LED(max)}=500mA$。此时通过每只白光 LED 的电流为 125mA。

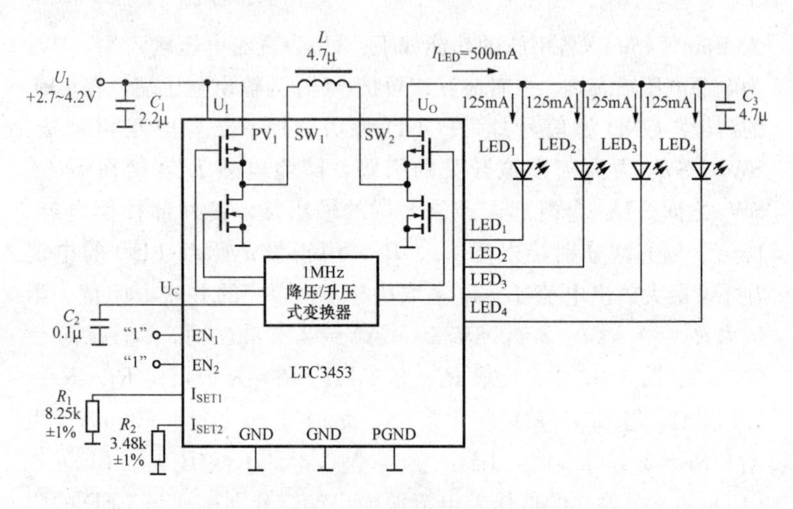

图 6-7-4　驱动 4 只大电流白光 LED 的电路

463　如何用 LM3410 构成升压式 LED 驱动器？

LM3410 是 NSC 公司生产的基于升压式（Boost）或 SEPIC 变换器的恒流输出式 LED 驱动器。其输入电压范围是＋2.7～5.5V，输出电压范围是＋3～24V。峰值开关电流不小于 2.1A。LM3410 采用电流模式控制及内部补偿电路，能在宽范围输入电压下工作，并具有软启动、PWM 调光等功能，适用于 LED 背光源、高亮度发光二极管（HB-LED）或有机发光二极管（OLED）的驱动器及 LED 闪光灯驱动器。

利用 LM3410X 驱动 5×7 串、并联 LED 灯的电路如图 6-7-5 所示，该电路属于 SEPIC 变换器。5×7 表示每个灯串是由 5 只 LED 串联而成，再将 7 个 LED 灯串互相并联而成的。输入电压范围是＋2.7～5.5V。LED 的正向电流 I_{LED}＝25mA，每只 LED 的正向压降 U_F＝3.3V，总压降约为 16.5V。取 R_2＝1.15Ω 时，总电流 ΣI_{LED}＝190mV/R_2＝165.2mA。I_{LED}＝165.2mA/5＝27.5mA，略高于 25mA。这是考虑到当环境温度升高时 $U_F\uparrow\rightarrow I_{LED}\uparrow$，而适当留出一定余量。$L$ 使用 8.2μH/2A 的贴片电感。

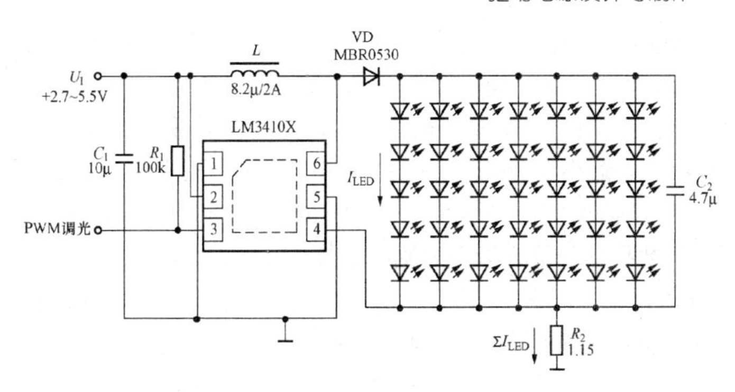

图 6-7-5　利用 LM3410X 驱动 5×7 串、并联 LED 灯的电路

464　如何用 CAT3604 构成电荷泵式 LED 驱动器？

CAT3604 是美国 Catalyst 半导体公司（现已并入安森美公司）生产的 4 路数控可调光的电荷泵式白光 LED 驱动器，可通过数控开关分别驱动 4 只白光 LED，每只 LED 的电流可达 30mA。输入电压范围是 +3～5.5V，开关频率为 1MHz，电源效率高达 93%，适配低成本的陶瓷电容器。调节 LED 亮度有多种方法，既可用直流电压来设置 R_{SET} 引脚的电流，也可用 PWM 信号控制亮度，还可在设定电阻 R_{SET} 上两端并联一只电阻。CAT3604 具有软启动和限制输出电流的功能。

CAT3604 的典型应用电路如图 6-7-6 所示。E 为锂离子电池，

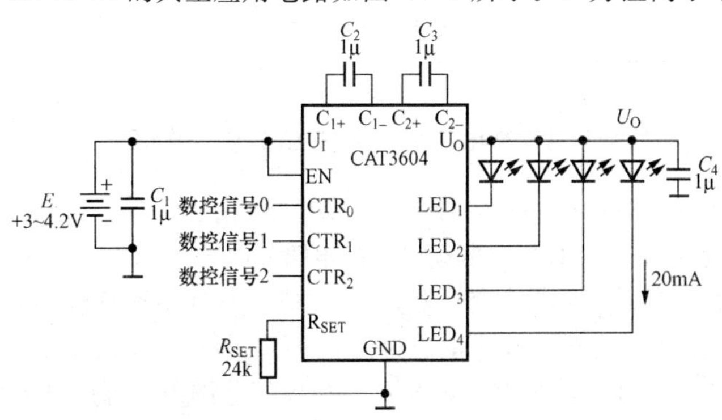

图 6-7-6　CAT3604 的典型应用电路

允许电池电压变化范围是+3～4.2V。C_1、C_4 分别为输入、输出电容器。C_2、C_3 为泵电容。R_{SET}为LED电流设定电阻，EN为使能端，该端接高电平时允许正常输出，接低电平时关断输出，关断后的待机电流小于50nA。LED_1～LED_4 端分别驱动4只白光LED，当 R_{SET}=24kΩ时，每只LED的电流约为20mA。CTR_0～CTR_2 为数控信号输入端，分别接数控信号0～2。

电流设定电阻 R_{SET} 与 I_{LED} 的对应关系见表6-7-4。R_{SET}需采用误差为±1%的精密金属膜电阻。数控信号的输入电平与所选LED的对应关系见表6-7-5。表中的“1”代表高电平，“0”代表低电平，✓表示所选LED发光，×表示LED熄灭。

表6-7-4　电流设定电阻 R_{SET} 与 I_{LED} 的对应关系

R_{SET}（kΩ）	649	287	102	49.9	32.4	23.7	15.4
I_{LED}（mA）	1	2	5	10	15	20	30

表6-7-5　数控信号的输入电平与所选LED的对应关系

CTR_2	CTR_1	CTR_0	LED_4	LED_3	LED_2	LED_1
0	0	0	×	×	×	✓
0	0	1	×	×	✓	×
0	1	0	×	✓	×	×
0	1	1	✓	×	×	×
1	0	0	×	×	✓	✓
1	0	1	×	✓	✓	✓
1	1	0	✓	✓	✓	✓
1	1	1	×	×	×	×

465　如何用TOP246构成反激式LED驱动电源？

由TOPSwitch-GX系列产品TOP246构成17.6W带功率因数校正的反激式LED恒流驱动电源的电路如图6-7-7所示。该电源的主要特点是采用反激式变换器，TOP246工作在不连续模式下，构成功率因数校正器，输出电流为较理想的正弦波。交流输入电压范围是108～132V，在16～24V的输出电压范围内，可输出700mA的平均电流（输出纹波电流的峰值为1A），精度可达±5%。最大输出功率可达17.6W。其功率因数λ>0.98，总谐波失真THD≤9.6%，工作温度范围是-40～+80℃，最多可驱动12个LED灯串。

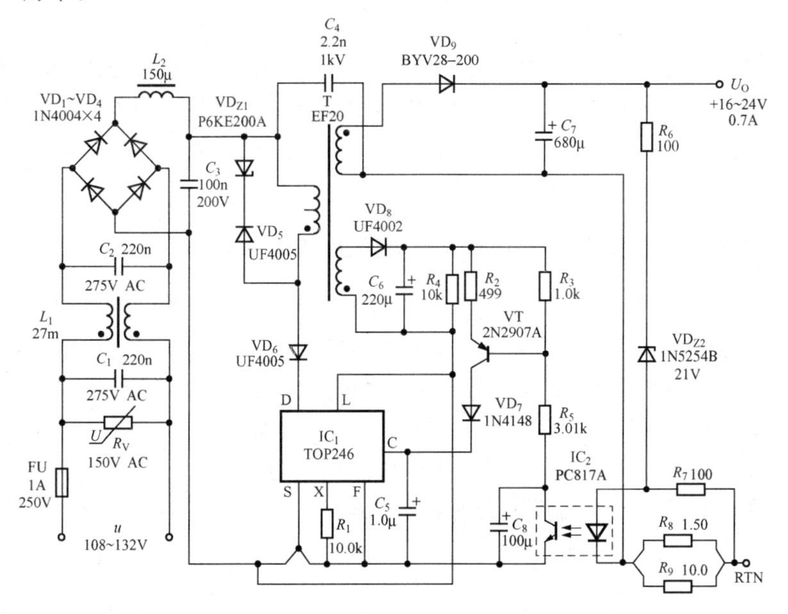

图6-7-7　由TOP246构成17.6W带功率因数校正的LED驱动电源的电路

交流输入电路包括1A熔丝管（FU）、压敏电阻器（R_V）、EMI滤波器（C_1、C_2、L_1与L_2）、整流桥（VD_1～VD_4）和输入电容（C_3）。C_3的容量选择100nF，以便在交流输入过零时C_3两端的电压接近零。由瞬态电压抑制器VD_{Z1}和超快恢复二极管VD_5组成钳位电路，用于限制高频变压器漏感所形成的尖峰电压。输出整流管VD_9采用BYV28-200型3.5A/200V超快恢复二极管，其反向恢复时间为30ns。偏置电容C_5的容量选择1.0μF，以减小控制端电流的纹波。空载输出电压被R_6和稳压管VD_{Z2}（1N5254B）限制在30V以内。取C_7=680μF时，可将输出纹波电流设定为600mA（峰-峰值）。R_8和R_9为电流检测电阻，二者并联后的总电阻值为1.30Ω。利用R_7～R_9和光耦合器PC817中的LED，可将平均电流极限设定为700mA。功率因数校正（PFC）环路包括光耦合器PC817、硅PNP晶体管VT（2N2907A）、开关二极管VD_7（1N4148）等元器件。恒流控制原理是当输出电流的平均值超过700mA时，R_8和R_9上的压降增大，通过光耦合器使2N2907A的基极电压降低，进而使集电极电流增大，再经过VD_7使控制端电流增大，TOP246就通过线性地减小占空比，来维持输出电流的平均值保持恒定。偏置电路中R_4的作用是在断电时为C_6和C_8提供放电途径。

466 如何用NUD4001构成升压式LED驱动器？

恒流式LED驱动器的典型产品有安森美公司生产的可编程恒流源NUD4001。其最高输入电压为30V，输出电流可通过外部电阻进行编程，典型值为350mA（极限电流为500mA），能驱动3W的LED照明灯。NUD4001的典型应用电路如图6-7-8所示，采用12V蓄电池E供电，驱动由3只LED组成的灯串，$I_{LED}=350mA$。通过电阻R_{SET}值可设定I_{LED}，有公式

$$R_{SET}=\frac{U_S}{I_{LED}}=\frac{0.7V}{I_{LED}} \tag{6-7-2}$$

式中：U_S为$T_J=25℃$时的检测电压。将$I_O=I_{LED}=350mA$代入式（6-7-2）得到$R_{SET}=2.0\Omega$（误差不超过±1%），可选1/4W的精密电阻。

利用外部PNP型功率管能大幅度扩展输出电流，电路如图

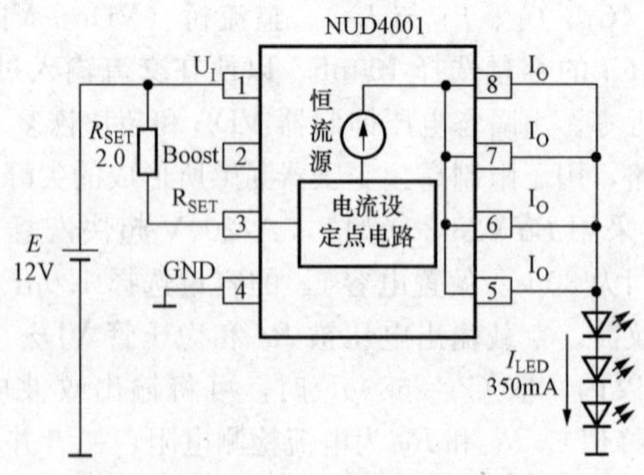

图6-7-8 NUD4001的典型应用电路

6-7-9所示。输入电压范围是+12～16V，采用一片NUD4001配上外部PNP功率管VT（MJB45H11）来驱动3只LED。要求将I_{LED}从350mA扩展到700mA。700mA电流中只有350mA由NUD4001提供，其余的电流由外部PNP功率管VT来提供。由Boost端的外部肖特基二极管VD（MBR0504）、电阻R_2与NUD4001的内部电路，一同组成VT的基极驱动电路。利用VD上的压降，能确保有足够的发射结电压U_{BE}使VT进入导通状态。当电流设定电阻R_1=1.0Ω时，VT和NUD4001提供的总电流为700mA。

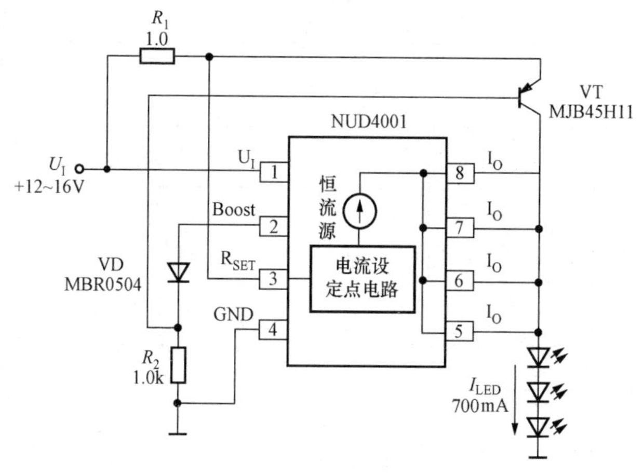

图6-7-9　利用外部PNP型功率管大幅度扩展输出电流

467　如何用TNY279构成恒压/恒流式LED驱动电源？

由TinySwitch-Ⅲ系列产品TNY279构成14W高效率恒压/恒流式LED驱动电源的电路如图6-7-10所示。该电源的交流输入电压范围是195～265V，输出电压为+20V，输出恒定电流为0.7A。电源效率可达86%，在265V交流输入时的空载功耗小于250mW。

195～265V交流电经过整流滤波电路后获得直流高压，接至一次绕组的一端，一次绕组的另一端接TNY279内部功率MOSFET的漏极。FU为3.15A熔丝管。由C_1、C_2与L构成EMI滤波器，R_1为泄放电阻。一次侧钳位电路由P6KE200A型瞬态电压抑制器

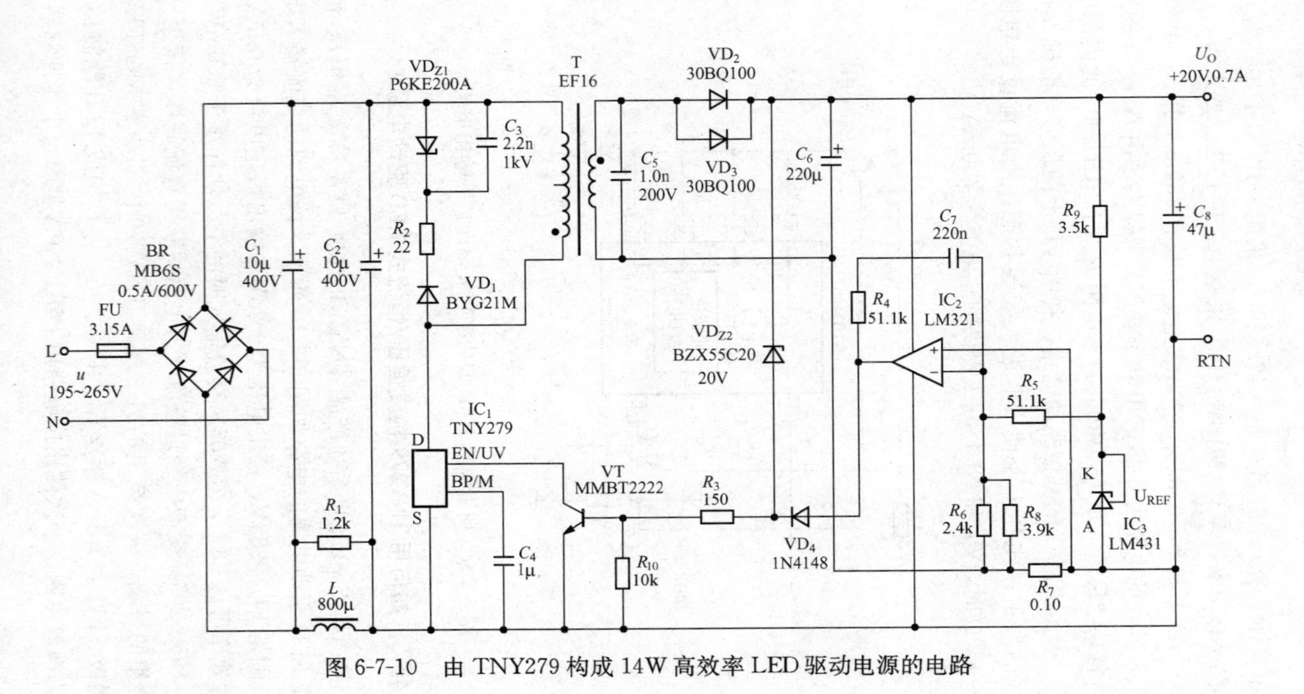

图 6-7-10 由 TNY279 构成 14W 高效率 LED 驱动电源的电路

VD_{Z1}（TVS）、快恢复二极管 VD_1（BYG21M，1.5A/800V）、C_3 及 R_2 组成。输出整流管 VD_2、VD_3 做并联使用，二者均采用30BQ100型肖特基二极管，其额定整流电流 $I_d=3A$，最高反向工作电压 $U_{RM}=100V$。为使电源在空载情况下能正常工作而不受损坏，利用稳压管 VD_{Z2} 进行恒压调节，使输出电压不超过21V。恒流调节电路由电流检测电阻 R_7（0.10Ω）、可调式精密并联稳压器LM431、精密运算放大器LM321、NPN型开关管VT（MMBT2222）等构成，通过检测 R_7 上电流形成的压降来实现恒流特性。现将LM431的基准端 U_{REF} 与阴极K互相短接，从阴极可输出固定的2.5V基准电压，再经过 R_5、R_6 和 R_8 分压后，获得0.07V的参考电压，加至运算放大器的反相输入端。当通过 R_7 的电流 I_O 达到所设定的0.7A时，R_7 上的压降 $U_{R7}=0.07V$。当 $I_O>0.7A$ 时进入恒流区。此时 U_{R7} 超过0.07V，使精密运算放大器LM321的输出电压升高，VD_4 因被正向偏置而导通，通过 VD_4 驱动VT的基极，再通过集电极将电流从TNY279的EN/UV端拉出来。只要从EN/UV端拉出的电流超过115μA，就以逐周期的方式禁止TNY279中的MOSFET工作。电流反馈环路通过调节使能周期与禁止周期的比例关系，即可实现恒流控制。R_4 和 C_7 为电流反馈环路的补偿元件。使用精密运算放大器构成限流电路的优点是，可采用0.10Ω的电流检测电阻，实现对电流取样电压的最小化，从而降低了电流检测电阻的损耗并提高电源效率。

该LED驱动电源的恒压/恒流特性曲线如图6-7-11所示。由图可见，当 $U_O<20V$ 时开始进入恒流区，将 I_O 稳定在0.73～0.74A之间，达到了精密恒流源的指标。该电源在LED灯串的电压为6～20V时均能正常工作。但因输出电流恒定不变，故灯串的电压越低，输出功率就越小。

468 如何用PT4115构成高PWM调光比的LED驱动器？

PT4115属于降压式电感电流连续导通模式的LED恒流驱动器，可驱动几十瓦以下的LED灯串。其输入电压范围是+8～30V；输出电流可以设定，最大为1.2A，输出电流精度为±5%。

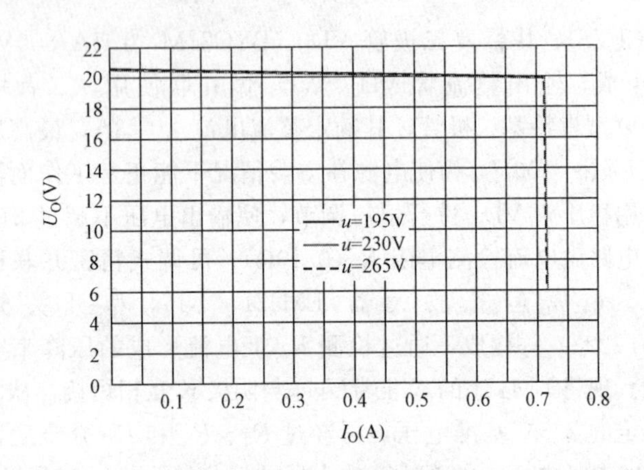

图 6-7-11　恒压/恒流特性曲线

它具有模拟调光和 PWM 调光功能。模拟调光的电压范围是 0.5～2.5V，模拟调光比为 5∶1。PWM 调光的占空比范围是 0.02%～100%，低频调光频率为 100Hz，PWM 调光比高达 5000∶1，该项指标远超过 LT3756、MAX16834 型 LED 恒流驱动器（后者均为 3000∶1）；高频调光频率为 20kHz，调光比为 25∶1。

PT4115 的典型应用电路如图 6-7-12 所示。PT4115 通过外部电感 L 和电流取样电阻 R_S 构成自激式电感电流连续导通模式的 LED 恒流驱动器。刚上电时，L 和 R_S 的初始电流为零，I_{LED} 也为零。此时，电流检测比较器的输出为高电平，使 MOSFET 导

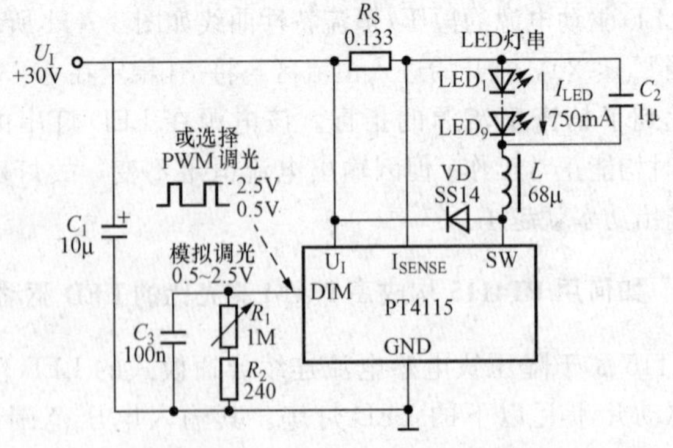

图 6-7-12　PT4115 的典型应用电路

通，SW端输出低电平，电流经过R_S、LED灯串、L和MOSFET流到地，电流上升斜率k_1由U_I、L和U_{LED}来决定，R_S上的压差为U_{RS}，当$U_I-U_{RS}>115mV$时，电流检测比较器翻转，输出为低电平，将MOSFET关断，电流按照k_2的斜率下降，流过R_S、LED灯串、L和续流二极管VD，当$U_I-U_{RS}<85mV$时，MOSFET重新导通。VD采用肖特基二极管。R_S采用误差为1%的精密电阻，即可将I_{LED}的精度控制在±5%。I_{LED}的最大值由R_S设定。

其工作原理是当内部功率开关管MOSFET导通时VD截止，电流通过R_S、LED灯串、L、MOSFET到地，对L进行储能。当MOSFET截止时，VD导通，电感上产生的反向电动势，经过VD、R_S和LED灯串释放能量。显然，在MOSFET导通或截止时，L上的电流方向不变。LED灯串由9只白光LED构成，每只LED的正向压降为$U_F=3.3V$，工作电流$I_{LED}=750mA$。VD采用1A/40V的肖特基二极管SS14。为减少输出电流纹波，在LED灯串的两端并联1μF的陶瓷电容器C_2，可将输出纹波大约减少1/3；适当增大C_2的容量，抑制纹波的效果更好。但需注意，C_2不会影响电源的工作频率和效率，但会影响电源的启动延迟时间及调光频率。C_1为输入旁路电容器，直流输入时C_1应大于4.7μF。C_3为软启动电容，$C_3=100nF$时所设定的软启动时间为80ms。

469 如何用FT6610构成非隔离式LED驱动电源？

FT6610属于隔离、降压式（或降压/升压式）LED驱动控制器，通过外部功率开关管（MOSFET）可驱动几百个LED灯串或由串/并联组合的LED阵列。FT6610允许输入85～264V交流电源，或+8～450V直流电源，输出电流设定范围在几毫安至1A以上，电源效率可达90%以上。为降低谐波，当负载功率超过25W时可增加二阶无源填谷式PFC电路。

由FT6610构成的非隔离式LED驱动电源电路如图6-7-13所示，它采用降压式拓扑结构。输入交流电压范围是85～264V，

LED驱动电压小于120V，开关频率约为200kHz，LED驱动电流 I_{LED}=80mA，可驱动功率为8W的LED照明灯。由串模电容器 C_1、C_2 和共模扼流圈 L_1 构成EMI滤波器，R_T 为5D-7型5Ω负温度系数热敏电阻（NTCR），在启动电源时能起到限流作用。VD_1～VD_4（1N4007×4）构成输入整流桥。尽管FT6610内部高压调制器允许输入700V以下的高压，但为降低芯片的功耗，在以交流市电作输入时，需将整流滤波电压先经过限流电阻再接芯片的 U_I 端。R_3 为56kΩ、0.5W的限流电阻，亦可用4只220kΩ、1/8W贴片电阻并联后代替，可将 U_I 引脚的电源电流限制在1mA以下。

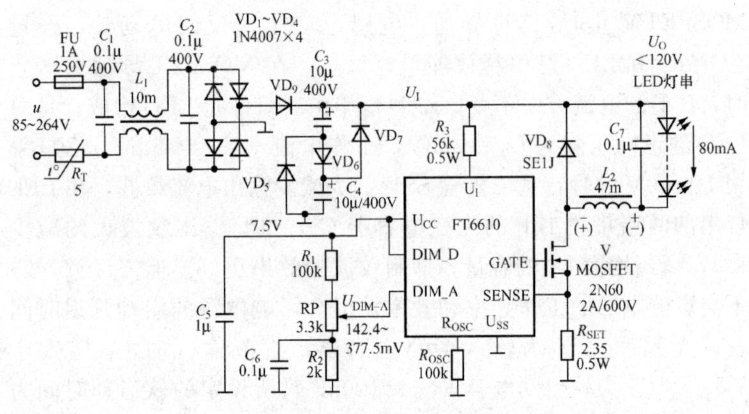

图6-7-13　由FT6610构成的非隔离式LED驱动电源电路

当LED灯的功率大于25W时，电路中需增加由 VD_5～VD_7、C_3 和 C_4 构成的二阶无源填谷式PFC电路（以下简称填谷电路），可将功率因数提高到0.85以上。VD_9 为隔离二极管，可将整流桥与填谷电路隔离开。填谷电路的输出电压 U_I 送至 U_I 端和LED灯串的阳极。需要注意，增加填谷电路会降低输出电压，减小LED的串联数目，例如对于220V交流电，LED负载电压低于 $220V\times\sqrt{2}/2\times0.8\approx120V$。采用填谷电路时用电解电容器 C_3 和 C_4 代替原来的输入滤波电容器，必要时还可在填谷电路的输出端并联一只滤除高频干扰的100nF电容器（图中未画）。

功率开关管（V）采用 2N60 型 2A/600V 的 N 沟道 MOSFET。VD_8 为高压续流二极管，采用 ES1J 型 1A/600V 的超快恢复二极管，其反向恢复时间 $t_{rr}=35ns$。L_2 为 47mH 的储能电感。正半周时 MOSFET 导通，电流依次经过 LED 灯串、L_2、MOSFET 和 R_{SET} 接地，并有一部分能量储存在 L_2 上，L_2 的电压极性是右端为正，左端为负，此时 VD_8 截止。负半周时 MOSFET 关断，L_2 上产生的反向电动势极性为左端为正，右端为负，这就使 VD_8 导通，L_2 上储存的能量通过 VD_8 继续给 LED 灯串供电。C_7 为输出端的旁路电容器，R_{OSC} 为开关频率设定电阻。

U_{CC} 端输出的 7.5V（典型值）电压，经过精密电阻分压器可获得所需的 U_{DIM_A} 电压，供模拟调光使用。精密电阻分压器由电阻 R_1、直推式电位器 RP 和电阻 R_2 构成，R_1、RP 和 R_2 的精度均为±1%。RP 的滑动端接 DIM _ A 端。当 $R_1=100k\Omega$，$R_{RP}=3.3k\Omega$，$R_2=2k\Omega$ 时，根据分压器原理不难算出：U_{DIM_A} 的调节范围为 142.4～377.5mV。特别当 RP 调到中点位置时，$U_{DIM\_A}=260.0mV$。考虑到 U_{CC} 端的驱动能力较弱，分压器电阻值不能选取得太小。C_5 为 U_{CC} 端的旁路电容器。C_6 主要起两个作用，一个是稳定 U_{DIM_A} 电压，二个是用作驱动电路的软启动电容。当 C_6 充电至 250mV 时，充电时间常数 $\tau=[(R_2+R_{RP2})//(R_1+R_{RP1})]=540$（$\mu s$），$R_{RP1}$、$R_{RP2}$ 分别为 RP 滑动端的上半部分、下半部分电阻值。如需延长软启动时间，可适当增大 C_6 的容量，或者按比例增加 R_1、RP 和 R_2 的阻值。

R_{SET} 为输出电流设定电阻，兼起到限流作用。由于电感 L_2 上的最大电流可通过 R_{SET} 进行限制，因此不需要再增加过电流保护电路。但如采用降压/升压式拓扑结构或设计隔离式驱动电源时，当 LED 开路时电感上会产生高压，容易将 MOSFET 击穿，此时需设计漏极钳位保护电路，一旦检测到 LED 开路故障，可将 DIM _ D 接地，以避免 MOSFET 损坏。

当电源低压低于或接近于负载电压时，需采用降压/升压式拓扑结构，应将 L_2 与 VD_8 对换位置，同时将 LED 的极性反接。

470 如何用FT6610构成隔离式LED驱动电源?

利用FT6610设计隔离式LED驱动电源时，需要增加MOSFET的漏极钳位保护电路、光耦反馈电路等。由FT6610构成的隔离式LED驱动电源电路如图6-7-14所示，该电路属于反激、降压式拓扑结构。输入交流电压为220V，LED驱动电压小于12V，LED驱动电流为350mA，输出功率P_O=8W，驱动3只高亮度大功率LED，适用于GU10、E27等型号的LED灯具。

该电路主要有以下特点：

(1) 利用高频变压器（T）和光耦合器（PC817）实现LED负载与电网的隔离。

(2) 电路中使用两片集成电路：IC_1（FT6610），IC_2（PC817）。

(3) 由12V稳压管（VD_Z）和光耦合器IC_2（PC817）组成光耦反馈电路。

(4) 该电源未使用填谷电路来提高功率因数。

(5) U_I端的限流电阻用4只220kΩ、1/8W贴片电阻（R_8～R_{11}）并联而成，总阻值为56kΩ，总功率为0.5W。

(6) 为避免因高频变压器漏感产生的尖峰电压将MOSFET损坏，由R_{12}、C_6和超快恢复二极管VD_1构成漏极钳位保护电路。

(7) R_6、R_7为输出电流设定电阻，并联后的总阻值为1Ω。开关频率设定电阻R_5的阻值选择500kΩ，开关频率约为50kHz。

471 如何调试非隔离式和隔离式LED驱动电源?

调试非隔离式和隔离式LED驱动电源的方法如下：

(1) 非隔离式LED驱动电源的调试方法。非隔离式LED驱动电源的电路参见图6-7-13。具体调试步骤如下：

1）首先进行空载测试。LED驱动电源不带负载，接通220V交流电源，测量FT6610的U_{CC}引脚电压，若低于7.5V，则表明R_3的阻值过大，应减小其电阻值，直至U_{CC}=7.5V，且U_I>50V。

2）然后测量电源的静态功耗，应为0.2W左右。如静态功耗

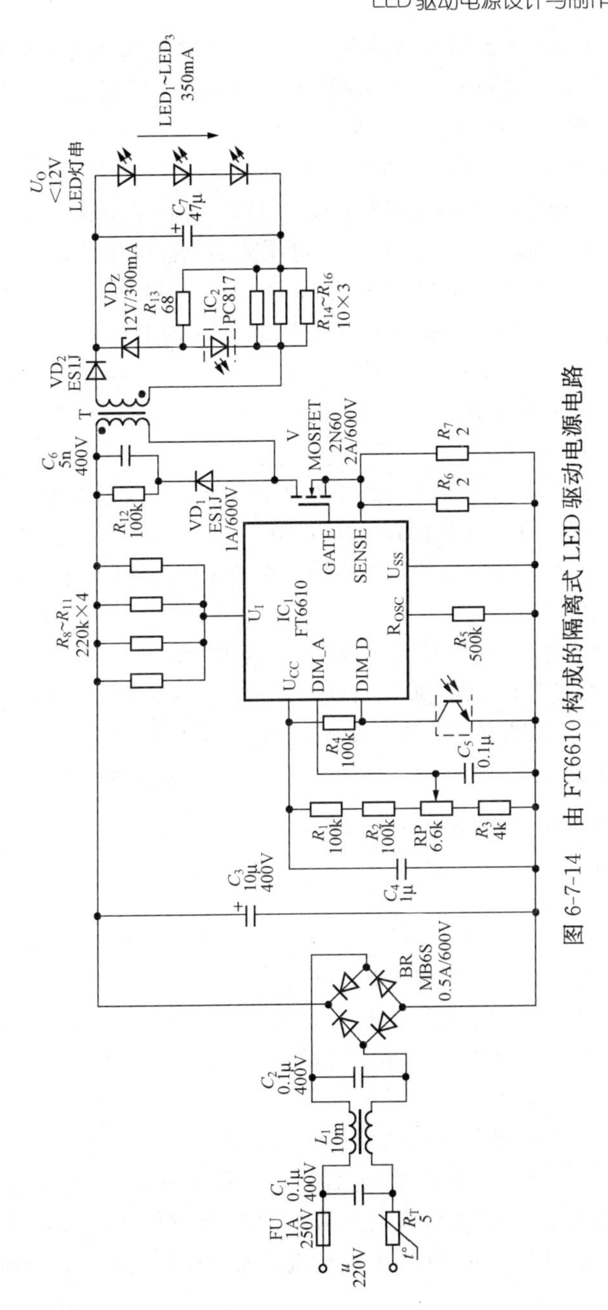

图 6-7-14　由 FT6610 构成的隔离式 LED 驱动电源电路

偏大，则说明电路接线有问题，需检查PCB板的接线。如无法直接测量功耗，亦可改测 U_I 引脚的电源电流，不要超过1mA。

3）带负载测试。

a）测试 U_{CC} 和 U_I 的步骤同上。

b）去掉输出旁路电容器 C_7，在负载LED端串联10Ω取样电阻，用示波器观察该电阻两端的电压波形（该电压除以10Ω即为LED电流 I_{LED}）。如果该电压为锯齿波，则证明 I_{LED} 未断流，否则电流断流，需减小 R_{OSC} 的阻值或者增加 L_2 的电感量。调节好后，将 C_7 焊接到PCB上。

c）如果需要的话，还应测量功率因数。通过改变 C_3 和 C_4 的容量来调节功率因数。

d）用眼睛观测LED，以不闪烁为标准，如有闪烁现象，可适当改变 C_3、C_4、R_{OSC} 和 L_2 的元件值。

e）测量不同样机的负载电流，调节RP使输出电流具有良好的一致性。

（2）隔离式LED驱动电源的调试方法。隔离式LED驱动电源的电路参见图6-7-14。调试方法与非隔离式LED驱动电源基本相同。但需注意两点：①做空载测试时应去掉高频变压器，然后接通220V交流电源；②应重点调试过电压、过电流保护电路。

472 如何用BP2808构成非隔离式LED驱动电源？

BP2808属于恒流式LED驱动控制器，主要用作非隔离式LED驱动。交流输入电压范围是85～265V，在此范围内LED电流的变化率小于±5%。直流输入电压范围是+12～450V，占空比调节范围是0～100%，电源效率可达93%，能进行模拟调光和PWM调光。BP2808能驱动3～36W的LED照明灯，适用的LED灯具型号有E14、E27、PAR30、PAR38、GU10等。

BP2808的典型应用电路如图6-7-15所示。该电路属于连续电流模式的降压式拓扑结构。BP2808采用SOP-8封装，各引脚的功能如下：U_{DD} 为输入电压端，GND为信号地和功率地。LN为线电压（即直流高压 U_I）补偿端，通过检测线电压取样电阻上的压降，使LED的峰值电流保持恒定，不受线电压变化的影响。OUT为内部功率开关管的漏极引出端，接外部功率开关管的源极。CS为电流取样端，接外部取样电阻。RT为工作关断时间控制端，接外部设定电阻。DIM为模拟调光信号或PWM调光信号的输入端。

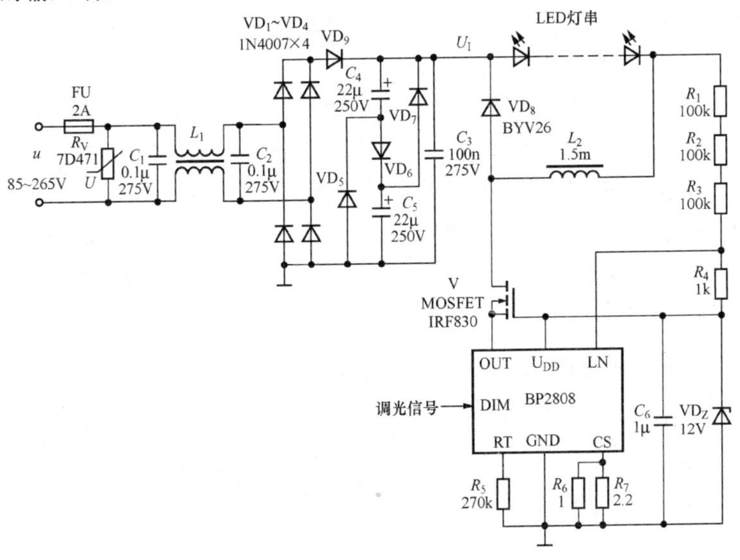

图6-7-15　BP2808的典型应用电路

交流输入电压范围是85～265V，R_V为7D471型压敏电阻器，用于吸收浪涌电压。EMI滤波器由串模电容器C_1、C_2和共模扼流圈L_1构成。输入整流器由VD_1～VD_4、C_3构成。VD_5～VD_7、C_4和C_5组成填谷式PFC电路。VD_9为隔离二极管。V为外部功率开关管，采用IRF830型4.5A/500V的N沟道MOSFET。VD_8为续流二极管。L_2为储能电感，适当增大L_2的电感量，可减小LED的纹波电流，提高电源效率。

R_5为关断时间设定电阻，当$R_5=270\text{k}\Omega$时，$T_{OFF}=10.8\mu s$。每当开关周期开始时，MOSFET导通，直到L_2的电流升到峰值时将MOSFET关断，经过关断时间之后MOSFET又重新导通，BP2808就是这样周而复始工作的。R_6、R_7为MOSFET漏极电流的取样电阻，电流检测阈值电压为250mV。VD_Z为12V稳压管，只要IRF830的栅极电压超过12V，VD_Z就进行钳位保护。C_6为消噪电容。

为避免因LED正向压降存在差异而造成LED纹波电流的变化，BP2808采用独特的共栅极驱动MOSFET的方法，使芯片的工作电流非常小。同时将MOSFET开关损耗的电能通过VD_8给芯片供电，这样能显著提高电源效率。

考虑到LED的峰值电流会随线电压升高而增大，为补偿峰值电流的这种变化，利用BP2808的LN端检测线电压。当线电压升高时通过降低内部基准电压U_{REF}值，使LED的峰值电流能在很宽的输入电压范围内保持不变。由R_1～R_4构成线电压分压器，其中R_4（1kΩ）为LN端的取样电阻，当R_4上的压降达到1V时，U_{REF}自动降低15mV。

473 如何用BP3108构成隔离式LED驱动电源？

BP3108属于支持TRIAC调光的隔离、反激式AC/DC恒流驱动控制器芯片，它采用一次侧反馈模式，无须二次侧精密光耦反馈电路即可实现恒流输出，可大大简化LED驱动电源的电路设计。

由BP3108构成5W隔离式TRIAC调光的LED驱动电源电路如图6-7-16所示。交流输入电压范围$u=85\sim264V$，输出电压$U_{LED}=+16.5V$，额定输出功率为5W，能驱动由5只大功率LED构成的LED灯串。每只LED的正向压降$U_F=3.3V$，正向电流$I_{LED}=330mA$。该电源主要包括以下9部分：①TRIAC调光器；②EMI滤波器及整流滤波器；③BP3108的启动电路；④TRIAC导通角检测电路；⑤TRIAC调光电路；⑥恒流控制电路；⑦反馈电路；⑧输出整流滤波电路；⑨保护电路。

85～264V交流电首先通过EMI滤波器，然后经过桥式整流滤波器BR、C_2、L和C_3，获得直流高压U_I，称之为线电压。EMI滤波器由线间电容器（X电容）C_1、压敏电阻器（R_V）组成，串模扼流圈L和C_4也可看成EMI滤波器的一部分。BP3108的启动

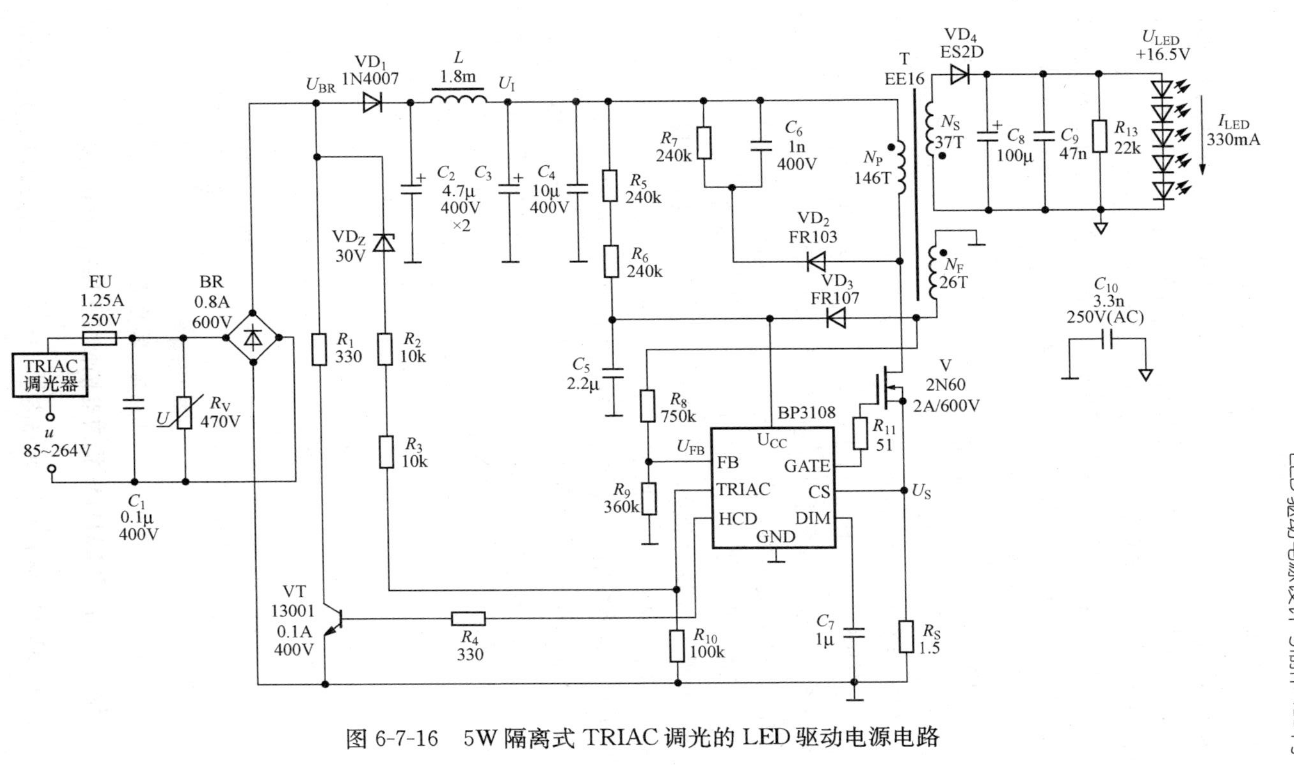

图 6-7-16　5W 隔离式 TRIAC 调光的 LED 驱动电源电路

电流仅为 25μA（典型值）。上电后，线电压经过 R_5、R_6 对 U_{CC} 端的旁路电容器 C_5 进行充电，当 U_{CC} 达到芯片的开启电压阈值（典型值为 14V）时，芯片内部的控制电路开始工作。电源启动之后，启动电路就停止工作，改由反馈绕组的输出电压经过 VD_3、C_5 整流滤波后，给 BP3108 提供电源电压。该电源采用 R、C、VD 型钳位保护电路。R_7、C_6 用于吸收由高频变压器漏感形成的尖峰电压。VD_2 为阻塞二极管，采用 1A/100V 的快恢复二极管 FR103，其反向恢复时间为 500ns。输出整流管 VD_4 采用 2A/200V 的超快恢复二极管 ES2D，其反向恢复时间低至 20ns。C_8 为输出滤波电容器，C_9 用于滤除高频纹波噪声。R_{13} 为假负载。

BP3108 内部集成了 TRIAC 调光电路，它采用导通角检测的专利技术，可兼容市场上大部分 TRIAC 调光器。当 $U_{BR}>30V$ 时，稳压管 VD_Z 被击穿，线电压经过 VD_Z、R_2 和 R_3 取样后送至 TRIAC端，再经过芯片内部的导通角检测电路和 TRIAC 调光电路，来调节 LED 的电流。输出电流（I_{LED}）与 TRIAC 导通角（θ）的关系曲线如图 6-7-17 所示，θ 的范围是 35°～135°。VD_1 为隔离二极管，可将线电压取样电路与后级电路隔离开。HCD 端的驱动能力为 500μA。当线路电压过低时，利用 HCD 端驱动晶体管 VT，使 VT 导通，给 TRIAC 提供维持电流，确保 TRIAC 维持在导通状态。VT 须采用高反压 NPN 晶体管，要能承受 400V 的高压。

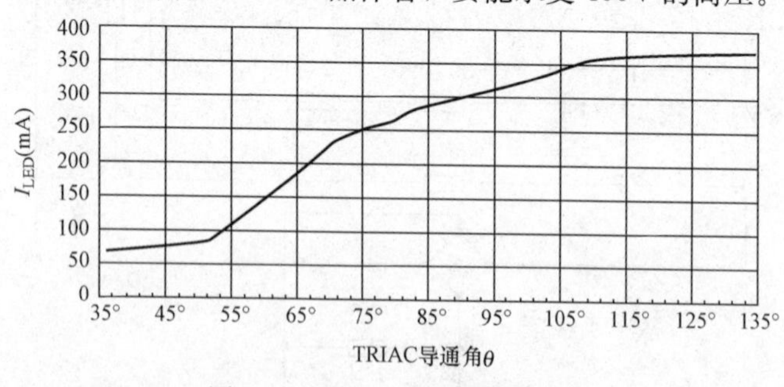

图 6-7-17　I_{LED}与 θ 的关系曲线

474　如何用 LM3445 构成非隔离式 LED 驱动电源？

由 LM3445 构成 10W 非隔离式 TRIAC 调光的 HB-LED 驱动电

源电路如图6-7-18所示。该驱动电源的交流输入电压范围 u=90～135V，输出电压 U_{LED}=+25.2V，输出功率可达10W，能驱动由7只高亮度LED（HB-LED）构成的LED灯串。每只LED的正向压降为3.6V，正向电流为400mA。该电源主要包括以下7部分：①TRIAC调光器；②EMI滤波器及整流桥；③二阶填谷式PFC电路；④线电压检测电路；⑤TRIAC导通角检测电路；⑥TRIAC调光电路；⑦降压式（Buck）变换器电路。下面介绍主要单元电路的工作原理。

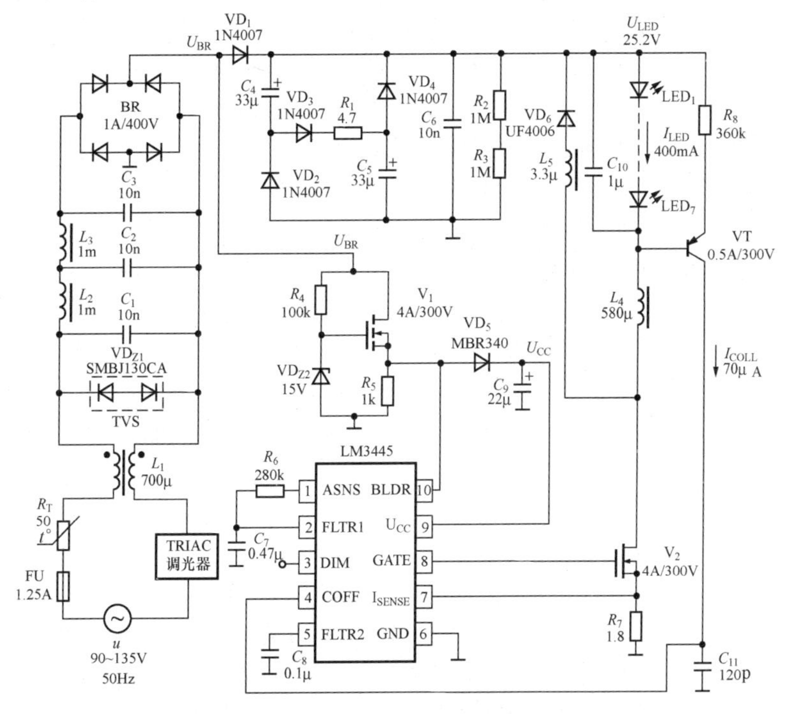

图6-7-18　10W非隔离式TRIAC调光的HB-LED驱动电源电路

（1）TRIAC调光器。TRIAC调光器串联在交流电的进线端，FU为1.25A熔丝管。R_T 为NTC热敏电阻，在 T_A=25℃室温下的阻值为50Ω，R_T 可限制在启动电源时的电流冲击。

（2）EMI滤波器及整流桥。EMI滤波器中的 L_1 为共模扼流圈，用来抑制共模干扰。VD_{Z1}采用一只双向瞬态电压抑制器（TVS）SMBJ130CA，其正、反向击穿电压均为$U_B=144V$（最小值），能吸收从电源进线端引入的浪涌电压及瞬态干扰。L_2和L_3为串模扼流圈，$C_1\sim C_3$为线间电容（X电容），用来抑制串模干扰。BR采用1A/400V的整流桥，整流桥的输出电压为U_{BR}，它代表整流后的线路电压（以下简称为线电压）。但需要注意，由于整流桥后面还接填谷电路中的33μF大电容器，因此实际的U_{BR}波形在一定程度上已被平滑处理。

（3）二阶填谷式PFC电路。二阶填谷式PFC电路由二极管$VD_2\sim VD_4$，电解电容器C_4、C_5和电阻器R_1构成。VD_1为隔离二极管。C_4与C_5均采用33μF/200V的电解电容器。R_1选用4.7Ω、2W的电阻器，可限制开机时的冲击电流。C_6的作用是滤除在C_4、C_5充、放电过程中产生的纹波电压。

（4）线电压检测电路。线电压检测电路由R_4、15V稳压管VD_{Z2}和N沟道MOS管V_1组成，其作用是将U_{BR}转换成一个合适的电压信号并被LM3445的BLDR引脚所检测。由于V_1的源极是直接连到BLDR引脚，因此当$U_{BR}<15V$时，允许BLDR引脚上的电压随U_{BR}而变化。R_5的作用是给BLDR引脚上所有的分布电容提供放电回路，并为调光器提供所需要的维持电流。由肖特基二极管VD_5（MBR340，3A/40V）和电容器C_9构成二极管-电容器网络，当BLDR引脚电压降低时可使U_{CC}电压保持不变，确保LM3445仍能正常工作。

（5）TRIAC导通角检测电路。该电路能产生与TRIAC调光器开启时间（即TRIAC导通角）相关联的直流电压信号。它首先通过LM3445内部的比较器来检测BLDR引脚的电压U_{BLDR}（比较器的阈值电压为7.2V），进而确定TRIAC是开启还是关闭。该比较器的输出经过4μs延迟线去控制一个泄放电路，再经过缓冲器从ASNS端输出，输出电压的摆幅为0～4V。R_6、C_7构成低通滤波器。当$U_{BLDR}<7.2V$时，内部泄放电路中的MOS场效应管V_1导通，将230Ω的小电阻串联到调光器上，此时调光器依次通过整流桥中的二极管→V_1→BLDR引脚→芯片内部的230Ω小电阻→GND

（地），所提供的电流能使 TRIAC 维持在导通状态。当 $U_{BLDR}>$ 7.2V 时，内部泄放电路不工作。

（6）TRIAC 调光电路。从 ASNS 端输出的电压，通过 R_6 接至 FLTR1 引脚内部斜坡比较器的反相输入端，与加在同相输入端的由锯齿波发生器产生的 5.88kHz、幅度为 1～3V 的锯齿波进行比较，斜坡比较器的输出电压分成 3 路：第一路直接从 DIM 端输出调光信号，可作为从电源的同步调光信号；第二路经过内部的 MOS 场效应管 V_2 和 370kΩ 电阻接至 FLTR2 端，C_8 为 FLTR2 端的滤波电容器；第三路经过内部的 V_2 送至 PWM 比较器。

芯片内部的调光译码器可输出 0～750mV 的直流电压，所对应的 TRIAC 调光器占空比变化范围是 25%～75%，TRIAC 导通角变化范围是 45°～135°，能直接控制 LED 的峰值电流从满载到低于 0.5mA，获得 0%～100% 的调光范围。当 TRIAC 的导通角超过 135°时，调光译码器将不再控制调光。此时 TRIAC 处于最小开启时间，使 LED 的亮度为最低。

（7）降压式 DC/DC 变换器电路。LM3445 属于降压式（Buck）变换器，它采用固定关断时间的方法来使 LED 灯串的电流保持恒定。当功率开关管 V_2 导通时，通过电感 L_4 和 LED 灯串的电流就线性地增大。R_7 为 LED 灯串的电流检测电阻，并将转换成的电压信号送至 PWM 比较器的同相输入端，与加在反相输入端的 FL-TR2 引脚电压进行比较。当二者相等时，通过内部控制器及输出电路使 V_2 关断。VD_6 为 LED 灯串的续流二极管。C_{10} 用于滤除电感形成的纹波电流。R_8、C_{11} 和晶体管 VT 能根据输出电压来改变线性电流的斜率，以设定开关控制器的关断时间。

475 如何用 PLC810PG 构成交/直流高压输入式可编程 LED 驱动电源？

PLC810PG 是将有源功率因数校正器和半桥 LLC 谐振变换器集成在一个芯片中，构成单级 PFC 及 LLC 式变换器，可大大简化外围电路设计。PFC 控制器内部包含乘法器，校正后的功率因数可达 92%～99%，电源效率可大于 85%，适合构成 150W 隔离式大功率LED驱动电源。

(1) 输入电路及PFC电路。150W大功率LED路灯驱动电源的输入级和PFC电路如图6-7-19所示，主要包括输入EMI滤波器、PFC和偏置电源/启动电路。

1) EMI滤波器。由C_1和C_2、C_5和C_6分别构成两级共模电容器，前级用来抑制30MHz以上的共模噪声，后级可抑制中频范围内的谐振峰值。共模电感L_1和L_2分别用来抑制1MHz以下的低频、中频干扰。C_3和C_4为串模EMI滤波电容器。R_1～R_3为泄放电阻，当交流电源断开时可将C_3和C_4上储存的电荷泄放掉，避免操作人员因触及电源插头而受到电击。当电源刚通电时，负温度系数热敏电阻R_T可起到瞬间限流保护作用。当电源进入正常工作状态，主偏置电源到达规定值时，晶体管VT_3导通，其集电极输出电压U_{JD}为0V，通过继电器通/断控制线（Relay）给继电器绕组K接通电源（U_{CC}-0V），触点S吸合，将R_T短路，使之功耗降至零。仅在启动电源时，VT_3截止，Relay通/断控制线开路，使继电器绕组断电而释放，触点S被断开。采用这种设计方案，可使电源效率提高1%～1.5%。在继电器绕组两端并联续流二极管VD_8，可为反向电动势提供泄放回路，起到保护作用。

2) PFC电路。输入整流桥（BR）采用GBJ806-F型8A/600V整流桥，C_7用来滤除功率开关管V_1产生的高频干扰。C_7宜选用低损耗、低阻抗的聚丙烯电容器，这种电容器可在功率开关管V_1和PFC电感L_4导通时提供较大的瞬间电流。

PFC控制环主要由PFC电感L_4、功率开关管V_1、整流管VD_2、滤波电容器C_9和C_{10}及相应的控制电路构成。从PLC810PG控制器GATEP端输出的PM信号，先经过VT_1和VT_2，再经过磁珠L_3缓冲后，驱动MOSFET功率管V_1。VT_1采用FMMT491型1A/60V的NPN硅晶体管，VT_2选用FMMT591型1A/60V的PNP硅晶体管，二者为互补管。V_1选择STW20NM50FD型N沟道20A/500V、通态电阻为0.22Ω的功率MOSFET，以提高PFC的效率。这种管子采用TO-247封装，便于接外部散热器。

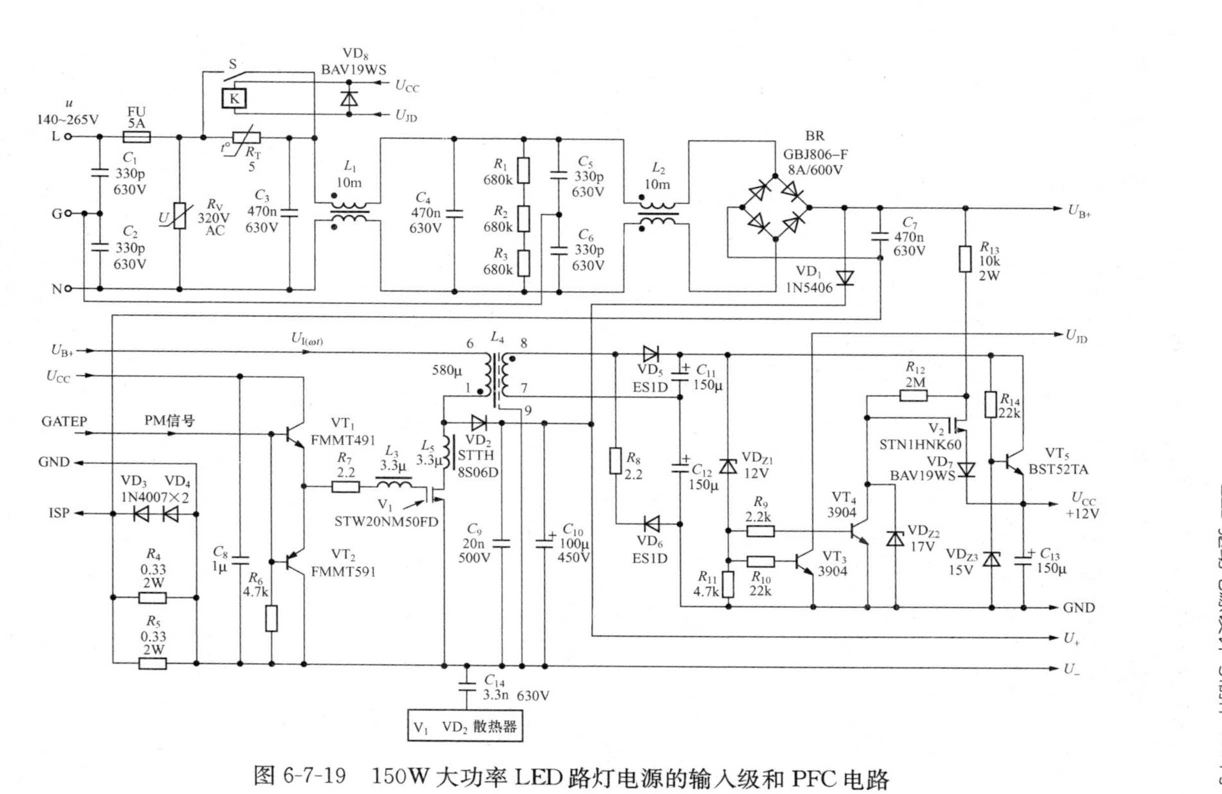

图 6-7-19　150W 大功率 LED 路灯电源的输入级和 PFC 电路

连续模式的升压式功率因数校正电路由 C_9、C_{10}、L_4、V_1、VD_2 及控制电路构成，VD_2 采用 STTH8S06D 型 8A/600V 超快恢复二极管，其反向恢复时间仅为 12ns。BR 输出的整流波形首先通过 PFC 电感 L_4（引脚 6-1），再经过 VD_2 和 C_{10} 获得直流高压 U_+。V_1、VD_2 均需要接散热器，散热器通过 C_{14} 接 U_-，可消除由散热器引入的传导噪声。PFC 电感用 PQ32/20 型铁氧体磁心，其初始磁导率 $\mu_i=2300$，饱和磁通密度 $B_s=390T$，L_4 的一次侧电感量为 $580\mu H$。PFC 电感 L_4 采用 TDK 公司生产的 PQ32/20 型环形磁心，主绕组用 $\phi 0.33mm$ 漆包线绕 35 匝。辅助绕组用 $\phi 0.33mm$ 漆包线绕 2 匝。

与普通 AC/DC 变换器所不同，升压式功率因数校正电路是在整流桥与大容量滤波电容之间插入了 PFC 控制环，使交流输入电流能跟随交流输入电压，按正弦波规律同相位的变化。PLC810PG 的 PFC 电感电流检测端 ISP、PFC 反馈端 FBP，能分别接收交流输入电流波形、PFC 输出直流电压这两个反馈信号，并通过 PM 信号控制 V_1 的导通与截止。由于 PFC 控制器采用关断占空比控制算法的连续导通模式，因此无须对交流输入电压进行检测。这是因为功率开关管的关断时间 t_{OFF} 与 PFC 电感的平均电流（$\overline{i_{L(\omega t)}}$，即在若干个开关周期的电流平均值）和误差放大器输出电压（U_r）的乘积成比例关系，这样所获得的平均输入电流与输入为交流电压时产生的效果是相同的。

PFC 控制环的工作原理如下：在 PM 信号的控制下，当 V_1 导通时，VD_2 因反向偏置而截止，整流后的正弦波电压 $U_{I(\omega t)}$ 给 L_4 储能。在此期间 i_{L4} 不断增大，电流上升率 di_{L4}/dt 与 L_4 值、此时 $U_{I(\omega t)}$ 的瞬时值及 V_1 的导通时间有关。当 V_1 截止时，L_4 上的感应电压就叠加在 $U_{I(\omega t)}$ 上，起到升压作用，使 VD_2 导通，利用 L_4 上储存的电能对 C_{10} 充电并给负载供电。在此期间 i_{L4} 不断减小，其下降速率与 L_4 值、$U_{I(\omega t)}$ 的瞬时值、输出负载及 V_1 的截止时间 t_{OFF} 有关。显然，当交流输入电压 u 以正弦规律变化时，控制电路只需用 PM 信号对 V_1 的通、断进行控制，即可使 i_{L4}（即交流输入电流 i），与脉动输入电压 $U_{I(\omega t)}$（亦即交流输入电压 u 的正半周）

保持同相位且为相同的正弦波。实际上，只要开关频率足够高（这里将电源满载输出时的开关频率设计为100kHz）时，交流输入电流就必然是与交流输入电压波形及相位均相同的正弦波。

为提高电源效率并降低电磁干扰，R_7 采用2.2Ω的低阻值电阻，并且在 V_1 的栅极与漏极上分别串联磁珠 L_3 和 L_5。该电源所用磁珠（L_3、$L_5 \sim L_9$），均可采用美国 Fair-Rite 公司生产的2643001501型铁氧体环形磁珠，其外型尺寸为 ϕ3.5mm×3.25mm，孔径为 ϕ1.6mm，25MHz时的阻抗为21Ω。

C_8 为旁路电容。R_4、R_5 为PFC的电流检测电阻。VD_3、VD_4 为钳位二极管，一旦电源发生故障，可限制流入PLC810PG的ISP端的检测电流。

当电源刚接通交流电时，整流桥BR的输出电压就经过 VD_1，给PFC的输出电容 C_{10} 充电。其作用是当PFC级开始工作时给流过 L_4 的浪涌电流提供旁路，防止 L_4 发生磁饱和而损坏 V_1。C_9 用来滤除高频环路干扰。

3）偏置电源和启动电路。PFC电感 L_4 的结构比较特殊，它增加了一个辅助绕组（亦称偏置绕组），给PLC810PG提供偏置电压 U_{CC}，使之能正常启动，因此 L_4 亦可起到变压器作用。另外，L_4 的屏蔽层应接 U_-，以防止电磁噪声耦合到EMI滤波器上。偏置绕组的输出电压经过倍压整流滤波电路（VD_5、VD_6、C_{11}、C_{12} 和 R_8），可获得与输入电压保持独立的偏置电压。VD_5 和 VD_6 均采用ES1D型1A/200V超快恢复二极管，反向恢复时间为25ns。

由 VT_4、V_2、VT_5、$VD_{Z1} \sim VD_{Z3}$、VD_7、$R_9 \sim R_{14}$ 和 C_{13} 构成偏置电源稳压器和启动电路。U_{B+} 通过 R_{13}、V_2 和 C_{13}，给PLC810PG提供偏置电压 U_{CC}。V_2 采用STN1HNK60型0.4A/600V的N沟道场效应管。利用 VD_{Z2} 可对 V_2 的输出电压进行钳位保护。当主偏置电压到达规定值时，通过 VT_3 和继电器将热敏电阻 R_T 短路。由 VT_5、R_{14} 和 VD_{Z3} 构成射极跟随式稳压器，对 U_{CC} 起到稳压作用。VT_5 采用BST52TA型0.5A/80V的达林顿管，其电流放大系数 $h_{FE}=1000$（典型值）。稳压管 VD_{Z1}（ZMM5242B-7）、VD_{Z2}（ZMM5247B-7）和 VD_{Z3}（ZMM5245B-7）的稳压值分

别为12、17V和15V。

(2) LLC及光耦反馈电路。大功率LED路灯电源的LLC及光耦反馈电路如图6-7-20所示。

1) LLC电路。PLC810PG分别通过R_{32}和R_{33}直接驱动半桥MOSFET (V_3 和 V_4), V_3 和 V_4 均采用IRFIB7N50LPBF型6.8A/500V的N沟道功率MOSFET,其通态电阻低至0.32Ω。C_{30}为主谐振电容,应采用低损耗型电容器。C_{38}为V_3和V_4的旁路电容。R_{35}为一次侧电流检测电阻,可为PLC810PG提供过载保护。LLC输出级由输出整流滤波器VD_{13}、VD_{14}、C_{31}和C_{32}构成,用来获得+48V输出。VD_{13}、VD_{14}合用一只STTH1002CT型10A/200V、反向恢复时间$t_{rr}=25ns$的超快恢复对管,可完成全波整流。升压式PFC的输出电压U_+经过精密分压电阻$R_{15}\sim R_{20}$,反馈到PLC810PG的电压检测端FBP,C_{15}为消噪电容。C_{17}、C_{18}、VT_6和R_{22}对PFC进行频率补偿。当反馈信号过强时VT_6导通,使C_{17}短路放电,可起到保护作用。从电流检测电阻R_4、R_5(并联后的总阻值为0.165Ω)获得PFC电流检测信号,再经过R_{42}和C_{15}滤波后,送至PLC810PG的ISP端。从PLC810PG的GATEP端输出的PFC驱动信号,则通过R_{21}、VT_1和VT_2送至PFC电路中的功率开关管V_1。R_{21}为阻尼电阻,可防止因PLC810PG到V_1的引线较长而导致PFC驱动信号发生衰减振荡(振铃)。

U_{CC}分作以下三路:第一路经过R_{26}接PLC810PG的模拟电路电源端U_{CC}。第二路经过由VD_9、R_{23}和C_{19}构成的自举升压电路,接LLC高压驱动器(MOSFET)的电源端U_{CCHB}。C_{19}的下端则与半桥引脚HB和半桥的中点相连,所接的为方波信号。设正半周时V_3截止,V_4导通,C_{19}的下端就接低电平(U_-),U_{CC}经过VD_9和R_{23}给C_{19}充电,一直充到U_{CC}值。负半周时V_3导通,V_4截止,C_{19}的下端改接高电平(U_+),此时外部电源电压U_{CC}就与C_{19}两端的电压叠加成$2U_{CC}$,使U_{CCHB}端的实际电源电压提升一倍,以满足高压驱动的需要。第三路通过R_{25}接LLC低压驱动器的电源端U_{CCL}。

R_{25}和R_{26}的作用是将PLC810PG的模拟电源与数字电源进行

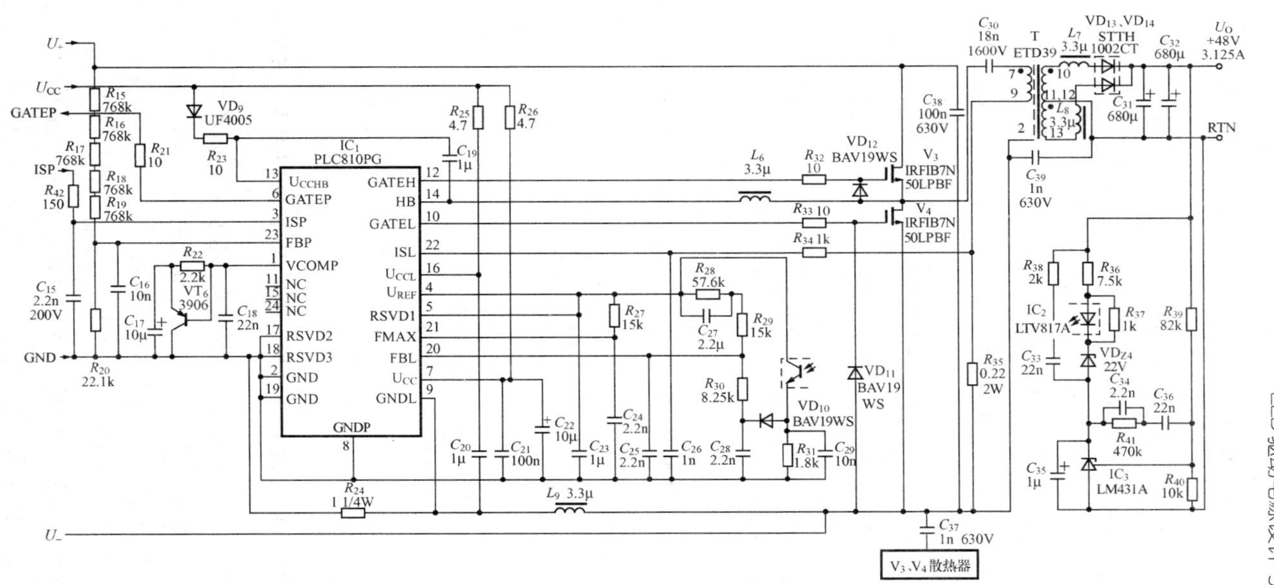

图 6-7-20　LLC 及光耦反馈电路

高频隔离。C_{20}～C_{22}均为旁路电容。利用R_{24}和磁珠L_9，可实现PFC地线与LLC地线之间的高频隔离。磁珠L_6为LLC的高端MOSFET驱动回路与PLC810PG之间提供高频隔离。在空载或轻载时，通过R_{27}和R_{30}可使LLC变换器进入突发模式，避免输出过载。

R_{28}～R_{30}和C_{28}用于设定LLC变换器的下限频率，C_{27}为加速电容。R_{27}和C_{24}用来设定LLC的上限频率。R_{35}为高频变压器一次侧过电流检测电阻，检测信号经过R_{34}、C_{26}滤波后，送至PLC810PG的ISL端。

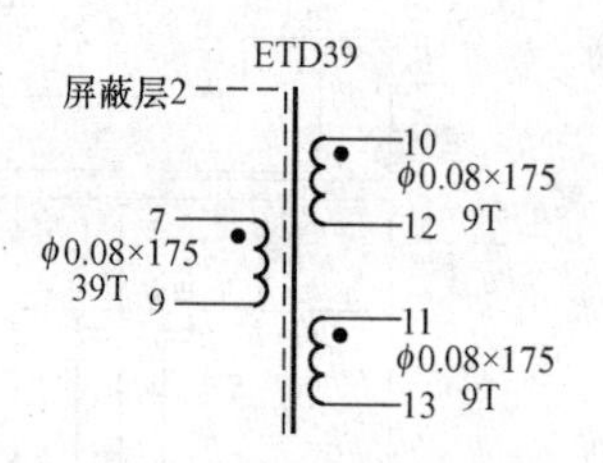

图 6-7-21　高频变压器结构图

高频变压器采用ETD39型铁氧体磁心，其结构如图6-7-21所示。

2）精密光耦反馈电路。由光耦合器LTV817A（IC_2）和可调式精密并联稳压器LM431A（IC_3）构成LLC级的精密光耦反馈电路。+48V输出经过R_{39}和R_{40}取样后，与LM431A内部的2.5V基准电压进行比较，产生误差电压，再通过LTV817A、VD_{10}和R_{30}给LLC的反馈端FBL提供反馈电压。C_{25}为反馈信号的滤波电容。C_{33}、C_{34}、C_{36}，R_{38}和R_{41}组成光耦反馈电路的补偿网络，R_{36}用来设定光耦反馈环路的直流增益。U_O经过R_{36}和R_{37}给稳压管VD_{Z4}（1N5251B、22V）提供偏置电流。C_{35}为软启动电容。

实测该电源在满载时的功率因数：λ=97.7%（u=230V）；满载输出时的总效率η=92.4%（u=230V），完全满足设计要求。

476　如何用LinkSwitch-PH构成的隔离式LED驱动电源?

美国PI公司最新推出的LinkSwitch-PH系列单片带PFC及TRIAC调光的隔离式LED恒流驱动电源集成电路，能满足85～305V宽范围交流输入电压的条件，具有PFC、精确恒流（CC）控制、TRIAC调光、远程通/断控制等功能。其最大输出功率为50W，功率因数大于0.9，电源效率可超过85%，适用于中、小功率的高性能隔离式LED驱动电源。

14W隔离式单级PFC及TRIAC调光式LED驱动电源的总电路如图6-7-22所示，它属于反激式变换器。该电源的交流输入电压范围是90～265V，驱动LED灯串的电压典型值$U_{LED}=+28V$（允许变化范围是+25～32V）。通过LED的恒定电流$I_{LED}=500mA\pm5\%$，TRIAC调光的最小电流为0.5mA，因此调光比可达1000：1（500mA：0.5mA）。输出功率$P_O=14W$，功率因数$\lambda>0.9$，电源效率$\eta>85\%$。具有LED负载开路保护、过载保护、输出短路保护、输入过电压及欠电压保护功能。

该电源使用一片LinkSwitch-PH系列中的LNK406EG。将LNK406EG配置成带PFC的隔离式TRIAC调光、连续模式变换器，不仅能减小一次侧的峰值电流及有效值电流。还能简化EMI滤波器设计，提高电源效率。

图6-7-22中，压敏电阻器R_V用于吸收电网的串模浪涌电压，确保LNK406EG的漏极峰值电压低于725V。BR为2KBP06M型2A/600V整流桥。EMI滤波器由L_1～L_3、C_1、R_1、R_2以及安全电容C_{10}构成，安全电容亦称Y电容。C_{10}跨接在一次侧与二次侧之间，能滤除由一次、二次绕组间分布电容产生的噪声电压。R_1、R_2为阻尼电阻，能防止L_1、L_2和C_1形成自激振荡。C_1为线间电容器，亦称X电容。C_2采用0.1μF较小容量的电容器，可为一次侧的开关电流提供低阻抗源。为保证功率因数高于0.9，C_1和C_2的容量不宜过大。

为了给LNK406EG提供线电压的峰值信息，输入整流桥的峰值电压就通过峰值检波器（VD_1、C_3）和R_3、R_4，接LNK406EG的电压监控端（V）。流过R_3、R_4的电流就作为峰值取样电流。R_3、R_4的总阻值为4MΩ。R_6可为C_3提供放电回路，放电时间常数（$\tau=R_6C_3$）必须大于整流桥的放电时间，以免在线电压上形成纹波。

利用电压监测端的峰值取样电流和反馈端的输入电流，即可控制输出到LED的平均电流值。选择TRIAC相位调光模式时，在基准电压的输出端（R）与源极（S）之间接49.9kΩ的电阻R_9，并通过R_3、R_4使输入电压与输出电流保持线性关系，从而使调光范

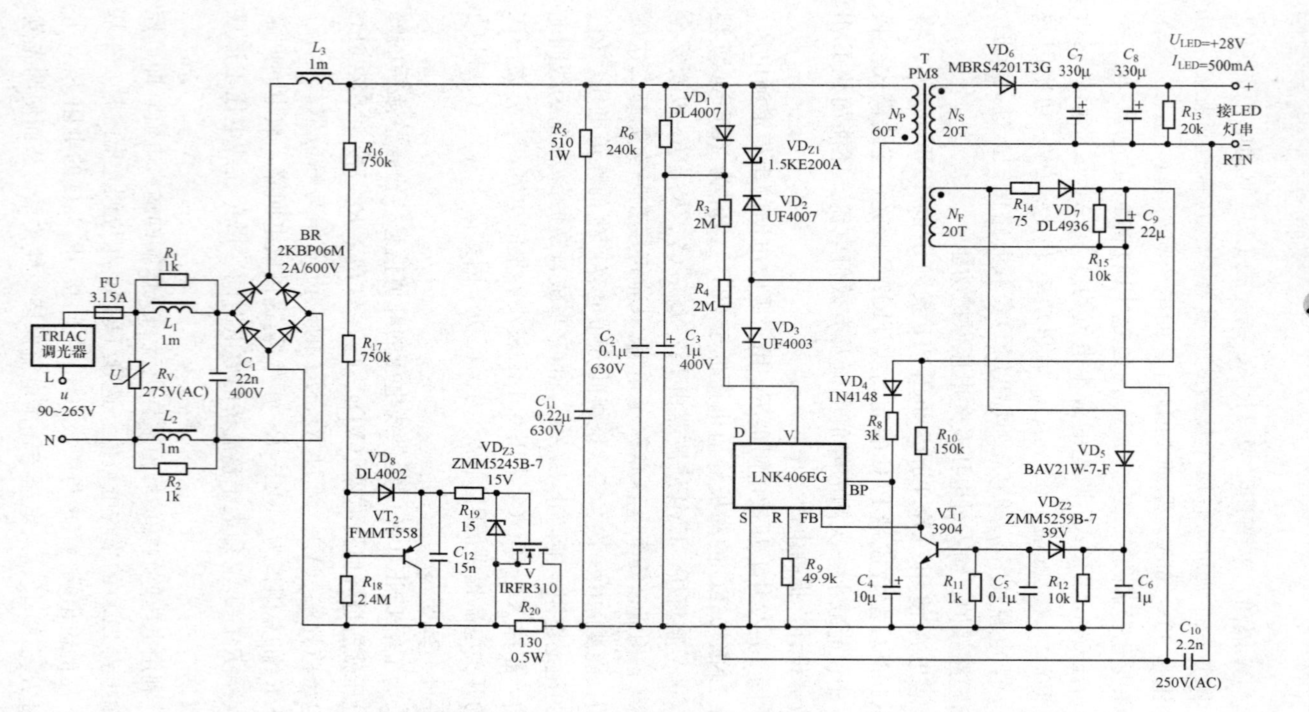

图 6-7-22　14W 隔离式单级 PFC 及 TRIAC 调光式 LED 驱动电源的总电路

围最大。R_9 还用于设定线路欠电压、过电压的阈值。

一次侧钳位电路由 1.5KE200A 型瞬态电压抑制器 VD_{Z1}（TVS）、阻塞二极管 VD_2（超快恢复二极管 UF4007）组成，可将漏感产生的尖峰电压限制在 700V 以下。VD_3 用来防止反向电流通过 LNK406EG。

二次绕组的输出电压经过 VD_6 整流，再经过 C_7 和 C_8 滤波后获得直流输出电压 U_{LED}。VD_6 采用 MBRS4201T3G 型肖特基二极管，其额定整流电流 $I_d=4A$，最高反向工作电压 $U_{RM}=200V$。R_{13}为假负载，可限制空载时的输出电压。

反馈绕组的输出电压经过 VD_7、C_9 整流滤波后分成两路，一路经过 VD_4 和 R_8 给 LNK406EG 的旁路端（BP）提供偏置电压 U_{BP}，另一路经过 R_{10}给反馈端（FB）提供反馈电压 U_{FB}。R_{15}为反馈电源的假负载。C_4 为 LNK406EG 的旁路电容，改变 C_4 的容量，可设定不同的极限电流值。由于偏置绕组电压是与输出电压成比例的，因此通过偏置绕组电压即可监控输出电压，不需要二次侧反馈电路（含光耦合器及二次侧恒流控制环），从而大大简化了电路。电阻 R_{10}的作用是将偏置电压转换为反馈电流，流入 LNK406EG 的反馈端（FB）。LNK406EG 内部控制电路能根据反馈端电流、电压监测端电流和漏极电流的综合信息，来提供恒定的输出电流。

空载时的过电压保护电路由 VD_5、C_6、R_{12}、VD_{Z2}、C_5、VT_1 和 R_{11}构成。空载时偏置电压将会升高，直至 39V 稳压管 VD_{Z2}被反向击穿而导通，进而使 NPN 晶体管 VT_1（3904）导通，对反馈电流起到旁路作用，使反馈电流减小。当反馈电流低于 20μA 时，LNK406EG 进入自动重启动模式，将输出关断 800ms，迫使输出电压和偏置电压降低。

有源阻尼电路的工作原理参见图 6-4-10。无源泄放电路由无源的阻容元件 R_5 和 C_{11}构成，其作用是使电源输入电流始终大于 TRIAC 的维持电流，以便 TRIAC 被触发后能够维持在导通状态。调试 TRIAC 调光电路时首先用一只 510Ω/1W 的电阻和一只 0.44μF 电容器串联后，代替无源泄放电路元件 R_5 和 C_{11}；然后在维持 TRIAC 导通的前提下，将 0.44μF 的电容量减至最小以降低损耗，提高电压效率。如果无源泄放电路不能维持 TRIAC 导通，就需要增加一个由 R_{16}~R_{19}、VD_8、VT_2、C_{12}、VD_{Z3}、N 沟道场 MOSFET（V）及 R_7 构成的有源阻尼电路。必要时还可调整 R_{16}、R_{17} 和 C_{12} 的元件值，以改变 TRIAC 的控制角，直到 TRIAC 能正常工作。

477 如何用 LT3756 构成多拓扑结构的 LED 驱动电源？

LT3756 是凌力尔特公司生产的 LED 驱动器，可采用降压式（Buck）、升压式（Boost）、降压/升压式（Buck-Boost）、SEPIC 或反激式（Flyback）5 种拓扑结构来驱动大功率 LED 照明灯，使用非常灵活。

（1）升压式 LED 驱动器的应用电路。LT3756 可做升压式变换器使用，由它构成的 30W 汽车前灯驱动器电路如图 6-7-23 所示。图中的 L、功率开关管 V_1、输出整流管 VD_2 和滤波电容器 C_5 构成了升压式变换器。其输入电压 U_I＝＋8～60V，可承受高达 100V 的瞬态电压。30W 的 LED 灯串由 18 只 LED 串联而成，I_{LED}＝370mA。C_1、C_5 分别为输入、输出电容器。由 R_1、R_2 构成掉电/欠电压检测引脚（$\overline{SHDN}$/UVLO）的电阻分压器。R_3、R_4 组成电流检测阈值调节端（CTRL）的电阻分压器。R_5 为 LED 开路故障告警端（$\overline{OPENLED}$）的上拉电阻，常态下可使该端为高电平。不进行调光时允许将脉宽调制的调光信号输入端（PWM）悬空。C_2、R_6 分别为软启动电容和电阻。软启动端（SS）还经过 VD_1 接 $\overline{OPENLED}$ 端，在软启动过程中可禁止芯片输出。R_7 为开关频率设定电阻（R_T），取 R_7＝28.7kΩ 时，开关频率 f≈400kHz。R_8、C_3 为内部误差放大器的补偿元件。C_4 为 $INTU_{CC}$ 电源的旁路电容。L 为储能电感。输出滤波器由 3A/60V 的肖特基整流二极管 VD_2（MBR360）和输出滤波电容器 C_5 构成。R_9、R_{10} 为输出电压的取样电阻。R_{11} 为电流控制环的外部检测电阻。V_1 为 PWM 控制器的外部功率开关管，V_2 为控制 LED 灯串亮、灭的功率开关管，二者均采用 1.5A/100V 的 Si2328DS 型 N 沟道 MOSFET。R_{12} 为控制电路的电流检测电阻。

（2）SEPIC LED 驱动器的应用电路。LT3756 还可做 SEPIC 变

换器使用，由它构成20W的SEPIC LED驱动器电路如图6-7-24所示。它与图6-7-23的电路结构有主要有以下区别：第一，将耦合电感分成L_{1A}、L_{1B}两部分，分别串联在一次侧、并联在二次侧；第二，将C_5放到L_{1A}与VD_2之间。这正是SEPIC变换器的结构特点。20W的LED灯串由6只高亮度白光LED组成，I_{LED}=1A。该LED驱动器的电源效率可达90%。

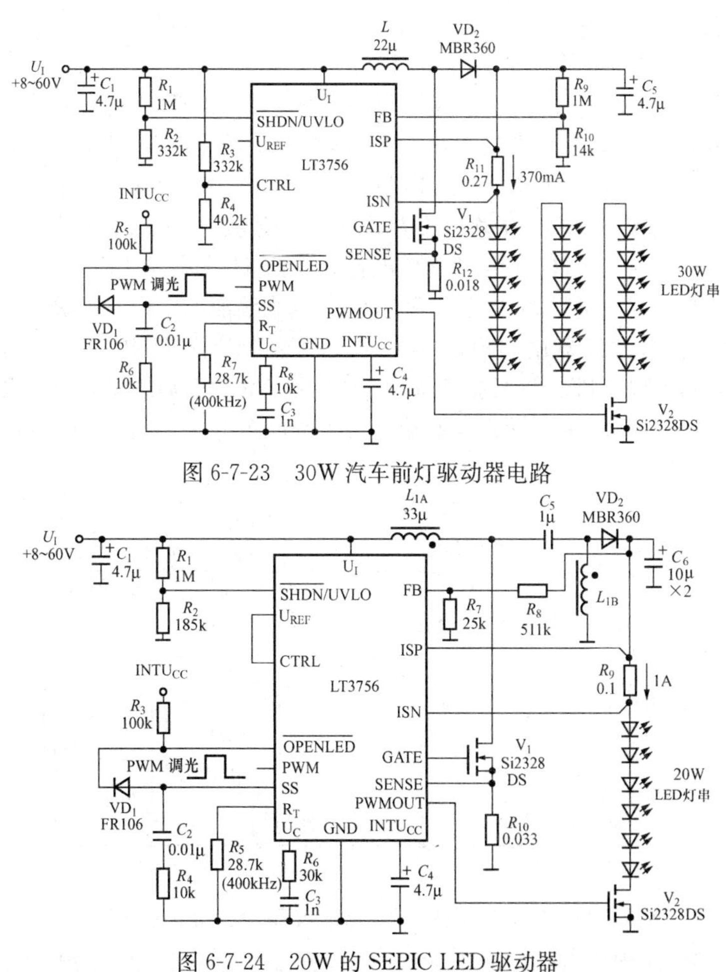

图6-7-23　30W汽车前灯驱动器电路

图6-7-24　20W的SEPIC LED驱动器

478 如何用 TK5401 构成无电解电容器的非隔离式 LED 驱动电源?

传统 LED 电源驱动器中的输出滤波电容需要使用电解电容器，但普通电解电容器在 85℃以上时的工作寿命缩短到几千小时，这大大限制了 LED 灯具的寿命。若采用日本 Takion 公司生产的 TK5401 型无电解电容器的 LED 恒流驱动器，即可将 15W 以下的 LED 灯具寿命提高到 40000h 以上。

由 TK5401 构成 3～8W 非隔离式交流输入 LED 驱动电源的电路如图 6-7-25 所示。交流输入电压范围是 85～265V，额定输出电压为 19.2V，可驱动由 6 只 LED 构成的灯串。每只 LED 的正向压降为 3.2V，LED 的平均电流为 260mA。该电源的电路中未使用电解电容器，C_1～C_6 均采用陶瓷电容器，能满足长寿命 LED 照明的需要。FU 为 2A/250V 熔丝管。R_V 为吸收浪涌电压用的压敏电阻器。EMI 滤波器由串模电容器 C_1、共模扼流圈 L 构成。BR 为 S1ZB80 型 0.8A/800V 整流桥。一次绕组 N_P 的上端接整流桥输出的直流高压，下端接 D/ST 端。一次侧的公共端经过 C_6 接通地线（G）。

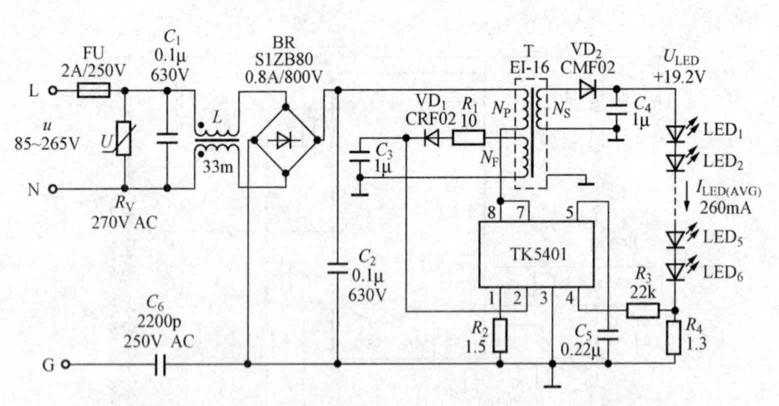

图 6-7-25　3～8W 非隔离式交流输入 LED 驱动电源的电路

二次绕组 N_S 的输出电压，经过整流滤波后驱动 LED 灯串。

输出整流管 VD_2 采用CMF02型1A/600V快恢复二极管，其反向恢复时间为270ns。为提高电源效率，推荐用肖特基二极管代替CMF02。输出滤波电容器 C_4 可选1μF的陶瓷电容器。C_5 为误差放大器的相位补偿电容。R_3 为限流电阻。R_4 用于设定LED灯串的平均电流，计算公式为

$$I_{LED(AVG)}=\frac{330mV}{R_4} \tag{6-7-3}$$

取 $R_4=1.3\Omega$ 时，$I_{LED(AVG)}=254mA\approx260mA$。

R_2 为设定MOSFET漏极极限电流 I_{LIMIT} 的电阻，计算公式为

$$I_{LIMIT}=\frac{0.78V}{R_2} \tag{6-7-4}$$

当 $R_2=1.5\Omega$ 时，$I_{LIMIT}=0.52A$。当交流输入电压降至最小值85V时，式（6-7-4）中的过电流保护阈值电压就变成0.90V，所对应的 $I'_{LIMIT}=0.90V/1.5\Omega=0.60A>I_{LIMIT}$，可保证在最低电压下也能达到额定输出功率。

高频变压器采用EI-16型铁氧体磁心。反馈绕组 N_F 的输出电压经过 VD_1、C_3 整流滤波后，给TK5401的 U_{CC} 端（第2脚）提供大约15V的电源电压。R_1 用来限制刚上电时的冲击电流。VD_1 采用CRF02型0.5A/800V的快恢复二极管，反向恢复时间为100ns（最大值）。

479 如何用AX2005构成具有输出过电压保护功能的LED驱动电源？

AX2005是中国台湾地区亚瑟莱特（AXElite）科技公司生产的具有输出过电压保护（OVP）功能的3A大电流LED驱动器，可驱动几十瓦甚至更大功率的LED灯串。

由AX2005构成35W降压式LED驱动器的电路如图6-7-26所示。该电路具有以下特点：

（1）输入电压为+40V，输出恒定电流为1000mA，可驱动由10只白光LED构成的灯串。每只LED的正向压降为3.5V，灯串的总电压约为+35V。

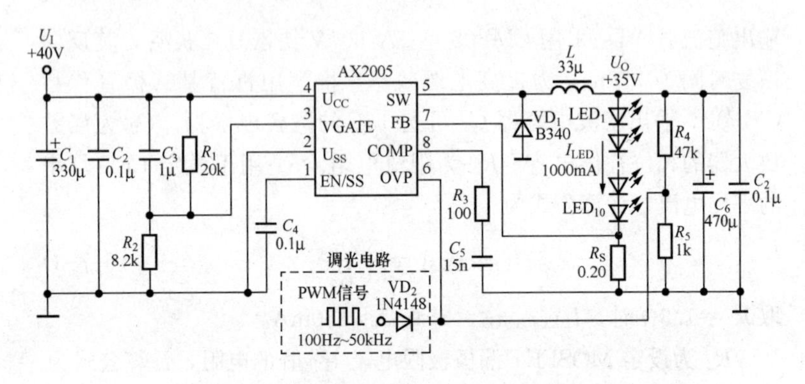

图 6-7-26　35W 降压式 LED 驱动器的电路

(2) 降压式输出电路由 L、VD_1、LED_1～LED_{10} 和 R_S 构成。R_S 为 LED 电流的设定电阻，有公式

$$I_{LED}=\frac{U_{FB}}{R_S}=\frac{200mV}{R_S} \tag{6-7-5}$$

现取 $R_S=0.20\Omega$，代入式（6-7-5）中得到，$I_{LED}=1000mA=1A$。

(3) 输出过电压保护（OVP）电路由 OVP 引脚和外部电阻分压器 R_4、R_5 组成。AX2005 的过电压保护阈值电压 $U_{OVP}=0.85V$，输出电压与 U_{OVP} 的关系式为

$$U_O=U_{OVP}\left(1+\frac{R_4}{R_5}\right) \tag{6-7-6}$$

将 $U_{OVP}=0.85V$、$R_4=47k\Omega$ 和 $R_5=1k\Omega$ 一并代入式（6-7-6）中得到，$U_O=40.8V$。这表明，U_O 一旦达到 40.8V，AX2005 就强行关断输出，起到保护作用。

(4) 利用 OVP 引脚的关断特性，还可构成 PWM 调光电路。图 6-7-26 中的虚线框内，100Hz～50kHz 的 PWM 信号经过隔离二极管 VD_2 接至 OVP 引脚，当 PWM 信号为高电平（大于 0.85V）时，LED 熄灭；PWM 信号为低电平（0V）时，LED 发光。因此，只需使 PWM 信号的占空比从 0%变化到 100%，即可连续调节 LED 的平均电流，使 LED 从最亮变化到最暗。

480 如何用MT7920构成高功率因数的LED驱动电源？

MT7920采用电流感应算法及源边反馈的专利技术，通过反馈绕组来感应二次侧LED灯串的电压及电流，进而控制一次绕组峰值电流的，因此不使用光耦合器即可输出精确的驱动电流。其交流输入电压范围是85～265V，芯片的电源电压范围是+6～18V，最大输出功率为30W，在宽电压范围内的功率因数超过0.90（最高可达0.99）。输出电流的精度为±3%。MT7920支持无电解电容器的LED驱动电源设计方案，可用较小容量的陶瓷电容器来代替大容量的电解电容器。

由MT7920构成6W反激式高功率因数LED恒流驱动电源的电路如图6-7-27所示。交流输入电压范围是u=85～265V，允许输出电压范围是+15～22V，额定输出电压U_{LED}=+19V，额定输出功率P_O=6W。可驱动由6只白光LED构成的灯串，每只LED的正向压降为3.2V，正向电流为320mA，额定功率为1W。该电源未使用电解电容器，电源效率可达83%，功率因数$\lambda>0.90$。实测当u=85V时，λ=0.996；u=215V时，λ=0.916；u=265V时，λ=0.957。

FU为1A/250V熔丝管。R_V为压敏电阻器。EMI滤波器由串模电容器C_1和C_2、串模扼流圈L_1和L_2构成。BR为MB6S型0.8A/600V整流桥。PFC电路由C_3、VD_1、C_4、R_1、R_2和C_5构成。将R_1和R_2串联使用，目的是降低每只电阻的耐压值。VD_1采用1A/600V的快恢复二极管RS1J。反馈绕组N_F的输出电压经过VD_4和C_8整流滤波后获得反馈电压，再经过R_3、R_4接至FTUN端，C_6还用于设定关断/开启电源的时间间隔Δt。C_7用于滤除高频干扰。MT7920通过DRV端驱动2N60B型（2A/600V）功率MOSFET，R_8为栅极限流电阻。利用R_9、VD_6可使功率MOSFET能可靠地截止。漏极钳位保护电路由瞬态电压抑制器VD_Z（P6KE200）和阻塞二极管VD_2（RS1D）构成。将DIM端悬空时不选择4级调光模式。

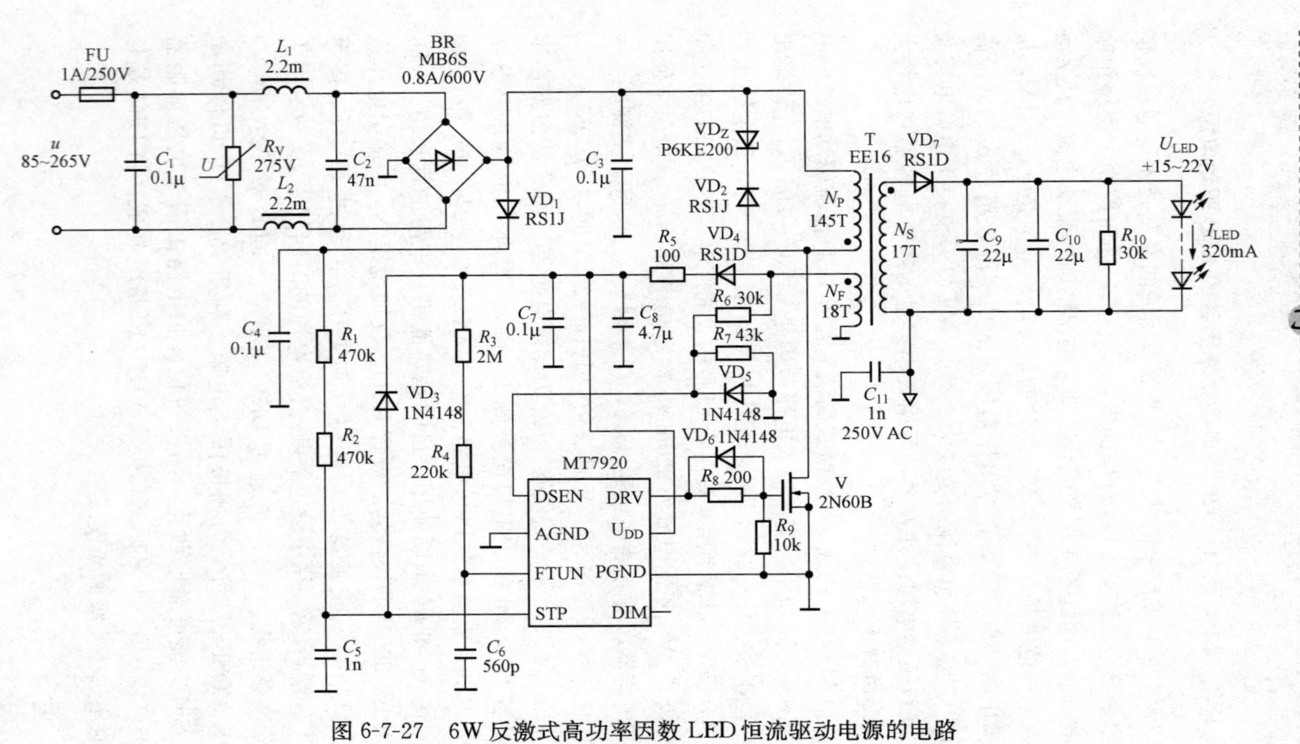

图 6-7-27 6W 反激式高功率因数 LED 恒流驱动电源的电路

二次绕组电压经过 VD_7、C_9 和 C_{10} 整流滤波后，输出 320mA 的恒定电流。R_{10} 为假负载。VD_7 选用 RS1D 型 1A/200V 的快恢复二极管。C_9 和 C_{10} 均采用 22μF/25V 的陶瓷电容器，若使用铝电解电容器，C_9 和 C_{10} 的容量均应增加到 470μF。

481 如何用 LM27965 构成与 I^2C 接口兼容的 LED 驱动电源?

LM27965 是国家半导体公司生产的与 I^2C 接口兼容的电荷泵式 3 通道 LED 驱动器，最多可驱动 9 只并联的 LED。LM27965 的驱动引脚被划分成 3 组。第一个组能驱动 4～5 只 LED，可用于主显示器的背光源；第二组能驱动 2～3 只 LED，适用于辅助显示器的背光源；第三组为独立控制的 LED 驱动器，专用于驱动 LED 指示灯。用户能独立控制每组 LED 的亮度。其输入电压范围是+2.7～5.5V，总输出电流为 180mA，每只 LED 的最大电流为 30mA，每一路 LED 驱动电流的匹配精度可达 0.3%，开关频率为 1.27MHz。它能根据第一、二组 LED 的正向压降自动切换电荷泵的增益（选择 1 倍或 1.5 倍增益），在给定 LED 负载的条件下使效率最大化，最高效率可达 91%。通过设定电阻可对每只 LED 的电流进行编程，再通过与 I^2C 兼容的接口对亮度进行控制。LM27965 适用于手机背光源、LCD 显示器背光源及普通 LED 照明。

LM27965 的典型应用电路如图 6-7-28 所示，它采用 SQA-24 封装。C_I、C_O 分别为输入、输出电容器，C_1、C_2 为泵电容，均采用陶瓷电容器。P_{OUT} 为电荷泵的输出电压端。D1A～D5A（统称为 DxA）为主显示器的 LED 背光源驱动端；D1B～D3B（统称为 DxB）为辅助显示器的 LED 背光源驱动端；D1C 为独立控制的 LED 指示灯驱动端。与 I^2C 接口兼容的口线包括串行时钟端 SCL，串行数据输入/输出端 SDIO。此外还有两个口线，VIO 为串行总线电压等级端，$\overline{RESET}$ 为复位端（低电平时复位）。R_{SET} 为 LED 电流的设定电阻，所设定的每只 LED 满量程电流为 $I_{LED}=200\times(1.25V/R_{SET})$。不难算出，当 $R_{SET}=12.5k\Omega$ 时，$I_{LED}=20mA$。

LM27965 可通过与 I^2C 兼容的接口设定 PWM 的占空比（共 32 个等级），进而控制 LED 的亮度等级（不含 D1C）。LED 亮度等

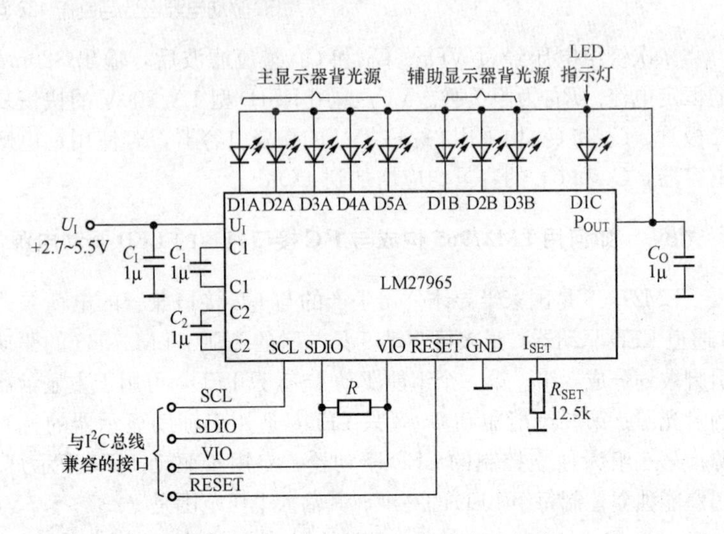

图 6-7-28 LM27965 的典型应用电路

级控制表见表 6-7-6。

表 6-7-6 LED 亮度等级控制表

亮度代码（十六进制）	模拟电流与满量程的百分比（%）	占空比（%）	视觉亮度等级（%）
00	20	1/16	1.25
01	20	2/16	2.50
02	20	3/16	3.75
03	20	4/16	5.00
04	20	5/16	6.25
05	20	6/16	7.50
06	20	7/16	8.75
07	20	8/16	10.00
08	20	9/16	11.25
09	20	10/16	12.50
0A	20	11/16	13.75
0B	20	12/16	15.00

续表

亮度代码（十六进制）	模拟电流与满量程的百分比（%）	占空比（%）	视觉亮度等级（%）
0C	20	13/16	16.25
0D	20	14/16	17.50
0E	20	15/16	18.75
0F	20	16/16	20.00
10	40	10/16	25.00
11	40	11/16	27.50
12	40	12/16	30.00
13	40	13/16	32.50
14	40	14/16	35.00
15	40	15/16	37.50
16	40	16/16	40.00
17	70	11/16	48.125
18	70	12/16	52.50
19	70	13/16	52.50
1A	70	14/16	56.875
1B	70	15/16	61.25
1C	70	16/16	70.00
1D	100	13/16	81.25
1E	100	15/16	93.75
1F	100	16/16	100.00

482 如何用FAN5345构成带单线接口的升压式LED驱动器？

FAN5345属于带单线数控接口的升压式（Boost）LED驱动器，输入电压范围是+2.5～5.5V，输出电压有两种规格：20V（FAN5345S20X），30V（FAN5345S30X）。利用单线数控接口可设置LED的亮度等级。开关频率固定为1.2MHz。具有软启动、输入欠电压锁定（UVLO）、输出过电压保护（OVP）、短路检测和热关断保护（TSD）功能。FAN5345适用于手机、个人数字处理器（PDA）和MP3播放器。

FAN5345采用SSOT23-6封装，引脚排列如图6-7-29所示。U_I、GND端分别接输入电压、地。FB为电压反馈端。该端接LED灯串的阴极，并经过电流设定电阻接地。SW为开关端，经过电感接U_I端。U_O为输出电压端，接LED灯串的阳极。EN为启用亮度控制端，输入脉冲信号即可进行32级调光。FAN5345内部主要有升压式变换器、单线数控接口、驱动电路和保护电路。其单线数控接口与FAN5626相同，仅引脚名称有区别。

由FAN5345S20X构成带单线数控接口的升压式线性调光LED驱动器电路如图6-7-30所示。输出电压大约为20V，可驱动5只串联的LED。升压电路由芯片内部的开关管、电感L（10μH）、肖特基二极管VD（RBS520S30）、输出电容器C（1 μF）组成。FAN5345的调光原理与FAN5626相同。LED灯串的电流由下式确定

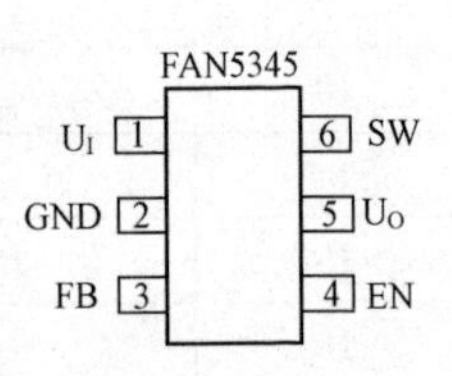

图6-7-29　FAN5345的引脚排列图

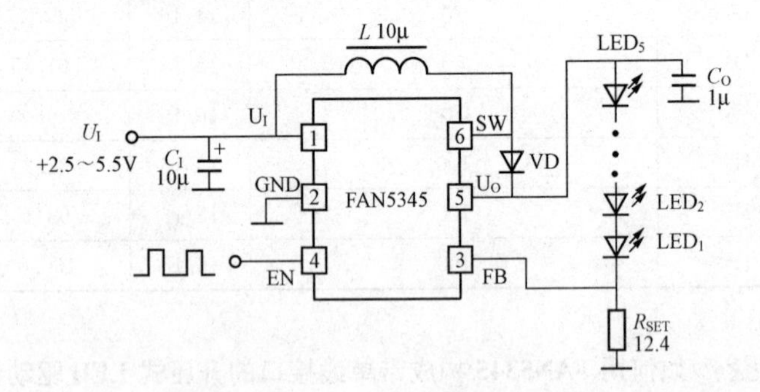

图6-7-30　带单线数控接口的升压式线性调光LED驱动器电路

$$I_{LED}=\frac{250\text{mV}}{R_{SET}} \tag{6-7-7}$$

实际选$R_{SET}=12.4\Omega$，不难算出$I_{LED}=20.2$mA。若采用

FAN5345S30X，则可驱动8只串联的LED，但输入电压的最小值不得低于2.9V。

483 如何用MAX16816构成可编程HB-LED驱动器？

可编程LED驱动器的显著特点是能对输出电流等参数进行编程，达到最佳照明效果。可编程LED驱动器的典型产品有美信（MAXIM）公司生产的MAX16816型带单线接口的可编程开关模式可调光高亮度LED（HB-LED）驱动控制器。MAX16816内部集成了HB-LED驱动控制器所需的全部电路，具有宽范围亮度控制及E^2PROM可编程LED电流调节功能，通过外部两只N沟道MOSFET来调节HB-LED的电流。内部E^2PROM带单线总线（1-Wire）接口，便于与外部单片机（μC）进行通信。其主要应用领域包括汽车的LED尾灯、雾灯、前车灯、远光灯、近光灯和转向灯，通用LED照明灯，LED应急照明，LED标示牌，LED信号灯。

由MAX16816构成的降压/升压式可编程可调光HB-LED驱动电源如图6-7-31所示。其输入电压为+5.9～76V，最大输出电压为+26V，最大输出电流为1.33A，可直接驱动34.5W以下的HB-LED灯串。输出电流精度为±5%，电源效率可达90%以上。

外围元器件中的R_1、R_2为欠电压锁定阈值/使能输入端（UV/EN）的电阻分压器，用于设定欠电压锁定阈值；UV/EN端直接连U_{CC}端时，欠电压锁定阈值默认为5.7V；接电阻分压器时为1.244V（均为典型值）。C_1为消噪电容。R_3、R_4为内部3V基准电压输出端（U_{REF}）的电阻分压器，分压器中点接调光控制输入端（DIM），选择模拟调光时可直接输入直流电压，选择PWM调光时接外部PWM信号，调光频率可选200Hz。R_5为同步输入/输出端（RTSYNC）的外部电阻。R_6为电流检测放大器的外部检测电阻。V_1为调光用的MOSFET，采用Si3458型3.2A/60V的N沟道MOSFET，它受调光驱动器引出端（DGT）驱动。C_2为内部钳位稳压器的旁路电容器。V_2为驱动LED灯串的MOSFET，采用IRLR3110型42A/100V的N沟道MOSFET，由LED驱动器引出

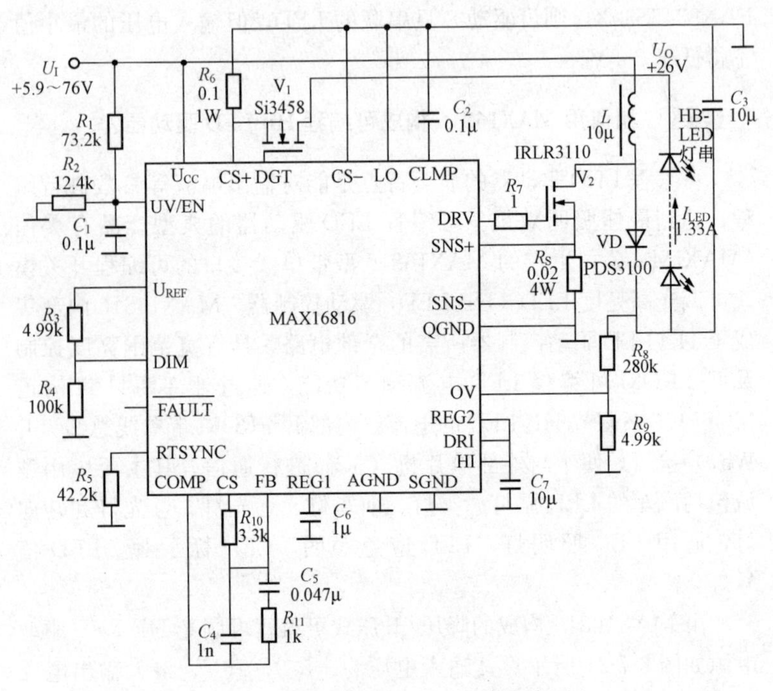

图 6-7-31　由 MAX16816 构成的降压/升压式可编程可调光 HB-LED 驱动电源

端（DRV）驱动。R_S 为输出峰值电流的检测电阻，$R_S=160\text{mV}/I_P$。L 为储能电感。VD 为输出整流管，采用 PDS3100 型 3A/100V 的肖特基二极管。R_8、R_9 为过电压保护输入端（OV）的电阻分压器，用于设定过电压阈值，当 OV 端的输入电压超过 1.235V（典型值）时将 MOSFET 关断，起到保护作用。输出电容器 C_3 采用 10μF 陶瓷电容器。R_{10}、R_{11}、C_4 和 C_5 构成电流检测电路的电压输出端（CS）和反馈端（FB）的补偿网络。C_6 为内部 5V 稳压输出端（REG1）的旁路电容，采用 1μF 陶瓷电容器。C_7 为由内部 E^2PROM 产生的 5～15V 可编程稳压器输出端（REG2）的旁路电容，采用 10 μF 陶瓷电容器。AGND、QGND 均为模拟地，SGND 为开关地。$\overline{\text{FAULT}}$ 为过电压、过电流、过热等故障的输入/输出端（低电平有效)，内部经过10kΩ上拉电阻接5V电源，该端可用作故障输入/输出的单线接口。为简化电路，图6-7-31中有少数MAX16816没有使用的引脚未画（如时钟输出端CLKOUT未画）。MAX16816表面的裸露焊盘应连接AGND。

对欠电压阈值进行编程时，MAX16816与单片机（μC）的接口电路如图6-7-32所示。由μC发出的使能（EN）信号，接MAX16816的欠电压锁定阈值/使能输入端（UV/EN)。μC通过数据输入端（DATA IN)，读出单线总线$\overline{\text{FAULT}}$上的故障数据。μC的编程数据可通过开关管V（P沟道MOSFET），写入MAX16816。

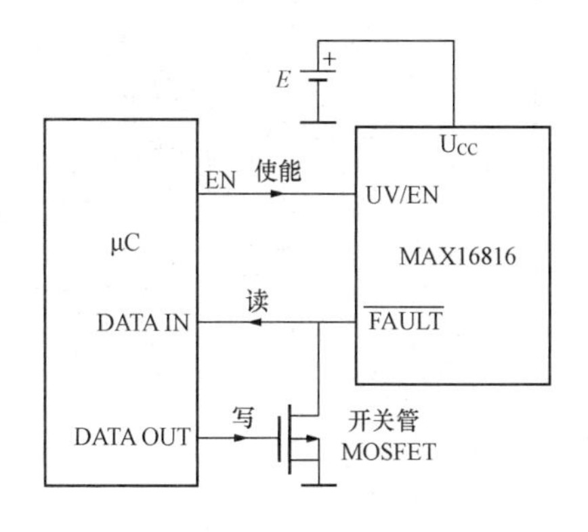

图6-7-32　MAX16816与单片机（μC）的接口电路

484　如何用FL7701构成自动检测输入电压的智能LED驱动器?

FL7701是美国飞兆半导体公司生产的带PFC的非隔离降压式智能LED。它采用了数字技术实现有源PFC功能，内部的数字模块中包含过零检测电路、数/模转换器和软启动电路，不使用电解电容器即可确保输出电流的稳定性。对振荡频率和LED电流均可以编程，并且带模拟调光功能。FL7701的交流电压输入范围是80～308V，适用于E11、E14、E17、E26、E27、MR和PAR型LED

灯具。

由 FL7701 构成 7.8W LED 驱动电源的电路如图 6-7-33 所示。交流输入电压范围是 90～150V，输出电压范围是＋29～33V，输出电流为 250mA，恒流精度优于±1.6%，满载时的效率大于 82%，功率因数超过 96%。

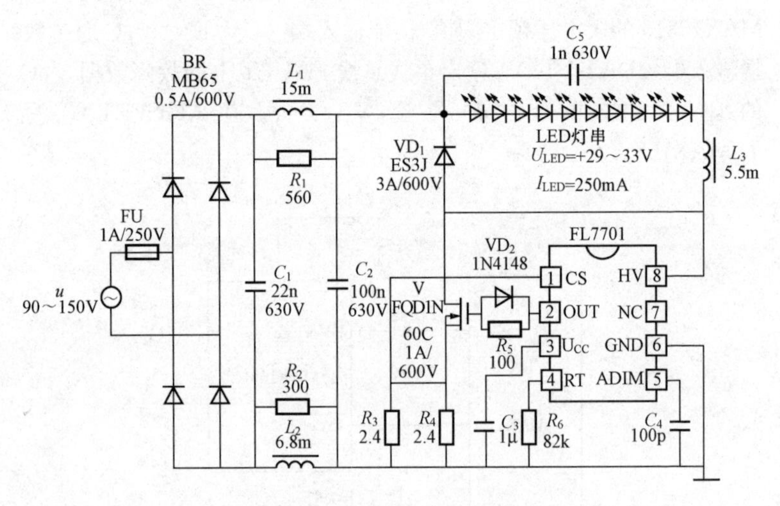

图 6-7-33　由 FL7701 构成 7.8W LED 驱动电源的电路

BR 采用 MB65 型（0.5A/600V）整流桥。L_1、L_2 均为串模扼流圈，R_1、R_2 为阻尼电阻。C_1、C_2 为高频滤波电容器。LED 灯串中包含 10 只白光 LED，U_{LED}＝＋29～33V，I_{LED}＝250mA。L_3 为 5.5mH 的储能电感，选用 TDK 公司生产的 EE1614 型磁心绕 280 匝。续流二极管 VD_1 采用 ES3J 型 3A/600V 的快恢复二极管。C_5 用于滤除高频干扰。V 代表 FQD1N60C 型 1A/600V 的 N 沟道 MOSFET，R_5 为栅极限流电阻。VD_2 的作用是当驱动信号为低电平时给 MOSFET 的漏电流放电，以加快开关速度。R_3、R_4 分别为 CS 端、MOSFET 的电流检测电阻，二者并联后的总阻值为 1.2Ω。C_3、C_4 依次为 U_{CC} 端和 ADIM 端的旁路电容。开关频率由下式确定

$$f=\frac{2.02\times10^9}{R_6} \tag{6-7-8}$$

将 $R_6=82\text{k}\Omega$ 代入上式，$f=24.6\text{kHz}$。当 R_6 开路时，$f=45\text{kHz}$。

485 如何用TPS61195构成大屏幕LCD背光源？

TPS61195是美国德州仪器公司（TI）生产的带SMBus接口的8通道升压式白光LED（WLED）驱动器，特别适用于大屏幕LCD的背光源。其输入电压范围是+4.5～21V，内部集成了2.5A/50V的MOSFET，可驱动8路、总共包含96只白光LED的灯串。每个灯串最多可包含12只白光LED，总输出电流为8×30mA，每路LED驱动电流的匹配精度可达1%。它能在600kHz～1MHz范围

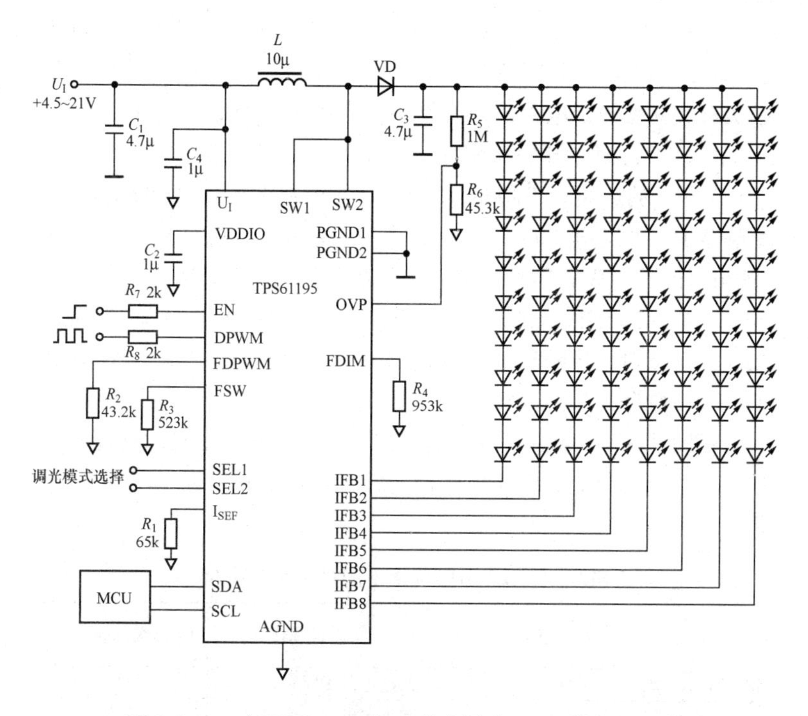

图6-7-34 由TPS61195构成的大屏幕LCD背光源电路

内对开关频率进行编程。TPS61195支持多种调光方式：第一种方式是从DPWM引脚输入外部可控制占空比的PWM信号，调光信号的频率可通过调光电阻器进行编程；第二种方式是通过SMBus接口进行调光；第三种方式是选择模拟调光，将输入PWM占空比信号转换为模拟信号，再去控制白光LED的电流，亮度变化范围是1%～100%。

由TPS61195构成的大屏幕LCD背光源电路如图6-7-34所示。该电路属于升压式变换器。C_1、C_4为输入电容器，C_3为输出电容器。L为储能电感，VD为1A/50V的肖特基整流管。OVP为过电压保护引脚，由R_5、R_6构成的精密电阻分压器用于设定过电压保护阈值。R_4为设定调光频率的外部电阻，当$R_4=953\text{k}\Omega$时，调光频率设定为210Hz(典型值)；当R_4分别为200、100kΩ时，所对应的开关频率依次为1、2kHz。R_1用来设定每只LED的满量程电流，$I_{LED}=1060\times(1.229\text{V}/R_1)$，当$R_1=65\text{k}\Omega$时，$I_{LED}=20.0\text{mA}$。$R_3$为开关频率设定电阻，开关频率设定范围是600kHz～1.0MHz，当$R_3=523\text{k}\Omega$时，开关频率为1.0MHz。R_2为设定PWM内部时钟工作周期的电阻，一般取43.2kΩ。EN为TPS61195的使能端，该端经R_7接高电平时允许使用SMBus接口，接低电平时禁用SMBus接口。PWM信号经过R_8接DPWM端，PWM信号频率的允许范围是200Hz～20kHz。TPS61195的SDA、SCL引脚接MCU的端口。设计印制板时模拟地（AGND）与功率地（PGND1、PGND2）应分开布线。

SEL1、SEL2为调光模式选择端，选择不同接法时的功能详见表6-7-7。选择无延迟的PWM调光模式，可实现8路LED的同步调光。

表6-7-7　　SEL1、SEL2引脚选择不同接法时的功能

SEL1	SEL2	调光模式选择	接口选择
接VDDIO引脚	接GND	无延迟的PWM调光	SMBus
开路	接GND	无延迟的PWM调光	PWM
接GND	接VDDIO引脚	模拟调光	SMBus

续表

SEL1	SEL2	调光模式选择	接口选择
接GND	开路	模拟调光	PWM
接GND	接GND	直接用PWM信号调光	PWM

AC/DC式平板液晶电视的LED背光，可选择侧光式LED背光或直下式LED背光，见表6-7-8。

表6-7-8　　液晶电视LED背光的选择

LED背光的类型	侧光式LED背光	直下式LED背光
LED驱动器	采用高压升压式或降压式、具有正向电压可调节功能的线性LED驱动器	采用升压式或降压式、多通道线性LED驱动器
主要优点	效率高，具有不依赖于系统可靠性的优异性能，系统成本低，适用于超薄液晶电视	深黑色，对比度更佳，局域调光，扫描提供更高帧频率，低功耗，便于做复杂信号处理
主要缺点	系统的噪声及电磁干扰较大，外围电流使用电感、电容及二极管的元件数量多	散热性能较差，系统成本高，使用LED和驱动器的数量较多，容易造成图像失真

液晶电视侧光式LED背光的配置取决于LED灯串的数量及组合形式。例如，对于40in以下的液晶电视，可选4个LED发光区，每个发光区包含3个LED灯串，灯串电压为100V，驱动电流为50mA，配置如图6-7-35（a）所示。40in以上的大屏幕液晶电视的LED背光需要6个LED发光区，每个发光区包括6个LED灯串，灯串电压为200V，驱动电流为100mA，配置如图6-7-30（b）

所示。

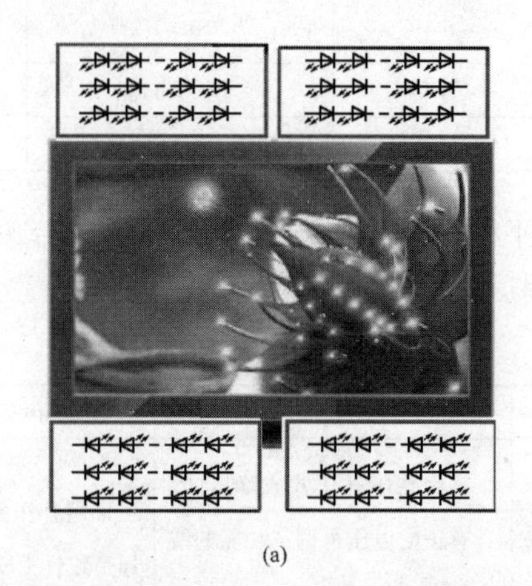

(a)

(b)

图 6-7-35　侧光式 LED 背光的配置
(a) 40in 以下中等屏幕液晶电视的 LED 背光配置；
(b) 40in 以上大屏幕液晶电视的 LED 背光配置

486　如何用 PT4207 构成大功率可调光 LED 恒流驱动电源？

PT4207 是华润矽威科技（上海）有限公司推出的 AC/DC 通

用输入的降压式可调光、高亮度LED（HB-LED）驱动器芯片。它采用电感电流连续导通模式，能满足85～265V的交流通用输入电压，或+18～450V的直流输入电压的需要，可驱动由上百只LED串/并联后构成的灯串，适合驱动LED日光灯、RGB-LED背光灯、LED装饰灯等。

由PT4207构成的50W高亮度LED驱动电源的电路如图6-7-36所示。交流输入电压范围是160～265V。FU为1A/250V熔丝管。R_V采用标称电压为430V的TVR05431型压敏电阻器，用于吸收浪涌电压。R_T为50D-9型负温度系数热敏电阻（NTCR），它在室温下的阻值为50Ω，上电时可起到限流保护作用。EMI滤波器由串模电容器C_1、C_2，串模扼流圈L_1、L_2和共模扼流圈L_3构成。BR为MB6S型0.5A/600V整流桥。由VD_1～VD_3、C_3和C_4组成二阶无源填谷式PFC电路。C_3、C_4均采用47μF/250V的电解电容器，二者串联后的总耐压值为500V。C_5用于滤除高频干扰。

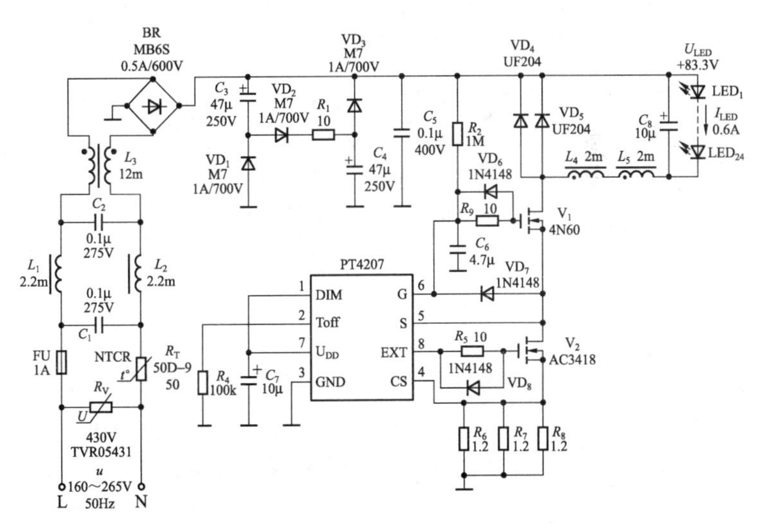

图6-7-36　由PT4207构成的50W高亮度LED驱动电源的电路

R_4用于设定关断时间T_{OFF}，其典型值为100kΩ（或150kΩ）；当R_4=100kΩ时，所设定的T_{OFF}=10μs（固定值）。不进行调光

时应将DIM端接U_{DD}端，C_7为电源退耦电容。PT4207内部MOSFET的最大漏极电流为350mA，对于350mA以下的LED驱动电源不需要使用外部MOSFET。设计350mA以上的LED驱动电源时，必须通过PT4207的驱动端口G、S和EXT，来驱动外部功率MOSFET V_1和V_2，以扩展输出电流，V_2为低端扩流管。VD_6～VD_8均为保护二极管，R_9为栅极限流电阻。

续流二极管由两只2A/400V的超快恢复二极管UF204并联而成，其反向恢复时间t_{rr}＝50ns。L_4和L_5为储能电感，适当增大L_4和L_5的电感量，可减小LED的纹波电流，提高电源效率。C_8为输出滤波电容器（可省去）。R_6～R_8为电流检测电阻，并联后的总阻值R_S＝0.4Ω±1%，LED灯串的峰值电流$I_{LED(PK)}$由下式确定

$$I_{LED(PK)}=I_{L(PK)}=\frac{0.35V}{R_S} \tag{6-7-9}$$

式中：R_S为电流取样电阻。LED灯串的平均值电流$I_{LED(AVG)}$为

$$I_{LED(AVG)}=(1-k)I_{LED(PK)} \tag{6-7-10}$$

式中：k为电感电流的纹波系数；所设定的峰值电流$I_{LED(PK)}$＝0.35V/0.4Ω＝0.875A。当k＝0.3时，$I_{LED(AVG)}$＝（1－0.3）×0.875A＝0.613A≈0.6A。LED灯串包含24只HB-LED，每只LED的正向导通压降U_F≈3.5V。LED驱动电源的输出电压U_O≈＋84V。

下面介绍PT4207的电路设计要点。

1. 模拟调光电路的设计

利用可调电阻可实现PT4207的模拟调光，电路如图6-7-37所示。DIM端内部有一只上拉电阻，只需改变外部电阻R_{DIM}的阻值，即可将DIM端的电压U_{DIM}在0.5～2.5V范围内进行调节，进而达到连续改变输出电流之目的。输出电流与调光电阻之间存在下述关系式

$$I_{LED(AVG)}=\frac{k_1R_{DIM}-0.5}{2}\cdot I_{L(PK)} \tag{6-7-11}$$

式中：k_1＝0.00002/Ω；R_{DIM}＝25～125kΩ。

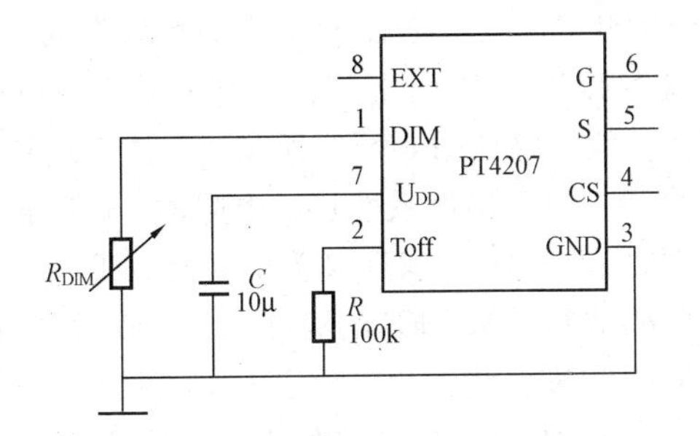

图 6-7-37　利用可调电阻实现模拟调光的电路

2. PWM 调光电路的设计

直接用 PWM 信号调光的电路如图 6-7-38（a）所示。要求 PWM 信号的低电平 $U_L=0\sim0.3V$，高电平 $U_H=2.5\sim5V$。设占空比为 D，有关系式

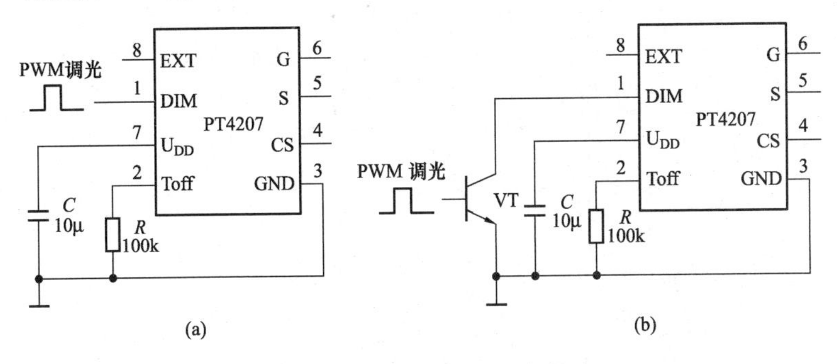

图 6-7-38　两种 PWM 调光电路

（a）直接用 PWM 信号调光；（b）通过晶体管进行 PWM 信号调光

$$I_{LED(AVG)} = D\,I_{L(PK)} \qquad (6\text{-}7\text{-}12)$$

式中：$D=0\sim100\%$。

通过 NPN 型晶体管（VT）进行 PWM 信号调光的电路如图 6-7-38（b）所示。有关系式

$$I_{LED(AVG)} = (1-D)\,I_{L(PK)} \qquad (6\text{-}7\text{-}13)$$

3. LED 灯的温度补偿电路

当 LED 所处环境温度超过安全工作点温度（135℃）时，LED

的正向电流会超出安全区，使LED的寿命大为降低。利用温度补偿电路不断减小LED的正向电流值，能延长LED的使用寿命。LED灯的温度补偿电路如图6-7-39所示。具体方法是在多功能调光输入端DIM接一只负温度系数热敏电阻器（NTCR）R_T，用于检测LED所处的环境温度，NTCR置于靠近LED的位置。通过不断测量电阻值R_T，可获取LED的温度信息。R_T值随T_A升高而逐渐减小，当R_T与温度补偿起始点设定电阻的阻值相等时，就开始逐渐减小输出电流，起到温度补偿作用。一旦T_A降到安全值，输出电流就自动恢复成预先已设定好的恒流值I_{LED}。R_T的电阻值可选100kΩ（$T_A=25$℃）。显然，该温度补偿电路与调光电路有相似之处，可视为借助于负温度系数热敏电阻器来进行调光。

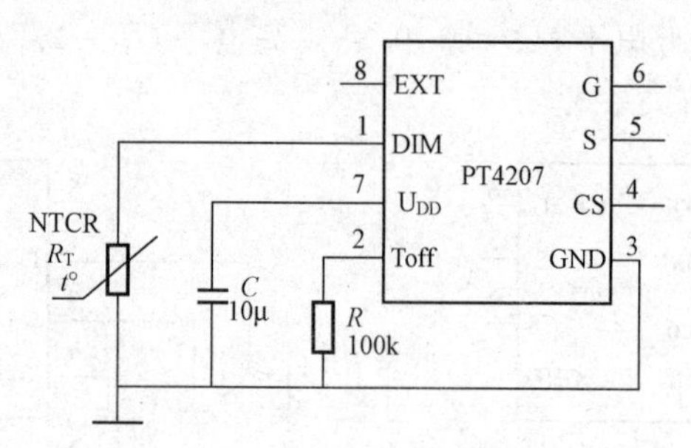

图6-7-39　LED灯的温度补偿电路

需要指出，由于DIM端内部已经有一只上拉电阻，因此只在DIM端与GND之间接R_T，不需要使用电阻分压器。

4. 设定关断时间T_{OFF}

PT4207的关断时间T_{OFF}由Toff端与GND之间的电阻R_4设定。计算关断时间的公式为

$$T_{OFF}=k_2R_4 \tag{6-7-14}$$

式中：T_{OFF}的单位是μs，R_4的单位是kΩ；$k_2=0.1$μs/kΩ。例如当$R_4=100$kΩ时，$T_{OFF}=10$μs。设定好关断时间后即可设定开关频率，并计算储能电感量。

5. 设定开关频率f

应根据LED驱动电源的效率和体积选择开关频率。提高开关

频率可选较小尺寸的电感器和电容器，有助于减小体积，但会增加开关损耗。反之，开关频率越低，开关损耗越小，效率越高，但驱动电源的体积会增大。由于PT4207的关断时间T_{OFF}是固定的，因此输入电压越高，导通时间T_{ON}越短，开关频率就越高。PT4207的导通时间最小值$T_{ON(min)} \approx 230$ns。

当LED灯串的总压降U_{LED}确定后，最高开关频率由下式确定

$$f_{max} = \frac{U_{LED}}{\sqrt{2} u_{max} \eta T_{ON(min)}} \tag{6-7-15}$$

式中：u_{max}为交流输入电压的最大值；η为电源效率。举例说明，当$U_{LED}=+84V$、$u_{max}=265V$、$\eta=90\%$、$T_{ON(min)}=230ns$时，代入式（6-7-15）中得到$f_{max}=1.09MHz$。

令整流后的直流高压为U_I，利用下式可计算实际工作频率f

$$f = \frac{1-\frac{U_{LED}}{\eta U_I}}{T_{OFF}} \tag{6-7-16}$$

将$U_{LED}=+84V$、$\eta=90\%$、$U_I=+300V$、$T_{OFF}=10\mu s$代入式（6-7-16）中得到，$f=68.8kHz$。

6. 计算储能电感的电感量L

根据电感纹波电流的大小，可计算出所需的储能电感量

$$L = \frac{U_{LED} T_{OFF}}{\Delta I_L} = \frac{U_{LED} T_{OFF}}{2 I_{LED(AVG)}} \tag{6-7-17}$$

式（6-7-17）忽略了续流二极管的压降U_D。将$U_{LED}=+84V$、$T_{OFF}=10\mu s$、$I_{LED(AVG)}=0.6A$一并代入式（6-7-17）中得到，$L=0.7mH$。增加电感量有助于减小纹波电流，以便将C_8替换成小容量的陶瓷电容器。图6-7-36中实际用L_4和L_5作为储能电感，总电感量为4mH。

487 如何用FLS2100XS构成大功率LED路灯驱动电源？

FLS-XS是美国飞兆半导体公司生产的半桥谐振式变换器系列产品，包括FLS1600XS、FLS1700XS、FLS1800XS和FLS2100XS共4种型号，直流输入电压范围是+350～400V，最大输出功率分别为160W、200W、260W、400W，属于大功率LED照明驱动芯

片，适用于工业、商业、宾馆和户外的大功率LED照明，以及建筑、景观用的LED灯饰。

由FLS2100XS构成的恒流/恒压式（CC/CV）160W大功率LED路灯驱动电源电路如图6-7-40所示。该电源的显著特点是在电路正常工作时恒流控制占主导地位，仅在电路或负载出现异常情况而需要强迫过流保护时，恒压控制电路才起作用，这与普通恒压/恒流（CV/CC）式变换器有区别。输入电压$U_I=+400V$，直接取自PFC控制器的输出电压，例如可采用有源功率因数校正器FL7930获得+400V电压，电路从略。输出电压$U_{LED}=+115V$，输出恒流$I_{LED}=1.4A$，恒流精度优于0.64%，可驱动160W大功率LED灯串。满载时的电源效率高达94%。需要说明，FLS2100XS的最大输出功率可达400W，现仅输出160W，留有较大余量，目的是提高电源系统长期工作的可靠性。

该电路主要包括6部分：①LLC谐振变换器电路；②两个串联调整式线性稳压器；③高频变压器；④恒流输出电路；⑤电流控制环与电压控制环；⑥光耦反馈电路。下面分别介绍各单元电路的工作原理。

LLC谐振变换器电路由IC_1（FLS2100XS）、一次绕组的电感L_P、一次绕组的漏感L_{P0}和谐振电容器C_2（15nF/630V）组成。

一次侧的串联调整式线性稳压器包括取样电阻R_1～R_3，6.8V稳压管VD_{Z1}（1N4736），调整管VT_1（PNP型晶体管2N2907），放大管VT_2（NPN型晶体管2N2222A）。U_{AUX}为20V辅助电源，经过稳压后给FLS2100XS的HV_{CC}端提供电源电压。

高频变压器采用EER3543型磁心。一次绕组N_P采用20股ϕ0.1mm的漆包线绕36匝，二次绕组N_{S1}、N_{S2}分别用20股ϕ0.1mm的漆包线绕19匝。反馈绕组N_{FB}用ϕ0.3mm漆包线绕3匝。一次绕组的电感量$L_{P1}=630\mu H$。

二次绕组的输出电压首先经过VD_2、VD_3做全波整流，然后由C_{15}～C_{17}滤波后，获得$U_{LED}=+115V$（允许在一定范围内变化）、$I_{LED}=1.4A$的恒流输出。过电流保护的阈值电流为1.75A。恒流

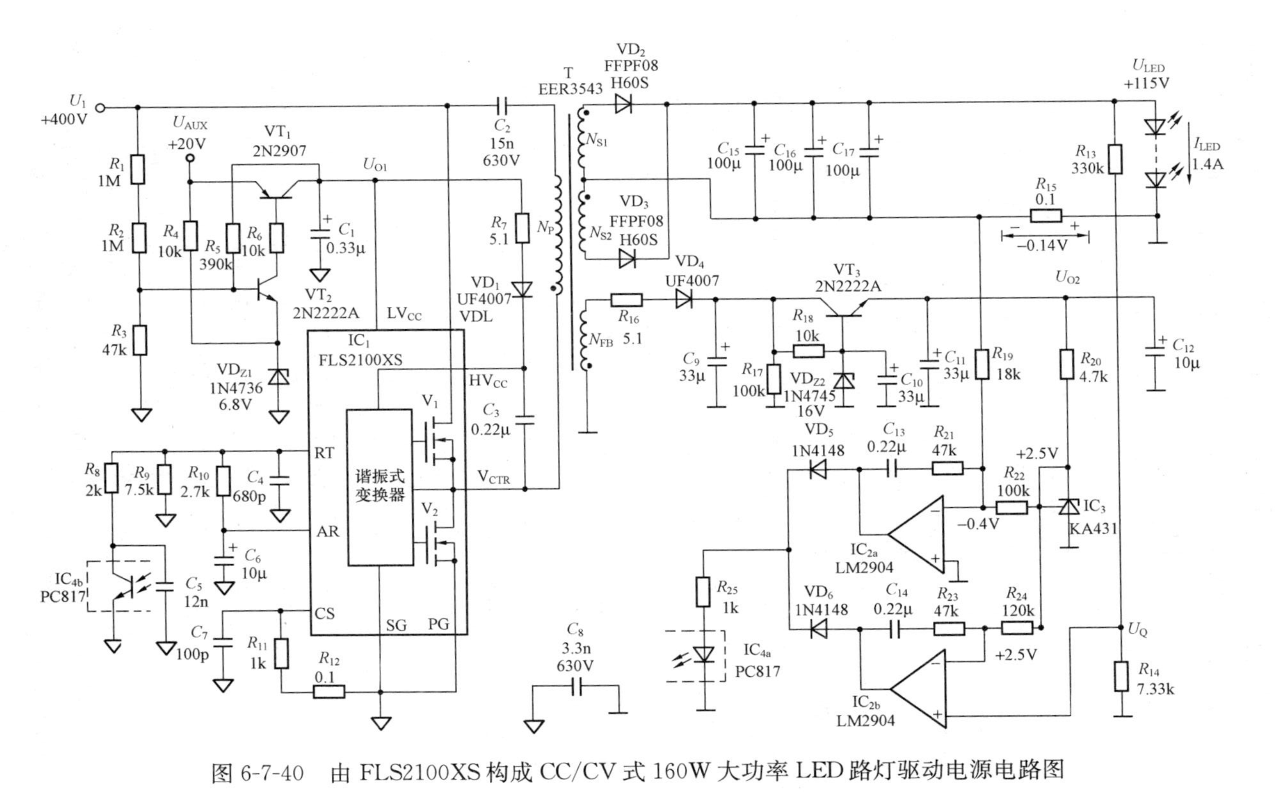

图 6-7-40 由 FLS2100XS 构成 CC/CV 式 160W 大功率 LED 路灯驱动电源电路图

检测电阻R_{15}（0.1Ω/2W）串联在U_{LED}的返回端，其电压极性为左端为负，右端为正（参见图6-7-40），因此提供的是－0.14V的负压反馈信号。输出电压由下式确定

$$U_{LED}=2.5V\times\left(1+\frac{R_{13}}{R_{14}}\right) \tag{6-7-18}$$

式中：2.5V为IC_3（KA431）提供的基准电压。将KA431的阳极（A）与基准端（U_{REF}）短接后，固定输出2.5V的基准电压。不难算出，当R_{13}＝330kΩ、R_{14}＝7.33kΩ时，U_{LED}＝115V。R_{14}亦可用6.8kΩ、510Ω的标称值电阻串联而成。

反馈绕组N_{FB}的输出电压经过整流滤波，再经过稳压后给KA431提供稳定的电源电压。串联调整式线性稳压器主要包括16V稳压管VD_{Z2}（1N4745）和调整管VT_3（2N2222A）。

电流控制环与电压控制环合用一片低功耗、双运放IC_2（LM2904，包含IC_{2a}、IC_{2b}）。其中，由IC_{2a}构成电流控制环，IC_{2b}构成电压控制环。隔离二极管VD_5、VD_6可等效于一个“或”门，当某个控制环输出为高电平信号时，相应的隔离二极管就导通，输出信号就经过光耦反馈电路送至FLS2100XS的RT端。FLS2100XS内部有精确电流控制振荡器，采用PWM调制方式，通过改变开关频率即可调节输出电流。IC_4（包含IC_{4a}、IC_{4b}）采用线性光耦合器PC817。R_{12}为一次侧的电流检测电阻，C_4为软启动电容。

下面详细分析两个控制环路的工作原理。正常情况下，电压控制环不起作用。因IC_{2b}的反相输入端接＋2.5V基准电压，此时同相输入端接的取样电压U_Q也等于＋2.5V，故IC_{2b}输出为0V（低电平），使VD_6截止。而电流控制环则处于正常工作状态，因IC_{2a}的同相输入端接输出地（0V）。此时恒流检测电阻R_{15}上的－0.14V电压经过R_{19}、R_{22}后，接KA431输出的＋2.5V基准电压。根据分压原理不难算出，反相输入端的实际输入电压为－0.4V＜0V，因此IC_{2a}输出为高电平信号，使VD_5导通，将电流反馈信号送至光耦反馈电路。特殊情况下，一旦某种原因造成U_{LED}迅速升高，I_{LED}增大，此时U_Q＞2.5V，IC_{2b}立即输出高电平信号，令VD_6导通，将电压反馈信号送至光耦反馈电路，再通过

FLS2100XS将U_{LED}降至正常值，进而使I_{LED}迅速减小到额定值，从而实现了异常过电流保护（AOCP）功能。

488 如何用TFS762HG构成高效大功率LED驱动电源?

由TFS762HG构成的312.5W高效大功率LED驱动电源的电路如图6-7-41所示，该电源的前级适配升压式PFC电源（电路参见图6-7-43)，以提供+380V的直流输入电压。主电源的额定输入电压U_I＝＋380V，允许变化范围是＋300～420V，主输出为＋12V、25A（300W)，它通过正激式高频变压器T_1实现电网隔离；辅助电源的允许输入电压范围是＋100～385V，这对应于90～265V的宽范围交流输入电压范围，辅助输出为＋5V、2.5A（12.5W)，它通过反激式高频变压器T_2与电网隔离。总输出功率为312.5W，满载时的电源效率大于86.5%。主电源和辅助电源的效率η与输出功率相对值P_O（%）的关系曲线如图6-7-42所示。

该电路共使用7片集成电路：IC_1采用TFS762HG作为主芯片；IC_2（IC_{2A}、IC_{2B}）～IC_5（IC_{5A}、IC_{5B}）采用4片光耦合器件PC817；IC_6、IC_7采用2片可调式精密并联稳压器TL431。下面介绍各单元电路的工作原理。

1. 输入及输出保护电路

输入电路主要包括输入保护电路、启动电路和漏极钳位保护电路。输入保护电路由4A熔丝管（FU)、防止输入电压极性接反的保护二极管VD_1构成。U_I经过R_1～R_3送至TFS762HG的线电压监测端L，用于检测输入是否欠电压。R_1～R_3的总阻值为4MΩ，实际用3只1.33MΩ电阻串联而成，以降低每只电阻的功率。

启动电路的工作原理是上电后，TFS762HG通过内部高压电流源开始给BP端的电容器C_{18}充电。与此同时，TFS762HG通过R_1～R_3对输入电压进行检测，当U_I达到＋100V时开启辅助电源。一旦U_I达到主变换器的欠电压阈值（＋315VDC)，且远程通/断开关S闭合，主变换器就开始初始化，给TFS762HG的BP端注入5mA的电流，经过14ms的延迟时间后，首先启动主控制器，2只功率MOSFET（V_1、V_2）进入开关状态，开关频率均为66kHz，

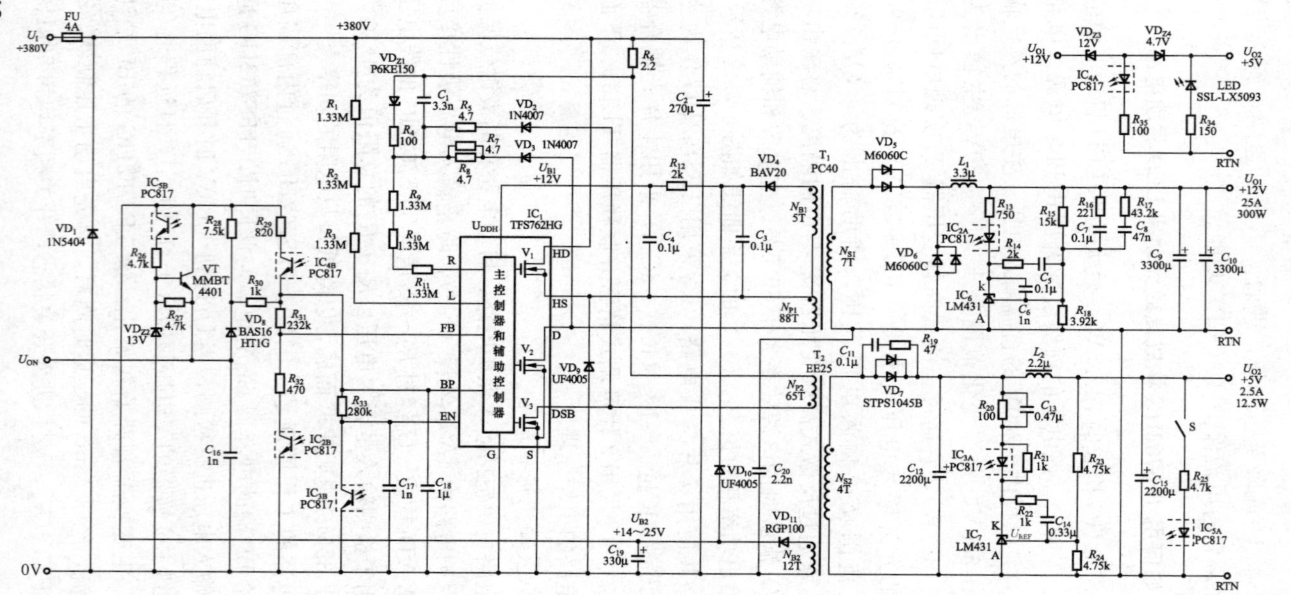

图 6-7-41　由 TFS762HG 构成的 312.5W 高效大功率 LED 驱动电源电路图

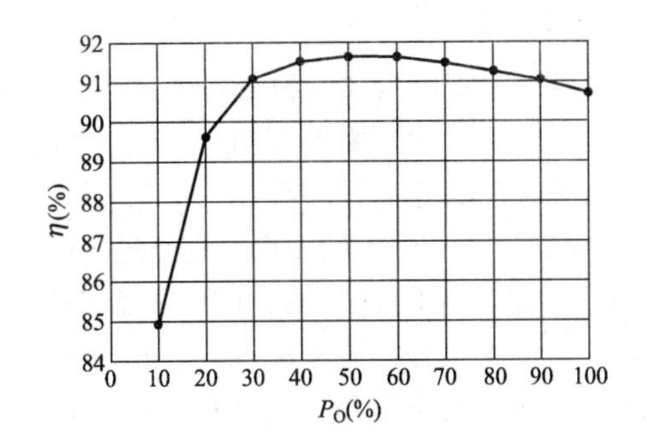

图 6-7-42 主电源和辅助电源的效率
与输出功率相对值的关系曲线

在正常工作或欠电压期间，R端通过串联 R_4、$R_9\sim R_{11}$ 来检测MOSFET关断时的钳位电压，内部控制器通过比较R端和L端的电流来决定最大占空比，在发生欠电压、负载瞬态变化等各种情况下，都能避免主变压器发生磁饱和。L端内部接欠电检测电路，欠电压阈值为+315V。若 $U_I<+315V$，就发出欠电压信号，主控制器仍然工作；一旦 $U_I<+215V$，则立即关断主控制器。

由 R_6、VD_{Z1}、R_4 和 C_1 构成主电源和辅助电源的钳位保护电路，用来限制TFS762HG中3只MOSFET的漏极电压，均不得超过各自的极限值。VD_{Z1} 采用瞬态电压抑制器P6KE150，其钳位电压为150V。

主输出和辅助输出的过电压保护电路由稳压管 VD_{Z3} 和 VD_{Z4}、光耦合器 IC_4（IC_{4A}、IC_{4B}）等组成。常态下 IC_4 不工作。当主输出发生过电压故障时 VD_{Z3} 被反向击穿，就有电流通过 IC_{4A}，再通过 IC_{4B} 给反馈端提供15mA以上的电流，强迫两个控制器关断，从而起到保护作用。同理，一旦辅助输出出现过电压故障，VD_{Z4} 就被反向击穿，保护原理同上。发光二极管LED为+5V电源的指示灯，R_{34} 为限流电阻；当+5V负载开路时，R_{34} 兼作假负载，可限制该路的输出电压不致于过高。

通过改变 R_{31} 的阻值可设定主变换器的漏极极限电流 I_{LIMIT1}，当 $R_{31}=232k\Omega$ 时，$I_{LIMIT1}=3.5A$。

2. 主电源电路

主电源属于双开关管反激式变换器，高频变压器 T_1 的一次绕组为 N_{P1}，二次绕组为 N_{S1}，偏置绕组为 N_{B1}。在刚启动主电源时，自举升压二极管 VD_9 导通，高端 MOSFET 的 HS 引脚被 VD_9 短暂地连接到地线上，N_{B1} 绕组的输出电压经过 VD_4 和 VD_9 为 C_3、C_4 充电构成闭合回路，由 C_3、C_4 的充电电压给 TFS762HG 供电，经过 12ms 时间 V_1 开始工作。等主电源进入正常工作状态后 VD_9 截止，偏置绕组 N_{B1} 的输出电压经过 VD_4、C_3、C_4 和 R_{12} 整流滤波，继续给 TFS762HG 提供 +12V 的偏置电压 U_{B1}，接至 TFS762HG 的 U_{DDH} 端。

输入直流高压 U_I 通过 V_1、N_{P1}、V_2 返回。T_1 的磁复位电路由 R_7、R_8 和 VD_3 构成，主输入在磁复位期间被连接到一个高于 U_I 的复位电压，因此主变换器的工作占空比可大于 50%。输入电容器 C_2 采用 270μF 的大容量电解电容器，以确保当 U_I = +380V、满载输出时，C_2 的供电保持时间不小于 20ms。

主输出电路主要包括输出整流管 VD_5、保护二极管 VD_6、电感（磁珠）L_1、输出滤波电容器 C_9 和 C_{10}、精密光耦反馈电路 IC_2（使用一片 PC817，包含 IC_{2A}、IC_{2B}）和 IC_6（TL431）。VD_5 和 VD_6 均采用 M6060C 型 60A/60V 的大功率肖特基对管。输出滤波电容采用两只低等效串联电阻的 3300μF 电解电容器 C_9 和 C_{10} 并联而成。R_{15}、R_{18} 构成取样电阻分压器，输出电压经取样后与 TL431 内部的 2.50V 基准电压 U_{REF} 进行比较，产生误差电压，改变阴极 K 的电位，使流过 IC_{2A} 中发光二极管的电流 I_{LED} 发生改变，进而改变 IC_{2B} 内部光敏三极管的集电极电流 I_C，去调节 TFS762HG 的输出占空比，使输出电压保持稳定。R_{14} 和 C_5 为相位补偿电路，R_{13} 用来设定环路的直流增益。C_6 为消噪电容。

3. 辅助电源电路

N_{P2} 为一次绕组，N_{S2} 为二次绕组，N_{B2} 为偏置绕组。VD_{10} 构成 T_2 的磁复位电路。辅助输出电路主要包括输出整流管 VD_7、磁珠 L_2、输出滤波电容器 C_{15}（2200μF）、精密光耦反馈电路 IC_3（PC817，包含 IC_{3A}、IC_{3B}）和 IC_7（TL431）。VD_7 采用

STPS1045B型10A/45V的大功率肖特基对管。R_{23}、R_{24}为取样电阻，R_{22}和C_{14}组成相位补偿电路，R_{20}用来设定环路的直流增益。R_{20}和R_{21}还给TL431提供偏置电流。

C_{18}为BP端的旁路电容器。偏置绕组的输出电压经过VD_9、C_{19}整流滤波后获得+14～25V偏置电压U_{B2}。在仅有辅助电源工作期间，U_{B2}经过R_{28}、R_{30}给BP端提供6mA的偏置电流。当闭合远程开关S、激活IC_5、强迫VT进入导通状态时，主偏置电源通过晶体管VT和二极管VD_8给BP端提供额外的电流。在与Hiper-PFS系列产品配套使用时，可通过外部信号U_{ON}给PFC控制器提供偏置电源。C_{17}为使能端EN的消噪电容器。一旦EN端的电流超过该引脚的阈值电流，下一个开关周期将被禁止；若因输出电压跌落而低于反馈阈值，则该导通周期被允许。显然，通过调节开启周期的数量，即可使辅助电源的输出电压U_{O2}达到稳定。当负载减轻时，开启周期的数量也随之减小，从而降低了轻载时的开关损耗。

辅助变换器的漏极极限电流由R_{33}设定I_{LIMIT2}，取R_{33}=280kΩ时，I_{LIMIT2}=650mA。

S为远程通/断控制开关，它位于+5V辅助电源的二次侧。用户可通过手动方式开启电源。当闭合S时，IC_{5A}上有电流通过，经过IC_{5B}使VT导通，再通过VD_8、R_{30}给BP端提供3.8mA的开启电流，使电源开始工作。在实际应用中，可由计算机发出远程开启信号U_{ON}。

4. 高频变压器

(1) 正激式高频变压器T_1采用PC40型铁氧体磁心，一次绕组N_{P1}采用ϕ0.56mm漆包线绕88匝，偏置绕组N_{B1}用ϕ0.23mm漆包线绕5匝。二次绕组N_{S1}用0.203mm（折合8mil）厚的铜箔绕7匝。一次绕组的电感量L_{P1}=23mH（允许有±25%的误差），最大漏感量L_{P10}=25μH。高频变压器的谐振频率超过200kHz。

(2) 反激式高频变压器T_2采用EE25型铁氧体磁心，一次绕组N_{P2}采用ϕ0.29mm漆包线绕65匝，偏置绕组N_{B2}用ϕ0.18mm漆包线4股并绕5匝。二次绕组N_{S2}用ϕ0.80mm漆包线双股并绕4

匝。一次绕组的电感量 $L_{P2}=850H$（允许有±10%的误差），最大漏感量 $L_{P20}=18\mu H$。高频变压器的谐振频率超过 2.15MHz。

489 如何用 PFS714EG 构成大功率 LED 驱动电源？

由 PFS714EG 构成的 347W 高效大功率升压式 PFC 电源的电路如图 6-7-43 所示，其连续输出功率为 347W，直流输出电压为 380V，额定输出电流为 0.913A；从轻载直到满载，均能达到高功率因数、高效率的指标。PFC 电源的输出端接降压式 LED 驱动器（DC/DC 变换器），可选 PI 公司新推出的 HiperTFS 系列（TFS757～TFS764HG）单片双管正激式变换器和反激式待机变换器。该电源使用两片集成电路：IC_1（PFS714EG）、IC_2（CAP006DG）。下面介绍各单元电路的工作原理。

1. 输入保护电路及 EMI 滤波器

输入保护电路由熔丝管（FU）、压敏电阻器（R_V）和 X 电容零损耗放电器（CAP006DG）、负温度系数热敏电阻器（R_T）构成。当电源进入正常工作状态后，通过继电器的触点 S 将 R_T 短路，使之功率损耗降至零。EMI 滤波器包括用于抑制串模干扰的 X 电容 C_1、C_2 和 C_5；用于抑制共模干扰的 Y 电容 C_3 和 C_4，共模扼流圈 L_1，串模扼流圈 L_2、L_3 和 L_4，L_4 采用 4.7μH 的磁珠。电源正常工作时 CAP006DG 保持开路，切断泄放电阻 R_1、R_2 上的电流，使电阻功率损耗接近于零。当交流断电后，CAP006DG 立即将泄放电阻接通，迅速将 X 电容上储存的电荷泄放掉，可防止操作者受到电击。BR 为 GBU806 型 8A/600V 整流桥。

整流桥的输出电压经过 R_4～R_6 送至 PFS714EG 的线电压监测端 V，R_4～R_6 均采用误差为±1%的精密电阻器，取 $R_4+R_4+R_6=4M\Omega$。C_9 为消噪电容。

2. 升压式 PFC 变换器

升压式 PFC 变换器由 PFC 电感 L_5，整流管 VD_2 和 PFS714EG 组成，它相当于一个升压变换器，一方面对电源的输入电流进行功率因数校正，另一方面还调整直流输出电压。整流管 VD_2 采用 STTH8S06D 型 8A/600V 超快恢复二极管，其反向恢复时间仅为 12ns。

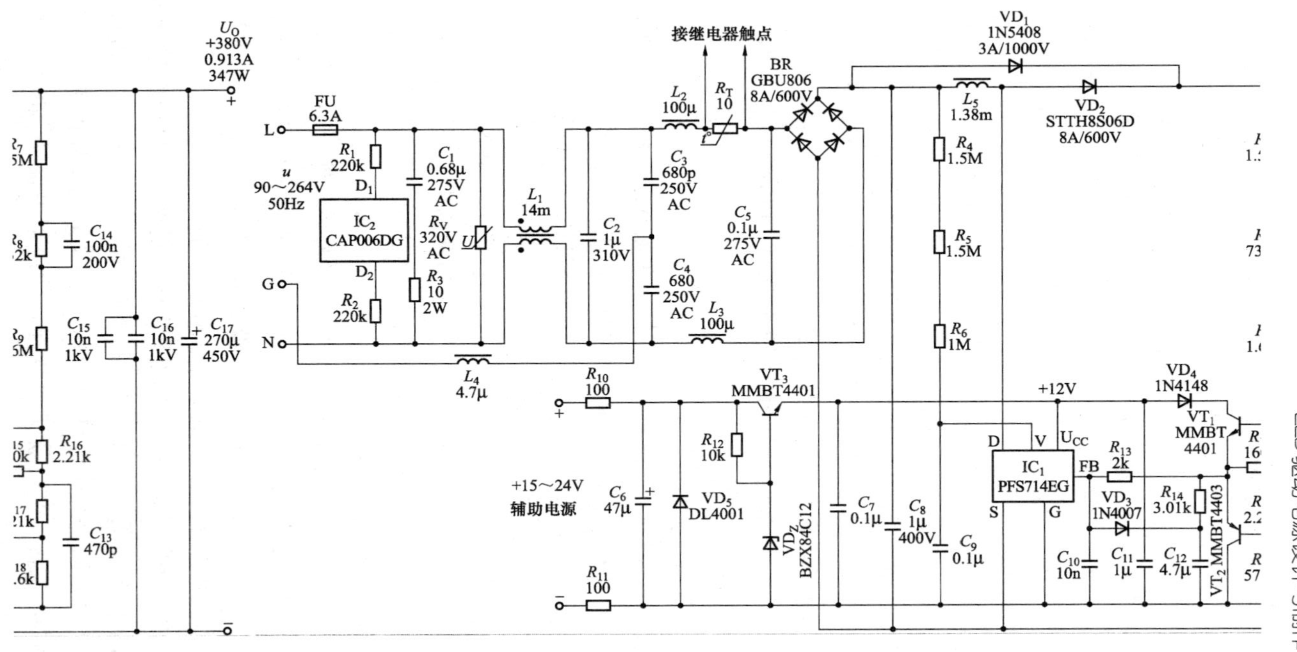

图 6-7-43 由 PFS714EG 构成的 347W 高效大功率升压式 PFC 电源电路图

VD_1的作用是在启动电源时将电感L_5短路，以防止在建立输出电压过程中电路产生振荡，同时还给输出电容器C_{17}进行充电。VD_1采用1N5408型3A/1000V硅整流管。负温度系数热敏电阻器R_T可限制启动时输入的浪涌电流，防止L_5发生磁饱和现象。利用电容器C_{15}和C_{16}不仅能降低电磁干扰，还能在每次的开、关瞬间防止PFS714EG内部的功率MOSFET在漏极和源极上产生电压过冲。

3. 辅助电源

辅助电源由电阻R_{10}～R_{12}、电容器C_6、晶体管VT_3、二极管VD_5和12V稳压管VD_Z构成，它属于串联调整式线性稳压器，用于给PFS714EG提供+12V电源电压（最大电源电流为3.5mA），以维持其正常工作。+15～24V的直流输入电压经过辅助电源可输出+12V电压，输出一旦超过+12V，VD_Z被反向击穿，可起到钳位作用。VD_5的作用是防止将辅助输入电压的极性接反，对PFS714EG起到保护作用。

4. 反馈电路

正常工作期间，VT_1和VT_2均处于关断状态。输出电压U_O经过电阻分压网络R_7～R_9和R_{16}（上分压电阻）、R_{17}和R_{18}（下分压电阻）分压后，再经过R_{15}和R_{13}给PFS714EG提供反馈电压，额定输出电压时的反馈电压$U_{FB}=6V$。R_7～R_9和R_{16}～R_{18}均采用误差为±1%的精密电阻器。互补晶体管VT_1（NPN型）和VT_2（PNP型）分别由R_{16}、R_{17}偏置，用于检测输出电压的瞬态条件，为反馈端提供信息，以提高PFC的快速响应能力，进而改善开关电源的负载瞬态响应。利用R_{13}～R_{15}、C_{12}和C_{13}对反馈网络的环路响应进行校正。R_{14}和C_{12}为反馈环路的补偿元件。VD_3的作用是防止在U_{CC}掉电时给反馈电路加载，VD_3必须采用普通硅整流管（例如1N4007），不用超快恢复二极管或快恢复二极管。C_{13}为软启动电容器，可减小在启动电源时输出电压的过冲。

+12V辅助电压经过VD_4接VT_1的发射极。一旦输出过电压，VT_1因基极电位升高而迅速导通，使反馈电流I_{FB}增大，再通过PFS714EG来调节占空比D，使$D\downarrow \rightarrow U_O\downarrow$，起到保护作用。倘若出现欠电压故障，$VT_2$就迅速导通，使反馈电流$I_{FB}$减小，通过

PFS714EG 调节占空比，使 $D\uparrow \rightarrow U_O\uparrow$，同样能起到保护作用。

490 如何用 LYT4314E 构成隔离式单级 PFC 及 TRIAC 调光 LED 驱动电源?

LYTSwitch-4 系列产品是美国 PI 公司新推出的隔离式带 PFC 及 TRIAC 调光的 LED 恒流驱动电源。该系列产品中的 LYT4311～LYT4318 具有 TRIAC 调光功能，可支持各种类型的 TRIAC 调光器，输出功率分别可达 12～78W，

由 LYT4314E 构成 20W 反激隔离式单级 PFC 及 TRIAC 调光的 LED 驱动电源电路如图 6-7-44 所示。该电源工作在连续导通模式。交流输入电压为 190～265V，输出为＋33～39V（典型值为＋36V)、550mA，恒流精度优于±5%。开关频率为 132kHz（典型值)，连续输出功率为 20W，电源效率高于 86%，功率因数可达 0.92。交流 230V 输入时，THD＜20%。可用来替换 PAR38 型抛物面反射式节能灯。

TRIAC 调光器接在交流进线端。无源 RC 型泄放电路由 C_1、R_1～R_4 构成，它位于熔丝管的后级。在进行 TRIAC 调光时，可最大限度地减小由于浪涌电流通过 L_1 而产生的音频噪声。R_1～R_4 均为泄放电阻。EMI 滤波器由共模扼流圈 L_1 和 L_2、电容器 C_3 与 C_4 构成，L_1 采用 RM5 型磁心，用 ϕ0.14mm 漆包线绕 150 匝，电感量为 240 μH。R_V 采用 V130LA20AP 型 250V（AC）压敏电阻器，用于吸收浪涌电压。R_5 为阻尼电阻，防止 EMI 滤波器产生谐振。

为避免因电路中存在电感和电容而引起衰减振荡（振铃），造成 LED 闪烁，专门设计了有源阻尼电路。有源阻尼电路由 R_6～R_9、VD_1、晶体管 VT_1（2N3906)、C_2、15V 稳压管 VD_{Z1}、N 沟道 MOS 场效应管 V（IRFU320PBF，3.1A/400V）及阻尼电阻 R_{10} 构成，V 与 R_{10} 相并联。当 TRIAC 刚开始导通时，R_{10} 对浪涌电流起到阻尼作用，大大降低了浪涌电流的上升率，防止 MOSFET 发生振荡。随着 U_I 对 C_2 充电，V 的栅极电位不断升高，大约经过 1ms 后 V 才导通并将 R_{10} 短路，允许更大的浪涌电流通过 V。当 TRIAC 导通时，由 R_6～R_8 和 C_2 构成 1ms 延迟电路。在 TRIAC 关

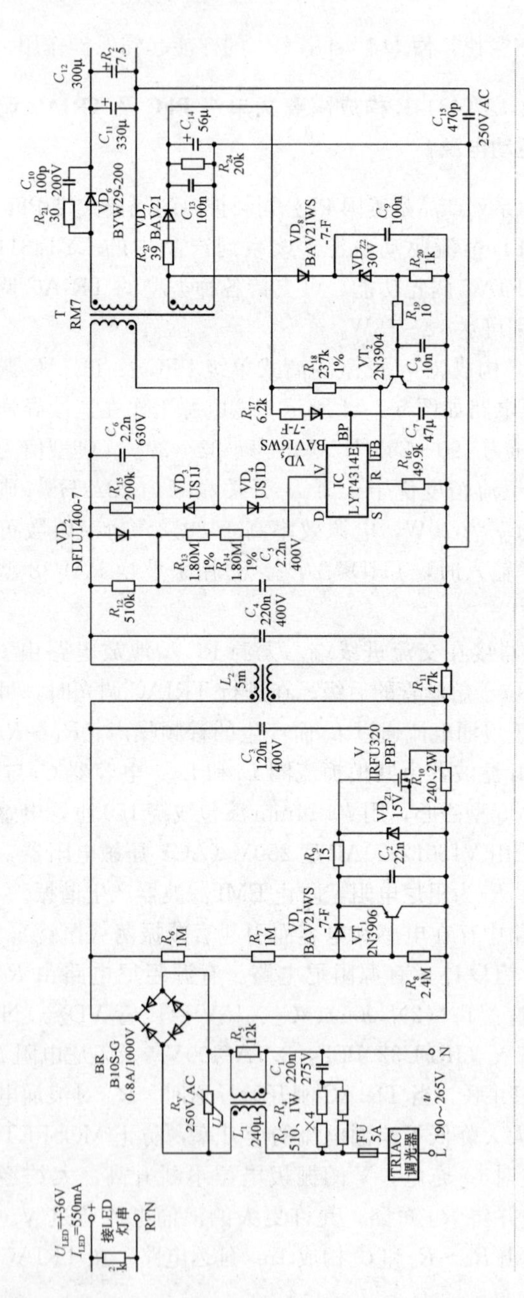

图 6-7-44 由 LYT4314E 构成 20W 反激隔离式单级 PFC 及 TRIAC 调光的 LED 驱动电源的电路

断时C_2通过VT_1放电。稳压管VD_{Z1}的作用是将栅极电压钳位到15V。只需增大R_6、R_7的阻值，即可增加VD_1的延迟导通时间，以适应各种TRIAC调光器的需要。

BR采用B10S-G型0.8A/1000V的整流桥，其输出的交流峰值电压通过峰值检波器（VD_2和R_{13}、R_{14}），接LYT4314E的电压监控端（V）。流过R_{13}、R_{14}的电流就是峰值取样电流，二者的总阻值为3.6MΩ。通过R_{13}、R_{14}可使U_I与I_{LED}保持线性关系，从而使调光范围最大。R_{13}、R_{14}须采用误差为1%的精密电阻。C_5为消噪电容，R_{12}为C_5提供放电回路。LYT4314E根据峰值取样电流和反馈端输入电流的大小，来控制LED的平均电流值。选择TRIAC相位调光模式时，在R端与S端之间接精密电阻R_{16}（49.9kΩ）。R_{16}还用于设定线路欠电压及过电压阈值。

一次侧采用RCD型钳位保护电路，它包括R_{15}、C_6、阻塞二极管VD_3（1A/600V的超快恢复二极管US1J）、VD_4（1A/200V的超快恢复二极管US1D），可将漏感产生的尖峰电压限制在670V以下。VD_4用来防止反向电流通过LYT4314E。C_{15}为安全电容。

二次绕组的输出电压经过VD_6整流，再经过C_{11}和C_{12}滤波后获得直流输出电压U_{LED}。VD_6采用BYW29-200型超快恢复二极管，其额定整流电流$I_d=8A$，最高反向工作电压$U_{RM}=200V$，反向恢复时间$t_{rr}=25ns$。VD_6产生的开关噪声被R_{21}、C_{10}所吸收。R_{22}为假负载。输出$U_{LED}=+36V$（典型值），$I_{LED}=550mA$，给LED灯串供电。

反馈绕组的输出电压经过VD_7、C_{13}和C_{14}整流滤波后分成两路，一路经过R_{17}和VD_5给LYT4314E的BP端提供偏压，另一路电压经过R_{18}转换成反馈电流送至FB端。C_7为BP端的旁路电容。由于偏置绕组电压与输出电压呈正比关系(比例系数就等于二次绕组与偏置绕组的匝数比)，因此不需要二次侧光耦反馈电路，LYT4314E就能根据反馈端电流、电压监测端电流等信息，来实现恒流输出。

由VD_8、VD_{Z2}、C_9、R_{19}、R_{20}、C_8和VT_2构成空载时的过电压保护电路。空载时偏置电压一旦升高，立即将30V稳压管VD_{Z2}反向击穿，进而使VT_2（2N3904）导通，对反馈电流进行旁路，迫使反馈电流迅速减小。当反馈电流低于 6.5μA 时，LYT4314E 就自动重启动，使输出电压和偏置电压迅速降低。

高频变压器采用 RM7 型磁心。一次绕组用 ϕ0.18mm 漆包线绕 88 匝。二次绕组采用 0.40mm 漆包线绕 35 匝，反馈绕组用 ϕ0.16mm 漆包线绕 25 匝。一次绕组的电感量 L_P=1mH±7%。

一旦 LED 负载突然断开，LYT4314E 立即进入自动重启动模式，此时 VT_2 导通，由稳压管 VD_{Z2} 来设置过电压阈值。VD_{Z2} 的稳压值 U_Z=30V，因二次绕组与反馈绕组的匝数比为 35 匝/25 匝=1.4，故 VD_{Z2} 所设置的过电压阈值为 30V×1.4=42V，比输出电压的最大值（39V）略高。LED 灯串的过载及短路保护，都是通过一次侧电流限制来实现的。

491 如何用 FL7730 构成隔离式单级 PFC 及 TRIAC 调光 LED 驱动电源？

FL7730 是美国飞兆半导体公司生产的反激隔离式带单级 PFC 的可调光 LED 驱动器，可广泛用于 LED 照明系统。它采用模拟检测方式来实现无闪烁的 TRIAC 调光控制，能兼容传统的 TRIAC 调光器，无需改动现有灯管结构、墙壁开关及线路。交流输入电压范围是 80～308V。

由 FL7730 构成 8.4W 隔离式单级 PFC 及 TRIAC 调光的 LED 驱动电源总电路如图 6-7-45 所示。交流输入电压 u=180～265V，输出电压允许范围是+10～28V，典型值为 U_{LED}=+22V，输出电流 I_{LED}=380mA，恒流精度优于±1.9%。电源效率可达 84.4%，功率因数高达 0.97。u=220V 时，THD=16.6%。

该电路主要包括无源泄放电路（或用有源泄放电路来代替）、有源阻尼电路、TRIAC 调光控制电路、电压检测电路、漏极钳位保护电路、功率 MOSFET、二次侧输出电路。下面重点介绍无源泄放电路及其改进电路（有源泄放电路）、有源阻尼电路和 TRIAC 调光控制电路的工作原理。

1. 无源泄放电路

当 TRIAC 刚被触发时需要擎住电流，而在触发后的导通期间需要维持电流，否则TRIAC调光器就会出现误触发和LED闪烁。设计无源泄放电路是为了提供擎住电流和维持电流，消除误触发和LED的闪烁现象。擎住电流（Latching Current）I_L是TRIAC刚从断态转入通态并移除触发信号后，能够维持TRIAC导通所需的最小电流。维持电流（Holding Current）I_H是TRIAC被触发后，维持导通状态所需要的最小电流。对同一个TRIAC而言，通常$I_L \approx (2 \sim 4) I_H$。采用无源泄放电路可消除TRIAC的尖峰电压与尖峰电流，避免造成误触发。由阻容元件构成的泄放电路称作无源泄放电路，它接在整流桥的前级。其原理如图6-7-46所示。

无源泄放电路由泄放电阻R_1和电容C_1组成。图6-7-46中假定交流电正半周的极性是上端为正，下端为负。交流电流i被分成两路，一路为输入电流i_{IN}，另一路为泄放电流i_B。R_1和C_1不仅可为TRIAC调光器提供I_L和I_H。还可对尖峰脉冲进行泄放。R_1可取2kΩ。R_1的阻值过大，TRIAC调光器容易误触发，使LED出现闪烁。L_1、L_2均为串模电感。C_3为输入级的高频滤波电容，R_3为阻尼电阻。C_1的容量决定维持TRIAC导通时的泄放电流。C_1越大，泄放电流越大，TRIAC调光控制的稳定性越高。但C_1较大会降低功率因数、总谐波失真及电源效率。因此，选择C_1时应综合考虑调光控制与功率因数之间的矛盾。C_1的典型值为100nF，当交流输入电压为230V、$R_1 = 2k\Omega$时，R_1的功耗为162mW；若取$C_1 = 200nF$，R_1的功耗就增加到684mW。

2. 有源泄放电路

有源泄放是无源泄放的改进电路，其特点是接在整流桥的后级，除阻容元件之外还增加了有源器件MOSFET，电路原理如图6-7-47所示。与无源泄放电路相比，有源泄放电路能在更宽范围使TRIAC导通，并可降低泄放电路自身的功耗。

图6-7-47中，线电流I_{LINE}等于有源泄放电流I_B与输入电流I_{IN}之和。R_S为电流检测电阻，负责检测I_{LINE}。C_3为滤波电容，可滤除R_S两端压降上的开关噪声。当TRIAC调光器被触发时，尖峰电流将会在R_S上形成较大的压降U_1。稳压管VD_Z能够限制U_1，避免可调式精密并联稳压器KA431的基准端（U_{REF}）因电压过高

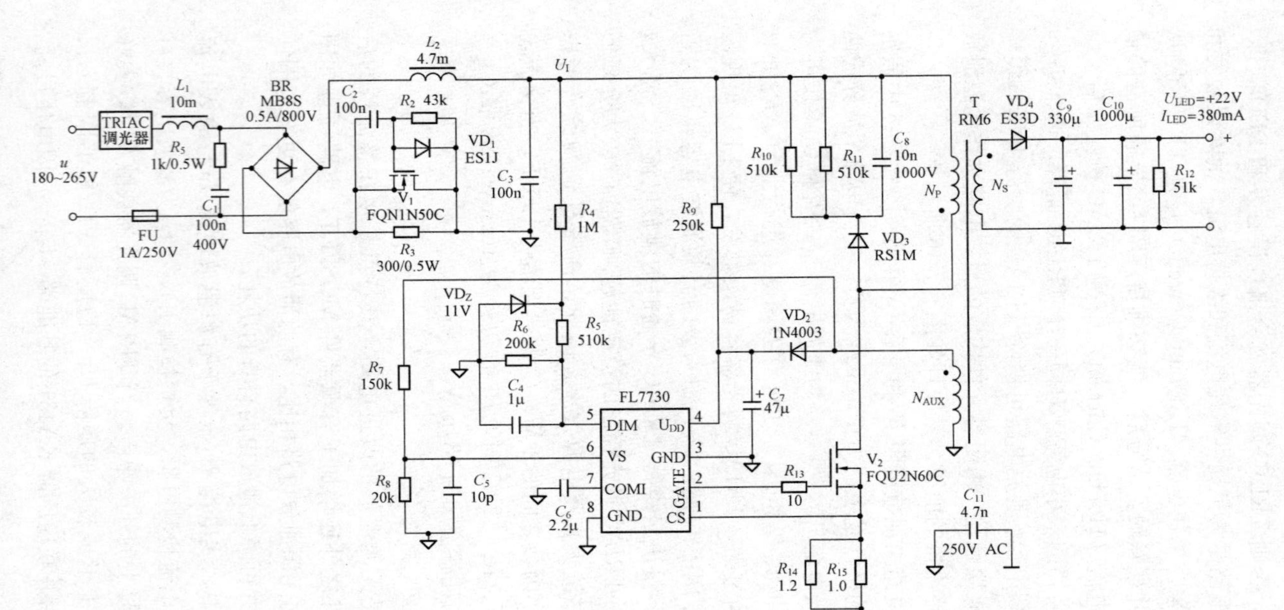

图 6-7-45　8.4W 隔离式单级 PFC 及 TRIAC 调光的 LED 驱动电源总电路

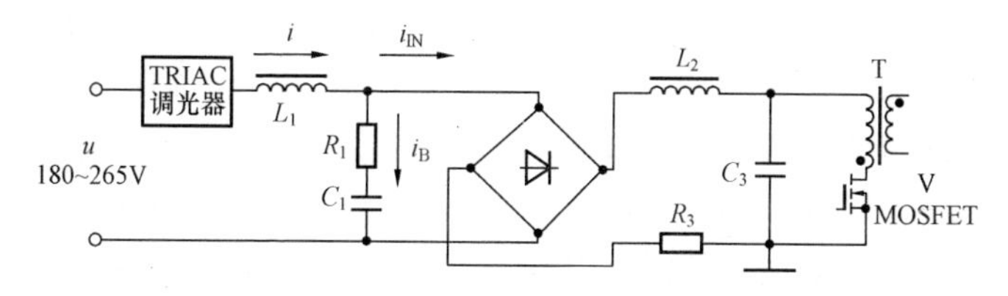

图 6-7-46 无源泄放电路的原理图

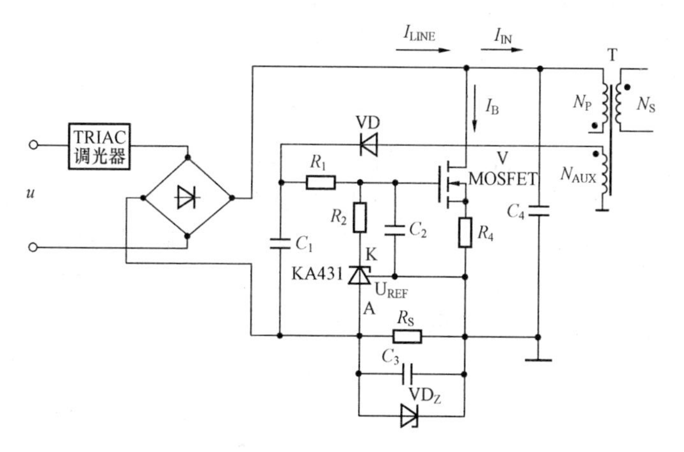

图 6-7-47 有源泄放电路的原理图

而受损。当V（MOSFET）导通时就将尖峰电流泄放掉。偏置电路由VD和C_1构成。V的栅极电压受控于C_1两端的偏置电压和KA431的阴极电压U_K，并且可线性地调节V的偏置电流。总的驱动电流受R_1和R_2的限制。C_2可减缓调节环路的响应速度，避免反馈速度过快而发生振荡。R_4为负反馈电阻，对控制环路进行补偿。

在有源泄放电路中，当R_S上的电压$U_1 < U_{REF}$时，V的栅-源极电压U_{GS}升高，I_B增大。TRIAC的维持电流为

$$I_H = \frac{U_{REF}}{R_S} = \frac{2.50\text{V}}{R_S} \tag{6-7-19}$$

不难算出，当R_S=300Ω时，I_H=8.3mA。

3. 有源阻尼电路

在TRIAC调光器被触发时会引起较大的尖峰电流，通过电源

线路快速给 C_3 充电。若不加阻尼电路，尖峰电流就会引起电源电流出现振荡，不仅导致误触发，还可能损坏 TRIAC 调光器。尽管采用阻尼电阻可以抑制尖峰电流，但阻尼电阻上的功耗较大。

为此，美国飞兆半导体公司研究出一种有源阻尼电路的专利技术，可降低功耗，且所需外围器件最少。有源阻尼电路的原理如图 6-7-48 所示。有源阻尼电路由电阻 R_2、超快恢复二极管 VD_1（ES1J，1A/600V）、N 沟道 MOS 场效应管 V_1（FQN1N50C，1A/500V）、电容 C_2 和阻尼电阻 R_3 构成，V_1 与 R_3 相并联。该电路等效于延时开关。当调光器被触发时，利用 R_3（300Ω）对浪涌电流起到阻尼作用。随着 U_I 对 C_2 充电，使 V_1 的栅极电位 U_G 不断升高，经过一段延迟时间后，V_1 开始导通并将 R_3 短路，使 R_3 上的功耗降至最低，且 V_1 允许更大的浪涌电流通过。与此同时，C_2 经过 VD_1 放电，最终使 $U_G=0V$，令 V_1 截止，将有源阻尼电路复位。直到调光器再次被触发，进入下一工作周期。考虑到 L_2 的存在，图 6-7-48 将有源阻尼电路串联在一次侧的地线上，工作原理同上。

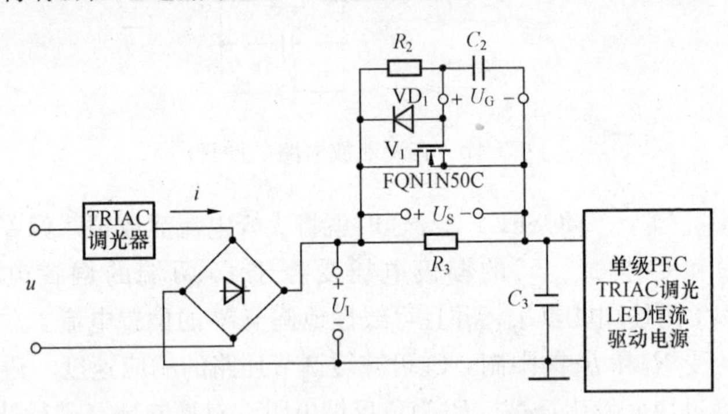

图 6-7-48　有源阻尼电路的原理图

输入为低电源电压时特别推荐采用有源阻尼电路。与有源阻尼电路相比，R_3 上的功耗大约可降低一半。

4. TRIAC 调光控制电路

TRIAC 调光控制电路包括两部分：①由外部阻容元件构成的调光角检测电路；②芯片内部的调光功能模块。整流后的电压由稳压管 VD_Z 检测，再经过 R_5、R_6 分压，所得到的电压适合 DIM 引脚的电压范围。检测信号经过电容 C_4 滤波后得到直流电压，送至TRIAC调光端DIM。内部调光控制电路将补偿电流叠加到峰值电流上，依此作为计算模块的输入信号。当调光角较小时，补偿电流随DIM引脚电压的降低而增加，这使得计算出的输出电流值较大，就迫使TRIAC的导通时间缩短，将LED的亮度调暗。DIM端的输入电压范围是 $U_{DIM}=2.50\sim3.50V$。如不需要调光功能，可在DIM端与地之间接1nF的电容，通过DIM引脚内部的 $7.5\mu A$ 电流源给该电容充电至4V，使调光功能失效。

5. 其他单元电路

一次侧RCD型钳位保护电路由 R_{10}、R_{11}、C_8、RS1M型（1A/1000V）超快恢复二极管 VD_3 构成。C_{11} 为安全电容。

二次绕组的输出电压经过 VD_4 整流，再经过 C_9 和 C_{10} 滤波后获得直流输出。VD_4 采用ES3D型超快恢复二极管，其额定整流电流 $I_d=3A$，最高反向工作电压 $U_{RM}=200V$，反向恢复时间 $t_{rr}=20ns$。R_{12} 为假负载。输出为 $U_{LED}=+22V$（典型值），$I_{LED}=380mA$。

刚上电时 U_I 通过 R_9 给 C_7 充电，充电电压就作为 U_{DD} 端的电源电压；电源正常工作后改由辅助绕组供电。辅助绕组的输出电压经过 VD_2、C_7 整流滤波后，获得+16V（典型值）的电源电压。

高频变压器采用RM6型铁氧体磁心。一次绕组用 $\phi0.13mm$ 漆包线分两层绕76匝。二次绕组采用0.30mm漆包线绕24匝，辅助绕组用 $\phi0.13mm$ 漆包线绕18匝。一次绕组的电感量 $L_P=1mH\pm10\%$，漏感量 $L_{P0}=8\mu H$。

第七章

开关电源散热器设计与制作26问

本章概要 分别阐述了单片开关电源、LED驱动电源、功率开关管和大功率LED的散热器设计方法，并给出设计实例。

第一节 散热器基础知识问题解答

492 开关电源为什么要安装散热器？

为使开关电源能长期可靠地工作，需要给电源中的MOSFET功率开关管（含单片LED驱动电源集成电路）、输出整流管安装合适的散热器，以便将芯片内部产生的热量及时散发掉。若因散热不良致使管芯温度超过最高结温，内部保护电路就进行过热保护，将输出电流迅速拉下来，此时开关电源已无法正常工作了。严重过热时还会造成芯片的永久性损坏。因此，正确设计散热器是使用开关电源的前提条件。

散热器一般有两种冷却方式，一种是借助空气对流的自然冷却，另一种是强制风冷。由于很难准确测量空气的流量，因此在设计强制风冷的散热器时必须通过实验加以验证。而自然冷却具有可设计性与可预测性的特点。需要指出的是，任何一种散热器的设计都应进行实际测试，以确定其性能。

493 开关电源有几种散热途径？

开关电源的散热途径有3种，分别是热传导、热对流和热辐射。热传导主要发生在芯片与散热器之间，而热对流发生在散热器和周围空气之间，热辐射是指散热器向周围空气释放热量。在不加风冷的条件下，热传导是芯片最主要的散热途径，散热途径为管芯→管壳（或小散热片）→散热器→周围空气。自然冷却时，热对流和热辐射一般可忽略不计。

494 什么是结温？

因芯片是由半导体 PN 结所构成的，故通常将芯片温度简称为结温。芯片的最大允许功耗取决于芯片的最高结温 T_{jM}（亦称极限结温），仅当 $T<T_{jM}$时开关电源才能正常工作。为安全起见，有的芯片还规定了最高工作结温 T_{Jmax}（$T_{Jmax}<T_{jM}$），例如当 $T_{jM}=$ 150℃时，$T_{Jmax}=125$℃。显然，芯片的散热能力愈强，实际结温就愈低，它所能承受的功率也愈大。芯片的散热能力取决于它的热阻。

495 如何测量大功率 LED 的结温？

采用正向电压法可以测量大功率 LED 在工作时的结温。其测量原理是当正向电流 I_F 流过芯片时，芯片的温升 ΔT_j 与正向压降的变化量 ΔU_F 呈线性关系。有公式

$$\Delta T_j = |\Delta U_F/\alpha_T| \tag{7-1-1}$$

因 LED 的电压温度系数 α_T 为负值（单位是 mV/℃），故式（7-1-1）中应取绝对值。例如 Cree 公司的 Xlamp 7090 XR-E 封装白光 LED 产品数据表中给出的 $\alpha_T=-4.0$mV/℃，最高结温 $T_{jM}=+150$℃。当 $I_F=700$mA 时，$U_F=3.5$V（均为典型值）。

测量大功率 LED 工作时结温的电路如图 7-1-1 所示，I_{F1}、I_{F2}

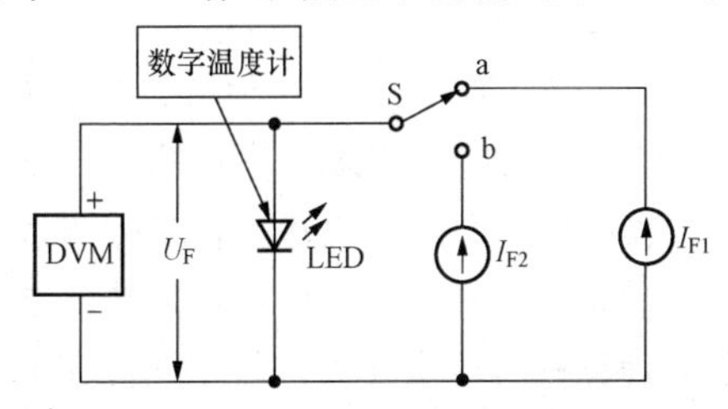

图 7-1-1 测量大功率 LED 工作时结温的电路

均为精密可调式恒流源，S为转换开关。预先给LED安装好散热器，将测量速率快的高精度数字电压表（DVM）并联在LED两端。数字温度计的探头接在LED引脚的根部，仅用于测量LED结温的初始值。

测量步骤如下：

（1）首先将转换开关S拨至“a”挡，给被测LED输入较小的恒定电流I_{F1}，测出其正向压降U_{F1}，同时用数字温度计测出LED结温的初始值T_{j1}。

（2）然后立即将S拨至“b”挡，给被测LED输入较大的恒定电流I_{F2}，使其结温迅速升高。经过一定时间后，再将S快速切换到“a”挡，测出正向压降U_{F2}。分别计算出正向压降的变化量$\Delta U_F = |U_{F2} - U_{F1}|$。因$U_{F2} < U_{F1}$，故取绝对值。

（3）最后代入下式计算LED的结温T_j

$$T_j = |\Delta U_F / \alpha_T| + T_{j1} \tag{7-1-2}$$

注意，该方法只测量初始结温T_{j1}，并没有实际测量ΔT_j，而是利用式（7-1-1）将ΔT_j转换成$|\Delta U_F / \alpha_T|$。这是因为当LED工作在大电流I_{F2}时，芯片温度迅速升高，这能反映到U_F的变化上。但要准确测量ΔT_j值将非常困难，因为当LED芯片温度迅速升高时，它与引脚温度之间存在一定的温差。测量初始结温则不同，因为I_{F1}很小，T_{j1}略高于室温，所以经过一段时间后芯片温度容易与引脚温度实现热平衡。

举例说明，已知$\alpha_T = -4.0\text{mV/℃}$，$\Delta U_F = |3.30\text{V} - 3.52\text{V}| = 0.22\text{V}$，$T_{j1} = 35℃$，代入式(7-1-2)中计算出：$T_j = |[0.22\text{V} \div (-4.0\text{mV/℃})]| + T_{j1} = 55℃ + 35℃ = 90℃$。

最后需要说明两点：第一，若T_j值接近于100℃，则应减小I_{F2}后再次进行测试，直到满足要求为止；第二，以上介绍的是测量LED热阻和结温的基本原理和方法，在实际测量中还有一些复杂因素需要考虑。例如，如何对LED进行隔热、是否用脉冲电流代替I_{F2}、是否配计算机对转换开关进行控制并完成数据处理、是否选用红外温度测量仪非接触测温等问题。

496 什么是热阻？

热阻是用来表征各种材料热传导性能的物理量，以单位功耗下材料的温升来表示，符号是 R_θ（℃/W）。温升愈低，说明材料的散热能力愈强，即热阻小；温升高表明散热能力差，热阻大。

为便于理解散热特性，现将热参数与电参数加以对比，见表 7-1-1。不难发现，热流量与电流颇有相似之处。在电学上，当电位差通过电阻时会产生电流；在热学上，当温度梯度跨越热阻时能产生热流量。电阻代表导体对电流的阻碍作用，而热阻表示物体对热流量的阻碍作用。计算热阻的公式在形式上与欧姆定律相似。而温升（温差）又与电位差相似。由此可推断，为使散热和温升所引起功耗为最小，必须使热阻为最小；换言之，如果热阻是给定的，那么耗散更多的功率必将加快温度的升高。与电阻类似，两个热阻也可以互相串联或并联，串联时将热阻值相加；并联时的总热阻等于两个热阻的乘积除以它们的热阻之和。

表 7-1-1　　热参数与电参数的对比

热参数		电参数	
参数	相互关系	参数	相互关系
热流量 Φ	$R_\theta=\Delta T/\Phi$	电流 I	$I=\Delta U/R$
热阻 R_θ		电阻 R	
温升（温差）ΔT		电位差 ΔU	

芯片的热阻分布如图 7-1-2 所示。由图可见，热传导过程是按照温度梯度从高到低的顺序，依次为"$T_J\rightarrow T_C\rightarrow T_A$"。从结到外壳的热阻为 $R_{\theta JC}$，从外壳到散热器表面的热阻为 $R_{\theta CS}$。若令 $R_{\theta JS}$为

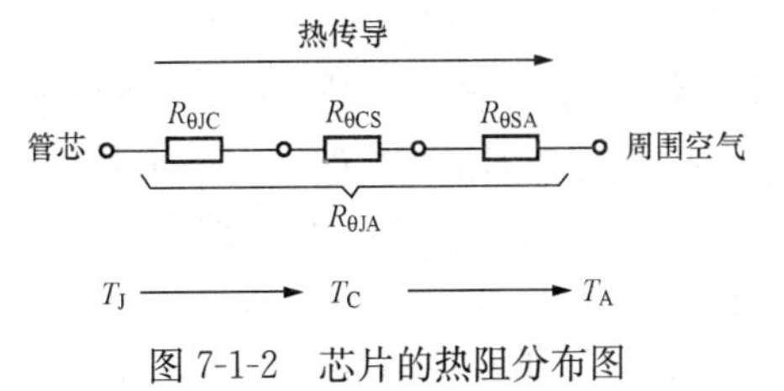

图 7-1-2　芯片的热阻分布图

从结到散热器表面的热阻，则 $R_{\theta JS}=R_{\theta JC}+R_{\theta CS}$。$R_{\theta SA}$为散热器到周围空气的热阻，简称散热器热阻。

497 为什么给半导体功率器件涂上导热硅脂可降低热阻？

导热硅脂（俗称散热膏）是以有机硅酮为主要原料，再配上耐热性和导热性俱佳的材料而制成的白色有机硅脂。导热硅脂可在−50℃～+230℃的温度下长期保持硅脂状态永不固化，具有高绝缘性、良导热性、抗腐蚀、抗氧化、环保无毒等优点，适合涂抹在各种半导体功率器件（含功率 MOSFET、单片开关电源芯片、LED驱动芯片及输出整流管）与散热器之间的接触面上。涂上导热硅脂以后，半导体器件与散热器能紧密贴合，充分接触，使接触面的热阻降至最低，这不仅能改善散热条件，还可大大减小散热器的体积。

使用时需要注意导热硅脂并非涂的越多越好，而是在保证填满缝隙的前提下涂的越薄越好，涂多了反而会降低热传导效率。正确方法是首先将待涂抹的接触面揩拭干净，然后薄薄的均匀涂上一层导热硅脂，再用刀片刮平刮实，最后将两个接触面紧密贴合在一起。

498 如何测量开关稳压器芯片的总热阻？

举例说明，采用 MSOP-8 封装的开关稳压器外形如图 7-1-3 所示。测试 MSOP-8 封装的总热阻（$R_{\theta JA}$）参数值的电路如图 7-1-4 所示。将一片芯片焊接在 1oz/ft^2（即 0.033 4g/cm^2）的双面覆铜板上。在 4.6in^2（折合 29.7cm^2）的覆铜板表面上分割出输入、输出、地和使能（亦称通/断控制）这 4 个区域。将温度传感器焊接在开关稳压器芯片附近。首先在零功耗时测出环境温度 T_A，然后测量芯片的过热关断温度。随着负载的增加，最终使芯片达到关断温度 $T_{J(SHUTDOWN)}$。另外测得芯片的最大功耗 P_{DM}。

根据 T_A、$T_{J(SHUTDOWN)}$ 和 P_{DM} 值，即可准确计算出 $R_{\theta JA}$ 值，计算公式为

$$R_{\theta JA}=(T_{J(SHUTDOWN)}-T_A)/P_{DM} \qquad (7\text{-}1\text{-}3)$$

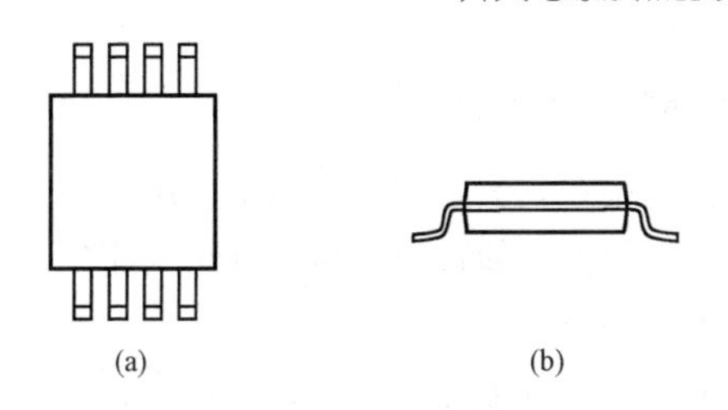

图 7-1-3　MSOP-8 封装的外形图

（a）主视图；（b）侧视图

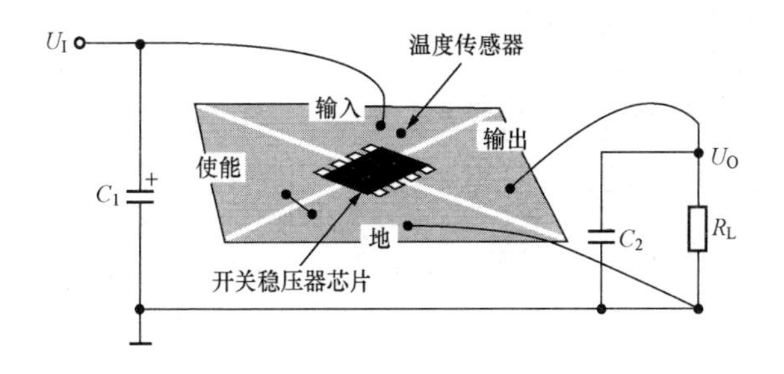

图 7-1-4　测试 MSOP-8 封装的总热阻（$R_{\theta JA}$）参数值的电路

用同样方法还可在面积为 1～5in² 的覆铜板表面，测试出 MSOP-8 封装的 $R_{\theta JA}$参数曲线，测试结果如图 7-1-5 所示。x 轴代表覆铜板表面积 S，单位是 in²。

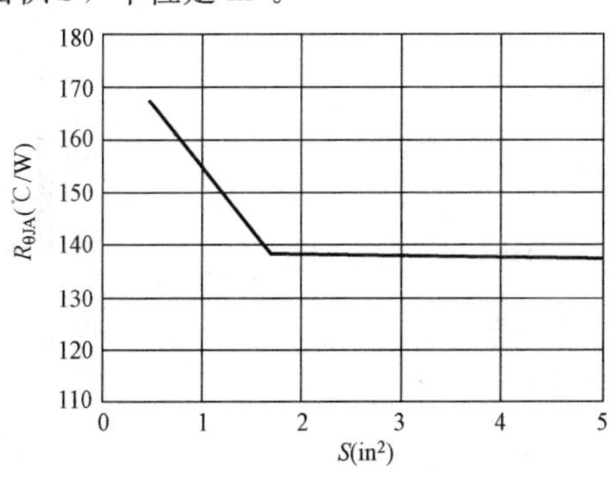

图 7-1-5　MSOP-8 封装的 $R_{\theta JA}$参数曲线

499 散热器有几种类型?

散热器的种类很多，大致可分为以下三种：

(1) 平板式散热器。简称散热板，其结构简单、成本低廉、容易自制，但所占面积较大。

(2) 成品散热器。其散热效果好，体积小，但成本较高。常见的成品散热器有叉指式、筋片式两种类型，其外形分别如图 7-1-6 (a)、(b) 所示。平板式散热器和叉指式散热器的安装示意图分别如图 7-1-7 (a)、(b) 所示。

图 7-1-6　成品散热器的外形

(a) 叉指式；(b) 筋片式

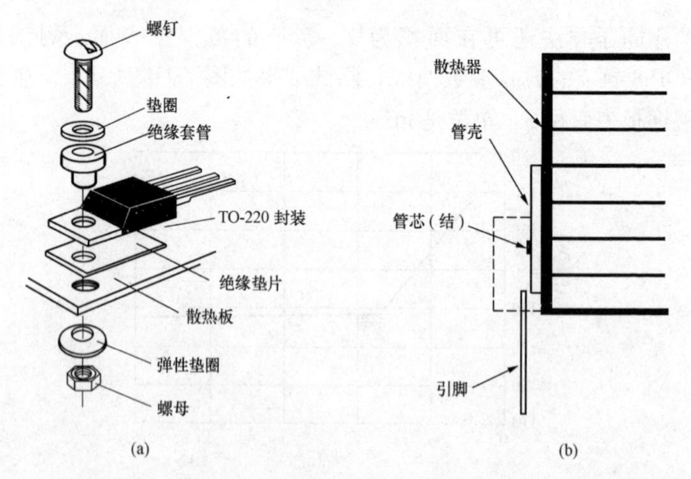

图 7-1-7　平板式散热器和叉指式散热器的安装示意图

(a) 平板式散热器；(b) 叉指式散热器

（3）印制板（PCB）式散热器。它是将印刷电路板上的一部分铜箔制成正方形或长方形，作为表面贴片式（简称表贴）集成电路的散热器，称之为PCB散热器。

500 为何要在MOSFET的散热器与一次侧地之间接电容器？

在设计100W以上的大功率开关电源时，为消除由散热器引入的传导噪声，可在功率开关管（MOSFET）的散热器与一次侧地之间接一只陶瓷电容器，容量可选3.3nF/630V。同理，还可在输出整流管的散热器与二次侧地之间接一只3.3nF/630V陶瓷电容器。

第二节 设计开关电源散热器问题解答

501 如何设计平板式散热器（方法之一）？

给半导体器件加散热器后可减小总热阻，热阻的分布情况如图7-2-1所示。半导体器件的热阻分布如图7-2-2所示。计算总热阻$R_{\theta JA}$的公式如下

$$R_{\theta JA}=R_{\theta JC}+R_{\theta CS}+R_{\theta SA}=R_{\theta JS}+R_{\theta SA} \tag{7-2-1}$$

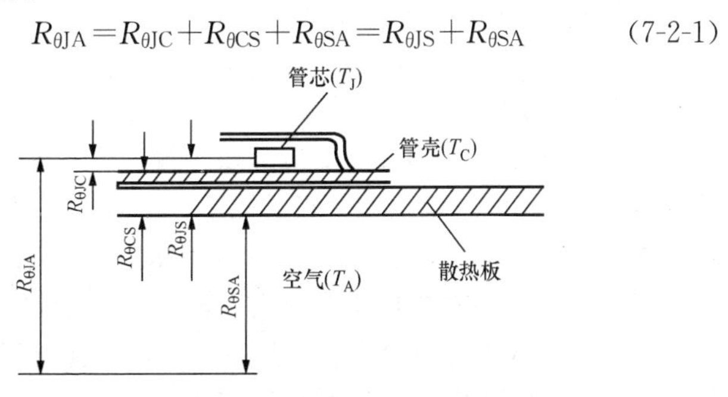

图7-2-1 半导体器件加散热器后的热阻

设未加散热板时的总热阻为R_θ，稳压器的最高允许结温为T_{jM}，最高环境温度为T_{AM}，温升为ΔT，加散热器后器件的实际功耗为P_D，有关系式

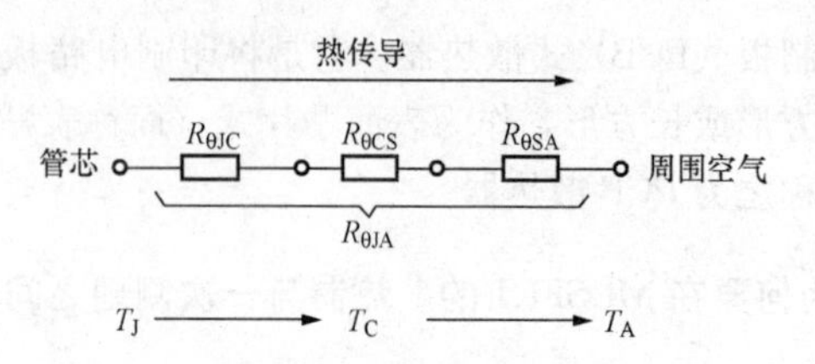

图 7-2-2 半导体器件的热阻分布图

$$P_D=\frac{\Delta T}{R_{\theta JA}}=\frac{T_{jM}-T_{AM}}{R_{\theta JS}+R_{\theta SA}} \tag{7-2-2}$$

再令 P'_D 表示设计功耗，P_{DM}为最大允许功耗，必须满足下述条件

$$P_D \leqslant P'_D < P_{DM} \tag{7-2-3}$$

若用 P'_D 来代替 P_D，则将式（7-2-2）整理后得到

$$\begin{aligned} R_{\theta SA} &= \frac{T_{jM}-T_{AM}}{P'_D}-(R_{\theta JC}+R_{\theta CS}) \\ &= \frac{T_{jM}-T_{AM}}{P'_D}-R_{\theta JS} \end{aligned} \tag{7-2-4}$$

在确定散热板面积时将用到 $R_{\theta SA}$ 值。

选择散热材料主要基于下述 3 个条件：①导热性能好，具有良好的热传导能力；②延展性好，可采用各种加工工艺；③容易获取，价格比较低廉。

表 7-2-1 列出了几种常见封装的热参数。需要指出的是某些产品有多种封装形式。铝板和铁板的热阻 $R_{\theta SA}$ 与表面积 S 的关系曲线如图 7-2-3 所示，注意其 x、y 坐标均按对数刻度，板厚均为 2mm，使用条件是散热板垂直放置，器件装在散热板中心位置。由图可见，散热板的面积愈大，热阻愈小，二者近似成反比。另外，在表面积与厚度相同的情况下，铝板的热阻较小，其散热性能优于铁板，而密度仅为铁板的 1/3（2.7/7.8），并且不容易生锈。

表 7-2-1 几种常用封装的热参数

封装形式	TO-220	TO-3	TO-263	SOT-223
最大允许功耗 P_{DM}（W）	10	20	5	2

续表

封装形式		TO-220	TO-3	TO-263	SOT-223
不加散热器时结到周围空气的总热阻 $R_{\theta JA}$（℃/W）		62.5	40	40	150
加散热器后结到散热器表面的总热阻 $R_{\theta JS}$（℃/W）	直接与散热板接触	7	6	3（直接焊在散热板上）	15（直接焊在散热板上）
	涂导热硅脂	1	1	—	—
	加0.05mm厚的云母片	1.8	1.8	—	—

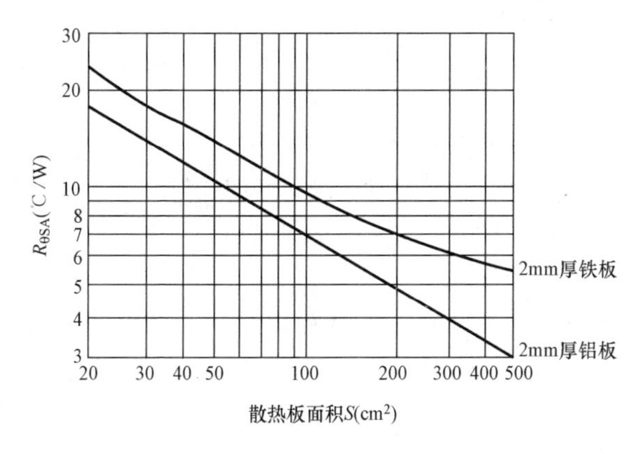

图7-2-3　铝板与铁板 $R_{\theta SA}$-S 关系曲线

502　如何设计平板式散热器（方法之二）？

设计散热器的基本目标是选择或制作一个 $R_{\theta SA}$ 足够小的散热器。下面以设计自然冷却散热器为例，采用下述方法很容易找到能满足要求且尺寸最小的平板式散热器，进一步节省开关电源的空间，真正实现散热器的优化设计。

尽管要想精确计算 $R_{\theta SA}$ 是非常困难的，但只要满足下列条件，即可近似计算出平板式散热器的热阻 $R_{\theta SA}$：

（1）平板式散热器表面为矩形或圆形，且散热器的厚度远小于其长度、宽度或直径。

（2）对矩形散热器而言，散热器的长、宽比不大于2∶1。

(3) 散热器的位置应尽量远离其他功率器件。

(4) 对空气流动不加限制。

满足上述条件时，散热器的热阻由下式确定

$$R_{\theta SA}=\frac{1}{\eta S(F_C h_C+\varepsilon H_r)} \tag{7-2-5}$$

式中 η——散热效率，%；

S——散热器的表面积，in^2；

F_C——热对流校正系数；

h_C——热对流传热系数，$W/in^2/℃$；

ε——热辐射率，它代表在同一温度下散热器表面的热辐射量与绝对黑体的热辐射量之比；

H_r——标准热辐射系数，$W/in^2/℃$。

需要说明的是，以下设计中散热器的几何尺寸均采用英制，单位是 in（1in＝2.54cm），散热器表面积的单位是 in^2（$1in^2=6.45cm^2$）。

热对流传热系数（h_C）与散热器温升（ΔT）、最高环境温度（T_{AM}）的关系曲线如图 7-2-4 所示，ΔT 表示散热器温度（T_S）与环境温度（T_A）的温差，即 $\Delta T=T_S-T_A$。图中的 L 表示散热器的有效尺寸，L 与散热器的形状和安装方式（垂直或水平安装）有关。散热器的有效尺寸（L）与热对流校正系数（F_C）的关系见表 7-2-2。表中的 a、b、c 分别代表矩形平板式散热器的长度、宽度和厚度；d 代表圆形平板式散热器的直径，单位均为 in。

表 7-2-2　散热器的有效尺寸和热对流校正系数的关系

散热器表面的形式	散热器的有效尺寸		热对流校正系数 F_C	
	散热器安装方式	L 的计算公式(in)	散热器安装方式	F_C
矩形平板式	垂直安装	$L=c$	垂直安装	1.0
	水平安装	$L=ab/(a+b)$	水平安装	1.35
圆形平板式	垂直安装	$L=\pi/d$	仅散热器顶部暴露在空气中	0.9

标准热辐射系数（H_r）与散热器的温升（ΔT）、最高环境温度（T_{AM}）的关系曲线如图 7-2-5 所示，利用该图可查出 H_r 值。

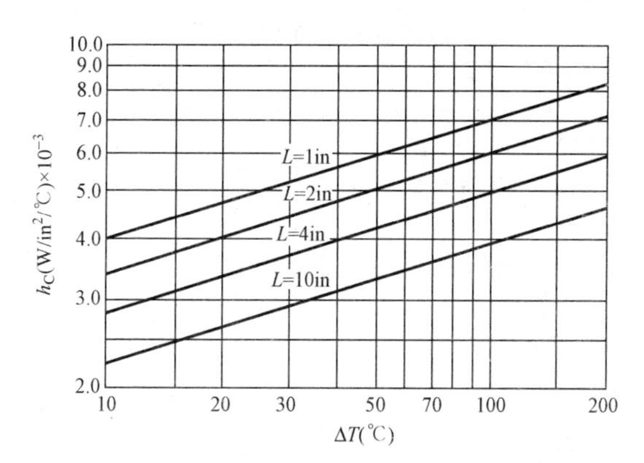

图 7-2-4　热对流传热系数与散热器温升、最高环境温度的关系曲线

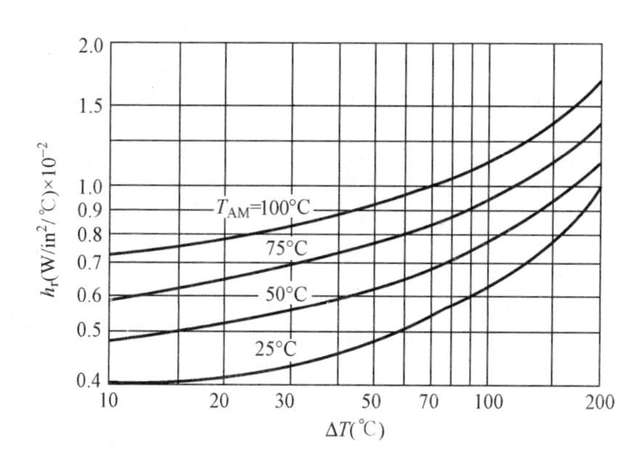

图 7-2-5　标准热辐射系数与散热器的温升、最高环境温度的关系曲线

利用下式可计算出温升

$$\Delta T = T_S - T_A = R_{\theta SA} P_D \tag{7-2-6}$$

热辐射率(ε)与散热器表面的对应关系见表 7-2-3。

几何形状对称且厚度均匀的平板式散热器的参数列线图如图 7-2-6 所示。列线图(Nomogram)是诺模图的一种，它是将几个带刻度的线条按比例布置在平面上，用以表达各变量对应关系的一种图形。用该图可查出等效半径(r)、散热效率(η)及一些中间变量。

表 7-2-3　　散热器表面的热辐射率

散热器表面	热辐射率 ε
阿洛丁(Alodine)铝合金	0.15
经过阳极化处理的铝合金	0.7～0.9
抛光铝	0.05
抛光铜	0.07
氧化铜	0.70
冷轧钢	0.66
无色的磁漆	0.85～0.91
无色的油漆	0.92～0.96
清漆	0.89～0.93

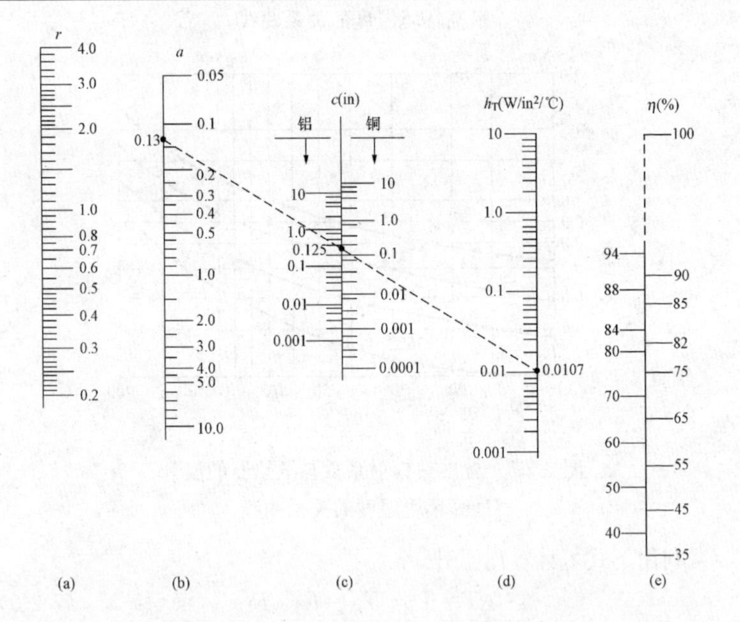

图 7-2-6　几何形状对称且厚度均匀的平板式散热器的参数列线图

最后将整个设计步骤归纳如下：

a）首先从图 7-2-4、图 7-2-5 和表 7-2-2、表 7-2-3 中分别查出热对流传热系数（h_C）、标准热辐射系数（H_r）、热对流校正系数

（F_C）和热辐射率（ε），然后代入下式计算中间变量 h_T

$$h_T = F_C h_C + \varepsilon H_r \tag{7-2-7}$$

b）从图 7-2-6（d）中找到计算值 h_T（单位是 $W/in^2/℃$），再根据所选散热器的厚度 c，沿着 h_T、c 值画一条直线，与图 7-2-6（b）的交点就是所查到的 α 值，α 也是一个无量纲的中间变量。

c）根据 α 值，沿水平方向从图 7-2-6（a）上查找散热器的等效半径 r（单位是 in）。

若已知平板式散热器的形状，还可利用图 7-2-7 计算散热器的等效半径 r。

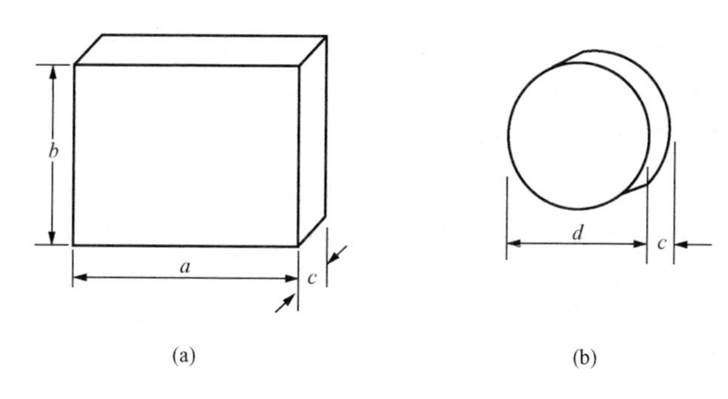

图 7-2-7　平板式散热器的形状

（a）矩形平板式散热器；（b）圆形平板式散热器

对于矩形平板式散热器，设其长度、宽度和厚度分别为 a、b、c（单位均为in），计算等效半径 r 的公式为

$$r = \sqrt{\frac{ab}{\pi}} \tag{7-2-8}$$

式（7-2-8）的条件是 a、$b \gg c$，$a/b < 2$。

对于圆形平板式散热器，设其直径和厚度分别为 d、c（单位均为 in），计算等效半径 r 的公式为

$$r = d/2 \tag{7-2-9}$$

式（7-2-9）的条件是 $d \gg c$。

d）通过图 7-2-6（b）的 α 值处画一条直线与图 7-2-6（e）相交，交点就代表设计的散热效率 η。

e）若平板式散热器呈非对称形状，应将 η 值乘以 0.7，才是实际的散热效率。

f）将 S、η、F_C、h_C、ε 和 H_r 值一并代入式（7-2-5）中，计算出 $R_{\theta SA}$ 值。

g）最后根据 $R_{\theta SA}$ 值来选择合适的散热器。

为实现散热器的优化设计，有时可能需要进行多次迭代，才能找到低于 $R_{\theta SA}$ 值且尺寸为最小的散热器。

503 试给出一个平板式散热器的设计实例。

按照设计平板式散热器方法之二，为 PC 主板电源设计一个水平安装的矩形平板式散热器。为尽量减小散热器的体积，要求散热器的热阻 $R_{\theta SA} \leqslant 25℃/W$。已知开关稳压器的功耗 $P_D = 2.0W$，最高环境温度 $T_{AM} = 50℃$，拟采用厚度为 $c = 0.125in$（折合 3.175mm），经过阳极化处理的铝合金散热器。

（1）首先选择平板式散热器的长度 $a = 3in$，宽度 $b = 2in$（这是经验值，目的是减少迭代次数）。

（2）式（7-2-5）中的所有参数，均可从相应的图表中查到或计算出。

1）计算散热器的表面积：$S = ab = 3in \times 2in = 6in^2$（折合 $38.7cm^2$）。

2）根据表 7-2-2 所列水平安装的矩形平板式散热器的公式，计算出散热器的有效尺寸 $L = ab/(a+b) = 3in \times 2in/(3in + 2in) = 1.2in$（折合 3.05cm）。

3）利用式（7-2-6）计算温升：$\Delta T = T_S - T_{AM} = R_{\theta SA} P_D = 25℃/W \times 2.0W = 50℃$。

4）当 $T_S - T_{AM} = 50℃$、$L = 1.2in > 1in$ 时，从图 7-2-4 中查到热对流传热系数 $h_C \approx 5.8 \times 10^{-3} W/in^2/℃$。

5）从表 7-2-2 中查出，圆形平板式铝合金的热对流校正系数 $F_C = 0.9$。

6）当 $T_S - T_{AM} = 50℃$ 时，从图 7-2-5 中查出标准热辐射系数 $H_r = 0.61 \times 10^{-2} W/in^2/℃$。

7）从表7-2-3中查出，经过阳极化处理的铝合金散热器的热辐射率 $\varepsilon=0.7\sim0.9$，在最不利的情况下可取 $\varepsilon=0.9$。

8）将 $F_C=0.9$、$h_C\approx5.8\times10^{-3}$ W/in²/℃、$\varepsilon=0.9$ 和 $H_r=0.61\times10^{-2}$ W/in²/℃一并代入式（7-2-7）中，计算出 $h_T=F_Ch_C+\varepsilon H_r=1.07\times10^{-2}$ W/in²/℃=0.010 7W/in²/℃。

9）首先从图7-2-6（d）中找到 $h_T=0.010$ 7W/in²/℃这一点，然后由图7-2-6（c）确定 $c=0.125$in所对应的点，沿这两点画一条直线，该直线与图7-2-6（b）的交点就对应于 $\alpha=0.13$（如图7-2-6中的虚线所示）。

10）通过 $\alpha=0.13$ 这一点向左画一条水平线，与图7-2-6（a）的交点就对应于矩形平板式散热器的等效半径 $r=1.82$in（折合4.62cm）。

11）再通过 $\alpha=0.13$ 这一点向右画一条水平线，与图7-2-6（e）的交点就对应于散热效率，此时 $\eta\approx100\%>94\%$。为留出设计余量，实际取 $\eta=94\%$。

（3）将 $S=6$in²、$\eta=94\%$、$F_C=1.35$、$h_C\approx5.8\times10^{-3}$ W/in²/℃、$\varepsilon=0.9$ 和 $H_r=0.61\times10^{-2}$ W/in²/℃一并代入式（7-2-5）中，计算散热器的热阻为

$$R_{\theta SA}=\frac{1}{\eta S(F_Ch_C+\varepsilon H_r)}$$

$$=\frac{1}{6\times94\%\times(1.35\times5.8\times10^{-3}+0.9\times0.61\times10^{-2})}$$

$$=13.3\ (℃/W)<25℃/W。$$

由于散热器的热阻 $R_{\theta SA}\ll25$℃/W，因此符合设计要求。

说明：若觉得在第（1）步所选散热器的尺寸太大，还可修改成 $a=2$in、$b=1.6$in，使 $S=3.2$in²，再重复上述设计。最后得到 $R_{\theta SA}=24.96$℃/W≈25℃/W，仍能满足 $R_{\theta SA}\leqslant25$℃/W之条件，这也是散热器的最小尺寸了。综上所述，散热器的优化设计就是最终确定一个不超过 $R_{\theta SA}$ 规定值的最小尺寸的散热器。

504 如何设计 PCB 散热器?

PCB 散热器的热阻（$R_{\theta SA}$）与散热铜箔面积（S）的关系曲线如图 7-2-8 中的实线所示，这里假定为没有气流。由图可见，当 $S=1in^2=645mm^2$ 时，$R_{\theta SA}=55℃/W$。虚线是在散热器表面涂有黑漆、气流速度为 1.3m/s 的条件下测得的，这接近于散热器的最佳工作状态。

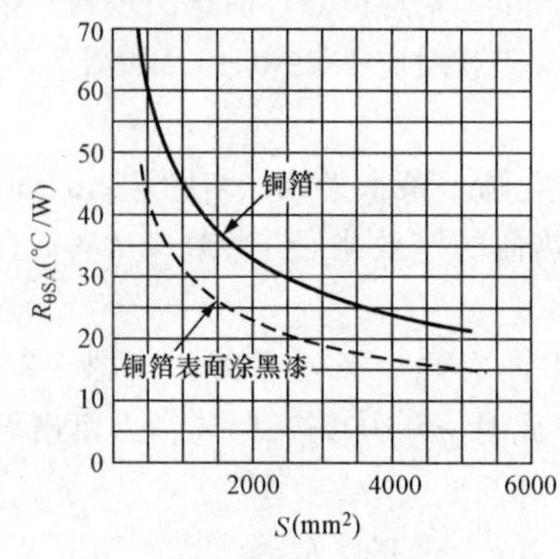

图 7-2-8 PCB 散热器的热阻与散热铜箔面积的关系曲线

计算覆铜板热阻的公式为

$$R_{\theta SA}=R_{\theta JA}-(R_{\theta JC}+R_{\theta CS}) \quad (7\text{-}2\text{-}10)$$

式中：$R_{\theta SA}$为覆铜板散热器到周围空气（即环境温度）的热阻；$R_{\theta JA}$为从管芯到周围空气的总热阻；$R_{\theta JC}$为管芯到管壳的热阻；$R_{\theta CS}$为管壳到敷铜板的接触热阻。需要说明两点：第一，$R_{\theta JC}$与封装形式有关；第二，当管壳（或引脚）直接焊到覆铜板上（或通过器件底面的金属散热垫焊到覆铜板上）时，$R_{\theta CS}=0$；当管壳（或引脚）不与敷铜板焊接时，依接触情况的不同，$R_{\theta CS}=0.5\sim3℃/W$。

505 试给出一个 PCB 散热器的设计实例。

设计要求：选择 DIP-8C 封装的 TNY278P 微型单片开关电源集成电路，设计一个 12W（+12V/1A）微型开关电源。已知 TNY278P 的最高工作结温 $T_{JM}=125℃$，最高环境温度 $T_{AM}=45℃$。拟采用单位面积质量为 0.066 9g/cm²（折合 2oz/ft²）的 PCB 散热器。试确定散热器的外型尺寸。

从厂家提供的 TNY278P 数据手册中查出，$R_{\theta JC}=11℃/W$；采用 0.066 9g/cm²、面积为 645mm² 的铜箔散热器时，$R_{\theta JA}=60℃/W$。由于是将 TNY278P 的 4 个源极（S）引脚直接焊接到 PCB 散

热器上的，因此 $R_{\theta CS}=0$，$R_{\theta SA}=R_{\theta JA}-(R_{\theta JC}+R_{\theta CS})=R_{\theta JA}-R_{\theta JC}=60℃/W-11℃/W=49℃/W$。从图 7-2-8 所示的实线曲线上查出 $S=750mm^2$，比厂家提供的 $645mm^2$ 铜箔面积略大些。原因就在于图 7-2-8 所示实曲线是在没有空气流动的最不利情况下测定的。将铜箔面积取得稍大些，更有助于改善散热条件，还能提高开关电源长期连续工作的可靠性。设计好的 PCB 散热器的布局如图 7-2-9 所示（局部）。

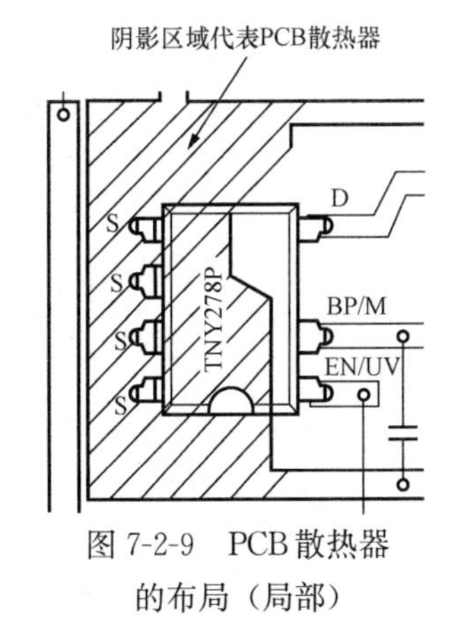

图 7-2-9　PCB 散热器的布局（局部）

506　不安装散热器时 8 种表贴式芯片的 $R_{\theta JA}$ 值是多少?

不安装散热器时，8 种表贴式芯片典型产品的管芯到周围空气的总热阻 $R_{\theta JA}$ 值见表 7-2-4。

表 7-2-4　　8 种表贴式芯片典型产品的 $R_{\theta JA}$ 典型值

封装形式	SOT-23	TSSOP-8	SOT-89	μMAX-8、Micro-8	SO-8	D-PAK	D2-PAK
$R_{\theta JA}$ (℃/W)	75	45	35	35	25	3	2

507　如何设计单片开关电源的散热器?

单片开关电源集成电路的功耗主要由内部功率开关管（MOSFET）产生的，芯片中其他单元电路的功耗一般情况下可忽略不计，在低压、大电流输出时还需考虑输出整流管的功耗。开关电源与线性稳压电源的重要区别就是功率开关管工作在高频开关状态，由于功率损耗 P_D 在开关周期内是不断变化的，因此很难准确计算 P_D 值。分析可知，单片开关电源的功率损耗主要包括两部分：传输损耗和开关损耗。传输损耗是由 MOSFET 的通态电阻 $R_{DS(ON)}$ 而引起的损耗。例如，早期产品单片开关电源 TOP227Y 的

$R_{DS(ON)}=4.3\Omega$（100℃时的典型值，下同），而输出功率与之相当的新产品型号TOP258的$R_{DS(ON)}$降至2.5Ω；通态电阻越小，传输损耗就越低。开关损耗是指MOSFET的输出电容C_{OSS}造成的损耗。通常传导损耗远大于开关损耗，开关损耗亦可忽略不计。

下面介绍一种根据厂家提供的原始图表，通过计算芯片的平均功耗$\overline{P_D}$来完成散热器设计的方法。此方法简便实用，具有推广应用价值。

设计散热器时首先计算所选产品型号的平均功耗$\overline{P_D}$，令最大占空比为D_{max}，有公式

$$\overline{P_D}=(\overline{I_{DS(ON)}})^2R_{DS(ON)}D_{max}$$
$$=(I_{DS(ON)}/2)^2R_{DS(ON)}D_{max} \qquad (7\text{-}2\text{-}11)$$

然后根据封装形式查出$R_{\theta CS}$值，再与$\overline{P_D}$值一并代入式中求出$R_{\theta SA}$值

$$R_{\theta SA}=\frac{T_{JM}-T_{AM}}{P_D}-R_{\theta JS} \qquad (7\text{-}2\text{-}12)$$

式中：$R_{\theta SA}$为散热板到周围空气的热阻（简称散热器热阻），由它可确定铝散热板（或PCB散热器）的表面积，亦可根据$R_{\theta SA}$值直接选购成品散热器；T_{JM}为最高结温；T_{AM}为最高环境温度；P_D为器件的功耗；$R_{\theta JS}$为从结到散热器表面的热阻。

508 试给出一个单片开关电源散热器的设计实例。

以TOPSwitch-GX（TOP242～TOP250）系列单片开关电源为例，其数据手册中给出的热参数值见表7-2-5。该系列产品的导通电阻值（芯片结温$T_J=100$℃）和极限电流值分别见表7-2-6、表7-2-7。当MOSFET导通时漏-源极导通电流（$I_{DS(ON)}$）与漏-源极导通电压（$U_{DS(ON)}$）的关系曲线如图7-2-10所示，此时MOSFET的漏-源极导通电压一般只有几伏。当MOSFET关断时，漏极功耗P_D与漏-源极关断电压$U_{DS(OFF)}$的关系曲线如图7-2-11所示，此时$U_{DS(OFF)}$可高达几百伏。图7-2-10和图7-2-11中的比例系数k与芯片型号有关。

表 7-2-5　TOPSwitch-GX 系列产品的热参数值

热参数	TO-220-7C（Y）或 TO-262-7C（F）封装	TO-263-7C（P）或 SMD-8B（G）封装	
结到环境温度的热阻 $R_{\theta JA}$（℃/W）	80（不装散热器）	70（散热铜箔的面积为 232mm²）	60（散热铜箔的面积为 645mm²）
结到管壳的热阻 $R_{\theta JC}$（℃/W）	2（结到器件背面小散热板的热阻）	11（在靠近塑料壳体表面的源极引脚处测得）	
散热器特点	采用平板型散热器或成品散热器	采用 PCB 散热器，PCB 的单位面积质量为 610g/m²	

表 7-2-6　TOPSwitch-GX 系列产品的导通电阻值（T_J=100℃）

TOPSwitch-GX 系列产品型号	导通电阻值 $R_{DS(ON)}$（Ω）		
	最小值	典型值	最大值
TOP242	—	25.7	30.0
TOP243	—	12.9	15.0
TOP244	—	8.60	10.0
TOP245	—	6.45	7.50
TOP246	—	4.30	5.00
TOP247	—	3.22	3.75
TOP248	—	2.58	3.00
TOP249	—	2.15	2.50
TOP250	—	1.85	2.15

表 7-2-7　TOPSwitch-GX 系列产品的极限电流值

TOPSwitch-GX 系列产品型号	极限电流 I_{LIMIT}（A）		
	最小值 $I_{LIMIT(min)}$	典型值 I_{LIMIT}	最大值 $I_{LIMIT(max)}$
TOP242P/G/Y	0.418	0.45	0.481
TOP243P/G	0.697	0.75	0.802
TOP243Y	0.837	0.90	0.963

续表

TOPSwitch-GX系列产品型号	极限电流 I_{LIMIT}（A）		
	最小值 $I_{LIMIT(min)}$	典型值 I_{LIMIT}	最大值 $I_{LIMIT(max)}$
TOP244P/G	0.930	1.00	1.070
TOP244Y	1.256	1.35	1.445
TOP245Y	1.674	1.80	1.926
TOP246Y	2.511	2.70	2.889
TOP247Y	3.348	3.60	3.852
TOP248Y	4.185	4.50	4.815
TOP249Y	5.022	5.40	5.778
TOP250Y	5.859	6.30	6.741

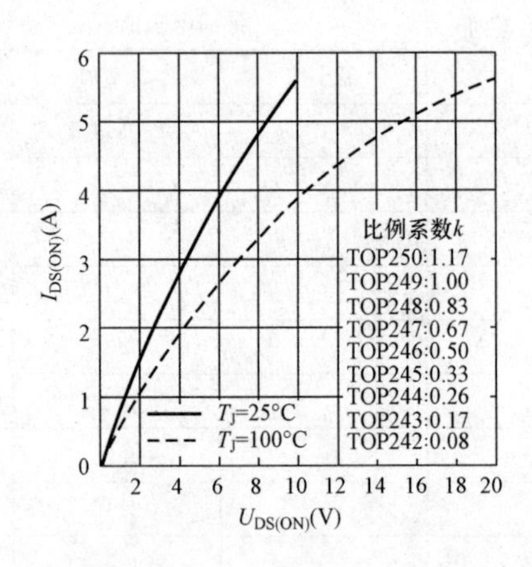

图 7-2-10　当 MOSFET 导通时 $I_{DS(ON)}$ 与 $U_{DS(ON)}$ 的关系曲线

设计实例：选择 TO-220-7C 封装的 TOP249Y 型单片开关电源集成电路，设计一个 70W（19V、3.6A）通用开关电源。已知 TOP249Y 的最高结温 $T_{JM}=150℃$，厂家规定的最高工作结温 $T_{Jmax}=125℃<150℃$，最高环境温度 $T_{AM}=40℃$。拟采用 2mm 厚的铝板散热器，试确定散热器的外型尺寸。

考虑到最不利的情况，芯片结温 T_J 可按 100℃计算。从表

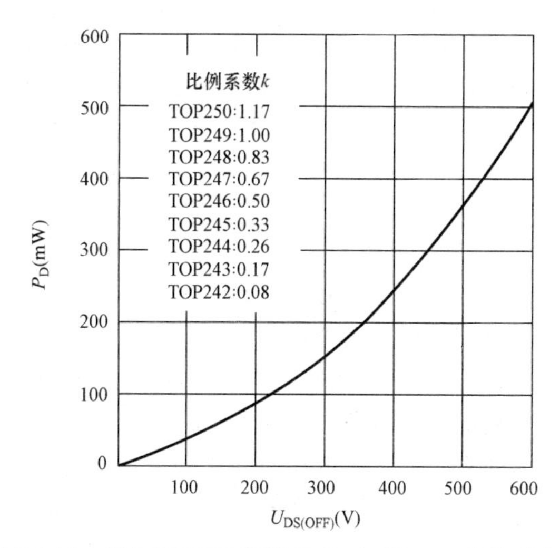

图 7-2-11　当 MOSFET 关断时 P_D 与 $U_{DS(OFF)}$ 的关系曲线

7-2-6中查到当 $T_J=100℃$ 时 TOP249Y 的 $R_{DS(ON)}=2.15\Omega$（典型值），又从表 7-2-7 中查到极限电流 $I_{LIMIT}=5.40A$（典型值）。由于芯片总是降额使用的，实际可取 $I_{DS(ON)}=0.8I_{LIMIT}=4.32A$。考虑到 $I_{DS(ON)}$ 是近似按照线性规律从零增加到最大值的（参见图 7-2-10），因此应对其取平均值，即 $\overline{I_{DS(ON)}}=(0+I_{DS(ON)})/2=(0+4.32A)/2=2.16A$。对 TOP249Y 而言，比例系数 $k=1.00$。令最大占空比 $D_{max}=60\%$，不难算出

$$\overline{P_D}=(\overline{I_{DS(ON)}})^2R_{DS(ON)}D_{max}=(2.16A)^2\times2.15\Omega\times60\%=6.0W$$

从图 7-2-10 中的虚线（$T_J=100℃$）上查出 $I_{DS(ON)}=2.16A$ 时所对应的 $U_{DS(ON)}=4.5V$。若根据 $U_{DS(ON)}$ 值计算，则 $\overline{P_D}=\overline{I_{DS(ON)}}\cdot U_{DS(ON)}D_{max}=2.16A\times4.5V\times60\%=5.83W$，略小于 6.0W。这是由于图 7-2-10 所示关系曲线呈非线性的缘故，致使后者的数值略偏低些。此外，若考虑到还有开关损耗 $P_{DK}=510mW$（$U_{DS(OFF)}=600V$ 时），则 $\overline{P_D}=5.83W+(0.510W/2)=6.09W$，就与 6.0W 非常接近。以下就按 $\overline{P_D}=6.0W$ 来计算热参数值。

由于表 7-2-5 中仅给出结到管壳的热阻 $R_{\theta JC}=2℃/W$，厂家未

提供器件从外壳到散热器表面的热阻 $R_{\theta CS}$ 值，但查表 7-2-1 可知，对 TO-220（含 TO-220-7C）封装而言，当器件的小散热片与外部散热板之间涂一层导热硅脂时，$R_{\theta CS}$ 为 1℃/W。将 $\overline{P_D}=6.0W$、$T_{JM}=125℃$、$T_{AM}=40℃$、$R_{\theta JC}=2℃/W$ 和 $R_{\theta CS}=1℃/W$ 一并代入式（7-2-4）中

$$R_{\theta SA}=\frac{125℃-40℃}{6.0W}-(2℃/W+1℃/W)=14.2℃/W$$

最后从图 7-2-3 中查到铝散热板的表面积 $S\approx30cm^2$。若留出 1/3 的余量，则实际铝散热板表面积为 $40cm^2$，外形尺寸可取 8cm×5cm。一般情况下，散热板的长、宽之比不得超过 2∶1。在器件与散热板的接触面上涂一层导热硅脂后 $R_{\theta JS}=1℃/W$，这是因为涂导热硅脂以后散热板与器件能紧密贴合，可将接触面的热阻降至最低，这不仅能改善散热条件，还能大大减小散热板的面积。

509 如何设计 LED 驱动电源的散热器？

以 LinkSwitch-PH 系列单片隔离式带 PFC 及 TRIAC 调光的 LED 恒流驱动电源为例，其数据手册中给出的热参数值见表7-2-8。芯片结温 $T_J=20℃$、100℃时的通态电阻值见表 7-2-9。该系列产品的极限电流 I_{LIMIT} 与旁路电容 C_{BP} 的对应关系参见表 7-2-10。以 LNK406EG 为例，当 $C_{BP}=100\mu F$ 时，选择满载极限电流 $I_{LIMIT}=1.48A$，此时允许 LED 驱动电源输出最大功率；当 $C_{BP}=10\mu F$ 时，选择较低的极限电流 $I_{LIMIT-}=1.19A$，此时能降低功率 MOSFET 的损耗，提高 LED 驱动电源的效率。

表 7-2-8　　LinkSwitch-PH 系列产品的热参数值

热参数	eSIP-7C 封装	说明
结到环境温度的热阻 $R_{\theta JA}$（℃/W）	105	不装散热器
结到管壳的热阻 $R_{\theta JC}$（℃/W）	2	结到器件背面小散热板（即裸露焊盘）的热阻
散热器特点	采用 PCB 散热器	

表 7-2-9　　LinkSwitch-PH 系列产品的通态电阻值

型　号		LNK 403EG	LNK 404EG	LNK 405EG	LNK 406EG	LNK 407EG	LNK 408EG	LNK 409EG
通态电阻典型值 $R_{DS(ON)}$（Ω）	T_J＝20℃	9.00	5.40	4.10	2.80	2.00	1.60	1.40
	T_J＝100℃	13.50	8.35	6.30	4.10	3.10	2.40	2.10

表 7-2-10　　极限电流 I_{LIMIT} 与旁路电容 C_{BP} 的对应关系

C_{BP}（μF）	产品型号	LNK 403EG	LNK 404EG	LNK 405EG	LNK 406EG	LNK 407EG	LNK 408EG	LNK 409EG
100	满载极限电流 I_{LIMIT}（A）	—	1.00	1.24	1.48	1.76	2.37	3.12
10	较低功率极限电流 I_{LIMIT-}（A）	0.75	0.81	1.00	1.19	1.42	1.73	2.35

对 LinkSwitch-PH 系列产品而言，当 MOSFET 导通时漏-源极导通电流（$I_{DS(ON)}$）与漏-源极导通电压（$U_{DS(ON)}$）的归一化曲线如图 7-2-12 所示，此时 MOSFET 的漏-源极导通电压一般只有几伏。图 7-2-12 中的比例系数 k 与芯片型号有关。

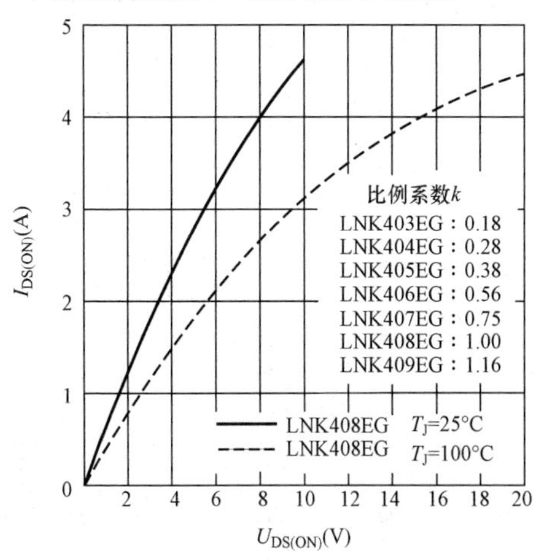

图 7-2-12　当 MOSFET 导通时 $I_{DS(ON)}$ 与 $U_{DS(ON)}$ 的归一化曲线（LinkSwitch-PH 系列产品）

说明：

（1）定义 $R_{DS(ON)}=U_{DS(ON)}/I_{DS(ON)}$。

（2）图 7-2-12 是以 LNK408EG 为参考，此时 $k=1.00$。

（3）求漏-源极导通电流时应乘以 k，求漏-源极通态电阻时应除以 k，即乘以 $1/k$。

（4）k 值所代表的就是 LinkSwitch-PH 系列中不同型号芯片的通态电阻比值，它近似等于极限电流的比值。例如当 $T_J=100℃$ 时，LNK409EG 的 $R_{DS(ON)}=2.10\Omega$（典型值，下同），LNK408EG 的 $R_{DS(ON)}=2.40\Omega$。对 LNK409EG 而言，比例系数 $k=1/(2.10\Omega/2.40\Omega)=1.143$，而 LNK409EG 的实际比例系数 $k=1.16$，二者基本相符。当 $C_{BP}=100\mu F$ 时，LNK409EG、LNK408EG 的 I_{LIMIT} 分别为 3.12、2.37A（典型值），$1/(2.37A/3.12A)=1.31$，与 1.16 比较接近。

（5）在相同输出功率下，$I_{DS(ON)}$ 可视为恒定值；而芯片的功耗随所选 LinkSwitch-PH 系列产品中具体型号的增大而减小，随型号的减小而增大。因此选择较大的型号 LNK409EG，其功耗要比 LNK408EG 更低。

当 MOSFET 关断时，漏极功耗 P_D 与漏-源极关断电压

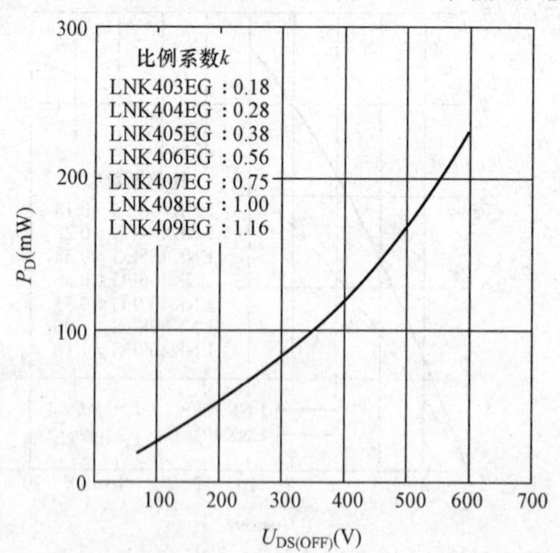

图 7-2-13　当 MOSFET 关断时 P_D 与 $U_{DS(OFF)}$ 的归一化曲线（LinkSwitch-PH 系列产品）

$U_{DS(OFF)}$的归一化曲线曲线如图7-2-13所示，此时$U_{DS(OFF)}$可高达几百伏。

需要说明两点：第一，MOSFET在关断时的损耗很小（只有几百毫瓦），大多数情况下可忽略不计，LNK406EG的最大占空比$D_{max}=99.9\%\approx100\%$；第二，计算LED驱动电源的散热器时仍使用式（7-2-11）和式（7-2-12）。

510 试给出一个LED驱动电源的设计实例。

选择eSIP-7C封装的LNK406EG型单片隔离式带PFC及TRIAC调光的LED恒流驱动电源集成电路，设计一个14W单级PFC及TRIAC调光式LED驱动电源，LED灯串电压为+28V（典型值，允许变化范围是+25～32V），通过LED灯串的电流为500mA±5%。已知芯片的最高结温$T_{JM}=125℃$、最高环境温度$T_{AM}=40℃$，试确定PCB散热器的表面积。

考虑到最不利的情况下，芯片的工作结温T_J可按100℃计算。从表7-2-9中查到当$T_J=100℃$时LNK406EG的$R_{DS(ON)}=4.10\Omega$（典型值），又从表7-2-10中查到$C_{BP}=100\mu F$时的满载极限电流$I_{LIMIT}=1.48A$（典型值）。由于芯片总是降额使用的，实际可取$I_{DS(ON)}=0.8I_{LIMIT}=1.18A$。LNK406EG的最大占空比$D_{max}=99.9\%\approx100\%$，令$K_{RP}=1$（不连续模式）。由于$I_{DS(ON)}$在一个开关周期内是近似按照线性规律从零增加到最大值的（参见图7-2-12），因此应取平均值，即$\overline{I_{DS(ON)}}=(0+I_{DS(ON)})/2=(0+1.18A)/2=0.59A$。对LNK406EG而言，比例系数$k=0.56$。不难算出

$$
\begin{aligned}
\overline{P_D} &= (\overline{I_{DS(ON)}})^2 R_{DS(ON)} D_{max} \\
&= (\overline{I_{DS(ON)}})^2 R_{DS(ON)} \times 100\% \\
&= (0.56A)^2 \times 4.10\Omega = 1.29W
\end{aligned}
$$

从图7-2-12中的虚线（$T_J=100℃$）上查出$\overline{I_{DS(ON)}}=0.59A$时所对应的$U_{DS(ON)}\approx1.8V$。若根据$U_{DS(ON)}$值计算，则$\overline{P_D}=\overline{I_{DS(ON)}}\cdot U_{DS(ON)}=0.59A\times1.8V=1.06W$，比前面算出的1.29W略低些。其原因有两个：一是因为图7-2-12所示关系曲线呈非线

性，致使后者的数值略微偏低；二是以上仅计算了 MOSFET 的导通损耗，未计算 MOSFET 的关断损耗。若考虑到 MOSFET 的关断损耗，并令 $U_{DS(OFF)}=600V$，从图 7-2-13 中可查出 $P_D=230mW=0.23W$。假定占空比为 50%，在计算平均功耗时应将关断损耗除以 2。因此 $\overline{P_D}=1.06W+0.23W/2=1.175W$，该结果就与 1.29W 比较接近。以下就按 $\overline{P_D}=1.29W$ 来计算热参数值。

由于表 7-2-8 中仅给出结到管壳的热阻 $R_{\theta JC}=2℃/W$，厂家未提供器件从外壳到散热器表面的热阻 $R_{\theta CS}$ 值，但对于大多数封装而言，当器件的小散热片与外部散热板之间涂一层导热硅脂时，$R_{\theta CS}$ 为 1℃/W。将 $\overline{P_D}=1.28W$、$T_{JM}=125℃$、$T_{AM}=40℃$、$R_{\theta JC}=2℃/W$ 和 $R_{\theta CS}=1℃/W$ 一并代入式（7-2-4）中

$$R_{\theta SA}=\frac{125℃-40℃}{1.29W}-(2℃/W+1℃/W)=64.9℃/W$$

从表 7-2-8 中查出，不装散热器时，LinkSwitch-PH 系列产品从结到环境温度的热阻 $R_{\theta JA}=105℃/W$，装散热器后 $R_{\theta JA}$ 一般应降至 60℃/W。由于 LNK406EG 背面的裸露焊盘（小散热片）是直接焊到 PCB 散热器上的，因此 $R_{\theta CS}=0$，$R_{\theta SA}=R_{\theta JA}-(R_{\theta JC}+R_{\theta CS})=R_{\theta JA}-R_{\theta JC}=64.9℃/W-2℃/W=62.9℃/W$。从图 7-2-8 所示的实线曲线上查出 $S\approx480mm^2$。将铜箔面积取得稍大些，有助于改善散热条件，提高 LED 驱动电源长期连续工作的可靠性。

第三节　设计功率开关管（MOSFET）散热器问题解答

511　如何设计 MOSFET 的散热器？

开关电源可通过 PWM 控制器来驱动功率开关管（以下简称 MOSFET）。MOSFET 是开关电源中最主要的功率器件，它的功耗（P_D）由两部分构成：传输损耗（Transmission Loss）和开关损耗（Switching Loss）。传输损耗用 P_{DR} 表示，是由 MOSFET 的通态电阻 $R_{DS(ON)}$ 而引起的损耗，亦称电阻损耗。开关损耗用 P_{DK} 表示，是指储存在 MOSFET 输出电容上的电能，在每个开关周期开始时

泄放掉而产生的损耗。

开关损耗包括 MOSFET 的电容损耗和开关交叠损耗。这里讲的电容损耗亦称 CU^2f 损耗，主要是由 MOSFET 的分布电容造成的损耗。有关系式

$$P_D = P_{DR} + P_{DK} \tag{7-3-1}$$

下面介绍设计 MOSFET 功率开关管散热器的方法与步骤。

（1）计算 MOSFET 的通态电阻 $R_{DS(ON)}$。MOSFET 通态电阻的温度系数为 α_{TR}=(0.35～0.85%)/℃，一般情况下可近似取 α_{TR}=0.5%/℃。令室温(T_A=25℃)下的通态电阻为 $R_{DS(ON)A}$，当结温升至 T_J 时通态电阻变为

$$R_{DS(ON)} = R_{DS(ON)A}\left[1 + 0.5\%\ (T_J - T_A)\right] \tag{7-3-2}$$

（2）计算 MOSFET 传输损耗 P_{DR}

$$P_{DR} = I_O^2 R_{DS(ON)} D_{max} = I_O^2 R_{DS(ON)} \cdot \frac{U_O}{U_I} \tag{7-3-3}$$

（3）计算 MOSFET 的开关损耗 P_{DK}。MOSFET 的分布电容主要包括反向传输电容 C_{RSS}、输入电容 C_{ISS} 和输出电容 C_{OSS}。其中以 C_{RSS} 对开关损耗的影响最大，因此计算开关损耗的公式可简化为

$$P_{DK} = \frac{I_O U_I^2 f C_{RSS}}{I_{GATE}} \tag{7-3-4}$$

式中：f 为开关频率；I_{GATE} 为 MOSFET 临界导通时的栅极电流。这些参数可从产品数据表中查到。

（4）计算 MOSFET 的总功耗 P_D

$$P_D = P_{DR} + P_{DK} = I_O^2 R_{DS(ON)} \cdot \frac{U_O}{U_I} + \frac{I_O U_I^2 f C_{RSS}}{I_{GATE}} \tag{7-3-5}$$

（5）计算散热器热阻 $R_{\theta SA}$

$$R_{\theta SA} = \frac{T_j - T_{AM}}{P_D} - R_{\theta JS} \tag{7-3-6}$$

式中：T_{AM} 为实际的最高环境温度；$R_{\theta JS}$ 为从结到散热器表面的热阻（可从产品数据表中查到）。

（6）根据 $R_{\theta SA}$ 值，即可自制或选购成品散热器。

512 设计MOSFET的散热器时需要注意什么问题？

设计功率开关管（MOSFET）散热器时需要注意以下几点：

（1）早期开关电源使用的MOSFET器件，其通态电阻较大（$R_{DS(ON)}$可达几欧姆甚至十几欧姆），并且开关频率只有几十千赫兹，这就使传输损耗远大于开关损耗，即$P_{DR} \gg P_{DK}$，式（7-3-5）中的第二项往往可忽略不计。近年来生产的新型MOSFET，$R_{DS(ON)}$仅为几毫欧至几十毫欧，例如美国国际整流器公司（IR）最新开发的MOSFET，$R_{DS(ON)}$仅为2.6mΩ，可承受40～100V的电压及240A电流。与此同时，由于开关电源的开关频率也提高到几百千赫兹，因此传输损耗大为降低，而开关损耗在总功耗中所占的份额显著增加，甚至已超过传输损耗，式（7-3-5）中的第二项就不容忽略。

（2）若输入电压U_I是变化的，则需要在最高输入电压$U_{I(max)}$和最低输入电压$U_{I(min)}$下，分别计算开关MOSFET的功耗。MOSFET的最大功耗P_{DM}可能出现在最低或最高输入电压下。这是因为当$U_I = U_{I(min)}$时，占空比为最大值，P_{DR}可达到最大值；而当$U_I = U_{I(max)}$时，受式（7-3-5）中"U_I^2"的影响，P_{DR}也可能达到最大值。合理的设计应当是在$U_{I(max)}$和$U_{I(min)}$这两个极端情况下，使P_{DM}基本保持不变。

（3）若P_{DM}在$U_I = U_{I(min)}$时明显偏高，则传输损耗起主导作用。此时可选用功率更大的MOSFET，以降低$R_{DS(ON)}$值。若在$U_I = U_{I(max)}$时功耗显著增大，则应考虑选择功率较小的MOSFET，以提高其开关速度。

（4）必要时还可适当降低开关频率以减小开关损耗。

513 试给出一个MOSFET散热器的设计实例。

设开关电源的输入电压$U_I = +10V$，输出为$U_O = +5V$，$I_O = 10A$，开关频率$f = 100kHz$。外部功率开关管采用美国国际整流器公司（IR）生产的IRF6631型N沟道大功率MOSFET，其外形如图7-3-1所示，内部带保护二极管。主要参数为：$T_A = 25℃$下的通

态电阻 $R_{DS(ON)A}=6.0\text{m}\Omega$，$C_{GD}=1450\text{pF}$，$C_{GS}=170\text{pF}$，$C_{DS}=310\text{pF}$，$I_{GATE}=0.14\text{A}$。芯片最高结温 $T_{JM}=150℃$，为安全起见，取最高工作结温 $T_J=125℃$。最高环境温度 $T_{AM}=40℃$。

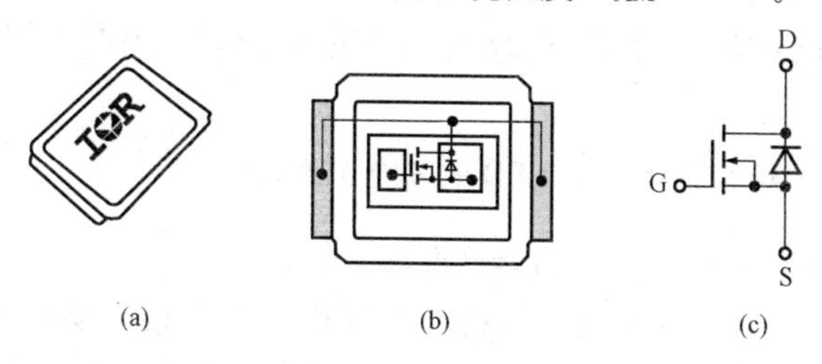

图 7-3-1 IRF6631 型 N 沟道大功率 MOSFET 的外形及结构
(a) 外形；(b) 内部结构；(c) 电路符号

给 IRF6631 设计散热器的步骤如下：

(1) 将 $R_{DS(ON)A}=6.0\text{m}\Omega$、$T_J=125℃$ 和 $T_A=25℃$ 代入式 (7-3-2)中，得到

$$\begin{aligned}R_{DS(ON)}&=R_{DS(ON)A}[1+0.5\%(T_J-T_A)]\\&=6.0\text{m}\Omega\times[1+0.5\%(125℃-25℃)]\\&=9.0\text{m}\Omega\end{aligned}$$

(2) 将 $I_O=10\text{A}$、$R_{DS(ON)}=9.0\text{m}\Omega$、$U_O=5\text{V}$ 和 $U_I=10\text{V}$ 一并代入式 (7-3-3) 中，MOSFET 传输损耗为

$$P_{DR}=I_O^2R_{DS(ON)}\cdot\frac{U_O}{U_I}=(10\text{A})^2\times9.0\text{m}\Omega\times\frac{5\text{V}}{10\text{V}}=0.45\text{W}$$

(3) 将 $I_O=10\text{A}$、$U_I=10\text{V}$、$f=100\text{kHz}$、$C_{GD}=1450\text{pF}$ 和 $I_{GATE}=0.14\text{A}$ 代入式 (7-3-4) 中计算出，MOSFET 的开关损耗为

$$P_{DK}=\frac{I_OU_I^2fC_{GD}}{I_{GATE}}=\frac{10\text{A}\times(10\text{V})^2\times100\text{kHz}\times1450\text{pF}}{0.14\text{A}}=1.04\text{W}$$

(4) MOSFET 的总功耗为

$$P_D=P_{DR}+P_{DK}=0.45\text{W}+1.04\text{W}=1.49\text{W}$$

(5) 再将 $T_J=125℃$、$T_{AM}=40℃$、$P_D=1.5\text{W}$ 和 $R_{\theta JS}=1.4℃/\text{W}$ 一并代入式 (7-3-6) 中得到，散热器热阻为

$$R_{\theta SA}=\frac{T_J-T_{AM}}{P_D}-R_{\theta JS}=\frac{125℃-40℃}{1.49\text{W}}-1.4℃/\text{W}=56℃/\text{W}$$

（6）最后从图 7-2-8 查出，当 $R_{\theta SA}=56℃$时，PCB 散热器的表面积 $S=620mm^2$（大约折合 $1in^2$，$1in^2=645mm^2$）。

第四节　设计大功率 LED 散热器问题解答

514　什么是大功率 LED 的安全工作区?

大功率 LED 的寿命直接受温度的限制，这是因为 LED 发热量越多，灯具的温度越高，而在高温环境下工作很容易损坏 LED。散热器的作用就是将 LED 在工作时产生的热量及时散发掉，使 LED 始终处于安全工作区之内。

举例说明，由日本日亚公司（Nichia Corporation）生产的 NJSL036LT 型大功率白光 LED，其主要技术参数如下：正向压降 $U_F=3.6V$（典型值），最大正向压降 $U_F=4.0V$，正向电流 $I_F=350mA$（典型值），最大正向电流 $I_{F(max)}=450mA$，峰值正向电流 $I_{F(PK)}=900mA$，额定功耗 $P_D=1.26W$，最大功耗 $P_{DM}=1.8W$，法向光通量 $\Phi_V=48.0lm$，工作温度范围是$-40\sim+100℃$，芯片最高结温 $T_{JM}=150℃$。从结到 LED 外壳的总热阻 $R_{\theta JA}=70℃/W$。NJSL036LT 的极限工作区与安全工作区如图 7-4-1 所示，图中的实线区域内代表 NJSL036LT 的极限工作区，虚线区域内代表安全工

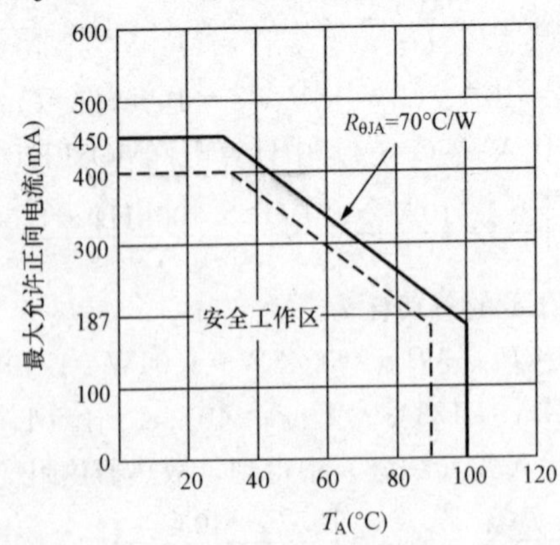

图 7-4-1　NJSL036LT 的极限工作区与安全工作区

作区。极限工作区的边界条件是 $I_{FM}=450$mA，$T_{AM}=100$℃，斜线区域的热阻 $R_{\theta JA}=70$℃/W。

515 什么是大功率LED的降额使用？

降额使用是指安全工作区的边界条件可近似取其数值的80%～90%，参见图7-4-1中的虚线。例如，正向电流上限可选 $I_F=400$mA，环境温度的上限 $T_{AM}=90$℃，二者均留出大约10%的余量。为提高LED照明灯的可靠性，还可留出20%的余量。

516 如何设计大功率LED照明灯的散热器？

美国Cree公司生产的采用Xlamp 7090 XR-E表贴式封装的大功率白光LED，其外形如图7-4-2所示。主要包括塑料透镜、反射杯、硅衬底（基板）、阳极和阴极，LED芯片就封装在里面。硅衬底（基板）可经过绝缘垫片接散热器。

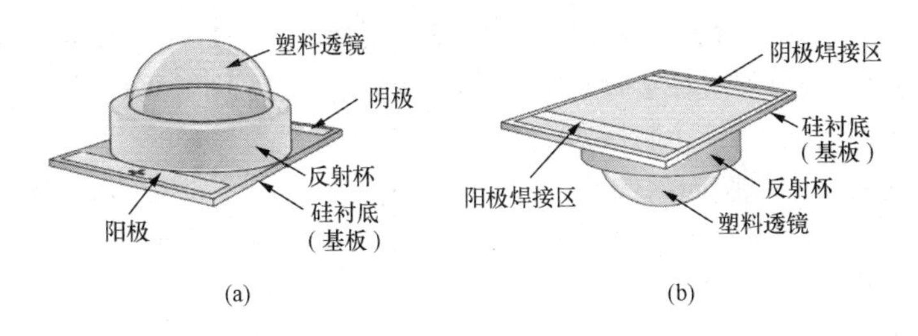

图7-4-2 大功率白光LED的外形图
(a) 正面；(b) 背面

不带散热器时大功率LED的热阻模型如图7-4-3（a）所示，图中的黑圆点代表温度节点。T_J 为LED芯片的结温，T_{SP} 为焊接区（亦称焊点Solder Point）温度，T_A 为环境温度。$R_{\theta(J-SP)}$ 表示从LED芯片（结）到焊接区之间的热阻，$R_{\theta(SP-A)}$ 表示从焊接区到周围环境（Ambient）之间的热阻。

因此，从结到周围环境的总热阻为

$$R_{\theta JA}=R_{\theta(J-SP)}+R_{\theta(SP-A)} \tag{7-4-1}$$

不带散热器时，LED照明灯的散热路径是结温（T_J）→焊接

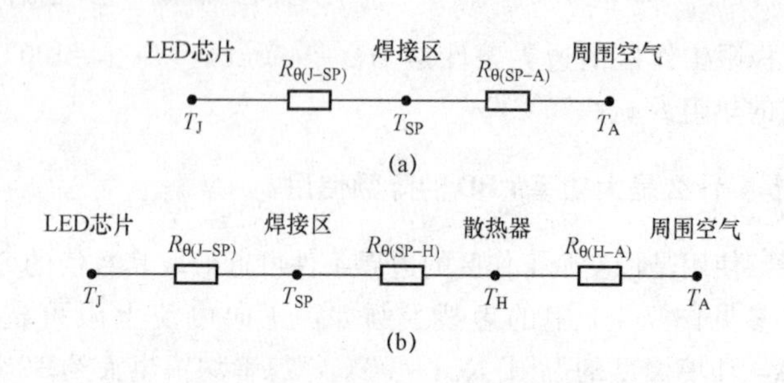

图 7-4-3 大功率 LED 的热阻模型

(a) 不带散热器时的热阻模型；(b) 带散热器时的热阻模型

区温度（T_{SP}）→环境温度（T_A）。

LED 的总功耗（P_D）就等于所用 LED 的正向电流（I_F）与正向压降（U_F）的乘积，即 $P_D=I_FU_F$。LED 的结温（T_J）等于环境温度（T_A）与（$R_{\theta JA}P_D$）之和，有公式

$$T_J=T_A+R_{\theta JA}P_D \tag{7-4-2}$$

带散热器时大功率 LED 的热阻模型如图 7-4-3（b）所示。通常是将 LED 安装在金属基印制板（Metal Core PCB，MCPCB）上，即把原有的 LED 印制板粘贴到另一种热传导效果更好的金属板上，以改善印制板层面的散热条件。金属基板接铝散热器。LED 的热量通过金属基板传导给散热器，再以热对流方式散发到周围空气。一般情况下，LED 与金属基板之间的接触热阻很小，可忽略不计。设 LED 焊接区（或焊点 Solder Point）到散热器（Heatsink）的热阻为 $R_{\theta(SP-H)}$，散热器到周围环境的热阻为 $R_{\theta(H-A)}$，安装散热器后的总热阻为

$$R'_{\theta JA}=R_{\theta(J-SP)}+R_{\theta(SP-H)}+R_{\theta(H-A)} \tag{7-4-3}$$

设计散热器时需要计算散热器热阻 $R_{\theta(H-A)}$ 的最大值，以及在最坏情况下 LED 芯片的结温 T_{JM}。

517 试给出一个大功率 LED 照明灯散热器的设计实例。

设计实例：采用美国 Cree 公司生产的 XREWHT-L1-0000-006E4 型（Xlamp 7090 XR-E 封装）1W 白光 LED。每只 LED 的 $I_F=350mA$，$U_F=3.25V$。将 6 只大功率白光 LED 并联成 LED 灯

串的结构图如图7-4-4所示。LED灯的总功耗为$P'_D=6I_FU_F=6\times0.35A\times3.25V=6.825W$。设最高环境温度$T_{AM}=55℃$。下面计算LED灯的散热器热阻。

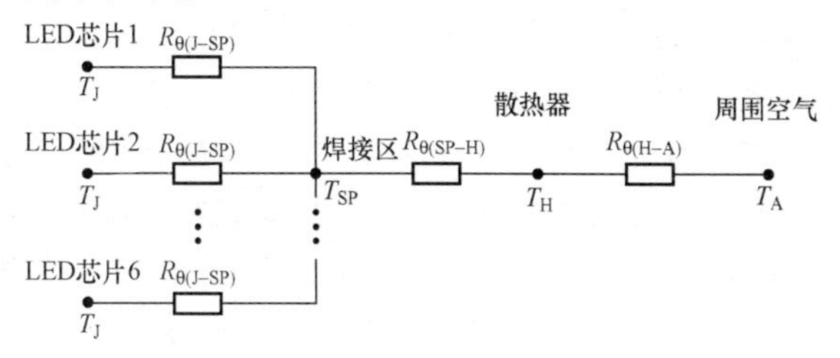

图7-4-4 将6只大功率白光LED并联成LED灯串的结构图

由于6只同一种型号的白光LED是并联在同一个印制板上的，因此可认为它们的结温相同（均为T_J），从结到焊接区的热阻也相同（均为$R_{\theta(J-SP)}$）。但并联后总的$R_{\theta(J-SP)}$值会减小到原来的1/6。

计算最高结温T_{JM}的公式为

$$T_{JM}=T_A+P'_D\left(R_{\theta(J-SP)}/6+R_{\theta(SP-H)}+R_{\theta(H-A)}\right) \quad (7\text{-}4\text{-}4)$$

从Xlamp 7090 XR-E的数据手册中可查到，$T_{JM}=150℃$，$R_{\theta(J-SP)}=8℃/W$。为安全起见，将最高工作结温$T_{JM(OP)}$限定为120℃，即$T_{JM(OP)}=0.8T_{JM}$，留出20%的余量。$R_{\theta(SP-H)}$值则取决于散热器表面的光洁度和平整度、接触面积、散热器材料、厚度及紧固力。经过合理设计，可使$R_{\theta(SP-H)}\leqslant1℃/W$，因此$R_{\theta(SP-H)}$的典型值可取1℃/W。计算从散热器到周围环境的热阻值（$R_{\theta(H-A)}$）的公式如下

$$R_{\theta(H-A)}=\left[T_{JM(OP)}-T_{AM}-P'_D\left(R_{\theta(J-SP)}/6+R_{\theta(SP-H)}\right)\right]/P'_D \quad (7\text{-}4\text{-}5)$$

将$T_{JM(OP)}=120℃$、$T_{AM}=55℃$、$P'_D=6.825W$、$R_{\theta(J-SP)}=8℃/W$、$R_{\theta(SP-H)}=1℃/W$一并带入式（7-4-5）中得到，$R_{\theta(H-A)}=6.27℃/W$。

需要说明几点：

（1）最高工作结温$T_{JM(OP)}$必须低于T_{JM}（150℃）并留出足够

的余量，确保不超出安全工作区。本设计是按 $T_{JM(OP)}=120℃$的情况下计算出 $R_{\theta(H-A)}$值的。有些大功率LED的 $T_{JM}=125℃$，具体数值应以产品手册为准。

（2）实际的 $R_{\theta(H-A)}$值应等于或小于计算值。

（3）将多只LED并联使用具有以下优点：第一，可大幅度提高亮度；第二，将印制板上的多片LED并联后合用一个散热器，构成一个分布式热源，从原先的单点散热变成多点散热，可大大减小LED的有效热阻 $R_{\theta JA}$，改善散热器的布局，提高散热效率；第三，一旦其中某一只LED出现开路故障，并不影响其他LED正常发光。设计LED照明灯时可根据需要采用串、并联的方法，以便使用更多只LED组成大功率LED灯串。

（4）根据散热器到周围环境的热阻值 $R_{\theta(H-A)}$，即可订制或购买成品散热器。

第八章

开关电源保护电路设计34问

本章概要 设计各种类型的保护电路的目的是确保开关电源能长期稳定、安全可靠地工作。对LED照明而言，不仅要设计LED驱动电源的保护电路，还要设计LED灯的保护电路。本章针对开关电源（含LED驱动电源和LED灯）保护电路的设计问题做了详细、深入地解答。

第一节 过电压及欠电压保护电路问题解答

518 如何用晶闸管构成输入/输出过电压保护电路？

过电压保护的英文缩写是OVP。由晶闸管（SCR）构成的输入/输出过电压保护电路分别如图8-1-1（a）、（b）所示。图（a）是将晶闸管并联在DC/DC变换器的输入端，图（b）是将晶闸管并联在输出端。U_I和U_O分别代表直流输入电压、输出电压，C_I和C_O依次为输入电容器、输出电容器。一旦出现过电压故障，由过电压检测电路产生的信号就立即触发晶闸管使之导通，与此同时C_I（或C_O）进行放电，使U_I（或U_O）迅速降低，从而起到过电压保护作用。VD为保护二极管，防止在晶闸管导通时C_O通过DC/DC变换器的内部电路进行放电。图（a）是将熔丝管（FU）串联在DC/DC变换器的进线端，图（b）则是串联在DC/DC变换器的输出端。如DC/DC变换器本身具有过电流保护功能，则图（b）中的熔丝管可省掉。这种保护电路亦称撬棍过电压保护电路，这里用的晶闸管也被称作“撬棍晶闸管”（Crowbar SCR）。此处的

“撬棍”（Crowbar）为动作术语，表示用电压的微小增量即可使保护电路动作。

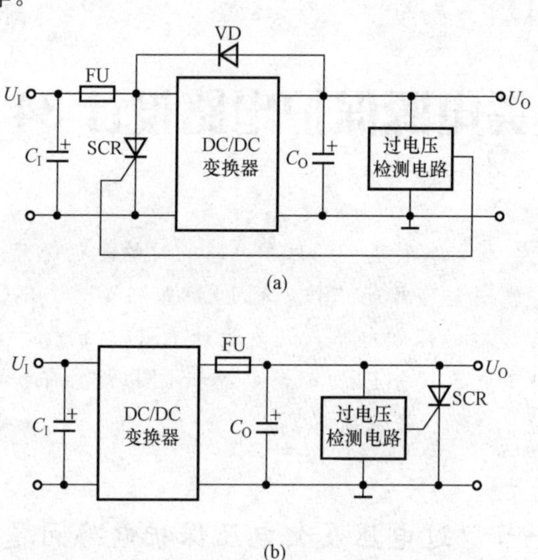

图 8-1-1 晶闸管过电压保护电路的基本原理
(a) 将 SCR 并联在开关稳压器的输入端；
(b) 将 SCR 并联在开关稳压器的输出端

下面介绍晶闸管过电压保护电路的设计要点。

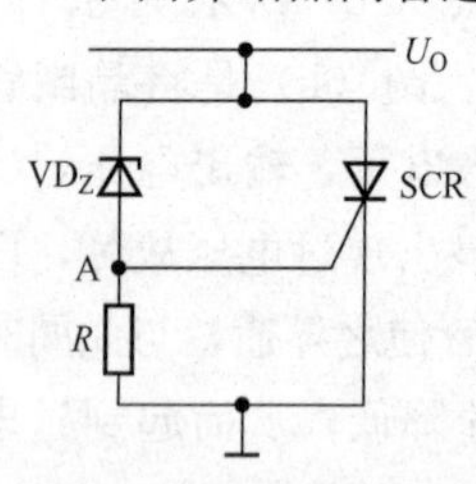

图 8-1-2 由稳压管构成的过电压检测电路

(1) 过电压检测电路。过电压检测电路的作用是一旦检测到过电压故障，能立即触发晶闸管使之导通。要求过电压检测电路具有很强的抗干扰能力，以避免出现误动作。由稳压管构成的过电压检测电路如图 8-1-2 所示，它具有电路简单、成本低廉等优点。其工作原理是当开关稳压器的输出电压 U_O 超过稳压管的反向击穿电压 U_Z 时，稳压管被击穿并进入稳压区，使 A 点电位超过晶闸管的门极触发电压 U_{GT}（典型值为 0.55～0.70V），晶闸管变成导通状态。R 为稳压管的偏置电阻。该电路的缺点是驱动晶闸管门极的能力较差，并且触发电压的上升速率较低。

（2）撬棍晶闸管的选择。当过电压保护电路动作时，撬棍晶闸管受到来自输入端或输出端浪涌电流的冲击，容易损坏晶闸管或使之性能下降。此时撬棍晶闸管的浪涌电流波形如图8-1-3所示，I_P为峰值电流，通态电流临界上升率$di/dt \approx \Delta i/\Delta t$。表8-1-1给出几种撬棍晶闸管的主要技术指标，可供选择。它们均属于安森美公司产品。表中的峰值不重复浪涌电流（I_{TSM}）是指因电路异常情况而引起的、不使晶闸管的工作温度超过最高结温的不重复性最大正向过载电流。

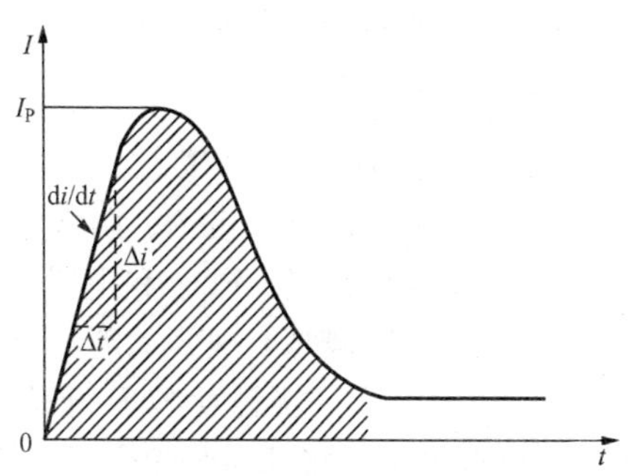

图8-1-3　撬棍晶闸管的浪涌电流波形

表8-1-1　　几种撬棍晶闸管的主要技术指标

晶闸管型号	峰值不重复浪涌电流 I_{TSM}（A）	通态电流的平均值 $I_{T(AV)}$（A）	通态电流临界上升率 di/dt（A/μs）
MCR68-2	100	8	75
MCR69-2	100	8	75
MCR703A	25	2.6	100
MCR716	25	2.6	100

（3）通态电流临界上升率di/dt。通态电流临界上升率（di/dt）是在规定条件下晶闸管从断态转入通态时，对晶闸管不产生有害影响的最大通态电流上升率。di/dt反映了器件对大电流的迅速导通能力，它与器件的导通速度、导通损耗、热参数、触发脉冲的上升

率等因素有关。在驱动晶闸管的门极区域时，该区域是需要一段时间来扩大的，刚开始时区域很小，然后逐渐扩大。当较大的阳极电流快速流经该区域时，因电流密度很大，故在局部会产生瞬间高温，可能毁坏晶闸管或影响器件的使用寿命。因此，在任何情况下 di/dt 都不得超过器件的规定值，并应留出一定余量。在高频情况下，还应适当降低晶闸管的通态电流并改善散热条件。

在晶闸管的阳极上串联一只小电阻，可降低浪涌电流及 di/dt。

519 如何用分立式晶闸管构成输出过电压保护电路？

由分立式晶闸管构成的输出过电压保护电路如图 8-1-4 所示。这里是用两只 PNP 和 NPN 型晶体管 VT_1、VT_2，来构成分立式晶闸管（SCR），其三个电极分别为阳极 A、阴极 K、门极（亦称控制极）G。反馈电压 U_{FB} 经稳压管 VD_{Z2} 和电阻 R_1 分压后提供门极电压 U_G。正常情况下 U_G 较低，SCR 关断。当二次侧出现过电压时，$U_O\uparrow \rightarrow U_{FB}\uparrow \rightarrow U_G\uparrow$，就触发 SCR 并使之导通，进而使控制端电压 U_C 变成低电平，将 TOPSwitch 系列单片开关电源关断，起到保护作用。稳压管 VD_{Z2} 的稳定电压与 VT_2 的发射结电压之和等于（$U_{Z2}+U_{BE2}$），当 $U_{FB}>U_{Z2}+U_{BE2}$ 时，就进行过电压保护。

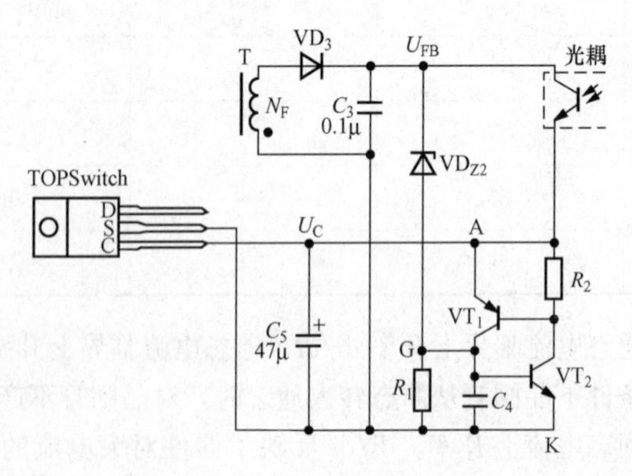

图 8-1-4　由分立式晶闸管构成的输出过电压保护电路

520 如何用晶体管和晶闸管构成输出过电压保护电路？

由晶体管和晶闸管构成的过电压及过电流检测电路如图8-1-5所示。过电压及过电流保护电路由小功率PNP型晶体管VT_1（2N3906）、晶闸管VT_2（FS202DA）、$R_9 \sim R_{11}$、R_{14}、C_{13}、C_{16}和VD_{Z3}所构成。只要出现过电压或过电流现象，U_O就通过VT_1触发晶闸管VT_2，使之导通并对输出电压进行钳位，并在30ms后将单片开关电源PKS606Y关断（图中未画）。该开关电源具有锁存关断功能。由R_{10}和C_{13}组成的低通滤波器，给过电流保护检测电路提供一段延迟时间。当电源输出电压超过36V时，VD_{Z3}被反向击穿，通过VT_1触发VT_2导通，将输出短路。只要PKS606Y在30ms内未接收到反馈信号，就被锁存关断。同理，当负载峰值电流的持续时间超过70ms（该时间等于R_{10}与C_{13}的时间常数，$\tau = R_{10}C_{13} = 70.2\text{ms}$）时，$VT_1$导通，也能触发$VT_2$并使之导通，将输出短路，进而使PKS606Y锁存关断。

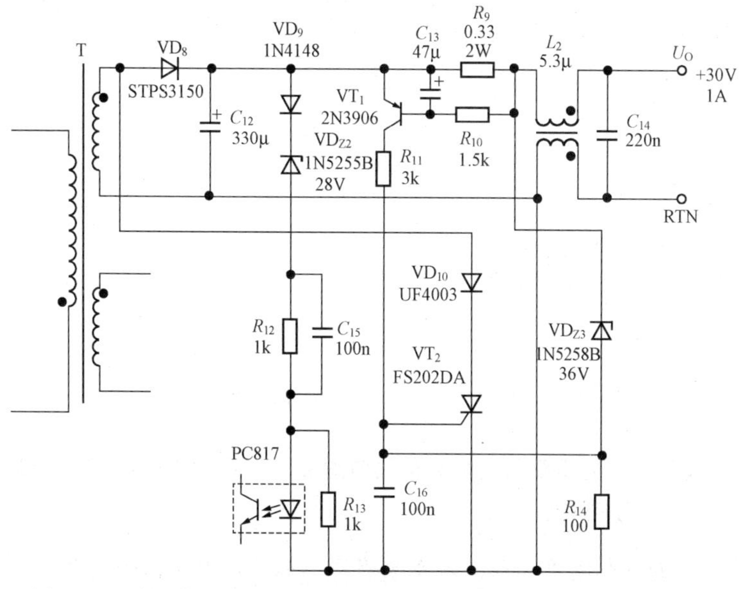

图8-1-5 由晶体管和晶闸管构成的过电压及过电流检测电路（局部）

521 如何用双向触发二极管构成输出过电压保护电路?

双向触发二极管亦称两端交流器件（DIAC)，它属于具有对称性的两端器件，可等效于基极开路、发射极与集电极完全对称的NPN晶体管。由于正、反伏安特性完全对称，当DIAC两端电压U小于正向转折电压$U_{(BO)}$时，器件呈高阻态；当$U>U_{(BO)}$时DIAC就导通。同理，当U超过反向转折电压$U_{(BR)}$时，管子也能导通。正、反向转折电压的对称性可用$\Delta U_{(B)}$表示，一般要求$\Delta U_{(B)}=U_{(BO)}-U_{(BR)}<2V$。因为双向触发二极管的结构简单，价格低廉，所以常用来构成过电压保护电路，并适合于触发双向晶闸管(TRIAC)。

由双向触发二极管构成的输出过电压保护电路如图8-1-6所示。一旦输出过电压，使U_{FB}超过了DIAC的转折电压时，DIAC就导通，将光敏三极管的U_{CE}电压进行钳位，使U_C降低，TOPSwitch被关断。图中使用一只MBS4991型双向触发二极管，其正、反向转折电压均为10V，最大导通电流为2A，功耗为0.5W。R为限流电阻。

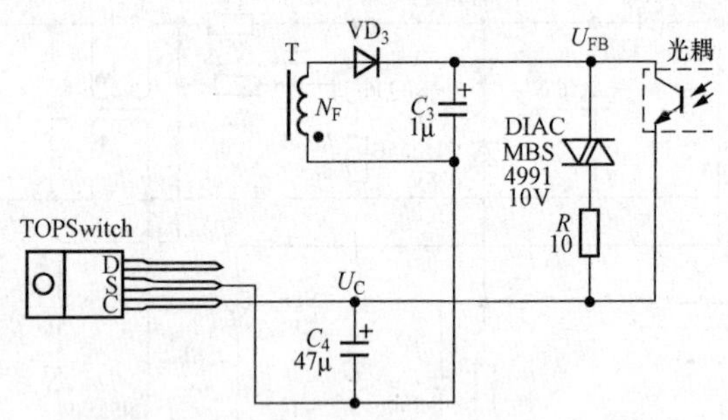

图8-1-6 由双向触发二极管构成的输出过电压保护电路

522 如何用双向晶闸管和双向触发二极管构成输出过电压保护电路?

由双向晶闸管和双向触发二极管组成的过电压保护电路如图8-1-7所示。当瞬态电压超过DIAC的$U_{(BO)}$时，DIAC导通并触发双向晶闸管也导通，避免使负载受到损坏。

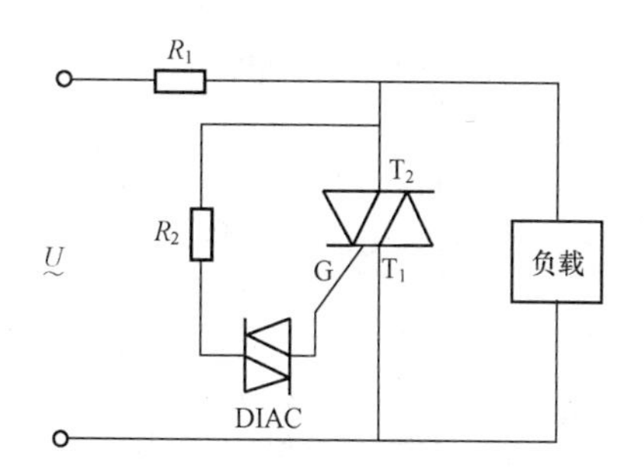

图 8-1-7 由双向晶闸管和双向触发二极管组成的过电压保护电路

523 如何用 MC3423 构成过电压保护电路？

MC3423 是安森美公司生产的专供驱动晶闸管的集成过电压检测电路，它具有过电压阈值可编程、触发延迟时间可编程、带指示输出端、可远程控制通/断、抗干扰能力强等特点。MC3423 的电源电压范围是＋4.5～40V，输出电流可达 300mA，上升速率为 400mA/μs。

由 MC3423 构成的过电压保护电路如图 8-1-8 所示。被监测电压 U_{CC} 经过 R_1、R_2 分压后，接至第 2 脚（Sense1）。第 3 脚（Sense 2）应与电流源输出端（第 4 脚）短接，再经过电容器 C 接地，C 为延时电容器。不使用远程通/断控制端（第 5 脚）时，该端应接 U_{EE}端（第 7 脚）。R_3 为指示输出端（第 6 脚）的上拉电阻。从驱动输出端（第 8 脚）输出的驱动信号经过 R_G 接晶闸管（SCR）的门极。图中的 U_{CC} 即被监测开关稳压器的输出电压（U_O），它也是 MC3423 的电源电压。U_{CF} 为 MC3423 输出的触发脉冲，用于驱动晶闸管的门极。U_{I0} 为过电压指示端的输出电压，触发晶闸管时的延迟时间由延时电容器 C 设定。利用这段延迟时间可防止噪声干扰将晶闸管误触发。计算延迟时间 t_D 的公式为

$$t_D = \frac{U_{REF}}{I_S}C \tag{8-1-1}$$

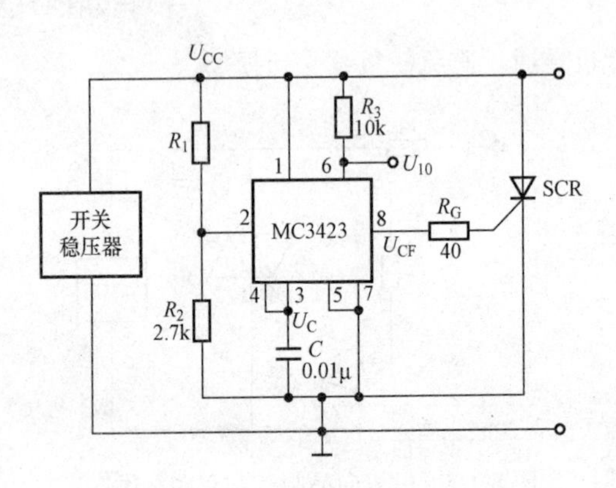

图 8-1-8　MC3423 的典型应用电路

式（8-1-1）中，I_S 为内部电流源的输出电流，典型值为 0.2mA。C 为延时电容器，单位是 μF。将 $U_{REF}=2.5V$、$I_S=0.2mA$ 和 $C=0.01\mu F$ 一并代入式（8-1-1）中得到，$t_D=0.125ms$。在此时间内可使噪声干扰不起作用。

设过电压阈值为 $U_{CC(OVP)}$，R_1、R_2 的阻值由下式确定

$$\frac{R_1}{R_2}=\frac{U_{CC(OVP)}}{U_{REF}}-1 \tag{8-1-2}$$

式（8-1-2）中，$R_2=2.7k\Omega$（典型值）。一旦 $U_{CC} \geqslant U_{CC(OVP)}$，MC3423 即可触发晶闸管。显然，通过改变 R_1、R_2 的电阻比来设定 $U_{CC(OVP)}$ 值，可完成一次“编程”。

524　如何用 NCP345 构成过电压保护电路？

NCP345 是美国安森美半导体公司推出的新型过电压保护集成电路。NCP345 应接在 AC/DC 电源适配器（或电池充电器）与负载之间，电池充电器可以是锂离子（Li-Ion）电池充电器、镍氢（NiMH）电池充电器。它具有过电压断电和欠电压锁定功能，能检测出过电压状况并迅速切断输入电源，避免因过电压或电源适配器出现故障而损坏电子设备。

目前，许多便携式电子产品都配有 AC/DC 电源适配器，将交流电压转换成直流电压，给内部蓄电池进行充电。一旦电源适配器

中产生自激振荡等故障而出现过电压现象，就会损坏敏感的电子元器件。此外，倘若用户在充电过程中突然拔掉电池，也会产生幅度较高的瞬态电压，可能使产品毁坏。针对上述问题，可利用 NCP345 和 P 沟道 MOSFET 构成过电压保护器，电路如图 8-1-9 所示。P 沟道 MOSFET 起到开关作用，选内部带保护二极管的 MGSF3441 型 MOSFET 作为开关器件。其主要参数如下：漏-源电压 U_{DS}＝20V，栅-源电压 U_{GS}＝8.0V，漏极电流 I_D＝1A，最大漏极电流 I_{DM}＝20A，最大功耗 P_{DM}＝950mW，通态电阻 $R_{DS(ON)}$＝78mΩ。VD 采用低压降的 MBRM120（1A/20V）型肖特基二极管，当 I_F＝1A、T_A＝25℃时的导通压降仅为 0.34V，它与 MOSFET 串联成一体，能防止电池短路。利用 NCP345 可监视输入电压，仅在安全条件下才能开启 MOSFET。稳压二极管 VD_{Z1}、VD_{Z2} 分别并联在输入端和负载端，起到过电压二次保护作用。

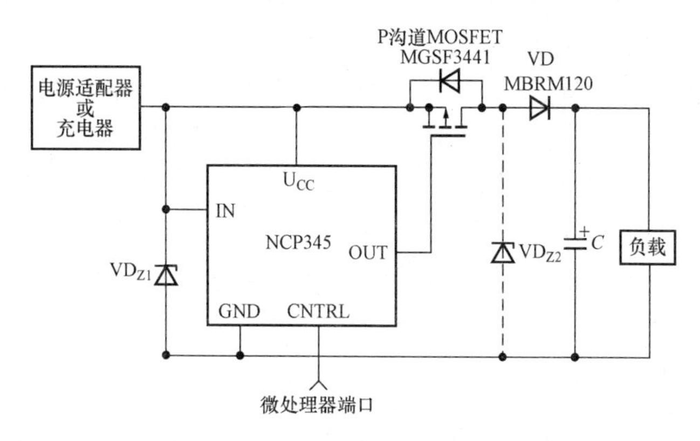

图 8-1-9　由 NCP345 构成过电压保护器的电路

525　如何给 LM2576-××设计欠电压关断电路？

欠电压保护的英文缩写是 UVP。LM2576-××的欠电压关断电路如图 8-1-10 所示。其特点是当输入电压低于规定阈值时，稳压器处于关断状态，可起到保护作用。令稳压管 VD_Z 的稳定电压为 U_Z，晶体管 VT 的发射结电压为 U_{BE}，由此设定的欠电压阈值为

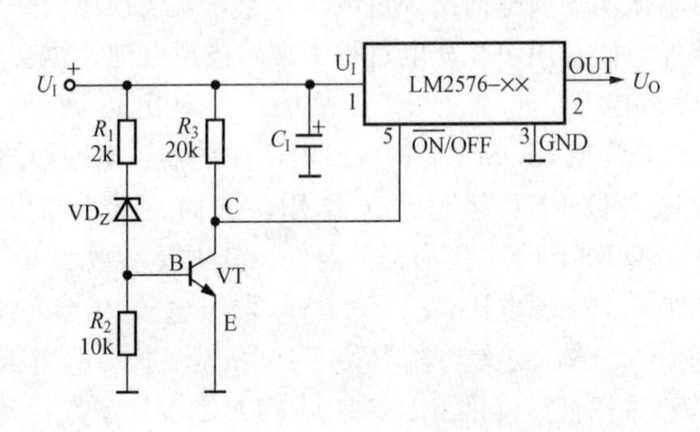

图 8-1-10　具有欠电压关断功能的开关稳压器电路

$$U_{UV}=U_Z+U_{BE} \tag{8-1-3}$$

当$U_I<U_{UV}$时，稳压管不工作，晶体管的基极经过 R_2 接地，使得 VT 截止，集电极呈高电平，因通/断控制端 $\overline{ON}$/OFF＝1（高电平），故将 LM2576-××的输出关断，起到保护作用。仅当$U_I>U_{UV}$时，稳压管被击穿，进入稳压区，才使得 VT 导通，$\overline{ON}$/OFF＝0（低电平），LM2576 能正常工作。

第二节　过电流及过功率保护电路问题解答

526　如何用晶体管构成过电流保护电路？

过电流保护的英文缩写是 OCP。由晶体管构成的过电流保护电路如图 8-2-1 所示。电路中使用了两只 2N3904 型 NPN 晶体管 VT_1 和 VT_2，此外还有二极管 VD_9（1N4148）、R_{16} 和 R_{17}。一旦发生过载时，输出电压将下降，光耦合器 PC817A 中的光敏晶体管因得不到反馈电流而导致 VT_2 截止，偏置电压 U_B 对电容 C_{12} 进行充电，使 VT_1 导通。此时经过 VD_9 流入 TNY377P 的 BP/M 端的电流超过 7mA，迅速将 TNY377P 关断，从而实现了过电流保护功能。

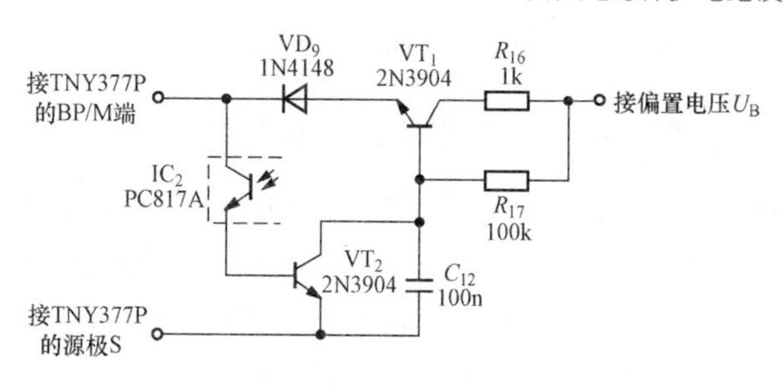

图 8-2-1　由晶体管构成的过电流保护电路

527　如何用 LTC4213 构成过电流保护电路？

LTC4213 是凌特公司最新推出的集成过电流保护器，适用于低压供电系统的过电流保护装置。它是通过外部 MOSFET 的通态电阻 $R_{DS(ON)}$ 来检测负载电流的，因此不需要检测电阻。这不仅能降低功耗，而且可降低成本，简化电路设计，这对于低压供电系统尤为重要。

LTC4213 的典型应用电路如图 8-2-2 所示。U_I 通过 MOSFET 接负载 R_L。C_1、C_2 分别为输入端、输出端的旁路电容。当 ON 端接高电平时，LTC4213 正常工作。电路中采用 Si4410DY 型场效应晶体管，$R_{DS(ON)}=0.015\Omega$（典型值）。当 I_{SEL} 端接 GND 时，$U_{CB}=25mV$。不难算出，轻度过载时电流阈值为 $I_{LIMIT}=U_{CB}/R_{DS(ON)}=25mV/0.015\Omega=1.67A$。严重过载时电流阈值为 $I'_{LIMIT}=U_{CB(FAST)}/R_{DS(ON)}=100mV/0.015\Omega=6.67A$。负载电流的正常值

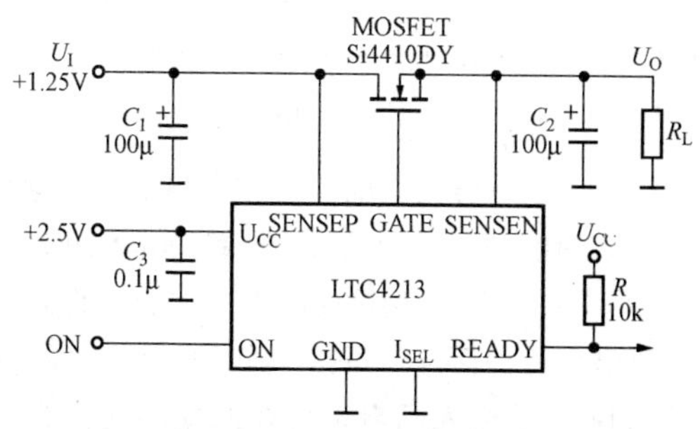

图 8-2-2　LTC4213 的典型应用电路

为1A。R为READY端的上拉电阻。

528 如何用MAX4211构成过功率保护电路？

过功率保护的英文缩写是OPP。由MAX4211A/B/C构成的过功率保护电路如图8-2-3所示。其工作原理是当检测到过功率故障时，保护电路会关断负载电流。该电路可有效保护电池不因短路故障或过功率而损坏。一旦检测到超过功率故障，就立即关断P沟道MOSFET（V），直到按下手动复位按钮为止。与此同时，输入功率会使LE引脚变为低电平，使比较器1的输出OUT1不再被锁存，并将保护电路复位。

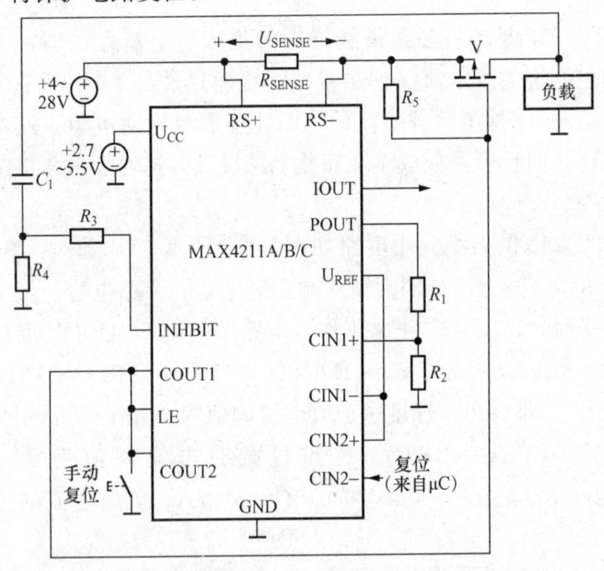

图8-2-3 由MAX4211A/B/C构成的过功率保护电路

在上电过程或负载特性改变时，负载上可能产生浪涌电流，在POUT端形成较高的电压，进而使CIN+端的电压超过CIN−端的基准电压。此时会将COUT1端拉成高电平并触发保护电路，造成误动作。为避免出现这种情况，可接一个RC网络（R_4和C_1），给比较器1的INHIBIT端输入高电平，在此期间使比较器1暂停工

作。暂停时间由下式确定

$$t=R_4C_1\ln(\Delta U/0.6) \tag{8-2-1}$$

式中：ΔU 为负载电压的变化量。需要指出，RC网络并不影响对长时间过功率（负载功率过大或负载短路）的保护。R_3 为INHIBIT端的限流电阻，典型值为10kΩ。仿照上述电路，还可用于检测过电流故障，具体方法是将与POUT端相连的电阻分压器 $R_1 \sim R_2$ 改接到IOUT端。

第三节　其他保护电路问题解答

529 如何实现输出端的软启动功能?

增加软启动电路，可使输出电压经过一段延迟时间后才上升到额定值，避免在刚启动时输出端发生过载。具有软启动功能的+5V/−5V电源变换器电路如图8-3-1所示。R_{SS}、C_{SS}分别为软启动电阻和软启动电容。当 R_{SS}=15kΩ、C_{SS}=33nF时，软启动时间约为1ms。这表明 U_O需经过1ms才能达到−5V。VD_2的作用是当LT1931关断时将 C_{SS}上的电荷迅速泄放掉。改变时间常数 $\tau=R_{SS}C_{SS}$，即可重新设定软启动时间。

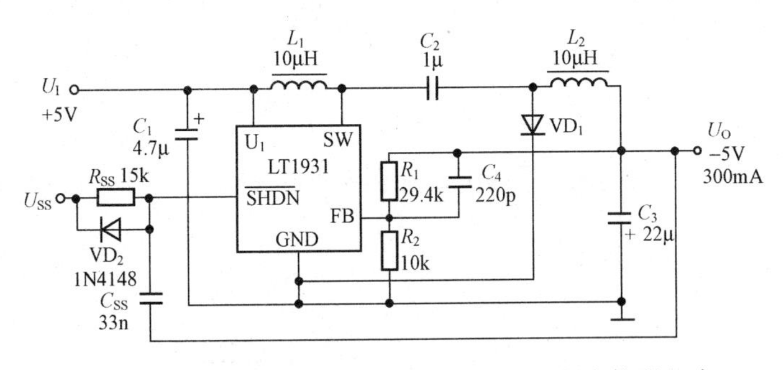

图8-3-1　具有软启动功能的+5V/−5V电源变换器电路

530 如何实现开关稳压器的延时启动?

为LM2576-××设计的延时启动电路如图8-3-2所示。利用

$\overline{\text{ON}}$/OFF 引脚可实现延时启动功能。刚上电时，由于 C_D 两端的压降不能突变，因此 $\overline{\text{ON}}$/OFF＝1，LM2576-××没有输出。随着 C_D 被迅速充电，$\overline{\text{ON}}$/OFF 引脚变为低电平，稳压器才进入正常工作状态。当输入电压为 20V 时，LM2576-××的启动时间大约会延迟 10ms。增加 R_D、C_D 的时间常数（$\tau=R_DC_D$），可延长启动时间。但时间常数过大，经过 $\overline{\text{ON}}$/OFF 引脚的耦合，会在输入端产生高于 50Hz 或 100Hz 的纹波。

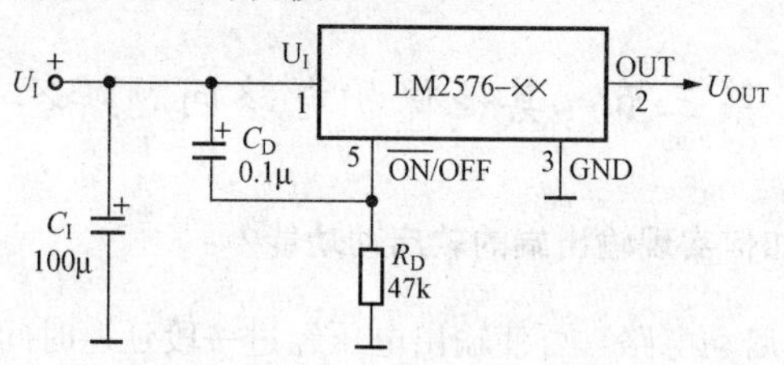

图 8-3-2　具有延时启动功能的开关稳压器电路

531　开关电源过热保护电路的基本原理是什么？

过热保护的英文缩写是 OTP。开关电源过热保护电路的基本原理如图 8-3-3 所示。这里的稳压管 VD_Z 实际上是利用硅晶体管发射结（E-B）的反向击穿电压作基准电压 U_{REF} 的。此法能获得 5.8～7V 基准电压值，该基准电压具有正的温漂，发射结反向击穿电压的温度系数 $\beta_T\approx+3.5$mV/℃，即环境温度每升高 1℃，U_{REF} 大约增加 3.5mV。NPN 型晶体管 VT 作温度传感器使用。R_1 和 R_2 为基极偏置电阻，将 VT 放置在靠近功率级（即调整管）的位

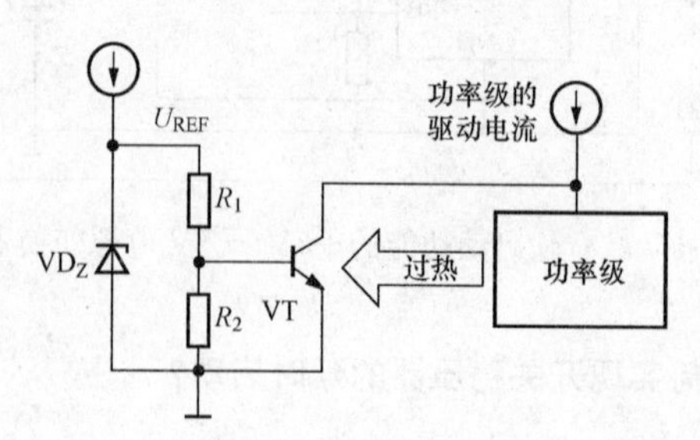

图 8-3-3　开关电源过热保护电路的基本原理

置，以便感知调整管的温度。NPN 型晶体管的发射结电压 U_{BE} 具有负的温度系数，$\alpha_T \approx -2.1$mV/℃，即环境温度每升高 1℃，U_{BE} 就下降 2.1mV。常温下由于 U_{BE} 远低于 NPN 管的开启电压，因此 VT 截止。若由于某种原因（过载或环境温度升高），使芯片温度升到最高结温（T_{jM}）时，VT 导通，功率级驱动电流就被 VT 分流，使负载电流减少甚至完全被切断，从而达到了过热保护之目的。

532 如何用 LM76 构成具有多重保护功能的散热控制系统？

随着科技的发展，对散热控制系统的安全性和可靠性也提出了更高的要求。这种散热系统必须具备完善的多重保护功能，一旦被检测对象出现任何一种过热故障，立即采取多种措施加以保护，即使电源控制器失灵，也能通过辅助的关断电路切断微机系统的主电源。目前，国际上称之为具有“先进配置与电源接口”(Advanced Configuration and Power Interface，ACPI）的散热保护系统。

适合构成这种散热保护系统的智能温度传感器，可选 NSC 公司生产的 LM76。LM76 是基于 I^2C 总线接口的智能温度传感器。芯片内部包括带隙温度传感器、13 位(含符号位)A/D 转换器、3 个窗口比较器(T_CRIT、T_H 和 T_L)、两个输出级(T_CRIT_A、INT)、I^2C 串行总线接口和 7 个寄存器。完成一次温度/数据转换需要 400ms(典型值)，输出数据为二进制补码形式。内部有 3 个数字式温度窗口比较器，分别为严重越限温度报警比较器(T_CRIT)、上限温度比较器(T_H)和下限温度比较器(T_L)。它们所对应的温控点依次为 t_{CRIT}、t_H 和 t_L。它还具有可编程温度滞后特性，温度滞后量为 t_{HYST}。利用故障排队计数器能有效防止噪声干扰引起输出端的误触发。上述结构使得设计具有 ACPI 温控系统的工作得以简化。当被测温度超过可编程的窗口范围($t_H \sim t_L$)时，漏极开路的中断输出(INT)就有效，而仅当 $t > t_{CRIT}$ 时，越限温度报警器才工作。LM76 的测温范围是 −25～+125℃。+25℃时的测温精度为±0.5℃，在 −10～+100℃范围内精度为±1℃。分辨力达

0.062 5℃。

由LM76构成具有多重保护功能的散热控制系统电路框图如图8-3-4所示。该系统由4部分组成：①智能温度传感器LM76，可用来检测CPU或μP的温度；②系统电源，包括＋3.3V主电源（给CPU和主电路供电）、＋3.3V辅助电源（专门给LM76供电）和主电源控制器；③CPU及全部主电路的电源控制器；④独立的电源关断电路。该系统具有完善的过热保护功能，无论CPU及主电路发生何种过热故障，LM76的INT端都立即使主机产生中断，再通过电源控制器发出信号，迅速将＋3.3V主电源关断，起到保护作用。另外，当严重越限报警时，LM76的T_CRIT_A端也能直接关断主电源。为保险起见，T_CRIT_A端还可以通过独立的硬件关断电路来切断＋3.3V主电源，以防备主电源控制失灵。R_1、R_2均为上拉电阻。

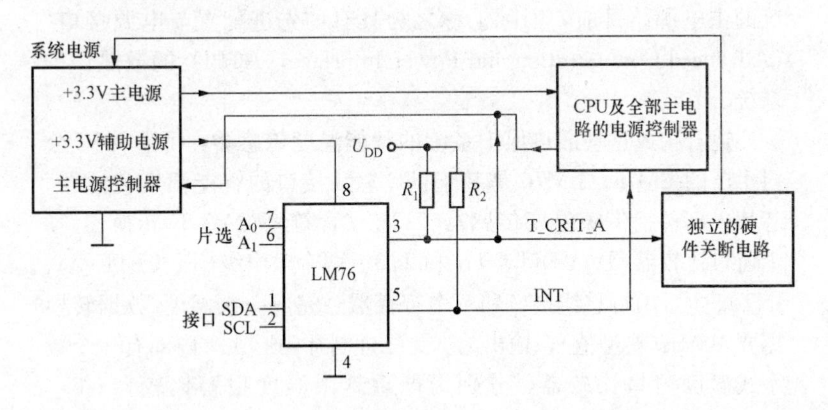

图8-3-4　具有多重保护功能的散热控制系统电路框图

上述温控系统完全符合ACPI技术规范。无论何时，只要温度超过所设定窗口，LM76都能发出中断信号，并且用户还可根据所期望的温度间隔对窗口进行现场编程，在测温过程中重新设定每个温度阈值来建立新的设定窗口。LM76的温度响应曲线如图8-3-5所示。图中列出了在测温过程中所发出的各种事件。第一事件是当$t>t_H$时，使INT有效，系统响应中断，通过查询LM76的状态来确定温度超过上限，表示温度正在升高，然后用户重新设定上限值 t_H，使之提高一个温度间隔。在对 LM76 重新编程的过程中，也会产生一次中断，这是因为温度又回到新窗口内的缘故。在比较器中断模式下，LM76 能自动撤销本次中断。第二个事件与第一个事件相类似。第三和第四个事件都发生在降温过程中，用户接收到 $t < t_L$ 的信息，即表示当前温度正在下降。在发生温度严重越限报警事件时，只能触发 T _ CRIT _ A 输出端。

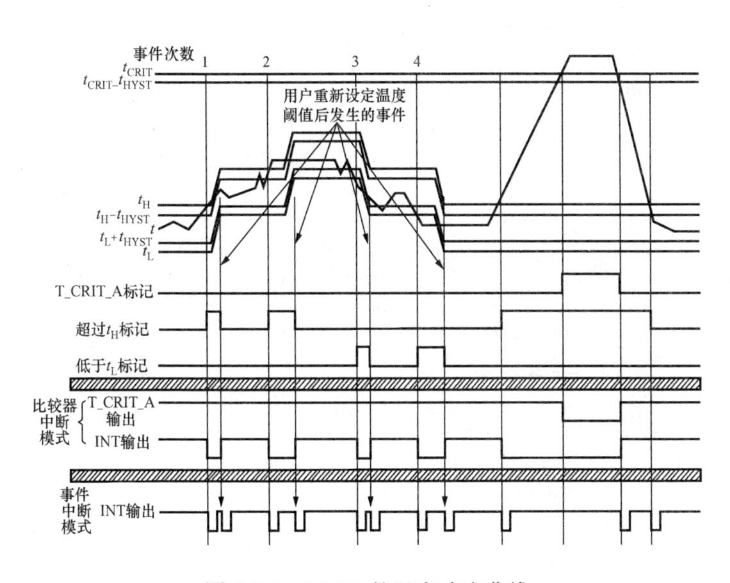

图 8-3-5　LM76 的温度响应曲线

第四节　LED 灯具的保护电路问题解答

533　LED 灯具的保护电路是如何分类的?

LED 灯具的保护电路可分成三大类。第一类是 LED 驱动芯片内部的保护电路，例如过电流保护电路、过热保护电路、关断/自动重启动电路、前沿消隐电路等；第二类是 LED 驱动芯片的外部保护电路，主要包括输入欠电压保护电路、输出过电压保护电路、过电流保护装置（如熔丝管、自恢复熔丝管、熔断电阻器等）、启动限流保护电路、电磁干扰（EMI）滤波器、漏极钳位保护电路（或R、C、VD吸收电路）、软启动电路、散热装置等；第三类是LED照明灯的保护电路。

（1）LED驱动芯片保护电路的分类及保护功能。LED驱动芯片保护电路的分类及保护功能详见表8-4-1。其中，内部保护电路是由芯片厂家设计的，外部保护电路则需用户自行设计。

表8-4-1　　LED驱动芯片保护电路的分类及功能

类型	保护电路名称	保护功能
内部保护电路	过电流保护电路	限定功率开关管的极限电流 I_{LIMIT}
	过热保护电路	当芯片温度超过芯片的最高结温时，就关断输出级
	关断/自动重启动电路	一旦调节失控，能重新启动电路，使开关电源恢复正常工作
	欠电压锁定电路	在正常输出之前，使芯片做好准备工作
	LED开路/短路故障自检电路	防止因LED开路或短路而损坏器件
	可编程状态控制器	通过手动控制、微控制器操作、数字电路控制、禁止操作等方式，实现工作状态与备用状态的互相转换
外部保护电路	过电流保护装置（如熔丝管、自恢复熔丝管、熔断电阻器）	当输入电流超过额定值时，切断输入电路
	EMI滤波器	滤除从电网引入的电磁干扰，并抑制开关电源所产生的干扰通过电源线向外部传输
	ESD保护电路	防止因人体静电放电（ESD）而损坏关键元器件
	启动限流保护电路	利用软启动功率元件限制输入滤波电容的瞬间充电电流

续表

类型	保护电路名称	保护功能
外部保护电路	漏极钳位保护电路	吸收由漏感产生的尖峰电压，对 MOSFET 功率开关管的漏-源极电压起到钳位作用，避免损坏功率开关管
	瞬态过电压保护电路	利用单向、双向瞬态电压抑制器（TVS），对直流或交流电路进行保护
	输出过电压保护电路	利用晶闸管（SCR）或稳压管限制输出电压
	输入欠电压保护电路	利用光耦合器或反馈绕组进行反馈控制，输入电压过低时实现欠电压保护
	软启动电路	刚上电时利用软启动电容使输出电压平滑地升高
	散热器（含散热板）	给芯片和输出整流管加装合适的散热器，防止出现过热保护或因长期过热而损坏芯片

（2）LED 保护电路的分类及保护功能。LED 保护电路的分类及保护功能见表 8-4-2。

表 8-4-2　LED 保护电路的分类及功能

保护电路名称	保护功能
LED 开路保护电路	当某只 LED 突然损坏而开路时，与之并联的 LED 开路保护器就由关断状态变成导通状态，起到旁路作用，使灯串上其余的 LED 能继续工作
LED 过电压保护电路	在 LED 灯串两端并联一只双向瞬态电压抑制器（TVS），对过电压起到钳位保护作用
LED 过电流保护电路	在 LED 灯串上串联一只正温度系数热敏电阻器（PTCR），对过电流起到限流保护作用

续表

保护电路名称	保护功能
LED浪涌电流保护电路	在LED灯串上串联一只负温度系数电阻器（NTCR）。当输入电压发生瞬间变化而产生高达上千伏电压或带电插拔LED时，都会在输出端形成浪涌电流；利用NTCR可保护LED免受浪涌电流的损坏；上电后NTCR变为低阻值，可忽略不计
LED浪涌电压保护电路	在LED灯串两端并联一只压敏电阻器（VSR），对浪涌电压起到钳位作用
LED静电放电（ESD）保护电路	利用ESD二极管、ESD矩阵、TVS、气体放电管等保护器件，避免因人体静电放电而损坏LED
共享式防静电保护电路	在LED显示屏中，由多只LED共享一个保护二极管，以较低的成本和较小的空间对全部LED进行了有效的静电防护，具有占用空间小、成本低、易于实现等优点

（3）LED保护芯片典型产品的性能。LED保护芯片典型产品的性能一览表见表8-4-3。

表8-4-3　国内外生产的LED保护芯片典型产品性能一览表

生产厂家	产品型号	主要性能
安森美半导体公司	NUD4700	晶闸管型350mA的LED开路保护器，内含晶闸管（SCR）和控制电路，使用时与被保护的LED相并联，当LED开路时可起到短路保护作用
中国台湾地区芯瑞科技有限公司	SMD602	500mA的LED开路保护器，当LED开路时可起到短路保护作用，还能提供8kV的ESD保护

UCC28810即可分别调节每个LED灯具的亮度。

396 液晶显示器的背光源有几种类型？

背光（Backlight）是屏幕背景光的简称。众所周知，液晶显示器（LCD）本身并不发光，它只能在光线的照射或透射下显示图形或字符。因此，必须借助于背光源才能达到理想的显示效果。

1. 按光照的方向来划分

按光照的方向来划分，光源有三种：前光、侧光和背光。顾名思义，前光是光线从前方照射，侧光是光线从侧面照射，背光则是光线从背后照射。

2. 按背光源使用的器件来划分

目前，LCD背光源主要有EL、CCFL和LED三种类型。

（1）EL背光。EL是电致发光（Electro Luminescent）的英文缩写。EL灯是利用有机磷材料在电场的作用下发光的冷光源。其厚度可做到0.2～0.6mm。但它工作在高压、高频和低电流下，亮度低，寿命短（一般仅为3000～5000h），在操作时应注意防止触电。

（2）CCFL背光。CCFL（Cold Cathode Fluorescent Lamp）是冷阴极荧光灯的简称。其工作原理是当高压加在灯管两端时，灯管内少数电子高速撞击电极后产生二次电子发射，进行放电而发光。它因阴极温度较低而称之为冷阴极。其优点是亮度高，可根据三基色的配色原理显示各种颜色；缺点是工作电压高（电压有效值为500～1000V）、工作频率高（40～80kHz）、功耗较大、工作温度范围较窄（0～60℃）。CCFL内部存在汞蒸汽，一旦破裂后会对环境造成污染。为提高灯管的寿命和发光效率，一般采用交流正弦电压驱动。

（3）LED背光。其优点是亮度高，光色好，无污染，功耗低，寿命长，体积小，工作温度范围较宽（－20～70℃），有望取代传统的EL、CCFL背光。LED背光的缺点是使用LED数量较多，发热现象明显，必须解决好散热问题。目前LED背光源的制造成本较高，在屏幕尺寸相同的情况下，采用LED背光的屏幕要比

CCFL背光的屏幕贵几倍，因此目前LED背光主要用于高端产品。

397 LED背光源的主要特点是什么？

LED背光源主要有以下特点：

(1) LED的色域很宽，色彩比较柔和，色饱和度可达105%；而CCFL的色域较窄，一般只能达到70%左右。它可根据环境光强的变化，动态调整LED背光，使背光亮度适合人眼的需要，使人观看液晶电视更加舒适。

(2) LED按照二维阵列的方式排放在LCD的背面，整个LCD屏幕划分成若干个矩形区域，同一区域内布置一个或几个LED灯串，流过该区域内每只LED的电流是相同的。

(3) 采用LED背光可提高LCD的对比度，使画面的层次感更强烈。由于整个背光源是由许多尺寸很小的LED发光单元组成的，因此可根据原始画面的特点对某一显示区域内的灰度进行调节。例如在一幅明暗对比非常强烈的画面中，将暗区域的LED背光完全关闭，而将亮区域的LED背光进一步提高，即可使液晶电视的对比度得到大幅度提升（最高可达到100000∶1的超高对比度），这种二维调光（亦称面调光）方式是CCFL背光所无法实现的。

(4) LED响应速度极快，在播放高速动画或视频节目时不会出现拖尾现象。

(5) LED的工作电流可以调整，当环境亮度发生变化时通过自适应调光，可使LED背光源的亮度达到最佳值，实现节电目标。

(6) LED是工作在低电压的绿色环保型照明灯，其能耗比CCFL低30%～50%，并且使用安全，没有汞污染。

(7) 因LED背光源的工作电流较小（一般仅为几十毫安），故使用寿命可达100000h，即使24h不间断工作，也能连续使用11.4年之久。相比之下，CCFL背光源的使用寿命仅为30000～40000h。

(8) 外观超薄。液晶电视最薄部分的厚度，与背光模块有很大关系。最薄的LED背光模块厚度仅为1.99cm，符合时尚化要求。侧光式LED背光模块的厚度要比直下式及侧光式CCFL还要薄。

398 什么是LED的光衰？

光衰（Light Attenuation）是光致衰退效应的简称。伴随着LED照明技术的迅速发展，始终面临的一个重要问题就是光衰。当光通量衰减到初始值的70%时（折合0.7，准确值为$\sqrt{2}/2$），即认为LED的使用寿命已经终止。造成LED光衰的原因很多，一是LED芯片的老化；二是荧光粉的老化；三是因散热不良而使LED芯片和荧光粉提前衰老，出现严重的光衰。另外还可能是LED的材料及生产工艺存在问题。但起最关键作用的是LED芯片的结温。结温是指LED器件中主要发热部分的半导体结（即芯片）的温度，一般用T_j表示。造成结温的原因是当工作电流通过LED芯片时，仅有一部分电能转化为光子，其余电能被转换成热能散发掉了，由此导致LED功耗增大，芯片发热。

399 LED灯的寿命是如何规定的？

美国“能源之星（ENERGY STAR）”将L70列为考核LED灯寿命的一项标准，把光通量从最初的1.0（相当于100%）衰减到不低于0.7（相当于70%），定为LED灯具的寿命期。按照2010年8月生效的能源之星整体式LED灯认证要求，符合L70标准的整体式LED灯的最短使用寿命如下：

（1）标准LED灯、非标准LED灯及LED全方向灯：25000h。

（2）其他LED灯（含LED装饰灯以及用于取代现有白炽灯和荧光灯的LED替换灯）：15000h。

降低LED的结温是延长LED寿命的关键。通常近似认为：T_j每降低10℃，LED的寿命即可延长一倍。

第二节 LED驱动方式问题解答

400 LED灯具有几种驱动方式？

LED灯具有以下几种驱动方式：

(1) 恒流驱动方式。其特点是在任何情况下（例如输入电压、温度或驱动电压有任何变动），都能输出恒定的电流。

(2) 恒压/恒流（CV/CC）驱动方式。其特点是当负载电流较小时它工作在恒压区，负载电流较大时工作在恒流区，能起到过载保护及短路保护作用。

(3) 分布式驱动电源系统。即用一个恒压源给多个恒流源供电，再由每个恒流源单独给一路 LED 供电。其优点是当某一路 LED 出现故障时并不影响其他路 LED 的正常工作。

(4) 线性恒流源驱动方式。适用于小电流 LED 驱动电源。

401 采用恒压驱动方式有哪些缺点?

采用恒压驱动方式无法为 LED 提供恒定的电流，尽管利用限流电阻可分别设定每个 LED 灯串的工作电流值，但限流电阻 R 会造成功耗。举例说明，假定驱动电压为 24V，LED 的额定工作电流为 700mA，经过 R 后的电压降至 18V，则 R 上的功耗可达 (24V−18V) ×0.7A=4.2W，因此串联电阻并不是一个好办法。恒压驱动 LED 的另一缺点是在批量生产时，无法保证 LED 的工作电流相同，致使每只 LED 的亮度不均匀。

402 什么是 AC LED 驱动方式?

AC LED 则是直接用交流电驱动，可省去整流器和恒流驱动器，降低驱动电源的成本。2005 年，韩国首尔半导体公司率先开发出采用交流驱动的 AC LED 专利产品 Acriche，分 2、3.2、4W 等多种规格，可配 110V/220V 交流电。典型产品有 AX3200、AX3201 和 AX3211（AC 110V）；AX3220、AX3221 和 AX3231（AC 220V）。首尔半导体公司最新研制的 AC LED 芯片 Acriche A8，其发光效率可达 100lm/W。仅用一片 Acriche A8 即可取代一盏 60W 的白炽灯，适用于家庭照明、建筑照明、LED 路灯和 LED 装饰灯。Acriche A8 可接 110V/220V 交流电，亦可接低压或高压直流电源。

403 AC LED的驱动原理是什么？

AC LED是将微型LED按照特殊的矩阵排列组合后封装而成的。利用LED的PN结所具有的单向导电性兼作整流管，构成特殊的整流桥。只需通过两条导线接上交流电，即可使AC LED正常发光。AC LED的驱动原理如图6-2-1所示。正半周时通过整流桥的脉动直流电流沿实线流过LED灯串，负半周时则沿虚线流过LED灯串。尽管4个桥臂上的LED是以50Hz的频率交替发光的，但由于人眼的视觉暂留现象，感觉LED是连续发光的。当芯片结温 T_j 依次为80、90、100℃时，AC LED的工作寿命可分别达到40000、30000h和22000h。

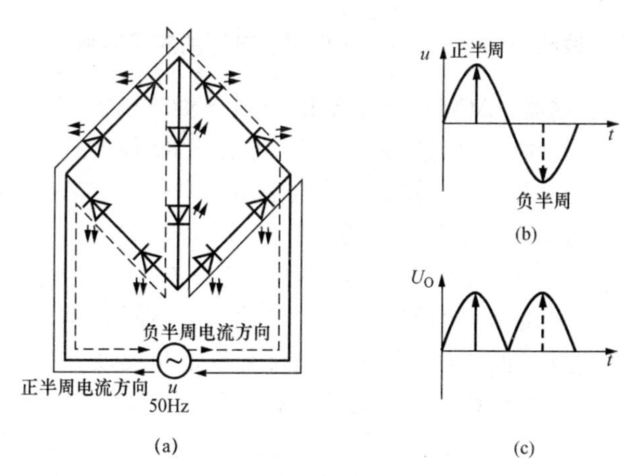

图6-2-1　AC LED的驱动原理
(a) AC LED的电路结构；(b) 交流输入电压波形；
(c) 脉动输出电压波形

404 AC LED有何不足之处？

AC LED也存在以下缺点：

(1) 限流电阻上会消耗电能，使AC LED灯的效率降低。

(2) 发光效率比DC LED低。尽管从总体上看LED是连续发光的，但因为4个桥臂上的LED仅在50Hz的半个周期内工作，所以会存在50Hz的频闪现象。

（3）AC LED上接有交流高压，有触电的危险。

（4）LED的利用率低。例如，使用交流220V（有效值）的AC LED，正半周时就要承受311V的峰值电压。假定每只LED的正向电压U_F=3.3V，总共需要降94只LED串联。负半周也需要94只LED串联，AC LED灯串共需188只LED。由于在每个时刻只有一半的LED工作，为达到同样的亮度，所用LED的数量要增加一倍。

（5）AC LED对交流电压的稳定性要求很严格，这在实际上很难做到。当市电波动范围较大时（例如+15%），会导致LED的电流显著增大，很容易引起光衰而使其寿命大为缩短。

405 试给出一个分布式LED驱动电源的应用实例。

由微控制器、AC/DC变换器和13片SN3352构成的130W分布式LED驱动电源的电路如图6-2-2所示。AC/DC变换器可采用TOP250Y型单片开关电源，其最大输出功率可达290W。AC/DC变换器的交流输入电压范围是85～265V，额定输出为+35V、4.5A。SN3352是美国矽恩（SI-EN）微电子有限公司推出的带温度补偿可调光式LED恒流驱动器，其输入电压范围是+6～40V。芯片内部集成了温度补偿电路，适配外部的负温度系数（NTC）热敏电阻器来检测LED所处的环境温度T_A，确保在高温环境下工作的大功率LED不会损坏。最多允许将13片SN3352级联，级联时将一片SN3352作为主机，其余SN3352作为从机，能使温度补偿时各片SN3352的驱动电流保持一致性。每片SN3352可驱动10只3.5V/350mA、标称功率为1W的白光LED，总共可驱动130只白光LED（图中未画）。利用单片机89C51给各片SN3352发送PWM调光信号，调光比为1200∶1。ADJI为多功能开关/调光输入端，进行PWM调光时，可用不同占空比的信号来控制输出电流。R_{NTC}为外接NTC热敏电阻器引脚，用于检测LED所处环境温度T_A。ADJO为构成温度补偿系统时的级联端，可将温度补偿信息输出到下一级SN3352的ADJI端。

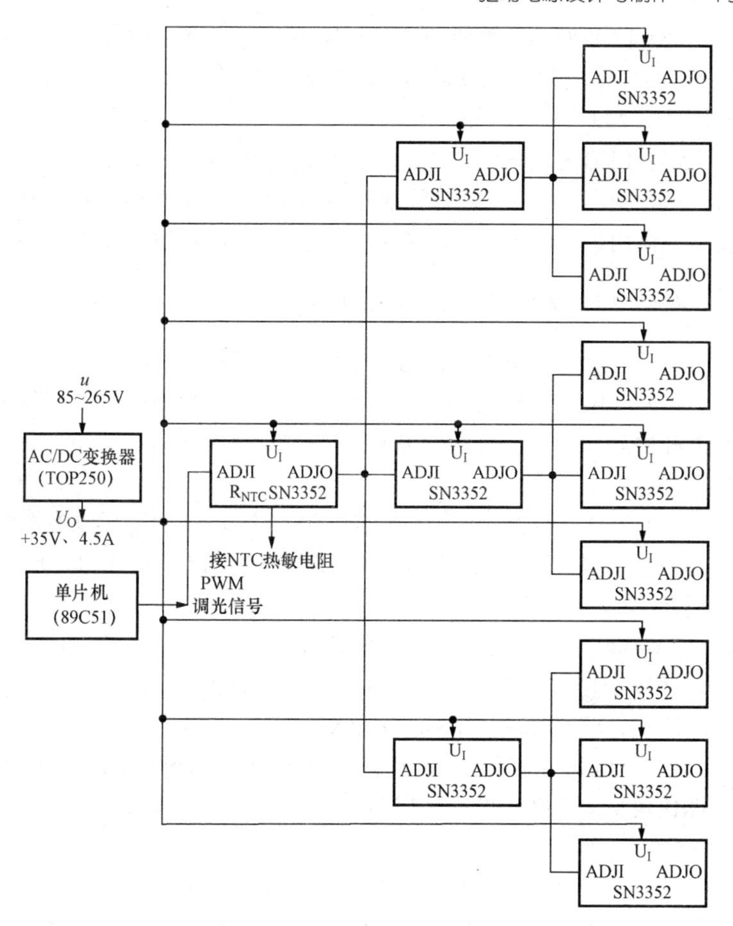

图 6-2-2　130W 分布式 LED 驱动电源的电路

406 LED 驱动芯片有几种基本类型？

目前，国内外生产的 LED 驱动电源芯片种类繁多，性能各异，型号多达数千种。按照输入电源及内部结构来划分，可将 LED 驱动电源芯片划分成以下 3 大类：

（1）LED 驱动器芯片。其主要特点是均属于直流输入式，内含功率开关管，属于 DC/DC 变换器。

(2) LED驱动控制器芯片。它属于交流或直流输入式，需配外部功率开关管（MOSFET），典型产品为有源PFC控制器SA7527、MT7933和FL6961。

(3) LED驱动电源芯片。这又分两种类型：一种为交流输入式，内含功率开关管，适合构成隔离式AC/DC变换器；另一种为交、直流两用，内含功率开关管，属于AC/DC或DC/DC变换器。

407 LED驱动芯片有几种拓扑结构?

LED驱动芯片的拓扑结构主要有以下8种：

(1) 降压式变换器：主要特点是$U_O<U_I$，电路简单，在LED驱动电源中应用最广。典型产品有LM3402、SLM2842S、MC33260和LT3595。

(2) 升压式变换器：主要特点是$U_O>U_I$，在LED驱动电源中应用较广。典型产品有LT1937、BP1601、XL6004、LM3509和TPS61195。

(3) 降压/升压式变换器：主要特点是$U_O<U_I$或$U_O>U_I$均可，适用于电池供电的LED驱动电源。典型产品有LTC3452、LTC3780、LTC3453、SP6686和ZXLD1322。

(4) SEPIC变换器：适合输入电压变化范围很宽的应用领域，电路比较复杂。典型产品有LM3410、LM3478、LM5022、AP3031、MAX16807及LTC3783。

(5) 电荷泵式变换器：亦称开关电容式变换器，电源效率高、外围电路简单，可实现倍压或多倍压输出，典型产品有ADP8860、MAX8822、MAX8930、CAT3604、LTC3214和LTC3204B。

(6) 多拓扑结构变换器：主要特点为使用灵活，可采用升压式、降压式、降压/升压式、SEPIC或反激式等拓扑结构来驱动大功率LED照明灯，典型产品有LT3518、LT3755、LT3956、LM27355、NUD4001、CAT3604和MAX16831。

(7) 反激式变换器：在功率开关管截止期间向负载输出能量，一次绕组的同名端与二次绕组同名端的极性相反，高频变压器相当于储能电感，不断储存和释放能量，能构成隔离式LED驱动电源。

（8）半桥LCC谐振式变换器：适合构成几百瓦的大功率、高效率隔离式LED驱动电源，典型产品有PLC810PG、L6599、NCP1395和NCP1396。

408 LED驱动芯片有几种输出类型？

LED驱动芯片的输出类型有以下4种：

（1）恒压输出式。电路成熟、成本较低，输出功率大，但稳流特性差。

（2）恒流输出式。输出电流恒定，最适合驱动LED照明灯。

（3）恒压/恒流（CV/CC）输出式。当负载电流较小时工作在恒压区，负载电流较大时工作在恒流区，能对LED起到过载保护及短路保护作用。

（4）截流输出式。发生过载时，输出电流I_O随输出电压U_O的降低而迅速减小，可对LED负载起到保护作用。

409 如何划分LED驱动器的输出功率？

LED驱动器的输出功率可分为以下3种：

（1）小功率LED驱动器。输出功率为1～10W，典型产品可选NCP1015（8W，85～264V交流输入）或LinkSwitch-PL系列产品（LNK454～LNK458）。

（2）中功率LED驱动器。输出功率为12～40W，典型产品可选NCP1351（25W，85～264V交流输入）、NCL30000（8～40W）、LM3445或LinkSwitch-PL系列产品LNK460。

（3）大功率LED驱动器。输出功率大于40W，典型产品可选，PLC810PG(最大输出功率可达600W)、“NCP1607＋NCP1377”(40～200W，“PFC＋准谐振变换器”)、L6599、NCP1395、NCP1396或LinkSwitch-PH系列产品（LNK403EG～LNK409EG），FLS2100XS，TFS762HG，PFS714EG，LT3763。

410 多通道输出式LED驱动器有几种类型？

多通道LED驱动器的典型产品有DD313(3通道)、LT3476(4

通道)、CAT3637(6 通道)、MAX16807 (8 通道)、LTC3219(9 通道)、LT3595(16 通道，最多可驱动 160 只 50mA 的白光 LED)。

411 智能化 LED 驱动器的接口类型有几种?

智能化 LED 驱动器主要有以下 4 种接口类型:

(1) 单线 (1-Wire) 接口。典型产品有 MAX16816、CAT3636、CAT3644 和 CAT3643，FAN5626，FAN5345。

(2) 带 I^2C 接口的 LED 驱动器。典型产品有 LM27965、ADP8860 和 SAA1064。

(3) 带 SMBus 接口的 LED 驱动器。典型产品有 TPS61195、MAX7302 和 TPS61195。

(4) 带 SPI 接口的 LED 驱动器。典型产品有 LP3942、NLSF595 和 MAX6977。

412 LED 驱动芯片有哪些典型产品?

LED 驱动芯片典型产品的性能一览表见表 6-2-1。

表 6-2-1　　LED 驱动芯片典型产品的性能一览表

产品分类	型号	主要特点	
线性恒流调节器(CCR)	NSI45020	20mA±15%	两端器件，阳极-阴极电压最高为45V，能在宽电压范围内保持 LED 亮度恒定，当输入电压过高时能保护 LED 不受损害，输入电压较低时 LED 仍具有较高亮度
	NSI45025	25mA±15%	
	NSI45030	30mA±15%	
	NSI45060	60mA±15%	
	NSI45090	90mA±15%	
	NUD4001	恒流值为 350mA (典型值)、500mA (极限值) 最高输入电压为 30V，输出电流可通过外部电阻进行编程，能驱动 3W 的 LED 照明灯，电路简单，成本低廉，利用外部 PNP 型功率管可大幅度扩展输出电流	
	CAT4101	1A 高亮度线性 LED 恒流驱动器，不需要电感，能消除开关噪声，并使元件数量减至最少	
	CAT4026	6 通道线性 LED 恒流控制器，支持模拟调光和 PWM 调光，适用于大屏幕液晶电视的侧光式 LED 背光	

续表

产品分类	型　号	主　要　特　点
交/直流高压输入式LED驱动控制器	FT6610	隔离、降压式(或降压/升压式)可调光LED驱动控制器，输入为85～264V交流电源或+8～450V直流电源，通过外部功率开关管(MOSFET)可驱动几百个LED灯串或由串/并联组合的LED阵列，输出电流为几毫安至1A(可编程)，电源效率可达90%以上
	BP2808	交流输入电压范围是85～265V，直流输入电压范围是+12～450V，输出电流为几毫安至1A以上(可编程)，电源效率可达93%，能进行模拟调光和PWM调光，具有LED开路/短路保护功能
	MT7910	交/直流高压输入式精密恒流式高亮度LED驱动控制器，它采用电流补偿、扩频技术、LED开路保护等专利技术，恒流控制精度可达±1%。使用频率抖动及扩频技术来降低电磁干扰。交流输入电压范围是85～265V，直流输入电压范围是+14～450V，输出电流从几毫安至1A以上，能驱动数百只发光二极管，电源效率高达90%。具有模拟调光、PWM调光、LED开路、LED短路保护功能
模拟调光/PWM调光式LED驱动器	MT7201	输入电压范围是+7～40V，最大输出电流为1A，输出电流的控制精度为±2%，静态电流小于50μA，能驱动32W大功率白光LED灯串。电源效率最高可达97%，具有过电流保护(OCP)、欠电压(UVLO)保护、LED通/断(ON/OFF)控制、LED开路保护等功能；采用模拟调光、PWM调光均可
	SD42524	输入电压范围是+6～36V，工作电流为1.5mA(典型值)，最大输出电流为1A，负载电流变化率小于±1%，电源效率可达96%。具有温度补偿功能；当LED温度过高时，能根据负温度系数热敏电阻器检测到的温度自动降低输出电流值；模拟调光、PWM调光均可
	LM3404HV	专用来驱动大功率、高亮度LED(HB-LED)，输入电压范围是+6～75V，最大输出电流为1A，极限电流为1.5A，采用模拟调光、PWM调光均可，具有LED开路保护、低功耗关断及过热保护功能
	BP1360	输入电压范围从+5～30V，输出电流可编程，最大输出电流可达600mA±3%，模拟调光、PWM调光均可

续表

产品分类	型　号	主　要　特　点
模拟调光/PWM 调光式 LED 驱动器	BP1361	输入电压范围是+5～30V，输出电流可编程，最大输出电流可达 800mA±3%，模拟调光、PWM 调光均可
	SD42511	输入电压范围是+6～25V，最大输出电流为 1A±1%，效率可达 90%以上，仅使用 PWM 调光
	MAX16834	需配外部功率开关管(MOSFET)，输入电压范围是+4.75～28V，最大输出电流可达 10A，PWM 调光比高达 3000：1，开关频率可在 100kHz～1MHz 范围内调节
TRIAC（双向晶闸管）调光式 LED 驱动器	NCL30000	交流输入电压范围是 90～305V，带 PFC，适配 TRIAC 调光器，功率因数大于 0.96，电源效率大于 87%
	LM3445	交流输入电压范围是 80～277V，能对 1A 以上的输出电流进行调节，电源效率为 80%～90%。内置泄放电路、导通角检测器及译码器，可在 0～100%的调光范围内实现无闪烁调光，调光比为 100：1，TRIAC 的导通角范围是 45°～135°
	LNK403EG～LNK409EG	单片隔离式带 PFC 及 TRIAC 调光的 LED 恒流驱动集成电路，能满足 85～305V 宽范围交流输入电压的条件，具有 PFC、精确恒流(CC)控制、TRIAC 调光、远程通/断控制等功能，最大输出功率为 50W。具有软启动、延迟自动重启动、开路故障保护、过电流保护(OCP)、短路保护、输入过电压、过电流保护和安全工作区(SOA)保护及过热保护功能，通过有源阻尼电路和无源泄放电路可实现无闪烁调光
	LNK454D～LNK457D、LNK457V～LNK460V	LinkSwitch-PL 系列产品，它是专为紧凑型 LED 照明灯而设计的，能实现超小尺寸、低成本、TRIAC 调光、单级 PFC 及恒流驱动功能。适配 85～305V 交流输入电压，最大输出功率为 16W，功率因数大于 0.9
	IRS2548D	带单级式 PFC 的半桥式驱动器，可驱动 40V/1.3A 的高亮度 LED(HB-LED)灯串，电源效率可达 88%。内含变频振荡器和反向耐压为 600V 的功率MOSFET，具有可编程 PFC 保护、半桥过流保护和 ESD 保护功能
	LYT4311～4318	LYTSwitch-4 系列产品，带单级 PFC 和恒流输出控制功能，适配各种 TRIAC 调光器，恒流精度优于±5%，最大输出功率可达 78W，电源效率可达 92%以上，LED 驱动器的一次侧不需要使用大容量的铝电解电容器，能显著提高 LED 驱动器在高温环境下的使用寿命

续表

产品分类	型号	主要特点
数字调光式LED驱动器	MAX16816	输入电压范围是+5.9～76V。最大输出电流为1.33A±5%，电源效率超过90%。采用模拟调光、数字调光均可，在低频条件下调光比可达1000∶1。内部E^2PROM带单线总线(1-Wire)接口，便于与外部单片机(μC)进行通信，实现数字调光
	CAT3637	带单线可编程接口(EZDim™)的6通道可编程LED驱动器，允许用户通过该接口对LED驱动器进行编程及调光控制。它属于高效率电荷泵式LED驱动器，输入电压范围是+2.5～5.5V，电源效率高达92%。支持16级调光输出，在0～30mA范围内以2mA的步进量进行亮度调节。电荷泵可选4种倍压模式：1×、1.33×、1.5×和2×。具有零电流关断模式、软启动、欠电压保护、限流保护、短路保护及热关断功能，微控制器(MCU)通过单线(1-Wire)接口进行编程
	NCP5623	带I^2C接口的3通道RGB-LED驱动器，输入电压范围是+2.7～5.5V，最大总输出电流为90mA，3通道电流的匹配精度可达±0.3%，电源效率可达94%。通过I^2C接口接收微控制器的指令，实现32个电流等级的亮度控制
	LM27965	具有与I^2C总线兼容的接口的荷泵式3组输出式LED驱动器，最多可驱动9只并联的LED，用户能独立控制每组LED的亮度。驱动引脚被划分成3组：第一组能驱动4～5只LED，用于主显示器的背光源；第二组能驱动2～3只LED，用于辅助显示器的背光源；第三组为独立控制的LED驱动器，用于驱动LED指示灯。输入电压范围是+2.7～5.5V，总输出电流为180mA，每只LED的最大电流为30mA，每一只LED驱动电流的匹配精度可达0.3%，开关频率为1.27MHz，最高效率可达91%

续表

产品分类	型　号	主　要　特　点
数字调光式 LED 驱动器	TPS161195	带 SMBus 接口的 8 通道升压式白光 LED 驱动器，输入电压范围是+4.5～21V，可驱动 8 路、总共包含 96 只白光 LED 的灯串，总输出电流为 8×30mA，每路 LED 驱动电流的匹配精度可达±1%，能在 600kHz～1MHz 范围内对开关频率进行编程
	LP3942	带 SPI 接口的电荷泵式 2 通道 LED 恒流驱动器，输入电压范围是+3～5V，最大输出电流为 120mA。输出电压可选 4.5V 或 5.0V。微控制器可通过 SPI 接口对 RGB-LED 的颜色和亮度进行编程
	TLC5943	16 通道、16 位(65 536 步)灰度 PWM 亮度控制 LED 驱动器，输出电流为 50mA，各通道之间的恒流偏差不超过±1.5%。16 个通道均可使用该器件的 7 位亮度控制功能进行调节。用户可通过 30MHz 通用接口进行亮度控制、调节平均电流等级并补偿每只 LED 的亮度变化(即灰度等级)。该产品适用于单色、多色或全彩色 LED 显示屏、LED 广告牌及背景源

第三节　设计 LED 驱动电源注意事项问题解答

413　对大功率 LED 照明驱动电源的基本要求是什么？

对大功率 LED 照明驱动电源的要求可概括为两点：①无论在任何情况下(例如输入电压、环境温度或驱动电压有任何变动)，都能输出恒定的电流；②无论在任何情况下，输出纹波电流都在允许范围之内。因此，一般情况下应采用恒流电源来驱动 LED 灯具。

414　如何划分 LED 驱动芯片保护电路的类型？

LED 驱动芯片保护电路的分类及保护功能详见表 6-3-1。其中，内部保护电路是由芯片厂家设计的，外部保护电路则需用户自行设计。

表 6-3-1　　LED 驱动芯片保护电路的分类及功能

类型	保护电路名称	保护功能
内部保护电路	过电流保护电路	限定功率开关管的极限电流 I_{LIMIT}
	过热保护电路	当芯片温度超过芯片的最高结温时，就关断输出级
	关断/自动重启动电路	一旦调节失控，能重新启动电路，使开关电源恢复正常工作
	欠电压锁定电路	在正常输出之前，使芯片做好准备工作
	LED 开路/短路故障自检电路	防止因 LED 开路或短路而损坏器件
	可编程状态控制器	通过手动控制、微控制器操作、数字电路控制、禁止操作等方式，实现工作状态与备用状态的互相转换
外部保护电路	过电流保护装置（如熔丝管、自恢复熔丝管、熔断电阻器）	当输入电流超过额定值时，切断输入电路
	EMI 滤波器	滤除从电网引入的电磁干扰，并抑制开关电源所产生的干扰通过电源线向外部传输
	ESD 保护电路	防止因人体静电放电（ESD）而损坏关键元器件
	启动限流保护电路	利用软启动功率元件限制输入滤波电容的瞬间充电电流
	漏极钳位保护电路	吸收由漏感产生的尖峰电压，对 MOSFET 功率开关管的漏－源极电压起到钳位作用，避免损坏功率开关管
	瞬态过电压保护电路	利用单向、双向瞬态电压抑制器（TVS），对直流或交流电路进行保护
	输出过电压保护电路	利用晶闸管（SCR）或稳压管限制输出电压
	输入欠电压保护电路	利用光耦合器或反馈绕组进行反馈控制，输入电压过低时实现欠电压保护
	软启动电路	刚上电时利用软启动电容使输出电压平滑地升高
	散热器（含散热板）	给芯片和输出整流管加装合适的散热器，防止出现过热保护或因长期过热而损坏芯片

415 如何划分LED灯具保护电路的类型?

LED灯具保护电路的分类及保护功能见表6-3-2。

表6-3-2 LED灯具保护电路的分类及功能

保护电路名称	保护功能
LED开路保护电路	当某只LED突然损坏而开路时，与之并联的LED开路保护器就由关断状态变成导通状态，起到旁路作用，使灯串上其余的LED能继续工作
LED过电压保护电路	在LED灯串两端并联一只双向瞬态电压抑制器(TVS)，对过电压起到钳位保护作用
LED过电流保护电路	在LED灯串上串联一只正温度系数热敏电阻器(PTCR)，对过电流起到限流保护作用
LED浪涌电流保护电路	在LED灯串上串联一只负温度系数电阻器(NTCR)。当输入电压发生瞬间变化而产生高达上千伏电压或带电插拔LED时，都会在输出端形成浪涌电流；利用NTCR可保护LED免受浪涌电流的损坏；上电后NTCR变为低阻值，可忽略不计
LED浪涌电压保护电路	在LED灯串两端并联一只压敏电阻器(VSR)，对浪涌电压起到钳位作用
LED静电放电(ESD)保护电路	利用ESD二极管、ESD矩阵、TVS、气体放电管等保护器件，避免因人体静电放电而损坏LED
共享式防静电保护电路	在LED显示屏中，由多只LED共享一个保护二极管，以较低的成本和较小的空间对全部LED进行了有效的静电防护，具有占用空间小、成本低、易于实现等优点

416 如何划分LED灯具的安全等级?

灯具不仅要能提供良好的照明，还必须符合安全规范。具体讲，每个灯具都必须是绝缘的，所有可触及的金属部件不得带电。

对于正常运行时带电的部件，必须采取绝缘措施，增加保护套，以免人体接触到这些部件。另外，在发生漏电时还应避免可触及的金属部件带电。

我国制定的灯具标准(GB 7000.1—2007)将安全等级分为4类，但由于0类灯具无接地功能，所提供的防触电保护最低，因此自2009年起我国强制0类灯具退出市场，详细说明参见表6-3-3。低压设施中灯具标志的说明见表6-3-4。

表6-3-3　　我国制定的灯具安全等级说明

安全等级	标准内容	说明
0类灯具(仅适用于普通灯具)	依靠基本绝缘作为防触电保护的灯具。这意味着，灯具的易触及导电部件(如有这种部件)没有连接到设施的固定线路中的保护导线，万一基本绝缘失效，就只好依靠环境了	仅适用于安全程度高的场合，我国自2009年起强制0类灯具退出市场
Ⅰ类灯具	灯具的防触电保护不仅依靠基本绝缘，而且还包括附加的安全措施，即易触及导电部件连接到设施的固定布线中的保护接地导体上，使易触及的导电部件在万一基本绝缘失效时不致带电	用于金属外壳灯具，如投光灯、路灯、庭院灯等，可提高安全程度
Ⅱ类灯具	灯具的防触电保护不仅依靠基本绝缘，而且具有附加安全措施，例如双重绝缘或加强绝缘，没有接地或依赖安装条件的措施	绝缘性好，安全程度高，适用于环境差、人经常触摸的灯具，如台灯、手提灯等
Ⅲ类灯具	防触电保护依靠电源电压为安全特低电压(SELV)，并且其中不会产生高于SELV电压的灯具	灯具安全程度最高，适用于恶劣环境，如机床工作灯、儿童用灯等

表 6-3-4　　低压设施中灯具标志的说明

安全级别	灯具的标志	说明
Ⅰ	保护联结端子的标志用符号⏚	表示保护接地，应将这个端子连接到设施的保护等电位联结上
Ⅱ	采用符号回作标志	"回"字表示采用双重绝缘结构，而不依赖于设施的防护措施，即灯具的防触电保护不仅来自于基本绝缘，同时还具备附加绝缘
Ⅲ	采用符号Ⅲ作标志	防触电保护电源电压不得超过安全特低电压(SELV，50V)，其内部也不会产生大于50V的电压；亦可采用普通电池、充电电池供电

417 LED驱动电源实现无电解电容器有哪些方法？

铝电解电容器的使用寿命仅为几千小时，严重制约了LED灯具的工作寿命。因此，实现无电解电容器是LED驱动电源的一个发展方向。解决方法主要有以下两种：

(1)用固态电容器代替铝电解电容器。铝电解电容器是以电解液为电介质，受其性能所限制很难满足长寿命LED的要求。固态电容器是用高导电性的高分子聚合物取代电解液做电介质的，具有工作稳定、耐高温、寿命长、高频特性好、等效串联电阻(ESR)低、使用安全、节能环保等优良特性，性能远优于铝电解电容器，特别适用于工作条件比较恶劣的LED路灯驱动电源。有关固态电容器的性能特点，参见第三章第十三节。

(2)用陶瓷电容器代替电解电容器。某些新型LED驱动芯片，无须使用电解电容器。例如，日本Takion公司新推出的TK5401型LED驱动器IC，输出滤波电容器可采用1μF的小容量、长寿命陶瓷电容器，不需要电解电容器，可将LED驱动电源的使用寿命提高到几万小时。

418 如何选择隔离式、非隔离式LED驱动电源的拓扑结构？

（1）隔离式LED驱动电源的选择。所谓隔离式LED驱动电源，是指交流线路电压与LED之间没有物理上的电气连接，因此它属于AC/DC变换器。隔离式驱动电源大多采用AC/DC反激式（Flyback）隔离方案，使用安全，但电路较复杂、成本较高，效率较低。

1）40W以下的隔离式中、小功率LED驱动电源最适合选择反激式变换器。

2）40～100W的隔离式大功率LED驱动电源推荐采用单级PFC电源（将PFC变换器与DC/DC变换器封装成一个芯片）。

3）100W以上的隔离式大功率LED驱动电源建议采用“PFC变换器＋LLC半桥谐振式变换器”的单级或两级PFC电源。

在交流输入电压u＝85～265V、输出电流I_O＝0.3～3A的条件下，3种隔离式拓扑结构的输出功率（P_O）及电源效率（η）适用范围如图6-3-1所示。由图可见，采用LLC半桥谐振拓扑结构时的输出功率最大，电源效率最高。

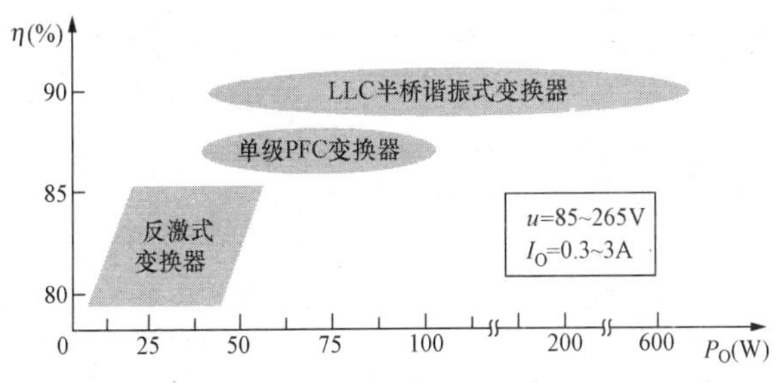

图6-3-1 3种隔离式拓扑结构的输出功率及电源效率适用范围

（2）非隔离式LED驱动电源拓扑结构的选择。根据电源电压与LED负载电压之间的关系，非隔离式LED驱动电源可采用降压式（Buck）或升压式（Boost）DC/DC变换器，电路比较简单，效率较高，成本较低，在低压供电的LED灯具中，按照效率和成本优先的原则，非隔离式方案是最佳选择。

419　电感电流连续导通模式的基本原理是什么？

采用电感电流连续导通模式的降压式LED驱动器，其基本原理如图6-3-2（a）、（b）所示。图中的开关S表示内部MOSFET。正半周时MOSFET导通，相当于S闭合，电路如图（a）所示。电流途径为U_I→LED灯串→L→S（MOSFET）→R_S→地，对电感进行储能，电感电压U_L的极性是上端为正，下端为负，此时VD截止。负半周时MOSFET截止，相当于S断开，由于在电感上产生反向电动势，U_L的极性变成上端为负，下端为正，使得VD导通，电感通过VD→LED灯串泄放能量，维持电感电流I_L的方向不变。因此，无论MOSFET是导通还是截止，电感上始终都有电流通过，且电流方向保持不变。MOSFET的关断时间T_{OFF}可通过外部电阻设定，它是固定不变的，经过T_{OFF}之后MOSFET将被重新开启。

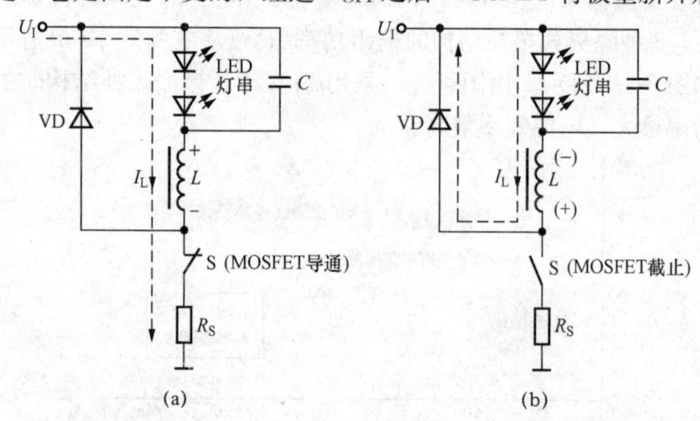

图6-3-2　电感电流连续导通模式的基本工作原理

（a）正半周时S闭合（MOSFET导通）；（b）负半周时S断开（MOSFET截止）

电容器C具有平滑滤波的作用，但对于采用连续电感电流导通模式的LED驱动器而言，亦可省去C。在不考虑输出滤波电容器C的情况下，电感电流的波形如图6-3-3所示。图中T_{ON}、T_{OFF}分别表示MOSFET导通时间和截止时间，$I_{L(PK)}$、$I_{L(AVG)}$、$I_{L(min)}$分别代表电感电流的峰值电流（最大值）、平均值和最小值。因电感的储能过程总是从非零值（$I_{L(min)}$）开始的，故称作电感电流连续导通模式。ΔI_L、$\Delta I_L/2$ 分别表示纹波电流峰-峰值、峰值，$I_{L(AVG)}$ 也就是通过LED灯串的平均电流 $I_{LED(AVG)}$。设直流输入电压为 U，续流二极管VD的正向导通压降为 U_D，LED灯串上的总

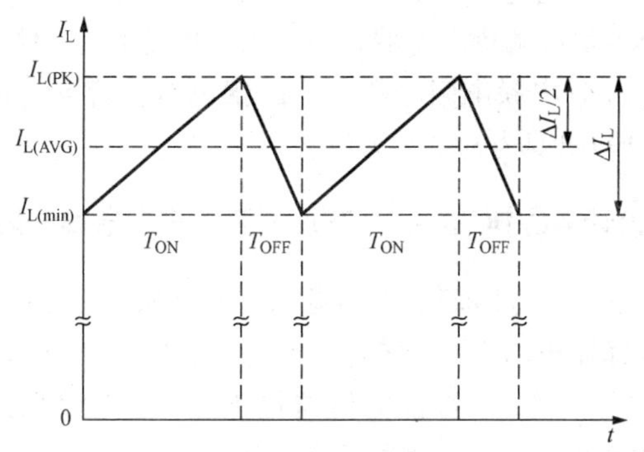

图6-3-3　电感电流的波形图（不考虑输出滤波电容器 C）

压降为 U_{LED}。当MOSFET关断时，有公式

$$U_L \approx U_{LED} - U_D \tag{6-3-1}$$

$$I_{LED(AVG)} = I_{L(AVG)} = I_{L(PK)} - \Delta I_L/2$$
$$= I_{L(PK)} - \frac{T_{OFF}(U_{LED} - U_D)}{2L} \tag{6-3-2}$$

式（6-3-2）中，$I_{L(PK)}$ 由外部电阻设定，T_{OFF}、U_{LED}、U_D 和 L 均为定值，因此 $I_{LED(AVG)}$ 能保持在恒流状态，这就是电感电流连续导通模式的基本工作原理。

采用连续电感电流导通模式有以下优点：

（1）外围电路简单，使用元器件数量少，可降低LED驱动电源的成本。

（2）恒流特性好，恒流精度可达2%～5%。

（3）通过控制小电流来调节 $I_{LED(AVG)}$，这有利于提高电源效率。

（4）与不连续电感电流导通模式相比，连续电感电流导通模式可提高大功率LED驱动电源的效率。

（5）可省去输出滤波电容器，设计成无输出滤波电容器的长寿

命LED驱动电源。输出滤波电容器的主要作用是滤除纹波和噪声，但由于LED灯串的亮度取决于通过灯串的平均电流$I_{LED(AVG)}$值，并不受高频纹波电流的影响，因此只要使输出噪声不超过允许值，即可使用小容量的陶瓷电容器，而不用选择成本高、体积大、寿命短、具有低等效串联电阻（R_{ESR}）的铝电解电容器。铝电解电容器是限制LED灯具寿命的重要因素。

420 设计AC/DC式LED驱动电源时应考虑哪些因素？

设计AC/DC式LED驱动电源时应考虑如下几点：

（1）选择输出功率：应考虑功率等级、LED正向压降U_F的变化范围，正向电流I_F的目标值与最大值，LED灯的排列方式。LED驱动电源的功率等级可按下述原则选择：

1）小功率LED驱动电源的功率范围是1～12W，主要用于橱窗内照明、台灯及小范围照明灯。

2）中功率LED驱动电源的功率范围是12～40W，主要用于嵌灯、射灯、装饰灯具、冷藏柜及电冰箱灯及LED镇流器。

3）大功率LED驱动电源的功率范围应大于40W，主要用于区域照明、路灯、高效率LED驱动电源（含镇流器）、替代荧光灯及气体放电灯。

（2）选择电源电压：全球通用的交流输入电压范围（85～265V），固定式交流输入电压（例如220V±15%），低压照明电压，太阳能电池电压。

（3）选择调光方式：是否需要采用模拟调光、PWM调光、TRIAC调光、数字调光、无线调光或多级调光方式。住宅照明经常用TRIAC调光方式。

（4）选择照明控制方式：常亮状态、手动控制、定时控制、自动控制（需配环境光传感器和微控制器）。

（5）对功率因数的要求：国际电工委员会（IEC）对25W以上LED照明灯的总谐波失真（THD）的要求，美国“能源之星”对住宅用和商业用LED照明灯的功率因数也分别做出具体要求。作为公用设施的LED路灯及商业用LED照明灯，必须采取功率因数校正措施。

（6）其他设计要求：电源效率，空载或待机功耗，外形尺寸，成本，保护功能（短路保护、开路保护、过载保护、过热保护等），安全性标准（如“能源之星”固态照明规范，IEC 61347-2-13 标准、美国电器质量标准 UL1310 等），节能标准（如“能源之星”规范），可靠性指标，机械连接方式，安装方式，维修及更换，使用寿命。

（7）其他特殊要求：例如设计区域照明时需考虑该照明区所要求的功率范围及发光等级、灯杆的高度及间距、LED 光通量随环境温度变化等情况。

421 设计太阳能 LED 照明灯具需注意哪些事项？

太阳能电池与 LED 同属半导体器件，它们都是由 PN 结构成的，但前者是把太阳能转换为电能，后者则是将电能转换为光能。太阳能 LED 照明灯充分体现了太阳能光伏发电技术与 LED 照明技术的完美结合，是真正意义上的绿色环保照明产品。太阳能 LED 照明灯是由太阳能电池板、充放电控制器（含光控开关）、蓄电池（或超级电容器）、LED 驱动器和 LED 灯共 5 部分组成的。设计太阳能供电系统时需注意以下事项：

（1）太阳能供电系统必须与 LED 照明灯互相匹配。

（2）LED 驱动器应采用升压式变换器。

（3）由于太阳能电池的输入电能很不稳定，因此需要配蓄电池才能正常工作。目前普遍采用铅酸蓄电池、镍镉（NiCd）蓄电池或镍氢（NiH）蓄电池，但蓄电池的充电次数有限（一般不超过 1000 次），并且充电速度慢，充电电路复杂，使用寿命短，废弃电池会造成环境污染。因此，中、小功率的 LED 照明灯可选用超级电容器作为储能元件。

超级电容器（Super Capacitor）是一种能提供强大功率的环保型二次电源，它具有体积小、容量大、储存电荷多、漏电流极小、电压记忆特性好、使用寿命长（充放电循环寿命在 50 万次以上）、工作温度范围宽（−40～75℃）等特点。超级电容器的耐压值通常为 2.5～3V（也有耐压为 1.6V 的产品）。目前国外生产的超级电容器质量能量密度和容积功率密度比普通蓄电池高两个数量级，容量已达到2.7V/5000F，工作寿命可达90000h。超级电容器可广泛用作太阳能LED照明、工控设备、汽车照明的后备电源或辅助电源。由锦州凯美能源有限公司生产的SP-2R5-J906UY型2.5V/90F超级电容器，其主要技术指标见表6-3-5。表中的R_{ESR}为等效串联电阻。最近该公司还推出HP-2R7-J407UY型2.7V/400F的超级电容器。

例如，将10只2.5V/90F的超级电容器并联使用，可构成2.5V/900F的超级电容器模块，其总等效串联电阻$R_{ESR}=8m\Omega/10=0.8m\Omega$，完全可忽略不计。若令充电电流$I_1=500mA$，则充电时间$t_1$为

$$t_1=\frac{CU}{I_1}=\frac{900F\times 2.5V}{500mA}=4500s$$

表6-3-5　SP-2R5-J906UY型超级电容器的主要技术指标

额定电压（V）	标称容量（F）	R_{ESR}的典型值（1kHz，mΩ）	外型尺寸（mm）	热缩管颜色	引脚距离（mm）	引线直径（mm）
2.5	90	8	ϕ22×54	宝石蓝	10±0.5	1.5±0.05

设放电电流$I_2=100mA$，当超级电容器模块从2.5V降至0.6V时可视为放电结束，放电时间t_2为

$$t_2=\frac{C\Delta U}{I_2}=\frac{900F\times(2.5V-0.6V)}{100mA}=17100s=4.75h$$

（4）太阳能电池组件的额定输出功率至少应比LED灯具输入功率大一倍。受超级电容器容量所限，目前它仅适用于草坪灯、门厅灯等小功率LED照明灯具。

第四节　LED调光技术问题解答

422　LED驱动器有几种调光方式？

LED照明灯主要有以下5种调光方式：

（1）模拟调光（Analog Dimming）。

（2）PWM调光（Pulse Width Modulation Dimming）。

（3）数字调光（Digital Dimming）。

（4）TRIAC调光，即双向晶闸管调光（旧称三端双向可控硅调光）。

（5）无线调光（Wireless Dimming）。

其中，数字调光是微控制器通过单线接口、I^2C、SMBus、SPI等串行接口给LED驱动器发出数字信号，来调节LED照明灯的亮度，可实现渐进调光（Gradual Dimming）。渐进调光是一种连续的调光方式，使电流I_{LED}以指数曲线形式逐渐增加，能很好地补偿人眼的敏感度。此外，还可利用数字电位器和单片机实现数字调光。无线调光是在数控恒流驱动器的基础上增加红外遥控发射器、红外遥控接收器来进行调光的。

423 模拟调光有何优点?

模拟调光亦称线性调光（Linear Dimming）。模拟调光可利用直流电压信号使LED驱动器的输出电流连续地变化，从而实现对LED的线性调光。其特点是调光信号为模拟量，并且输出电流是连续变化的，使LED的亮度能连续调节。模拟调光比最高只能达到50∶1，一般在10∶1以下。模拟调光的优点是电路简单，容易实现，操作方便，无闪烁现象，能避免TRIAC调光产生的闪烁，成本低廉，可通过调节直滑推拉式线性电位器的电阻值，来改变通过LED的电流，进而调节LED的亮度。

424 模拟调光有何缺点?

模拟调光主要有以下缺点：

（1）当电流发生变化时会造成LED的色偏，因为LED的色谱与电流有关，所以会影响白光LED的发光质量。举例说明，目前白光LED都是用蓝光LED激发荧光粉而产生的，当正向电流增大时，蓝光LED的亮度增加而荧光粉厚度并未按相同的比例变薄，致使其光谱的主波长增大，当正向电流变化时会引起色温的变化。对于RGB-LED背光源，则会引起色彩偏移（简称色偏）。由于人眼对色偏非常敏感，因此RGB-LED背光源无法采用模拟调光方式。

（2）模拟调光的范围较窄，例如MT7201型LED恒流驱动器的模拟调光电压允许范围是0.3～2.5V，调光比仅为2.5V：0.3V＝8.3：1＜10：1；SN3910型HB-LED恒流驱动控制器的调光比为240mV/5mV＝48：1；远低于PWM的调光比，后者可达几百至几千倍。模拟调光仅适用于某些特定的场合，例如LED路灯所需调光范围有限，采用简单的模拟调光方法即可满足要求。

（3）由于模拟调光时LED驱动器始终处于工作状态，而LED驱动器的转换效率随输出电流的减小而迅速降低，因此采用模拟调光会增加电源系统的功率损耗。

425 模拟调光的基本原理是什么？

以电感电流连续导通模式的降压式LED驱动器为例，模拟调光的基本原理如图6-4-1所示。它属于自激式降压变换器，主要包括以下5部分：①由运算放大器A、MOS场效应管V_2（P沟道管）和R_{SET}（LED平均电流设定电阻）组成的镜像电流源，其输出电流I_H是LED灯串平均电流$I_{LED(AVG)}$的镜像电流（因图6-4-1中未使用输出电容器，故I_{LED}需用平均电流表示），二者存在确定的比

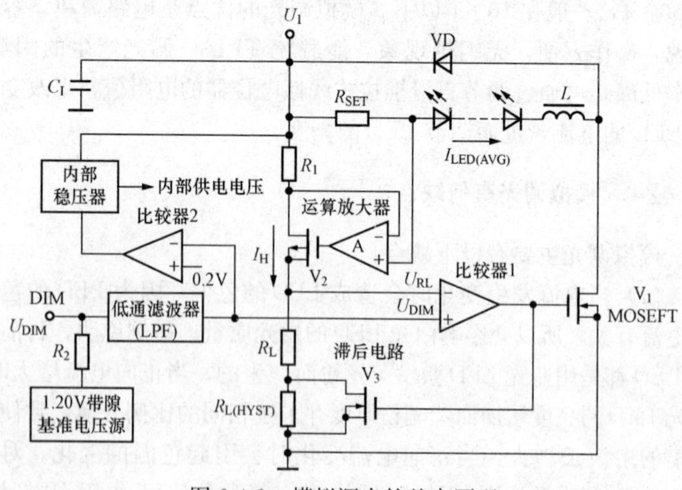

图6-4-1 模拟调光的基本原理

例关系，令k为比例系数，则$I_H=kI_{LED(AVG)}$；仅当$k=1$时$I_H=I_{LED(AVG)}$。由于一般情况下$k\ll1$，因此可将大电流$I_{LED(AVG)}$按比例转换成小电流I_H，使取样电流值大大减小。R_1为镜像电流源的内部电阻。镜像电流源的输入端接U_I，输出端经过内部电阻R_L、$R_{L(HYST)}$接地，R_L为镜像电流源的负载电阻。镜像电流源的控制电压取自R_{SET}两端的压降。②模拟调光信号U_{DIM}的输入电路，包括1.20V带隙基准电压源（它经过电阻R_2给模拟调光信号输入端DIM提供1.20V的偏置电压），低通滤波器LPF（用于滤除高频干扰）。③恒流控制电路，由比较器1、N沟道MOSFET功率开关管V_1和滞后电路（包含N沟道MOS场效应管V_3、设定负载滞后量的电阻$R_{L(HYST)}$）组成。④内部电源关断控制电路，它包含内部稳压器和比较器2。⑤用于维持输出电流恒定的电感器L、LED灯串及超快恢复二极管（或肖特基二极管）VD。

由图6-4-1可见，当$U_{DIM}>U_{RL}$时，比较器1输出高电平，使功率开关管V_1导通，流过LED的电流$I_{LED(AVG)}$线性地增大，$I_{LED(AVG)}$通过镜像电流源使I_H也同步的线性增加，进而使U_{RL}升高。当$U_{RL}>U_{DIM}$时，比较器1输出低电平，将V_1关断，流过LED的电流$I_{LED(AVG)}$按照线性规律减小，使V_3截止。由于$R_{L(HYST)}$串联在R_L上，这就抬高了比较器1的反馈电压U_{RL}，以便使比较器1的输出保持为低电平。随着$I_{LED(AVG)}$线性地减小，U_{RL}也随之降低，直到$U_{RL}<U_{DIM}$时进入下一个振荡周期。因为流过LED的电流I_{LED}是锯齿波，其平均电流$I_{LED(AVG)}$与比较器1的电压阈值（即U_{DIM}）成正比。因此改变U_{DIM}即可改变$I_{LED(AVG)}$，最终达到模拟调光之目的。

比较器1的滞后电路由V_3和$R_{L(HYST)}$组成，其作用类似于施密特触发器。当$U_{DIM}>U_{RL}$时，比较器1输出为高电平，使V_3导通，将$R_{L(HYST)}$短路，此时滞后电路不起作用。一旦$U_{RL}>U_{DIM}$，比较器迅速翻转后输出为低电平，使V_3截止，滞后电路起作用，使U_{RL}进一步升高，直到$U_{DIM}>U_{RL}$，比较器1才能输出高电平，令V_3导通，滞后电路失效。因此，滞后电路可使U_{RL}形成锯齿波电压，能避免比较器及V_1频繁地动作。

图 6-4-1 中，模拟调光信号 U_{DIM} 的允许输入范围是 0.3～2.5V。1.20V 带隙基准电压源经过电阻 R_2 给 DIM 端提供偏置电压。不进行模拟调光时 DIM 端为开路，该端被偏置到 1.20V，以保证 LED 能正常发光。此外，U_{DIM} 还被送至内部电源控制电路，当 U_{DIM}＜0.2V 时，芯片进入待机模式，内部电源掉电，使功率开关管 V_1 关断并切断 LED 上的电流。仅当 U_{DIM}＝0.25V＞0.2V 时，才允许芯片工作。

模拟调光时输出平均电流 $I_{LED(AVG)}$ 与模拟调光信号 U_{DIM} 的特性曲线示例如图 6-4-2 所示。图中的实线和虚线分别对应于电流检测电阻 R_{SET}＝0.1（最小值）、0.2Ω 时的 $I_{LED(AVG)}$-U_{DIM} 曲线。由图可见。当 U_{DIM}≥0.3V 时，$I_{LED(AVG)}$ 随 U_{DIM} 的升高而线性地增大。当 DIM 端悬空、L＝47μH、$I_{LED(AVG)}$＝1A，驱动 1 只正向压降为 3.2V 的白光 LED 时，开关频率为 300kHz（典型值）。最高开关频率可达 1MHz 左右。

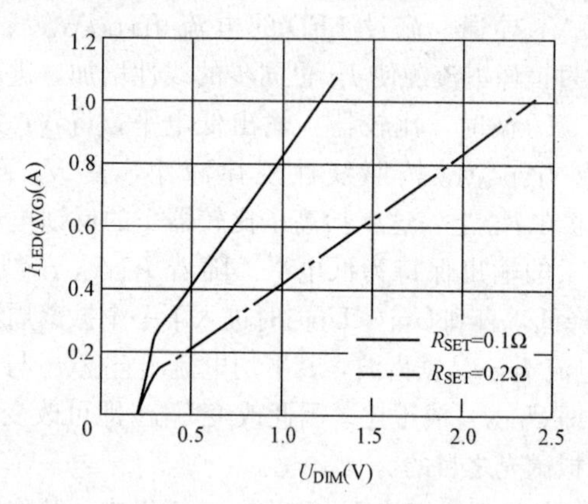

图 6-4-2　$I_{LED(AVG)}$ 与 U_{DIM} 的特性曲线示例

设计模拟调光电路时可将一个稳定电压经过精密电阻分压器获得所需的 U_{DIM}，供模拟调光使用。调光用电位器的调压范围应能覆盖 0.3～2.5V，并应留出一定余量。亦可用按键式数字电位器来代替机械电位器。从调光效果看，使用对数电位器要比线性电位器更符合人眼的感光特性。

426 试给出一个模拟调光的应用实例。

MT7201属于连续电感电流导通模式的降压式恒流LED驱动器，能驱动32W大功率白光LED灯串。其输入电压范围是+7～40V，最大输出电流为1A，输出电流控制精度为2%，静态电流小于50μA，电源效率最高可达97%（电源效率与输入电压、LED的数量有关）。MT7201的工作原理与图6-4-1基本相同，主要增加了过电流保护（OCP）、欠电压（UVLO）保护等功能。它具有LED通/断控制、模拟调光、PWM调光、LED开路保护等功能，适用于车载LED灯、LED备用灯和LED信号灯。

MT7201的典型应用电路如图6-4-3所示，最多可驱动10只大功率白光LED。它采用SOT89-5封装。LX为功率开关管的漏极引出端。ADJ为通/断控制、模拟调光或PWM调光的多功能控制端，不调光时该端应悬空。I_{SENSE}为输出电流设定端，接外部电阻R_{SET}用于设定LED的平均电流$I_{LED(AVG)}$。C为输入电容器，L为电感器，VD为超快恢复（或肖特基）二极管。

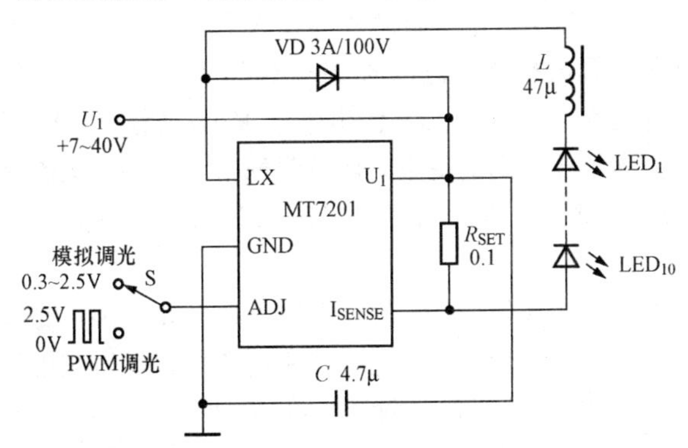

图6-4-3 MT7201的典型应用电路

当ADJ端悬空或U_{ADJ}=2.50V时，$I_{LED(AVG)}$的计算公式为

$$I_{LED(AVG)} = 0.1V/R_{SET} \quad (6\text{-}4\text{-}1)$$

例如，当R_{SET}=0.286、0.133、0.1Ω时，可计算出$I_{LED(AVG)}$分别为350、750mA和1A，可驱动标称正向电流分别为350、

750mA和1A的大功率白光LED灯。R_{SET}的最小值为0.1Ω，所对应的$I_{LED(max)}=1A$（此时LED亮度达到100%），I_{LED}的极限值为1.2A。当$I_{LED(AVG)} \leqslant 500mA$时，调节$I_{LED(AVG)}$的范围是(25%～200%) $I_{LED(AVG)}$。假如LED开路，电感L就与LX端断开，使控制环路无电流通过，从而起到保护作用。当$U_{ADJ}<0.2V$时，将功率开关管V_1关断。

MT7201有多种调光方式，可通过开关S进行选择：①利用0.3～2.5V直流电压进行模拟调光；②利用0～1.2V的PWM信号调光；③利用高低电平实现PWM信号调光。

427 设计模拟调光式LED驱动器时应注意哪些事项?

以图6-4-3所示MT7201的典型应用电路为例，设计时应注意下列事项：

(1) 输入电容器C应采用低等效串联电阻（ESR）的电容器。输入为直流电压时，C的最小值为4.7 μF，建议使用X5R、X7R系列陶瓷电容器。在交流输入或低电压输入时，C应采用100 μF的钽电容器。C要尽可能靠近芯片的输入引脚。

(2) 电感L的推荐值范围时27～100 μH。其饱和电流必须比最大输出电流高30%～50%。输出电流越小，所用电感量就越大。在输出电流满足要求的前提下，电感量取得大一些，恒流效果会更好。在设计PCB时L应尽量靠近U_I、LX端，以避免引线电阻造成功率损耗。

(3) 为提高转换效率，二极管VD可选择3A/50V的超快恢复二极管或肖特基二极管，其正向电流及耐压值视具体应用而定，但必须留出30%的余量，以便能稳定、可靠地工作。

(4) 如果需要减小输出纹波，在LED两端并联一只1 μF电容器，能将输出纹波减小1/3左右。适当增大输出电容器并不影响驱动器的工作频率和效率，但会影响软启动时间及调光频率，这是因为MT7201属于自激式变换器的缘故。

(5) 合理的PCB布局对保证驱动器的稳定性以及降低噪声至关重要。R_{SET}两端的引线应短捷，以减小引线电阻，保证取样电流的准确度。使用多层PCB板是避免噪声干扰的一种有效办法。MT7201的PCB散热器铜箔面积要尽可能大一些，以利于散热。

428 PWM调光有何优点？

PWM调光是利用脉宽调制信号反复地开/关（ON/OFF）LED驱动器，来调节LED的平均电流。与模拟调光方法相比，PWM调光具有以下优点：

（1）无论调光比有多大，LED一直在恒流条件下工作。

（2）颜色一致性好，亮度级别高。在整个调光范围内，由于LED电流要么处于最大值，要么被关断，通过调节脉冲占空比来改变LED的平均电流，所以该方案能避免在电流变化过程中出现色偏。

（3）能提供更大的调光范围和更好的线性度。PWM调光频率一般为200Hz（低频调光）～20kHz以上（高频调光），只要PWM调光频率高于100Hz，就观察不到LED的闪烁现象。

（4）低频调光时的占空比调节范围最高可达1%～100%。PWM调光比最高可达5000∶1。

（5）多数厂家生产的LED驱动器芯片都支持PWM调光。这分下述3种情况：只带PWM调光输入引脚，没有模拟调光引脚；给PWM调光、模拟调光分别设置一个引脚；与模拟调光共用一个调光输入引脚。

（6）采用PWM调光时，LED驱动器的转换效率高。

429 PWM调光有何缺点？

PWM调光的主要缺点为：①需配PWM调光信号源，使其成本高于模拟调光；②若PWM信号的频率正好处于200Hz～20kHz之间，LED驱动器中的电感及输出电容器会发出人耳听得见的噪声。高端照明系统的调光频率应高于20kHz，但高频调光会减小LED驱动器的调光范围。

430 PWM调光有几种实现方案？

利用PWM信号调光有3种方式：①直接用PWM信号控制；

②通过晶体管（或 MOSFET）进行控制（高电平为 1，低电平为 0）；③利用微控制器（MCU）产生的 PWM 信号进行控制。

431 PWM 信号调光有几种方式？

以降压式恒流 LED 驱动器 MT7201 为例，3 种 PWM 信号调光方式分别如图 6-4-4（a）～（c）所示。PWM 调光端一般用 ADJ（或 PWM）表示，也有的芯片与模拟调光合用一个调光引脚 DIM。PWM 调光频率应在 100Hz 以上，以避免人眼观察到 LED 闪烁现象。

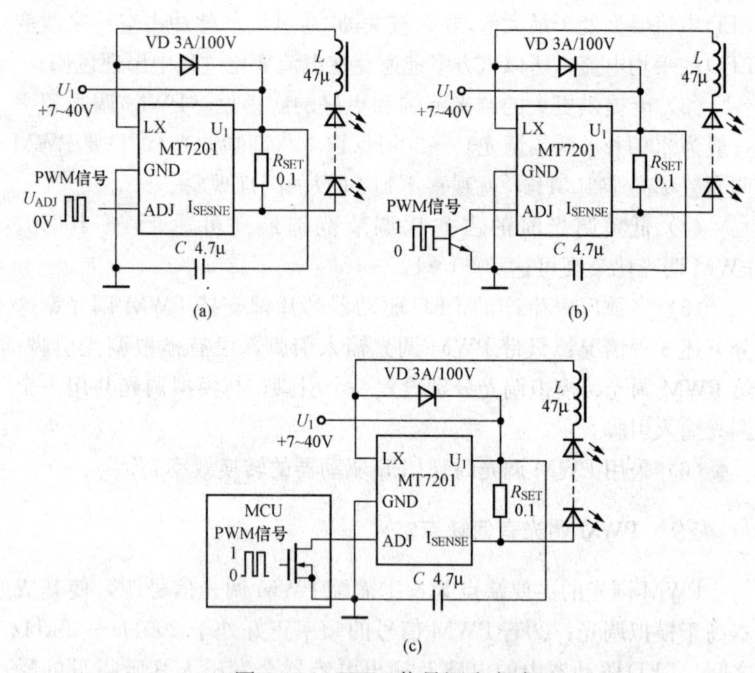

图 6-4-4　PWM 信号调光方式

（a）直接用 PWM 信号控制；（b）通过晶体管进行控制；（c）用微控制器产生的 PWM 信号进行控制

432 怎样计算 PWM 调光时的调光比？

在 PWM 调光时，设 LED 平均电流的最大值、最小值分别为

因设计电路时取 $R_3=R_4=R_5=R_6=10\text{k}\Omega$，故式（9-4-3）可化简成

$$U_O=U_2-U_1 \tag{9-4-4}$$

(U_2-U_1) 即 A_4 的输入信号电压 U_I，因此

$$U_O=U_I \tag{9-4-5}$$

这表明 A_4 的电压放大倍数 $K=1$。

图 9-4-2 中的 $R_{I1}\sim R_{I3}$ 须采用误差为±0.1%～±0.5%的精密金属膜电阻。ICL7650 的失调电压低于 1μV，长期漂移量仅为 10μV/月，$A_{VD}>120\text{dB}$（折合 10^6 倍）。仅考虑 A_1 时，在线测量电流的相对误差为

$$\gamma=\pm\frac{\Delta I_x}{I_x}=\pm\frac{R_I}{A_{VD}R_0}\cdot 100\% \tag{9-4-6}$$

假定 $R_I=10.00\Omega$，$A_{VD}=1\times10^6$，$R_0=0.01\Omega$，代入式(9-4-6)中计算出 $\gamma=\pm0.1\%$。实际上 A_1 与 VT 构成闭环放大电路，故误差约为±1%～±3%。

在线电流测量仪的 200mA 挡测量数据详见表 9-4-1。表中的电流准确值是将 VC890D 型数字万用表串入印刷电路中测出来的。在线电流则是将 VC890D 拨至 2V（DC）挡，接到在线电流测量仪的电压输出端而测得的（将小数点右移一位，即读数扩大 10 倍，单位取 mA）。由表可见，测量误差一般不超过±3%。测量时 a-b 间距离应大于 5mm。

表 9-4-1　　在线测量电流的数据

在线测量值 I'_x(mA)	10.5	20.0	30.6	46.2	60.2	70.4	83.2	94.2	113.0	146.5	168.4
电流准确值 I_x(mA)	10.8	20.3	31.3	46.7	60.8	71.1	83.9	95.1	113.9	147.7	169.4
相对误差 γ(%)	−2.8	−1.5	−1.6	−1.1	−1.0	−0.4	−1.0	−1.0	−0.8	−1.2	−0.6

568　在线测量电阻的基本原理是什么？

在线测量电阻 R_x 的基本原理是无论电路多么复杂，总可以把

与 R_x 相并联的元件等效为两只互相串联的电阻 R_1 和 R_2，由此构成三角形电阻网络。基本原理如图 9-4-3 所示。只要使 R_1（或 R_2，下同）两端呈等电位，此时 $U_{R1}=0$，则 R_1 相当于开路，R_2 变成运放的负载电阻，R_1 和 R_2 就不起分流作用，这样即可直接测量 R_x 的阻值。E 为测试电压，I_S 为测试电流。设流过 R_x、R_1 的电流分别为 I_x、I_1，运算放大器 A 的输入偏置电流为 I_{IB}。根据基尔霍夫定律可知

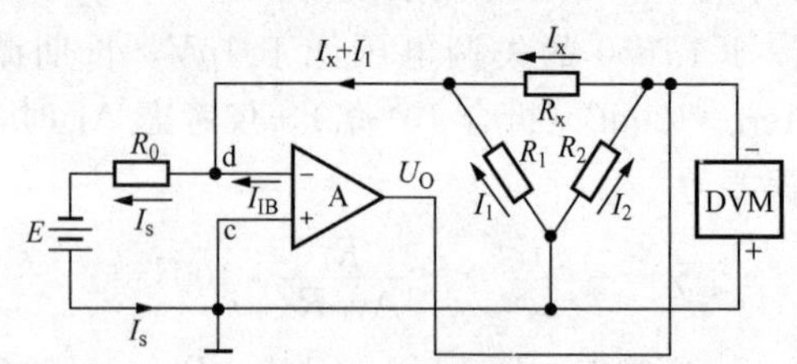

图 9-4-3 在线测量电阻的基本原理图

$$I_S=I_x+I_1+I_{IB} \tag{9-4-7}$$

因 I_{IB}很小，可忽略不计；又根据“虚地”原理，$U_{cd}=I_1R_1=0$，故 $I_1\approx0$，亦可忽略不计。由此得到

$$I_S=I_x \tag{9-4-8}$$

再考虑到 c 点接地，d 点为虚地，因此

$$I_S=E/R_0 \tag{9-4-9}$$

进而推导出

$$U_x=I_xR_x=I_SR_x=\frac{E}{R_0}\cdot R_x \tag{9-4-10}$$

显然，只要用数字电压表测出 R_x 两端的压降 U_x，就能求出 R_x 值。此外，考虑到 d 点为虚地，因此数字电压表可直接连到负载电阻 R_2 两端(即 U_O 与地之间)。这就是在线测量电阻的基本原理。

需要指出，式（9-4-7）中的 I_{IB}还有正、负之分。运算放大器输入级偏流的方向，视其内部电路结构而定。以 PNP 型差分对管为输入级的运放（例如 LM358、LM324)，其 I_{IB}是流出的（参见图 9-4-3)，现记作$+I_{IB}$。而采用 NPN 型差分对管为输入级的运放（如 μA741)，其 I_{IB}却是流入的，需用$-I_{IB}$来表示。但无论 I_{IB}的电流方向如何，其数值都很小（一般仅为 5～80nA)，因此在式

(9-4-8) 中总可以忽略不计。

569 如何设计在线电阻测量仪的电路?

4 量程在线电阻测量仪的电路如图 9-4-4 所示。4 个电阻量程分别是 200Ω、2kΩ、20kΩ、200kΩ，测试电流分别是 10mA、1mA、100μA、10μA。虚线框内表示被测电阻网络。R_{01}～R_{04}是量程设定电阻，S 为量程开关。A_1 和 A_2 合用一片 LM358 型双运放。为提高输出能力，A_2 接成缓冲器，其输出端接 2V 量程的数字电压表。所选测试电压 E=3V。以 200Ω 挡为例，$I_S=E/R_{01}=$ 3V/300Ω=10mA=0.01A，$U_x=0.01R_x$ (V)，即 $R_x=100U_x$ (单位取 Ω)。显然，只要将 3½位数字电压表的小数点右移两位，变成×××.× (Ω)，即可直读在线电阻值。该仪表的 200Ω 挡测量范围是 0.1～200.0Ω。假如不要求直读电阻值，R_{01} 亦可取 150Ω，使 I_S=20mA。因 $U_x=0.02R_x$ (V)，故 $R_x=100U_x/2$ (Ω)。此时应将读数除以 2，才是实际电阻值，因此测量上限降至 100.0Ω。

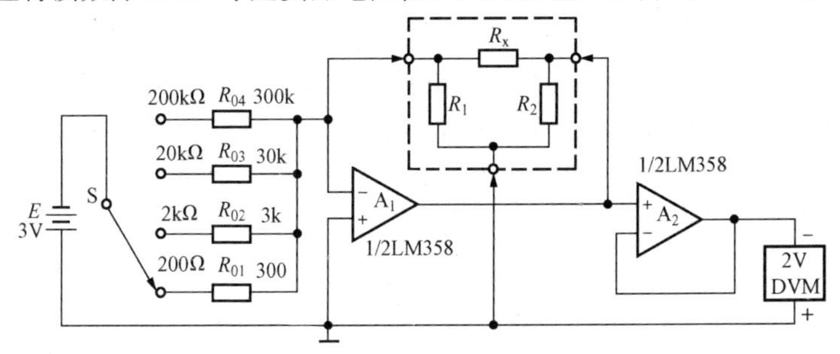

图 9-4-4 在线电阻测量仪的电路

在线测量电阻的误差是由运放的输入偏流 I_{IB} 和 R_1 上的电流 I_1 所引起的。I_1 的形成是由于 $U_{cd}\neq0$，U_{cd} 与运放失调电压 U_{I0} 和开环电压增益 A_{VD} 有关。因此所用运放的 U_{I0} 要尽量低，而 A_{VD} 要足够大。这里选择 LM358 型高增益运放，其 $U_{I0}=\pm2$mV (典型值)，A_{VD}=100dB (折合 10^5 倍)，能满足常规要求。

利用该仪表的 2kΩ 挡先后实测 4 只在线电阻的阻值，然后分别焊下电阻的一脚，用 VC890D 型数字万用表测量其离线电阻的准确值，测量数据见表9-4-2。由表可见，测量低阻时误差会增加，但一般不超过±5%。若采用ICL7650或LF412/LF412A型低失调电压的高增益运放，则误差可低于±1%。

表 9-4-2　　　　测量在线电阻的数据

测量在线电阻值（Ω）	1788	1420	1044	169
被测电阻的准确值（Ω）	1784	1419	1050	176
测量误差 γ（%）	−0.2	−0.07	+0.5	+4.1

570　如何在线测量晶体管的 h_{FE}？

判断在线晶体管放大能力的可靠方法，是测量其共发射极直流电流放大系数 h_{FE}。按照传统方法，需将晶体管从印制板上焊下来，再用仪表测量。这样既浪费时间，又容易损坏管子和印制板。因为反复焊接，极易折断管脚或造成焊盘脱落。利用图9-4-5所示的在线晶体管 h_{FE} 测量电路，即可测出印制板上小功率晶体管的 h_{FE} 值。图中虚线框内为晶体管原来的外围电路，R_{B1} 和 R_{B2} 分别为上、下偏置电阻，R_C 为集电极电阻，R_E 是发射极电阻。该仪表的测量原理是首先由集成恒流源向被测晶体管提供恒定的基极电流 I_B，同时采用隔离技术使图中b、m、n三点呈等电位，迫使晶体管的上、下偏流 $I_1=I_2=0$，即恒定电流 $I_H=I_B+I_1+I_2=I_B$，从而消除了 R_{B1}、R_{B2} 的分流作用。然后选 E_C 作集电极电源，E_C 经过取样电阻 R_0 接在C-E极之间，再用数字电压表测出 U_{R0} 值并除以 R_0，得到集电极电流 I_C。最后代入公式 $h_{FE}=I_C/I_B$，求出电流放大系数。图9-4-5中被测晶体管为NPN型，对于PNP型晶体管，只需相应改变电路的接法。

该仪表采用国产4DH1型四端可调式精密集成恒流源，其恒定电流 I_H 的调节范围是5～100μA。恒定电流由下式设定

$$I_H=160/R_{SET1}+600/R_{SET2} \tag{9-4-11}$$

式中　　I_H——恒定电流，mA；

R_{SET1}、R_{SET2}——设定电阻，Ω。

对于4DH1而言，为使电流温度系数 $\alpha_T\approx0$，必须满足下述

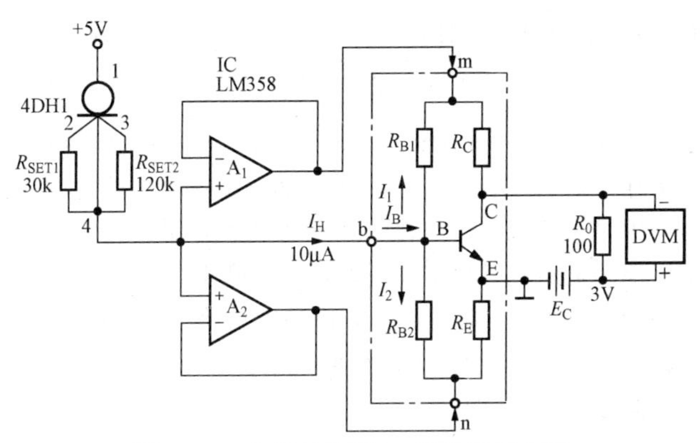

图 9-4-5 在线晶体管 h_{FE} 测量仪的电路

条件

$$R_{SET2}/R_{SET1}=4 \tag{9-4-12}$$

不难算出，仅当 $R_{SET1}=31k\Omega$、$R_{SET2}=124k\Omega$ 时，$I_H=10\mu A$，$\alpha_T\approx 0$。实选标称阻值 $R_{SET1}=30k\Omega$、$R_{SET2}=120k\Omega$，仍可满足要求。

A_1、A_2 为有源隔离、缓冲器，可保证 $U_b=U_m=U_n$，$I_H=I_B$。当 $E_C=3V$，$R_0=100\Omega$ 时，$E_C=I_CR_0+U_{CE}$。利用满量程为 200mV 的数字电压表，即可直读在线晶体管的 h_{FE} 值。举例说明，当 $U_{R0}=100mV$ 时，$I_C=100mV/100\Omega=1mA$，$h_{FE}=1mA/10\mu A=100$。此时仪表恰好显示 100.0，取整后 $h_{FE}=100$。这表明用 200mV 数字电压表测量 h_{FE} 的范围是 0～199。若改用 2V 数字电压表，测量范围就变成 $h_{FE}=0\sim1999$，此时可测量高 β 晶体管的直流电流放大系数 h_{FE}，β 则表示晶体管的交流电流放大系数。需要指出，由于测试条件不同，测量出的在线 h_{FE} 值与典型值允许有 ±5%的偏差。

第五节　开关电源测试技巧问题解答

571 如何准确测量占空比？

占空比（D）表示脉冲宽度（通常指信号高电平的持续时间 t）

与周期（T）的百分比，计算公式为

$$D=\frac{t}{T}\times100\% \tag{9-5-1}$$

在测试脉宽调制（PWM）式开关电源、变频调速系统时，经常要测量脉冲信号的占空比。目前的方法一般是用示波器观测波形，再利用时标计算出占空比，这不仅费事，而且测量准确度低。将占空比检测电路配以数字电压表，就能迅速、准确地测量脉冲占空比，测量范围是 $D=0\sim100\%$，准确度可达±0.2%～±2%。输入脉冲幅度范围是 0.6～10V，频率范围是 20Hz～1MHz，完全可满足常规测量的需要。

测量占空比的电路如图 9-5-1 所示。检测电路由输入端保护电路、电压放大器、电阻分压器及校准电路组成，配上由 ICL7106 构成的 200mV 数字电压表。输入脉冲信号用 U_{IN}（f_i）表示，其占空比允许为 0～100%。R_1 是限流电阻，VD_1 和 VD_2 均采用高速硅开关二极管 1N4148，构成双向限幅过压保护电路。D_1、D_2 均为 CMOS 反相器，可合用一片 CD4069，电源电压取自 ICL7106 内部的 +2.8V 基准电压源 E_0。R_f 可将 D_1 偏置在线性放大区。脉冲信号经 D_1、D_2 放大后，幅度 $U_P\approx2.8V$。再经过 R_2 和 RP 分压，幅度降成 U'_P，其平均值为 $\overline{U}_{IN}$。RP 是占空比校准电位器，调整 RP 可使 $U'_P=100mV$。U_P、U'_P 的幅值可用示波器或峰值电压表监测。R_3 与 C 构成模拟输入端的高频滤波器。由于 DVM 输入的是脉冲电压，它所反映的就是脉冲平均值电压 $\overline{U}_{IN}$，而 $\overline{U}_{IN}$ 与占空比 D 有关，即

$$\overline{U}_{IN}=DU'_P \tag{9-5-2}$$

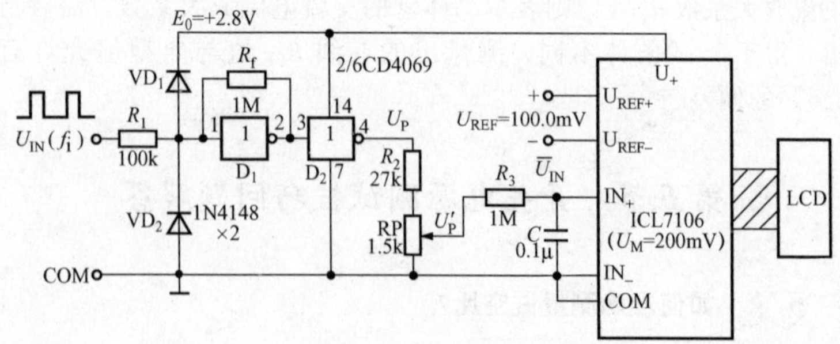

图 9-5-1 测量占空比的电路

根据ICL7106的测量原理，显示值应为

$$N=\frac{1000}{U_{REF}}\cdot\overline{U}_{IN}=\frac{1000}{100.0}\cdot\overline{U}_{IN}=10\overline{U}_{IN}$$

即

$$\overline{U}_{IN}=0.1N \tag{9-5-3}$$

将式（9-5-2）代入式（9-5-3）中，考虑到$U'_P=100mV$，故$\overline{U}_{IN}=DU'_P=D\times100mV=100D$（mV）$=0.1N$，即

$$D=0.001N=0.1N\ (\%) \tag{9-5-4}$$

显然，用200mV数字电压表即可直读脉冲占空比。

欲配2V数字电压表，应取$R_2=1.5k\Omega$，$R_{RP}=1k\Omega$，并调整RP使$U'_P=1V$。

利用1632型函数脉冲发生器输出20Hz～1MHz，幅度为4V、$D=10\%\sim90\%$的脉冲波形，由上述占空比测量仪显示出占空比，全部测量数据整理成表9-5-1。由表可见，占空比测量误差一般不超过±2%，完全可满足常规测量的需要。

表9-5-1　　测量占空比的数据①

脉冲频率 f（Hz）	被测占空比 D（%）						
	10	20	40	50	60	80	90
	200mV数字电压表的读数（%）						
20	10.1	19.7	40.2	50.1	—	—	—
100	10.0	19.8	40.1	50.2	60.2	—	—
200	9.8	19.9	40.3	50.0	60.1	79.8	89.6
500	10.2	19.8	40.1	49.7	59.8	79.6	89.9
1k	10.3	19.8	39.7	49.7	59.3	79.9	89.7
2k	10.1	20.2	39.9	50.1	60.1	79.9	90.2
5k	10.2	20.4	40.1	50.0	60.3	79.7	90.1
10k	9.9	19.8	39.8	50.3	60.0	80.1	89.3
20k	10.3	20.2	39.2	50.5	60.4	79.7	90.5
50k	10.1	20.1	40.2	50.1	59.9	80.6	89.5
100k	9.9	19.6	39.8	50.0	60.2	80.2	89.4
200k	10.1	20.1	39.7	50.1	59.7	79.9	90.1
500k	10.4	20.5	40.5	49.8	60.5	80.3	89.9
1M	9.8	19.7	39.0	—	—	—	—

① 受1632型函数脉冲发生器调节占空比能力所限，表中个别数据空缺。

欲配 2V 数字电压表，应取 $R_2=1.5\text{k}\Omega$，$R_{RP}=1\text{k}\Omega$，并调整 RP 使 $U'_P=1\text{V}$。

572 用什么方法测量功率因数和总谐波失真？

测量功率因数（λ，英文缩写为 PF）与总谐波失真（THD）需要使用精密交流电源、功率分析仪。测量静态负载时可使用一组大功率陶瓷电阻器，测量动态负载时需采用电子负载，例如日本菊水公司生产的 PLZ303W 电子负载。此外还需使用一台 4½ 位数字多用表，例如美国吉时利公司 Keithley 175A 型 4½ 位自动量程数字多用表，配一只 5.0mΩ 的电流检测电阻器。

测量功率因数和总谐波失真的电路如图 9-5-2 所示。精密交流电源的输入电压范围是 0～270V（AC），最大功率可选 1kW。将功率分析仪并联在被开关电源的进线端，所测得的输入参数主要包括交流输入功率（P_I）、交流输入电压有效值（u）、交流输入电流有效值（i）、功率因数（PF）和总谐波失真（THD）。对于两级 PFC 电源（第一级为 PFC，第二级为 DC/DC 变换器），PFC 的输出电压为 400V，其负载可使用一组大功率网络电阻。对于单级 PFC 电源（将 PFC 与 DC/DC 变换器合并成一级），DC/DC 变换器的输出端可接电子负载，并采用开尔文检测法（即单点接地法）直接从电子负载的测试点测出输出电压，以避免因电流通过测试线路形成压降而导致错误读数。测量电阻负载 R_L 上的电压时，开关电源与负载之间的引线上会形成压降，且该压降随流过的电流而变化，可在

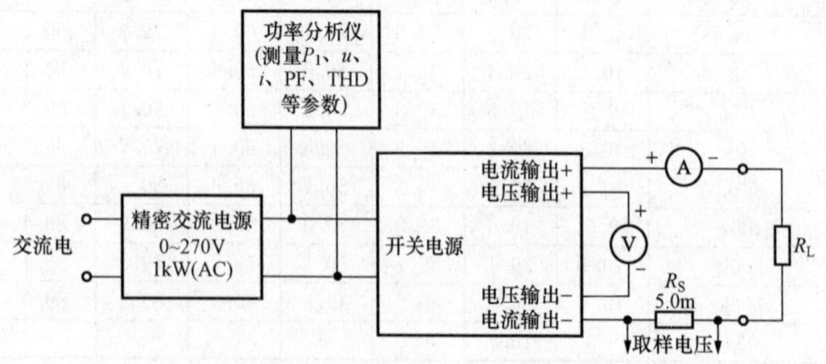

图 9-5-2 测量功率因数和总谐波失真的电路

负载电路串联一只5.0mΩ的电流检测电阻R_S。只需测出R_S上的取样电压，即可根据R_S值计算出负载电流。

功率分析仪的典型产品有英国Voltech公司生产的PM100型单相功率分析仪。该仪器的用户菜单支持英语、法语、汉语等7种语言。测量项目包括电压(V)、电流(A)、有功功率(W)、总功率(VA)、无功功率(var)、功率因数(PF)、峰值电流(I_P)、峰值电压(U_P)、开关频率(f)、电流波形因数($K_{f(I)}$)、电压波形因数($K_{f(V)}$)、浪涌电流(Inrush Current)、谐波分析(Harmonic Analysis)等。频率带宽为DC～1MHz，测量频率范围是0～250kHz，测量精度可达0.1%，测量电压范围是0～600V(RMS)，电流范围是0～20A(RMS)，谐波分析可达到第50级，波峰因数可达20。内置IEEE-488，RS-232和USB接口。

573 如何测量光耦合器的电流传输比?

电流传输比（CTR）是光耦合器的重要参数。使用两块指针万用表即可测量出电流传输比CTR以及接收管的饱和压降U_{CES}等参数，测量电路如图9-5-3所示，在测量发射管、接收管电阻的同时用读取电流法分别求出I_F、I_C之值，再代入公式计算CTR。

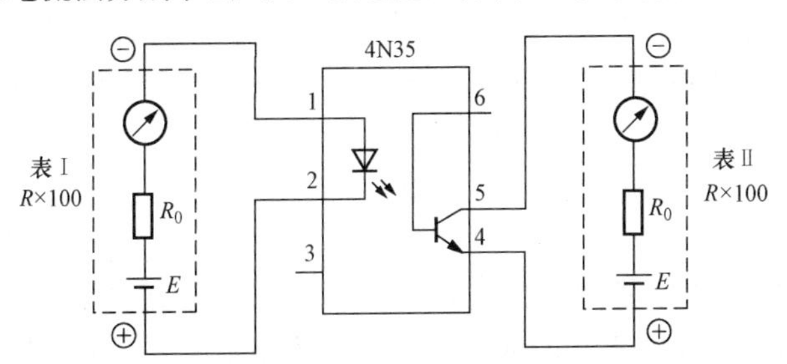

图9-5-3 测量光耦合器电流传输比的电路

假定表Ⅰ和表Ⅱ分别属于同一种型号的万用表，将它们拨至$R\times100$挡时的电流比例系数为K，表Ⅰ向发射管提供的正向电流$I_F=Kn_1$，从表Ⅱ上读出的集电极电流$I_C=Kn_2$，则

$$\text{CTR}=\frac{I_C}{I_F}\times100\%=\frac{Kn_2}{Kn_1}\times100\%$$

$$= \frac{n_2}{n_1} \times 100\% \qquad (9\text{-}5\text{-}5)$$

式（9-5-5）为测量 CTR 提供了一种简便方法，即并不需要实际求出 I_F、I_C 值，只需记下表Ⅰ、表Ⅱ在测量时的偏转格数 n_1 和 n_2，就能迅速准确地计算出 CTR 值。

574 怎样检测自恢复熔丝管？

在业余条件下，可用万用表来检测自恢复熔丝管的好坏。具体方法如下：

（1）测量室温下的电阻值。一般讲，自恢复熔丝管的容量（I_H）愈大，电阻值就愈小。测量结果应符合表 9-5-2 所规定的阻值范围。

表 9-5-2　室温下的电阻值

类型	RGE	RXE	RUE	SMD	miniSMD
R（Ω）	0.002～0.075	0.03～4.50	0.005～0.120	0.025～4.800	0.024～5.00

（2）把自恢复熔丝管 RF 与电流表串联后，接在直流稳压电源的输出端。要求稳压电源的最大输出电流 I_{OM} 必须大于 I_H，且留有足够的余量。首先将稳压输出 U_O 调至零伏，然后逐渐升高 U_O，可观察到电流表读数 I_O 不断增加。一旦 $I_O > I_H$，电流值就突然减小。若瞬间使 $I_O > I_H$，则电流读数大幅度降低。由此证明 RF 已进入高阻态。关断电源后只需放置一段时间，RF 又自动恢复成低阻态。

有条件者可选用具有稳压、稳流特性并可分别连续调节的直流稳定电源，例如 SS1794 型可跟踪式直流稳定电源。该电源具有稳压输出（0～30V）、稳流输出（0～5A）两种工作模式，使用更加方便。

此外，检查其正向温度特性及自恢复能力时，还可用加热法来代替通电法。首先将电吹风、电烙铁等热源移近自恢复熔丝管，使之不断升温。利用万用表的电阻挡可观察到电阻值不断增大。然后移开热源，经过几秒至几十秒后（具体时间视自恢复熔丝管的型号规格和过热程度而定)，应恢复成低阻值。但需注意，不要用火焰烘烤被测自恢复熔丝管，这样很容易损坏器件。此外，禁止将电烙铁直接接触器件，以免因过热而影响RF的性能。

实例：测量一只国产SD3C型3A自恢复熔丝管。首先，在室温下用500型万用表的R×1挡测其电阻值为0.5Ω。然后，将万用表的两只表笔短路，测出表笔引线电阻为0.4Ω。不难算出实际电阻值$R\approx0.5-0.4=0.1$（Ω）。为精确起见，另用ELC3131D型数字式RLC自动测量仪测出$R=0.065\Omega$（已扣除引线电阻和接触电阻值）。再把VC890D型数字万用表拨至10A DC挡，与SD3C串联后接在SS1794型可跟踪式直流稳定电源的输出端。当电流读数从零增加到3.3A时，就立刻降到0.94A。断电后放置5s，SD3C即恢复正常，又可重复上述试验。若电流从零迅速增加到3.7A，I就立刻降到0.39A，断电后要放置15s才恢复正常。经过上述实验，证明被测自恢复熔丝管的质量良好。

575 怎样检测软启动功率元件?

检测软启动功率元件的电路如图9-5-4所示，利用HT-1712G型直流稳压电源向软启动功率元件提供电流，选A14型滑线变阻器来调节电流I的大小。连续调节R，用两块万用表分别测出元件的U、I值，并计算出所对应的R_T值。实测5-052型软启动功率元件的数据见表9-5-3。由此绘出的R_T-I特性曲线如图9-5-4（b）所示。

表9-5-3　　测量5-052的数据

元件电压U(V)	—	0.64	1.02	1.27	1.25	1.17	1.10	1.03	0.98
测试电流 I(A)	—	0.1	0.2	0.3	0.4	0.5	1	1.5	2
热敏电阻R_T(Ω)①	8.4	6.4	5.1	4.2	3.1	2.3	1.1	0.69	0.49

① 不接电源时预先测出的冷态电阻。

576 怎样检测压敏电阻器?

（1）检测绝缘电阻。将万用表拨至$R\times1$k挡测量两引脚之间

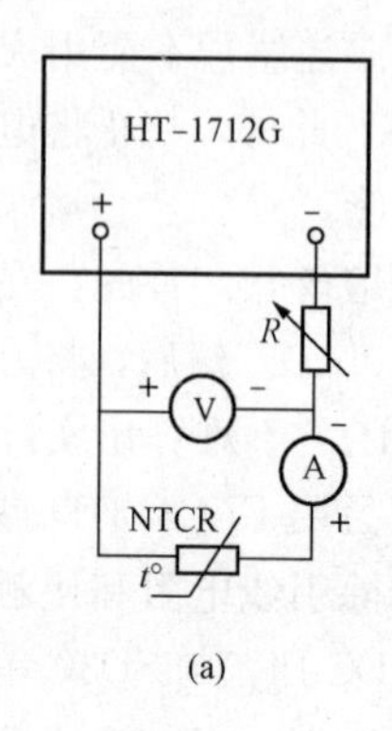

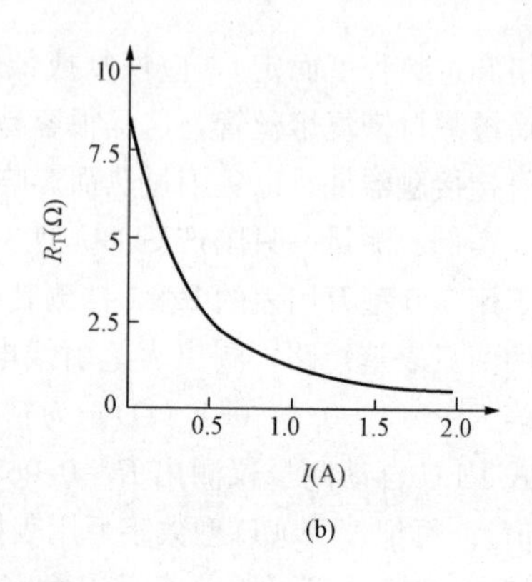

图 9-5-4　检测软启动功率元件

（a）测量电路；（b）R_T-I 特性曲线

的正、反向绝缘电阻，均应为无穷大，否则说明元件的漏电流大。

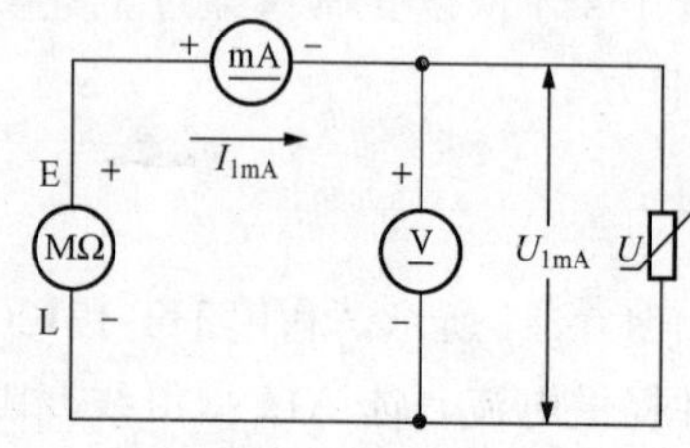

图 9-5-5　测量压敏电阻器标称电压值的电路

（2）测量标称电压。由于工艺的离散性，压敏电阻器上所标电压值允许有一定的偏差，应以实测值为准。测量压敏电阻器标称电压值的电路如图 9-5-5 所示，利用绝缘电阻表（也称兆欧表）提供测试电压，再用万用表 DCV 挡和 DCA 挡分别测出 U_{1mA}、I_{1mA}；然后调换元件引线位置后测出 U'_{1mA}、I'_{1mA}，应满足关系式 $U_{1mA}=-U'_{1mA}$，否则对称性不好。

实例：选择 ZC25-3 型绝缘电阻表和 500 型万用表 500 $\underline{V}$ 挡和 1 $\underline{mA}$挡，测量一只国产 MYL470（标称电压为 470V）压敏电阻器。先后测得 $U_{1mA}=470$V（$I_{1mA}=0.17$mA），$U'_{1mA}=-480$V（$I'_{1mA}=-0.18$mA），二者偏差量仅为 2%，证明被测压敏电阻器合格。

577　怎样检测瞬态电压抑制器？

利用指针万用表电阻挡可以测量瞬态电压抑制器（TVS）的正、反向电阻，用测量负载电压法还能测出正向压降 U_F。若用万用表的DCV挡、DCA挡配上绝缘电阻表，还能测量其反向击穿电压U_B和最大反向漏电流I_R，测量电路如图9-5-6所示。

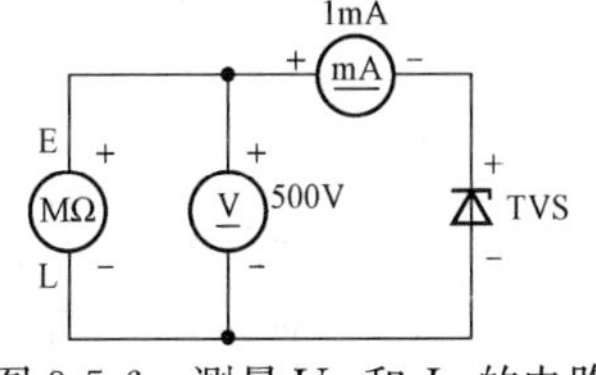

图9-5-6　测量U_B和I_R的电路

实例：分别选择500型万用表的$R\times1k$挡、500 V挡、1 mA挡，以及ZC25-3型绝缘电阻表，先后测量两只P6KE200型瞬态电压抑制器，其额定反向击穿电压$U_B=200V$。全部测量数据见表9-5-4。由表可见，两只被测TVS的质量良好。表中的n'是在测正向电阻的同时借用50 V挡刻度读出指针的倒数偏转格数。

表9-5-4　　测量瞬态电压抑制器的数据

TVS器件	正向电阻(kΩ)	反向电阻(kΩ)	n'(格)	U_F(V)	U_B(V)	I_R(μA)	计算公式
Ⅰ	3.8	∞	14	0.42	206	75	$U_F=0.03n'$（V）
Ⅱ	4.0	∞	14.5	0.435	208	70	

另外还测量一只P6KE250型双向瞬态电压抑制器，正、反向击穿电压分别为230、232V，说明该双向TVS的一致性相当好。只要U_B值偏差不超过±5%～±10%，即认为合格。

578　怎样检测单向晶闸管？

1. 利用指针万用表检测单向晶闸管

（1）判定单向晶闸管的电极。单向晶体闸流管旧称“可控硅”（硅可控整流器的简称），其英文缩写为SCR（Silicon Controlled Rectifier）。晶闸管的结构、等效电路及符号如图9-5-7所示。它属于PNPN四层半导体器件，3个引出端分别是阳极A、阴极K、门极（又称控制极）G。门极是从P型硅层上引出来的，专供触发晶闸管用。门极的作用就是降低直流转折电压，使晶闸管容易导通，实现可控整流。晶闸管一旦导通，即使撤掉正向触发信号，仍能维持导通状态。欲使晶闸管关断，阳极电流必须降到维持电流以下。晶闸管的等效电路有两种画法，图（b）是用两只晶体管来等效，图（c）则是用3只二极管等效之。

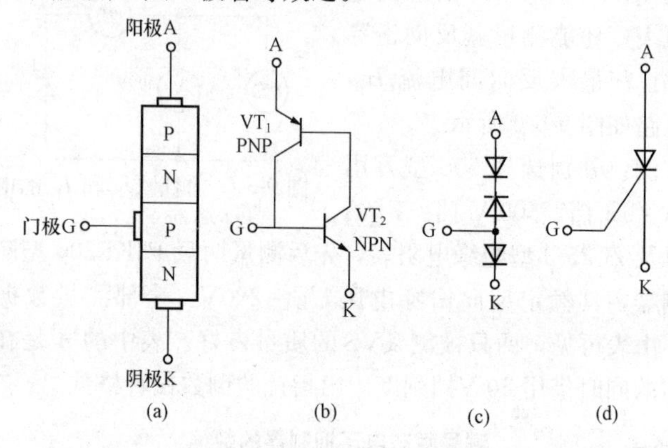

图 9-5-7　晶闸管的结构、等效电路及符号

（a）结构；（b）等效电路之一；（c）等效电路之二；（d）符号

由图9-5-7（c）可见，在门极与阴极之间有一个PN结，而在门极与阳极之间有两个反极性串联的PN结。因此，用万用表R×1挡首先可判定门极G。具体方法是，将黑表笔接某一电极，红表笔依次碰触另外两个电极，假如有一次阻值很小，约几百欧，另一次阻值很大，约几千欧，就说明黑表笔接的是门极。在阻值小的那次测量中，红表笔接的是阴极K；而在阻值大的那一次，红表笔接的是阳极A。若两次测出的阻值都很大，说明黑表笔接的不是门极，应改测其他电极。

（2）检查晶闸管的触发能力。利用绝缘电阻表和万用表检查晶闸管触发能力的电路如图9-5-8所示。将万用表拨至1mA挡，串联在电路中。首先断开开关，按额定转速摇绝缘电阻表，绝缘电阻表上的读数很快趋于稳定，说明晶闸管已被正向击穿，将绝缘电阻表的输出电压钳位在直流转折电压$U_{(BO)}$上。此时晶闸管并未导通，所以毫安表读数为零。然后闭合开关，晶闸管导通，绝缘电阻表读数变成零，由毫安表指示出通态电流值。

实例：用ZC25-4型绝缘电阻表检查一只3CT20/500型晶闸管，万用表选择MF10型1mA挡。断开开关，按120r/min的转速摇绝缘电阻表时，绝缘电阻表读数为25MΩ，毫安表无指示。闭合开关时，毫安表读数为 0.2mA，绝缘电阻表指零，证明晶闸管已导通。

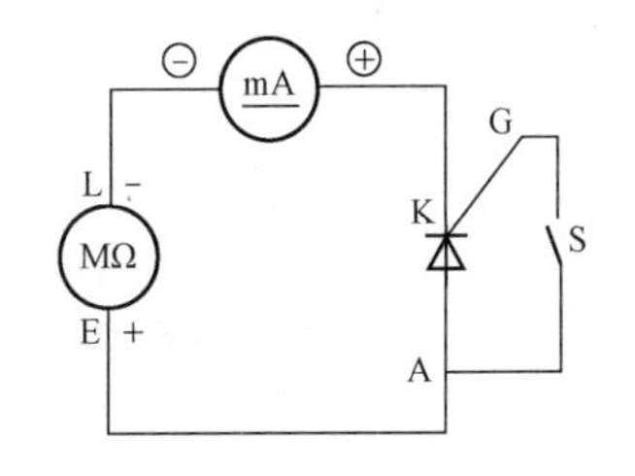

图 9-5-8　用绝缘电阻表和万用表检查晶闸管触发能力的电路

注意事项：

1）由于绝缘电阻表所提供的阳极电流很小，管子导通的并不理想，尤其对于大功率晶闸管，所需维持电流较大（例如 3CT100 型的 $I_H=80mA$），所以一旦断开开关，晶闸管又变成断态了。

2）晶闸管的导通时间应尽量缩短，以防绝缘电阻表因短路时间过久而烧毁发电机绕组。

2. 利用数字万用表检测单向晶闸管

将数字万用表拨至 PNP 挡，此时 h_{FE} 插口上的两个 E 孔带正电，C 孔带负电，电压仍为 2.8V。晶闸管的 3 个电极各用一根导线引出，将阳极、阴极引线分别插入 E 孔和 C 孔，门极悬空。此时晶闸管关断，阳极电流为零，仪表应显示 000。

按照图 9-5-9 所示电路，把门极插入另一个 E 孔。显示值立即从 000 开始迅速增加，直到显示超量程符号“1”。其原因是当门极接高电平时晶闸管迅速导通，阳极电流从零急剧增大，通过采样电阻 R_0 的电流所产生的压降（即 U_{IN}）也迅速升高，显示值的变化过程为：000→1999→溢出。然后断开门极上的引线后仪表仍溢出显示“1”，证明晶闸管在撤去触发信号后仍能维持导通状态。

重复上述试验，以确定晶闸管的触发是否可靠。

实例：用数字万用表的 h_{FE} 插口（PNP 挡）检查一只 3CT5/300 型晶闸管。为验证晶闸管是否导通，特意在晶闸管的阳极与 E 孔之间串入一块电流表（可用指针万用表的电流挡来替）。当门极悬空时测出阳极与阴极之间的漏电流仅为 2μA，另用一块电压表测得 $U_{AK}=+2.8V$。再把门极引线插入 E 孔中，利用 MF30 型万用表的 50mA 挡测出阳极电流 $I_A=21mA$，U_{AK} 降至 0.85V。因 $I_A \gg 2\mu A$，故可证明晶闸管确已导通。

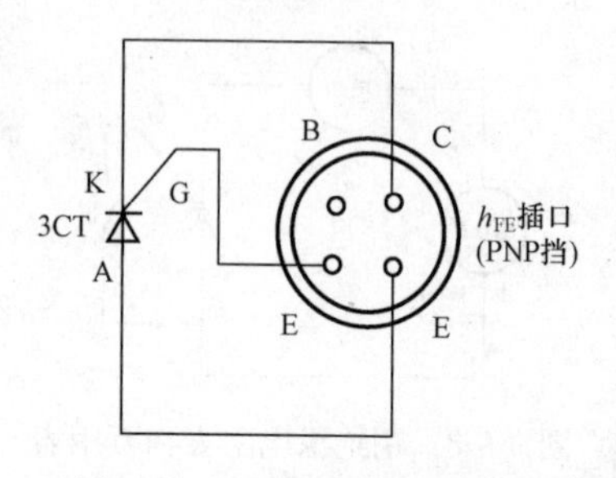

图 9-5-9 用数字万用表检查晶闸管的触发能力

注意事项：

1）如果使用 NPN 挡，晶闸管的阳极应接 C 孔，阴极接 E 孔，以确保所加的是正向电压。

2）检查触发能力时门极不要插入 B 孔。因为 B 孔的电压较低，不能使晶闸管导通，此时显示值仅为 001～002。

3）晶闸管导通时阳极电流可达几十毫安，为减小数字万用表内部 9V 叠层电池的耗电量，应尽量缩短检测时间。必要时可在晶闸管的阳极上串联一只几百欧的电阻，使 h_{FE}挡不发生过载。

579 怎样检测双向晶闸管？

1. 利用指针万用表检测双向晶闸管

下面介绍利用指针万用表 R×1 挡判定双向晶闸管电极的方法，同时还检查其触发能力。

(1) 判定 T_2极。由图 9-5-9（a）可见，G 极与 T_1极靠近，而距 T_2极较远。因此，G－T_1之间的正、反向电阻都很小。在用 R×1 挡测量任意两脚之间的电阻时，只有 G－T_1之间呈现低阻，正、反向电阻仅为几十欧，而 G－T_2、T_1－T_2之间的正、反向电阻均为无穷大。这表明，如果测出某脚和其他两脚都不通，就肯定是 T_2极。

另外，采用 TO-220 封装的双向晶闸管，T_2极与小散热片连通。据此亦可确定 T_2极。

(2) 区分 G 极和 T_1极。

1）在找出 T_2极之后，假定剩下两脚中某一脚为 T_1极，另一脚为 G 极。

2）如图 9-5-10（a）所示，首先将黑表笔接 T_1极，红表笔接 T_2极，电阻应为无穷大。然后用红表笔尖把 T_2极与 G 极短路，给 G 极加上负向触发信号，电阻值应为 10Ω 左右，证明管子已经导通，导通方向为 $T_1 \rightarrow T_2$。再将红表笔尖与 G 极脱开（但仍接 T_2 极），如电阻值保持不变，就表明管子被触发后能维持导通状态，如图 9-5-10（b）所示。

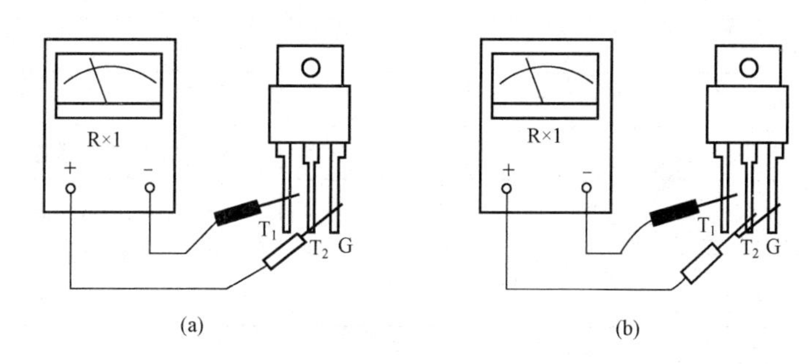

图 9-5-10　区分 G 极和 T_1 极的方法

（a）给 G 极加上负向触发信号；（b）管子被触发后能维持导通状态

3）将红表笔接 T_1 极，黑表笔接 T_2 极，然后使 T_2 极与 G 极短路，给 G 极加上正向触发信号，电阻值仍为 10Ω 左右，与 G 极脱开后若阻值不变，则说明管子被触发后，沿着 $T_2 \rightarrow T_1$ 的方向也能维持导通状态，因此它具有双向触发性质。由此证明上述假定正确。否则说明所假定的情况与实际不符，需重新做出假定，重复上述测量。

显见，在识别 G、T_1 的过程中，也就检查了双向晶闸管的触发能力。

实例：选择 500 型万用表 R×1 挡检测一只由日本三菱公司生产的 BCR3AM 型双向晶闸管。将全部测量数据整理成表 9-5-5。测量结果与上述规律完全相符，证明管子质量良好。

表 9-5-5　　测量 BCR3AM 的数据

黑表笔接管脚	红表笔接管脚	电 阻 值（Ω）	说　明
G	T_1	28	—
T_1	G	23	—
G	T_2	∞	—

续表

黑表笔接管脚	红表笔接管脚	电阻值（Ω）	说　明
T_2	G	∞	—
T_1	T_2	∞	—
T_2	T_1	∞	—
T_2	小散热片	∞	T_2与小散热片在内部连通
T_1	T_2、G	10.8	先把T_2极与G极短路，然后脱开G极，电阻值不变
T_2、G	T_1	10.8	

注意事项：

如果按照哪种假定去测量，都不能使双向晶闸管触发导通，证明管子已损坏。为可靠起见，这里规定只用R×1挡检测，而不用R×10挡，这是因为R×10挡的电流较小，采用上述方法检查1A的双向晶闸管还比较可靠，但在检查3A及3A以上的双向晶闸管时，管子就很难维持导通状态，一旦脱开G极，即自行关断，电阻值又变成无穷大。

2. 利用数字万用表检测双向晶闸管

利用数字万用表的h_{FE}挡能够检查双向晶闸管的触发能力，下面通过一个实例加以说明。被测器件是日本三菱公司生产的小型塑封双向晶闸管BCR1AM，其外形如图9-5-11（a）所示。将DT830数字万用表拨至PNP挡，如图9-5-11（a）所示，首先将双向晶闸管的G极开路，T_1极经过330Ω限流电阻R接C孔，T_2极经过导线接E孔，R的作用是防止h_{FE}挡出现过载。这时仪表显示值为000，表明双向晶闸管关断。然后按照图9-5-11（a）所示，用一根导线把G极与T_2极短接，利用E孔上的+2.8V作触发电压，显示值立即变成578，说明双向晶闸管沿着T_2→T_1的方向导通。再按图（b）试验一次，G极悬空时显示值为000，将G极与T_2极短接，相当于施加−2.8V的触发电压，显示值迅速变成428，说明管子沿着T_1→T_2的方向导通。由于被测双向晶闸管可沿着两个方向导通，证明其质量良好。

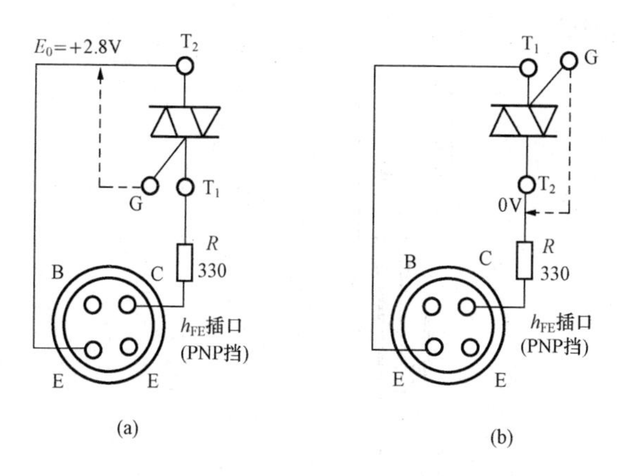

图 9-5-11　用 h_{FE} 挡检查双向晶闸管触发能力

注意事项：

(1) 上述试验中，若把 T_2、T_1 的极性接错或者位置插反了，管子就不能触发。由此可准确识别 G 极与 T_2 极。

(2) 由于 h_{FE} 挡能提供较大的电流与较高的电压，因此双向晶闸管一旦被触发后，即使断开 G 极引线，仍能维持导通状态不变。

(3) 假如去掉图 9-5-11 中的限流电阻，管子导通后仪表就显示过载符号“1”。

580 怎样检测肖特基二极管？

1. 利用指针万用表检测肖特基二极管

根据二极管正向压降的大小，很容易区分肖特基二极管和超快恢复二极管。判断理由是当二极管的正向压降 $U_F \approx 0.2 \sim 0.3V$ 时为肖特基二极管，$U_F \approx 0.55 \sim 0.6V$ 时为超快恢复二极管。下面通过一个实例来介绍检测肖特基二极管的方法。检测内容包括以下 4 项：识别电极，检查管子的单向导电性，测量正向导通压降 U_F，测量反向击穿电压 U_{BR}。被测管为 B82M-004 型肖特基管，共有 3 个管脚，外形如图 9-5-12 所示。将管脚按照从左至右的顺序分别编上序号①、②、③。选择500型万用表的R×1挡进行测量，全部数据整理成表9-5-6。

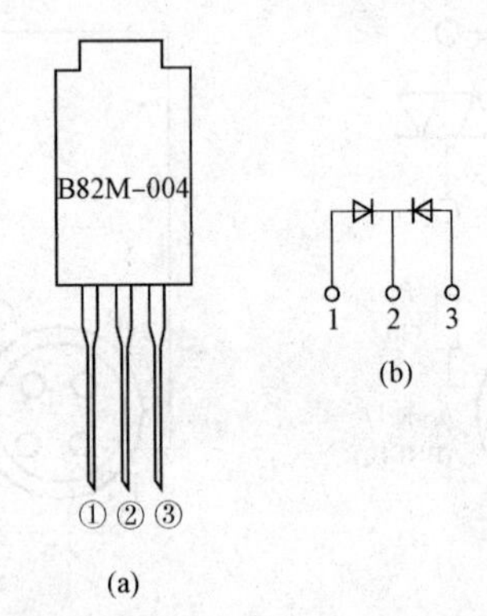

图 9-5-12　B82M-004型肖特基管的外形

表 9-5-6　　测量数据

电阻挡	黑表笔所接管脚	红表笔所接管脚	电阻值（Ω）	指针倒数偏转的格数 n'（格）	正向导通压降 U_F（V）
R×1	①	②	2.6	10.5	0.315
	②	①	∞	—	—
	③	②	2.8	11	0.33
	②	③	∞	—	—
	①	③	∞	—	—
	③	①	∞	—	—

测试结论：

（1）根据①—②、③—②之间均可测出正向电阻，判定被测管为共阴对管，并且①、③脚为两个阳极，②脚为公共阴极。

（2）因①—②、③—②之间的正向电阻只有几欧姆，而反向电阻为无穷大，说明被测管具有单向导电性。

（3）内部两只肖特基二极管的正向导通压降分别为0.315V、0.33V，均低于手册中给定的最大允许值U_{FM}（0.55V）。

另外使用ZC25-3型绝缘电阻表和500型万用表的250V挡测出，内部两管的反向击穿电压U_{BR}依次为140V、135V。查手册，B82M-004的最高反向工作电压（即反向峰值电压）U_{BR}=40V，说明被测管的安全系数较高。

2. 利用数字万用表检测肖特基二极管

利用数字万用表的二极管挡很容易识别肖特基二极管，进而可确定其内部结构及电极。举例说明，被测管仍为B82M-004型。将DT980型4½位数字万用表拨至二极管挡，先后测得①—②脚之间的正向压降为0.2014V，③—②两脚间正向压降为0.2027V。而在测反向电压时仪表均溢出。由此判定被测管为肖特基二极管，且属于共阴对管。

581 如何测量铝电解电容器内部的中心温度？

铝电解电容器的寿命随工作温度（即壳内温度）升高而急剧下降。普通铝电解电容器在连续工作条件下的寿命估算曲线如图9-5-13所示。由图可见，当工作温度为75℃时寿命约为16000h，85℃时降至8000h，95℃时只有4000h，100℃时约为2000h。而安装在LED路灯中的驱动电源，由于散热条件差，夏季炎热天气的地面温度可能高达60～70℃，致使驱动电源内铝电解电容器的温度很可能接近100℃，使其实际寿命大为缩短，严重影响整个灯具的寿命。铝电解电容器的最高工作温度一般为105℃，必要时可选高温铝电解电容器，后者能承受140℃的高温。

由于很难直接测量铝电解电容器内部的中心温度，可根据表9-5-7提供的铝电解电容器表面温度与内部中心温度的换算关系进行推算。举例说明，某铝电解电容器的外径为ϕ22mm，实测表面温度为73℃，从表9-5-3中查到其中心温度与表面温度的比例系数k=1.3，则中心温度应为73℃×1.3=94.9℃。余者类推。

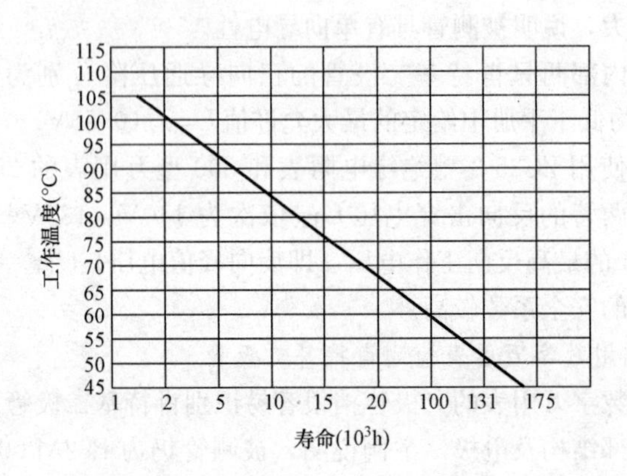

图 9-5-13 普通铝电解电容器在连续工作条件下的寿命估算曲线

表 9-5-7 铝电解电容器表面温度与内部中心温度的换算关系

铝电解电容器外径 ϕ（mm）	8～12	12.5～16	18	22	25	30	35
中心温度与表面温度的比例系数 k	1.1	1.2	1.25	1.3	1.4	1.6	1.65

若选择固态电容器（全称为固态铝质电解电容器），则上述问题可迎刃而解。固态电容器的性能远优于电解电容器，最高可承受260℃的高温，具有寿命长（75℃时寿命为60000h）、等效串联电阻极低、使用安全（不会漏液或爆炸）、节能、环保等优良特性，特别适用于LED路灯的驱动电源。

582 如何巧用数字万用表的电容挡来准确测量电感？

普通数字万用表没有电感挡，但利用其电容挡也可以准确测量电感量，能进一步拓宽数字万用表的应用领域。

测量纯电感的原理框图如图 9-5-14 所示，它是从容抗法 C/U 转换器演变而来的。这里以 L_x 的感抗 X_L 作为 IC_{2a} 的输入电阻，因此 IC_{2a} 的输出电压与 X_L 成反比，也与 L_x 成反比。用 X_L 代替 X_C，对电路不需作任何改动，测量值仍由数字电容器表的显示器上读取。对于纯电感，有公式

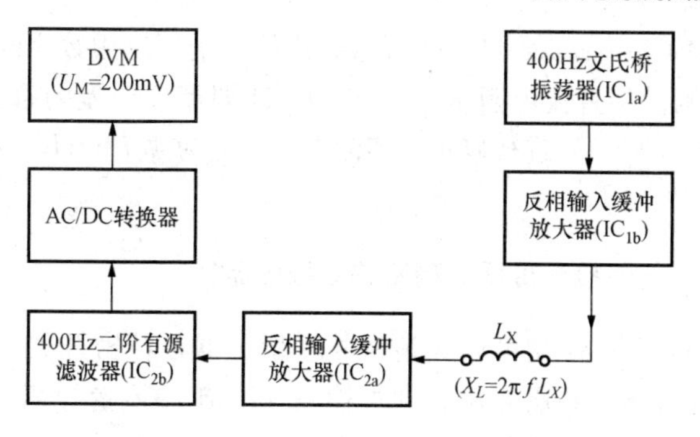

图 9-5-14　测量电感的原理框图

$$L_x = \frac{1}{4\pi^2 f^2 C} = \frac{1}{4 \times 3.14^2 \times 400^2 \times C} = \frac{0.156 \times 10^{-6}}{C} \tag{9-5-6}$$

若电容器单位取 μF，L_x 的单位取 mH，则

$$L_x = 156/C \tag{9-5-7}$$

此即用感抗法测电感量的原理。但需指出，这是在 400Hz 正弦波信号的条件下测得的。因数字电容器表的最高量程为 20μF，故被测电感量须满足下述条件

$$L_x \geqslant 156/20 = 7.8\text{mH} \tag{9-5-8}$$

低于 7.8mH 时仪表将溢出。式（9-5-8）仅适用于纯电感。对于工频变压器绕组、电机绕组、继电器线圈，其直流电阻很小，可近似视为纯电感。

测量电感时需注意以下事项：

当电感本身的直流电阻 R 可同感抗 X_L 相比较时，就不再是纯电感了，必须对测量值进行修正。修正公式为

$$L'_x = \sqrt{L_x^2 - \frac{R^2}{6.4}} \tag{9-5-9}$$

式中：L_x 为测量值；L'_x 为实际电感量。

举例说明，用 4½ 位数字电容器表的 20μF 挡实测一只标称值为 4.7mH 的色码电感，仪表读数为 7.975（μF），若按式（9-5-7）

计算，则 L_x=19.56mH，竟为标称值的 4 倍！改用数字欧姆表的 200Ω 挡测量其直流电阻 R=47.98Ω，此即产生误差的根本原因。再按照式（9-5-9）进行修正，实际电感量应为 4.79mH，仅比标称值大 1.9%。

583 如何检测可调式精密并联稳压器？

目前，TL431 型可调式精密并联稳压器在精密开关电源中使用的最为普遍。利用万用表即可检测 TL431 的质量好坏。因为它等效于可调稳压二极管，因此在 K-A 之间应呈现单向导电性。选择 500 型万用表的 R×1k 挡实测 5 只 TL431 各引脚的电阻值，测量数据见表 9-5-8，可供参考。

表 9-5-8　　TL431 各引脚之间的电阻值

黑表笔所接引脚	红表笔所接引脚	正常电阻值（Ω）	说明
K	A	∞	呈单向导电性
A	K	5k～5.1k	
U_{REF}	K	7.5k～7.6k	
K	U_{REF}	∞	
U_{REF}	A	26k～29k	
A	U_{REF}	34k～36k	

584 怎样检测双极性功率开关管？

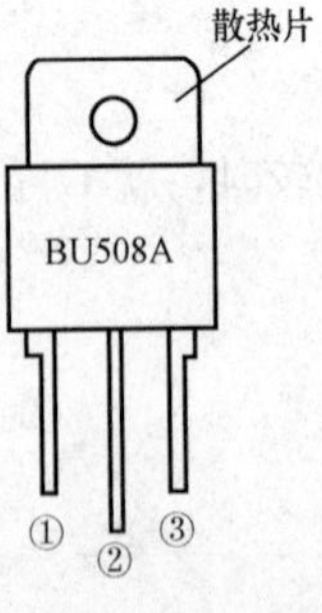

下面通过实例来介绍使用万用表检测功率开关管的方法。被测管为荷兰飞利浦公司生产的 BU508A 型功率开关管。它采用 TO-3P 塑料封装，主要参数为：I_{CM}=8A，$U_{(BR)CEO}\geqslant$700V，P_{CM}=125W，$h_{FE}\geqslant$2.25。外形如图 9-5-15 所示。因管脚位置不详，故首先要确定电极，然后检查放大能力。

图 9-5-15　BU508A 功率开关管的外形

为叙述方便，给图 9-5-15 中 BU508A

的3只管脚分别冠以序号①、②、③。选择500型万用表的R×10挡。当黑表笔接①脚、红表笔接②脚时，测得电阻值为64Ω，此时指针倒数偏转$n'_1=19.5$格。当黑表笔接①脚、红表笔接③脚时，电阻值为66Ω，同时读出$n'_2=20$格。其他各种情况下，测量的电阻值均为无穷大。由此判定①脚为基极，被测管属于NPN型。因②脚与③脚之间正、反向电阻均为无穷大，故$I_{CEO}\approx 0$。

为进一步识别E、C电极，可在①脚与③脚之间并联一只820Ω电阻。将黑表笔接③脚、红表笔接②脚，电阻读数为900Ω，指针正向偏转$n=5$格。若将R_B接在①脚与②脚之间后重新测量，电阻值就变成无穷大。最后可判定③脚为集电极C，②脚为发射极E，并且被测管具有放大能力。另用R×1档查明，小散热片与E极在内部连通。

根据$n'_1=19.5$格算出，发射结正向导通电压$U_{BE}=0.03$V/格×19.5格=0.58V，证明被测管的确为硅管。

再根据$n=5$格求得$I_C=0.3$mA/格×5格=1.5mA。将$I_C=1.5$mA、$I_{CEO}=0$、$E=1.5$V、$U_{BE}=0.58$V和$R_B=820\Omega$一并代入下式

$$h_{FE}=\frac{I_C-I_{CEO}}{I_B}=\frac{I_C-I_{CEO}}{\dfrac{E-U_{BE}}{R_B}} \tag{9-5-10}$$

可得到$h_{FE}\approx 1.33$。需要指出，这是在低压、小电流条件下测量的结果。功率开关管的h_{FE}典型值要比使用万用表R×10挡测量的数值高出几倍甚至十几倍。

585 怎样检测功率MOSFET?

1. 判定电极

将万用表拨于R×100挡，首先确定栅极。若某脚与其他脚之间的电阻都是无穷大，证明该脚就是栅极G。交换表笔重复测量，S-D极之间的电阻值应为几百欧至几千欧，其中阻值较小的那一次，黑表笔接的是D极，红表笔接的是S极。日本生产的3SK系列产品，S极与管壳接通，据此很容易确定S极。

2. 检查放大能力（跨导）

MOSFET的放大能力用跨导g_m表示，它反映了栅-源电压U_{GS}对漏极电流I_D的控制能力。当漏-源电压U_{DS}不变的情况下，跨导由下式确定

$$g_m = \frac{\Delta I_D}{\Delta U_{GS}} \tag{9-5-11}$$

式中　ΔU_{GS}——栅-源电压的变化量；

　　ΔI_D——漏极电流的相应变化量。

跨导的单位与电导相同，在国际单位制中用西门子（S）来表示。

检查放大能力的方法是将MOSFET的G极悬空，黑表笔接D极，红表笔接S极，然后用手指触摸G极，指针应有较大的偏转。双栅MOS场效应管有两个栅极G_1、G_2。在区分时可用手分别触摸G_1、G_2极，其中能使指针向左侧偏转幅度较大的为G_2极。

需要说明两点：①功率MOSFET的属于大电流器件，仅当漏极电流达到规定值（如IRF840为4.8A）时跨导才等于常量。为防止管子发热，必要时可采用脉冲电流来减少热量。②某些功率MOSFET已在G-S极间增加了保护二极管，用数字万用表的二极管挡可测出其正向导通压降U_F值。测量时电阻值较低，一般为几千欧至十几千欧。若将红表笔接D极，黑表笔接S极，则为高阻值。

586 什么是条图？

条图（bargraph）亦称条状图形，也有人称之为条棒或模拟条状显示，其优点是便于观察电压、电流等被测量的变化过程及变化趋势。

条图大致分成三类：①液晶（LCD）条图，呈断续的条状，这种显示器的分辨力高、微功耗，体积小，低压驱动，适合于电池供电的小型化仪表。不足之处是它本身不发光，需借助于背光源才便于夜间观察。目前这种显示器应用较广。②LED光柱，它是由多只发光二极管排列而成。这种显示器的亮度高，成本低，但像素尺

寸较大，功耗高。③等离子体（PDP）光柱显示器，其优点是自身发光，亮度高，显示清晰，观察距离远，分辨力较高，缺点是驱动电压高，耗电较大。

587 如何构成 0～5V 条图显示的电压监测器?

为了随时监测 5V 开关电源的输出电压，可由 LM3914 构成 0～5V的条图显示的电压监测器，电路如图 9-5-16 所示。电源电压的范围是＋6.8～18V，输入信号电压范围是 0～5V。将 DHI 端与 REF OUT 端短接后，经过分压电阻 R_1 和 R_2 接 U−，REF ADJ 端接分压电阻的中点。C 为电源退耦电容，可采用 2.2μF 钽电容。若采用普通铝壳电解电容，容量应扩大到 10μF。利用下式可计算基准电压值

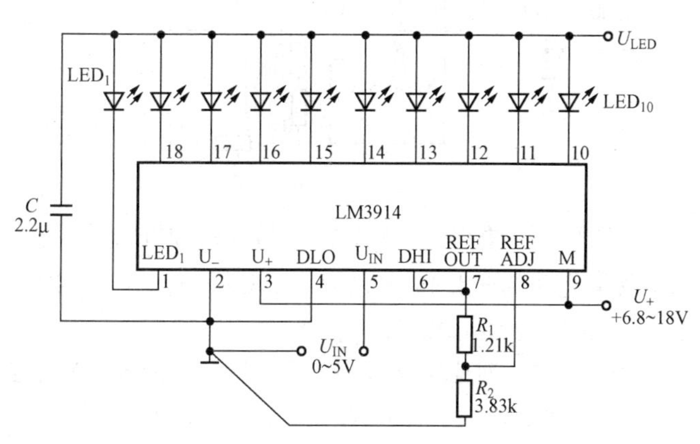

图 9-5-16　0～5V 条图显示的电压监测器电路

$$U_{REF} = E_0\left(1+\frac{R_2}{R_1}\right) = 1.25\times\left(1+\frac{R_2}{R_1}\right) \qquad (9\text{-}5\text{-}12)$$

通过每只 LED 的电流为

$$I_{LED} = \frac{12.5}{R_1} \qquad (9\text{-}5\text{-}13)$$

实取 $R_1=1.2\text{k}\Omega$、$R_2=3.8\text{k}\Omega$，分别代入式（9-5-12）、式（9-5-13）中算出 $U_{REF}=3.96\text{V}\approx 4\text{V}$，$I_{LED}=10.4\text{mA}$。

588 如何用不同颜色来显示输入电压值?

下面介绍的仪表设计新颖，构思巧妙，它是利用不同颜色来显示输入电压值的，其电路如图 9-5-17 所示。该仪表具有以下特点：

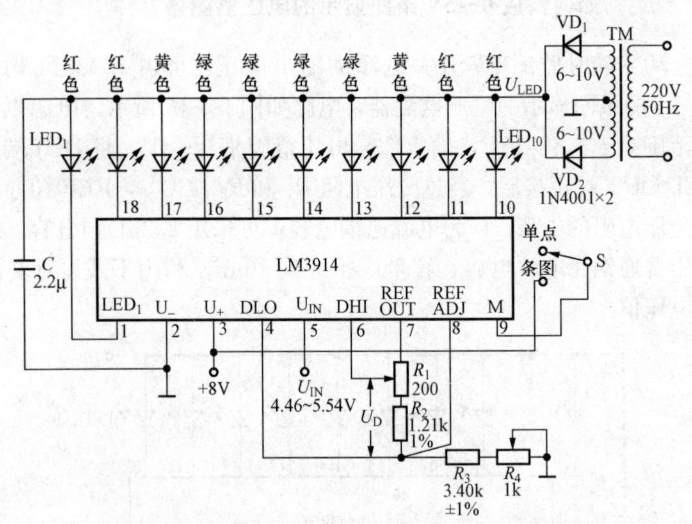

图 9-5-17 利用不同颜色来显示输入电压值的电路

(1) 被测电压为＋4.46～5.54V，LED_1～LED_{10}采用红、黄、绿三种不同颜色的发光二极管。

(2) 当输入电压对应于＋4.46～5.54V 范围内某一确定值时，LED_1～LED_{10}的发光颜色也随之改变，根据颜色很容易判断U_{IN}的数值。不同颜色的显示特点详见表 9-5-9。

(3) LED 电源非常简单。220V 交流电经过降压、全波整流之后，就作为U_{LED}，未使用滤波电容。

表 9-5-9　不同颜色的显示特点

U_{IN}（V）	4.46	4.58	4.70	4.82	4.94	5.06	5.18	5.30	5.42	5.54
能发光的最高位 LED 序号	LED_1	LED_2	LED_3	LED_4	LED_5	LED_6	LED_7	LED_8	LED_9	LED_{10}
发光颜色	红色	红色	黄色	绿色	绿色	绿色	绿色	黄色	红色	红色

（4）该仪表的校准方法如下：首先将一块标准电压表接在LM3914的第4脚与第6脚之间，然后调节R_1使U_O＝1.20V。再将＋4.95V的标准电压加在第5脚上，调节R_4使LED_5刚好能发光。R_1和R_4可单独调节，互不影响。

589 如何用TL431构成电压监视器？

由两片可编程精密并联线性稳压器TL431（IC_1、IC_2）构成的电压监视器电路如图9-5-18所示。现利用发光二极管LED作为电源电压正常状态的指示灯。电压上限（U_H）和电压下限（U_L）分别由下式确定

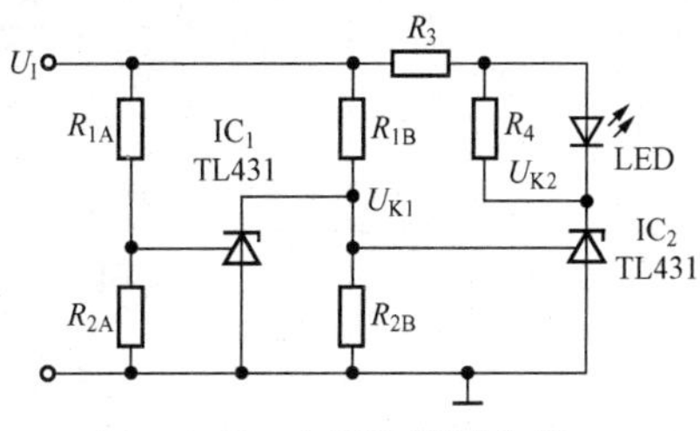

图9-5-18 电压监视器电路

$$U_H = \left(1+\frac{R_{1A}}{R_{2A}}\right)U_{REF} \tag{9-5-14}$$

$$U_L = \left(1+\frac{R_{1B}}{R_{2B}}\right)U_{REF} \tag{9-5-15}$$

R_3为LED的限流电阻。R_4的阻值应使IC_2的阴极电流大于1mA。IC_1和IC_2可等效于两只并联式开关。仅当电源电压正常，即$U_H > U_I > U_L$时，LED发光，表示被监视电压U_I符合规定。一旦$U_I > U_H$，出现过电压时，IC_1就导通，$U_{K1}\downarrow$使得IC_2截止，$U_{K2}\uparrow$，LED就因负极接高电位而停光。倘若$U_I < U_L$，发生欠电压故障，IC_1和IC_2就同时截止，仍使LED熄灭。

590 如何用LM3914构成欠电压和过电压监视器？

LM3914中的LED驱动器还可驱动外部TTL门电路（例如74LS04型6反相器），获得欠电压和过电压报警信号。欠电压和过电压监视器的电路如图9-5-19所示。LED_2～LED_{10}的阳极通过R_9接U_{CC}，并将LED_1用作欠电压指示灯。C_1为退耦电容器，C_2为消噪电容器。该电路的特点是仅当U_{CC}＜4.51V时，LED_2～LED_{10}全部截止（不发光），此时VT_1、VT_2截止，VT_2的输出为

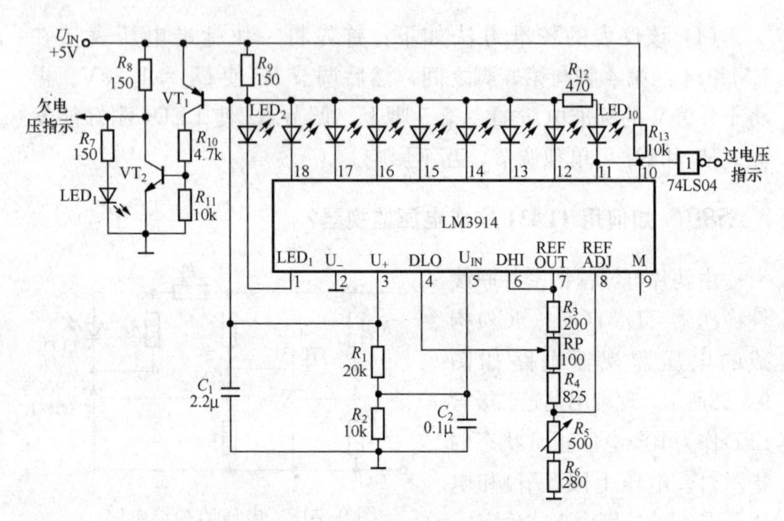

图 9-5-19　欠电压和过电压监视器

高电平，使欠电压指示灯 LED$_1$ 发光。

当U_{CC}＝4.51～5.40V 时，LED$_2$～LED$_{10}$之中必定有一只发光二极管发光（导通），进而使 VT$_2$ 导通，输出为低电平，令 LED$_1$ 熄灭。

当U_{CC}＞5.41V 时，74LS04 输出高电平，表示发生过电压故障。TTL 电路输出的低电平由 R_8 设定，高电平则由上拉电阻 R_9 来提供。利用欠电压、过电压信号可实现线性稳压器的通、断控制。VT$_2$ 的输出亦可驱动其他 TTL 电路。

591　如何用 HYM705/706 构成电源监视器？

HYM705、HYM706 是由武汉昊昱微电子有限公司生产的带看门狗的低成本微处理器（μP）或微控制器（MCU）电源电压监控电路。由 HYM705/706 构成的 μP 电源电压监控电路如图 9-5-20 所示，U_{DC}表示未经过稳压的直流电压。SB 为手动复位键，$\overline{R}$ 与微处理器的复位端相连。利用 HYM705/706 中的看门狗电路来监控微处理器的工作，在正常情况下微处理器每隔一定时间（该时间小于1.6s）就发出一个信号，将看门狗输入端（WDI）触发一次，使

$\overline{WDO}$端保持高电平。当μP失控时，$\overline{WDO}$端就输出低电平，给微处理器μP发出一个非屏蔽中断请求NMI（Non Maskable Interrupt），避免μP继续在错误状态下运行。

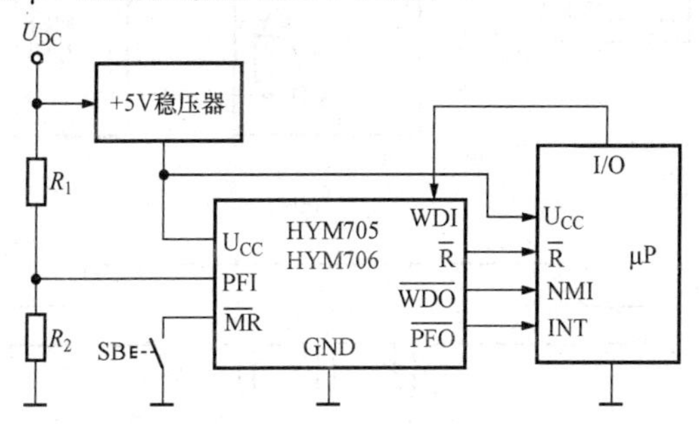

图9-5-20 μP电源电压监控电路

电源故障比较器的反相输入端在接内部1.25V基准电压源，同相输入端（PFI）接电阻分压器。通过调节分压电阻R_1、R_2可使电源电压降到某一阈值时，$\overline{PFO}$端给μP发出一个可屏蔽中断请求INT，使μP在电源掉电之前将数据存储下来。

592 如何用MCP1316构成单片机+5V电压监视器？

MCP1316系列是美国微芯片科技公司（Microchip Technology Inc.）开发的适配单片机的电源电压监视器芯片。该系列产品具有自动复位、手动复位和看门狗功能，可确保单片机系统能可靠地工作。该系列包含MCP1316～MCP1322、MCP1316M、MCP1318M和MCP1319M，共10种型号。

由MCP1321构成的单片机+5V电压监视器电路如图9-5-21所示。MCP1321和单片机的电源均取自+5V开关稳压器的输出电压，C为旁路电容。MCP1321和单片机的$\overline{RST}$端相连。当+5V电压低于+2.9V或高于+5.8V时，MCP1321立即将单片机复位。单片机的I/O口不断给MCP1321的WDI端发出负脉冲，定时的将看门狗定时器复位。一旦程序跑飞，MCP1321发出的$\overline{RST}$信号可将单片机复位。r_2为WDI端的内部上拉电阻，R为$\overline{RST}$端的外部上拉电阻。图9-5-21（b）分别示出$\overline{RST}$、WDI信号的波形。

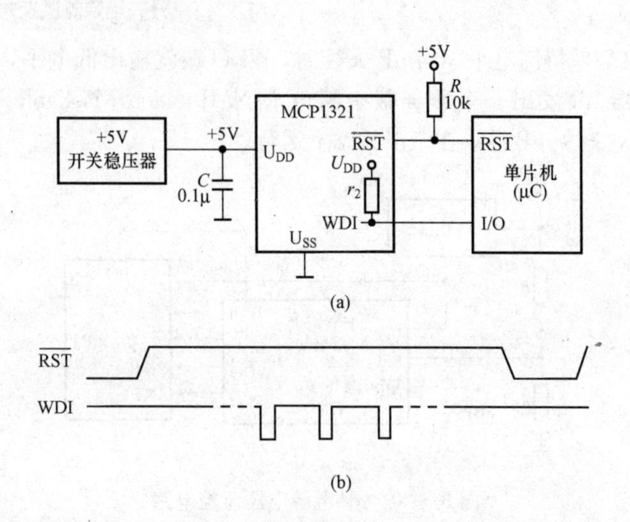

图 9-5-21　由 MCP1321 构成的单片机+5V 电压监视器电路

(a) 单片机+5V 电压监视器；(b) $\overline{RST}$ 、WDI 信号的波形

593　怎样检测高频变压器的磁心？

根据电阻率的明显差异，使用万用表 $R\times1k$ 挡（或 $R\times10k$ 挡），很容易区分中频、高频、甚高频磁心。具体方法是首先从被测磁心上找出两个相距大约 1cm 的测试点 A、B，然后测量这两点之间的电阻值 R_{AB}。若 R_{AB} 在几百欧姆以下，即是中频铁氧体磁心；R_{AB} 为几十千欧姆至几百千欧姆，则是高频磁心；R_{AB} 呈无穷大（指针不动），就是甚高频磁心。

注意事项：

（1）有些磁心上涂有透明或不透明绝缘漆，测量之前应先用砂纸将测试点处的绝缘层打磨掉，以免造成误判断。测试点最好选在端面上。

（2）锰锌铁氧体呈棕红色，而镍锌铁氧体呈黑色，根据颜色亦可加以区分。

594　如何用示波器检测高频变压器磁饱和？

在业余条件下，检测高频变压器是否磁饱和比较困难。作者在实践过程中总结出一种简便有效的方法，即测量一次绕组的电流斜率是否有突变，若有突变，则证明已经发生磁饱和了。检测磁饱和的电路如图 9-5-22 所示。首先由方波信号发生器产生 1～3kHz 的方波信号，然后经过带过电流保护的交流功率放大器输出±10～20V、±10A 以内的功率信号，再通过一次绕组加到取样电阻 R_S 上，最后利用示波器来观测 R_S 上的电压波形。R_S 可选 0.1Ω、2W 的精密线绕电阻。

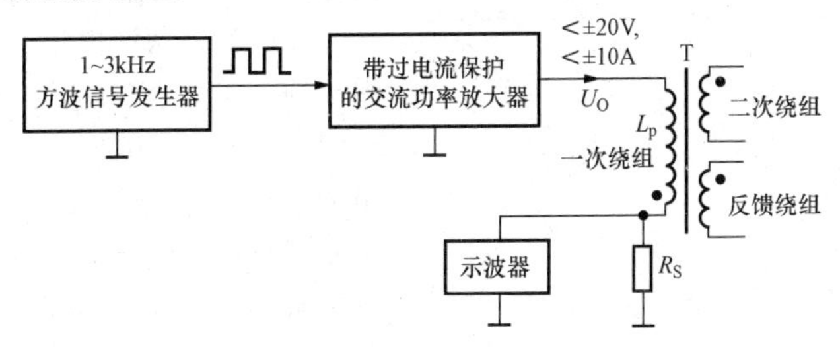

图 9-5-22　检测磁饱和的电路

对于一个理想电感，当施加固定的直流电压时，电感电流 i 随时间 t 变化的波形如图 9-5-23（a）所示。在小电流情况下，可认为 i 是线性变化的。图 9-5-23（b）则是给电感施加方波电压 U_O 时所对应的电流波形。当方波输出为正半周时（例如在 $t_2 \to t_3$ 阶段，这对应于功率开关管的导通阶段），电感电流线性地上升到 A 点；当方波输出为负半周时（例如在 $t_3 \to t_4$ 阶段，这对应于功率开关管的

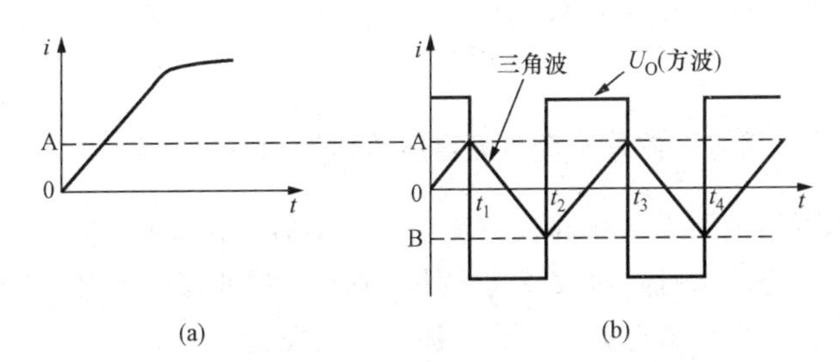

图 9-5-23　施加固定的直流电压时电感电流 i 随时间 t 变化的波形

（a）施加固定的直流电压时理想电感的电流波形；

（b）施加方波电压时电感的电流波形

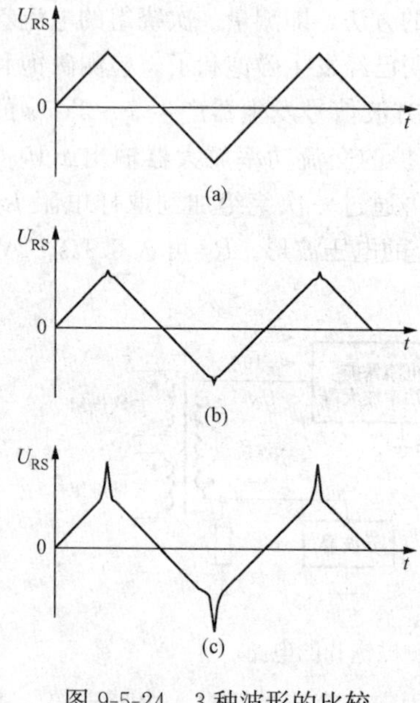

图 9-5-24　3 种波形的比较
（a）未发生磁饱和时的波形；
（b）临界磁饱和波形；（c）磁饱和波形

关断阶段），电感电流线性地下降到 B 点。由于在降低过程和升高过程中电流波形的斜率是相同的，因此最终形成了对称的三角波。

未发生磁饱和时，利用示波器从 R_S 上观察到的电压波形 U_{RS} 应为三角波电压。若观察到的 U_{RS} 波形在顶端出现很小的尖峰电压，则证明一次绕组的电流斜率开始发生突变，由此判断高频变压器达到临界磁饱和区。若尖峰电压较高，就意味着电流斜率发生明显的突变，高频变压器已进入磁饱和区。未发生磁饱和时的波形、临界磁饱和波形和磁饱和波形的比较，如图 9-5-24 所示。

上述方法具有以下特点：①能够模拟高频变压器是否发生磁饱和；②利用低压、大电流来检测临界磁饱和点，功率放大器输出能自动限定最大输出功率；③高频变压器不需要接任何外围元器件，操作简便，安全性好；④一次侧电流 i 的上升速率较低，便于进行观察与操作。

595　用方波信号检查高频变压器磁饱和有何优点？

本方法采用 1～3kHz 的方波信号发生器，有以下原因：

（1）方波本身除包含基波之外，还有大量的高次谐波，其频谱极为丰富，可检查低频、中频，甚至高频失真。

（2）利用它还能用较低频率的方波信号来检查较宽的通频带，例如用 1kHz 方波去检查 0～20kHz 的通频带，或用 40kHz 方波来检查 0～800kHz 的通频带。一般讲，如果被测放大器能将频率为 f

的方波不失真地放大，那么该放大器的频率响应便可达 $20f$。因此，1～3kHz的方波信号可检查20～60kHz的通频带，这比较接近高频变压器的实际工作频率。

（3）方波电流通过高频变压器一次侧电感时，会获得所需的三角波。

利用方波对各种失真波形的分析如图9-5-25所示。其中，图（a）为正常波形，波形中的a段表示低频成分，b段代表高频成分。图（b）存在高频相移，且高频段增益降低。图（c）图比图（b）表现出更严重的失真。图（d）存在低频相移且相位超前，低频增益下降。图（e）也存在低频相移，但是相位滞后，并且低频增益升高。图（f）中的低频及中频增益均下降。图（g）是因耦合电容的容量变小而造成的失真。图（h）属于低频增益变大。图（i）是在很窄的频段内增益下降。图（j）反映出高频增益升高。图

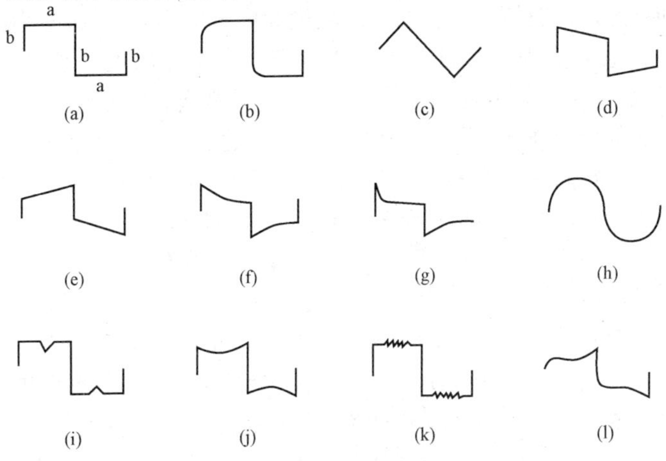

图9-5-25 各种失真波形的分析

（a）正常波形；（b）存在高频相移的波形；（c）存在严重高频相移的波形；（d）存在低频相移且相位超前的波形；（e）存在低频相移且相位滞后的波形；（f）低频及中频增益均下降的波形；（g）因耦合电容容量变小而造成的失真波形；（h）低频增益变大的失真波形；（i）高频增益升高的失真波形；（j）高频增益升高的失真波形；（k）出现高频振荡的失真波形；（l）因直流电源滤波不干净而造成的交流干扰波形

(k) 证明放大器出现高频振荡现象。图 (l) 则是放大器的直流电源滤波不净而造成交流干扰，使方波顶部出现尖峰。

596 如何分析临界磁饱和电流的测试数据?

作者曾实测过某开关电源的临界磁饱和电流，测试数据详见表9-5-10。从中可总结出以下规律：

表 9-5-10　　测试临界磁饱和电流的数据

磁心型号	E30		E33		E40	E125	E140
一次绕组的匝数（T）	65	45	56	33	51	177	34
临界磁饱和电流（A）	1.92	2.9	2.25	4.0	5.21	1.04	7.5

(1) 高频变压器的临界磁饱和电流应大于开关电源的电流极限值 I_{LIMIT}，以免开关电源在过电流保护之前高频变压器就已进入磁饱和状态。一般情况下，设计的磁饱和电流应为 $1.5I_{LIMIT}$，临界磁饱和电流应为 $1.3I_{LIMIT}$。但需注意，当磁心温度显著升高时（例如从室温 20℃升高到工作温度 80℃），磁饱和电流和临界磁饱和电流值均会降低，因此二者应留出足够的余量。

(2) 在同样的输出功率下，选择尺寸较大的磁心能获得较大的临界磁饱和电流，使高频变压器更不容易磁饱和。

(3) 一般讲，使用同一型号的磁心时一次绕组的匝数 N_P 愈少，其电感量 L_P 就愈小，而临界磁饱和电流愈大。这是因为磁场强度（H）与一次绕组的匝数和一次侧峰值电流的乘积（$N_P I_P$）成正比，当 I_P 不变时，$N_P\downarrow\rightarrow H\downarrow$，就不容易引起磁心饱和。但特别需要注意的是一次绕组的匝数也不能过小，否则不仅会降低额定输出功率，还很容易烧坏开关电源芯片。其原因是满载时的 I_P 值会迅速增大，一旦出现“I_P 超过临界磁饱和电流→高频变压器进入临界磁饱和状态→I_P 进一步增大→高频变压器进入磁饱和状态→$I_P>I_{LIMIT}$”的恶性循环，就使开关电源芯片在极短的时间内还来不及进行过流保护而损坏了。

(4) 为简化高频变压器的设计，可首先以计算出的 L_P 为中心值，实际选取（$L_P-20\%L_P$）、L_P、（$L_P+20\%L_P$）这 3 个电感量，依次计算出所对应的一次绕组匝数，然后分别定制 3 个高频变压器，最后通过对开关电源样机的实际性能测试来确定最合适的 L_P 值。进行批量生产或因维修而更换高频变压器时，L_P 值允许有 ±10％的偏差。

第六节　测试开关电源波形问题解答

597　如何测量 PWM 控制器的关键波形？

PWM 控制器是开关电源的核心部分，在调试电源时除了用电压表测量控制电路中各测试点的电压，最重要的是用示波器观测 PWM 控制器的电压及电流波形，以便及时判断电源是否正常工作。

PWM 控制器的测试点选择如图 9-6-1 所示。TP_1 为功率开关管（MOSFET）的漏极，TP_2 为功率开关管的源极，R_S 为电流取样电阻。可将这两个测试点连接到双踪示波器的两个通道（CH1 和 CH2)，同时观察两点的波形。此时两个探头的接地端要同时接到一次侧直流输入高压的负端，即图中 TP_3 位置。实际测量时，可将探头的接地夹直接夹在 R_S 的接地引脚。

从 TP_1 可以看到功率开关管的漏极电压波形，该波形能反映漏极尖峰电压、输入直流高压、感应电压、功率开关管导通压降及其导通时间、截止时间等信息。在单端反激式开关电源中，功率开关管的漏极电压波形如图 9-6-2 所示。

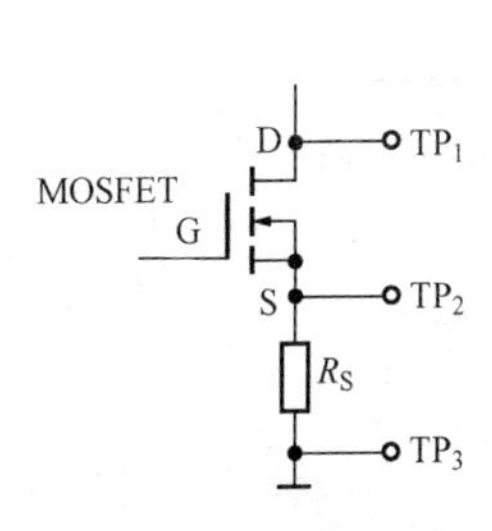

图 9-6-1　PWM 控制器的测试点选择

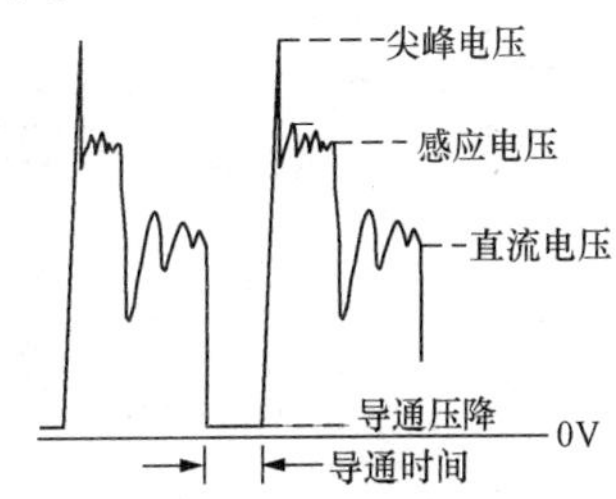

图 9-6-2　功率开关管的漏极电压波形

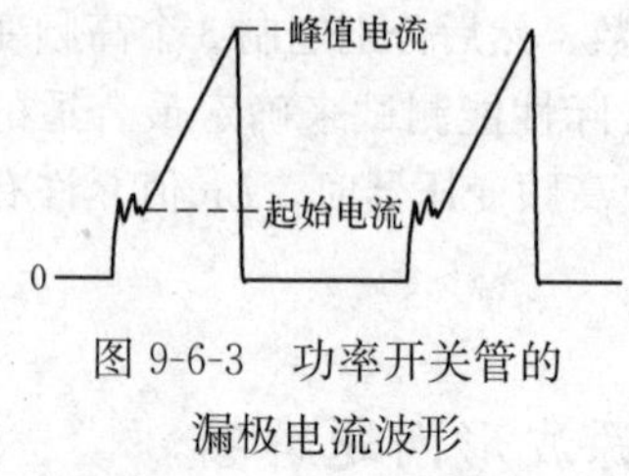

图 9-6-3　功率开关管的漏极电流波形

从 TP_2 可以看到功率开关管的源极电压波形，这个波形是取样电阻 R_S 上的电压波形，能够反映出漏极电流及导通与截止时间等信息。功率开关管的漏极电流波形如图 9-6-3 所示。该波形反映出开关电源工作在电流连续模式。每个周期中，开关管导通时，漏极电流从较小的起始电流开始上升。开关管关断前，漏极电流达到峰值。

TP_1 和 TP_2 是两个关键测试点，它们基本能反映出开关电源的工作状态和有无故障。在调试过程中，需要特别关注这两个测试点的波形。在逐渐升高输入电压时，一旦发现峰值电压或峰值电流超过设计范围，就应立刻关闭电源，查找出故障，避免将功率开关管损坏。

598　如何测量开关电源的启动特性？

下面以 TOP227Y 构成的由 12V、60W 开关电源模块为例，介绍单片开关电源的波形测试及分析方法。被测单片开关电源的典型电路如图 9-6-4 所示，其交流输入电压为 85～265V，输出为

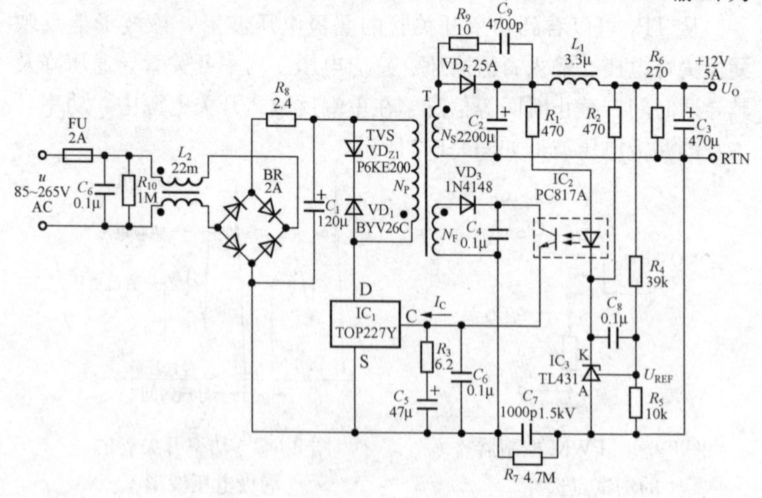

图 9-6-4　被测单片开关电源的典型电路

+12V、5A，额定输出功率为60W。它属于光耦反馈式精密开关电源，电路中共使用三片集成电路：IC_1（TOP227Y型单片开关电源集成电路），IC_2（PC817A型线性光耦合器），IC_3（TL431型可调式精密并联稳压器）。

刚启动电路时，由单片开关电源TOP227Y内部的高压电流源提供控制端电流I_C，以便给控制电路供电并且对C_5进行充电。正常启动波形如图9-6-5（a）所示。图中，U_C为控制端电压，U_D为漏极电压。当U_C首次达到5.7V时高压电流源被关断，TOP227Y中的脉宽调制器和MOSFET功率管就开始工作。此后，I_C改由反馈电路提供。当加到控制端的反馈电流超过所需电流值时，就通过内部并联调整器进行分流，确保U_C=5.7V（典型值）。TOP227Y具有自动重启动功能，一旦输出过载或控制环路发生开路故障，使得外部电流无法流入控制端，就放电到4.7V，使自动重启动电路

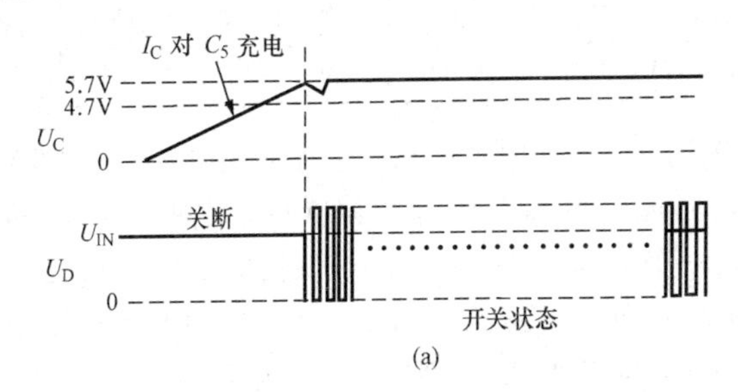

(a)

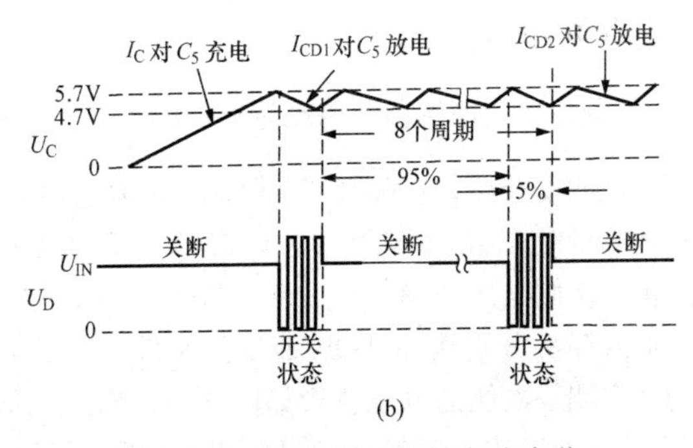

(b)

图9-6-5 单片开关电源的启动波形

（a）正常启动波形；（b）自动重启动波形

开始工作，将内部 MOSFET 功率管关断，可起到保护作用。若故障已排除，就返回正常工作模式。I_{CD1}、I_{CD2}分别为 MOSFET 功率管在导通、关断时由控制端所提供的放电电流值。

测量启动特性时首先调整负载电阻，使输出电流 $I_O=1.5A$，实测当 $u=60V$ 时开始启动，并且在 $u\approx70V$ 时能输出稳定电压 U_O。然后调整负载电阻，使 $I_O=4A$，测得当 $u=69V$ 时开始启动，并且在 $u\approx80V$ 时 U_O 达到稳定。再调整负载电阻，使 $I_O=5.38A>I_{OM}=5A$，测得当 $u=80V$ 时开始启动，且在 $u\approx90V$ 时 U_O 达到稳定。从中可以看出，在正常情况下启动电压随 I_O 的增大而升高。输出电流 I_O 与启动电压 u 的对应关系见表 9-6-1。若 u 低于启动电压，开关电源就处于自动重启动状态，无输出电压，并伴有音频尖叫声。

表 9-6-1　输出电流 I_O 与启动电压 u 的对应关系

输出电流 I_O（A）	1.5	4	5	5.38	8	13
启动电压 u（V，AC）	60	69	76	80	100	240

实测当 $I_O=5.38A$ 时，已超过最大输出电流 I_{OM}（5A），此时开关电源已过载，瞬态电压抑制器 VD_{Z1} 很热，温度超过 100℃（向 VD_{Z1} 的一个引脚上洒一滴水，很快便蒸发掉了）。当 $I_O=13A$ 时，仅当 $u>240V$ 时才能正常启动。当 $I_O=9A$ 时开关电源过载，只要 $u<110V$，即可听到周期约为 0.8s 的音频尖叫声，由此证明开关电源处于自动重启动状态。

599　如何测量一次侧电压及电流波形？

为保证测试的安全性，在被测开关电源与电网之间必须加隔离变压器，实际测量时采用 200VA、220V/220V 的隔离变压器。

（1）测量一次侧电压波形。当 $u=150V$、$I_O=1.5A$ 时，将示波器的两个输入探头分别接在 TOP227Y 的漏极（D）与一次侧的公共端之间。实测一次侧的电压波形如图 9-6-6 所示。其最高电压幅度为 435V，远低于 TOP227Y 内部 MOSFET 功率管的漏-源击穿电压 $U_{(BR)DS}$（$U_{(BR)DS}\geq700V$）。因此开关电源可以安全地工作。

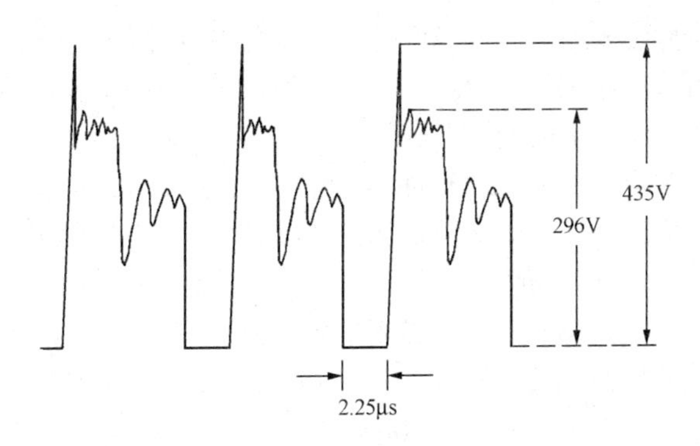

图 9-6-6　一次侧的电压波形

采用日本岩琦公司生产的带 CRT 显示的 SS-7802 型示波器。将示波器的两个输入探头并联在瞬态电压抑制器（TVS）两端，测量 TVS 两端的电压波形如图 9-6-7 所示。

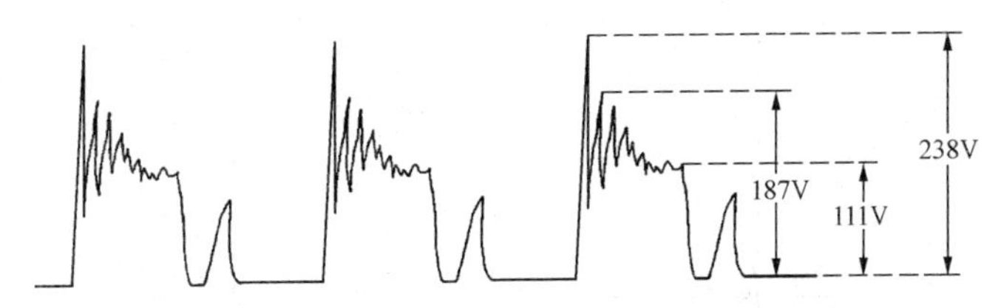

图 9-6-7　TVS 两端的电压波形

（2）测量一次侧钳位电路中尖峰电流的波形。测量一次侧钳位电路中尖峰电流的方法是首先在 VD_{Z1} 上串联一只 1Ω、1W 的取样电阻 R_{S1}，然后测取样电阻两端的压降 U_{R1}，再根据欧姆定律求出尖峰电流 $I_J=U_{R1}/R_{S1}$。当 $u=150V$、$I_O=1.15A$ 时，$U_{R1}=0.57V$，因此 $I_J=0.57A$。用示波器测量尖峰电流的波形如图 9-6-8

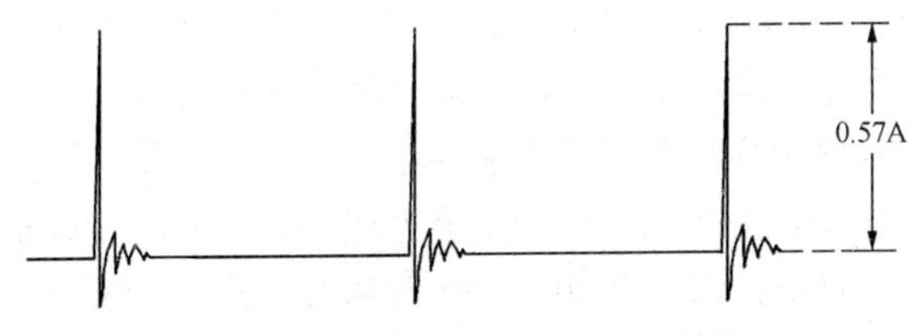

图 9-6-8　一次侧尖峰电流的波形

所示。实验还表明，当 u 降低时，尖峰电流会增大；当 u 升高时，尖峰电流会减小。需要指出，由于一次侧的阻抗较高，即使 R_{S1} 阻值稍大些也不影响测量。

（3）测量不连续模式下的一次侧峰值电流波形。测量一次侧峰值电流的方法是在直流高压 U_I 的进线端串联一只 0.5Ω、1W 的取样电阻 R_{S2}，通过测量其压降来求出一次侧峰值电流。当 u = 150V、I_O = 1.16A 时，将示波器的两个输入探头接 R_{S2} 的两端，实测一次侧的峰值电流波形如图 9-6-9 所示。在 MOSFET 功率管导通期间（导通时间 t_{ON} = 1.74μs），ΔU_1 = 0.386V，I_{P1} = 0.772A，在 MOSFET 功率管关断期间（关断时间 t_{OFF} = 9.76μs），ΔU_2 = 0.169V，I_{P2} = 0.338A。由图可见，在每个开关周期内开关电流都是从零开始的，电流呈不连续状态，由此判断开关电源在上述情况下均工作在不连续模式。

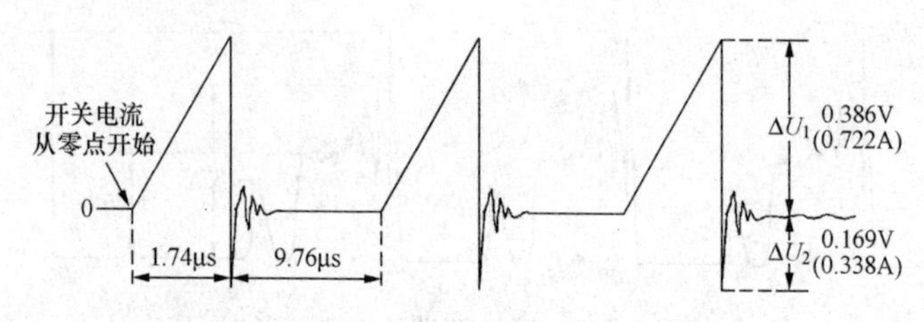

图 9-6-9　一次侧的峰值电流波形（不连续模式）

实验还表明，当 u = 260V 时，t_{ON} = 0.96μs；当 u = 60V 时，t_{ON} 在 4.74～5.62μs 之间变化，此时输出电压不稳定。仅当 u > 80V 后，U_O 才稳定不变。

分析：

1）因为负载没有变化，所以开关电源的输出功率也不会发生变化。从能量传输的角度看，无论交流输入电压 u 的高低，只要 I_P 未变，最终由高频变压器储存的能量值（$E = I_P^2 L_P$）是相同的。

2）u 越低，一次侧电流的上升率越小，达到额定峰值电流的时间越长，TOP227Y 的输出占空比就越大。反之亦然。

（4）测量连续模式下的一次侧峰值电流波形。调整负载电阻，

使 $I_O=6.24$A 时，测得 $\Delta U_1=0.91$V，$I_{P1}=1.82$A；$\Delta U_2=0.558$V，$I_{P2}=1.12$A。用示波器测量一次侧峰值电流的波形如图 9-6-10 所示。因为在每个开关周期内开关内电流都是从非零值开始的，由此可判断此时开关电源工作在连续模式。

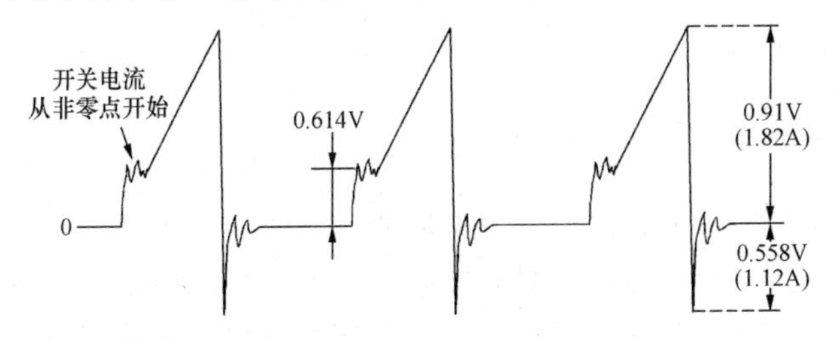

图 9-6-10　一次侧的峰值电流波形（连续模式）

进一步观察得知，当 $u>230$V 时，开关电源又转入不连续模式。

测试结果分析：

1）当交流输入电压不变而负载电流出现大范围变化时，可引起工作模式的改变。

2）当负载不变而交流输入电压发生较大范围变化时，也可引起工作模式的改变。

3）连续模式是由于在逆程时高频变压器储存的能量没有完全释放掉而造成的。尽管释放能量的斜率基本保持不变，但因放电时间明显缩短，使一次侧电流未通过零点，致使部分能量来不及释放。

600　如何测量二次侧电压及电流波形？

（1）测量二次侧的电压波形。测量二次侧的电压波形如图 9-6-11所示。

（2）测量二次侧的电流波形。测量二次侧电流的方法是在输出整流管 VD_2 上串联一只 0.15Ω、8W 的取样电阻 R_{S3}，通过测量其压降来求出二次侧电流 I_S。当 $u=150$V、$I_O=1.54$A 时，先不接 R_9、C_9，用示波器测量二次侧的电流波形如图 9-6-12 所示。

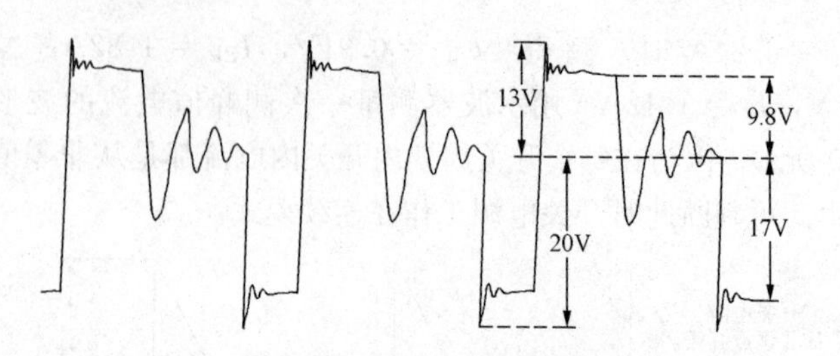

图 9-6-11 二次侧的电压波形

再接上 R_9、C_9 时，二次侧的电流波形如图 9-6-13 所示。由此可见，接上 R_9、C_9 后，能明显抑制二次侧的高频振荡。另外观测到，接上 R_9、C_9 还能减小一次侧的尖峰电压。实验表明，二次侧的电流波形不随交流输入电压而改变，但是当 u 降至 60V 左右时开始出现音频啸叫声，二次侧电流变化较大，证明此时开关电源的工作状态已接近于连续模式。需要说明的是，二次侧的阻抗很低，R_2 的阻值愈小愈好，这是因为二次侧取样电阻过大，不仅会增加二次侧的功耗，还使一次侧的反峰电压升高，钳位电路的损耗也会增大。

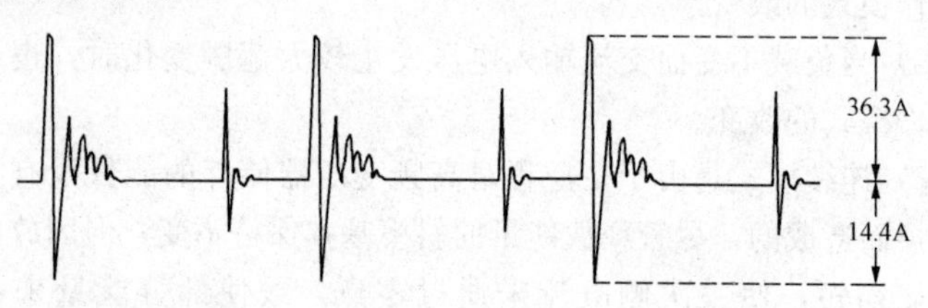

图 9-6-12 二次侧的电流波形（不接 R_9、C_9）

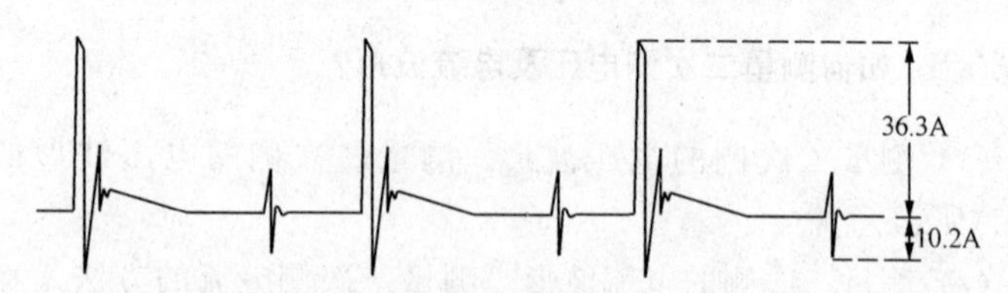

图 9-6-13 二次侧的电流波形（接上 R_9、C_9）

参 考 文 献

[1] *Zhanyou Sha, Xiaojun Wang, Yanpeng Wang, Hongtao Ma, Optimal Design of Switching Power Supply, John Wiley & Sons, Inc. USA, June* 2015.

[2] 沙占友．單晶片交換式電源設計與應用技術[M]．中国台北：全華科技圖書股份有限公司，2006.12.

[3] 沙占友，王彦朋，马洪涛．开关电源优化设计(第 2 版)[M]．北京：中国电力出版社，2013.1.

[4] 沙占友．LED 照明驱动电源优化设计(第 2 版)[M]．北京：中国电力出版社，2014.4.

[5] 沙占友，庞志锋，王彦朋．开关电源外围元器件选择与检测(第 2 版)[M]．北京：中国电力出版社，2014.1.

[6] 沙占友，王彦朋，马洪涛．开关电源实用技术 500 问[M]．北京：中国电力出版社，2012.2.

[7] 沙占友，王彦朋．开关电源设计入门[M]．北京：中国电力出版社，2013.1.

[8] 沙占友，王晓君，睢丙东．数字化测量技术[M]．北京：机械工业出版社，2011.1.

[9] 沙占友，沙江．数字万用表检测方法与应用[M]．北京：人民邮电出版社，2004.11.

[10] 马洪涛，沙占友等．开关电源制作与调试[M]．北京：中国电力出版社，2010.7.

[11] 沙占友，马洪涛，王彦朋．特种集成电源设计与应用[M]．北京：中国电力出版社，2007. 1.

[12] [美]麦克莱曼(McLyman，C. W. T.)，龚绍文译．变压器与电感器设计手册(第 3 版)[M]．中国电力出版社，2009.1.

[13] 沙占友．单片开关式集成稳压器的原理与应用[J]．电测与仪表，1990(6).

[14] 沙占友．电源噪声滤波器应用[J]．自动化仪表，1991(9).

[15] 沙占友，王彦朋．单片开关电源的电磁兼容性设计[J]．电测与仪

表，2000(8).
[16] 沙占友，睢丙东．数字仪表的在线测量技术[J]. 电工技术，1999(11).
[17] 沙占友，马洪涛．输出整流滤波器元器件选择及电路设计[J]. 电源技术应用，2010(2).
[18] 沙占友．电磁兼容性的设计与测量[J]. 电子测量技术，1997(4).
[19] 沙占友，马洪涛，王彦朋．单片开关电源的波形测试及分析[J]. 电源技术应用，2007(6).
[20] 沙占友．精密恒压/恒流输出式单片开关电源的设计原理[J]. 电工技术，2000(11).
[21] 沙占友．多路输出式单片开关电源的电路设计[J]. 电源技术应用，2000(10).
[22] 沙占友．单片开关电源瞬态干扰及音频干扰抑制技术[J]. 电子技术应用，2000(12).
[23] 沙占友．单片开关电源工作模式的设定及性能测试[J]. 电工技术，2001(1).
[24] 沙占友．单片开关模块电源的电路设计[J]. 电源技术应用，2000(11).
[25] 沙占友，马洪涛．单片开关电源保护电路的设计[J]. 电工技术，2000(12).
[26] 沙占友．提高单片开关电源效率的方法[J]. 电工技术，2001(2).
[27] 沙占友．EMI 滤波器的设计原理[J]. 电子技术应用，2001(5).
[28] 沙占友．单片开关电源关键元器件的选择[J]. 电源技术应用，2002(5).
[29] 沙占友，王彦朋．开关电源的新技术及其应用[J]. 电力电子技术，2003(3).
[30] 沙占友．智能化数字电源的优化设计[J]. 电源技术应用，2005(11).
[31] 沙占友，王彦朋．电源设备保护电路的优化设计[J]. 电源技术应用，2006(5).
[32] 沙占友．DC/DC 电源变换器的拓扑结构[J]. 电源技术应用，2006(6).
[33] 沙占友．开关电源计算机辅助设计与仿真软件综述[J]. 电源技术应

用，2007(9).

[34] 沙占友，马洪涛．基于填谷电路的恒流式LED高压驱动电源的设计[J]. 电源技术应用，2009(8).

[35] 沙占友．开关电源输入端保护元件及电路设计[J]. 电源技术应用，2009(11).

[36] 沙占友．输入整流滤波器及钳位保护电路的设计[J]. 电源技术应用，2009(12).

[37] 沙占友．开关电源散热器的设计[J]. 电源技术应用，2010(1).

[38] 沙占友．光耦合器及光耦反馈电路的设计[J]. 电源技术应用，2010(4).

[39] 沙占友．开关电源钳位保护电路及散热器的设计要点[J]. 电源技术应用，2010(6).

[40] 沙占友．LED照明需要解决的关键技术[J]. 电源技术应用，2011(1).

[41] 沙占友，王彦朋．大功率LED驱动电源设计要点[J]. 电源技术应用，2011(2).

[42] 沙占友，马洪涛．LED照明灯调光电路的特点及实现方案[J]. 电源技术应用，2011(3).

[43] 沙占友．大功率LED的温度补偿技术及其应用[J]. 电源技术应用，2011(4).

[44] 沙占友．智能化LED驱动器的典型应用[J]. 电源技术应用，2011(5).

[45] 沙占友．LED驱动电源PFC电路的设计[J]. 电源技术应用，2011(6).

[46] 沙占友．大功率LED灯串散热器的设计[J]. 电源技术应用，2011(7).

[47] 沙占友，马洪涛．开关电源光耦反馈控制环路的稳定性设计[J]. 电源技术应用，2013(6).

[48] 沙占友，王彦朋．开关电源的抗干扰措施及安全规范[J]. 电源技术应用，2012(7).